JN291385

改訂新版
建設省河川砂防技術基準(案)同解説
調査編

建設省河川局監修
社団法人 日本河川協会編

技報堂出版

序　文

建設省　河川局長　尾　田　栄　章

　人口の高齢化と少子化，高度情報化の進展，経済・社会の国際化などに伴い，これまで我が国の発展を支えてきた経済・社会システムの有効性が，改めて問い直されている．

　建設の分野においても，「個別の施設を個別，別々に造る」ということではなく，国土管理，国土マネージメントの視点に立って，それぞれの施設を有機的な連携のもとで造ることが求められている．

　川においても，河川が治水，利水の役割を担うだけでなく，うるおいのある水辺空間や多様な生物の生息・生育環境の場として，更には風土と文化を形成する重要な要素としてどう整備すべきかが問われている．

　一方，事業の進め方においても，経済性，効率性の確保は勿論，透明性，客観性の担保がより一層厳しく求められている．

　このような状況の中で，21世紀の河川行政の新しい展開に向けて策定されたこの河川砂防技術基準（案）が，河川関係技術者の座右に置かれて活用されることを期待するものである．

　最後に，今回の改訂作業に尽力された関係各位に深く感謝の意を表する次第である．

平成9年9月

改訂について

建設省河川局河川計画課　河川情報対策室長　粕谷　晋一

　河川砂防技術基準（案）は，昭和33年に調査，計画，設計・施工，維持管理の全4編の構成とし，調査編，計画編の2編が制定された．その後昭和51年，52年と2年にわたり，調査，計画の2編を改訂した．さらに昭和60年に調査編，計画編に続き，設計編について制定，昭和61年には調査編を改訂した．

　この改訂以降，河川の周辺状況も大きく変化した．平成3年の環境基本法の制定，平成6年には水道原水水質保全事業の実施の促進に関する法律等が制定され，建設行政においても平成6年に環境政策大綱が出された．また，河川行政においても，河川審議会の答申を受けて4度の河川法改正（昭和62年市町村工事，平成3年高規格堤防，平成7年河川立体区域，平成9年環境目的等）が行われている．

　今般，国際単位系への移行が平成8年度末をもって実施されたこと，また前回改訂から10年余の歳月を経たため，安全，環境，技術革新といった観点から改訂の必要が生じていること等から，調査編，計画編，設計編について現時点において見直し，必要な事項について網羅的に改訂したものである．

　各編の今回の主な改訂の概要（国際単位系への移行に係る変更以外）について別表に掲げているので，本改訂の依ってきたるところを理解するための一助としていただければ幸いである．

　しかしながら，この10年余の社会・経済の変化の中で，河川砂防技術基準そのものに課せられた役割も大きく変化しつつある．従来の河川砂防技術基準は主として施設を作る視点，即ち，工事，管理を担当する立場から作られていたが，現在ではさらに加えて，使う側からの視点も重要となってきている．即ち国民からみて，河川砂防技術基準を参照することによりその施設の性能が確認できる，河川の管理ルールが平易に理解できるという役割も求められている．また，河川技術者のレベルアップが進み，多くの技術書が発刊されている現在，日進月歩する技術革新に対応し，現在の創意工夫を生かせる機動的な技術革新の体系が求められている．

　このような状況の中で，他の基準，マニュアル類を包括した河川に関する技術基準体系の見直しを含めた，抜本的な基準改定作業に着手しており，今よりおおむね3年後を目途としてこの作業を了する予定としている．

　本基準書も旧版と同様現時点での基準を設定したものであること，並びに本基準の解説部分は基準本体ではなく，基準の理解を深めるために一体編集をしている点にご留意の上，本基準をさらなる河川技術の発展のため，ご活用いただくよう願う次第である．

　最後に本基準書の策定に参画された関係の方々，並びに取りまとめにご協力いただいた(財)国土開発技術センターに深甚なる謝意を表する次第である．

平成9年9月

河川砂防技術基準（案）主な改訂の背景について

調査編

現 行 目 次	改 訂 目 次	改 訂 の 背 景
第1章　降水量調査	第1章　降水量調査	・水文観測業務規定に対応して改訂 　（記録媒体の多様化-RAM等の活用） ・新しい技術知見を加え修正 　（レーダによる降水量観測の追加）
第2章　水位調査	第2章　水位調査	・水文観測業務規定に対応して改訂 　（記録媒体の多様化-RAM等の活用）
第3章　流量調査	第3章　流量調査	・水文観測業務規定に対応して改訂 　（水位流量曲線の充実と精度管理を追加）
第4章　水文統計	第4章　水文統計	・新しい技術的知見を加えて修正 　（水文確率分布の適用分布形の選定方法を明記）
第5章　流出計算	第5章　流出計算	・新しい技術的知見を加えて修正 　（使用頻度の低い方式を削除，準線形貯留型モデルの追加） ・新しい技術的知見を加えて修正 　（低水流出計算に水収支解析を追加）
第6章　粗度係数及び 　　　　水位計算	第6章　水位計算と 　　　　粗度係数	・新しい技術的知見を加えて修正 　（河川における平面流計算及び氾濫計算手法を追加）
第7章　地下水調査	第7章　地下水調査	・水文観測業務規定に対応して改訂 ・地下水調査及び観測指針（案）に対応して改訂 　（地下水流の解析の追加）
第8章　内水調査	第8章　内水調査	・内水処理計画策定の手引きに対応して改訂 　（内水解析モデルの追加）
第9章　河口調査	第9章　河口調査	・新しい技術的知見を加えて修正 　（生態環境調査を追加）
第10章　地すべり及び 　　　　　急傾斜地調査	第10章　地すべり調査	・調査内容が現状と異なるため変更 ・新しい技術知見を加えて修正 　（GPS測量の追加）
	第11章　急傾斜地調査	・地すべり及び急傾斜地調査から急傾斜地を独立 ・新しい技術的知見を加えて修正 　（環境調査を追加）
	第12章　雪崩調査	・新しい技術的知見を加えて修正 　（急傾斜に含まれていた雪崩を独立）
第11章　生産土砂調査	第13章　生産土砂調査	・改訂なし
第12章　流送土砂調査	第14章　流送土砂調査	・新しい技術的知見を加えて修正 　（平面河床変動計算の追加）
第13章　海岸調査	第15章　海岸調査	・海岸保全施設築造基準についてに対応して改訂 　（屈折，回折等の波浪変形手法を追加）

第14章 水質・底質調査	第16章 水質・底質調査	・環境基本法，水質汚濁防止法に対応して改訂 ・ダム貯水池水質調査要領に対応して改訂 　（測定項目の変更及び酸性雨調査の追加）
第15章 土質地質調査	第17章 土質地質調査	・土質試験の方法と解説に対応して改訂 ・新しい技術的知見を加えて修正 　（提防弱点個所抽出のための調査を追加） ・貯水池周辺地すべり対策要綱（案）に対応して改訂（貯水池周辺調査を追加）
第16章 生態環境調査	第18章 河川環境調査	・河川水辺の国勢調査の実施についてに対応して改訂 ・河川水辺の国勢マニュアルに対応して改訂 　（景観調査を追加）
	第19章 河道特性調査	・新しい技術的知見を加え新設 　（河道特性調査の新設-多様な調査とセグメント区分の導入）
第17章 河川経済調査	第20章 河川経済調査	・改訂なし
第18章 測量	第21章 測量	・改訂なし

計画編

現　行　目　次	改　訂　目　次	改　訂　の　背　景
第1章　総合河川計画	第1章　総合河川計画	・改訂なし
第2章　洪水防御計画の基本	第2章　洪水防御計画の基本	・改訂なし ・新しい技術的知見を加え修正 　（ダムによる洪水調整方式を追加）
第3章　低水計画の基本	第3章　低水計画の基本	・改訂なし
第4章　砂防計画の基本	第4章　砂防計画の基本	・改訂なし
第5章　環境保全計画の基本	第5章　環境保全計画の基本	・改訂なし
第6章　海岸保全計画の基本	第6章　海岸計画	・海岸保全施設築造基準についてに対応し改訂 　（侵食原因の検討を追加）
第7章　地すべり防止計画の基本	第7章　地すべり防止計画の基本	・改訂なし 　（但し，現状安全率の一部修正）
第8章　急傾斜崩壊対策計画の基本	第8章　急傾斜崩壊対策計画の基本	・新しい技術的知見を加え修正 　（環境に対する計画の基本事項を追加）
	第9章　雪崩対策計画の基本	・新しい技術的知見を加え修正 　（急傾斜地に含まれていた雪崩を独立）
第9章　河道ならびに河川構造物計画	第10章　河道ならびに河川構造物計画	・新しい技術的知見を加え改訂 　（河道の縦横断形設定の考え方，内水処理計画に確率処理手法の検討を追加）
第10章　多目的施設計画	第11章　多目的施設計画	・改訂なし 　（但し，管理用水力発電施設を追加）
第11章　ダム施設計画	第12章　ダム施設計画	・新しい技術的知見を加え修正 ・ダム・堰施設技術基準（案）・同解説に対応して改訂 　（ダム貯水池流入土砂対策に関する計画の追加）
第12章　砂防施設計画	第13章　砂防施設計画	・改訂なし
第13章　地すべり防止施設計画	第14章　地すべり防止施設計画	・新しい技術的知見を加え修正 　―新工法の追加と一部設計編からの組み入れ― 　（グラウンドアンカー工を追加）
第14章　急傾斜地崩壊対策施設計画	第15章　急傾斜地崩壊対策施設計画	・新しい技術的知見を加え改訂 　（工法選定の流れの追加と環境対策を追加）
	第16章　雪崩防止施設計画	・新しい技術的知見を加え新設 　（急傾斜に含まれていた雪崩を独立）
第15章　海岸施設計画		・計画編第6章に一部移行，大半は，設計編第7章に移行

設計編〔Ⅰ〕

現 行 目 次	改 訂 目 次	改 訂 の 背 景
第1章　河川構造物の設計	第1章　河川構造物の設計	・構造令の改訂及び新しい技術的知見を加え改訂 ・コンクリート標準示方書等に対応して改訂 ・地震対策技術委員会報告に対応して改訂 　（高規格堤防の追加，堤防の設計-堤防の機能の明確化と安全性の評価手法の導入及び地震力の考慮） ・新しい技術的知見を加え改訂（堰） 　（堰での魚道の新設）
第2章　ダムの設計	第2章　ダムの設計	・新しい技術的知見を加え改訂 ・ダム・堰施設技術基準（案）同解説に対応して改訂 　（計測装置-地震時の挙動の計測を追加）

設計編〔Ⅱ〕

現 行 目 次	改 訂 目 次	改 訂 の 背 景
第3章　砂防施設の設計	第3章　砂防施設の設計	・改訂なし
第4章　地すべり防止施設の設計	第4章　地すべり防止施設の設計	・新しい技術的知見を加え改訂 ・グラウンドアンカー設計・施工指針・同解説に対応し改訂 　（グラウンドアンカー工の新設）
第5章　急傾斜地崩壊防止施設の設計	第5章　急傾斜地崩壊防止施設の設計	・新しい技術的知見を加え改訂 　（雪崩対策工の削除と工法の再分類）
	第6章　雪崩対策施設の設計	新しい技術的知見を加え改訂 　（急傾斜に含まれていた雪崩を独立）
第6章　海岸構造物の設計	第7章　海岸保全施設の設計	・海岸保全施設築造基準についてに対応して改訂 　（リーフ工の新設）

目　次

総　則

第1章　目　的

第2章　内　容

第1節　基準の内容 …………………… 3　　第2節　内容の改訂 …………………… 3

第3章　運用方針

第1節　運　用 …………………… 4　　第3節　適　用 …………………… 4

第2節　他の諸法規との関係 …………………… 4

調査編

第1章　降水量調査

第1節　総　説 …………………… 7　　第2節　観測所の配置と設置 …………………… 7

　　　　　　　　　　　　　　　　　　　　2.1　配　置 …………………… 7

〔参考1.1〕 雨量観測所数と観測精度 ………… 8
　2.2　設置場所の選定 ………………………… 8
　2.3　設置場所の決定 ………………………… 9

第3節　設　　備 …………………………… 9

　3.1　測　　器 ………………………………… 9
　3.2　受　水　口 ……………………………… 10
　3.3　記録部の据付け ………………………… 10
　3.4　普通雨量計等の併置 …………………… 10
　3.5　標　　識 ………………………………… 11
　3.6　台　　帳 ………………………………… 11

第4節　観　　測 …………………………… 11

　4.1　観　測　員 ……………………………… 11
　4.2　観測心得，観測員心得 ………………… 12
　4.3　巡　回　点　検 ………………………… 13
　4.4　自記雨量計による観測 ………………… 13

　4.5　普通雨量計による観測 ………………… 14
　4.6　円筒型雪量計による観測 ……………… 15
　4.7　自記雪量計による観測 ………………… 15
　4.8　雪尺または積雪板等による観測 ……… 15
　4.9　関連気象要素の観測 …………………… 15
　4.10　テレメータ化 …………………………… 16
　4.11　レーダ雨量計 …………………………… 17
　　〔参考1.2〕 建設省におけるレーダ雨量計 …… 17

第5節　データ整理 ………………………… 19

　5.1　データ整理 ……………………………… 19
　5.2　作業の分担 ……………………………… 19
　5.3　照　　査 ………………………………… 19
　　5.3.1　照　　査 ……………………………… 19
　　5.3.2　処　　置 ……………………………… 19
　5.4　保　　管 ………………………………… 20

第2章　水　位　調　査

第1節　総　　説 …………………………… 23

第2節　観測所の配置と設置 ……………… 23

　2.1　配　　置 ………………………………… 23
　2.2　設置場所の選定 ………………………… 23

第3節　設　　備 …………………………… 24

　3.1　水　位　標 ……………………………… 24
　　3.1.1　水位観測所の設備 …………………… 24
　　3.1.2　水位標零点高 ………………………… 25
　　3.1.3　水位標の零点高の測定 ……………… 25
　3.2　標　　識 ………………………………… 25
　3.3　台　　帳 ………………………………… 26

第4節　観　　測 …………………………… 26

　4.1　観　測　員 ……………………………… 26
　4.2　観測心得，観測員心得 ………………… 26

　4.3　巡　回　点　検 ………………………… 27
　4.4　自記水位計による観測 ………………… 27
　4.5　普通水位標による観測 ………………… 28
　4.6　自記水位計の選定 ……………………… 28
　　〔参考2.1〕 自記水位計の種類 ……………… 29
　4.7　最高水位計による観測 ………………… 29
　4.8　テレメータ化 …………………………… 30
　4.9　水位観測システムの二重化 …………… 30

第5節　データ整理 ………………………… 31

　5.1　データ整理 ……………………………… 31
　5.2　位　況　表 ……………………………… 31
　5.3　作業の分担 ……………………………… 31
　5.4　照　　査 ………………………………… 31
　　5.4.1　照　　査 ……………………………… 31
　　5.4.2　処　　置 ……………………………… 32
　5.5　保　　管 ………………………………… 32

目　　次

第 3 章　流　量　調　査

第 1 節　総　　　説 …………………………………35
　1.1　総　　　説 …………………………………35
　1.2　流量調査の方法 ……………………………35
　　〔参考 3.1〕流量計測法の種類 ………………36

第 2 節　観測所の配置と設置 ……………………37
　2.1　配　　　置 …………………………………37
　2.2　設置場所の選定 ……………………………37

第 3 節　設　　　備 …………………………………38
　3.1　流量観測所横断線 …………………………38
　3.2　流量観測所横断線の横断測量 ……………39
　　3.2.1　流量観測所横断線の横断測量 …………39
　　3.2.2　流量観測所横断線の改測 ………………39
　3.3　標　　　識 …………………………………39
　3.4　台　　　帳 …………………………………40

第 4 節　観　　　測 …………………………………40
　4.1　回　　　数 …………………………………40
　4.2　器材の管理 …………………………………40
　4.3　観測心得 ……………………………………41
　4.4　測　　　定 …………………………………41
　4.5　野　　　帳 …………………………………42

第 5 節　流速計測法 …………………………………42
　5.1　流速計測法による測定 ……………………42
　　5.1.1　回数と測点 ………………………………42
　　5.1.2　流速計の検定 ……………………………43
　　5.1.3　流速計の使用 ……………………………44
　　5.1.4　精密測定 …………………………………44
　5.2　流速計測法による流量の算出 ……………45

第 6 節　浮子測法 ……………………………………46

　　〔参考 3.2〕浮子測法の付帯設備 ………………46
　6.1　浮子測法による測定 ………………………46
　　6.1.1　流速測線 …………………………………46
　　6.1.2　浮子の種類 ………………………………47
　　6.1.3　浮子の使用 ………………………………47
　6.2　浮子測法による流量の算出 ………………48

第 7 節　超音波測法 …………………………………48
　7.1　超音波法による流量の算出 ………………48

第 8 節　堰　測　法 …………………………………50
　　〔参考 3.3〕堰　測　法 …………………………50
　8.1　堰測法による測定 …………………………50
　　8.1.1　堰測法による場合の配慮事項 …………50
　　8.1.2　可動ゲートを有する堰 …………………50
　　8.1.3　越流水深 …………………………………50
　8.2　堰測法による流量の算出 …………………51

第 9 節　データ整理 …………………………………51
　9.1　流量測定年表 ………………………………51
　9.2　水位流量曲線 ………………………………52
　　9.2.1　水位流量曲線の作成 ……………………52
　　〔参考 3.4〕水面勾配を考慮した水位流量曲
　　　　　　　線 …………………………………52
　　9.2.2　水位流量曲線の精度管理 ………………53
　9.3　流量年表 ……………………………………56
　9.4　洪　水　表 …………………………………56
　9.5　流　況　表 …………………………………56
　9.6　作業の分担 …………………………………57
　9.7　照　　　査 …………………………………57
　　9.7.1　照　　　査 ………………………………57
　　9.7.2　処　　　置 ………………………………57
　9.8　保　　　管 …………………………………57

目　　次

第4章　水　文　統　計

第1節　総　　説 …………………………61

第2節　資料の収集および整理 …………61

2.1　資料の収集 …………………………61
2.2　資料の整理 …………………………62
　〔参考4.1〕ダブルマスカーブ図 ………63
　〔参考4.2〕資料の規準化 ………………63

第3節　水文量の生起確率の解析 ………64

3.1　確率年および確率水文量 …………64
3.2　水文統計解析の手順 ………………65
3.3　解析試料の抽出 ……………………65
3.4　適用分布形の選定 …………………66
3.5　確率紙による簡略推定 ……………67
　〔参考4.3〕プロッティングポジション公式 …68
3.6　分布関数式による確率計算 ………70
　〔参考4.4〕分布関数式 …………………71

第4節　相関と回帰に関する解析 ………73

第5節　時系列解析 ………………………74
　〔参考4.5〕時系列変化の特徴の検出 …75

第5章　流　出　計　算

第1節　総　　説 …………………………79

第2節　洪水流出計算 ……………………80

2.1　洪水資料の調査 ……………………80
　2.1.1　洪水資料の存在一覧表の作成 …80
　2.1.2　解析対象洪水と推算対象洪水の決定 …80
　2.1.3　降雨の欠測記録の補完 …………81
　2.1.4　流域平均降雨量の計算 …………81
　2.1.5　降雨量と流出高の時間分布図の作成 …83
　2.1.6　流域特性の調査 …………………83
2.2　洪水流出計算 ………………………84
　2.2.1　洪水流出の計算法 ………………84
　2.2.2　流 域 分 割 …………………………85
　2.2.3　流出モデルの検証と許容誤差 …85

第3節　低水流出計算 ……………………94

3.1　水文資料の調査 ……………………94
　3.1.1　資料の所在状況の整理 …………94
　3.1.2　解析対象資料の決定と流出記録の復元 …94
　3.1.3　降雨の欠測記録の補完 …………94
　3.1.4　流域平均雨量の計算 ……………95
　3.1.5　日 流 出 高 …………………………95
　3.1.6　蒸発散量の推定 …………………95
　3.1.7　各種取水量の調査 ………………96
　3.1.8　降雨量の山地における割増し …97
　3.1.9　日流量解析における積雪，融雪量の推定 …97
　3.1.10　水収支解析 ……………………97
3.2　低水流出計算 ………………………98
　3.2.1　低水流出の計算法 ………………98
　3.2.2　流出モデルの検証 ………………99
　〔参考5.1〕タンクモデル　直列貯留型流出機構 …99

第4節　洪水追跡 …………………………100

4.1　洪水追跡の計算方法 ………………100

目　　次

第6章　水位計算と粗度係数

第1節　総　　説 …………………………107

第2節　河川における平均流速公式と粗度
　　　　係数，径深 ……………………107

　〔参考6.1〕　平均流速公式レベル1の説明 …109
　〔参考6.2〕　平均流速公式レベル1aの説明 …110
　〔参考6.3〕　平均流速公式レベル2と2aの
　　　　　　　説明 ……………………………110
　〔参考6.4〕　平均流速公式レベル3の説明 …111
　〔参考6.5〕　粗度係数の物理的意味が概ね保
　　　　　　　たれるようなレベルの平均流速
　　　　　　　公式と河道状態との関係―複断
　　　　　　　面河道の場合― ………………112

第3節　一次元の流れの計算の基本 ……………113

　3.1　概　　説 ………………………………113
　3.2　計算の種類 ……………………………114

第4節　平均流速公式を用いた流れの計算 …114

　4.1　等流計算 ………………………………114
　4.2　不等流計算 ……………………………114
　〔参考6.6〕　レベル1の平均流速公式を用い
　　　　　　　た不等流計算の方法 …………115
　〔参考6.7〕　レベル2と2aの平均流速公式
　　　　　　　を用いた不等流計算の方法(井
　　　　　　　田の方法) …………………………115
　〔参考6.8〕　レベル3の平均流速公式を用い
　　　　　　　た不等流計算の方法 …………116
　〔参考6.9〕　断　面　図 …………………………116
　〔参考6.9.1〕　断面特性の作成 …………………116
　〔参考6.9.2〕　内挿断面の作成 …………………117
　4.3　等流・不等流計算における樹木群の取
　　　　扱い …………………………………117
　〔参考6.10〕河道内樹木群を考慮した不等
　　　　　　　流計算法 ………………………117
　4.4　不等流計算における射流の取扱い ………118

　〔参考6.11〕急勾配河川の水位計算 …………118
　〔参考6.12〕計算上の注意事項 ………………119
　〔参考6.12.1〕支配断面が現れる場合 …………119
　〔参考6.12.2〕内挿断面の意義 …………………120
　〔参考6.12.3〕下流端付近の計算法 ……………122
　〔参考6.12.4〕死水域のとり方 …………………122
　〔参考6.13〕湾曲部の水面形 …………………123
　4.5　不定流計算 ……………………………123
　〔参考6.14〕不定流計算概説 …………………124
　〔参考6.15〕横流入・流出を伴う流れの
　　　　　　　計算 ……………………………124

第5節　平均流速公式を適用できない局所的
　　　　な流れの計算 ………………………125

　〔参考6.16〕跳　　水 …………………………126
　〔参考6.17〕分流点の取扱い …………………126
　〔参考6.18〕合流点の取扱い …………………127
　〔参考6.19〕橋脚による水位堰上げの計算 …129
　〔参考6.20〕段落ちによる損失水頭の計算 …129

第6節　平均流速公式を用いた流れの計算に
　　　　用いる粗度係数の設定 ……………130

　6.1　洪水流観測と粗度係数の検討 …………130
　6.2　粗度係数設定の基本 …………………130
　6.3　河道の粗度状況からの物理的な粗度係数
　　　　推定 …………………………………131
　〔参考6.21〕代表的な粗度係数の値 …………131
　〔参考6.22〕河床材料を用いた低水路粗度
　　　　　　　係数の推定 ………………………132
　〔参考6.23〕高水敷粗度係数と植生地域と
　　　　　　　の関係 ……………………………137
　6.4　粗度係数の逆算法 ……………………138
　6.4.1　粗度係数逆算の基本 …………………138
　6.4.2　逆算する粗度係数の種類 ……………138
　6.4.3　河道の長い区間の平均的な粗度係数
　　　　を逆算する方法の種類 ………………139

目　　次

〔参考6.24〕痕跡不定流・痕跡不等流逆計算法の選択 …………………140
〔参考6.25〕痕跡不等流逆計算法—標準法 …………………142
6.4.4　短い河道区間の局所的な粗度係数を求める方法 …………………143
〔参考6.26〕等流計算から局所的な粗度係数を逆算する方法 …………………143
〔参考6.27〕洪水航測資料，流量観測資料から高水敷あるいは低水路の局所的な粗度係数を逆算する方法 …………………143
〔参考6.28〕不等流計算から局所的な粗度係数を逆算する方法 …………………144
6.5　粗度係数の検討に係わる水位測定 ……144
〔参考6.29〕目的に応じた水位測定法の選択 …………………144
〔参考6.30〕局所的な粗度係数を求めるための水面勾配の測定法 …………145

〔参考6.31〕痕跡水位の測定法 …………147
第7節　河川における平面流計算 ………148
7.1　概　　説 …………………………148
7.2　適　　用 …………………………148
〔参考6.32〕資料収集 …………………149
〔参考6.33〕計算法の選定 ……………149
〔参考6.34〕離散化の方法 ……………149
〔参考6.35〕不定流計算での時間積分 …150
〔参考6.36〕格子分割と座標系 ………150
〔参考6.37〕検証計算 …………………150

第8節　氾濫解析 …………………………151
8.1　概　　説 …………………………151
8.2　資料の収集 ………………………151
8.3　氾濫解析手法の選定 ……………152
8.4　計算条件の設定 …………………153
8.5　具体的な計算手法 ………………155

第7章　地下水調査

第1節　総　　説 …………………………159
第2節　地下水調査の項目 ………………159
第3節　予　備　調　査 …………………160
第4節　地形・土地利用調査 ……………160
第5節　地下水利用実態調査 ……………161
第6節　水　文　調　査 …………………161
第7節　地下水位調査 ……………………162
　7.1　調査の目的 ………………………162
　7.2　観測所と観測井 …………………163
　7.3　観測方法と観測機器 ……………163

第8節　地質調査 …………………………164
第9節　水質調査 …………………………164
第10節　地下水流動調査 …………………165
第11節　地下水涵養量調査 ………………165
第12節　地盤沈下量調査 …………………166
第13節　数値解析 …………………………166
　13.1　総　　説 ………………………166
　13.2　マクロな水収支解析 …………166
　13.3　地下水流動解析 ………………167
　13.4　地下水汚染解析 ………………168
　13.5　地盤沈下解析 …………………169

目　　次

第 8 章　内　水　調　査

第 1 節　総　　説 …………………………173
　1.1　総　　説 ……………………………173
　1.2　内水調査の項目 ……………………174
第 2 節　内　水　調　査 …………………174
　2.1　水　文　調　査 ……………………174
　2.2　計画対象河川調査 …………………174
　2.3　内水被害調査 ………………………175
　2.4　地　形　調　査 ……………………175
　2.5　流域状況調査 ………………………176
　2.6　想定湛水区域状況調査 ……………176
　2.7　関連諸事業調査 ……………………176
第 3 節　内　水　解　析 …………………177
　3.1　内水解析モデルの作成 ……………177

第 9 章　河　口　調　査

第 1 節　総　　説 …………………………181
　1.1　総　　説 ……………………………181
　1.2　河口調査の項目 ……………………181
第 2 節　河　口　調　査 …………………184
　2.1　波　浪　調　査 ……………………184
　　2.1.1　波浪調査の方法 …………………184
　　2.1.2　波　浪　調　査 …………………184
　　2.1.3　データ整理 ………………………184
　2.2　河口水位調査 ………………………184
　　2.2.1　河口水位調査の方法 ……………184
　　2.2.2　河口水位調査 ……………………185
　　2.2.3　データ整理 ………………………185
　2.3　河口流量調査 ………………………185
　　2.3.1　河口流量調査の方法 ……………185
　　2.3.2　河口流量調査 ……………………185
　　2.3.3　データ整理 ………………………186
　2.4　潮　位　調　査 ……………………186
　2.5　漂　砂　調　査 ……………………187
　2.6　底質材料調査 ………………………187
　　2.6.1　河口底質材料調査 ………………187
　　　2.6.1.1　河口底質材料調査の位置 ……187
　　　2.6.1.2　河道部の調査 …………………187
　　　2.6.1.3　砂州部の調査 …………………188
　　　2.6.1.4　粒　度　分　析 ………………188
　　2.6.2　海域の底質材料調査 ……………189
　　2.6.3　データ整理 ………………………189
　2.7　河川・海岸地形調査 ………………189
　　2.7.1　河川・海岸地形測量 ……………189
　　2.7.2　河川・海岸地形測量の範囲と測線
　　　　　間隔 …………………………………189
　　2.7.3　測　量　方　法 …………………191
　　2.7.4　データ整理 ………………………191
　2.8　水　質　調　査 ……………………192
　　2.8.1　水　質　調　査 …………………192
　　2.8.2　塩水遡上調査 ……………………192
　　2.8.3　データ整理 ………………………193
　2.9　風向・風速調査 ……………………193
　　2.9.1　風向・風速調査 …………………193
　　2.9.2　データ整理 ………………………193
　2.10　飛　砂　調　査 ……………………193
　2.11　河川環境調査 ………………………194
　2.12　その他の調査 ………………………194
　　2.12.1　その他の調査 ……………………194
　　2.12.2　砂州のフラッシュ調査 …………194
　　2.12.3　河口部流況調査 …………………195
〔参考 9.1〕　河口模型実験 …………………195

目　次

第10章　地すべり調査

第1節　総　　説 …………………………199

第2節　地すべり調査 ……………………199

　2.1　予備調査 ……………………………199
　　2.1.1　文献調査 ………………………199
　　〔参考10.1〕文献調査における資料 ………200
　　2.1.2　地形判読調査 …………………200
　2.2　概　　査 ……………………………200
　　2.2.1　現地踏査 ………………………200
　　2.2.2　調査計画の立案 ………………203
　　　2.2.2.1　運動ブロックの分割 ………203
　　　2.2.2.2　調査測線設定 ………………203
　　〔参考10.2〕調査測線の設定の例 …………203
　2.3　精　　査 ……………………………204
　　2.3.1　地形図の作成 …………………204
　　2.3.2　地質調査 ………………………204

　　　2.3.2.1　ボーリング調査の配置と長さ …205
　　　2.3.2.2　結果の整理 …………………206
　　2.3.3　すべり面調査 …………………207
　　2.3.4　地表変動状況調査 ……………208
　　　2.3.4.1　地盤伸縮計による調査 ………209
　　〔参考10.3〕斜面の滑落時期の予測 ………210
　　　2.3.4.2　地盤傾斜計による方法 ………211
　　　2.3.4.3　地上測量による調査 …………213
　　　2.3.4.4　GPS測量による方法 …………214
　　2.3.5　地下水調査 ……………………214
　　　2.3.5.1　地下水位測定 ………………215
　　　2.3.5.2　間隙水圧測定 ………………215
　　　2.3.5.3　地下水追跡試験 ……………215
　　　2.3.5.4　地下水検層 …………………216
　　　2.3.5.5　簡易揚水試験 ………………217
　　2.3.6　土質調査 ………………………217
　2.4　解　　析 ……………………………217

第11章　急傾斜地調査

第1節　総　　説 …………………………221

第2節　急傾斜地調査 ……………………221

　2.1　急傾斜地調査の目的 ………………221
　2.2　急傾斜地の調査の種類および流れ ………221
　2.3　予備調査 ……………………………222
　　2.3.1　予備調査の目的および種類 …………222
　　2.3.2　資料調査 ………………………223
　　2.3.3　危険個所点検調査 ……………223
　　2.3.4　大縮尺地形図の作成 …………228
　2.4　本　調　査 …………………………228

　　2.4.1　本調査の目的 …………………228
　　2.4.2　本調査の種類 …………………228
　2.5　地盤調査 ……………………………228
　　2.5.1　地盤調査の目的 ………………228
　　2.5.2　地盤調査の種類 ………………228
　　2.5.3　地盤調査の計画 ………………230
　　2.5.4　現地踏査（精査） ………………230
　　2.5.5　ボーリング，土質試験等 ………231
　2.6　環境調査 ……………………………232
　　2.6.1　環境調査の目的 ………………232
　　2.6.2　環境調査の調査方法と種類 …………232

目　　次

第12章　雪崩調査

第1節　総　　説 …………………237
  1.1　調査の目的 …………………237
  1.2　資料調査 ……………………237
  1.3　現地調査 ……………………237

第2節　積雪・気象調査 …………237
  2.1　基本方針 ……………………237
  2.2　資料調査 ……………………238
  2.3　資料整理 ……………………238

第3節　雪崩調査 …………………239
  3.1　基本方針 ……………………239
  3.2　雪崩実態調査 ………………239
  3.3　雪崩要因調査 ………………239
  3.4　雪崩の運動解析 ……………239

第4節　地形調査 …………………243
  4.1　基本方針 ……………………243
  4.2　地形調査 ……………………243

第5節　地質調査 …………………243
  5.1　基本方針 ……………………243
  5.2　地質調査 ……………………244

第6節　植生調査 …………………244
  6.1　基本方針 ……………………244
  6.2　植生調査 ……………………244

第7節　環境調査 …………………245
  7.1　基本方針 ……………………245
  7.2　自然環境調査 ………………245
  7.3　景観調査 ……………………245

第13章　生産土砂調査

第1節　総　　説 …………………249

第2節　基礎調査 …………………251
  2.1　流域区分 ……………………251
  2.1　水系図 ………………………251

第3節　現況調査 …………………252
  3.1　水源崩壊調査 ………………252
    3.1.1　調査対象 ………………252
    3.1.2　崩壊地の土砂量 ………252
    3.1.3　1次谷の渓床土砂堆積量 …254
    3.1.4　とくしゃ地の生産土砂量 …254
    3.1.5　地すべり性大規模崩壊 …255
  3.2　渓流調査 ……………………255
    3.2.1　範囲と測点 ……………255
    3.2.2　谷幅と渓床勾配 ………256
    3.2.3　渓床土砂堆積量 ………256
    3.2.4　流出形態の判別 ………257
    3.2.5　渓床の土砂堆積地の形成年代および
　　　　　　　移動現象の繰返し方 …258
  3.3　現況調査のまとめ …………259

第4節　変動調査 …………………260
  4.1　変動の実測に基づく流出土砂量の推定 …260
    4.1.1　ダムへの流入土砂量 …260
    4.1.2　河床変動解析による流出土砂量
　　　　　　　の推定 …………………262
    4.1.3　河床変動量調査の利用 …263
  4.2　流域の諸特性値による流出土砂量の推定 …265

4.3　変動調査のまとめ ……………………266

第14章　流送土砂調査

第1節　総　説 ……………………………271

1.1　総　説 ……………………………………271
1.2　調査の項目 ………………………………271

第2節　河床変動量調査 ……………………271

2.1　調査の目的と項目 ………………………271
2.2　縦横断測量調査 …………………………272
　2.2.1　縦横断測量調査の方法 ……………272
　2.2.2　縦横断測量調査の範囲および時期 …272
　2.2.3　データ処理 …………………………273
2.3　水位資料の調査 …………………………274
2.4　河床変動計算 ……………………………275
　2.4.1　河床変動計算の目的と方法 ………275
　〔参考14.1〕流砂量算定法 ………………275
　2.4.2　平面河床変動計算 …………………283
　〔参考14.2〕流砂量式の選定 ……………284
　〔参考14.3〕流砂量ベクトルの算定 ……284
　〔参考14.4〕流砂の連続式と解析方法 …284
　〔参考14.5〕構造物の影響 ………………285
2.5　人為的要因による河床変動量の調査 ……285
2.6　洪水時河床変動調査 ……………………285

第3節　流送土砂量調査 ……………………286

3.1　流送土砂量調査の目的と方法 …………286
3.2　流砂量観測による方法 …………………286
　3.2.1　掃流土砂量調査 ……………………286
　　3.2.1.1　掃流土砂量調査の方法 ………286
　　3.2.1.2　掃流土砂調査の観測回数，調査断面 …287
　　3.2.1.3　データ整理 ……………………287
　　3.2.1.4　掃流砂量算定式の決定 ………287
　3.2.2　浮遊土砂量調査 ……………………290
　　3.2.2.1　浮遊土砂量調査の方法 ………290
　　3.2.2.2　浮遊土砂の観測，調査断面 …290
　　3.2.2.3　データ整理 ……………………290
　　3.2.2.4　掃流砂量算定式の決定 ………290
3.3　河床掘削による方法 ……………………291
3.4　ダム貯水池等の堆砂量測定による方法 …291
3.5　河口部深浅測量データによる調査 ……292

第4節　河床材料調査 ………………………292

4.1　河床材料調査 ……………………………292
4.2　河床材料調査の調査地点と回数 ………292
4.3　表層河床材料のサンプリング法 ………292
4.4　データ整理 ………………………………293
4.5　比重測定 …………………………………293
4.6　沈降速度の算出 …………………………294

第15章　海岸調査

第1節　総　説 ……………………………299

1.1　総　説 ……………………………………299
1.2　調査の基本方針 …………………………299
1.3　調査の項目 ………………………………299

第2節　気象調査 ……………………………301

第3節　波浪調査 ……………………………301

3.1　波　浪 ……………………………………301
3.2　波浪調査の目的と項目 …………………304
3.3　波浪観測 …………………………………304
　3.3.1　波浪観測の方法 ……………………304
　3.3.2　観測地点 ……………………………305

3.3.3　データ整理 …………………305
　　3.3.4　データの保管 ………………306
　3.4　波　浪　推　算 ……………………306
　　3.4.1　波浪推算 ……………………306
　　3.4.2　風　の　推　算 ……………306
　　3.4.3　波浪の推算の方法 …………307

第4節　流れの調査 ………………………308
　4.1　沿岸域における流れの調査 ………308
　4.2　流れの調査の目的と項目 …………308
　4.3　流　れ　の　観　測 ………………308
　　4.3.1　流れの観測方法 ……………308
　　4.3.2　観　測　地　点 ……………309
　　4.3.3　データ整理 …………………309
　4.4　流　れ　の　計　算 ………………309
　　4.4.1　流れの計算方法 ……………309

第5節　海面変動調査 ……………………310
　5.1　海面変動調査の目的と項目 ………310
　5.2　潮　位　観　測 ……………………310
　5.3　潮　位　解　析 ……………………310
　5.4　高　潮　解　析 ……………………311
　5.5　津　波　解　析 ……………………313

第6節　海　岸　測　量 …………………313
　6.1　海岸測量の目的と項目 ……………313
　6.2　海岸測量の範囲および期間 ………313
　6.3　海浜測量の方法 ……………………314
　6.4　深浅測量の方法 ……………………314
　6.5　データ整理 …………………………314

第7節　漂　砂　調　査 …………………315
　7.1　漂砂調査の目的と方法 ……………315
　7.2　海　岸　踏　査 ……………………315
　　7.2.1　海岸踏査の目的と項目 ……315
　　7.2.2　データ整理 …………………315
　7.3　底　質　調　査 ……………………316
　　7.3.1　底質調査の目的と範囲 ……316
　　7.3.2　試料の採取 …………………316
　　7.3.3　データ整理 …………………316
　7.4　漂　砂　観　測 ……………………316
　　7.4.1　浮遊砂調査 …………………316
　　7.4.2　掃流砂調査 …………………317
　　7.4.3　トレーサによる調査 ………317
　　7.4.4　海底面変動調査 ……………318
　7.5　供　給　源　調　査 ………………318
　　7.5.1　河川からの供給土砂調査 …318
　　7.5.2　海崖からの供給土砂調査 …318
　7.6　飛　砂　調　査 ……………………318
　7.7　漂　砂　解　析 ……………………319
　　7.7.1　漂砂解析の目的と項目 ……319
　　7.7.2　漂砂の卓越方向調査 ………319
　　7.7.3　移動限界水深 ………………319
　　7.7.4　漂　砂　量 …………………320

第8節　海岸災害調査 ……………………321
　8.1　海岸災害調査の目的と項目 ………321
　8.2　海岸災害調査の方法 ………………321

第9節　そ　の　他 ………………………321

第16章　水質・底質調査

第1節　総　　　説 ………………………329

第2節　水　質　調　査 …………………330
　2.1　観測測定地点の設定 ………………330
　　2.1.1　観測測定地点の設定 ………330
　　2.1.2　基準地点の選定 ……………330
　　2.1.3　一般地点の選定 ……………330
　2.2　観測測定地点に設置すべき機器 …331
　　2.2.1　水位流量観測設備の設置 …331
　　2.2.2　水質自動監視装置の設置 …331
　　2.2.3　自動採水装置の設置 ………331
　2.3　採　水　位　置 ……………………332

目　　次

- 2.3.1 河川（湖沼，ダム貯水池等を除く）の採水位置 …… 332
- 2.3.2 湖沼および海域の採水位置 …… 332
- 2.3.3 ダム貯水池等の採水位置 …… 332
- 2.4 採水深度 …… 333
  - 2.4.1 河川における採水深度 …… 333
  - 2.4.2 湖沼および海域における採水深度 …… 333
  - 2.4.3 ダム貯水池等における採水深度 …… 334
- 2.5 観測測定項目 …… 334
  - 2.5.1 基準地点，一般地点で共通的に測定すべき項目 …… 334
  - 2.5.2 河川（湖沼およびダム貯水池等を除く）の基準地点，一般地点で測定すべき項目 …… 334
  - 〔参考16.1〕人の健康の保護に関する環境基準 …… 335
  - 〔参考16.2〕生活環境の保全に関する環境基準 …… 336
  - 〔参考16.3〕人の健康に関する要監視項目および指針値 …… 342
  - 2.5.3 湖沼の基準地点，一般地点で観測測定すべき項目 …… 342
  - 2.5.4 海域の基準地点，一般地点で観測測定すべき項目 …… 343
  - 2.5.5 ダム貯水池等の基準点，一般地点で観測測定すべき項目 …… 343
- 2.6 観測測定回数 …… 343
  - 2.6.1 河川（湖沼，ダム貯水池等を除く）の基準地点，一般地点における観測測定回数 …… 343
  - 2.6.2 湖沼の基準地点，一般地点における観測測定回数 …… 344
  - 2.6.3 海域の基準地点，一般地点における観測測定回数 …… 344
  - 2.6.4 ダム貯水池等の基準点，一般地点における観測測定回数 …… 344
- 2.7 採水の日時 …… 344
  - 2.7.1 河川（湖沼，ダム貯水池等を除く）の基準地点，一般地点での採水日時 … 344
  - 2.7.2 湖沼の基準地点，一般地点での採水の日時 …… 345
  - 2.7.3 海域の基準地点，一般地点での採水の日時 …… 345
  - 2.7.4 ダム貯水池等の基準地点，一般地点での採水の日時 …… 345
- 2.8 採水の方法 …… 346
  - 2.8.1 採水器等 …… 346
  - 2.8.2 混合試料の作成 …… 346
- 2.9 試料の前処理 …… 346
- 2.10 現場測定 …… 346
- 2.11 現場測定方法 …… 347
  - 2.11.1 水温 …… 347
  - 2.11.2 pH …… 347
  - 2.11.3 溶存酸素(DO) …… 347
  - 2.11.4 導電率 …… 348
  - 2.11.5 透明度 …… 348
  - 2.11.6 透視度 …… 348
- 2.12 試料の運搬 …… 348
- 2.13 水質分析方法（室内分析）…… 349
  - 2.13.1 水質汚濁に係わる環境基準が定まっている水質項目および要監視項目の試験 …… 349
  - 2.13.2 脱酸素係数の試験 …… 349
  - 2.13.3 1次生産量の測定 …… 350
  - 2.13.4 その他の項目の試験 …… 350
  - 2.13.5 分析を行うまでの最大許容時間 …… 350
  - 2.13.6 測定値の表示 …… 350
- 2.14 水質資料の整理 …… 350

第3節　底質調査 …… 351

- 3.1 調査の順序と項目 …… 351
- 3.2 汚染状況把握調査 …… 351
  - 3.2.1 採泥地点の選定 …… 351
  - 3.2.2 採泥深度 …… 351
  - 3.2.3 観測測定項目 …… 352
  - 3.2.4 調査結果の整理 …… 352
- 3.3 概況調査 …… 352
  - 3.3.1 採泥地点の選定 …… 352
  - 3.3.2 採泥深度 …… 352
  - 3.3.3 観測測定項目 …… 353
- 3.4 精密調査 …… 353
  - 3.4.1 採泥地点の選定 …… 353
  - 3.4.2 採泥深度 …… 353

3.4.3　観測測定項目 ……………354
　3.5　採 泥 方 法 ……………………354
　3.6　採泥時の試料の調整 ……………354
　6.7　底質分析方法 ……………………354
　　3.7.1　水分含量および有機物量に関する試
　　　　　験 …………………………………354
　　3.7.2　有害物質等の試験 ……………355
　　3.7.3　総窒素，総リンの試験 …………355
　　3.7.4　その他の項目の試験 ……………355
　3.8　底泥溶出速度試験 ………………355
　　3.8.1　底泥からの汚濁物質の溶出速度試験…355
　　　3.8.1.1　解 析 方 法 ……………355
　　　3.8.1.2　調査の項目 ………………356
　　　3.8.1.3　調査の方法 ………………356
　　3.8.2　底泥による溶存酸素消費速度試験 …356
　　　3.8.2.1　解 析 方 法 ……………356
　　　3.8.2.2　調査の項目 ………………357
　　　3.8.2.3　調査の方法 ………………357
　3.9　底泥溶出試験 ……………………358
　　3.9.1　溶出率の算定法 ………………358
　　3.9.2　試 験 溶 液 …………………358
　　3.9.3　溶出試験方法 …………………358

第4節　地下水水質調査 ……………359
　4.1　地下水水質調査の項目 ……………359
　4.2　長期的な水質変化を調べるための水質調
　　　査 …………………………………359
　　4.2.1　調査地点の設定 ………………359
　　4.2.2　深さ方向の調査位置 ……………360
　　4.2.3　採水の方法 …………………360
　　4.2.4　調査測定項目 …………………360
　　4.2.5　調査測定回数 …………………360

第5節　汚濁源および汚濁負荷量調査 ………361
　5.1　汚濁負荷量調査 …………………361
　　5.1.1　汚濁負荷量調査の目的と意義 ……361
　　5.1.2　汚濁負荷量調査の進め方 …………361
　　5.1.3　算出すべき負荷量の種類 …………362
　5.2　基 礎 調 査 ……………………362
　　5.2.1　基礎調査の基本的考え方 …………362
　　5.2.2　基礎調査の資料収集と区域別分類 …362
　　5.2.3　基礎調査の項目 ………………362

　5.3　発生および排出汚濁負荷量調査 …………363
　　5.3.1　基本的考え方 …………………363
　　5.3.2　点 源 負 荷 …………………363
　　5.3.3　面 源 負 荷 …………………365
　5.4　流達および流出汚濁負荷量調査 …………366
　　5.4.1　基本的考え方 …………………366
　　5.4.2　観測測定地点の選定 ……………366
　　5.4.3　採水位置と採水深度 ……………367
　　5.4.4　観測測定回数 …………………367
　5.5　排出率，流達率，浄化残率，浄化率，流
　　　出率 …………………………………367

第6節　水質汚濁予測調査 ……………368
　6.1　非感潮河川における水質汚濁予測調査 …368
　　6.1.1　解 析 手 法 …………………368
　　6.1.2　調査の項目 …………………368
　　6.1.3　調査区間の選定 ………………368
　　6.1.4　調査の時期 …………………369
　　6.1.5　現地調査の内容 ………………369
　　6.1.6　各測定地点での測定および採水時間…369
　　6.1.7　採水位置および深度 ……………369
　　6.1.8　調査測定項目 …………………369
　　6.1.9　BOD減少係数などの決定 …………370
　6.2　感潮河川における水質汚濁予測調査 ……371
　　6.2.1　解 析 方 法 …………………371
　　6.2.2　調査の項目 …………………371
　　6.2.3　測定地点の設定 ………………372
　　6.2.4　現地調査の内容 ………………372
　　6.2.5　各測定地点での測定および採水時刻 …372
　　6.2.6　採水位置および深度 ……………373
　　6.2.7　底泥試料の採取 ………………373
　　6.2.8　調査測定項目 …………………373
　6.3　湖沼，貯水池における水質汚濁予測調査…374
　　6.3.1　解 析 方 法 …………………374
　　6.3.2　調査の項目 …………………374
　　6.3.3　測定地点の設定 ………………374
　　6.3.4　調査の時期 …………………375
　　6.3.5　現地調査の内容 ………………375
　　6.3.6　各測定地点での測定および採水頻度…375
　　6.3.7　採 水 深 度 …………………375
　　6.3.8　降雨試料の採取 ………………376
　　6.3.9　底泥試料の採取 ………………376

　　　　　　　　　　　　　　　目　　次

　　6.3.10　調査測定項目 …………………376
　　6.3.11　藻類増殖，沈降，分解，底泥溶出
　　　　　　調査 …………………………377
　6.4　海域における水質汚濁予測調査 ………377
　　6.4.1　解析方法 …………………………377
　　6.4.2　調査の項目 ………………………377
　　6.4.3　測定地点の設定 …………………377
　　6.4.4　現地調査の内容 …………………378
　　6.4.5　各測定地点での測定および採水時刻…378
　　6.4.6　海域の採水深度 …………………378
　　6.4.7　底泥試料の採取 …………………378
　　6.4.8　調査測定項目 ……………………379

第7節　水質事故時の水質調査 …………379
　7.1　水質事故時の調査内容 …………………379

　7.2　調査個所 …………………………………379
　7.3　水質分析項目 ……………………………380
　7.4　測定方法 …………………………………380

第8節　酸性雨調査 ………………………380
　8.1　酸性雨調査 ………………………………380
　8.2　調査地点と調査方法 ……………………381
　　8.2.1　調査地点 …………………………381
　　8.2.2　採取方法 …………………………381
　　8.2.3　酸性雨（雪）調査の調査・分析項目…381
　8.3　河川水質調査 ……………………………381
　　8.3.1　調査地点の設定 …………………381
　　8.3.2　調査分析項目 ……………………382
　8.4　河川流域の土壌pHの観測 ………………382
　〔参考16.4〕泥のBOD試験 …………………382

第17章　土質地質調査

第1節　総　　説 …………………………387
　1.1　総　　説 …………………………………387
　1.2　調査の手順 ………………………………387
　　1.2.1　調査の手順 ………………………387
　　1.2.2　予備調査 …………………………387
　　1.2.3　現地調査 …………………………388
　　1.2.4　本　調査 …………………………388

第2節　河川堤防の土質調査 ……………389
　2.1　河川堤防の土質調査の方針 ……………389
　2.2　予備調査および現地踏査 ………………389
　2.3　本調査（第1次） ………………………390
　　2.3.1　本調査（第1次） ………………390
　　2.3.2　軟弱地盤の判定 …………………392
　　2.3.3　透水性地盤の判定 ………………392
　2.4　軟弱地盤調査 ……………………………393
　　2.4.1　軟弱地盤調査の方針 ……………393
　　2.4.2　サウンディング試験 ……………393
　　2.4.3　試料採取 …………………………394
　　2.4.4　土質試験 …………………………395
　　2.4.5　データ整理 ………………………396

　2.5　透水性地盤調査 …………………………396
　　2.5.1　透水性地盤調査の方針 …………396
　　2.5.2　試料採取 …………………………397
　　2.5.3　原位置試験 ………………………397
　　2.5.4　土質試験 …………………………398
　　2.5.5　試験施工 …………………………398
　　2.5.6　データ整理 ………………………399
　2.6　堤体材料選定のための調査 ……………399
　　2.6.1　堤体材料選定のための調査の方針　399
　　2.6.2　予備調査および現地調査 ………400
　　2.6.3　本　調査 …………………………400
　　2.6.4　データ整理 ………………………401
　2.7　既設堤防の調査 …………………………401
　　2.7.1　既設堤防の調査の方針 …………401
　　2.7.2　堤防弱点個所抽出のための調査 ……402
　　2.7.3　堤体漏水調査 ……………………403
　　2.7.4　堤防地盤漏水調査 ………………404
　　2.7.5　軟弱地盤調査 ……………………404
　　2.7.6　浸透流解析 ………………………405
　2.8　地盤沈下 …………………………………405
　　2.8.1　調査方法 …………………………405
　　2.8.2　調査方法 …………………………405

2.8.2.1　測定点の配置 …………405
　　　2.8.2.2　観測施設の構造 …………406
　　2.8.3　観測の頻度 …………………406

第3節　河川構造物のための調査 …………406
　3.1　河川構造物を新設するための地盤調査 …406
　　3.1.1　河川構造物を新設するための調査の方針 …………………………406
　　3.1.2　予備調査 ……………………406
　　3.1.3　本調査 ………………………407
　　3.1.4　地盤調査の調査事項 …………408
　　3.1.5　支持力調査 …………………409
　　3.1.6　土圧，間隙水圧調査 …………409
　　3.1.7　地盤反力係数，杭のばね定数 …409
　　3.1.8　圧密沈下に関する調査 ………410
　　3.1.9　その他の調査 ………………410
　3.2　既設構造物診断のための調査 ………410
　　3.2.1　方針 …………………………410
　　3.2.2　調査方法 ……………………410

第4節　ダムの地質調査 ……………………412
　4.1　ダムの地質調査の方針 ………………412
　4.2　概査 …………………………………412
　　4.2.1　調査範囲 ……………………412
　　4.2.2　地形図と空中写真 ……………413
　　4.2.3　貯水池周辺の調査 ……………413
　　4.2.4　ダムサイトの調査 ……………414
　　4.2.5　データ整理 …………………414
　4.3　設計調査 ……………………………415
　　4.3.1　設計範囲 ……………………415
　　4.3.2　地形図 ………………………415
　　4.3.3　設計調査の方法 ………………416
　　4.3.4　岩級区分 ……………………417
　　4.3.5　室内試験 ……………………417
　　4.3.6　原位置せん断試験・原位置変形試験 ………………………………419
　　4.3.7　透水試験 ……………………419
　　4.3.8　貯水池周辺調査 ………………419
　　4.3.9　仮設備計画個所調査 …………420
　　4.3.10　総合解析 ……………………420
　4.4　材料調査 ……………………………421
　　4.4.1　材料調査の内容 ………………421
　　4.4.2　コンクリート骨材の調査 ……422
　　4.4.3　透水性材料（ロック材）の調査 …423
　　4.4.4　半透水性材料（フィルタ材料，トランジション材料）の調査 ………424
　　4.4.5　土質材料（コア材）の調査 ……425
　4.5　細部調査 ……………………………427
　　4.5.1　細部調査の方針 ………………427
　4.6　完成後の調査 ………………………428
　　4.6.1　完成後の調査の方針 …………428
　　4.6.2　データ整理 …………………429
　4.7　資料の保存 …………………………429
　4.8　アースダムの基礎地盤土質調査 ……429
　　4.8.1　予備調査 ……………………429
　　4.8.2　設計調査 ……………………430

第5節　地質調査 ……………………………431
　5.1　地質調査の方針 ………………………431
　5.2　予備調査および地表地質踏査 ………432
　5.3　物理探査 ……………………………432
　　5.3.1　物理探査法 …………………432
　　5.3.2　弾性波探査 …………………433
　　5.3.3　電気探査 ……………………433
　　5.3.4　その他の物理探査 ……………434
　　5.3.5　物理探査結果の確認 …………434
　5.4　ボーリング調査 ……………………434
　5.5　調査坑 ………………………………435

第6節　土のボーリングおよびサンプリング …436
　6.1　ボーリング …………………………436
　　6.1.1　ボーリング調査の方法 ………436
　　6.1.2　ボーリング調査 ………………437
　　6.1.3　データ整理 …………………437
　6.2　サンプリング ………………………438
　　6.2.1　サンプリングの方法 …………438
　　6.2.2　サンプリング …………………439
　　6.2.3　データ整理 …………………440

第7節　土の現場試験 ………………………440
　7.1　サウンディング ……………………440
　　7.1.1　サウンディングの方法 ………440
　　7.1.2　標準貫入試験 ………………441
　　7.1.3　動的コーン貫入試験 …………443

目　　次

　　7.1.4　オートマチックラムサウンディング
　　　　　試験 …………………………………443
　　7.1.5　静的コーン貫入試験 ……………443
　　7.1.6　スウェーデン式サウンディング試験…444
　　7.1.7　現場ベーンせん断試験 …………444
　　7.1.8　オランダ式二重管コーン貫入試験 …444
　　7.1.9　多成分（3成分）コーン貫入試験 …444
　7.2　載 荷 試 験 ………………………………445
　　7.2.1　載荷試験の方法 ……………………445
　　7.2.2　地盤の平板載荷試験 ………………445
　　7.2.3　杭の鉛直載荷試験 …………………445
　　7.2.4　杭の水平載荷試験 …………………446
　　7.2.5　ボーリング孔内載荷試験 …………446
　7.3　現場で透水性係数を求める試験 ………447
　7.4　現場における土の密度試験 ……………448
　7.5　現場転圧試験 ……………………………448
　7.6　現場せん断試験 …………………………449
　　7.6.1　現場せん断試験 ……………………449
　　7.6.2　現場せん断試験の方法 ……………449

第8節　岩盤の原位置試験 ……………………449

　8.1　変 形 試 験 ………………………………449
　　8.1.1　変 形 試 験 …………………………449
　　8.1.2　変形試験の方法 ……………………450
　　　8.1.2.1　加 圧 板 …………………………450
　　　8.1.2.2　載荷の方法 ………………………450
　　　8.1.2.3　変位の測定 ………………………450
　　8.1.3　変形係数・弾性係数 ………………450
　8.2　せん断試験 ………………………………452
　　8.2.1　せん断試験 …………………………452
　　8.2.2　せん断試験の方法 …………………452
　　　8.2.2.1　供試体のブロックの大きさ ……452
　　　8.2.2.2　載荷の方法 ………………………452

　　　8.2.2.3　変位の測定 ………………………452
　　　8.2.2.4　データ整理 ………………………453
　8.3　透 水 試 験 ………………………………453
　　8.3.1　透水試験の方法 ……………………453
　　8.3.2　データ整理 …………………………454
　8.4　グラウチングテスト ……………………454
　8.5　ボーリング孔内試験 ……………………454

第9節　土の室内試験 …………………………456

　9.1　土の判別分類のための試験 ……………456
　　9.1.1　試験の方法 …………………………456
　　9.1.2　ダイレイタンシー試験 ……………456
　　9.1.3　乾燥強さ試験 ………………………457
　9.2　土の力学的性質を求める試験 …………457
　　9.2.1　材料としての試験 …………………457
　　9.2.2　原地盤の土の試験 …………………458
　　9.2.3　供試体の作成 ………………………459
　　9.2.4　一面せん断試験 ……………………459
　　9.2.5　三軸圧縮試験 ………………………459
　　9.2.6　圧 密 試 験 …………………………460
　　9.2.7　締固め試験 …………………………460
　　9.2.8　コアの含有物試験 …………………460

第10節　岩石の室内試験 ………………………461

　10.1　物 理 試 験 ………………………………461
　10.2　岩石の力学試験 …………………………461
　10.3　化学的性質を求める試験 ………………461
　10.4　耐 久 性 試 験 ……………………………462

第11節　土の分類 ………………………………462

　11.1　土 の 分 類 ………………………………462
　11.2　分類結果の表示 …………………………464

第18章　河川環境調査

第1節　総　　説 ………………………………467

第2節　生 物 調 査 ……………………………468

　2.1　植 物 調 査 ………………………………468
　　2.1.1　調査概要 ……………………………468
　　2.1.2　調査構成 ……………………………468
　　2.1.3　事 前 調 査 …………………………469

目　　次

　　2.1.4　現地調査計画 …………469
　　2.1.5　現地調査 …………469
　〔参考18.1〕植生区分の例 …………474
　　2.1.6　室内分析 …………479
　　2.1.7　整理・とりまとめ …………479
　2.2　動植物プランクトン調査 …………479
　　2.2.1　調査概要 …………479
　　2.2.2　調査構成 …………480
　　2.2.3　事前調査 …………480
　　2.2.4　現地調査計画 …………481
　　2.2.5　現地調査 …………481
　　2.2.6　室内分析 …………483
　　2.2.7　整理・とりまとめ …………486
　2.3　底生生物調査 …………487
　　2.3.1　調査概要 …………487
　　2.3.2　調査構成 …………487
　　2.3.3　事前調査 …………488
　　2.3.4　現地調査計画 …………488
　　2.3.5　現地調査 …………488
　　2.3.6　室内分析 …………492
　　2.3.7　整理・とりまとめ …………493
　2.4　魚類調査 …………494
　　2.4.1　調査概要 …………494
　　2.4.2　調査構成 …………494
　　2.4.3　事前調査 …………495
　　2.4.4　現地調査計画 …………495
　　2.4.5　現地調査 …………495
　　2.4.6　室内分析 …………497
　　2.4.7　整理・とりまとめ …………498
　2.5　陸上昆虫類調査 …………499
　　2.5.1　調査概要 …………499
　　2.5.2　調査構成 …………500
　　2.5.3　事前調査 …………500
　　2.5.4　現地調査計画 …………500
　　2.5.5　現地調査 …………501
　　2.5.6　室内分析 …………502
　　2.5.7　整理・とりまとめ …………503
　2.6　両生類・爬虫類・哺乳類調査 …………504

　　2.6.1　調査概要 …………504
　　2.6.2　調査構成 …………504
　　2.6.3　事前調査 …………505
　　2.6.4　現地調査計画 …………505
　　2.6.5　現地調査 …………505
　　2.6.6　室内分析 …………508
　　2.6.7　整理・とりまとめ …………508
　2.7　鳥類調査 …………509
　　2.7.1　調査概要 …………509
　　2.7.2　調査構成 …………509
　　2.7.3　事前調査 …………510
　　2.7.4　現地調査計画 …………510
　　2.7.5　現地調査 …………510
　　2.7.6　整理・とりまとめ …………511
　2.8　ハビタット調査 …………512
　　2.8.1　ハビタット調査の目的 …………512
　　2.8.2　ハビタットの表現方法 …………514
　　2.8.3　ハビタット調査の対象生物種 …………514
　　2.8.4　ハビタット調査の対象区域 …………514
　　2.8.5　ハビタット調査の時期 …………515
　　2.8.6　ハビタット調査の頻度の目安 …………515
　　2.8.7　ハビタット調査の手法 …………515

第3節　景観調査 …………516

　3.1　景観調査 …………516
　3.2　概略調査 …………516
　3.3　拠点調査 …………517
　3.4　写真撮影 …………518
　3.5　素材・デザインの調査 …………520
　3.6　色彩調査 …………521
　3.7　景観予測 …………521
　3.8　景観評価手法 …………522
　3.9　調査結果のまとめ方 …………523

第4節　親水利用調査 …………523

　4.1　親水利用調査の目的 …………523
　4.2　親水利用調査の方法 …………526

目　次

第19章　河道特性調査

第1節　総　説 ……………………………… 533
  1.1　総　説 ………………………………… 533
  1.2　河道特性調査項目 …………………… 534

第2節　河道特性調査の手法 ……………… 534
  〔参考19.1〕セグメント区分の方法と命名法 ……………………………… 535
  〔参考19.2〕代表粒径の分析 …………… 537

第20章　河川経済調査

第1節　総　説 ……………………………… 541

第2節　治水経済調査 ……………………… 541
  2.1　治水経済調査の手順 ………………… 541
  2.2　調査対象流量規模の設定 …………… 542
  2.3　地盤高調査 …………………………… 542
  2.4　氾濫水理調査 ………………………… 542
  2.5　氾濫区域資産調査 …………………… 543
  2.6　想定被害額の算定 …………………… 544
  2.7　想定年平均被害軽減期待額(benefit)の算定 ……………………………………… 545
  2.8　流量規模別想定治水事業費(cost)の算定 … 546
  2.9　治水事業の経済効果の把握 ………… 546

第21章　測　量

第1節　総　説 ……………………………… 551
  1.1　総　説 ………………………………… 551
  1.2　測量計画 ……………………………… 551
    1.2.1　測量計画 ………………………… 551
    1.2.2　河川に関する測量計画 ………… 552
    1.2.3　ダムに関する測量計画 ………… 552
    1.2.4　砂防に関する測量計画 ………… 553
    1.2.5　空中写真測量の計画 …………… 553

第2節　基準点測量 ………………………… 554
  〔参考21.1〕基準点測量 ………………… 554
  〔参考21.2〕作業内容 …………………… 555
  2.1　精　度 ………………………………… 555
  2.2　成果等 ………………………………… 557
  2.3　検　査 ………………………………… 558

第3節　水準測量 …………………………… 558
  〔参考21.3〕水準測量 …………………… 558
  〔参考21.4〕作業内容 …………………… 559
  3.1　精　度 ………………………………… 559
  3.2　成果等 ………………………………… 560
  3.3　検　査 ………………………………… 560

第4節　空中写真測量 ……………………… 561
  〔参考21.5〕空中写真測量 ……………… 561
  〔参考21.6〕作業内容 …………………… 562
  〔参考21.6.1〕標定点の設置 …………… 562
  〔参考21.6.2〕対空標識の設置 ………… 562
  〔参考21.6.3〕撮　影 …………………… 563

〔参考 21.6.4〕　刺　　　針 …………564
　　〔参考 21.6.5〕　現 地 調 査 …………564
　　〔参考 21.6.6〕　空中三角測量 …………565
　　〔参考 21.6.7〕　図　　　化 …………566
　　〔参考 21.6.8〕　地形補備測量 …………567
　　〔参考 21.6.9〕　編　　　集 …………567
　　〔参考 21.6.10〕現 地 補 測 …………567
　　〔参考 21.6.11〕原 図 作 成 …………568
　4.1　精　　　度 ………………………………568
　　4.1.1　測定点の設置 ……………………568
　　4.1.2　空中三角測量 ……………………568
　　4.1.3　図　　　化 ………………………569
　　4.1.4　完成地図の精度 …………………569
　4.2　成　果　等 ………………………………569
　　4.2.1　標定点の設置の成果等 …………569
　　4.2.2　対空標識の設置および刺針の成果
　　　　　　等 ………………………………570
　　4.2.3　撮影の成果等 ……………………570
　　4.2.4　現地調査の成果等 ………………571
　　4.2.5　空中三角測量の成果等 …………571
　　4.2.6　図化の成果等 ……………………571
　　4.2.7　地形補備測量の成果等 …………571
　　4.2.8　編集の成果等 ……………………572
　　4.2.9　現地補測の成果等 ………………572
　　4.2.10　原図作成の成果等 ………………572
　4.3　検　　　査 ………………………………572
　　4.3.1　標定点の設置 ……………………572
　　4.3.2　対空標識の設置および刺針 ……572
　　4.3.3　撮　　　影 ………………………573
　　4.3.4　現 地 調 査 ………………………573
　　4.3.5　空中三角測量 ……………………573
　　4.3.6　図　　　化 ………………………573
　　4.3.7　地形補備測量 ……………………574
　　4.3.8　編　　　集 ………………………574
　　4.3.9　現 地 補 測 ………………………574
　　4.3.10　原 図 作 成 ………………………574

第 5 節　空中横断測量 ……………………………575
　　〔参考 21.7〕　空中横断裁量 ……………575
　　〔参考 21.8〕　作 業 内 容 ………………575

　　〔参考 21.8.1〕　標定点の設置，対空標識の
　　　　　　　　　　設置，撮影，現地調査，空
　　　　　　　　　　中三角測量 ………………575
　　〔参考 21.8.2〕　横断図化，地形補備測量，
　　　　　　　　　　整理 ………………………576
　5.1　精　　　度 ………………………………576
　5.2　成　果　等 ………………………………577
　5.3　検　　　査 ………………………………577

第 6 節　平 板 測 量 ………………………………577
　　〔参考 21.9〕　平 板 測 量 ………………577
　　〔参考 21.10〕　作 業 内 容 ………………577
　6.1　精　　　度 ………………………………578
　6.2　成　果　等 ………………………………578
　6.3　検　　　査 ………………………………578

第 7 節　距離標設置測量 …………………………579
　　〔参考 21.11〕　距　離　標 ………………579
　　〔参考 21.12〕　作 業 内 容 ………………579
　7.1　精　　　度 ………………………………579
　7.2　成　果　等 ………………………………579
　7.3　検　　　査 ………………………………580

第 8 節　水準基標測量 ……………………………580
　　〔参考 21.13〕　水準基標測量 ……………580
　　〔参考 21.14〕　作 業 内 容 ………………581
　8.1　精　　　度 ………………………………581
　8.2　成　果　等 ………………………………581
　8.3　検　　　査 ………………………………581

第 9 節　定期縦断測量 ……………………………582
　　〔参考 21.15〕　定期縦断測量 ……………582
　　〔参考 21.16〕　作 業 内 容 ………………582
　9.1　精　　　度 ………………………………582
　9.2　成　果　等 ………………………………582
　9.3　検　　　査 ………………………………583

第 10 節　定期横断測量 …………………………583
　　〔参考 21.17〕　定期横断測量 ……………583
　　〔参考 21.18〕　作 業 内 容 ………………583
　　〔参考 21.19〕　深 浅 測 量 ………………584
　　〔参考 21.20〕　洪水痕跡調査 ……………584

目　次

10.1　精　　度 ……………………584	11.1　精　　度 ……………………588
10.2　成　果　等 ……………………585	11.2　成　果　等 ……………………588
10.3　検　　査 ……………………585	11.3　検　　査 ……………………589

第11節　工事用測量 ……………………586

〔参考 21.21〕　工事用測量 ……………586
〔参考 21.22〕　作業内容 ………………586
〔参考 21.22.1〕　基準点測量 …………586
〔参考 21.22.2〕　平板測量 ……………586
〔参考 21.22.3〕　法線測量 ……………587
〔参考 21.22.4〕　縦断測量 ……………587
〔参考 21.22.5〕　横断測量 ……………587

第12節　用地測量 ……………………589

〔参考 21.23〕　用地測量 ………………589
〔参考 21.24〕　作業内容 ………………590
〔参考 21.24.1〕　資料測量，境界確認 ………590
〔参考 21.24.2〕　境界測量，面積確認 ………590
12.1　精　　度 ……………………590
12.2　成　果　等 ……………………591
12.3　検　　査 ……………………591

総　　則

第1章 目　　　　的

> この基準は，河川，砂防，海岸，地すべりおよび急傾斜地に関する事業（以下河川等に関する事業という）の調査，計画，設計，施工および維持管理を実施するために必要な技術的事項について設けるもので，これによって河川等に関する事業に係わる技術の体系化を図り，もってその水準の維持と向上に資することを目的とする．

第2章 内　　　　容

第1節　基準の内容

> この基準は，調査，計画，設計，施工および維持管理の5編よりなり，各編は，河川等に関する事業に係わる技術的事項についての標準的な基準を内容とする．

解　説

各編は章，節，項よりなる．

「解説」は本文の理解を深め，その適用にあたって判断を誤ることのないよう，基準として定めた内容の説明，その背景，事例等を掲げたものである．

また，「参考」は必ずしも定説となるにいたらない等の理由により基準とし難いもの，または，基準とすることが適当でない事項ではあるが，参考として掲げることが技術基準策定の目的を達成することに有意義であると考えられる事項である．

第2節　内容の改訂

> この基準の内容は，技術水準の向上その他必要に応じて改訂を行うものとする．

解　説

第1章で示したこの基準の目的を全うするためには，技術水準の向上，関係法令の改廃等に応じ，可及的速やかに改訂を行う必要がある．

なお、この基準は昭和33年策定されたものである．

総　則

第3章　運　用　方　針

第1節　運　　　用

> この基準によることが適当でない場合においては，この基準に示される技術的水準を損なわない範囲において，この基準によらないことができる．

解　説

　この基準は，現在において標準的と考えられている技術的事項を示したものであり，より高度の水準を指向することを妨げるものではない．

　したがって，責任技術者が，この基準によることが適当でなく，かつ，この基準によって示されている技術的水準が十分確保されると判断する場合にはこの基準によらないことができる．

　なお，ここで責任技術者とは，通常各業務組織においてその所掌範囲にわたり技術上の判断決定に責任をもつ技術者をいう．

第2節　他の諸法規との関係

> この基準に定める内容について，関係諸法令に別に定めがある場合においては，この基準にかかわらず，これらの諸法令によるものとする．

解　説

関係諸法令とは，法律，政令，建設省令および建設省訓令をさす．

第3節　適　　　用

> この基準は，建設省直轄事業および建設省関係補助事業のうち，河川等に関する事業に適用するものとする．
>
> ただし，準用河川に係る事業，災害復旧事業およびこれに関連して行う事業で，この基準により難い場合には，この基準を適用しないことができる．

解　説

　第3章第1節に示した適用方針により，第2節に示した範囲内で建設省直轄事業および建設省関係補助事業にこの基準を適用するものとする．準用河川に係る事業，災害復旧事業および，これに関連して行う事業についても，改良度の高い事業については原則としてこの基準を適用するものとするが，災害の緊急性，上下流の計画との整合性等から，この基準によることが困難または不適当な場合においては，適用しないことができる．

　なお，水系を一貫して技術的水準を確保するうえから，建設省直轄，補助事業以外の事業が行われる場合においても，この基準が準用されることが望ましい．

第 1 章

降水量調査

第1章　降水量調査

第1節　総　　説

> 本章は，地上において降水量計等により行う降水量の調査に関する標準的手法を定めるものとする．降水量観測は，原則として自記観測（テレメータ観測を含む）を主とし，必要に応じて普通観測によってそれを補完するものとする．

解　説

本章に関連する調査結果の整理等については，水文観測業務規程及び細則に従うものとする．また，本章に示す標準的手法以外については，次の関連法規等によるものとする．
　1．気象業務法　　2．国土調査法

また，観測機器や観測作業の詳細については，例えば「水文観測」（建設省水文研究会著，全日本建設技術協会刊，1996年11月）を参照されたい．

第2節　観測所の配置と設置

2.1　配　　置

> 降水量観測所の配置は，調査対象区域を概ね均一の降水状況を示す地域に区分して，その各地域ごとに1観測所を配置するものとする．ただし，概ね均一の降水状況を示す地域に区分することが困難であるときには，調査対象区域を概ね $50\,\text{km}^2$ ごとの地域に区分して各地域ごとに1観測所を設置するものとする．

解　説

降水量観測所の配置密度は，他機関の降水量観測所で，永続性と精度に信頼がおけ，かつ利用可能なものがあれば，それを含めて考えてよい．

配置密度は降雨特性が単純で，よく把握されているところでは，$50\,\text{km}^2$ より疎であってもよい．

洪水予報業務のテレメータ雨量計においては，データの確実な収集を目指して，密度を疎にせざるをえない場合がある．しかし，ダム流域で重要性が認められる場合は，基準密度より密にしなければならない．また都市河川などでは調査対象区域が狭い場合でも，2観測所以上設置しなければならない場合がある．

区分された各地域内において降水量観測所を配置するにあたっては，降水量の代表性のある地点を選ばねばならない．そのためには，事前に降水量観測を密に行い降水の特性を十分把握してから降水量観測所を配置する点を選ぶことが望ましいが，それが困難な場合には，区分された地域の重心付近で平均高度となっている地点を選ぶとよい．

第1章 降水量調査

〔参　考　1.1〕　雨量観測所数と観測精度

橋本らの研究によれば雨量観測の誤差は，次式で表される．

$$E_s = \frac{e_s}{\mu} = \frac{\sigma}{\mu} \cdot \frac{1}{\sqrt{n}} = \frac{C_v}{\sqrt{n}}$$

ここに，　σ：n個の観測所で得られた観測値の標準偏差
　　　　　μ：　　　〃　　　　　　同平均値
　　　　e_s：標準偏差（$=\sigma/\sqrt{n}$）
　　　　C_v：変動係数（$=\sigma/\mu$）
　　　　E_s：標準相対誤差

変動係数 C_v は流域の特性（大きさ，地形）によって異なる．橋本らは，上式と利根川流域などにおける連続雨量での C_v の値から，雨量観測所数と観測誤差の関係は概ね図1-1で表されるとしている．

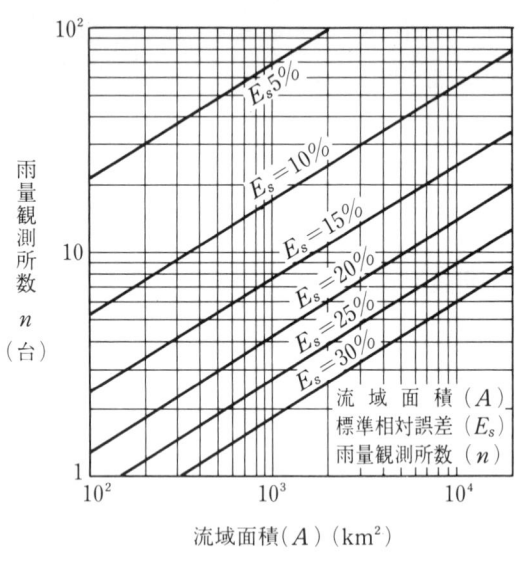

図 1-1　雨量観測所数と観測誤差精度

2.2　設置場所の選定

> 図上で設置場所を選定する場合には，次のような場所を選定しなければならない．
> 1. 地形が狭窄して風向，風速が特殊な値を示すようなことがない所．
> 2. 風衝，風背，その他特殊な降水状況を示すようなことがない所．

解　説

降水量観測所の配置を決定した後 1/25 000～1/50 000 の地図により設置場所を選定する．

　降水量の観測値は，風の影響を強く受けるので，まず，図上で適切な設置場所を選定する．例えば，両側に山が迫ったような地形の狭窄した所では，風がほとんど1方向に吹いたり，特にその部分だけに強く吹くような場合があり，また付近に高い山があって壁のようになっている所は，風の吹き方が特殊な状況を示し，その影響で降水量の観測値自身も代表性が減じる場合があるので，このような場所に観測所を設置するのは避けなければならない．

　なお，テレメータ雨量計に関しては，アンテナを電波伝播条件の良好な所に設置しなければならないので，降

水量観測所の設置にあたって考慮する必要がある．

2.3 設置場所の決定

> 設置場所は，原則として次の各項に掲げる条件に適合するよう決定するものとする．
> 1. 概ね10m四方以上の広さの開放された土地であって，局所的な気流の変化が少ないこと．
> 2. 湛水する恐れがないこと．
> 3. 観測や巡回点検に便利であること．

解　説

前項により地図上で観測所の設置場所を選定した後，現地で本項の条件を考慮して具体的な設置場所の決定を行う．

1. すぐそばに建物があったり大きな樹木があったりすると，これが風に影響を及ぼし，風が降水量観測値に影響を及ぼす．この影響範囲については定説はないが，地上気象観測指針では，例えば600 m^2 以上の露場を設け，その中に設けることおよび建物，樹木の高さの4倍以上離れた場所に測器を設置することが望ましいなどと定めている．

   しかし，山地や都市域を含む河川流域の降水量モニタリングの観点から見た場合，現実にはそのような場所がなかなか得られないので，本項では概ね10m四方以上の広さの開放された土地と規定した．都市域などでは，この条件すら満たせずに，ビルの屋上などに取り付けざるをえない場合があるが，この場合でも孤立したビルの屋上や屋根の上では好ましくない．

2. 凹地等で周囲の水が流れ込んだり排水が悪かったりして，大雨のとき水が溜まるような所は，雨量計に溜まり水が入ったりするので避けなければならない．大雨のときは，平常では考えられないような方向から雨水が流れてくることがあるので，観測所は，周囲地盤より幾分高くしておくか，排水路を周囲にめぐらしておくとよい．

3. 観測と巡回点検を行う際の通行の容易さと安全とが確保できなければならない．また，通信連絡の容易さも考慮する必要がある．電話のある所は洪水予報のための通報に便利である．

第3節　設　　　備

3.1 測　　　器

> 降水量観測用の測器は，気象業務法およびこれに基づく気象測器検定規則に適合したものでなければならない．

解　説

気象業務法およびこれに基づく気象測器検定規則に定められた降水量計には多くの種類があるが，水文観測業務規程及び細則では，次の機器を用いることとしている．

1. 普通雨量計
2. 自記雨量計
3. 多雪地においては，円筒型雪量計，自記雪量計，雪尺または積雪板等

普通雨量計は径20cmの受水口から入った降水を受水筒で受け，その水量を雨量ますで直接計測して降水量を測る雨量計である．

第1章 降水量調査

自記雨量計は受水口から入った降水を転倒ますで受けて，1転倒0.5mmまたは，1.0mmごとにパルスを出力して，自記紙等に記録する転倒ます型が一般的である．

円筒型雪量計は，受水口から入った降雪を貯留し，はかり等で直接計測するものであり，自記雪量計は受水口から入った降雪をヒーターによって融かして転倒ます等により計測するものである．

雪尺または積雪板等は，降水量を測るのではなく，積雪深を計測するものである．雪尺は1cm単位の目盛を刻んだ木柱を地面に鉛直に立てて累積した積雪深を測定する．また，積雪板は一辺50cmの角板の中央に1cm単位の目盛を刻んだ木柱を立てたもので，測定後，積雪板上の雪を取り除くことにより新雪量を測定するものである．近年，超音波や赤外光を積雪面に送波し，その反射時間を計測して積雪深を測る超音波式積雪深計や光波式積雪深計も利用されている．

積雪深の測定結果は，多雪地帯の融雪洪水の予測やダムへの融雪量の流入量予測等，治水や利水の計画と管理に利用されている．

これらの測器は気象業務法およびこれに基づく気象測器検定規則による検定に合格したものでなければならない．検定の有効期間は，普通雨量計については10年間，自記雨量計については5年間とされている．

3.2 受水口

> 雨量計の受水口の直径は，20cmを基準とするものとする．受水口は水平に設置するものとする．受水口の高さは，測器の種類ごとに決められているから，これを大きく変えてはならない．

解　説

雨量計の受水口の直径は通常20cmであるが，山岳用長期巻雨量計は10cm，無線テレメータ雨量計は20cmのほか14.14cmのものも用いている．

山地の斜面に取り付ける雨量計であっても，受水口は水平に設置する．測器据付け中も水準には十分注意を払わなければならないが，カバー等をかけた後にも，受水口が水平であることを確かめておくこと．

受水口の高さは測器の種類ごとに決められている．一般には低いほどよいが，測器の機構（特に排水方式）と地面からのはね返りを防ぐことの2点で下限が制約される．普通雨量計の受水口の高さは，地上20cmとすることにしている．地面から雨水のはね返りを防ぐためには，受水口の周囲1m四方に芝生を張り，よく刈り込んでおくとよい．また，風の影響が著しいと思われる観測所では，受水口に風よけを付ける必要がある．雪量計などにおいては，常に積雪面上に受水口が出ていなければならないことはいうまでもない．

3.3 記録部の据付け

> 自記雨量計の記録部は，原則として屋内に据え付けるものとする．

解　説

貯水型自記雨量計などの場合，受水口を小屋の屋根の上に置き，ホースで雨水を屋内へ導いて，受感部，記録部を小屋の中に置いた場合があった．しかし，最近では測定，維持，管理上の便を考えて自記雨量計の受水口，受感部を屋外に据え付け，電線により電気信号を室内へ導き，室内に記録部を置く方式がほとんどである．

本章3.2受水口でも述べたように，測器を水平に据え付けることは大変重要なことであり，特に転倒ます型自記雨量計の場合は重要である．このため風雨，凍上などで傾かないような堅固な基礎が必要である．

3.4 普通雨量計等の併置

> 自記雨量計には，原則として普通雨量計を併置するものとする．雪量計についても同様とするもの

とする．

解　説

　近年，自記雨量計の信頼性は向上しているが，受水口の落葉などによる目詰まり，転倒ますなどの機械部分の故障，電池の消耗等により，定期点検期間が長い場合には欠測期間が長くなる恐れがある．このため，重要な雨量観測所については，観測値のチェックの意味で普通雨量計を併置することが望ましい．

3.5　標　　　　識

　設置された測器の付近には，観測所名，水系・河川名，設置者名，設置年月日，観測所所在地，緯度，経度，標高，観測所番号および観測員名を記した標識を立て，さらに，必要な場合には，周囲に柵などを設けるものとする．

解　説

　標識は，観測所の名称，観測所の諸条件等を周知徹底せしめることを目的とするほか，整理，照合などに間違いを起こさせないようにすることを目的として設置する．周囲の柵は管理上の必要性を考慮して決める．なお，標識や柵が観測の妨げにならないように注意しなければならない．

3.6　台　　　　帳

　観測所を設置し，または，既存の観測所に観測を委嘱した場合には，降水量調査を行う者は，降水量観測所台帳および付図（位置図）を作成しなければならない．台帳には，観測所の位置や施設構造等に関する諸元を記載するものとする．

解　説

　降水量観測台帳には，観測所名，水系・河川名，設置者名，観測開始年月日，観測所所在地，緯度，経度，標高，観測所番号，観測員，測器の機種および検定年月日，通報場所，原簿保管個所および観測記録送付先が記載されていなければならない．観測員，機種等に変更があった場合はそのつど，改訂すること．付図は1/50 000地形図などを利用して観測所の位置を明記する．

　様式は水文観測業務規程細則による．

第4節　観　　　　測

4.1　観　　測　　員

　1．観測員は，次に掲げる条件を有する者のうちから，降水量調査を行う者が委嘱するものとする．
　　(1)　長期間継続し，一定時刻に観測作業に従事することが可能な者．
　　(2)　自記機械を設備する観測所にあっては，自記機械の取扱いに関し必要な知識を有する者．
　2．観測員を委嘱したときは，原則としてその旨を観測所に表示するとともに委嘱辞令書を本人に交付するものとする．
　3．降水量調査を行う者は，観測が円滑に行われるよう配慮するとともに，観測心得を交付し，原

第1章　降水量調査

> 則として年1回観測員の講習を行わなければならない．

解　説

　自記雨量計等による観測所にあっても本章3.4で定めたとおり原則として普通雨量計等を併置する必要があるので，観測員を置く必要がある．観測員を委嘱したときには，本文2.で定めたとおり，観測員に観測を委嘱したことを明確にしておかねばならない．

　また，本文3.で定めた観測の円滑化のためには，観測所へいたるまでの通路の保持と安全管理および不測の事情のあるときの代理観測員の確保などが必要である．

　講習は，雨期の前など，観測の重要性が高まる直前に技術の一層の向上を目的とするものであり，下記の項目等について行うものとする．

1. 観測の目的の再確認
2. 観測手法の訓練
3. 故障した場合の対処方法の研修

4.2　観測心得，観測員心得

> 　降水量観測を行う者は，観測心得，観測員心得を定め，これを観測に従事する者に交付しなければならない．
>
> 　観測心得には，次に掲げる事項を定めるものとする．
>
> 1. 観測の目的と意義
> 2. 観測施設の使用方法
> 3. 観測機械の取扱い方法
> 4. 観測の実施に際しての必要な注意事項
> 5. 臨時観測の基準
> 6. その他必要な事項
>
> 　観測員心得には，次に掲げる事項を定めるものとする．
>
> 1. 観測記録の取扱い方法および報告の方法
> 2. 観測員の新任，辞任または，代理の場合の手続き
> 3. 物件の保管および引継ぎ
> 4. その他必要な事項

解　説

　降水量調査を行う者は，観測員に観測心得および観測員心得を十分説明し，理解させておかなければならない．

1. 観測の目的と意義に関しては，観測が災害の防除，水資源開発，環境保全などに役立っていることをわかりやすく記す必要がある．
2. 観測施設，機械の取扱い方法は，単に業者の取扱い説明書というのではなく，利用者の立場からの説明書でなければならない．
3. 観測の実施に際して必要な注意事項として，自記紙の読みは測器の故障発見にもつながるから，丁寧に記しておく必要がある．反転して記録する方式の場合は，読み違えないように注意する．
4. 臨時観測の基準に関しては，大雨が予想されるとき（例えば大雨注意報発令時）には普通雨量計によって

第4節 観　　　測

も時間雨量が得られるよう手はずを整えておく必要がある．

その他必要な事項として，

5. 観測記録の報告に関しては，報告の期限，発送の方法などを記しておく必要がある．
6. 観測員の代理の場合の手続きに関しては，代理観測員の任命，解除にも辞令を交付することとして，その手続きを記しておく必要がある．
7. 故障時の処置と連絡先，異常値が観測された場合の連絡先などを具体的に示しておく必要がある．

4.3 巡　回　点　検

> 観測が確実に行われているかどうかを調べるために，定められた時期に観測所を巡回し，測器の稼働状況，観測員の観測の状況を点検するものとする．観測器械および観測施設については，毎月1回以上の定期点検および年1回以上の総合点検を実施するものとする．
>
> また，このため観測所ごとに維持管理上必要な事項を記入した点検簿を備えるものとする．

解　説

最近は，自記雨量計の普及により無人の観測所が増えたため，巡回点検の重要性は増した．ここでは，定期点検は毎月1回以上，総合点検は年1回以上としたが，巡回頻度は無人観測所の場合は多くしなければならない．点検結果は，点検簿に詳しく記録しておくものとするが，点検簿記入に際しては空欄を残さぬようにして不要の欄はその旨記入するか斜線により空欄を消すかする必要がある．

総合点検および定期点検において，点検すべき主要な事項は次のとおりである．

1. 総合点検は，年1回または，年2回程度（出水前後）を対象とし，対象とする施設・設備において特に機器類の内部に対して詳細点検を実施し，擬似テスト等による点検を含めた総合的な点検を行うものである．この点検は，測定部（受水部），記録部，機器類の故障および観測データの精度向上が図られるよう保守および更生を行うものである．
2. 定期点検は，総合点検を除いた月を対象とし，対象とする施設・設備において特に機器類の外部に対して目視による点検を行うものである．この点検は，測定部（受水部），記録部，機器類の機能障害等の異常を早期に発見し，データの欠測が生じないよう点検するものである．

4.4 自記雨量計による観測

> 自記雨量計による観測は，自記紙もしくは，それに代わる記録媒体の交換と記録の読み取りからなる．
>
> 1. 自記紙等の交換は定められた方式で行うものとする．
> 2. 読み取りは，原則として，当日の0時から24時間の降水量を日降水量として記録するものとする．
> 3. 読み取り単位はmmとし，また最小読み取り単位は原則として1mmを用いるものとする．

解　説

1. 自記紙の交換は観測心得に従って正確に行う必要がある．

    なお，自記紙を交換するときに，強雨のあるときは，しばらく待って小雨になってから交換するとよい．

    自記紙交換に際しての主たる作業を，その順序に従って記すと次のとおりである．

    (1) 自記紙を取り外す前にペン位置に印を付け，年月日，時刻，天候，取り外した人の姓名を自記紙に記入

第1章　降水量調査

する．
(2) 新しい自記紙を取り付ける．スプロケット穴を正確にあわせる．フランジ付きのドラムでは，たるまないように，フランジにぴったり付ける．時刻目盛をあわせ，年月日，時刻，天候，取り付けた人の姓名を自記紙に記入する．
(3) インクの点検をする．ペン先に十分ついているか，つきすぎていないかを点検する．古くなったインクは，水で洗い流し，新しいインクを補給する．このとき必ず所定のインクを使用する必要がある．
(4) 電池の消耗による欠測を防止するため，電池の交換は早めに行う．
　　同時に行う普通雨量計の観測は，本章4.5に述べるとおりであるが，9時という時刻厳守については普通雨量計のほうを優先する．
2. 読み取りは，時計の遅れ進みに応じて時刻の補正をしなくてはならない．読み取りの項目は，次のとおりである．降雪地帯の冬期間等は，雪量計によって測られた値を記入する．
　　なお，記入に際しては空欄を残さぬようにし，不要の欄はその旨記入するか，斜線によって空欄を消すかする．
(1) 日降水量：「水文観測業務規程」により原則として，当日の0時から24時間の降水量を日降水量（0時日界）とする．ただし，日巻きの自記雨量計等，やむをえない場合には，当日の9時から翌日の9時までの降水量を当日の日降水量（9時日界）として記録する．従来は，普通雨量計の記録が主体であったため，観測員の計測時刻との関連で9時日界を日雨量としていたが，長期自記雨量計が多く用いられるようになったことおよび気象庁等，他の観測値との整合性を図る観点から0時日界を用いることとした．
(2) 時間降水量：毎正時における前1時間の降水量とする．
(3) 強雨があった場合には，任意時刻において，その最大強度を示す1時間および10分間の降水量とその生起時刻，なお，この場合，1時間降水量については前日の23時30分より，翌日の0時30分までの25時間内において，また10分間降水量については，前日の23時55分から翌日の0時05分までの24時間10分内において読み取るものとする．
(4) 最小読み取り単位は，1mmを原則としたが，対象とする流域が小さくて，10分間降水量を観測する場合などは，必要に応じて最小読み取り単位を小さくするものとする．
　　測器の機種選定に関しては，互換性を考え，機種の統一を図るのもよい．費用，設備，観測員の問題も関連するので一概にはいえないが，取扱いの容易さを考えれば転倒ます型自記雨量計がよい．
3. 自記雨量計の記録方式について，従来の記録紙によるアナログ記録のほかに，ディジタル印字方式や半導体記憶素子（RAM）等の新たな記憶媒体を用いた方式が採用されつつある．特に，半導体記憶素子等の記憶媒体を用いた電子ロガー方式は，繰り返し多量のデータを記録でき，データのコンピュータ処理が容易であるなどの特徴を持つ．これらの新しい記録方式を用いる場合には，記憶媒体の故障や停電等によるデータの欠損防止やデータチェックの便のために従来の記録紙による方式も併設し，記録の二重化を図るものとする．

4.5　普通雨量計による観測

> 普通雨量計による観測は，毎日9時に行うものとする．降水量は所定時間内に受水口を通った降水を同面積の水平面に溜まったとした時の水深で表し，読み取り単位はmmとし，また最小読み取り単位は原則として0.1mmを用いるものとする．
>
> 受水器内に雪，ひょう，みぞれ等が積もっているときは，既知量の温湯を注入して溶かして測定した後，注入した温湯量を差し引いて求めるものとする．

解　説

　普通雨量計の観測時刻は9時を厳守しなければならない．なぜなら，降雨中において9時30分に観測しても，9時に観測した値に換算し得ないからである．9時に観測できなかった場合には，実際の観測時刻を記録しておくものとする．

　観測には所定のメスシリンダで測れば mm 単位で目盛ってあるので便利である．最小読み取り単位は 0.1 mm であるので，視差を生じないように注意して正確に読み取る．1回で測れない時は，数回に分けて測ることになるが，1回ごとに取り分ける量は，9.8 mm でも 10.1 mm でもよいのであって，要はこぼさないことに主眼をおいて，読み取ったとおり記録すればよい．

　冬期などには受水器の底に雪などが積もっていることがあるから忘れずに溶かして測る必要がある．

　なお，「水文観測業務規程」（平成8年3月）では，報告の最小単位を 1 mm としているので，観測値の 1 mm 未満を切り捨てて報告値とし，切り捨てた端数は，翌日の観測値に加える．

4.6　円筒型雪量計による観測

　円筒型雪量計による観測は，本章4.5普通雨量計による観測に準じて行うものとする．

4.7　自記雪量計による観測

　自記雪量計による観測は，本章4.4自記雨量計による観測に準じて行うものとする．

解　説

　自記雪量計には，はかり型自記雪量計，転倒ます型自記雨雪量計などがある．電熱器を内蔵したものが多いが，気温などの外囲条件を考慮して計測可能な雪量計を用いること．

4.8　雪尺または積雪板等による観測

　雪尺または，積雪板等による観測は，毎日9時に行うものとする．読み取り単位は cm を用いるものとする．

　観測施設の設置にあたっては，地形や建物の影響を受けない場所を選定し，測定の際には，周囲の雪面に相当する目盛を読み取らなければならない．

解　説

　毎日所定に時刻に積雪の深さを，cm 単位で読み取る．この場合，目盛を刻んだ木柱のそばの雪面は，風や日射の影響や雪面の沈降によって，くぼんだり盛り上がったりすることがあるから，周囲の雪面に相当する目盛を読み取るように注意しなければならない．

　積雪板による観測は，測定のあと板上の積雪を払って，再び積雪面上に水平に設置しなければならない．

4.9　関連気象要素の観測

　関連気象要素としては，必要に応じ次の項目を観測するものとする．
　　気圧，風向風速，気温，湿度，蒸発量，日照・日射，酸性雨（降下物）

解　説

　降水量に関連する気象要素としては，気圧，風向風速，蒸発量，気温，湿度，日照・日射，酸性雨（降下物）があり，降水量記録のチェックのほか，水資源開発，台風予測，天候変化，融雪予測等，必要に応じ項目を選定

第1章 降水量調査

して観測するものとする．各気象要素の観測は以下の方法によるものとし，観測機器のうち，気圧計，風速計，温度計，湿度計および日射量計については気象業務法で定められた検定を受けたものを使用するものとする．

1. 気　　圧

気圧計は水銀気圧計とアネロイド気圧計に大別される．水銀気圧計は精度，信頼性などにおいてアネロイド気圧計より優れているが，一般的には測定や取扱いの簡単で自記も可能なアネロイド気圧計が多く使用されている．

2. 風 向 風 速

風向風速計で一般的に実用に供されているもので1番多いのは矢羽根を持った回転式で，風杯型とプロペラ型に大別される．風向風速計の設置にあたってはできる限り周囲に樹木や建物のない場所を選ぶ．

3. 気温・湿度

気温の測定にもっとも多く使用されているのは，ガラス製の棒状温度計で百葉箱の中に取り付けて観測している．また，バイメタルをセンサとした自記温度計も多く使用され，最近では白金測温抵抗体による温度検出を電気的に隔測記録する方式も取り入れられている．気温観測は，地表面上1.25～2.0mの高さで測定することを基準とする．

湿度の測定には乾湿計が多く用いられているが，毛髪を利用した湿度計も利用されている．湿度は気温と密接な関係を持つため，気温の観測場所と同じにすることとする．

4. 蒸　発　量

蒸発量は世界気象機関（WMO）の標準機器として推奨され，「地上気象観測指針」にも採用されている口径120cmのパン型蒸発計によるのが一般的であるが，近年，熱収支法による蒸発量を推定する方法も行われている．

5. 日照・日射

日照・日射量データは蒸発量や融雪量の計測や予測に不可欠な情報である．日照については太陽の熱エネルギーによるものと日光による化学作用を利用した観測機器がある．我が国では日光の化学作用を利用したジョルダン日照計が多く使用されている．

日射については，直達日射量，全天日射量，散乱日射量の目的に応じて観測機器を選ぶものとする．

日照計や日射量計の設置場所は直射日光を遮るものがなく，建物からの反射の影響を受けないような場所を選定しなければならない．

6. 酸性雨（降下物）

近年，酸性雨や雪やチリ等の降下物による森林や湖沼への影響が顕在化しており，地球規模の環境問題の1つにあげられている．我が国における酸性雨（降下物）の現状を的確に把握し，酸性雨（降下物）が河川管理に及ぼす影響を検討し，必要な対策をとるための基礎資料として，必要な地点において酸性雨（降下物）の長期的観測を実施するものとする．観測方法の詳細については，第16章水質・底質調査に述べる．

4.10 テレメータ化

> 重要な降水量観測所は，原則としてテレメータ化を図るものとする．テレメータ化する場合には，次の諸点を考慮しなければならない．
> 1. 観測値の代表性
> 2. 観測機器の稼働状況
> 3. 観測のチェック方法
> 4. 電気的条件

第4節 観　　　測

解　　説

1. 観測値の代表性の考慮とは，テレメータ化しようとする観測所の観測値が流域平均降水量などとよい相関があるかどうか，あるいは逆に，観測の目的とするところの特別な値を示すかどうか，についての考慮である．
2. 観測機器の稼働状況についての考慮とは，テレメータ化する以前の段階で，受感部など（テレメータ機械に接続されるまでの部分）が原因で，欠測や観測不良を起こしていないかどうかについての考慮である．
3. 観測のチェック方法についての考慮とは，テレメータ化した後に，現地記録と伝送記録とをチェックする方式についての考慮である．テレメータ化した後も，現地で自記記録を行い，チェック体制を完全にしておかなければならない．現地記録と伝送記録とに差異が生じた場合には，(1)現地記録の時計などに誤りはないか，(2)伝送系に誤りがないか等の考察が必要である．
4. 電気的条件の考慮とは，電源（特に停電対策），電気回路の温度・湿度変化に対する対策，アンテナ位置の電波条件等についての考慮である．

4.11　レーダ雨量計

> 河川管理上の必要に応じ，地上雨量計による観測の補完としてレーダ雨量計による降水情報を活用するものとする．

解　　説

　レーダ雨量計は，レーダ空中線から発射した電波が空中の降水粒子群にあって散乱され受信機へ返ってくる際に，その受信強度が粒子の大きさと密度によって異なることを利用して，広域にわたる降水強度を測定するものである．

　具体的には，まずレーダ方程式によって反射電波の電力 Pr をレーダ反射因子 Z に変換したうえで，Z と降水強度 R の間に

$$Z = BR^{\beta}$$

なる経験式が成立することを利用して，R を計算するという方法がとられている．この方法は，パラメータとして B, β の2つの値を同定する必要があることから $B\beta$ 法とよばれている．

　レーダ雨量計は通常の点観測では得られない面的な降雨域の広がりやその移動方向，速度をリアルタイムに把握できるという特徴を有しているため，洪水予報やダム管理に有効な情報を提供する．ただし，レーダ雨量計の場合，得られる反射波情報は上空でのものであることおよび，降水粒子以外からの反射情報も含まれていること等から，地上雨量計の観測値と必ずしも1：1に対応するものではない．したがって，地上雨量計による観測値の補完として利用する場合には，その特性を十分踏まえる必要がある．

　なお，上述の $B\beta$ 法では降水の原因となる気象条件のちがいや降水粒子の形状，粒径分布によってパラメータ B, β の値が変化することが，精度向上を図るうえでのひとつの課題となっているため，地上雨量計の観測データによって随時補正する方法や，次世代レーダのひとつとして着目されている直交二偏波レーダによる垂直・水平2波の反射情報に基づいて粒径分布を推定し，B, β を変化させる方法等について調査研究が進められている．

〔参　考　1.2〕　建設省におけるレーダ雨量計

　建設省は，1966年よりレーダによる降雨観測についての研究に着手し，1976年赤城山に実用機第1号を設置したのを始めとして，全国をカバーするレーダ雨量計のネットワーク作りを進めてきた．1996年5月現在，図1-2 に示すように全国で23基が稼働している．レーダサイトを中心に半径120 km 内のエリアでは定性範囲とし

第1章 降水量調査

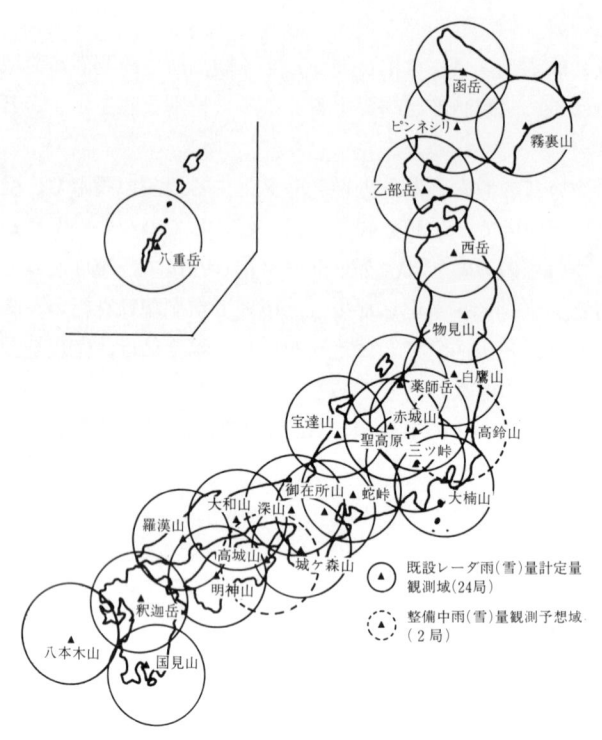

図 1-2 建設省のレーダ雨量計観測網
（1996年12月現在，円は半径120kmの定量範囲を示す）

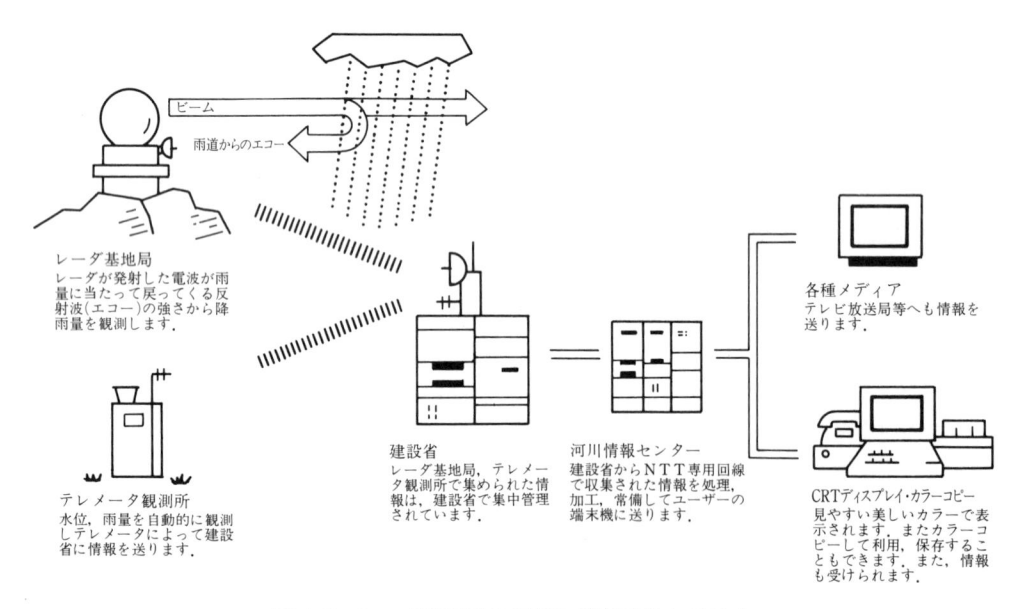

図 1-3 レーダ雨量計の観測と情報提供システム

て5段階で表示している．

第5節 データ整理

5.1 データ整理

> 降水量のデータは，所定の様式に従って整理するものとする．

解　説

　日降水量年表，時間降水量月表，一降水量表を作成する．様式は水文観測業務規程細則の定めるところによる．

　なお，特にこの場合，欠測と降水が観測されなかったこととは明確に区別できるように記入する必要がある．

5.2 作業の分担

> 作業の分担は，データ整理の作業が円滑にできるように，予め関係者間で定めておかなければならない．

解　説

　データの整理にはいろいろの段階があり，これが１つの流れに整理されていかなければならない．したがって，関係者間の分担を予め定め，整理に停滞のないようにしなければならない．ことに，作業の外注や，電算処理を行う場合には，全体の精度向上と能率とを考慮して，作業の分担を定めなければならない．

5.3 照　査

5.3.1 照　査

> データを公表するまでには，整理の各段階ごとに十分な照査を行い，公表する数値に万全を期さなければならない．

解　説

　作業の照査は，作業者と別の人が，次の点について行う．外注した場合は特に照査は重要である．
1. 観測値および記録：観測値の錯誤（例えば反転機構のある記録計の読み違え）の有無，機械の故障や取扱いの不備による記録の誤り（例えば，自記紙の目盛をはずれた記録の取扱い）の有無について照査を行う．
2. 転　記：転記の際に写し違えることが非常に多いので，照査の折には十分注意することが必要である．
3. 計　算

5.3.2 処　置

> 照査の結果，疑問があれば問いただし，誤りを見出した場合は，所定の手続きを経て訂正しなければならない．

解　説

　疑問があれば必ず問いただし，野帳，点検簿，自記紙等を入念に調査しなければならない．訂正する場合は，取り扱った一部のみを訂正するだけでなく，その部分が関係するすべての数値を訂正するとともに，それまでの整理の全過程にさかのぼり確認し，同種の誤りがないことを明らかにすることが必要である．

5.4 保　　　管

> 野帳，自記紙および整理資料は，確実に保管しなければならない．

解　　説

　野帳，自記紙および本章5.1による整理資料の保存期間および保管場所・方法は水文観測業務規程細則によるものとする．保管の方法については，原本のほかマイクロフィルムやフレキシブルディスク，光磁気ディスク等高密度記録媒体の利用が効果的である．またデータ活用の便のため，順次データベース化を図ることが望ましい．

参考文献

1) 面積雨量の精度と雨量観測所数　橋本健，佐藤一郎　土木技術資料　16-12 1974
2) 地上気象器械　共立全書53　佐賀亦男
3) 応用水理学（下）II（水文観測）丸善 1971.1
4) 面積雨量の精度と雨量観測所数　橋本健，佐藤一郎　土木技術資料　16-12 1974.12
5) 水文観測　建設省水文研究会　(社)全日本建設技術協会　1996.11
6) 絵でみる水文観測　建設省中部地方建設局河川管理課　1979.3
7) 酸性雨等調査マニュアル　建設省河川計画課　1992
8) レーダ雨量計　吉野文雄　河川 1985.10

第 2 章
水 位 調 査

第2章 水位調査

第1節 総　　説

> 本章は，水位の調査に関する標準的手法を定めるものとする．流量の調査を行う場合であっても，そのうち水位の調査に係わる部分は本章によるものとする．水位観測は，原則として自記観測（テレメータ観測を含む）を主とし，必要に応じて普通観測によってそれを補完するものする．

解　説

本章に関連する調査結果の整理等については，水文観測業務規程および細則に従うものとする．また，本章に示す標準的手法以外については，次の関連法規等によるものとする．
1. 国土調査法　　2. 計量法

また観測機器や観測作業の詳細については，例えば「水文観測」（建設省水文研究会著，全日本建設技術協会刊，1996 年 11 月）を参照されたい．

第2節　観測所の配置と設置

2.1　配　　置

> 水位観測所は，河川等の管理，計画ならびに施工上重要な地点に必要に応じて設けるものとする．

解　説

本文で定めた「重要な地点」には，例えば次のようなものがある．
1. 重要支派川の分合流前後，堰・水門等の上下流
2. 狭窄部，遊水地，湖沼，貯水池，内水および河口等の水理状況を知るために必要な地点

このうち 1. のような個所に水位観測所を設置する場合には堰・水門にあまり近接して設けてはならない．

また，2. に記したような個所では，洪水波の低減，洪水波の伝播，人為操作の影響，潮汐波の影響などにより特殊な水理条件を生ずるので，このような個所には，必要に応じ水位観測所を設ける必要がある．

水位流量曲線が水面勾配の影響を受けて時系列的にループを描く流量観測所においては，水面勾配を計測するために，その上流または下流の適当な地点に水位観測所を別途設置しなければならない場合がある．その位置については，当該流量観測所から水理条件が連続している上流または下流の 1～数 km 以内の地点がよいとされている．詳細については調査編第 3 章流量調査 9.2.1 水位流量曲線の作成を参照のこと．

2.2　設置場所の選定

> 観測所は次の各項に掲げる条件を考慮し，要求される精度の観測が行える場所に設置しなければならない．

> 1. 水流が整正であること．
> 2. 流路および河床の変動が少ないこと．
> 3. 観測の際，危険が少ないこと．
> 4. 観測に便利で，付近に観測員が得やすいこと．

解　説

本章2.1によって配置を決定した後，地形図，河川縦横断測量図などを用い，また河床変動調査の結果などを勘案して具体的な設置場所を選定するものとする．

具体的な設置場所の選定にあたって考慮すべき事項は本文に定めたが，その他考慮すべき事項も含めて次に解説する．

1. 水流が整正であり，流量が変化しても流れの状態が著しく変化したりしない場所を選ぶ必要がある．
2. 流路や河床が変動すると観測が継続できなくなるし，観測値も継続性を失って，観測値が意味を持たなくなることがあるので，流路および河床の変動が少ない場所を選ぶ必要がある．
3. 観測の際の危険は，極力減らさなければならない．そのため通行路の保持，桟橋，階段などの手すりの設備，冬期の除雪など適切な処置をしなければならない．なお，洪水時にも観測に支障のない場所を選ぶとよい．
4. 現地に観測員を置くときは，その人が観測しやすい場所を選定するとよい．
5. 湖沼・貯水池，場合によっては河川でも水面の振動現象（セーシュ）が発生して水位観測の精度が低下する場合があるので，事前に調査して，そのようなことのない所を選ぶか，もしやむをえなければ振動の静止点（節ともよぶ）に観測所を置くかする必要がある．
6. 内水水位観測の場合には付近の地形・地物を考慮して代表性のある所を選ぶ必要がある．
7. 感潮河川の感潮区間上流で，感潮区間内ではないとされている地点でも，近時の河床低下などで潮汐の影響を受けていることがあるので，非感潮区間で観測する場合には特に渇水時の大潮時に調査を行っておく必要がある．
8. 渇水時でも干上がってしまうことのない所を選ぶ必要がある．
9. 波浪の当たる所，流木・漂流物の当たる恐れがある所は測器の維持上好ましくないので，そのような所は避けるか，別途対策を考慮しておくかする必要がある．
10. 舟や筏をつながれる恐れのない所を選ぶ必要がある．
11. テレメータ化を図る場合にはアンテナを電波伝播条件の良好な所に設置しなければならないので，それを考慮しておく必要がある．

第3節　設　　　　備

3.1　水　位　標

3.1.1　水位観測所の設備

> 自記観測の場合には自記水位計と普通水位標を設置するものとする．普通観測の場合には普通水位標を設置するものとする．水位の読み取り単位はmとし，最小読み取り単位は原則として1cm用いるものとする．

解　説

普通水位標は通常親柱を立てこれに目盛板を固定させるものとする．目盛板の目盛の単位は1cmとするが，

夜間，出水時などには10cm，1mの単位で読み違えをすることがあるから，どこからでも目盛がはっきり読めるように設置しなければならない．ただし，河川の基準点や水防および洪水予報上重要な観測所においては，計画堤防高を上回る出水に対しても観測可能とするように目盛の上端を設置する．また，目盛の上端は堤防天端または，過去の洪水の最高水位まで，目盛板の下端は低水路河床までなければならない．ゴミ，流木等の多い河川では5m程度上流に杭を設けるとよい．2本以上の普通水位標を立てるときは目盛の重複は50cm以上とする．

自記水位計は堅固な基礎の上に据え付け，この主要部は洪水時にも冠水しない高さに据え付けねばならない．記録部の目盛の単位は普通水位計と同様1cmとする．

水位の最小読み取り単位は1cm原則とするが，低水時の観測で高い精度を要求される場合には，必要に応じて最小読み取り単位を小さくするものとする．

当然のことながら，自記水位計の読みは，普通水位標の読みと一致しなければならない．

観測井を持つ自記水位計においては，観測井内の水位を測る装置を持つことが望ましい．観測井が詰まって観測井の内外水位が異なることも往々にしてあるからである．

河川の左右岸の水位は必ずしも同一とは限らない．重要な観測所や流線が湾曲していたり複列になっている観測所には，欠測への対応，断面積の計算，照合などのために，水位標と自記水位計を左右岸に設置するのが望ましい．

3.1.2 水位標零点高

> 水位標の零点高は原則として最渇水位以下にとるものとする．ただし，必要に応じ上下流の近接する既設水位標の零点高との関連も考慮して定めるものとする．また，河床掘削計画などがある場合には，その影響を見込んで設定するものとする．

解　説

本文のように水位標零点高を設定するのは水位が負値ででることを避けるためである．河床低下などで負値がでる場合は，負値で読むか，補数で読むか，設置し直すかしなければならないが，誤りをなくすためには，零点を10m下げておくのがよい．零点を変更した場合は後になってもはっきりわかるように，変更量，変更年月日を台帳（本章3.3参照）等に明記しておくこと．

また，既設水位標との関連を考慮するのは，零点高の取り方が河川によっては上流から下流まで統一されていることがあり，このような場合には，これに従う必要があるためである．

3.1.3 水位標の零点高の測定

> 水位標を設置した場合には，これに近接した位置に水準拠標を設置し，その標高を基礎として水位標の零点高を測定しなければならない．また，設置後，水位標の零点高は少なくとも年1回測定するものとする．この場合において，水準器の読み取りの単位は1mmを用いるものとする．

解　説

水準拠標の測量精度は2級水準とする．

なお，測量に関しては本編第21章測量を参照のこと．

3.2 標　　識

> 水位観測所の付近には観測所名，水系・河川名，設置者名，設置年月日，観測所所在地，標高（水位標零点高），河口または支川については合流点よりの距離，指定水位，警戒水位，観測所番号およ

3.3 台　　　　　帳

> 観測所を設置し，または既存の観測所に観測を委嘱した場合には，水位調査を行う者は水位観測所台帳および付図を作成しなければならない．台帳には，観測所の位置や施設構造等に関する諸元のほか，指定水位，警戒水位および計画高水位ならびに水位標位置，零点高および観測機器の変化等観測条件の変遷を明らかにしておかなければならない．

解　説

調査編第1章3.6台帳を参照のこと．

工事などで水位観測所を短期間移設した場合でも正確に記録しておくこと．

様式は水文観測業務規程細則による．

第4節　観　　　　　測

4.1　観　　測　　員

> 1. 観測員は次に掲げる条件を考慮して，水位調査を行う者が委嘱するものとする．
>   (1) 長期間継続し，一定時刻に観測作業に従事することが可能な者
>   (2) 自記水位計を設置する観測所にあっては自記水位計の取扱いに関し必要な知識を有する者
> 2. 観測員を委嘱したときはその旨を観測所に表示するとともに委嘱辞令書を本人に交付するものとする．
> 3. 水位調査を行う者は，観測が円滑に行われるよう配置するとともに，観測心得を交付し，年1回観測員の講習を行わなければならない．

解　説

調査編第1章4.1観測員を参照のこと．なおそのほかに，特に夜間，風雨・洪水中の観測を考慮し，観測員の安全のため必要に応じ雨具，懐中電灯，救命胴衣，保安帽，命綱等を貸与しなければならない．

さらに，結氷河川における観測では防寒具，防寒靴はもちろん，氷を割る道具も貸与する必要がある．

4.2　観測心得，観測員心得

> 水位調査を行う者は観測心得，観測員心得を定め，これを観測員に交付しなければならない．
> 観測心得には次に掲げる事項を定めるものとする．
> 1. 観測の目的と意義
> 2. 観測施設の使用方法

第4節 観　　　測

> 3．観測機械の取扱い方法
> 4．観測の実施に際しての必要な注意事項
> 5．臨時観測の基準
> 6．その他必要な事項
>
> 観測員心得には次に掲げる事項を定めるものとする．
> 1．観測記録の取扱い方法および報告の方法
> 2．観測員の新任，辞任または代理の場合の手続き
> 3．物件の保管および引継ぎ
> 4．その他必要な事項

解　　説

調査編第1章降水量調査 4.2観測心得，観測員心得を参照のこと．

4.3 巡　回　点　検

> 観測が確実に行われているかどうかを調べるために定められた時期に観測所を訪れ，測器の稼働状況および，観測員の観測状況等を点検するものとする．観測機器および施設については毎月1回以上の定期点検および年1回以上の総合点検を実施するものとする．
>
> 点検の結果，不適当な点を見出した場合には直ちに改善し，観測に支障ないようにするものとする．
>
> また，このため観測所ごとに維持管理上必要な事項を記入した点検簿を備えるものとする．

解　　説

調査編第1章降水量調査 4.3巡回点検を参照のこと．

4.4 自記水位計による観測

> 自記水位計による観測は，自記紙もしくは，それに代わる記録媒体の交換と記録の読み取りからなる．
> 1．自記紙の交換は，定められた方式で行うものとする．
> 2．読み取りは，時計の遅れ進みに応じて時刻の補正を行い，毎正時における水位を読み取り，所定の様式に整理するものとする．
> 3．読み取り単位は前項に準じるものとする．

解　　説

1. 自記紙の交換は観測心得に従って正確に行う必要がある．自記紙交換に際しての主たる作業を，その順序に従って記すと次のとおりである．
   (1) 自記紙を取り外す前にペン位置に印をつけ，年月日，時刻，天候，普通水位標の読み，取り外した人の姓名を自記紙に記入する．
   (2) 新しい自記紙を取り付ける．スプロケット穴を正確にあわせる．フランジ付きのドラムでは用紙はたるまないようにフランジにぴったりと付ける．時刻，目盛をあわせ，年月日，時刻，天候，普通水位標の読み，取り付けた人の姓名を自記紙に記入する．

(3) インクの点検をする．ペン先にインクが十分ついているか，つきすぎていないかを点検する．古くなったインクは水で洗い流し，新しいインクを補給する．必ず所定のインクを使用すること．
(4) 電池が動力源の場合には，欠測がないよう早めに取り替える必要がある．交換した年月日を記載しておくと次回交換の目安となる．

2．読み取りは，時計の遅れ進みに応じて時刻の補正をしなくてはならない．読み取りの項目は次のとおりであり，様式は，水文観測業務規程細則によること．
(1) 毎正時の水位
(2) 月ごとの最高，最低の水位および生起の日時分

3．自記水位計の記録方式について，従来の記録紙によるアナログ記録のほかに，ディジタル印字方式や半導体記憶素子（RAM）等の新たな記憶媒体を用いた方式が採用されつつある．特に，半導体素子等による記憶媒体を用いた電子ロガー方式は，繰り返し多量のデータを記録でき，データのコンピュータ処理が容易であるなどの特徴を持つ．これらの新しい記録方式を用いる場合でも，記憶媒体の故障や停電によるデータの欠損防止やデータチェックの便のために，従来の記録紙による方式も併設し，記録の二重化を図るものとする．

4.5　普通水位標による観測

　普通水位標による観測は原則として毎日6時および18時を定時とするものとする．ただし，積雪寒冷の度が特にはなはだしい地方等にあっては，一定期間に限り適宜変更することができるものとする．
　なお，指定水位を越えた場合には原則として毎正時に観測を行うものとする．
　また，観測においては測定の時刻を分，水位を1cm単位で読み，記録するものとする．

解　説

　時刻は原則として6時，18時としたが，冬期北海道などで，暗さと寒さとで精度の低下，危険などが予測される場合には，水位変化の度合いを見て，観測時刻を変更してよい．しかし，この場合にも，融雪期には水位が日周変化をすることがあるから，融雪期に入る前から，6時，18時の観測体制とすること．
　感潮河川では6時，18時の観測は適当でないので毎正時観測か，自記水位計を用いるかにしなければならない．
　なお，指定水位を越えることが予想されたら毎時観測の態勢に入ること．この場合には観測において時刻の測定を忘れてはならない．様式は水文観測業務規程細則による．
　水位読み取りの単位は1cmとする．波浪，セーシュ等で水面が落ち着かないときは，短時間測定して，最高水位と最低水位を読み，平均値をとる．最高水位と最低水位の確認が困難な場合には，水位を適当な時間間隔で読み，その平均値をとること．
　結氷河川では，氷を割って自由水面を作り，その高さを測る．
　近年，普通水位標による水位観測にITVによる遠隔監視を導入する方式も検討されている．

4.6　自記水位計の選定

　機種の選定にあたっては器械の特徴，設置環境，処理方式および費用などを勘案し，総合的に判断するものとする．

第 4 節　観　　　測

解　　説

　機種選定にあたっては，器械の特徴（アナログ，ディジタルの別，読み取りやすさなど），観測環境（波浪，河床変動など），処理方式（人手を使ってどこまで行うか）および費用（器械だけの費用でなく設置や維持管理まで含めた費用）を総合的に勘案して決めるものとする．

〔参　考　2.1〕　自記水位計の種類

　河川，ダム，砂防等の調査でよく使われている自記水位計には次のようなものがある．

表 2-1　自記水位計の種類

検出方式	機器名称	説　　　明
フロート式	フロート式水位計	水面に浮かべたフロートと錘とをワイヤで結び，そのワイヤを滑車にかけて，回転量を記録する．設置については観測井が必要である．水研型は，この方式に含まれる．
	リードスイッチ式水位計	水中に測定柱を立て，その中に磁石の付いたフロートと一定間隔に並んだリードスイッチを配置するフロートの上下によるスイッチのON/OFFにより水位を測定する．設置のためにH鋼などの支柱が必要．
圧力式	気泡式水位計	水深と水圧が比例することから，水中に開口した管から気泡を出す時に必要な圧力を測定し，機械的または電気的な変換により水位を測定．気泡管を水中に固定するだけで設置は簡単．気泡発生装置が必要．
	水圧式水位計	水中に設置された圧力センサの信号を電気的に変換して水位を測定する．設置は容易．
超音波式	超音波式水位計	超音波送受波器を水面の鉛直上方に取り付け，超音波が水面に当たって戻ってくるまでの時間を測定することにより，水位を測定する．非接触型．

4.7　最高水位計による観測

　最高水位のみを観測すればよい場合には，最高水位計を用いるものとする．

解　　説

　最高水位計は単目的の測器で，湛水，氾濫などの最高水位観測に用いられるものであるが，痕跡計など別の名称でよばれることもある．

　最高水位計の配置にあたっては，その代表性に留意し，地形地物の複雑な所は避ける必要がある．設置にあたっては親柱を立てて，最高水位のときにも倒れないようにするとともに近くに水準拠標標石または，これに準じるものを設けて，零点高を明らかにしておかなければならない．

　また，最高水位計は数多く設置する必要があるので，その販売価格を低くするために外囲保護を簡素にしたものが多い，したがって，巡回点検を数多く行う必要があり，さらに出水後直ちに記録収集を行う必要がある．この際観測所名の混乱などがないようにしなければならない．

第2章 水位調査

4.8 テレメータ化

> 重要な水位観測所は原則としてテレメータ化を図るものとする．テレメータ化する場合には，次の諸点を考慮しなければならない．
> 1. 観測値の代表性
> 2. 観測機器の稼働状況
> 3. 観測のチェック方法
> 4. 電気的条件

解　説

1. 観測値の代表性の考慮とはテレメータ化しようとする観測所の観測値が上下流の水位の推定に重要であるかどうか，またはその観測所そのものが重要な流量観測所・水質観測所となっているかどうかについての考慮である．

　　送信する観測値は，瞬時値でなく，波浪の周期等観測地点の特性に応じて，時間的な移動平均をとるのがよい．この場合，採用した平均化処理方法について観測所台帳に明記しておくこと．

2～4 については本編第1章 4.10 を参照のこと．

4.9 水位観測システムの二重化

> 河川管理，特に洪水時等における危機管理上重要な水位観測所においては，データの欠測を極力防止するため，必要に応じて観測システムの二重化を図るものとする．

解　説

河川管理，特に洪水時等における危機管理上重要となる観測情報を提供する水位観測所（洪水予報基準点など）については，機器の故障等に伴う水文情報の欠測を防止するため，観測システムの二重化について検討し，必要に応じ二重化を行うものとする．

水位観測システムを二重化するにあたっては次の事項を考慮する必要がある．

1. 機種の選定と設置位置

二重化する場合の水位計の機種は，異機種を原則とする．水位センサは同一の原因で欠測とならないよう，センサの支持等を原則として共有してはならない．また，設置地点は原則として同一断面内ほぼ同一地点とする．やむをえず，縦横断方向に位置がずれる場合には，相互の水位関係を，高水時，低水時について把握しておくこととする．

2. 観測データの伝送と現地記録（テレメータ化する場合）

2つの水位計のデータは，原則として1テレメータによって伝送するものとする．ただし，水位データの重要度に応じて，テレメータの二重化を実施することを妨げるものではない．

テレメータの障害等により伝送が不能となった場合に，事後に欠測データの補完が行えるよう，水位計は現地での自記記録が可能な構造とする．

第5節 データ整理

5.1 データ整理

> 日水位は，自記水位計を有する水位観測所においては毎正時（24個）の水位の平均値，普通水位計のみの水位観測所にあっては6時，18時の水位の平均値とするものとする．
> 水位のデータは日水位年表，時間水位月表などに所定の様式に従って整理するものとする．

解 説
様式は水文観測業務規程細則によること．

5.2 位況表

> 位況は，水位観測所における日平均水位の年間の状況を示すもので，水位と累加日数で示すものとする．これを表にした位況表または，図にした位況図を必要に応じ作成するものとする．

解 説
毎年の水位変動状況を把握するため，必要に応じて位況図を作成し，1～6の水位値を記載する．
1. 豊 水 位：1年を通じて95日はこれを下らない水位
2. 平 水 位：1年を通じて185日はこれを下らない水位
3. 低 水 位：1年を通じて275日はこれを下らない水位
4. 渇 水 位：1年を通じて355日はこれを下らない水位
5. 年平均水位：1年間の日平均水位の平均値
6. 平均低水位：年平均水位以下の日水位を平均した水位

調査編第3章流量調査9.5流況表を参照のこと．様式は水文観測業務規程細則による．

5.3 作業の分担

> 作業の分担は，データ整理の作業が円滑にできるように予め関係者間で定めておかなければならない．

解 説
調査編第1章降水量調査5.2作業の分担を参照のこと．

5.4 照査

5.4.1 照査

> データが発表されるまでには整理の各段階ごとに十分な照査を行い，公表する数値に万全を期さなければならない．

解 説
調査編第1章降水量調査5.3.1照査を参照のこと．

5.4.2 処　　置

> 照査の結果，疑問があれば問いただし，誤りを見出した場合は所定の手続きを経て訂正しなければならない．

解　説

調査編第1章降水量調査5.3.2処置を参照のこと．

5.5 保　　管

> 野帳，自記紙および整理資料は確実に保管しなければならない．

解　説

調査編第1章降水量調査5.4保管を参照のこと．

参考文献

1) 水文観測　建設省水文研究会　(社)全日本建設技術協会　1996.11
2) 絵でみる水文観測　建設省中部地方建設局河川管理課　1979.3

第 3 章
流 量 調 査

第3章 流量調査

第1節 総　　説

1.1 総　　説

> 本章は，流量の調査に関する標準的手法を定めるものとする．

解　説

流量の調査のうち水位の調査に係わる部分は調査編第2章水位調査によるものとする．

現在の技術では，実河川において流量自体の連続・無人観測は困難であるので，予め流量を水位と関連づけて水位流量曲線を作っておき，連続観測した水位を流量に換算するという方法を用いる．

したがって，流量を求めるためには水位観測が必要となるが，この水位の調査に係わる部分は，調査編第2章水位調査によるものとする．

本章に関連する調査結果の整理等については，水文観測業務規程及び細則によるものとする．

また，観測機器，観測およびデータ処理作業の詳細については，例えば「水文観測」（建設省水文研究会著，全日本建設技術協会刊，1996年11月）を参照されたい．

1.2 流量調査の方法

> 流量調査には，流速に水位から求めた断面積を乗じて流量を求める方法と堰の越流水位から越流公式により流量を求める方法がある．観測の方法は，設置条件，流量規模，精度，観測頻度を勘案して，下記の方法等から適切なものを用いるものとする．
> 1. 流速計測法
> 2. 浮子測法
> 3. 超音波流速計測法
> 4. 堰測法

解　説

流量調査の方法には，大別して次の2つの方法がある．
1. 流速を測定し，これと水位観測から求めた断面積とから（流速）×（面積）の計算を行って流量を求める方法．
2. 堰の越流水位を求め越流公式から流量を求める方法．

本文で定めた方法のうち，流速計測法，浮子測法，超音波測法は1.に，堰測法は2.にそれぞれ分類される．このうち，浮子測法は主として洪水時の流速測定に用いられ，回転式流速計等を用いる流速計測法は，水中に測定部を水没させる接触型であるため，主として低水時の流速測定に用いられる．また，超音波測法は非接触型であるため，低水から洪水にかけて利用可能である．また，堰測法は堰の形状，大きさによって低水から洪水にかけて用いることができる．

第3章 流量調査

このほか，参考3.1に示すように，可搬式電磁流速計測法や電波表面流速計測法など新たな計測法も開発され，実用化に向けて検討が行われている．

〔参　考　3.1〕　流量計測法の種類

現在，利用されている流量計測法には次のようなものがある．なお，これらの中には最近開発され，もしく

表3-1　流量計測法の種類

分　類		名　　称	測定対象	説　　　　明
トレーサ		浮子測法	平均流速	直線上に一定の区間を定め，浮子をその区間の上流から流し，その下流までの距離を流下時間で除して流速を求める方法である．
		色素投入法	表面流速	水深が浅く表面浮子が使用できない場合などに，フルオレッセンなどの色素を投入して表面流速を測定する方法である．
流水中に検出器を支持する	可搬式	回転式流速計測法	点流速	回転する測定部を流水中に水没し，その回転数から流速を測定する方法である．水車やプロペラを回転部に持つ縦軸型（広井式流速計等）と円すい型のカップを回転部にもつ横軸型（プライス流速計）に分類される．
		可搬式電磁流速計測法	点流速	水中に電磁式の測定部を持つ流速計で，人工的に発生させた磁界の中を水が動くときに生じる起電圧から流速を測定するものである．
	船に載せる	流速プロファイラー（ADCP）計測法	横断面内流速分布	流速プロファイラーは，超音波のドップラー効果を応用することによって，断面内の三次元流向・流速分布を測定する機器である．この測定器を船等に搭載し，移動しながら測定することによって大水面，大水深領域の通過断面内流量を短時間で測定できる．また，河床に固定した場合は，流速の時間的変化を測定できる．
	水中固定	超音波流速計測法	水平面内平均流速	超音波の伝播速度が流れの方向では増加し，流れと逆方向には減少することを利用して，その差を測定して流速を求めるものである．送受信装置を測定個所の両岸に設置し，水中に送波して測定する．
		開水路電磁流速計測法	平均流速	両岸に設置した電極間に生じる起電力が平均流速に比例することにより流量を算出するシステムである．無人連続観測が可能で，順流，逆流も測定できる．
空中に検出器を支持する（非接触）		電波流速計測法	表面流速	流れの表面に一定角度の方向から電波を発射して，その反射波の周波数変化から表面流速を測定する．水面ないし水中に非接触で測定できる．
		画像処理流速計測法	表面流速	洪水時に流下する流木やゴミあるいは波紋を河岸に設置したビデオカメラにより撮影し，画像解析から表面流速を測定するものである．リアルタイムの観測は，現段階ではできない．
落差利用		堰測法	流量	三角堰や台形堰を自由越流する際の越流水深を測定し，実験等により求められた流量公式により流量換算する方法である．

は，評価の途上であって，必ずしも十分に確立されていない技術も含まれている．利用にあたっては，各々の特性を踏まえて採用すること．

第2節　観測所の配置と設置

2.1　配　　　置

> 河川等の流量調査にあたっては，河川等の管理，計画ならびに施工上重要な地点に，必要に応じ流量観測所を設けるものとする．
>
> なお，流量観測所には必ず水位観測所を併置するものとする．

解　説

河川には分合流があり，また表流水と地下水，伏流水間での相互流動もある．また，洪水波は孤立波として河道に沿って伝播し，ピーク流量の低減が生じる．さらに，潮汐振動の影響は河道内を減衰振動として下流より上流へ伝播する．このため，流量はどこでも一定というわけではない．したがって，河川等の管理，計画ならびに施工上重要な地点には必要に応じ流量観測所を設けなければならない．

例えば，重要支派川の分合流前後，狭窄部，遊水池，湖沼，貯水池，地下水・伏流水との間で伏没・還元のある所および，河口等がこれにあたる．

水位流量曲線が水面勾配の影響を受けて時系列的にループを描くと推定される流量観測所においては，近隣の水位観測所との水位差（水面勾配）を考慮に入れた水位流量曲線を導入することによって流量観測精度を高められる場合がある．近隣の水位観測所の位置は当該流量観測所から水理条件が連続している上流または，下流に1〜数km内の地点がよいとされている．

2.2　設置場所の選定

> 観測所は，原則として次の各項に掲げる条件を考慮し，要求される精度の観測が行える場所に設置しなければならない．
> 1. 水流が整正であること
> 2. 水流が急激または緩慢に過ぎないこと
> 3. 流路および河床の変動が少ないこと
> 4. 渇水時においても観測が可能であること
> 5. 観測の際，危険が少ないこと
> 6. 観測に便利であること

解　説

設置場所の選定にあたって考慮すべき事項は本文に定めたが，その他の考慮すべき事項も含めて，次に解説する．

1. 水流が整正でない場合には，点における流速は正しくても面積を掛けて流量にする時精度が悪くなるので，原則として水流が整正である場所を選ぶことが必要である．例えば湾曲部は避け，射流部や土砂・ゴミの多い河川では注意を払うこととする．
2. 流速計には使用の範囲があるので，これを著しく越えるような急激な水流域や，これを著しく下回るような緩慢な水流では通常の方法では流速を測定することができず，したがって，流量を測定することができな

いから，水流が急激または緩慢に過ぎない場所を選ぶことが必要である．
3. 河床変動が激しい場合には，洪水中の精度が著しく経過し，浮遊・掃流土砂の多い河川における堰では，堰上流側の池にすぐ土砂が溜まって精度が悪くなるので，流路および，河床の変動が少ない場所を選ぶことが必要である．
4. 渇水時には流量観測の精度に対する社会の要求が厳しくなるので，渇水時においても十分な精度で観測が可能な場所を選ぶことが必要である．
5. 流量観測は，雨量観測や水位観測と比べて比較的危険度の高い作業であるので，場所の選定にあたっては，特に注意を払うことが必要である．例えば，水文的条件がよくても，出水すると孤立してしまうような地点は流量観測所として適当ではない．
6. 高水流量の観測は，必要なときに直ちに行わなければならないので，観測に便利な場所を選ぶことが必要である．例えば，橋を観測場所として選ぶと器具の搬入などの点でも便利であることが多い．ただし，橋と水面とがあまりに離れていると測りにくいし，あまり近いと水位が急増したときに危険になることがあるので，橋を観測場所とするときには十分配慮する必要がある．
7. 流量観測は低水，高水ともに同一位置で行えることが望ましいが，低水流量と高水流量との差が大きい所では，各段階に応じた手法によるので，観測位置が違ってもよい．ただし，両地点での観測値間の相関を把握するよう努めることが必要である．
8. 流量観測の方法には，一般に本章1.2流量調査の方法に定める方法があるが，それぞれ以下に述べる事項を考慮して設置場所を選定する必要がある．
  (1) 浮子測定では，直線区間があって浮子投下機を設けられる所，または橋梁がある所で浮子投下位置，第1横断面，第2横断面（本章第6節参照）をそれぞれ見通しよく設定できる所を選ぶ必要がある．
  (2) 堰測法では，固定堰で，完全越流の堰を選ぶ必要がある．不完全越流，または潜り越流の堰の場合には，上流側のみならず下流側にも水位標を設ける必要がある．
  (3) 超音波測法では，原則として流れが直線である水路を選ぶ必要がある．浮遊土砂が多い河川，流れに気泡が混入している河川，特に水温，密度等に著しい鉛直分布のある河川等では利用できる川幅に限界があるので，これを考慮に入れる必要がある．

第3節　設　備

3.1　流量観測所横断線

> 　流量観測所には流心に直角の方向に流量観測所横断線を設定し，当該横断線の位置を示すために横断線拠標を設置するものとする．
> 　横断線の数および間隔は，観測の方法に応じて次の表によるものとする．
>
> | 方　法 | 横断線設置個所数 | 摘　要 |
> |---|---|---|
> | 流速計測法 | 1個所 | |
> | 浮子測法 | 2個所 | 上下流2断面間の距離は概ね50m以上とする． |
> | 堰測法 | 1個所 | |
> | 超音波測法 | 1個所 | 断面積算出のために流水に直角の方向1個所とする． |
>
> 　なお，本章2.1配置で併置することを定めた水位観測所は，この横断線上に設けるものとする．

第3節　設　備

解　説

　浮子測法の横断線間隔をあまり長くすると，1回の測定に時間がかかりすぎて，その間の水位・流量の変化などを考え併せると総合的には精度が高くなるとはいえない．一方で，間隔をあまり短くすると測定時間が短くなりすぎて，計時の誤差によって精度が悪くなるので，本文で定めたように，浮子測法の横断線間隔は，概ね50 m以上とすることが必要である．

3.2　流量観測所横断線の横断測量

3.2.1　流量観測所横断線の横断測量

　流量観測所横断線を設定した時は，横断線に沿って横断線ごとに横断測量を行い，流量観測所横断図面を作成するものとする．
　流速計測法によって流量調査を行う場合，水深測量を流速計計測のたびごとに行うものとする．また，堰測法の場合は，堰の天端とその形状がよくわかるような測量を行うものとする．

解　説

測量の方法は調査編第21章第10節に準ずるものとする．
1. 流速計測法による水深測定の間隔は本章5.1.1に示されたとおりである．
2. 浮子測法によって流量調査を行う場合は，両測量線について横断測量を行うものとする．
3. 堰測法の場合には，堆砂，堰の変形がない限り測量し直す必要はない．ただし，堰に可動ゲートが付く場合は，ゲートの開度を常に記録しておくことが必要である．
4. 超音波測法の横断測量は，超音波の伝播線上で流水に斜めの方向については，伝播状態を把握するために，また直角方向については，通常の流量値換算のための面積計算を行うために行うものである．

3.2.2　流量観測所横断線の改測

　前項の規定による流量観測所の横断図面は，毎年出水期の前に定期的に行う横断測量により同一縮尺に作成して修正するものとする．
　洪水等によって河床が変化したと認められる場合には，そのつど速やかに横断測量を行い，同様に修正するものとする．

解　説

方法は本章3.2.1と同様とする．

3.3　標　　　識

　流量観測所の付近には観測所名，水系・河川名，設置者名，設置年月日，観測所所在地，標高（水位標・零点高），河口または支川については合流点よりの距離，および観測所番号を記した標識を立て，必要な場合には周囲に防護のための柵等を設けるものとする．

解　説

調査編第2章水位調査3.2標識を参照のこと．標識は水位流量観測所とすればよく，水位観測所と分ける必要はない．

3.4 台　　　　　帳

> 観測所を設置し，または既存の観測所に観測を委嘱した場合には，流量調査を行う者は流量観測所台帳および付図を作成しなければならない．台帳には観測所の位置や施設構造等に関する諸元を記載するものとする．

解　説

調査編第1章降水量調査3.6台帳および，第2章水位調査3.3台帳を参照のこと．様式については水文観測業務規程細則による．

第4節　観　　　　　測

4.1 回　　　　　数

> 低水流量観測は年間36回以上を原則とし，種々の水位に対してできるだけ数多く観測するものとする．特に渇水時に，前年度の水位流量曲線の適用外（外挿）となるところまで水位が低下した場合は，観測値がそのまま河川管理上の指標となるので，きめ細やかな観測が必要である．
> 高水流量観測は，中規模の洪水も含めてできるだけ数多く観測するものとし，また，洪水の上昇期のみならず下降期にも行うようにするものとする．

解　説

定期的な観測は年36回以上を原則とする．すなわち，旬ごとに観測することを意味している．また出水の際には随時出動して，できるだけ多く観測することを義務づけている．ともに良好な水位流量曲線（本章9.2水位流量曲線の作成参照）を作成するためである．なお，水位および流量調査作業規定準則によれば，洪水とは既往10カ年間における毎日の水位または流量のうち，原則として当該水位流量観測所における第100位以上に該当する水位または流量の状態をいう（ただし書においては，10年のデータのないところでは，この比率によることを示している）．さらに同準則では，高水の流量観測は，なるべく毎時観測を行うよう努めるものとしている．

高水流量観測は，観測値の流量規模に偏りがないよう大出水のみならず，中出水においても行う．また，水位流量曲線が水面勾配の影響等を受けて時系列的にループを描く場合もあるので，洪水の上昇期のみならず下降期にも観測を行うようにすべきである．

4.2 器材の管理

> 流量観測に使用する器材は，常に所定の性能を保持するようにしなければならない．

解　説

流速計の検定については本章5.1.2流速計の検定に定めるが，その他の器材の管理について以下に解説する．

1. ストップウォッチ：オーバーホールは定期的に行っているか，電池は切れていないか，等に注意して管理する必要がある．
2. ワイヤ・間縄：切れていないか，弱っていないか，等に注意して管理する必要がある．
3. 舟・ゴムボート：浸水などに対して安全かどうか注意して管理する必要がある．
4. 浮　　　　子：品質（特に発光点灯する浮子など）が劣化していないか，員数には余裕があるか，等に注意

第4節 観　　　測

して管理する必要がある．
5．普通水位標：ゴミ等で読み取れなくなっていたり傾いたり流失していたりしないか，等に注意して管理する必要がある．
6．鍵：観測小屋等の鍵はあるか確認しておく必要がある．降水量計，自記水位計など水文観測施設全部を共通の鍵として関係する全職員が常時携行するようにするとよい．
7．電池の容量：長時間の保存のため電池がだめになっていないかに注意して管理する必要がある．
8．安全対策：雨具，懐中電灯，救命胴衣，保安帽，命綱等が備わっているか等点検を行っておく必要がある．

4.3 観　測　心　得

> 流量調査を行う者は観測心得を定め，これを観測員に交付しなければならない．
> 観測心得には次に掲げる事項を定めるものとする．
> 1．観測の目的と意義
> 2．観測施設の使用方法
> 3．観測器材の取扱い方法
> 4．観測記録の整理方法
> 5．観測の実施に際しての必要な注意事項
> 6．臨時観測の基準
> 7．その他必要な事項

解　　説

流量調査を行う者は観測員に観測心得を十分理解させておかなければならない．本文に定めた事項のうちおもなものについて，以下に解説する．
1．観測の目的と意義とについては，わかりやすく具体的に記しておく必要がある．
2．観測施設，器材の取扱い方法については，図入りの解説などを加えて具体的に示しておく必要がある．なお，当該流量観測所に特有の留意点があればこれを明記し，万全の体制を作っておく必要がある．
3．記録の整理方法については，野帳（本章4.5野帳参照）の記入方法のほか，観測員の行うデータの1次処理の仕方についても定めておく必要がある．これにより記録の整理に関して観測員の仕事の範囲を明確にしておくことができる．
　　なお，データの1次処理は測定終了後直ちに行うべきことを明記しておく必要がある．
4．観測の実施に際しての必要な注意事項については，器械の故障の処理と連絡先，異常値が観測された場合の通報先なども具体的に定めておく必要がある．
5．その他必要な事項としては，作業の安全対策に特に留意し，救命具の着用などを義務づけておかねばならない．

4.4 測　　　定

> 流量観測の実施にあたっては，各点での計測値の精度向上を図るとともに，目的である流量値の観測精度向上に努めなければならない．

解　　説

流量観測には，流速と断面積とを測定してそれらの積を計算することによって流量を求める方法が常用される

が，流速は点または，線上で測定されるものであるので，それが代表しうる面積はごく微小の面積でしかない．それを実用上かなり大きな面積にまで広げて用いるという仮定が誤差を生じる一因たりうる．

しかし，測線を細かくして計測値の数を増加させても，例えば洪水時には水位変動が激しいため，測線間隔を細かくしすぎると測定に要する時間が長くなり，その間の水位の変動によって，全体としての流量観測の精度が低下するような場合もあるので，1点1点の計測値の精度向上に努めると同時に観測全体の精度向上に留意しなければなならない．

洪水時の毎時流量観測には，断面全体の1回の測定を30〜40分で終了し，20〜30分間は次の時刻の測定準備ができるようにすることが望ましい．

4.5 野　　　　　帳

> 流量観測を行った者は，そのつど観測年月日，時刻，観測流量，観測の方法，当該流量の算出方法，その他必要な事項を野帳に記載しなければならない．野帳の様式は，各観測手法ごとに定めておくものとする．

第5節　流速計測法

5.1　流速計測法による測定

5.1.1　回数と測点

1. 測定回数は，原則として水深測定においては往復して同一横断線上を2回，流速測定においては，横断線上の各測点において続いて2回とするものとする．ただし出水時のように，水位，流速の変化が大きい時はこの限りではない．

2. 流速測線は横断線を含む鉛直面上において，横断方向に原則として等間隔になるように選定するものとする．一般に，水面幅と流速測線間隔との割合の標準は，原則として次の表のとおりとするが，横断面の形状や流速分布が複雑なときは測線間隔を減少することができるものとする．なお，精密測定の場合は測線間隔は次表の1/2とする．

水面幅（B）m	水深測線間隔（M）m	流速測線間隔（N）m
10以下	水面幅の　10〜15％	$N=M$
10〜20	1	2
20〜40	2	4
40〜60	3	6
60〜80	4	8
80〜100	5	10
100〜150	6	12
150〜200	10	20
200以上	15	30

3. 流速測点は，流速測線上鉛直方向に水深の2割，8割の位置に選定するものとする．ただし，水深が浅くこれによれない時は，水面より水深の6割の位置に選定するものとする．なお，精

第5節 流速計測法

> 密測定の場合は，原則として 水面から20 cm ごとの深さに選定するものとする．
> 4．水深測線は，横断線を含む鉛直面内で流速測線上および相隣る流速測線の中央に設けるものとする．なお，両岸側においては，流速測線の外側にもそれぞれ1つの水深測線を設けるものとする．

解　説

1．水深および流速をそれぞれ2回測定し，著しい相違がないことを確かめる必要がある．著しい相違があれば，直ちにもう一度測定し直さねばならない．ただし，出水時のように水位，流速の変化が大きいときはこの限りでない．

2．本文で，流速測線は原則として等間隔となるように選定すると定めたが，全体の精度に効く所は細かく，すなわち，水深が大，または，流速が大の所は密に測るのが望ましい．

　精密測定の場合は，時間をかけてもよいから，横断方向に水流の変化点を調べ，その区分の中では等間隔とし全体として見れば水深または流速が大の所は密に測るように心掛けねばならない．

3．流速測点の選定において，水深の2割，8割の位置で測る2点法とするか，6割の位置で測る1点法とするかの境界は50〜75 cmの水深である．流速測定は水深が浅くて2点法により難い場合を除いて2点法によるものとし，安易に1点法によってはならない．なお，小型の流速計を用いる場合には，その境界は50 cmであり，流速分布の乱れている所では，50〜60 cmを境界としなければならない．

　精密法の場合は20 cmとしたが，「河床」は錘が河床につく位置として，「河床」と「水面」との間に原則として20 cm間隔に流速測点を選定する．

4．水深測定で，両岸付近においては，死水域との境界に水深測線を設けるものとする．

5.1.2　流速計の検定

> 流速計は，原則として毎年1回流速計検定所において検定を行い，回転式流速計では回転子の回転数から流速に換算するための回帰式の係数の妥当性を保っておかなければならない．
> 流速計は，随時他の流速計と比較する等により，回帰式の係数に変化が生じた恐れのある場合は速やかに検定を受けなければならない．

解　説

　回転式流速計は回転子の回転軸が鉛直のものと水平（流速方向）のもの，器械の方位角のわかるものとそうでないものに分類される．回転子にはカップ型のものとプロペラ型のものとがあり，それぞれ回転軸が鉛直のものと水平（流速方向）のものとに対応する．前者は流速計と流速方向とが同一水平面内で若干の角度を持っても測定できるが，後者はその場合は測定できない．

　流速計には，器械の方位角がわかるものとそうでないものとがある．感潮河川，河口付近などで流速方向の複雑な所では後者は使用してはならない．

　また，やむなく流速方向と横断線が直角でない所で観測しなければならないときは，両者のなす角 θ を測り，流量は（流速）×（面積）×$\sin \theta$としておかねばならない．

　回転式流速計は回転子回転速度 n を測って流速 V を求めるものであるから，通常用いられる回帰式

$$V = an + b$$

の係数 a, b を知っていなければならない．a, bを求めることを検定という．a, b は器械の老朽化，使用上のミスなどによって若干変化する恐れがあるため，定期的に年1回，懸念のあるときには随時検定しなければならない．検定の必要の有無は他の流速計との比較によっても可能である．故障修理の後ももちろん検定を行うこと．

　流速計の検定は一定の流速範囲内（例えば 10 cm/s〜2 m/s）で行われるので，その範囲内で測定に使用するよう心掛けねばならない．

第3章 流 量 調 査

直線性のよい流速計では，若干の高流速方向への範囲外使用は認められるが，低流速方向への範囲外使用は避けるべきである．

直読式流速計，記録式流速計も市販されているが，基本的な取扱いは上述の内容と同様であり，定期的な検定を受けなければならない点も全く同様である．

5.1.3 流速計の使用

> 回転式流速計による測定は，次の各項に従って行うものとする．
> 1. 流速計は，所定の器深に正しく保持する．
> 2. 流速計の回転子の回転が流れになじんでから測定を始める．
> 3. 電音式・音響式では，信号音の鳴り終わった瞬間をもって時間の測定を開始する．なお，秒数の読み取り単位は，1/10秒とする．
> 4. 1回の測定時間は少なくとも20秒以上とし，2回繰り返す．また精密法においては，1回の測定時間は少なくとも60秒以上とし，2回繰り返す．なお，直読式流速計では，指針が安定したときに読み取る．
> 5. 流量観測の開始時と終了時において，水位を測定する．

解　説

1. 所定の器深とは，本章5.1.1回数と測点に定める測定の深さをいう．正しく保持するとは，流速計の器械の方向が流速方向に合致していること．ワイヤが傾いていても器深が正しい測点に達していることである．このためには，流速が速い場合は十分重い錘を用いること．流速方向の複雑な分布をしている所では，器械の方向がわかる流速計が必要である．
2. 信号音を注意深く聞き，流速計が流れになじんで等間隔の信号音が聞かれるようになってから，測定を始めることが必要である．しかし，ゴミ，水草の多い川では，それらが回転子にからまるから，手早く測定を終了させねばならない．
3. 信号音は矩形波なので，鳴り終わりの瞬間をもって信号とし，時間の測定を開始することが必要である．
4. 直読式流速計では，指針が落ち着かない場合には，平均値を観測することが必要である．
5. 流量観測中にも水位の変化することがあるため，前後2回水位を観測することが必要である．

5.1.4 精密測定

> 流量観測所においては，低水時に随時精密測定による測定を行い，測定の精度を保持するように努めなければならない．特に感潮河川，河口付近などで塩水侵入などの密度成層の見られる所での流量観測は，精密測定によらなければならない．
>
> 精密測定による流量値と同時に行った他の測法による流量値との差異は，流量測定年表および，水位流量曲線図にそれぞれ記入しておかなければならない．

解　説

精密測定は国土調査法にも定められた方法で，流量観測精度の維持のために，水位・流量変化の少ない時を選んで適宜行う．また，感潮河川の河口付近などの流量観測にも用いられる．したがって，精密測定の場合には，流量観測時の水深測線間隔や流速測線間隔を通常の流量観測の場合より，細かくする必要があり，その基準については，5.1.1に示す．

第5節 流速計測法

5.2 流速計測法による流量の算出

> 流速計測法による流量の算出は，次の各項に従って行うものとする．
> 1. 水深は往復2回測定した値を算術平均する．
> 2. 平均流速は，同一測点で2回測定した値を算術平均して各測点の流速を求め，これらを用いて各測線ごとに次のいずれかにより求める．
>   (1) 2点法にあってはそれぞれの流速を算術平均した値
>   (2) 1点法にあっては流速測定の値
>   (3) 精密測定にあっては流速測線の水深を縦距とし，それぞれの測点における流速を横距とした点を直線で結んだ流速分布線と，水面および河床とで囲まれた面積を流速線の水深で除した値
> 3. 1つの流速測線の受け持つ区分横断面積は，これと相隣る流速測線の中央までとする．相隣る水深測線間の面積は，台形と仮定して求める．
> 4. 流量は，平均流速と，それが代表していると考えられる区分横断面積との積を全測線について合計することによって求める．

解　説

1. 水深測定は本章5.1.1回数と測点で定めるように往復2回測定しているので，水深の値はそれらを算術平均したものとする．
2. 流速についても本章5.1.3で定めるとおり，各測点で2度測定しているので，流速の値はそれらを算術平均したものとする．

　　精密測定の場合は，鉛直の流速分布線を作って，台形近似で平均流速を求めるが，水面の流速と河床の流速に実測値がないので推定をしなければならない．水面においては，水面に最も近い測定での値を使用し，河床の流速は0とおくのがよい．

3. 1つの流速測線が代表すると考えられる断面積は，これと相隣る流速測線の中央まで，水深測線は流速測線およびこの中央線に設けてあるから（本章5.1.1回数と測点本文4.を参照のこと）1つの流速測線の左右に水深測線台形が1つずつ形成される．それを加えたものが，この流量測線の受け持つ区分横断面積である．

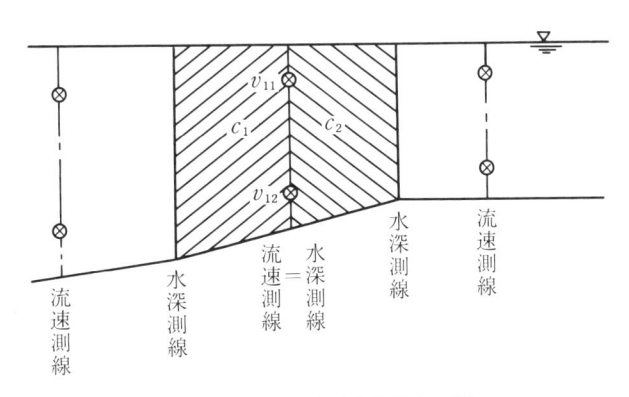

図 3-1 区分断面流量算出の例

$$\left(\frac{v_{11}+v_{12}}{2}\right)\times(a_1+a_2)=q_1$$
　　　　平均流速　両区分断面積　区分断面流量

　両岸においては，横断図面と水深測線とによって面積を推定し，最寄りの流速測線が受け持つ区分横断面積とする．この場合，死水域があれば，その範囲は除かねばならない．
4. 流量値は本文に定めたとおり，面積と平均流速との積の和として求める．
5. 算出した流量値は即座に前年の最終の水位流量曲線図に記入する．前年の傾向と大きな差異がある場合には，確認のため可能な限り再測定を行うのが望ましい．

第6節　浮子測法

〔参考 3.2〕　浮子測法の付帯設備

　浮子による流量観測には，浮子，水位標などのほか，次の付帯設備が必要である．
1. 浮子投下装置：橋があればこれを利用して人手によって投下することができるが，橋がなければ浮子投下装置を設けなければならない．浮子投下装置は，両岸に立てられた支柱の間に張られたワイヤに沿って動く無人ケーブルカーから，予めセットされた横断距離においてフックをはずして浮子を投下できるようになっている．なお，動力は自家動力を持つことが望ましい．
2. 第1横断面の見通し杭：第1横断面の見通し杭は，両岸に少なくとも1本ずつの杭を必要とし，それらの杭は流量観測所横断線上になければならない．夜間の観測に備えて投光機などを設備するが，夜間でも対岸から見える見通し杭でなければならない．観測所の杭は併置する普通水位標の杭と兼用してもよい．
　浮子投下装置横断面と第1横断面との間隔は，浮子が定常状態で流れるまでの助走区間で，概ね30 m以上とする．
3. 第2横断面の見通し杭：第2横断面の見通し杭は，第1横断面のそれと同等とする．第1横断面と第2横断面との間隔については本章3.1流量観測用横断線で定めるとおりである．浮子投下装置，第1横断面および第2横断面は互いに離れているので，相互に連絡できる装置を有することが必要である．

6.1　浮子測法による測定

6.1.1　流速測線

　流速測線は，第1横断面と第2横断面の間で流れに沿うよう設けるものとする．水面幅と浮子流速測線間隔との割合の標準は，第1横断面において原則として次の表のとおりとするものとする．

水　面　幅	20 m未満	20～100 m	100～200 m	200 m以上
浮子流速測線数	5	10	15	20

　ただし，洪水時など流量観測を緊急に行わなければならない場合には，次の表のとおりとするものとする．

水　面　幅	50 m以下	50～100 m	100～200 m	200～400 m	400～800 m	800 m以上
浮子流速測線数	3	4	5	6	7	8

第6節　浮　子　測　法

解　　説

　流線は必ずしも流下方向に平行でないので各側線上に投下した浮子が流下するにつれて左右にふれることがあるが，ここでは第1横断面を基準として測線を設定するものとした．

　浮子の投入は等間隔を原則とするが，明らかな流線のかたよりのある所では不等間隔にしたほうが精度が上がる場合がある．

6.1.2　浮子の種類

> 　浮子測法に使用する浮子は桿浮子または表面浮子とし，水深に応じた適切な浮子を用いなければならない．なお，夜間は十分追跡できるように工夫された浮子を用いるものとする．

解　　説

　浮子は水深に応じた適切な棹浮子を用いるものとし，安易に表面浮子を代用してはならない．

　浮子の流下速度に更正係数を掛けて流速が得られるので（本章 6.1.3 浮子の使用参照），桿浮子の長さは水深によって決めておかなければならない．水深，桿浮子の長さおよび，更正係数の関係は複雑で，これまでの調査研究では流速の鉛直分布を単純な関数形に仮定したりしている．しかし，実河川における洪水時の流速の鉛直，横断方向の分布については観測が困難であるため，実態が十分に把握されていないのが実情である．当面では目安として，次表に示す値を用いることとする．

浮子番号	1	2	3	4	5
水　深　(m)	0.7以下	0.7〜1.3	1.3〜2.6	2.6〜5.2	5.2以上
吃　水　(m)	表面浮子	0.5	1.0	2.0	4.0
更　正　係　数	0.85	0.88	0.91	0.94	0.96

　これにより，桿浮子4種，表面浮子1種を用意し，水深に応じて用いることにすればよい．

　浮子は水面上に 30〜50 cm 出るようにし，昼間用には白ペンキを塗り，夜間には科学的無熱発光体等を付けるなど追跡しやすい工夫をすること．

　表面浮子は乾燥した軽い木片でよいが，直径 30 cm ぐらいの円盤に目印の旗や，科学的無熱発光体等を付ける必要がある．高水敷に浅く水がのって表面浮子でも測定し難い場合には，色素（フルオレッセンなど）を用いて測定してもよい．

　なお，水草や藻の多い河川では，上表において，1段階短い浮子を用いること．

6.1.3　浮子の使用

> 　浮子による測定は，次の各項に従って行うものとする．
> 1. 浮子は片岸から定められた間隔で順次投下する．
> 2. 各測線において，水位と横断面とから水深を求め，適切な浮子を投入する．
> 3. 第1横断面通過から第2横断面通過までの時間 t を測定し，両横断面間の距離 L を t で割って浮子流下速度 v_0 とする．浮子の流下距離は，原則として 50 m 以上とする．
> 4. v_0 に更正係数を掛けて流速 v とする．
> 5. 観測の開始時と終了時とにおいて第1および第2両横断面でそれぞれの水位を観測する．

解　　説

1. 浮子は片岸から投下すればよいが，左岸，右岸のどちらから投下したかは明記しておかねばならない．
2. 第1および第2横断面に観測員が立ち両横断面間を流れ下る時間 t を測るが，このとき両観測員が音で連絡をとると横断面間隔100 m として約0.3秒の誤差がでるので，トランシーバや手旗信号などを用いる．

流下速度 v_0 は，$v_0=L/t$ で求められる．誤差の大きいのは t の測定であるから，この精度向上には十分注意しなければならない．
3. 更正係数については，本章6.1.2浮子の種類解説に示した値を目安として用いる．
4. 流量観測中にも水位の変化することがある．特に，洪水時には，その可能性が大であるから，観測の前後2回にわたって，水位を計測する必要がある．

6.2 浮子測法による流量の算出

> 浮子測法による流量の算出は，次の各項に従って行うものとする．
> 1. 1つの流速測線の平均流速は本章6.1.3浮子の使用に定める v とする．
> 2. 1つの流速測線の受け持つ幅は，これと相隣る流速測線の中央までとする．
> 3. 第1横断面と第2横断面において，1つの流速測線の受け持つ区分横断面積を求め，両者の算術平均をその流速測線の受け持つ区分横断面積とする．
> 4. 流量観測の前後で，横断面に差異のない時はそのまま用い，洪水などにより流量観測の前後で横断面に差異を生じた時は，各区分横断面積について大きいほうの値を横断面積とする．
> 5. 流量は，平均流量とそれの受け持つ区分横断面積との積を全測線について合計して求める．

解　説

1. 1つの流速測線の平均流速は，浮子流下速度に更正係数を掛けた値 v である．
2. 浮子は必ずしも河岸に並行しては流れないが，ここでは一応，並行して流れると仮定している．
3. 第1横断面と第2横断面とを算術平均した値を区分横断面積とする．この場合の水位は，各回観測の前後に測られた水位の算術平均値とする．
4. 洪水などの前後で横断面が変化した時は，洪水の初期に河床の洗掘が起こったと仮定し，大きいほうの断面を用いる．
5. 測定精度のチェックのために，算出した流量値は現場で速やかに前年の水位流量曲線図に記入する．図中の水位～流量の点を時系列的につないで，観測値が反時計回りまたは，時計回りのループを描いているかを確かめるのが望ましい．

第7節　超音波測法

7.1 超音波法による流量の算出

> 超音波測法による流量の算出は，次の各項に従って行うものとする．
> 1. 適切な観測位置とシステムとを選定する．
> 2. 流量を観測する位置に水平に流速測線を設け，その両端（水中）に超音波送受波器を置き，併せて水位計も置く．
> 3. 横断面の形状・河川の水理・水質特性に応じて，流量測線は1本または複数設置し，それに応じた超音波制御・処理システムを選定する．
> 4. 流速測線上の流速に，流速測線で分割された区分断面積を掛けて区分流量とし，それを合計して流量とする．

第7節　超音波測法

5. 測定・演算等のため超音波機器設備は陸上に局舎を設け，設置する．

解　説

1. 観測位置については「第2節　観測所の配置と設置」によるが，位置の選定とシステムの選定は相互関連があるので，本文3項とも併せて，下記の点に留意して選定しなければならない．
   (1) 川　幅：狭いほうが容易．広すぎれば川を2分割するのも一案．
   (2) 水　深：深いほうが容易．浅いと，超音波が水面・底面に当たる．中州がある所は避ける．
   (3) 流　速：ある程度速いほうが容易．ただし，高流速によるノイズ，気泡，乱流は避けなければならない．
   (4) 流　向：流向の変化の影響は送受波器のV字型配置システムで解決できるが，著しい流向の変化のある所は避ける．
   (5) 水温・塩分の鉛直分布：超音波屈折の原因となるので，対策が必要．
   (6) 水温・塩分の時間変動：緩い変動は問題ない．速い変動は同時送波システムで対応する．

2. 流速測線は，測定原理からわかるように，流向に対し斜めに置かなければならない．堅固な杭または護岸等に送受波器を水中の測線上に取り付ける．送受波器には指向性があるので対向させる．断面積算出のため併せて水位計を置く．水温計・塩分計をおいて，水温・塩分の鉛直分布を監視するとよい．

3. 測線数・測線配置に応じて，超音波制御処理部を陸上の局舎内に置く．測線上の超音波の伝播時間を計測し，流速を算出する．水位計による水位から断面積を次項のとおり算出する．

4. 複数の流速測線を持つ場合の流量の計算方法は次のとおりである．
   (1) 流量を測定しようとする横断面において1つの流速測線の受け持つ区分横断面積は，隣り合う流速測線との中間までとする．なお，横断面は，超音波送受波器の方向にかかわらず，流水に直角方向の横断面を用いる．
   (2) 最上段および最下段に設定された流速測線の受け持つ区分横断面の最上限および最下限は，それぞれ水面および底面とする．
   (3) 流量は，平均流速とのそれの受け持つ区分横断面積との積を全測線について合計して求める．
   (4) 数式に表せば，
   $$Q = a_1 v_1 + a_2 v_2 + a_3(H) v_3$$
   となる．
   ここに　　Q：求められる流量
   　　v_1, v_2, v_3：超音波による平均流速（3測線）
   　　a_1, a_2：断面積（一定）

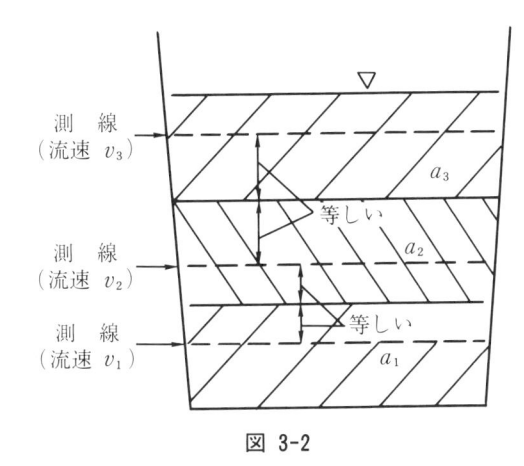

図 3-2

$a_3(H)$：断面積（水位の関数）である．

なお，精密法との比較を行って更正係数を用いる必要が明らかになれば，当然，更正係数を用いなければならない．

5. 超音波機器設備としては，この流量観測システムに要求される目標，例えば流量管理に適した情報が表示されるように測定・演算・表示しなければならない．制御部は送受波器とあまり離すことができないので局舎内に置く必要があるが，観測データについてはテレメータ設備を介して，事務所，管理所等で即時利用できる形にするのが望ましい．

第8節 堰　測　法

〔参考 3.3〕堰　測　法

堰による流量観測所は，堰の形状によって次の3種に分類される．
1. 刃型堰：精度はよいが小規模な河川で利用される．
2. ナップ型堰：ダムの余水吐などで自由ナップの形状が採り入れてあれば，大流量でも利用できる．
3. 広頂堰：一般の落差工などを利用した流量観測所に見られる．ただし，流量係数は複雑である．

8.1　堰測法による測定

8.1.1　堰測法による場合の配慮事項

> 堰によって流量を観測する場合には，堰上流の堆砂および，堰下流の洗掘に対して十分な対策をたてておかなければならない．
>
> また，特に刃型堰では，流木，ゴミ等により観測の精度が著しく低下することがあるので，これに対する対策を考えておかなければならない．

解　説

堰測法においてはいずれも越流深を測定するのであるが，上流側の堆砂は，上流側のポケットの大きいダム等を除いては大問題で，堆砂は堰測法の精度を左右するといっても過言ではない．したがって，使いやすい排砂装置を付けておくことが望ましい．

また，下流側の洗掘に対しては，河床保護工を行うなど対策をたてておかなければならない．

なお，一般の落差工を用いる堰測法では，低水時には下流水面積が大きくなり，越流水深が極めて小さくなることがあるので，精度を上げるためには復断面の堰とするとよい場合がある．

8.1.2　可動ゲートを有する堰

> 流量観測所を可動ゲートを有する堰に設ける場合には，ゲートの開度を水位と同時に記録しておかなければならない．

解　説

可動ゲートを有する堰にあっては，ゲートが開いている場合と閉じている場合とで同一の取扱いをすることができないのは当然である．ゲートが開いている場合はその開度を記録し，適当な公式によって流量を算定することになる．

8.1.3　越　流　水　深

> 堰測法によって流量を観測する場合には，堰に近く，流速の小さい位置に水位観測施設を設置し，

これにより越流水深を観測するものとする．

解　説

水位観測についての一般的手法は，調査編第2章水位調査を参照のこと．
水位観測施設の位置は，接近流速の影響を避けるため，越流部からはある程度離す必要がある．

8.2　堰測法による流量の算出

堰測法において完全越流の矩形堰の場合には，次の公式を用いて流量を算出するものとする．
$$Q = CBH^{3/2}$$
ここに
　　　　Q：流　量（m³/s）
　　　　C：堰の越流係数
　　　　B：堰　幅（m）
　　　　H：越流水深（m）　　　　である．
その他の形状の堰，不完全越流または，潜り越流の堰および可動ゲートを有する堰については，その形状等に最も適した公式を用いるか，または観測，模型実験等により水位と流量との関係を求めるものとする．

解　説

完全越流であるか，潜り越流であるかにより，水位と流量の関係は多様である．
また，可動ゲートを有する堰は一層複雑である．計算方法の詳細は水理公式集（土木学会）などによるか，模型実験によるのが原則であるが，できれば現地施設で検定を行うのがよい．具体的には，(1)他の流量観測法による値と比較を行う方法および(2)越流水を一時貯留して，水位変化より体積を求め，時間で割って流量を求める方法などがある．

第9節　データ整理

9.1　流量測定年表

流量観測所においては，本章4.5に定める野帳に基づいて，流量測定表を作成しなければならない．

解　説

流量測定年表に記載される内容は次のとおりである．
1. 観測所名，観測所番号，水系・河川名，観測機関名，観測所所在地，水位標零点高，河口からの距離（支川にあっては，合流点よりの距離）．
2. 観測年月日，時刻，観測開始時水位，同終了時水位，平均水位測定方法，水面幅，流速測線数，平均区分断面積，全断面積，流量，平均流速（全断面積にわたる），更生の方法，野帳番号．
3. 同時に精密法で観測を行った場合には，両者の比較．

9.2 水位流量曲線

9.2.1 水位流量曲線の作成

> 流量観測所では，水位を縦軸として流量を横軸とする座標上に，前項の水位および流量のすべての値を表示し，最小二乗法等によって求めた水位流量曲線式により，水位流量曲線図を作成するものとする．なお，出水による著しい河床変動等により水位流量関係が大きく変化した場合には，それ以降，新しい水位流量曲線図を作成するものとする．

解　説

　一般に出水により河床変動を生じた時期を境として水位流量関係が変化する．このため，年間のすべての流量観測資料を単一の水位流量曲線で表すことができないことが多く，単一の曲線で表現できる期間ごとの資料群に観測値を分離する必要がある．ただし，年表公表などの手順上，データを年ごとに整理しなければならないので，その場合には，前年の秋季出水以降の全観測値をプロットした水位流量曲線図に加えて，次年の春季出水までの流量観測作業により得られた観測値をプロットし，年の境で水位流量曲線に著しい相違を生じさせないようにしなければならない．

　水位流量曲線図には実測点をプロットする．高水流量観測にあっては，水面勾配等の影響による水深－流量関係のループ効果を観測誤差と区別するために，一連の観測値を時刻順に結ぶこととする．精密法による値は，特に印を付けるとよい．様式は水文観測業務規程細則を参照すること．

　曲線式は通常，水位を H，流量を Q とおくと，2次式

$$Q = a(H+b)^2 \quad : a, b \text{ は定数}$$

で表す．

　実測点がこの式形に適合しない場合には，水位の高低に応じて，この形のいくつかの曲線式に分けて適用する．なおその際，境界となる水位としては高水敷と低水路の境の標高等，合理的な値を採用する必要がある．

　日々の河川管理のために，水位流量曲線をその流量観測範囲を超えて左下方（渇水）と右上方（洪水）に外挿して適用するときには，観測範囲の水位流量曲線を単純に延長するのではなく，断面特性を加味した水理学的な水位流量曲線とするのが望ましい．

　縦断勾配が緩やかな河川では，水位流量曲線は，洪水時に水面勾配等の影響を受けて，単純な1価関数とならずに，時系列的に反時計回りのループを描く場合がある．この場合，近隣の水位観測所との水位差（水面勾配）を考慮した水位流量曲線の導入についても検討するのが望ましい．

〔参　考　3.4〕　水面勾配を考慮した水位流量曲線

1. 急流河川では，河床勾配に対する水面勾配の変化の割合が小さいため，水面の勾配が一定であると考えても大きな差にはならない．しかし，河床勾配の小さな河川では，水面勾配の変化の影響が無視できないほど大きくなり，水位と流量の関係が水位の上昇期と下降期でループを描くことがある．このような場合，ループを1本の水位流量曲線で近似すると，水位流量曲線によって換算した流量にかなりの誤差が乗じることになる．

2. マニング則によれば，

$$\frac{Q_a}{Q_m} = \sqrt{\frac{I_a}{I_m}}$$

ここで，Q：流量，I：水面勾配，添字 a, m は実測値，定常状態（仮想）での諸量を示す．よって，

$$Q_a = Q_m \sqrt{I_a/I_m}$$

第9節 データ整理

となり，補正係数 $\sqrt{I_a/I_m}$ を掛ければよいことがわかる．粗度係数その他の変動も伴う場合には，I_a/I_m でこれらの変動を代表させて

$$Q_a = Q_m(I_a/I_m)^n \quad (n は定数)$$

とおくこともできる．

水面勾配は水位の変動に伴う誤差を考慮すると，4〜5 km 離れた近隣の水位観測所の水位観測値を用いて近似的に求めるのが現実的である．

(例)

図 3-3 は，N 川の I 観測所において上記の手法を適用した事例である．I_a として 4.35 km 下流に位置する K 観測所との水位差から求めた水面勾配を，また I_m として，両地点における計画高水位の勾配をとり，

$$Q_m = Q_a \sqrt{I_m/I_a}$$

によって実測流量 Q_a を水面勾配の影響を除外した仮想流量 Q_m に変換したものである．反時計回りのループを描く実測流量と水位の関係（実線）が，変換の結果，ほぼ一価の関係（点線）で表されているのがわかる．

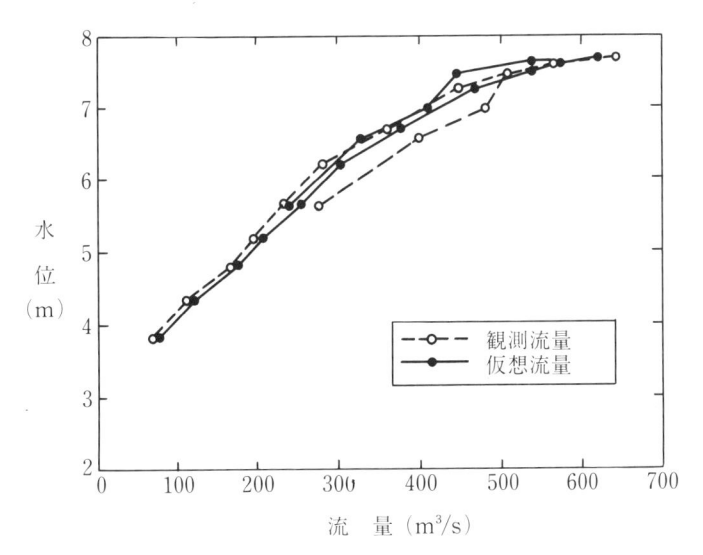

図 3-3 水面勾配による水位流量曲線補正の事例

この，水面勾配の影響を除外した仮想流量によって HQ 曲線を作成しておけば，実測水位から Q_m を求め，実測水面勾配 I_a を用いて，

$$Q_a = Q_m \sqrt{I_a/I_m}$$

によって，流量 Q_a を求められる．

3. 洪水中に河床が変動する場合には，これも水位と流量の関係への影響要因となるが，その定量的な把握は今後の課題である．近年ラジコンボートに搭載した音響測深機によって洪水中の河床形状の変化を観測する試みが行われており，調査研究の進展によって流速観測の精度向上にも寄与することが期待される．

9.2.2 水位流量曲線の精度管理

作成した水位流量曲線は照査図等によりその精度を点検しなければならない．

解　説

水位流量曲線の作成は，流量観測値の精度を直接規定する点で，極めて重要な作業である．したがって，下記のような照査図等によって，その精度管理には十分留意する必要がある．

第3章 流量調査

1. 流速測定の精度を確認するための「横断図～流速・流量図」（図3-4参照）：流量観測作業のたびに，最新の横断測量成果を描いた横断図の上半部の縦距に，流量観測作業による各測線の流速値（測定値および測線の平均流速値）をプロットしてこれを繋線する．

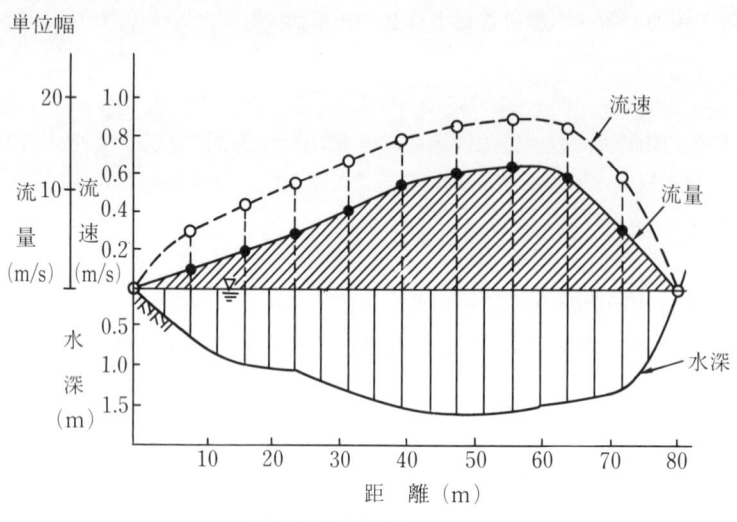

図 3-4 横断図～流速・流量図

2. 流量観測の精度を確認するための「観測水位流量図」（図3-5参照）：1回の流量観測作業の終了直後に（高水流量観測にあたっては，その作業中または作業終了直後に），その観測水位と計算流量を前年末の水位流量曲線図にプロットする．高水流量観測にあたっては，さらに一連の観測値のプロットを時刻順に繋線する．

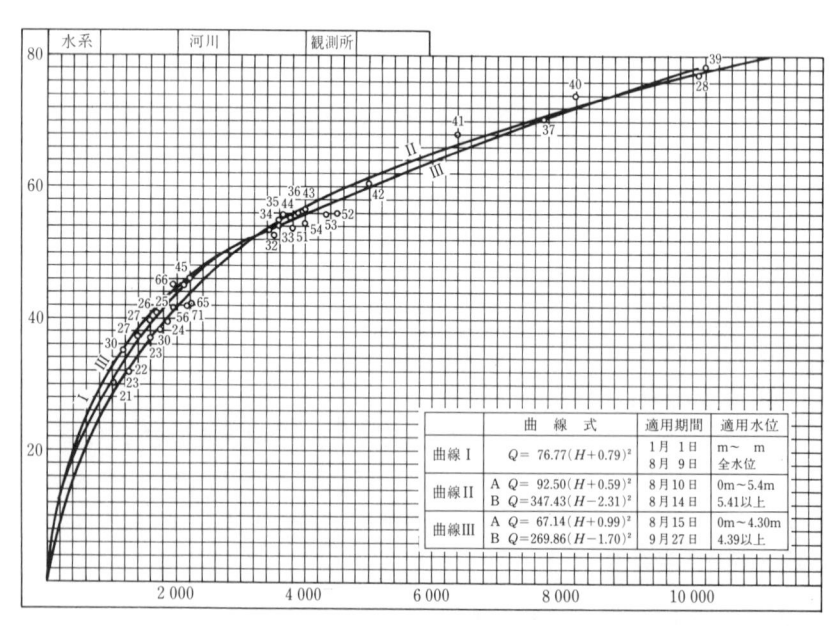

	曲線式	適用期間	適用水位
曲線Ⅰ	$Q = 76.77(H+0.79)^2$	1月 1日 8月 9日	m～ m 全水位
曲線Ⅱ	A $Q = 92.50(H+0.59)^2$ B $Q = 347.43(H-2.31)^2$	8月10日 8月14日	0m～5.4m 5.41以上
曲線Ⅲ	A $Q = 67.14(H+0.99)^2$ B $Q = 269.86(H-1.70)^2$	8月15日 9月27日	0m～4.30m 4.39以上

図 3-5 観測水位流量図

3. 横断面形状の変化を確認するための「年間横断面図」（図3-7参照）：歴年1年間に測量したすべての横断測量の成果（低水流量観測時の水深の測定値を含む）を1枚の横断面図に描いて（または透明紙に描いた各

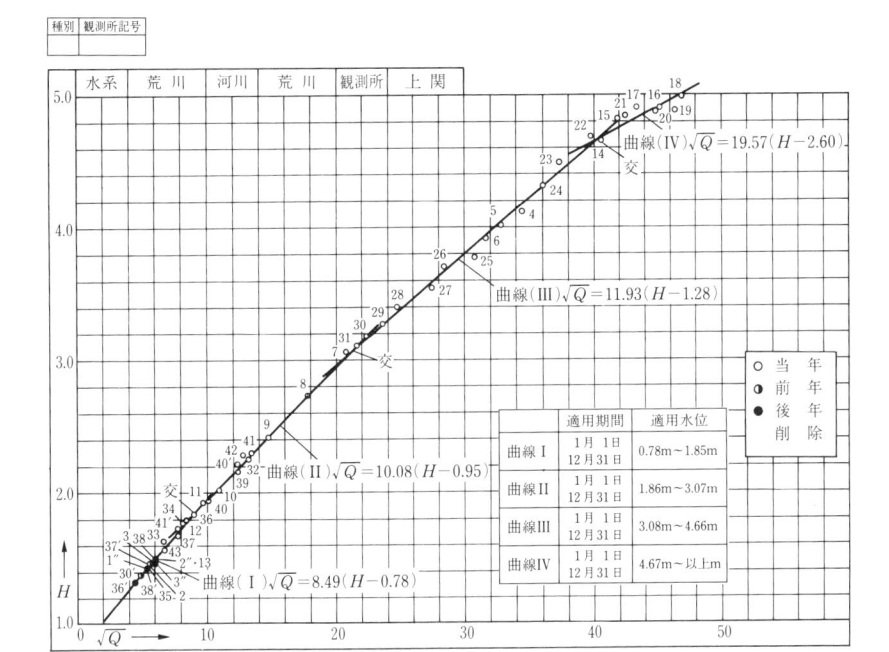

第9節　データ整理

図 3-6　$H \sim \sqrt{Q}$ 図

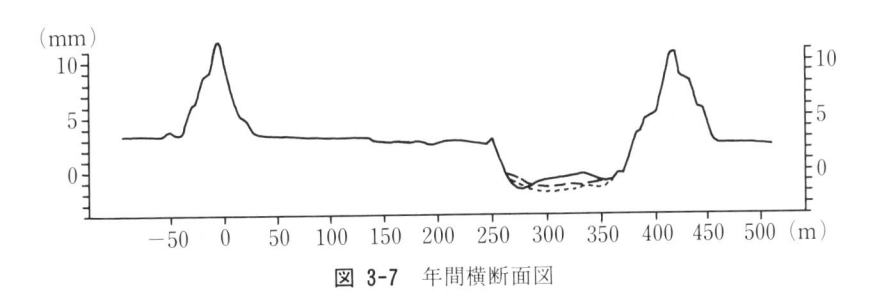

曲線(IV)　$\sqrt{Q} = 19.57(H - 2.60)$
曲線(III)　$\sqrt{Q} = 11.93(H - 1.28)$
曲線(II)　$\sqrt{Q} = 10.08(H - 0.95)$
曲線(I)　$\sqrt{Q} = 8.49(H - 0.78)$

	適用期間	適用水位
曲線 I	1月 1日〜12月31日	0.78m〜1.85m
曲線 II	1月 1日〜12月31日	1.86m〜3.07m
曲線 III	1月 1日〜12月31日	3.08m〜4.66m
曲線 IV	1月 1日〜12月31日	4.67m〜以上m

○　当　年
◐　前　年
●　後　年
　　削　除

図 3-7　年間横断面図

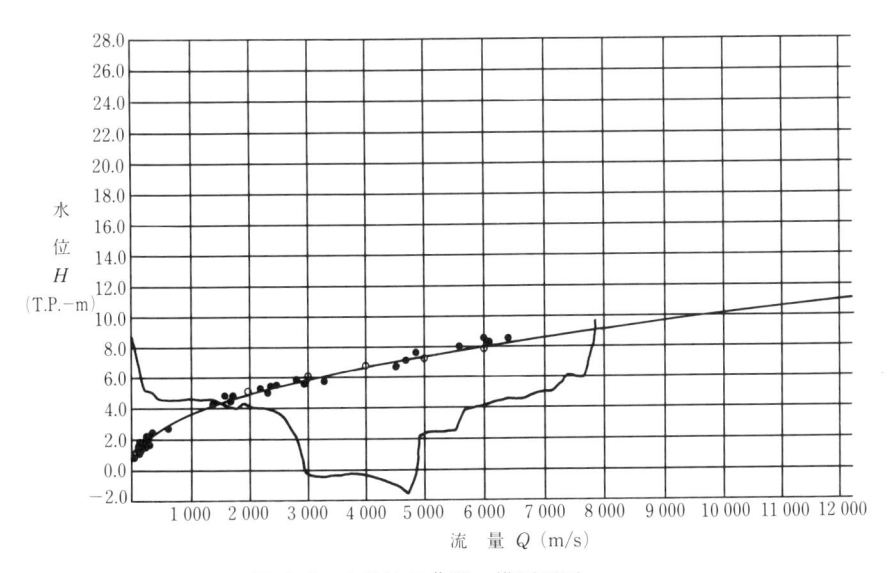

図 3-8　水位流量曲線〜横断面図

第3章 流 量 調 査

横断面図を透かし合わせて），横断面形状の変化を確認する．
4. 水位流量曲線の精度を確認するための「水位流量曲線〜横断面図」（「水位流量曲線図」と「横断面図」の両図を重ねた図，または，「水位流量曲線図」を第1象限に「横断面図」を第2象限に配置した図，**図3-8** 参照）：横断面形状と水位流量との関係を対比して水位に応じて2つ以上の曲線式に分離する場合の分離点の妥当性等について点検する．
5. 水位流量曲線の良否を概観点検するための「水系時間流量図」（同一方眼紙上に水系の上流〜中流〜下流に存する複数の流量観測所の洪水流量ハイドログラフを描いて，各流量観測所の流量ハイドログラフを相互に比較対照する図，**図3-9** 参照）：水系時間流量図に描いた各流量観測所の洪水流量ハイドログラフを相互に比較対照して，その形状や総量などが不合理でないかを概観して，各流量観測所の流量を算出したそれぞれの水位流量曲線の良否，その不具合いな部分を点検する．

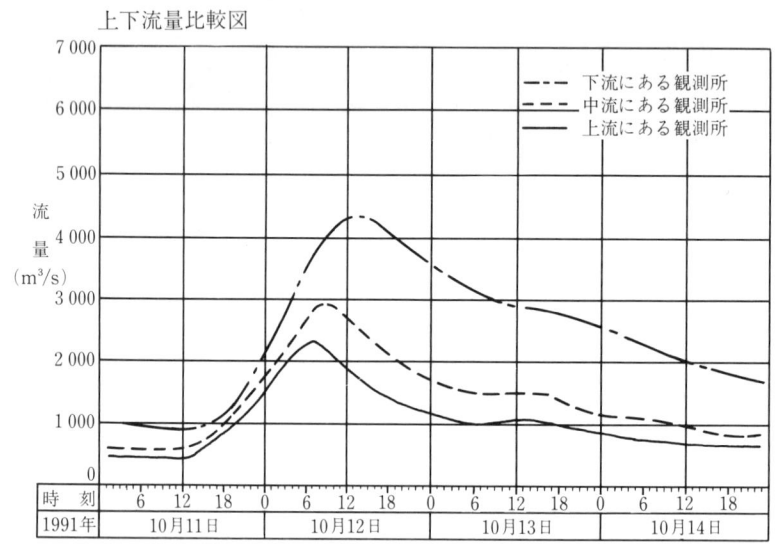

図 3-9 水系時間流量図

9.3 流 量 年 表

日流量は，前項により求めた水位流量曲線により，自記水位記録の場合は毎正時の水位より流量を求め1日の平均をとったもの，普通水位標による水位記録の場合は朝夕の各水位より流量を求め平均したものとする．日流量を年表にまとめた流量表を必要に応じ作成するものとする．

9.4 洪 水 表

洪水時の毎正時の水位観測値，洪水時に行われた流量観測値および洪水水位流量曲線図によって，洪水表を作成するものとする．

9.5 流 況 表

流況は，流量観測所における日流量の年間の状況を示すもので，日流量と累加日数で示すものとする．これを表にした流況表，または図にした流況図を必要に応じ作成するものとする．

第9節 データ整理

解　説

日流量の変動を知って資源開発，防災対策等に役立てるため，必要に応じ流況図を作成し，1.～5.に示した流量値を記載する．

1. 豊水流量：1年を通じて95日はこれを下らない流量
2. 平水流量：1年を通じて185日はこれを下らない流量
3. 低水流量：1年を通じて275日はこれを下らない流量
4. 渇水流量：1年を通じて355日はこれを下らない流量
5. 年平均流量：日平均流量の1年の総計を当年日数で除した流量

9.6　作　業　の　分　担

> 作業の分担は，データ整理の作業が円滑にできるように予め関係者間で定めておかなければならない．

解　説

調査編第1章降水量調査5.2作業の分担を参照のこと．

9.7　照　　　　　査

9.7.1　照　　　　　査

> データを公表するまでには整理の各段階ごとに十分な照査を行い，公表の数値に万全を期さなければならない．

解　説

調査編第1章降水量調査5.3.1照査を参照のこと．

9.7.2　処　　　置

> 照査の結果，疑問があれば問いただし，誤りを見出した場合は所定の手続きを経て訂正しなければならない．

解　説

調査編第1章降水量5.3.2処置を参照のこと．

9.8　保　　　　　管

> 野帳および整理資料は確実に保管しなければならない．このため，予め保管の区分を明確にするとともに，これらの受渡しについての確実な方法を定めておくものとする．

解　説

調査編第1章降水量調査5.4保管を参照のこと．

参考文献

1) 実際に役立つ水理計算例　山海堂　1971.3
2) Guide to Hydrological Practice(Fifth ed.)　WMO　1994
3) 応用水理学　下Ⅱ（水文観測）　丸善　1971.1
4) 水文観測　建設省水文研究会　（社）全日本建設技術協会　1996.11

5) 絵で見る水文観測　建設省中部地方建設局河川管理課　1979.3
6) 開水路電磁流量計の開発　吉野文雄，早川信光　土木技術資料　30-6　1988.6
7) 電波流速計による洪水流量観測　山口高志，新里邦生　土木学会論文集 NO.497　1994.8
8) 数値計算の応用と基礎（水理学を中心として），（第8章不定流計算への道）　木下武雄，伊藤剛　アテネ出版　1971.10
9) 水面勾配をとり入れた水位流量曲線　青木佑久　土木技術資料　14-6　1972.6

第 4 章
水 文 統 計

第4章 水　文　統　計

第1節　総　　説

> 本章は，水文資料の統計処理に関する標準的手法を定めるものとする．

解　説

　本章は河川事業等の計画立案にあたって検討されることの多い，水文諸量の規模と，その発生度数の関係に関する統計的処理方法について定めるものである．

　水文事象は本来自然現象と考えられるものであって，自然の物理法則に従って生起するものであろうが，その現象の特性を明らかにするためには，物理的法則性のほかに統計的法則性を利用した分析を必要とする場合が多い．この場合，統計的法則性と既に知られている物理的法則性の間には密接な関連があることが当然考えられるので，統計解析にあたっては，水文事象の物理的特性についても全般的な知識を持つ必要がある．

第2節　資料の収集および整理

2.1　資料の収集

> 統計解析のもととなる水文資料は，解析の目的，解析方法，資料収集・整理の難易等を考慮して選定するものとする．資料の選定，収集にあたっては次の各項目について調査，検討を行うものとする．
> 1. 資料の存在状態
> 2. 観測または記録の方法，資料の精度，代表性などの特性
> 3. 資料収集に関する時間，費用などの作業の程度
> 4. 他の調査成果資料

解　説

1. 資料の存在状態については，直接管理している記録および，既に収集されている資料のほか，他の機関で管理している記録資料についても予備調査を行って一覧表を作成し，観測期間，欠測状態，記録の整理状態などを明らかにしておくとよい．
2. 資料の精度，代表性については，観測地点，観測時期等が利用目的を満足すること，または相関関係の利用，変換などによって代替的に利用できるものであること，記録資料が偏ったものでなく必要な精度を持っていること等が必要である．そのため記録資料の収集の段階で，必要に応じ観測条件，観測方法，地点周辺の環境状態とその変遷などについて調査しておく必要がある．記録が長年月にわたるものであるときには特に注意しなければならない．

　また，記録資料については誤測，記録の誤り，整理や転写の際のミスなどの偶発的エラー，あるいは系統的エラーが応々にしてあるほか欠測などで記録が不完全な場合もあるので，直接利用を目的とした資料のほ

第4章 水 文 統 計

かに，ある期間の合計値，平均値，極値などの2次データを同時に収集するとよい．調査地点近傍の同種資料や収集される水文要素と相関性のある他の水文要素についても必要に応じ予備資料として調査しておくとよい．

3. 資料の収集に要する時間や経費は，時として調査解析の方法全体を左右する要因となることがある．水文要素の記録は，長期間にわたるものが比較的多いこと，対象となる地点や記録の管理機関も複数にわたる場合が多いことなどから，収集には多くの時間と労力を必要とする場合が多い．したがって，収集すべき要素の種類やその数（例えば地点数）の選定は重要である．

4. 水文資料は，河川関係以外の他の分野でも調査・利用されていることが多い．それらの調査成果資料は当該調査にも直接間接に役立つことがあるので必要に応じ収集するとよい．それらの資料は当該調査の成果を検証する場合などに役立てることができる．

2.2 資料の整理

収集した水文資料については，観測や記録上の誤りの存否を全般的に調査し，補正するものとする．さらに，必要に応じ資料の均質性を検証し補正を行うとともに，欠測値の補充を行うものとする．

解　説

1. 記録値の検証

収集された記録資料は，資料数や記録期間の長さ，欠測の程度，記録精度等を解析の条件等に照らして最終的に取捨し，次いで記録値の誤りについて検証を行う．これを系統的に行うために記録資料を時系列図，相関図などに図化しておくことが有効である場合がある．

記録資料の誤りは，一般に定誤差，不定（偶発的）誤差，過失に分けて考えることができる．このうち過失は誤測や誤記などの観測者の誤りと資料収集者の誤りに起因するものであるが，極端な誤りは数値を注意してみたり，上述の図によって発見することができることが多い．不定誤差は観測上の誤差が主であって資料全般に含まれるものであるので，一般には誤差を分離することは困難である．定誤差は一定の傾向を持つ誤差であって観測者，観測法，器械等によって一定の傾向的な値を持つと考えられるものである．定誤差が資料に含まれることが明らかにされた場合には資料全体を補正することが必要である．定誤差とみなせるものの1つに記録紙の時間ずれの問題がある．長期巻きの自記記録紙から読み取った資料や現象変化の激しい記録を自記紙から読み取った資料の場合にはこれについて特に注意しなければならない．

2. 資料の均質性の検証

資料の均質性が問題となる場合として，資料の中に解析の条件からみて異質と認められる値が含まれている場合，観測条件や環境条件が経年的に変化している場合などが考えられる．前者の例としては観測地点や観測方法が途中で変更された場合，後者では気候変化，地勢や植生の変化，土地利用状態の変化，流域の開発や河川改修の変遷，取排水状態の経年変化，河道状態の変化等があげられる．これらの要素の影響を受けていると考えられる資料の取扱いには注意が必要である．このような影響を資料の値を基に検討する方法としては，図解的には，ダブルマスカーブ図，関連要素との間の相関図，時系列図など（図4-1，図4-4および図4-5）の方法があり，また，解析的には分布に関する差の検定法，相関および回帰分析，時系列解析に関する各種方法などがあるが，解析的方法は統計学的手法を利用することにより図解的方法による場合に比べてより厳密に検討を行うことができる．

これらの方法によって資料の均質性が疑われた場合は，その原因をできる限り明らかにし，必要に応じ均質な資料とするための補正を行うものとする．補正を行う方法としては，平均的変化の傾向を補正する場合は，時系

列資料の移動平均を求めその平均変化からの各資料値の変動分を用いる方法，時間経過とその各時点に対応する資料の値との間の回帰関係を目視により，または解析的に（最小二乗法）求めたうえ，上と同様，回帰曲線からの各資料値の変動分を求める方法，他の関連性のある要素との相関関係を利用して推定補正する方法などがある．また資料の変動の大きさの状態が時間経過に伴って異なるものを等質な変動に補正するには，異質と見られる時間区間ごとに資料の値を規準化する方法〔参考4.2〕が考えられる．

上に示した各種の検討方法は，それ自体が統計解析手法でもあり，またそれ自体を統計解析の目的とする場合もある．

3. 欠測値の補充

記録値の誤りや短期間の欠測については推定による訂正や補充を行うことが可能である場合がある．これは対象としている資料と相関性のある他の種類の水文要素の記録（例えば降雨量と流出量の関連のような）や近傍地点の同種の記録資料などを用いて，これらの資料の値相互の相関性を利用し，欠測部分に対応する関連要素（1ないし数要素）から，通常，回帰式により推定を行うものである．

〔参 考 4.1〕 ダブルマスカーブ図

横軸にA地点（要素）の水文量の経年的な累加値をとり，縦軸にそれに対応する各年のB地点（要素）の水文量の累加値をとると，その経年曲線の勾配は，AとBとの値の平均的相関関係を示すことになる．したがって，図4-1のようにその勾配が経年途中で変わると両者の関係がその折点の年次以降で変化したことが推測される．また勾配が徐々に変化する傾向の時は，AまたはBの環境条件が長期的に変化していることが推測される．

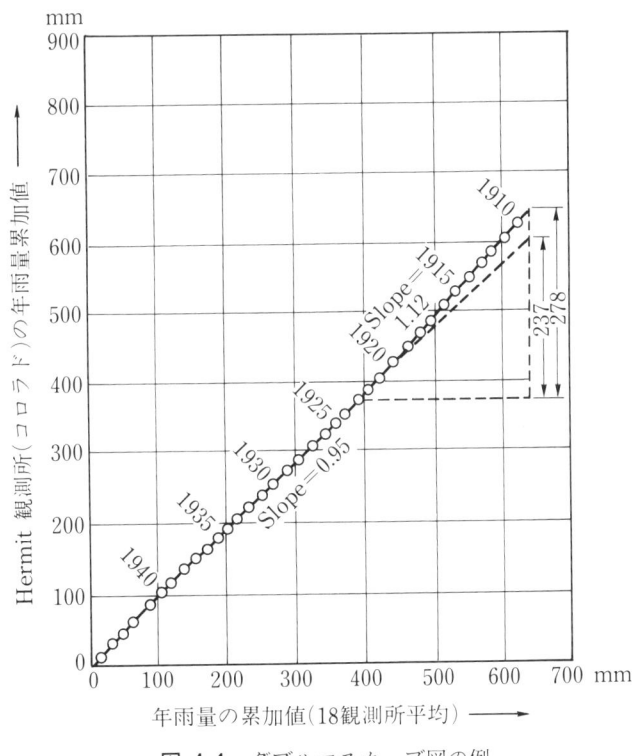

図 4-1　ダブルマスカーブ図の例

〔参 考 4.2〕 資料の規準化

資料の値の規準化とは，資料の値を等質と見られる資料群ごとに次式によって新しい変数に置き換えることである．

$$X=\frac{x-\bar{x}}{\sqrt{V}} \tag{4-1}$$

ここに X は資料の任意の値 x を規準化した値，$\bar{x}$ は x が属する資料（群）の平均値，$\sqrt{V}$ は同じ資料（群）の"不偏分散の平方根"で，資料数を N とするとそれぞれ次式で求まる．

$$\bar{x}=\frac{1}{N}\sum_{N}^{i=1}xi, \quad \sqrt{V}\sqrt{\frac{1}{N-1}\sum_{N}^{i=1}(xi-\bar{x})^2} \tag{4-2}$$

第3節　水文量の生起確率の解析

3.1　確率年および確率水文量

> 対象とする水文量の特定の値に対応する確率年（リターンペリオド）は，その水文量の生起度数を基にして次式によって求めるものとする．
>
> $$T_u=\frac{1}{m \cdot P(x_u)}=\frac{1}{m\{1-F(x_u)\}} \tag{4-3}$$
>
> $$T_d=\frac{1}{m \cdot F(x_d)}$$
>
> ここに，
>
> T_u, T_d は水文量の特定の値 x_u, x_d にそれぞれ対応する確率年，$P(x_u)$ は水文量が x_u に等しいか，それを超える値が生起する確率（これを x_u の超過確率とよぶ），$F(x_d)$ は同様に x_d に等しいか，それを超えない値の生起する確率（これを x_d の非超過確率または累積確率とよぶ），m は算定に用いた試料の年間平均生起度数である．
>
> なお，T_u または T_d を指定した時，それぞれ対応する水文量の値 x_u または x_d を，T_u 年または T_d 年確率水文量という．

解　説

1. t 年間の資料の中から抽出した試料の大きさを N（個）とすると，水文量の年間平均生起度数 m は年平均抽出試料数に相当し，$m=N/t$ である．m は試料抽出条件によって異なり，例えば，

    (1) 毎年最大値または最小値を抽出する場合には $N=t$，したがって $m=1$

    (2) t 年間の全数試料から値の大きいものまたは，小さいものを全体として N 個抽出する場合は，$m=N/t$ である．

    なお，毎年の合計値試料および平均値試料に対しても(1)が準用される．

2. 上に示すいずれかの方法により抽出された N 個の試料について，値の小さいほうから順に並べたもの（値の大きさの順に並べた試料のことを順序統計量とよぶ）を $x_1, x_2, \cdots\cdots, x_d, \cdots\cdots, x_i, \cdots\cdots, x_u, \cdots\cdots, x_{N-1}, x_N$ と表すと，試料の大きさ N のうち x_u 以上の値（x_u またはそれを超える値で，上の順序統計量の中で $x_u, x_{u+1}, \cdots\cdots, x_{N-1}, x_{-N}$）が生起する確率が x_u の超過確率 $P(x_u)$ であり，同様に x_d 以下の値（x_d またはそれを超えない値で，上の順序統計量の中で $x_1, x_2, \cdots\cdots, x_{d-1}, x_d$）が生起する確率が x_d の非超過確率（または累積確率）$F(x_d)$ である．したがって，$F(x_u)=1-P(x_u)$ の関係がある．

3. 本文に示した式は，水文量が x_u と等しいか，それを超えるようなものが生起することが平均的に T_u 年に m 回（$m=1$ の場合には T_u 年に1回）の割合で起きること，または x_d と等しいかそれより小さい値が生起することが平均的に T_d 年に m 回の割合で起きることが期待されることを意味している．したがって，

第3節　水文量の生起確率の解析

K 年間に x_u と等しいかそれを超える値が少なくとも1回生起する確率は，$P(T_u, K)=1-(1-1/T_u)^K$ となる．同様に，x_d と等しいかそれより小さい値が K 年間に少なくとも1回生起する確率は，$P(T_d, K)=1-(1-1/T_d)^K$ となる．

ここで，水文量のある大きさ x の値に対応する $P(x)$ または，$F(x)$ の値が推定できれば，本文の式によって x の値に対する確率年（T_u または T_d で，リターンペリオドまたは再現期間ともいう）が求まり，また逆に確率年 T を指定すれば，本文の式によって $P(x)$ または $F(x)$ の値が求まり，これに対応する水文量 x を求めることができる．

x から $P(x)$ または $F(x)$ への変換またはその逆変換は，図解的に求める場合には本章3.5に示す方法により，また解析的に求める場合には本章3.6に示す方法により行う．

3.2　水文統計解析の手順

1組の水文量の生起確率に関する解析においては，一般に次の項目について検討を行うものとする．なお，データの棄却検定はあくまで確率計算上の取扱いであり，これにより棄却されるデータも計画策定時に際して重要な意味を持つことがあることに留意しなければならない．

1. 解析試料の抽出
2. 適用分布形の選定
3. データの異常な値の棄却に関する検討
4. 確率水文量および確率年の推定

解　説

水文量の確率計算では，本文に示す四つのステップを踏んで検討が進められる．これら一連の手順は解析的方法によって処理することができるが，このうち2.および4.については，確率紙を用いた簡略な方法によってもよい．

3.3　解析試料の抽出

水文量の生起確率の推定を行うための解析試料の抽出法は，試料抽出期間や結果の用途を考慮して適切なものを選定するものとする．また解析試料の抽出にあたっては，第2節に示した事項のほか，次の諸点に留意するものとする．

(1) 解析に用いる試料は，同一の環境条件のもとで偶発的に生起したものであり，試料の値相互間に関連性がないとみなせること．
(2) 試料の大きさ（サンプルサイズ）はできるだけ大きいこと．

解　説

試料抽出法は，試料抽出対象期間や結果の用途を考慮し選定する必要がある．種々の試料抽出法のうち，河川改修やダム事業の計画のような比較的長い年数を対象として年単位で生起確率を検討する場合には，各年1個抽出（毎年最大値，毎年最小値のほか年合計値，平均値等）するのが一般的であるが，工事計画を立てる場合のように比較的短年月に対応する生起確率を取り扱う場合（比較的度数の多い生起度数を求めるような場合）には，全数試料（または非毎年の部分試料）抽出によるのが適当である．また確率計算法は，試料の抽出法に適合したものを選定する必要がある．

なお，具体的な試料の抽出にあたっては，次の点に留意する必要がある．

1. 生起確率に関する解析計算に用いる試料は，解析の前提条件として独立性，不偏性，等質性を満足するものでなければならない．すなわち，試料は同質の生起条件を持つ水文量の集団から無作為に取り出されたとみなせるものでなければならない．これに関連して水文要素の場合に注意しなければならない点は以下のとおりである．

    (1) 周期性，持続性を持たないような試料抽出を行うこと．

    気象，水文現象は季節的な周期性を持っており，また，持続的性質を持つ場合があるが，解析を行うためにはこのような性状，影響を含まない試料抽出方法をとる必要がある．例えば，年を単位とした統計量（毎年の最大値，最小値などの極値，各年合計値，平均値などの試料）をとれば，これは一応解析計算を行うための前提条件を満たしているとみなせる．

    (2) 傾向変化のない試料抽出を行うこと．

    観測値が経年的にある傾向を持って変化する場合には，それから抽出された試料の等質性は満足されない．例えば，平均傾向が増加傾向，減少傾向，周期的変化をするなどがこれに相当し，水文要素ではこのような傾向を持つことがあり得るので，試料の時系列的変化状態を予めチェックする必要がある．

    (3) 年最大値試料を抽出する場合，解析の目的に応じ対象の季節を限定して，例えば洪水期に限定して取り扱うことが望ましい場合がある．

2. 水文要素の確率解析では，同じ資料からとられたものでも期間の取り方，期間の長さ（試料の大きさ）によって解析結果がかなり大きく変動することがある．これは，水文要素が上記1．に示した条件を完全には満足していないためとも考えられるが，理論的にも推定される試料のユラギも当然考えられる．試料のユラギを小さくし，解析結果の値の信頼度を高めるためには試料の大きさはできるだけ大きいことが望ましく，したがって，統計試料はできるだけ長期間のものをそろえる必要がある．

3.4 適用分布形の選定

> 水文量の度数分布をあてはめる確率分布形は，試料の種類（最大値試料か最小値試料か），試料抽出方法等を考慮して，適切なものを選定する．なお，対象とする水文量がいずれの分布関数にあてはまるかが明らかでない場合は，複数の分布関数へのあてはめを行い，適合度等の比較検証を踏まえて最終的に適用する分布形を決定するものとする．

解　説

河川における計画設計では比較的生起度数が小さい水文量に注目することが多く，資料に対し外挿による推定を行わなければならない場合が少なくないので，分布曲線の適合性は解析結果に特に影響を及ぼしやすい．したがって解析にあたり，分布形の選定や，特に分布の端部に対する曲線の適合性などに注意が必要である．分布形の選定にあたっては，試料を実際に確率紙にプロットしてその分布形状を視覚的に確認することが重要である．

水文量の度数分布形は，水文要素の種類と試料の抽出方法によって異なる．おもな分布形と，経験的にそれによって分布状況をうまく表現できると考えられている水文資料は次のとおりである．

1. 正規分布：水文量をそのままの値で用いる場合と対数変換等の変換ののち正規分布をあてはめる場合がある．一般に年または月平均流量などの度数分布，毎年最大値，最小値の水文量の分布は経験的に対数正規分布が適合する例が多い．

2. 極値分布：任意の分布形を持つ母集団からとられた試料群の最大値または最小値の分布形として理論的に導かれるもので，水文量の解析ではグンベル（Gumbel）分布，および水文量の値を対数変換して適用する対数型極値分布がおもに用いられる．この分布は，日，時間等の比較的短時間単位の水文要素の各年最大値，最小値試料によく適合することが知られている．

3. 指数分布：試料の度数分布が指数関係を示す場合に適用されるもので，非毎年資料の分布解析，日雨量などの全数試料の分布解析などに使われる．

　このほか一般的分布型としてベータ分布，ガンマ分布など，また離散型変数に対して二項分布，ポアソン分布などがあり，水文量解析においてもまれに利用されることがある．また欧米においては，ひずんだ分布に対してガンマ型分布の一種である対数型ピアソンIII型分布（log Pearson III type）が有用とされ利用されている．

　分布関数の適合度は原則として確率紙上で目視により行うものとするが，目視により適合度の優劣の判定が困難なときは，標準最小二乗基準，最大対数尤度，情報量基準，相関係数等の数値基準によって判断するものとする．これらの基準値の算出方法については，例えば文献を参照されたい．なお，ガンマ分布，ポアソン分布等，確率紙が市販されていない分布関数式の適合度を普通目盛の図上で評価する方法も提案されている．

　江藤らは，最適な分布関数形の決定に際しては，分布関数の適合度のほか，推定値の安定性，推定値の妥当性，理論的背景の有無および簡便性の観点から総合的に判断すべきであるとしている．

3.5　確率紙による簡略推定

> 確率または確率水文量を簡略に推定する場合には，確率紙を利用することができるものとする．確率紙を利用する場合には，適用する度数分布形に対応する確率紙に試料の値をプロットし，目視あるいは最小二乗法によって平分線を求め，それを基にして確率年または確率水文量の値を図上で読み取る．試料のプロット位置を与える代表的方法としては，ワイブルプロットおよびヘイズンプロットがあり，いずれを用いてもよい．

解　説

1. 確率紙とは，横軸に変量 x の普通目盛，対数目盛，平方根目盛等がふられ，縦軸に超過確率，非超過確率目盛が一定の法則で目盛られたもので，その確率紙に対応する確率分布に従う標本をプロットすれば，それらの点が一直線に並ぶように作成されている．例えば，正規確率紙であれば，正規分布に従う標本をこの確率紙にプロットすれば，これらプロット点は一直線上に並ぶことになる．市販されている確率紙には，正規確率紙，平方根・立方根正規確率紙，対数確率紙，極値確率紙，対数極値確率紙，指数確率紙等がある．

　このように確率紙は，その確率紙に対応する確率分布に従う標本がプロットされた点がほぼ直線上に並ぶよう作られているため，試料を確率紙にプロットすることにより適合する分布形を推定することができる．また，プロットされた点がほぼ直線上に並ぶ場合は，確率紙上で確率または確率水文量を簡略に推定することができる．

2. 1組の試料を値の大きさの順に並べたいわゆる順序統計量について，それを確率紙にプロットしその点分布に対して目視によって平分線を引くと，それから超過確率（または確率年，非超過確率についても同じ）と確率水文量の関係を概略的に求めることができる．また，目視による平分線は個人差が生じることもあり，これを避けるため最小二乗法によって平分線の線引きを客観化することもできる．

　平分線からのデータのバラツキが大きい場合，点分布が連続的にまたは不連続的にカーブするような場合，試料の最大値（または最小値）が飛び離れた値を示したり，分布の端のほうのデータの並びが不整な場合，試料の外挿領域を利用するような場合などでは，平分線の引き方が難しく，また大きい誤差を伴いやすいので，必要に応じ解析による方法で検討する．

　なお，試料の点分布が極端にカーブしている場合や，分布が不連続で折線状を示すなどのため平分線が引きにくい場合には，他の種類の確率紙についても検討するほか，便宜的には分布の片側（利用する値）で全

数の 1/3～1/5 の個数の試料の点分布に注目して平分線を引く方法を用いてもよい．また，確率紙は分布形に対応したものを用いる必要がある．

3. 試料のプロッティングポジションを与える方法として本文に示したもののうち，ワイブルプロット (Weibull, 1939)（またはトーマスプロット (Thomas, 1948)）は，試料を 1 組の順序統計量とみなしたとき，その個々の順序統計量の「位置の期待値」を与えるものである．

また，ヘイズンプロット (Hazen, 1930) は，度数分布で各試料値が代表する各区間の中央値に相当し，便宜的方法といえるが，提案された時期が比較的早かったこともあり実務では従来広く用いられてきたものである（〔参考 4.3〕を参照のこと）．

上記両式を比較した場合，ワイブルプロットは経験的に分布を推定する場合に合理性があり，また，同じ超過確率または非超過確率に対して分布の上側ではヘイズンプロットより大きめ（同様に分布の下側では小さめ）の水文量を与えるので，計画上の観点からは安全側である．

なお，分布関数に関する理論的立場から推定される分布に対して，ヘイズンプロットは一般的にそれに近似する値を与えることが認められており（角屋），このことから次項以下に示す確率計算法において分布関数による理論的解と対比する場合には，ヘイズンプロットによるほうが一般に適合性がよいといわれる．

〔参 考 4.3〕 プロッティングポジション公式

$$P(x_i)=(i-\alpha)/(N+1-2\alpha) \tag{4-5}$$

ここに，$P(x_i)$ は水文量の特定の値 x_i の超過確率，i は試料の値の小さいほうから数えた x_i の順位，α は 0～1 の定数，N は試料の大きさである．

α の値により，次の公式となる．

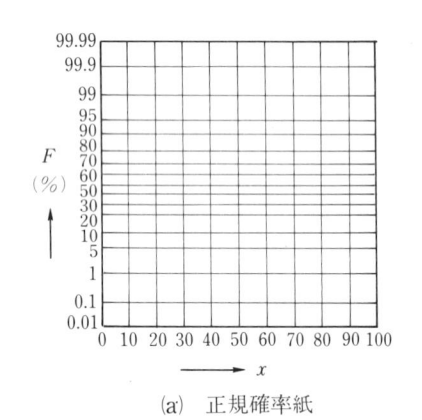

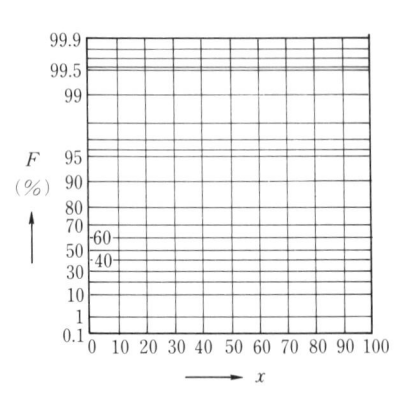

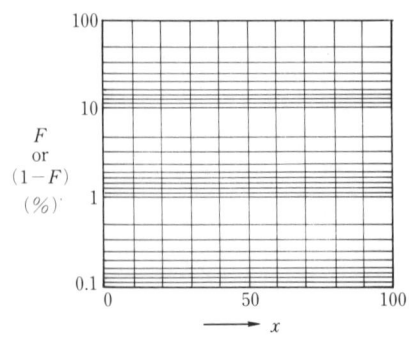

(a) 正規確率紙

(b) 極値確率紙

(c) 指数確率紙

図 4-2 確率紙の例(1)

第3節　水文量の生起確率の解析

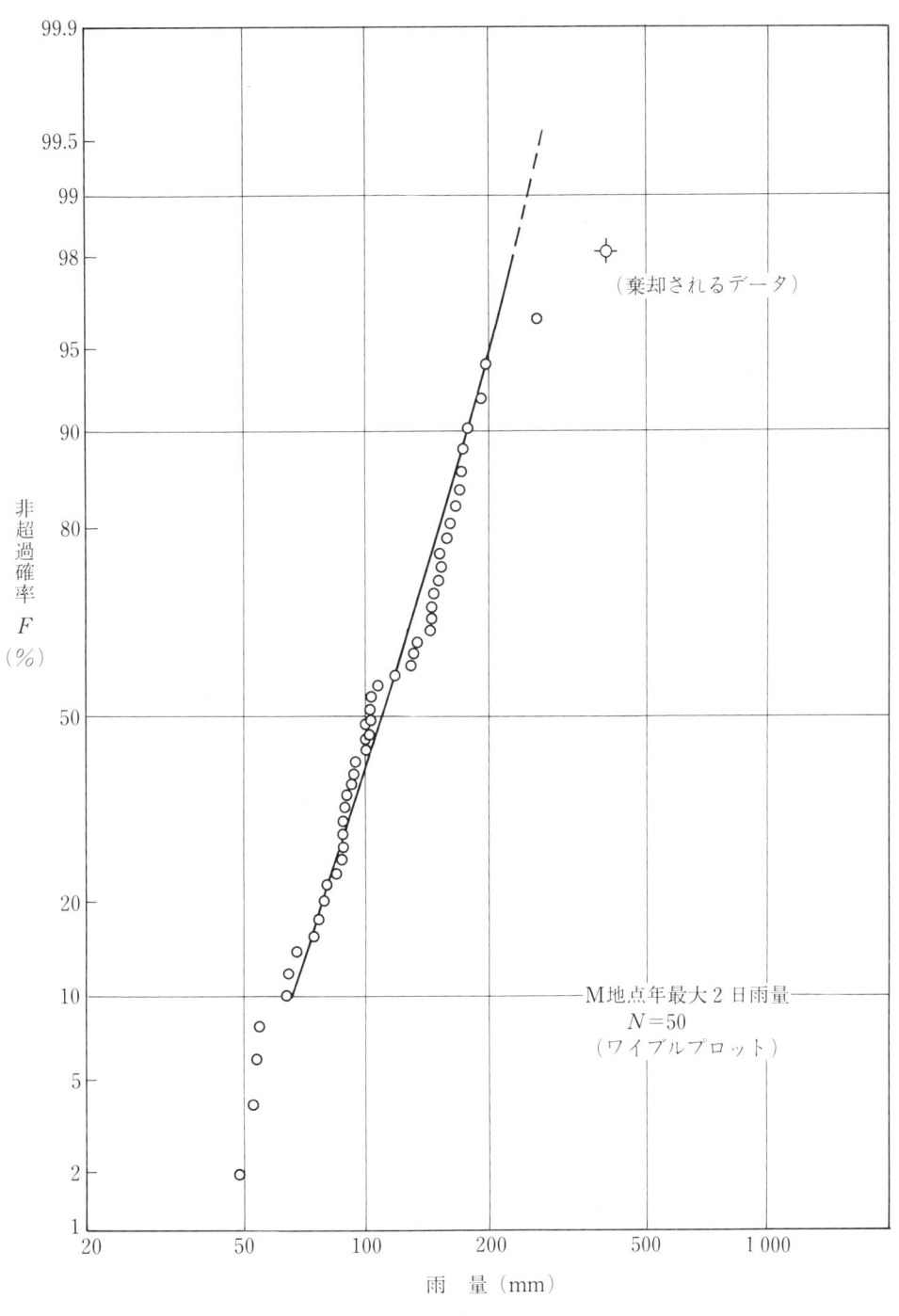

(d)　対数正規確率紙

図 4-2　確率紙の例(2)

① Weibull（ワイブル）公式：　　　　$a=0$
② Hazen（ヘイズン）公式：　　　　　$a=1/2$
③ Gringorten（グリンゴルテン）公式：$a=0.44$
④ Blom（ブロム）公式：　　　　　　$a=3/8$
⑤ Cunnane（カナン）公式：　　　　　$a=2/5$

3.6 分布関数式による確率計算

> 水文量の生起確率に関する推定を解析的に行う場合には，次の手順に従って行うものとする．
> 1. 分布関数式を選定する．
> 2. 試料を基に関数式の諸係数を求める．
> 3. 試料の中に異常に大きい（または小さい）と疑われる値がある場合は，必要に応じ試料の棄却に関する検定を行う．
> 4. 確率水文量および確率年を本章3.1に示す方法をもとにして求める．

解　説

1. 分布関数式

分布関数式の選定にあたっては，3.4項で述べたように試料の種類や試料抽出法を考慮し，適切な分布形を選定する必要がある．

水文量の分布を表現するおもな分布関数式には，次のようなものがある．

(1) 正規分布
 ① 正規分布
 ② 対数正規分布
(2) 極値分布
 ① グンベル分布
 ② 対数極値分布A型
(3) ガンマ分布
 ① 指数分布
 ② ピアソンⅢ型分布
 ③ 対数ピアソンⅢ型分布

一般に毎年極値試料により確率計算を行う場合は対数正規分布，グンベル分布，対数極値分布A型，ピアソンⅢ型分布，対数ピアソンⅢ型分布等が用いられる．全数試料または最大値側（最小値側）の部分試料を用いる場合は，指数分布がよく適合する．また，正規分布は年降水量，年総流量，月蒸発散量，月平均気温など，比較的長期の水文量に適合しやすい．

2. データの棄却検定法

抽出された試料の中に飛び離れて大きい値（あるいは小さい値）が含まれ，統計処理のうえから取り扱っている一群の資料とはその発生の特性が異なると疑われる場合には，必要に応じデータの棄却検定に関する検討を行うものとする．ただし，この棄却検定はただ機械的に適用すべきものではなく，試料の分布のバラツキ状態（分布に対する平分線からのバラツキ）や適用分布曲線の適合性等についての検討を行い，また試料の大きさを考慮して適用しなければならない．また，データの棄却検定はあくまで確率計算上の取扱いであって，これによって棄却されるデータであっても計画策定等に際して重要な意味を持つ場合には，その取扱いは別途考慮する必要がある．

確率解析における試料の棄却検定法としては，棄却限界法を応用した角屋の方法 Beard の方法（アメリカ）および Nash の方法（イギリス）等がある．これらの検定法は，上記のことを十分考慮のうえ適用する必要があり，資料年数が少ない場合（例えば30年以下）については実際面で適用しないこと．

3. 確率水文量および確率年の推定

確率水文量の推定は，期待値としての水文量を計算によって求めることを標準とするが，施工計画をたてる場

第3節　水文量の生起確率の解析

合等には推定の信頼度を考慮するのも一案である．具体的な手法としては，許容限界の考え方に基づく方法，分布の変動域を近似的に求める方法等がある．

〔参　考　4.4〕　**分布関数式**

確率変数 x が連続的な値をとり，X と $X+\varDelta X$ の間にある確率が

$$P(X<x\leq X+\varDelta X)=\int_X^{X+\varDelta X} f(x)dx \tag{4-6}$$

となるような関数 $f(x)$ を，確率密度関数という．その時，x のとる値が X 以下である確率は，次式で表される．

$$F(X)=\int_{-\infty}^X f(x)dx \tag{4-7}$$

ここに，$F(X)$ を分布関数とよぶ．図4-3に確率密度関数 $f(x)$，分布関数 $F(X)$ の概念を示す．また，x のとる値が X 以上となる確率（超過確率）$P(X)$ は，

$$P(X)=1-F(X) \tag{4-8}$$

となる．

確率密度関数 $f(x)$　　　　　　　　　分布関数 $F(X)$

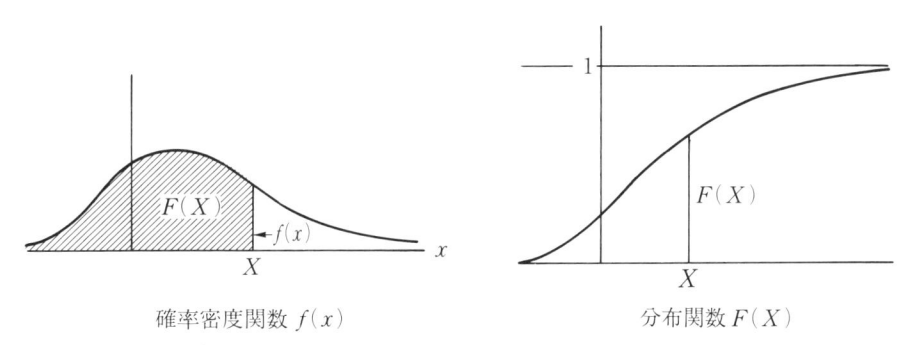

図 4-3　確率密度関数 $f(x)$ と分布関数 $F(X)$ の概念

1. 正規型分布
   (1) 正規分布

   確率密度関数　　$f(x)=\dfrac{1}{\sqrt{2\pi}\sigma}\exp\left\{-\dfrac{(x-\mu)^2}{2\sigma^2}\right\}$ 　　　　(4-9)

   　　　　ここに，σ^2 は分散，μ は平均値である．

   超過確率　　　　$P(X)=1-F(X)=\displaystyle\int_X^\infty f(x)dx$ 　　　　(4-10)

   (2) 対数正規分布

   対数正規分布とは，もとの変量を対数変換すると正規分布に従う分布である．

   超過確率　　　　$P(Y)=1-F(Y)=\dfrac{1}{\sqrt{\pi}}\displaystyle\int_Y^\infty \exp(-y^2)dy$ 　　　　(4-11)

   対数変換の方法にはいくつかあるが，降水量，流量等の水文量では正のひずみ係数を持つ，次の式が一般的に用いられる．

   $$y=a\log\dfrac{x+b}{x_0+b}(-b<x<\infty) \tag{4-12}$$

   式(4-12)において，a, b, x_0 は定数である．このため，式(4-11)，(4-12)で表される対数正規分布は3母数（型）対数正規分布とよばれる．この定数の推定法には，順序統計学的方法を用いた岩井の方法，積率を用いた石原・高瀬の方法，最尤法等がある．

2. 極値型分布

(1) グンベル分布

ある母集団からとった n 個の標本を小さいほうから並べた標本 x_i は i 番目順序統計量とよばれるが,このうち特に $i=n, 1$, すなわち最大値 x_n 最小値 x_1 の分布は,母集団分布 $f(x)dx$ がある条件を満足する時,$n\to\infty$ に従い特定の極限形式に漸近することが知られている.極値分布とは,この極限形式を意味する.母集団が指数分布であれば,超過確率 $P(x)$ は次のようになる.

$$P(x)=1-\exp(e^{-y}) \qquad (4\text{-}13)$$
$$y=a(x-x_0) \qquad (4\text{-}14)$$

定数 a, x_0 は試料によって推定される.推定方法は文献等を参照されたい.

(2) 対数極値分布A型

対数極値分布A型は,母集団がCauchy型の分布関数に従う場合の極値分布であり,基本式は次のとおりである.

$$P(x)=1-\exp(e^{-y}) \qquad (4\text{-}15)$$
$$y=a\log\frac{x+b}{x_0+b} \quad (-b<x<\infty) \qquad (4\text{-}16)$$

定数 a, b, x_0 の推定方法については,文献等を参照されたい.

なお,上記極値分布の適用にあたっては,観測値の独立性や均質性のほかに,極値が得られた観測値の数が十分大きいこと,母集団の分布が指数分布,Cauchy分布のいずれかに属することが条件となる.

3. ガンマ型分布

(1) 指数分布

ガンマ分布の一般形は次のようになる.

$$f(x)=\frac{1}{\Gamma(\nu)\lambda^\nu}(x-\mu)^{\nu-1}\exp\left[-\frac{x-\mu}{\lambda}\right] \quad (x\geq\mu) \qquad (4\text{-}17)$$

ここに,$\Gamma(\nu)$ はガンマ関数,μ, λ, ν はそれぞれ原点母数,尺度母数,形状母数とよばれる.形状母数 ν を1とおいたものが指数分布であり,基本式は次のように記述できる.

$$F(x)=1-e^{-y} \qquad (4\text{-}18)$$
$$y=a(x-x_0) \qquad (4\text{-}19)$$
$$P(x)=1-F(x)=e^{-y} \qquad (4\text{-}20)$$

定数 a, x_0 は試料により推定される.この推定方法については文献等を参照されたい.

(2) ピアソンIII型分布

ピアソン系分布は Karl Pearson によって提示された1組の確率分布であり,数学的表現が種々の現象の分布に適合する自由度を有することが最大の特徴である.ピアソンIII型分布の基本式は次式で表される.

$$P(x)=1-F(x)=1-\frac{1}{\Gamma(P+1)}\int_0^z \exp(-z)\cdot z^p dz \qquad (4\text{-}21)$$
$$z=(x-m)/a \qquad (4\text{-}22)$$

ここに,$\Gamma(P+1)$ は引数 $(P+1)$ のガンマ関数,p, a, m は定数である.

式(4-21)で表される分布形はパラメータ $p, -a, m$ の値によって定まり,右側または,左側にひずんだ広範囲に変化する形状を示し,特別の場合として正規分布,指数分布を包含している.定数 p, a, m は試料により推定される.定数の推定方法には積率法,最尤法,最小二乗法があるが,積率法が一般的である.定数の推定方法については文献等を参照されたい.

(3) 対数ピアソンIII型分布

対数ピアソンⅢ型分布は，水文量 x を $y=\log x$ と対数変換し，この y が式(4-21)，(4-22)の x となる．すなわち，基本式は以下のとおりである．

$$P(y)=1-F(y)=1-\frac{1}{\Gamma(P+1)\int_0^z \exp(-z)\cdot z^p dz} \tag{4-23}$$

$$z=(y-m)/a \tag{4-24}$$

$$y=\log x \tag{4-25}$$

米国においては，洪水の頻度解析の基準法としてこの対数ピアソンⅢ型分布が推奨されており，適用例が多い．定数 p, a, m の推定方法については文献等を参照されたい．

第4節　相関と回帰に関する解析

> 2種類またはそれ以上の種類の水文要素間の関連性を明らかにする必要のある場合には，相関および回帰に関する解析を行うものとする．なお，解析を行うにあたっては，予め相関図表を作成して試料の分布状態，変数間の関連性の有無や特徴についておおまかな傾向を把握するものとする．

解　説

複数の変数間の関連性を明らかにする方法として種々の分析法があるが，相関と回帰に関する解析法が最も一般的でよく利用される．

解析は，関連性を持つ各変数の性質によってその取扱いがおおよその次のように異なる．

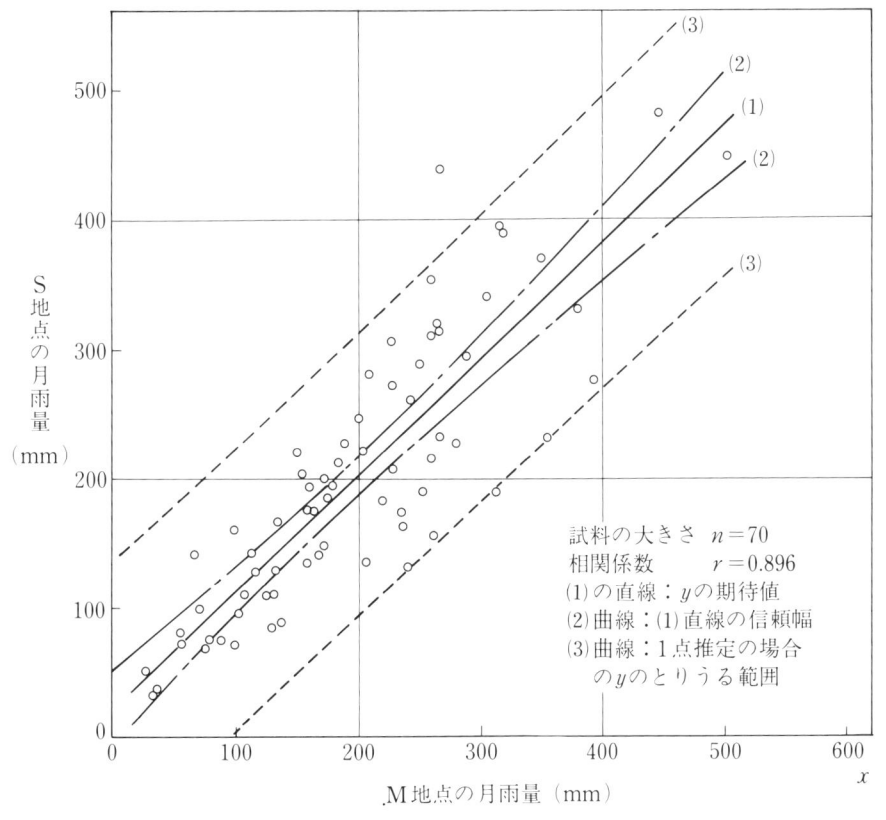

図 4-4　相関図と回帰直線推定の例

第4章 水 文 統 計

1. 2種類またはそれ以上の変数が，各変数の属する正規母集団から組としてランダムにとられた試料（これらを確率変数または変量という）とみなせる場合には，相関分析法や回帰分析法が適用される．
2. 時系列資料の場合や指定条件と結果を関連づける場合など1つの変数が指定変数であり，他の変数が確率変数の場合には回帰分析法が用いられる．

また相関や回帰の関係を解析的に検討する際には，経験的に想定される場合を除き，予め変数間の関連性を表や図によって確かめることが有効である．これには相関表，散布図（相関図ともいう）および，時系列図などがある．これによって変数間の関連性の傾向，相関の程度，試料分布状態の大勢が把握でき，これだけで解析の目的を果たす場合もある．さらに，図から適用する回帰式形の選定，解析結果のチェックなどを行うことができる．

また，用いる試料は全体的に同質のものであることを前提として解析が行われるものであるから，その中に異質と見られるものが含まれることは好ましくない．これをチェックし，異常と疑われる試料の組または，群があるときは棄却検定，分散分析，または試料を群に分けて解析するなど詳細な検討を進める必要がある．相関図は，このような試料中の異常値または，異質グループのチェックをするのに役立つ（図4-4参照）．

第5節 時系列解析

水文要素の時間的変化を求める必要のある場合には，時系列試料を基にして時系列解析を行うものとする．

解　説

水文現象には時間的にある程度規則性を持って変化するものが多い．時系列解析はこの時間変化の特性を定量的に明らかにすることを目的とした解析法を総称したものである．

時系列解析の利用の仕方には大別して2つある．第1は時系列の規則的変化の特性に着目するもので，対象とする水文量の現象機構の解明や時間変化の予測などに役立てることであり，第2は現象の時間的変化の状態から規則性の変化成分を取り除いて，残った不規則変化の集団としての特性を求めることである．

時系列現象の変化状態を大別すると，一般に長期的傾向変化（トレンド），周期性変化，持続性変化および偶然性の変化に分けられる．これらの特性を定量的に明らかにするためには，それぞれに対応した解析方法を適用する必要があるが，実際の水文現象は上記の諸性質の一部あるいは全部を含んだ複雑な変化をすることが多いの

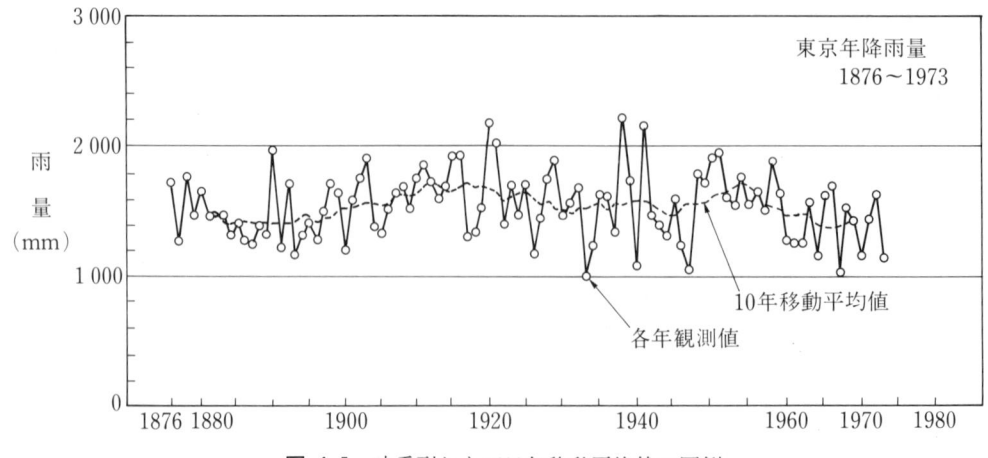

図 4-5　時系列および10年移動平均値の図例

で，時系列解析にあたっては，まず最初に全体変化の中にどんな特性のパターンが含まれているかを見つけ出し，次いでその特性を定量的に明らかにするという手段で分析を行う．

〔参　考　4.5〕時系列変化の特徴の検出

時系列試料に関する時間の経過に対する状態変化の傾向は，次に示す事項のいずれかの方法またはこれらを組み合わせた方法によって把握することができる．

1. 経過時間と，対応する試料の値を図化整理（時系列図）して，直接その変化状態を見る（図 4-5 参照）．
2. 試料の値について移動平均値を求め，その時間的な変化傾向を見る．
3. 任意の時間区分によって試料を数群に分け，それぞれの群についての観測値の平均値，分散，系列相関係数などの統計量を求め，それから推定される母集団の特性値について，各群の値を比較する．
4. コレログラム（時系列相関図）を作成して，周期性変化，持続性変化の傾向の有無をみる（図 4-6 参照）．

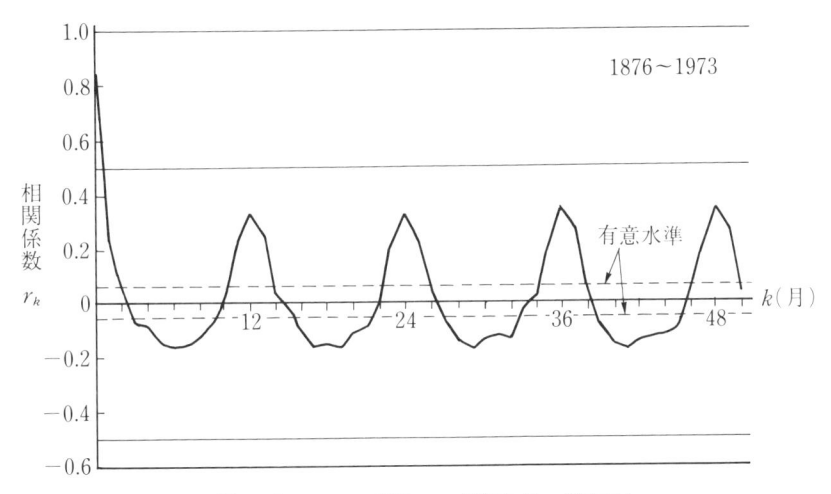

図 4-6　コレログラムの例（東京，月雨量）

コレログラムのパターン形状の特徴，すなわち時系列変化の特徴はおおよそ図 4-7 のように分類することができる．

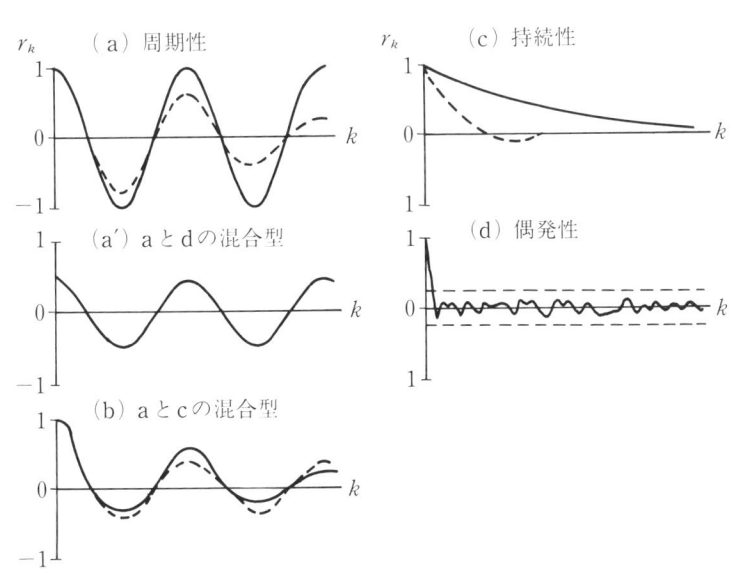

図 4-7　時系列変化のパターンの例

第4章 水文統計

① ほとんど完全な周期性(a)　　② 持続性（減衰傾向）(c)
　　周期性と偶発性の混合型(a′)　③ 純偶発性(d)
　　周期性と持続性の混合型(b)

なおコレログラムによって完全な周期性があると断定するには，周期性の理由が明確でない場合には試料全期間の中に数サイクル以上の周期が含まれていることが望ましい．

さらに，詳細に時系列変化の特性を求める場合には，おおよそ以下に示す方法の1つまたは，それらを組み合わせた方法によって基本的な解析を行う．

1. 時間に関する1次式または，多次式を当てはめた回帰分析によって傾向変化曲線（トレンド）を推定する．
2. 周期解析（またはピリオドグラム解析）等の方法によって，周期変化成分の特性を求める．
3. コレログラム解析その他の方法によって，周期成分の変化，持続性変化の特性を求める．
4. もとの時系列変化を上記1.ないし3.で求められる規則的変化成分と，残りの不確定な変化成分に分ける．後者についてはその分布特性と生起特性についての解析を行う．

参考文献

1) Applied Hydrology V. T. Chow et.al.' McGraw-Hill Inc., 1988
2) A Uniform Technique for Determining Flood Flow Frequencies', Water Resources Council Bull. 15 Hydrology Committee, Water Resources Council. 1967
3) 水文頻度解析における確率分布モデルの評価基準　宝　馨，高棹琢馬　土木学会論文集第 393 号／Ⅲ-9　1988.5
4) 確率分布の適合度の図式判定法について　上田年比古，河村　明　土木学会論文集第 357 号／Ⅲ-3（ノート）1985.5
5) 大雨の頻度　江藤剛治，室田　明他　土木学会論文集第 369 号／Ⅱ-5　1986.5
6) 水文量の Plotting Positon について　角屋　睦　京都大学防災研究所年報第3号　1959
7) 水理公式集　昭和 60 年版　土木学会編
8) 応用水文統計学　岩井重久，石黒政儀　森北出版株式会社
9) 確率分布特性の解析　長尾正志　土木学会誌 1978 年 4 月号
10) 水文統計論　水工学シリーズ　角屋　睦　土木学会水理委員会　1964
11) 極値に関する予測　建設省直轄工事第 16 回技術研究報告　中村慶一　土木研究会　p.287～p.295　1962 または，技術者のための統計解析　中村慶一　山海堂　p.265～276　1970
12) 計画洪水量に関する順序統計学的考察　角屋　睦　農業土木研究 21 巻 3 号　1953
13) 対数正規分布とその積率による解法　土木学会論文集第 47 号　石原藤次郎，高瀬信忠　1957.8
14) 新体系土木工学 26　神田　徹，藤田睦博　水文学──確率論的手法とその応用──技報堂出版　1982
15) 単変量解析　神田　徹　第 11 回水工学に関する夏期研修会講義集　1975.8
16) ピアソンⅢ型分布による水文量の確率計算法　花篭秀輔，横道雅巳　土木技術資料 18-4　1976.4

第 5 章
流 出 計 算

第5章　流　出　計　算

第1節　総　　　説

> 本章は，降水量から流出量を算定する標準的な手法を定めるものとする．

解　説

　流出計算は降水量から河川の流出量を計算することであり，その目的は，河川の流量計画および流量管理に必要な情報を得ることである．

　洪水防御計画のように，発生頻度のまれな，例えば100年に1回，あるいは200年に1回の確率で生起すると予想される洪水流量を知ることが必要とされる場合には，既往の流量資料の統計処理によって当該流量を求めることができる．しかしながら，もとになる流量データが少ない場合や，流域や河道の大幅な改変のために流量データを同一の母集団として取り扱うのが妥当でない場合には，雨量データの統計処理によって所要の生起確率を有する降雨量を求め，過去の豪雨時の時空間分布パターンに基づいて計画降雨波形を設定し，これをもとに流出計算によって対応する流量を推定するという手法がとられる（計画編第2章洪水防御計画参照）．

　また，水資源開発計画の検討にあたって必要な流量データが十分にない場合，雨量・流量の双方がそろっている期間を利用して流出モデルの諸パラメータを同定し，これに雨量データを入力して流出計算を行うことによって，長期間の流量を求めることができる．

　一方で，洪水予報を行うためには，実測降雨のみならず予測される降雨量を用いた流出計算によって例えば3時間先，6時間先の河川の流出量を予測することが要求される．

　日本の通常の河川流域では，非洪水時と洪水時での流出のメカニズムが大きく異なる．その原因は，かなりの強雨が起こること，流域斜面や河道の勾配が急峻であること，および流域面積が狭小なことなどにある．したがって，流出解析は，日単位以上の流量を比較的長期にわたって取り扱う場合と，時間単位以下の流量を洪水時に限定して取り扱うものとに分けて考えたほうが，精度・効率の点から好ましいことが多い．一般に前者を低水流出解析，後者を洪水流出解析とよんでいる．

　流出計算は，一般に当該流域の降雨，流出の記録を用いて，その流域の降雨流出特性を明らかにした流出モデルを同定するプロセスと，この流出モデルを用いて降雨量から流出量を推定するプロセスとの2つよりなっている．流域の降雨・流出の応答特性を調べるには，当該流域における既往の降雨・流出資料を用いてその流域の流出特性を調査する方法，多数の流域での実測資料から得られたそれらの流域の流出特性を流域形状や植生，地被状態，地質構成，降雨特性などについて分析し一般化したものを使用して，当該流域の降雨・流出特性を調査する方法の2つがある．既往の降雨・流出資料が得られる流域では前者の方法により，またそのような資料が得られない流域では，後者の方法により流出特性を調査する．

　流出計算のためのモデルとしては多くのタイプが提案されているが，大きく分類すると，流出量のピーク値のみ必要とされる場合に用いるものと，流出量の時間変化（ハイドログラフ）も必要とされる場合のものに分けられる．また，モデルの構造に着目すると，流域を，降雨から流出への大きな変換システムとしてとらえる，ブラックボックス型モデルと，流出現象の物理的メカニズムを反映させた物理モデルとに分類できる．後者は，モデルの定数決定にあたって，できる限り現地で実測可能な数値を用いることから，決定論的モデル（deterministic model）ともよばれる．最近では，従来の，ある一定のエリアをひとかたまりとしてとらえてモデルの定数を同

第5章 流 出 計 算

定する集中パラメータ型モデル（concentrated parameter model）に対し，流域内の土地利用や土壌・地質条件等の分布を考慮する分布パラメータ型モデル（distributed parameter model）についても，調査・研究がすすめられている．

流出解析を行うにあたっては，一般的に下記の諸点を考慮しなければならない．
1. 降雨量が当該流域を代表するものであるようにすること．
2. 降雨量と流出量を結び付ける関数関係は，流域の状態の変化，例えば流域の都市化やダムの建設，河川改修などによって変化するので，これらの変化が認められる場合には降雨，流出の間の関係を詳細に調査し直すこと．
3. 流量は水位と流量の関係から水位を基にして求められる場合が多いが，この水位，流量の関係は河川改修や河床変動等で変化するので，水位，流量関係については適宜見直しを行い，適切な関係式を用いること．
4. 流出解析を行うには，雨量と流量の資料が必要であるが，一般に流量の資料が少ない場合が多い．その場合でも既知の雨量と流量の資料を用いて，過去の洪水を再現し，モデルの妥当性について検討すること．
5. 降雨量や流量の資料が全くない所では，近隣の流域や流出特性が酷似すると思われる流域での解析結果を用いて流出量を推定すること．

なお，本章末に水文解析実務に用いられている主要な洪水流出計算手法の概要を紹介した．各手法の詳細，定数の同定手法および具体的な流出解析手順については，参考図書を参照されたい．

第2節　洪水流出計算

2.1　洪水資料の調査

2.1.1　洪水資料の存在一覧表の作成

> 洪水資料の調査にあたっては，解析対象地域内の観測所の雨量，水位流量記録を調査し，調査対象洪水ごとに資料の存否を整理するものとする．

解　　説

雨量については当該流域およびその近傍流域において得られるすべての雨量資料を降雨原因を含めて調査する．整理様式の一例を**表5-1**に示す．

流量資料については，流量の測定方法を明示し，水位その他より推定した場合にはその方法を具体的に記入しておく必要がある．

2.1.2　解析対象洪水と推算対象洪水の決定

> 前項の水文資料により，流出解析を行う洪水（解析対象洪水）と流出量を推算する洪水（推算対象洪水）を決定するものとする．

解　　説

洪水資料の所在一覧表を用いて，解析対象洪水と推算対象洪水を定める．

前者は，流出解析における定数解析に用いられる洪水で，出水時の流量の時間変化についての十分な実測資料（ハイドログラフ）があるものを対象とする．大，中，小規模の洪水を各々3個程度選定するのが望ましい．

後者は，前者を用いて行った定数解析の結果を用いてハイドログラフを推算する洪水である．これには，前者を含むことはもちろん，そのほかに既往の大洪水，被害の大きかった洪水等をとる．推算対象洪水の実測値としては，完全なハイドログラフはなくとも，洪水痕跡1点でよいからその一部分を参考資料として収集しておくこ

第 2 節　洪水流出計算

表 5-1　洪水流出解析資料一覧表の例

洪水番号	降雨番号	観測所名／降雨期間	雨量					降雨原因	水位・流量						備考
			a	b	c	d	e		A観測所	Aピーク流量	B観測所	Bピーク流量	C観測所	Cピーク流量	
◎ 88	11	30. 8.22〜24		○		×	○	台風	×	1 800					$H \sim Q$
	12	30.10. 3〜 5		○		×	○	台風	×	1 500					$H \sim Q$
	13	31. 9.10〜15		○	○	×	○	台風	×	2 700					$H \sim Q$
	14	31.10. 1〜 2	○	○		×	○	前線	×	1 200					$H \sim Q$

	凡	例		
	完全	不完全		
日雨量	○	□	解析対象洪水	◎
時間雨量	×	／	推算対象洪水	○
時刻水位	○	□		
流　量	×	／		

（洪水番号 ◎ 9、○ 10 の行は空欄）

とが必要である．

2.1.3　降雨の欠測記録の補完

降雨観測記録に欠測がある場合には，他の観測所との相関を調査して欠測記録を補完するものとする．

解　説

当該流域の 1 個所または，それ以上の観測所で，欠測や記録が不完全なことがしばしばある．例えば，2 つの流域である期間の平均雨量を比較する時，1 つの豪雨を除けば両記録は完全で満足すべきものであれば，その記録を補完しなければならない．

一般に降雨記録の補完にあたっては，解析対象降雨期間（この期間の定め方には特別な基準はないが，対象流域および近傍流域の雨量観測期間一覧表を調べ，観測点が多く，水文資料が充実している期間をとるのがよい．）の解析対象雨量の観測所間のすべての組合せについて単相関解析を行い，解析対象データ数も考慮に入れたうえで相関の最もよい観測所間の回帰式から欠測値を推定する．

単相関解析で十分な推定ができない場合には，3 個所以上の観測所におけるデータを用いて重相関解析を試みる必要がある．

2.1.4　流域平均降雨量の計算

流域平均降雨量は，流域内に観測所が多い時には算術平均法，ティーセン法，等雨量線法，観測所が少ない時には代表係数法によって計算するものとする．

解　説

第5章 流出計算

当該河川流域内に配置された雨量観測所の地点雨量からその流域平均雨量を算出する各種の方法のうち，本文に示した算術平均法，ティーセン法，等雨量線法，代表係数法が一般に用いられる．これらの計算法は次のとおりである．

1. 算術平均法

$$r = \frac{r_1 + r_2 + \cdots\cdots + r_N}{N} \tag{5-1}$$

　　r：平均雨量
　　$r_1, r_2, \cdots\cdots, r_N$：各雨量観測所における降雨量
　　N：雨量観測所数

この方法は，各雨量観測所の観測値を単純平均する方法である．流域内に雨量観測所が一様で密に分布していて，各観測値と平均値との差があまり大きくなければ精度も比較的高い．しかし，降雨に対する地形の影響が大きい山地などで観測所数が少ない場合には，この方法による値は大きな誤差を生ずる恐れがある．

2. ティーセン法

$$r = \frac{a_1 r_1 + a_2 r_2 + \cdots\cdots + a_N r_N}{A} \tag{5-2}$$

　　r：平均雨量
　　$a_1, a_2, \cdots\cdots, a_N$：地図内に各雨量観測所を記入し，これらを結ぶ直線の垂直二等分線によって各観測所の回りに作られた多角形の面積
　　A：全流域面積
　　N：雨量観測所数
　　$r_1, r_2, \cdots\cdots, r_N$：各雨量観測所の降雨量

ティーセン法では各観測所の支配面積に相当する重みを降雨量に付けて，平均雨量を計算する．この場合でも地形による降雨の影響の強い流域では，それを考慮して観測所が配置されているのでなければかなりの誤差を生ずることがある．

3. 等雨量線法

$$r = \frac{b_1\left(\dfrac{R_0 + R_1}{2}\right) + b_2\left(\dfrac{R_1 + R_2}{2}\right) + \cdots\cdots + b_M\left(\dfrac{R_{M-1} + R_M}{2}\right)}{A} \tag{5-3}$$

　　r：平均雨量
　　$b_1, b_2, \cdots\cdots, b_M$：相隣る等雨量線により囲まれる部分の面積
　　$R_0, R_1, \cdots\cdots, R_M$：等雨量値
　　M：等雨量線によって分割される数
　　A：流域面積

観測所の記録を利用して等雨量線を描く．この際に降雨分布に影響する諸要因を十分に考慮することができればよい結果を得ることができる．

考慮すべき要素としては，降雨原因，地形，風向，標高などが普通である．

4. 代表係数法

多数の雨量観測の実測値によって計算した流域平均雨量 R_{ave} と少数の代表観測所の雨量 R_i との間に，雨量を観測する期間にかかわらず，次の関係式が成り立つものと仮定する．

$$R_{ave} = \sum a_i \cdot R_i \tag{5-4}$$

　　R_{ave}：流域平均雨量
　　R_i：代表観測所の雨量
　　a_i：代表係数

第2節　洪水流出計算

式中 a_i は各観測所について一定の係数で，これを代表係数という．具体的には，資料のそろってきている昭和27〜30年以後（代表係数を解析するという意味で，解析対象降雨期間とよぶ）の降雨資料を用いてティーセン法または等雨量線法により流域平均雨量 R_{ave} を計算し，それ以前の観測所数の少ない降雨に対しては，観測所の代表係数を求め，式(5-4)より流域平均雨量を推定する．

式(5-4)の係数 a_i を最小二乗法によって決定するのに，大出水時の資料のみでは十分なデータ数が得られない場合には，中小出水時のデータも対象にする必要がある．連続雨量で約10mm以上の雨を採用する．

流出解析に用いる流域平均雨量で問題となるのは，流域の一部に豪雨があった場合である．これを流域全体でならした平均雨量にしてしまうと平均値が小さくなり，流出量との適正な対応がつけられなくなる．大雨のあった地点からは大きな洪水が出るので，平均値から求めたものとは異なることになるからである．

どの方法を用いて流域平均雨量を計算するにしろ，それが流域全体で見るとほんの一部の面積に降った点雨量に基づいて求められているということを認識しておく必要がある．

2.1.5　降雨量と流出高の時間分布図の作成

> 流域平均降雨量と流出高との関係は，時間分布図に整理するものとする．

解　説

解析対象洪水について，流域平均降雨量と流出高の時間変化を図示することにより，対象洪水の流出特性の相違が判断される．

なお，時間流出高 q(mm/h) は，流量を Q(m³/s)，流域面積を A(km²) として，

$$q = \frac{3.6Q}{A} \tag{5-5}$$

によって換算される．

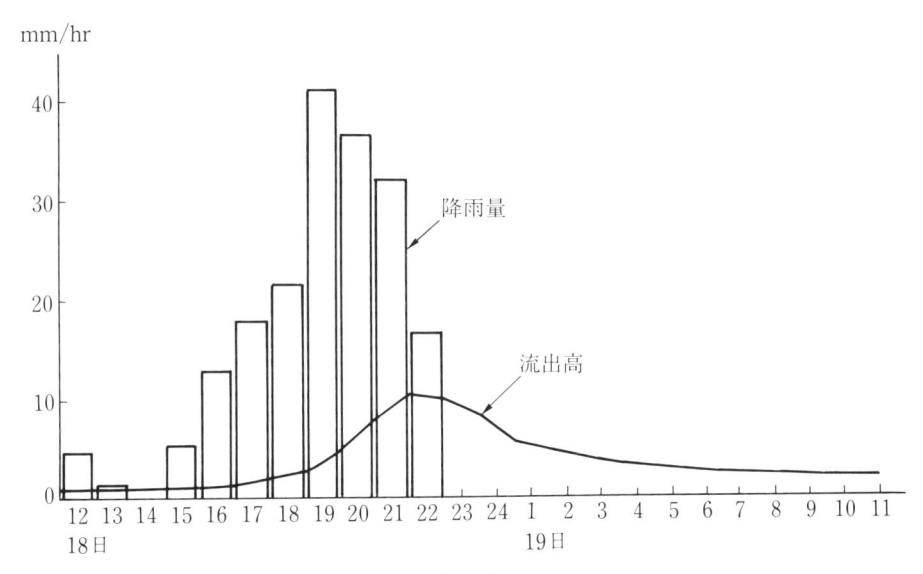

図 5-1　降雨量と流出高の時間分布図の例

2.1.6　流域特性の調査

> 流出計算にあたっては，必要に応じ，当該流域の形状（面積，傾斜，流路延長など）およびその流域の土地利用実態（植生，地被，田畑など）を調査するものとする．

解　説

流出ハイドログラフに影響する要素として流域特性がある．流域面積は流出量に，その傾斜は流出の速さに影

響する．また，流域の土地利用状態や植生地被の状態は，降雨欠損や流出の速さを左右する．流域が大きい場合にはこれらの特性の異なる部分流域ごとに流域を分割して解析する必要がある．

2.2 洪水流出計算

2.2.1 洪水流出の計算法

> 洪水流出の計算法については，計算の目的，必要な精度および計算に必要な水文データの存在状況等に応じて，最も適当と思われる方法を選定するものとする．

解　説

　流出計算モデルとしては，多くのタイプが提案されているが，従来洪水を対象とした河川計画・管理の実務に用いられてきたおもなモデルとして，合理式，単位図法，貯留関数法，タンクモデル，等価粗度法，流出関数法，準線形貯留型モデルがあげられる．これらは①ピーク流量のみを算定するか，あるいは流量の時間変化すなわちハイドログラフまで求めるか，②流域を降雨－流出変化のブラックボックスとしてとらえるか，あるいは流出の物理機構を反映させるか，③流域内の土地利用や土壌・地質条件等の分布やその将来にわたる変化を考慮するかどうかといった観点から，それぞれ特色を有している．解析の目的や求められる精度および利用可能な水文データに応じて最もふさわしい方法を選定する必要がある．

　計算法の選定に際しては，下記の諸点に留意すべきである．

1. 有効降雨量の算定方法

　洪水流出の計算においては，降雨量のうち比較的短期間に流出してくるものを対象とするので，有効降雨量の推定が結果に大きく影響する．洪水時における降雨損失量の実態は，必ずしも完全に解明されているわけではないが，一般に損失量が降雨初期に多く，時間の経過とともに減少することが認められている．流出計算における有効降雨量の算定にはこのような初期欠損の実態に即した方法を選ぶ必要がある．各流出計算法においては，それぞれに特有な降雨量の算定法が採用されているが，各々に一長一短がある．

　洪水時の損失現象は，降雨量の時間的変化に影響される以外にも流域の地質構造や土地利用などに影響されるので，流出計算を行うにあたっては，まず過去のできるだけ多くの洪水について降雨量と流出量との関係を調査して対象流域の損失量とその時間的変化を把握する必要がある．

2. 対象流域の大きさ

　流域の流出機構を数個から10数個のパラメータを用いてモデル化する流出計算法では，それを適用できる流域の適正規模を知っておく必要がある．大きすぎると洪水流の伝播や河道の効果による影響が無視できなくなるし，小さすぎると局所的な流出成分が問題となる．経験的にはタンクモデル法や貯留関数法では $10 \sim 1\,000\,\mathrm{km}^2$ 程度，単位図法や流出関数法ではそれ以下の面積が適当である．流域が大きすぎるときには，いくつかの小流域に分割して各小流域について計算を行い，合成すればよい．合理式は，一般に流域面積が $100\,\mathrm{km}^2$ 程度以下の流域に用いられることが多い．

3. 流域の形態と地質，植生

　流域が山地であるか平地であるか，あるいは市街化されているかなどによって流出が異なる．山地流域では山腹斜面を流下・浸透する雨水流が流出の主成分であるから，浸透を考慮し，Manningなどの流れの式からモデル化した計算法（タンクモデル法，貯留関数法，等価粗度法など）がよい．平地流域では水田などの凹地貯留効果が大であるので，このような点を考慮に入れられる計算法を用いるべきである．都市域では雨水排除施設の整備などにより流域の貯留効果が減少し，流出時間が早まるのでこれらの特性を取り扱い得る計算法（修正RRL法など）が用いられるべきである．

4. 流出成分の検討

洪水流出の主成分は，一般に雨水が直接地表面を流れる表面流出であると考えられているが，流域によってはいったん土壌中に浸透した水が浅いところで地表に出る中間流出が支配的な場合もある．このような特性を考えに入れてモデルを選定することが必要である．

5. 洪水の規模

一般に，流出モデルは既往の流出資料を基に決定されるので，洪水の規模が既往のものと相当異なるときにはよい結果を得られない場合がある．特に単位図法では洪水の大小が結果に影響するので注意を要する．

主要な流出計算手法の概要について，章末に参考資料として掲載する．各手法の詳細，定数の同定手法および具体的な流出計算手法については，参考図書を参照されたい．

2.2.2 流域分割

> 洪水流出計算にあたっては，必要に応じ流域を流出計算モデルに応じた適当な大きさに分割するものとする．

解　説

大きな流域は通常 100〜200 km² 程度に分割して小流域の集合として取り扱っている．たいていの流出モデルはこの程度の単位流域に用いるのが適しているが，等価粗度法ではこれより小さな流域に分割されることが多い．この単位流域の大きさは流出計算の単位時間とも関係するので，あまり小さくしすぎると（例えば流域面積 30 km² 以下）1 時間単位の計算に適合しないことがあるので注意を要する．流出解析の時間単位は，流出ハイドログラフの減水部の半減期の 1/2〜1/3 程度の値が用いられる．

2.2.3 流出モデルの検証と許容誤差

> 流出モデルは，実測ハイドログラフと計算ハイドログラフの適合性を評価することによって検証するものとする．

解　説

流出モデルには実測値を用いて同定すべきいくつかの定数が含まれている．そのため対象とした流域で，降雨流出の資料に応じただけの定数の組合せが可能となる．このうちで最適な定数の組合せを持つモデルを決定するのであるが，そのためには，そのモデルによる推定値が実測値と適合するかどうかが判定の基準となる．

推定値と実測値の一致の度合いを検討する場合でも，例を洪水流出にとれば，洪水の最大値の一致に重点を置くか，流出曲線の全体的な一致を重視するかで評価が異なってくる．堤防等の建設などの場合には洪水の最大流出量が問題となるので，波形よりもむしろ流量の最大値を精度よく推定することが要求される．一方，洪水調節用のダムを計画する場合には流出総量がよく合うことが重要である．

このようなことから流出モデルの適合性を一般的に評価する基準は定めにくいが，通常は計算ハイドログラフと実測ハイドログラフを目視によって比較するという方法がとられている．ただし，この方法では計算者の主観的判断が要求されるため，流出計算に相当経験を有することが必要となる．

客観的な判断基準の 1 つとして例えば次式による誤差評価値を最小にする方式がある．

$$E = \frac{1}{n}\sum_{i=1}^{n}\left\{\frac{Q_o(i) - Q_c(i)}{Q_{op}}\right\}^2 \tag{5-6}$$

ここで，

E：誤差
$Q_o(i)$：i 時の実測流出量
$Q_c(i)$：i 時の計算流出量
Q_{op}：実測の最大流出量
n：計算時間数

この E の値をある値以下（通常は 0.03 以下）にするようにモデル定数を同定するという考え方である．この式では n が少ないうちはピーク付近の誤差が大きく評価されるが，多くなると誤差の中に占めるピーク付近の誤差の比重が小さくなる．

［参考］おもな流出モデルの概要

1. 合理式法

合理式法は洪水のピーク流量を推算するための簡便な方法であって，貯留現象を考慮する必要のない河川でピーク流量のみが必要とされる場合に広く用いられている．最大洪水量を推定する諸公式は，一般に流域面積の関数としたものが多い．比流量法の Creager 曲線もその1つであるが，最大流量はもとより流域面積のみの関数ではないから，他のいろいろな要素，例えば降雨強度や流域の植生，傾斜の度合いなどを考慮した流出量計算法が必要とされ，また洪水頻度をも要因の中に入れられれば計画にあたってさらに便利となる．このような諸点を克服した簡単な流出量計算式として合理式が提案された．これは流域の形を河道に対して対称な長方形と考え，雨水は流域斜面を一定速度で流下し，河道に入るものと考える．そして流域の最遠点に降った雨が流域の出口に表れるまでの時間を洪水到達時間とよび，時間内の降雨強度に流域の土地利用に応じた流出係数を乗じて流出量を計算する．

合理式による最大洪水流量は次式で与えられる．

$$Q_p = \frac{1}{3.6} fRA \qquad (5\text{-}7)$$

ここに，Q_p は最大洪水流量（m³/s），f は流出係数，R は洪水到達時間内の雨量強度（mm/h），A は流域面積（km²）である．

合理式は次の仮定の上に作成されたものであるので，適用にあたっては，これらの仮定にできるだけ近い流出特性を示す流域に用いるように注意しなければならない．

(1) ある降雨強度 R の降雨による流出量 Q は，その強度の降雨が到達時間かそれ以上の時間継続するとき最大になる．
(2) 降雨の継続時間が到達時間に等しいか，それ以上長い，ある強度 R の降雨による最大流出量 $Q_{\max}$ はその降雨強度 R と直線関係にある．
(3) 最大流出量の生起確率は，与えられた到達時間に対する降雨強度の生起確率に等しい．
(4) 流出係数はどの確率の降雨に対しても同じである．
(5) 流出係数は与えられた流域に降るすべての降雨に対して同じである．

これまでの試験地などにおける調査結果によれば，これらの前提条件に比較的近い流出特性を示す流域として，降雨の浸透や凹地貯留の少ない市街化された流域があげられる．一般に流域面積が大きくなると貯留効果が大きくなり，合理式の線型仮定が成立しなくなるので注意しなければならない．適用すべき流域の大きさは 100 km² 以下であることが多い．

流出係数は流域の地被，植生，形状，開発状況などを勘案して決定する必要がある．流出係数についてはいろいろな値が提案されているが，その一部を示すと次のようである．なお，計画に用いられる流出の値については，計画編第2章なども参照のこと．

(1) 物部による日本河川の流出係数
(2) 下水道施設基準の流出係数
　　商業地区 0.7〜0.9
　　工業地区 0.4〜0.6
　　住宅地区 0.3〜0.5
　　公園地区 0.1〜0.2

第 2 節　洪水流出計算

表 5-2　日本内地河川の流出係数

急峻な山地	0.75〜0.90
三紀層山岳	0.70〜0.80
起伏のある土地および樹林	0.50〜0.75
平坦な耕地	0.45〜0.60
かんがい中の水田	0.70〜0.80
山地河川	0.75〜0.85
平地小河川	0.45〜0.75
流域の半ば以上が平地である大河川	0.50〜0.75

(3) 小規模下水道施設基準の流出係数

表 5-3　工種別基礎流出係数標準値

工　　種	流出係数
屋　根	0.90
道　路	0.85
その他の不浸透面	0.80
水　面	1.00
間　地	0.20
芝，樹木の多い公園	0.21
勾配の緩い山地	0.30
勾配の急な山地	0.50

表 5-4　用途別総合流出係数標準値

敷地内の間地が非常に少ない地域や類似の住宅地域	0.80
浸透面の野外作業場などの，間地を若干持つ工場地域や庭が若干ある住宅地域	0.65
住宅公団団地などの中層住宅団地や1戸建て住宅の多い地域	0.50
樹木を多く持つ高級住宅地域や，畑地などが割合残る部外地域	0.35

(4) アメリカ土木学会の流出係数

合理式に用いられる洪水到達時間は，流域の最遠点に降った雨がその流域の出口に達するまでに要する時間として定義される．洪水到達時間は当該流域の特性を調査して決定するパラメータであるが，通常次の2方法で求められている．

(1) 降雨が水路に入るまでの時間（流入時間）と水路の中を下流端に達するまでに要する時間（流下時間）の和として求める方法．

　この考え方は，主として都市下水道の設計に用いられてきたが，合理的な決定法であるため，近時，山地や小河川にも応用されるようになった．

① 流入時間

　流入時間は流路に達するまでの排水区の形状や面積の大小，地表面勾配，地被状態，流下距離，降雨強度など多くの要素に支配される．現在，下水道の設計には一般に**表 5-6**のような値が用いられている．

　自然山地における河道への流入時間は，市街地におけるものよりも定量化が困難であるので，複数の経

表5-5 アメリカ土木学会の流出係数

地域の用途別平均流出係数		工種別基礎流出係数	
商業地域		道路	
下町	0.70～0.95	アスファルトおよびコンクリート	0.70～0.95
下町の近接区域	0.50～0.70	レンガ	0.70～0.85
住居地域		屋根	0.75～0.95
1戸1家族の区域	0.30～0.50	砂層土の芝生	
1戸多数家族で建物の離れている区域	0.40～0.60	勾配0～2%	0.05～0.10
1戸多数家族で建物の近接している区域	0.60～0.75	勾配2～7%	0.10～0.15
アパート区域	0.50～0.70	勾配　7%以上	0.15～0.20
郊外	0.25～0.40	ち密土の芝生	
工業地域		勾配0～2%	0.13～0.17
あまり密集していない区域	0.50～0.80	勾配2～7%	0.18～0.22
密集している区域	0.60～0.90	勾配　7%以上	0.25～0.35
緑地その他			
公園，墓地	0.10～0.25		
競技場	0.20～0.35		
鉄道操車場	0.20～0.35		
未改良区域	0.10～0.30		

表5-6 日本とアメリカの流入時間

我が国で一般に用いられている値		アメリカ土木学会
人口密度大なる地区　：5分	幹線：5分	全舗装下水道完備の密集地区　：　5分
人口密度疎なる地区　：10分	枝線：7～10分	比較的勾配の小さい発展地区：10～15分
平　均　　　　　　　：7分		平地な住宅地区　　　　　　：20～30分

験式等を用いて比較検討して求めるのが望ましい．

② 流下時間

　雨水が流路上流端に流入し，流量算出地点まで達するに要する時間が流下時間である．河道においては通常Manningの平均流速公式が流下速度を与えると仮定して計算されている．下水道においては，管内の平均流速が用いられるが，平坦地では，0.9～1.0 m/s，勾配のとれる地域では，1.15～1.26 m/s，枝線では，0.6～0.9 m/s が一応の目安として用いられている．

(2) 経験式を用いる方法

　洪水到達時間を求める経験式は，いろいろ提案されてきているが，その多くは流路長と勾配を用いた表現となっている．

① クラーヘン (Kraven) 式

I	1/100 以上	1/100～1/200	1/200 以下
W	3.5 m/s	3.0 m/s	2.1 m/s

$$T = L/W \tag{5-8}$$

　ここでは，I は流路勾配，W は洪水流出速度，L は流路長，T は洪水到達時間である．

② ルチーハ (Rziha) 式

第2節　洪水流出計算

$$T = L/W$$
$$W = 20(h/L)^{0.6}$$

ここで
　　W：洪水流出速度（m/s）
　　h：落差（m）
　　L：流路長（m）
　　T：洪水到達時間（s）

③　土木研究所での調査によると，洪水到達時間は，都市流域では，
$$T = 2.40 \times 10^{-4}(L/\sqrt{S})^{0.7} \tag{5-9}$$
自然流域では，
$$T = 1.67 \times 10^{-3}(L/\sqrt{S})^{0.7} \tag{5-10}$$

で表されると報告されている．ここで，T：洪水到達時間（h），L：流域最遠点から流量計算地点までの流路長（m），S：流域最遠点から流量計算地点までの平均勾配である．

この公式の通用範囲は都市流域で流域面積 $A < 10\,\text{km}^2, S > \dfrac{1}{300}$，自然流域では，$A < 50\,\text{km}^2, S > \dfrac{1}{500}$ である．

2. 単位図法

単位図の考え方は1932年 Sherman によって提案されたもので，対象とする流域において，単位時間に降った単位強度の有効降雨によって生ずるハイドログラフを単位図（ユニットグラフ）という．単位図を用いた実流域における流出計算には，次式が用いられる．

$$q(t) = \sum_{j=0}^{n} r_e(t - j \cdot \Delta t) \cdot h(j \cdot \Delta t) \cdot \Delta t \tag{5-11}$$

ここに，$q(t)$：時刻 t における流出高，$r_e(t)$：時刻 $(t - \Delta t) \sim t$ の間の有効降雨強度，$h(j \cdot \Delta t)$：単位図，Δt：単位時間

単位図法の基本的な考え方は，単位時間に降った単位有効雨量による河川の流出曲線は常に一定であり，重ね合わせが可能であるという，いわゆる線形性の仮定である．実際の流出現象は，洪水の規模によって単位図が異なり，また降雨継続時間が同じでもそれによるハイドログラフの継続時間は初期流量によって異なる．すなわち非線形であるため，単位図法はそのそもそもの仮定に問題を含んでいることになる．しかし，計算作業が比較的簡便であることおよび後述のように水文観測資料の蓄積がない流域について，地形条件等から人工的に単位図を合成することによって河川計画に用いる流量ハイドログラフを求められる等の長所があり，米国では標準的手法の1つとして広く用いられている．

単位図法における有効降雨の算定には，累加雨量－累加損失量曲線が用いられることが多く，また単位時間 Δt は有効降雨のピークと流出量のピークとの時差の1/2～1にとるのがよいとされている．

また流量の未観測地域に対し，地形特性に基づいて人工的に合成した単位図を合成単位図（Synthesized Unit Hydrograph）という．実際の降雨，流出量から単位図を求める手法および合成単位図を作成する手法については，例えば流出計算例題集や水理公式集を参照されたい．

3. 貯留関数法

貯留関数法は1961年木村によって提案された手法であり，流出現象の非線型特性を表すために，降雨から流出への変換過程を導入し，貯留量と流出量との間に一義的な関数関係を仮定して，貯留量を媒介変数として降雨量から流出量を求めるものである．

この方法では流域または，河道の貯留量 S と，それからの流出量 Q の間に，

$$S_i = K Q_i^c \quad (K, p：定数) \tag{5-12}$$

なる非線型関係を設定し，これを運動方程式の解として代用する．すなわち，流出量が貯留量のベキ乗に比例するとしているわけで，これは降雨，流出の現象を容器に貯えられた水の切欠きからの流出現象に類似した現象と考えていることに相当する．この運動方程式と次の連続方程式を組み合わせて流出計算を行う．

流域についての連続方程式は，

$$\frac{dS}{dt} = \frac{1}{3.6} f \cdot r_{ave} A - Q_l \tag{5-13}$$

ここで，

f：流入係数
r_{ave}：流域平均雨量（mm/h）
A：流域面積（km²）
$Q_f(t) = Q(t + T_1)$：遅滞時間を考慮した流域からの直接流出量（基底流量を除いたもの，m³/s）
S_l：みかけの流域貯留量（m³/s・h）
T_l：遅滞時間（h）

を表す．

河道区間についての連続方程式は，

$$\frac{dS_1}{dt} = \sum_{j=1}^{n} f_j I_j - Q_1 \tag{5-14}$$

ここで，

I_j：流域，支川または，河道上流端から対象河道に流入する流入量群（m³/s）
f_j：その流入係数
$Q_1(t) = Q(t + T_1)$：遅滞時間を考慮した河道下流端流量（m³/s）
S_l：みかけの河道貯留量　　T_l：遅滞時間

を表す．

式（5-12）の貯留量 S と流出量 Q との関係は既往の洪水流出資料から求められる．一般に流出ハイドログラフの増水部と減水部では S と Q の関係は異なるが，遅滞時間 T_l を導入してこれを一価関数に近似できるように修正するところに貯留関数法の特色がある．

流域分割での単位流域の大きさはその流出計算の単位時間に左右されるのであるが，使用するモデルによっても拘束される．貯留関数法では流域に対する1つの貯留関数の適用限界で流域面積が決定される．木村は 10〜1 000 km²，流路長で 10〜100 km 程度ならば十分な精度が得られるとしている．

これまでの実例では概ね 300 km² 以下の小流域に分割して計算を行っている例が多い．流域が大きすぎると流域内の地形や地質に相違が生じたり，河道が長くなることによる河道流下の影響が現れるので，流域での貯留関数適用に無理が生じる．したがって，対象とする流域面積としては 100 km² 前後のものが望ましい．なお，流量検証地点が多く望めない流域では分割を多くすると変動要素を増やすことになるので，結果の妥当性の検証が難しい場合もあることに注意を要する．

流域の流出計算においては，有効雨量の算定計算が必要である．貯留関数法では，f は降雨量 r_{ave} にかかる係数ではなく，流域面積 A にかかる係数であると考える．すなわち，降雨初期には $f = f_1$（1次流出率という）として $f_1 A$ の面積（流出域という）だけで流出が発生するとし，累加雨量が R_{sa}（飽和雨量）を越えると $f = 1$（飽和流出率）となって残りの $(1 - f_1) A$ の部分（浸透域）からも R_{sa} 以降の降雨によって流出が発生すると考える．ただし，流出域と浸透域とは洪水の終わりまで別個に流出計算を行うものとし，両域からの流出量の和に基底流出量を加えた値をもって流域流出量とする．流域からの流出量（m³/s）は基底流出を含めて次の式で与えられる．

第2節　洪水流出計算

$$Q = \frac{1}{3.6} f_1 A \cdot q_1 + \frac{1}{3.6}(1-f_1) A \cdot q_{sa,1} + Q_i \tag{5-15}$$

ここで，

f_1：1次流出率

q_1：全降雨による流出高（mm/h）

$q_{sa,1}$：飽和点以後の降雨による流出高（mm/h）

Q_i：基底流量（m³/s）

である．

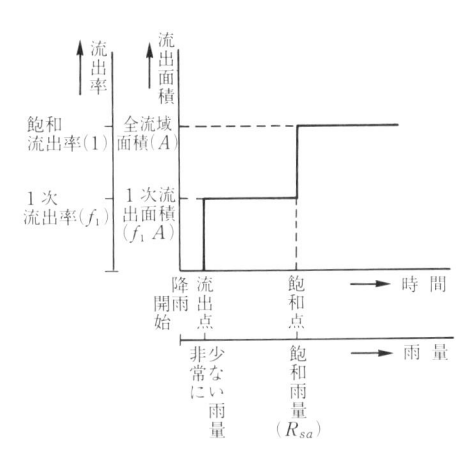

図 5-2　流出率の時間的変化

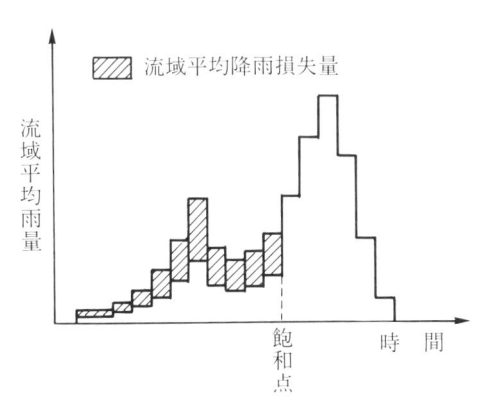

図 5-3　降雨損失量の時間的変化

4．タンクモデル法

タンクモデル法は，洪水流出計算，低水流量計算のいずれにも用いられるが，いずれに適用するかでモデルの取扱いが異なる．従来，低水流出解析用に広く用いられてきたタンクモデル法については，本章第3節の低水流出計算の解説を参考されたい．

5．等価粗度法（Kinematic Wave 法）

等価粗度法（Kinematic Wave 法）とは，流域をいくつかの矩形斜面と流路が組み合わされたものとみなし，これらの斜面や流路における雨水流下現象を，水流の運動法則と連続の関係を用いて水理学的に追跡するものである．等価粗度法（Kinematic Wave 法）は，流域斜面からの流出現象を Manning 型の平均流速公式で表現し，この斜面と流路を組み合わせた流域からの流出ハイドログラフが実測ハイドログラフに近づくように粗度係数を決定することから等価粗度法ともよばれる．

複雑な流域斜面からの流出現象はモデル化して取り扱えるが，等価粗度法（Kinematic Wave 法）を実河川に適用するには，対象とする河川が比較的急勾配で，かつ，降雨強度が大きく流出現象が洪水流出により生じていることが必要である．中間流や地下水流出が支配的な洪水では，逓減特性を近似することが難しく，妥当な結果を得られない場合がある．また，支川の合流点その他で河道をある区間ごとに分割した時，その区間内では横断面，勾配，粗度，横からの流入量などが流路に沿って一様に近いものと仮定できる必要がある．

以下 Kinematic Wave 法による流出計算の基本式について簡単に紹介しておく．

山腹斜面に降った雨は一部は浸透し，一部は地表を流れて小さな水路からやがては大きな水路へと集められていく．この過程を模式的に図示したものが図5-4である．流出計算は有効降雨による斜面からの流出量 q を求め，この流出量を横流入量とする河道内の流量 Q を計算することにより行われる．考えている流域外から水路上流端へ供給される水量 Q_{in}，あるいは降雨の始まる前から河道に既に流れていた流量などがある場合には，それぞれ境界条件および初期条件として考慮に入れる．

いま図5-4のように一般的な断面形を持つ河道へ時間的に変動する横からの流入量 $q(t)$ がある場合，流れが

第 5 章 流 出 計 算

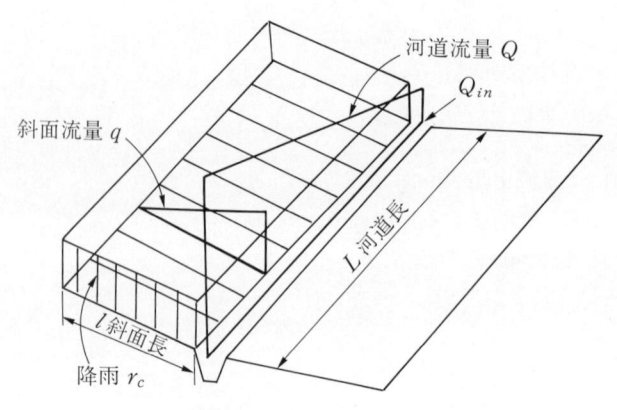

図 5-4 流域のモデル

定常に近いものと仮定すれば，運動方程式と連続式はそれぞれ次のように表現される．

$$i - i_f = 0 \tag{5-16}$$

$$\frac{\partial A}{\partial t} + \frac{\partial Q}{\partial x} = q(t) \tag{5-17}$$

ここで i は水面勾配，i_f は摩擦勾配，A は流水断面積である．運動方程式の解として定常等流における抵抗法則，例えばマニングの式を代用すれば式(5-16)から，

$$Q = Av = AR^{2/3} i^{1/2} / n \tag{5-18}$$

が得られる．

流路における径深と断面積の関係が K_1 および Z を常数として，

$$R = K_1 A_2 \tag{5-19}$$

と表されると仮定すれば，式(5-18)は次のように書き換えられる．

$$A = KQ^p \tag{5-20}$$

ここに，

$$p = 3/(2Z+3) \qquad K = (n/i^{1/2} K_1^{2/3})^p$$

である．

このように河道内の流れをモデル化すれば，式(5-17)と式(5-20)を適当な境界条件，初期条件のもとに解けばよいことになる．

これと同様な考えをモデル化された流域斜面も適用すれば，その流れは次式で表現できることになる．

$$h = kq^p \tag{5-21}$$

$$\frac{\partial h}{\partial t} + \frac{\partial q}{\partial x} = ar_1 \tag{5-22}$$

ここに，h は水深，q は単位流量，r_1 は有効降雨強度，a は単位変換定数で r_1 を mm/h，q を m²/s とすると $a = (1/3.6) \times 10^{-6}$，$p$ と k は定数で，流れに対して Manning 則が成立するときは，

$$k = (N/\sin \theta)^p \qquad p = 3/5 \tag{5-23}$$

ここに，N は等価粗度，θ は斜面傾斜角

である．式(5-21)，式(5-22)は式(5-20)，式(5-17)と同じ形の式形であって，これをこのままの形で差分化して数値計算するか，特性方程式上で数値積分すれば解が得られる．

実際の計算に際しては，斜面の粗度係数 N を変化させて計算を行い，実測と計算値がよく一致するとみなされるときの N 値をその流域の等価粗度係数とする．等価粗度係数は流域の分割の仕方によるが $10^0 \sim 10^{-2}$ の値（$m^{-1/3} \cdot s$）をとるものが多い．流域の特性による等価粗度の値としては**表 5-7** の値があげられている．

第2節　洪水流出計算

表5-7　流域特性と等価粗度

流　域　の　状　態	等価粗度 N (m$^{-1/3}\cdot$s)
階段状に宅地造成を行った丘陵地帯	0.05
流域の一部(15％)に宅地造成が行われた丘陵地帯	0.1〜0.2
階段状田畑主体流域	0.2〜0.4
上流山地，中下流に市街地を含む階段状田畑主体流域	0.3〜0.5
林相のかなりよい山地流域	0.4〜0.8
上流丘陵地50％，中流市街地20％，下流低平水田30％の流域	0.6〜1.1
排水改良の行われていない水田地帯	1〜3

6．流出関数法

流出関数法は降雨と流出の関数を線形と仮定して，線形応答関数を利用して流出計算を行うものである．これは $q(t)$ を時刻 t の流出高，$r_e(t)$ を同時刻の有効雨量強度，$K(t)$ を線形応答関数として，

$$q(t)=\int_0^\infty r_e(t-\tau)K(\tau)d\tau \tag{5-24}$$

$$\int_0^\infty K(\tau)d\tau=1$$

の形の表現される．単位図法はもともと $K(t)$ の値を $q(t)$ と $r_e(t)$ の実測値から解析するものであるが，流出関数法では $K(t)$ に次のような関数形を与えて計算を行い，そのパラメータの値を同定することになる．

$$K(t)=\alpha e \tag{5-25}$$

$$K(t)=\alpha^2 te \tag{5-26}$$

$$K(t)=\frac{\alpha^{n+1}}{\Gamma(n+1)}t^n e \tag{5-27}$$

ここに，α，n は降雨量と流出量の測定値から決定される定数である．式(5-27)は指数関数の線形応答系を仮定したときの一般解で，$n=0$ の場合が式(5-25)，$n=1$ の場合が式(5-26)に相当する．

7．準線形貯留型モデル

都市化等による土地利用の変化が流出にどのような変化をもたらすかという観点から，検討された流出モデルとして準線形貯留型モデルがある．準線形貯留型モデルは，有効降雨モデル（1次流出率〜飽和雨量〜飽和流出率による方法等），斜面モデル（準線形貯留型モデル）および河道モデル（貯留関数法等）の3つより構成されている．これらは，各々全体の流出モデルを構成するサブモデルと位置づけられており，モデルの向上や総合化が図られた時点で，順次交換すればよいという考え方である．準線形貯留型モデルの特徴は，次のとおりである．

1. 斜面上の流れの非線形性が表現できること．

   日本のように，強雨を計画対象としている河川流域では，特に流域斜面上の流れの非線形性は無視できない．

2. 河道の洪水伝播現象が表現できること．

3. 土地利用形態の差異による流出の差異を表現できること．

   土地利用形態の差異による流出の差異をよりよく表現していくためには，土地利用別の有効雨量および洪水到達時間の評価に係わる資料を蓄積していく必要がある．

4. 総合化が可能であること．

   新しい実証データが得られた時点で，各サブモデルを交換できるため，モデルの総合化が可能である．

5. 計画論から見た場合の特徴として，当該河川流域内の他の排水計画（下水道，中小河川等）に使われるモデルと共通性がある．

有効雨量は，対象流域に同一の降雨があっても，土地利用状況ごと（山林，水田，畑，市街地）に，その損失雨量は各々異なるということを前提にしているので，まず，対象流域の土地利用状況を分類し，その各々について，設定する必要がある．有効雨量の評価モデルとしては，1次流出率（f_1）〜飽和雨量（R_{sa}）〜飽和流出率（f_{sa}）モデル等がある．

斜面モデルの基本式は，次のように表される．

$$S = K \cdot q \tag{5-28}$$

$$r_e - q = \frac{dS}{dt} \tag{5-29}$$

ただし，$K = \dfrac{t_c}{2}$ (5-30)

ここで，S：貯留高（mm），q：流出高（mm/h），t_c：洪水到達時間（hr）である．t_cは，角屋らによる洪水到達時間の経験式と，実績の有効降雨強度曲線から決定される．

$$t_c = C \cdot A^{0.22} \cdot r_e^{-0.35} \tag{5-31}$$

ただし，r_e：降雨継続時間内の最大平均有効降雨強度（mm/h），A：流域面積（km²），t_c：洪水到達時間，C：土地利用形態によって定まる定数である．

第3節 低水流出計算

3.1 水文資料の調査

3.1.1 資料の所在状況の整理

> 水文資料の調査にあたっては，一般に解析対象地域内の観測所の日雨量，日流量記録の在存の有無および程度を調査し，資料の所在状況を整理するものとする．

解　説

低水流出解析は，通常，日単位であるいは半旬単位で行われる．日雨量の記録は相当長期にわたって存在するが，流量の記録は昭和30年以降にしか得られないことが多い．流量記録のないときでも，当該流域での雨量記録は可能な限り収集する必要がある．低水流出解析により流出モデルが決定されたら，それを用いて流量記録を復元する必要があるからである．資料の所在状況は**表5-8**の形式で整理する．

3.1.2 解析対象資料の決定と流出記録の復元

> 低水流出モデルの作成に用いる流出記録の選択は，本章3.1.1の資料によって行うものとする．流量資料のない期間については，原則として流出モデルの決定後，雨量記録から流量記録を復元するものとする．

解　説

日雨量，流量記録の一覧表から低水流出モデルを作成するのに用いる資料を決定する．流量資料は雨量記録に比べて一般に少ないが，日雨量記録は長期にわたって蓄積されていることが多い．このような日雨量の記録を用いて過去の流量を再現してみる．そしてその当時の渇水などの記録と比較すれば，モデルの妥当性を検討する一手段とすることができる．

3.1.3 降雨の欠測記録の補完

> 本章2.1.3によるものとする．

第3節　低水流出計算

表 5-8

年＼観測所名	雨量							水位流量		備考
	a	b	c	d	e	f	……	A	B	
△ S. 21	○	×	×						×	
△ S. 22	○	×	○						×	
△ S. 23	○	×	○						×	
△ S. 24	○	×	○						×	
……										
◎ S. 47								○	×	
◎ S. 48								○	×	
◎ S. 49								○	×	
◎ S. 50								○	○	
◎ S. 51								○	○	

凡例	完全	不完全		
日雨量	○	×	解析対象低水	◎
日水位	○	×	推算対象低水	△
日流量	○	×		

3.1.4　流域平均雨量の計算

本章2.1.4によるものとする．

3.1.5　日流出高

日平均流量は，流出高に変換して整理するものとする．

解　説

流域面積が $A(\mathrm{km}^2)$ の流域の流量 $Q(\mathrm{m}^3/\mathrm{s})$ を流出高 $q(\mathrm{mm/day})$ に換算するには $q=\dfrac{86.4Q}{A}$ を用いればよい．ただし，日流量は，自記水位記録の場合は1時から24時までの毎正時の流量を平均したもの，水位標による水位記録の場合は原則として6時および18時の平均となっている（本編第2章4.4および，第3章9.3参照）．日流量計算では前日の降雨を用いて当日の流量を計算するが，日雨量の日界と日流量の算定方法の関係に注意する必要がある．

3.1.6　蒸発散量の推定

蒸発散量は，解析対象期間内の総蒸発損失量を一致させるように推定するものとする．

解　説

低水流出計算では，一般に1日あるいは半旬ごとに1年ないし数年にわたって計算を行うので，この間の流域損失量（年降水量と年流出量との差）を推算しなければならない．流域損失量の大部分は流域の蒸発散によるものと推定される．なお，年降水量の算定の際，降水観測所の空間分布によっては標高による補正を行う必要がある（3.1.8参照）．水分の供給が十分になされると仮定した場合の可能蒸発散量を気温や日照量から推定するハ

モン（Hamon）公式，ソーンスウエイト（Thorthwaite）公式，ペンマン（Penman）公式などが提案されているが，低水流出計算では，各日の蒸発散量よりも長期間の総蒸発損失量を一致させることが大切である．

年降雨損失量については，建設省技術研究会で全国主要流域について貴重な観測とりまとめ成果が報告されている．これによると，全国の平均年降雨損失量は約500mm，北海道では約400mm，瀬戸内，九州では約600mm程度となっている．

平均日蒸発散量は一般に低水時の日流出高より大きい．春は大きく，秋は小さいといわれている．

金子は水田における水面蒸発量の概略値として，春秋には3〜5mm/day，夏には6〜9mm/dayを与えている．

3.1.7 各種取水量の調査

> 当該流域の取水量および還元量は，原則として実測資料の結果を用いるものとする．

解　説

低水流出計算を行うには，その流域内での諸用水の取水量を調査する必要がある．特に農業用水は取水量，還元量が把握しにくいので取扱いに注意を要する．取水量は原則として実測値を用いる．

農業用水使用の実態が調査でも明らかにならないときには，その実用的な推定法として次のような方法がとられる．

1. 水収支法

観測流出量と農業用水を無視した計算流出量とを比較して，河川流量減少量を求めようとするもので，農作業（しろかき，田植えなど）の期間は毎年一定しているから，特別の渇水か流域変化がない限りこの値を低水流出計算に用いることができる．

流域面積　213.3 km² （水田面積　12.33 km²）
減水深　10.5 mm/day（粗用水は　12 mm/day）

表5-9　養老川における農業用水量の推定値

月　日	農業用水	還元水	月　日	農業用水	還元水
5月7日	0.449 mm/day	0.04	6月3日	0.662	0.36
8	0.542	0.08	4	0.687	0.38
9	0.591	0.12	5	0.711	0.40
10	0.640	0.16	6	0.736	0.42
11	0.689	0.20	7	0.760	0.44
12	0.255	0.20	8	0.785	0.46
13	0.255	0.20	9	0.809	0.48
⋮	⋮	⋮	10	0.833	0.50
⋮	⋮	⋮	11	0.611	0.50
26	0.255	0.20	⋮	⋮	⋮
27	0.491	0.22	⋮	⋮	⋮
28	0.516	0.24	8月24日	0.611	0.50
29	0.540	0.26	25	0.384	0.30
30	0.565	0.28	⋮	⋮	⋮
31	0.589	0.30	⋮	⋮	⋮
6月1日	0.613	0.32	9月13日	0.384	0.30
2	0.638	0.34	14	0.0	0.0

第3節　低水流出計算

しろかき用水　106 mm
　　早植え　　　水田の 40 %　　5月7日より順次5日間
　　普通植え　　水田の 60 %　　5月27日より順次15日間
還元水　10 mm/day

2. 減水深法

水田その他の農耕地の減水深（かんがい期の水田でおよそ 10〜15 mm/day）にその面積を乗じて農業用水量を求めようとするもので，この方法では還元反復使用を無視するので，用水量を過大に評価することになる．

例えば菅原は養老川の低水流出計算において，還元水の量も推定して農業用水使用の実態を**表 5-9** のように推定している．かんがい期の河川流量減少量は 0.7 mm/day 程度であるから表 5-9 の結果とよく合う．

3.1.8 降雨量の山地における割増し

> 山地に降水量観測所がない場合には，必要に応じ平地の観測値の割増しを行って山地における降水量とするものとする．

解　　説

降雨量は一般に山地のほうが平地より多い．特に流域内の山地地域の比率が高ければ平地の観測記録だけでは相当大きな誤差を生ずる恐れがある．中部地方のいくつかの観測例によれば，標高 +500 m につき，平均して年降雨量が 1 000 mm 増加するという．その他の例でも降雨量の増加率は +100 m について 5〜10 % 程度であるといわれている．

3.1.9 日流量解析における積雪，融雪量の推定

> 日流量解析においては，適当な推定法により積雪，融雪量を推定するものとする．

解　　説

低水流出計算では，融雪量を推定する必要がある．推定された融雪量を降雨量に置き換えることによって，低水流出モデルを利用でき，融雪期を含んだ低水流出計算が可能となる．

雪の計算には明らかでない要素が多い．融雪に関係する気象要素は，降水量，気温，日照量，風速，風向などいろいろあるが，山間の流域ではこれらの気象資料が十分得られないことが多いからである．

これまでいくつかの融雪量推定方法が提案されているが，上記したような推定に必要な気象要素が十分得られないという理由から，気温と降水量から融雪量を推定する簡易的な方法がよく用いられる．このような気温と降水量のみから融雪量を推定する代表的な手法としては，菅原がタンクモデルによる日流量解析に用いた方法がある．

3.1.10 水収支解析

> 降水量，日流出高，蒸発散量，取水量を用いて流域全体を対象にしたマクロな収支解析を行い，各要素の妥当性を検討するものとする．

解　　説

低水流出解析においては，前項までに推定した降水量，日流出高，蒸発散量，取水量を用いて，流量記録の存在しない期間の日流出高を低水流出モデルによって復元することが一般的である．この際，流出量の算定に用いるモデルは，降水量，蒸発散量，取水量を境界条件として与え，日流出高によって検証される．したがって，降水量，日流出高，蒸発散量，取水量の各要素に推定誤差があれば，流出モデルの精度ひいては再現された日流出高の精度に大きな影響を及ぼす．このため，降水量，日流出高，蒸発散量，取水量を用いて流域全体のマクロな水収支解析を行い，各要素の妥当性を検討することが望ましい．

図 5-5 に水循環の概念図を示す．これによると，水収支式は次のように記述できる．

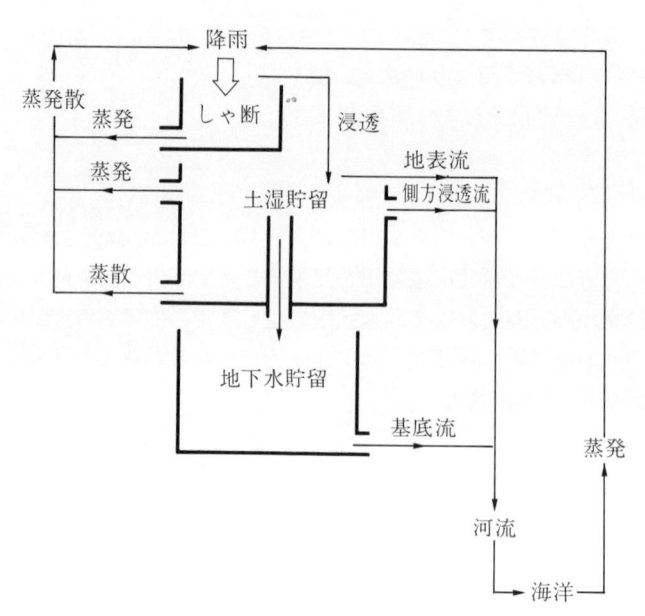

図 5-5 水循環模式図

「ナップ地理的水文学の基礎」（框根勇訳　朝倉書店　1982.9）

$$P = D + E + I + \Delta S \tag{5-32}$$

ここに，P：降水量，D：流出高，E：蒸発散量，I：取水量（流量観測地点へ還元される量を除く）

ΔS：ある期間内にその流域内に保有される水（積雪，土壌水分，地下水）の変化量．

式（5-32）中の ΔS は直接観測できないが，長期間について式（5-32）を考えれば $\Delta S \fallingdotseq 0$ と考えられるので，式（5-32）によりマクロな水収支解析を行い，各要素の妥当性を検討する．

明らかに式（5-32）が成立しない場合は，降水量，日流出高，蒸発散量，取水量のいずれかの推定精度が低いと考えられるので，入手資料および各要素の推定方法を考慮して信頼度の低い要素の再検討を行うものとする．

3.2 低水流出計算

3.2.1 低水流出の計算法

低水流出の計算には，流域の特性や水文資料の存在状況に応じて適切な手法を用いるものとする．

解　説

低水流出の大部分は，降雨のうち直接流出とならずに，いわゆる浸透欠損となって地中に浸透し，地下水の増加となって貯留された水が徐々に流出してくるものである．低水流出の計算法は，降雨時の直接流出の計算に加えて，このような雨水の浸透量の分離，蒸発散，地下水の浸出，積雪地域における融雪流出といった要素を組み入れたものでなければならない．そのため，低水流出の計算には，流域の規模・地形・地質などの流域の特性や水文資料の存在状況に応じた適切な手法を選ばなければならない．

低水流出計算法には，タンクモデル，線形応答モデル，非線形応答モデル，補給能モデル等が提案されているが，我が国で最もよく用いられているのはタンクモデル法であり，その適用性もこれまでの豊富な適用実績により確認されている．

また上記以外にも，流出機構の物理性をモデルに反映させた分布型モデル，単位図の概念を用いたもの，タンクモデルを応用し長短期両用としたモデル等が提案されている．これらのモデルには適用範囲が限定されているものもあるので，流域の特性，水文資料の存在状況および解析の目的に応じて，適切な流出モデルを選択するこ

第3節　低水流出計算

3.2.2　流出モデルの検証

本章2.2.3によるものとする．

〔参　考　5.1〕タンクモデル　直列貯留型流出機構

　直列貯留型モデルは図5-6に示すように，流域を側面にいくつかの流出孔を持つ容器で置き換えて考える流出計算法である．これは一般にタンクモデルと称されている．雨はタンクモデルの最上段の容器に注入される．2段目以下の容器は，1段上の容器の底面の孔から水を受ける．各容器内の水は，一部は側面の孔から外部に流出し，一部は底面の孔から1段下の容器に移行する．各段の容器の側面の孔からの流出の和が河川の流量となる．このモデルは図5-7に示す流域の帯水層の構造に対応するものと考えてよい．

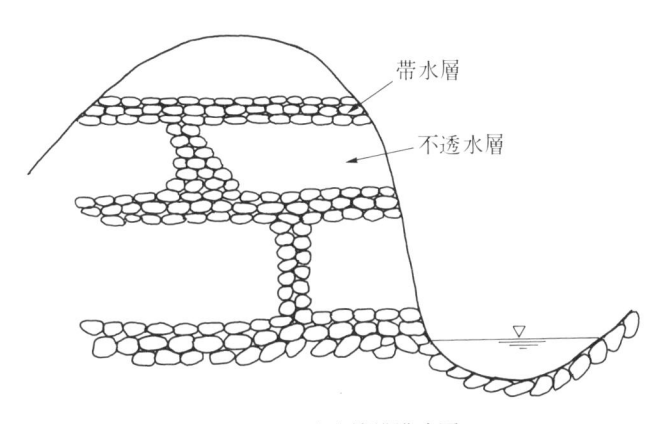

図 5-7　流出機構模式図

　雨は順次地下に浸透し，各帯水層からそれぞれ流出して河川の流量となる．図5-6の各容器の側面の孔からの流出は図5-7の各帯水層からの流出に，底面の孔から1段下の容器への移行は，各帯水層から1段下の帯水層への浸透に対応する．図5-6のモデルでは，下の容器ほど流出孔を細くして水を通しにくく作っておく．図5-7についていえば，下の帯水層ほど流出の速度が遅く，したがって，水持ちがよく安定なのである．

　一般に直列3～4段のタンクモデルでは，各段のタンクからの流出は，最上段が貯留型モデル洪水の表面流出，第2段が表層浸透流出，第3～4段が地下水流出に対応すると考えられている．

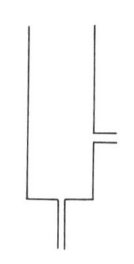

図 5-6　直列貯留型モデル

　タンクモデルの定数（流出孔の高さ，大きさおよび浸透孔の大きさ）の同定方法については，文献等を参照のこと．

　タンクモデル法の特徴を要約すると次のとおりである．
1.　初期損失とその損失雨量が，降雨履歴によって変化する現象を自動的にモデル中に含んでいること．
2.　大洪水と小洪水とで，流出の仕方が自動的に切り換わる構造（非線形性をモデル中に含んでいる構造）であること．
3.　大洪水と小洪水とで，流出率が自動的に切り換わる構造であること．
4.　各段のタンクからの流出は，それぞれ固有の逓減曲線を示すので，流出量が固有の逓減を持ついくつかの流出成分の和で表されること．
5.　水がタンクを通過して下方に移行する間に自動的に時間遅れが与えられること．

6. 洪水流出にも低水流出にも用いられること．

第4節 洪 水 追 跡

4.1 洪水追跡の計算方法

> 洪水追跡は，原則として河道では不定流計算により，貯水池では水流の連続式を用いた方法により行うものとする．

解 説

出水の際，上流の刻々の流量や水位が下流測にどのように流下伝播するか，洪水流下状況を追跡することを洪水追跡とよんでいる．

洪水追跡は，河川の計画高水流量の算定，貯水池や遊水地の洪水調節効果の算定，または，洪水予報などの場合の流量変化の計算に用いられる．

洪水追跡の方法は大別して次の3つに分類される．
(1) 水流の連続方程式のみを用いる方法．
(2) 水流の連続方程式と運動方程式を用いる方法．
(3) 洪水流の水位の相関を利用する方法．

このうち，河道での洪水追跡はおもに(2)の方法で，貯水池の洪水追跡は(1)の方法で行われる．

1. 水流の連続方程式に基づく洪水追跡法

「河道のある区間において，ある時間における上流端からの流入量は，その時間における下流端からの流出量とその区間における貯留量の変化との和に等しい」という連続条件を用いる方法には，Goodrich・Rutter法，Puls法，物部法などがある．Δt 時間内のある河道区間の平均流入量を $\bar{I}$，平均流出量 $\bar{O}$，河道貯留量を ΔS とすれば，

$$(\bar{I} - \bar{O})\Delta t = \Delta S \tag{5-33}$$

あるいは，

$$\left(\frac{I_1 + I_2}{2}\right)\Delta t - \left(\frac{O_1 + O_2}{2}\right)\Delta t = S_2 - S_1 \tag{5-34}$$

ここに，

I_1：時間 Δt の最初の瞬間の上流端流入量
I_2：時間 Δt の終わりの瞬間の上流端流入量
O_1：時間 Δt の最初の瞬間の上流端流出量
O_2：時間 Δt の終わりの瞬間の上流端流出量
S_1：時間 Δt の最初の瞬間の河道内貯留量
S_2：時間 Δt の終わりの瞬間の河道内貯留量

この式を用いて，洪水追跡計算を行うには，河道区間 Δx，任意時間 Δt を次の条件を満足するように選ぶ必要がある．

(1) 区間 Δx はなるべく水面勾配の変化が少ない区間を選び，支派川の分合流を中間にはさんではならない．
Δx の長さはできる限り小さくすることが望ましい．
(2) 時間 Δt は洪水が Δx 区間を流下する時間より小さくなるように選ぶ．
(3) Δt 時間における流入流量が，ほぼ直線的に変化すること．

この方法はむしろ貯水池内の洪水追跡計算に便利な方法である．Goodrich が洪水貯水池での計算に用いた方

第4節 洪水追跡

法は，前式を次のように変形して用いる．

$$I_1 + I_2 + \frac{2S_1}{\Delta t} - O_1 = \frac{2S_1}{\Delta t} + O_2 \tag{5-35}$$

この方法では，次の条件を満足する必要がある

(1) 各時間間隔ごとの流入量 $I_1, I_2, \cdots\cdots$ と，最初の流出量 O_1 が与えられること．

(2) O と $\left(\frac{2S}{\Delta t} + O\right)$ との関係を表す貯留量曲線が，過去の出水記録から与えられること．

実際の追跡方法は，次の方法による．

(1) 既知の O_1 から貯留量曲線によって $\left(\frac{2S_1}{\Delta t} + O_1\right)$ を求める．

(2) I_1 と I_2 が既知であるので式 (5-35) の左辺が計算でき，$\left(\frac{2S_2}{\Delta t} + O_1\right)$ を求まる．

(3) 2. で求められた値を用いて，貯留量曲線によって O を求める．

以上の操作を逐次繰り返すことによって $O_3, O_4 \cdots\cdots$ 値を次々に求めることができる．

2. 水流の連続方程式と運動方程式に基づく洪水追跡法

不定流計算により洪水追跡を行う．調査編第6章を参照すること．

参考文献

1) Dsitributed Hydrological Modeling, Abbott, M. B. ed., Kluwer Academic Publishers, 1996
2) Areal Modeling and Hydrological Forecasting, Yoshino F., Report for the WMO 10th session of the Commission for Hydrology, 1996
3) 実時間洪水予測のための分布流出モデルの開発　鈴木俊朗　寺川陽　松浦達郎　土木技術資料　第38巻　第10号　1996
4) 水理公式集　土木学会編　土木学会　1985
5) 流出計算例題集1・2　建設省水文研究会編　全日本建設技術協会　1971
6) 洪水流出計算法　佐藤静夫　山海堂　1982
8) 物部水理学　本間仁　安芸皎一　岩波書店　1962
9) 下水道雨水流量に関する調査報告書　土木学会　1968
10) Design and Construction of Sanitary Storm Sewers, American Society of Civil Engineers and Water Pollution Control Federation, ASCE Manuals and Reports on Engineering Practice No. 37 and WPCE Manual of Practice No. 9, 1969
11) 合理式による洪水流量の算定についての提案　吉野文雄　第27回建設省技術研究会報告　1973
12) Stream-Flow from Rainfall by the Unitgraph Method, Sherman, L. K. Sherman, Eng. News Record Vol. 108, 1932
13) 貯留関数による洪水流出追跡法　木村俊晃　建設省土木研究所　1961
14) 土地利用変化を評価する流出モデル　土木研究所資料第1499号　建設省土木研究所　1979
15) 利水計画による流況把握の研究　第17-23回建設省技術研究会　建設省　河川部門指定課題
16) 農業水文学　金子良　共立出版
17) 養老川の日流量を雨量から算出する方法について　菅原正巳，勝山よし子，今井智恵子　科学技術庁資源局昭和36年4月
18) 富士山の降雨特性について，降雨量の垂直分布の一例　本山，二宮寿男，高橋尚城，石井正義　第23回建設省技術研究会報告
19) 庄川上流域における低出流出解析について（タンクモデル法）堀岡豊　第20回建設省技術研究会報告
20) 山地流域における降雨観測と降雨の特性について　山田正，藤田睦博，茂木正，中津川誠　水工学論文集　第34巻　PP 85〜90 1990.2

21) 水理公式集-昭和60年版- 土木学会
22) 流出解析法 菅原正巳 共立出版
23) 分布型流出モデルの開発と実流域への適用 吉野文雄,吉谷純一,堀内輝亮 土木技術資料32-10 PP 54～591990.10
24) 重みつき統計的単位図法による低水流出解析 丸山利輔 農業土木学会誌48(3) 1980.3
25) 山地河川の長期流出解析に関する一考案 安藤義久,高橋 裕 土木学会論文報告集第318号 1982
26) 長短期両用貯留型流出モデルとその最適同定 永井明博,角屋 睦 京大防災研究所年報第26号 B-21983.4
27) 流出解析法 菅原正巳 共立出版
28) 続流出解析法 菅原正巳 共立出版
29) 雨水量の計算諸公式と今後の動向 下水道協会誌 Vol.4, No.37, 1967
30) Sherman, L. K., Stream-Flow from Rainfall by the Unitgaph Method, Engr. News-Record, Vol. 108 1932
31) 応用積分方程式論 p.5 日高孝次 河出書房 1943
32) 流出解析研究の流れ 高橋 裕,虫明功臣 水経済年報 1971年版
33) 情報理論的水文学への序説 日野幹雄 東京工業大学土木工学科研究報告4号 1968
34) 相関関係の解析を基礎とした流域平均雨量の計算法 木村俊晃 土木技術資料 Vol.2, No.5, 1960
35) 各種の流出モデルの比較 木下武雄 土木学会水理委員会 水工学会シリーズ 72-A-2, 1972
36) 山地流域における洪水流出の追跡 青木佑久 土木研究所報告 No.143, 1972
37) 都市域からの洪水流出 山口高志 土木研究所資本 No.1018 1975
38) 淀川の治水計画とそのシステム工学的研究 望月邦夫 昭和45年
39) 貯留関数法 木村俊晃 土木技術資料 Vol.13, No.12～Vol.14 No.7, 昭和36年12月～昭和37年7月
40) 貯留関数による洪水流出追跡法 木村俊晃 建設省土木研究所 昭和36年8月
41) 利根川の流出検討 金田建之助 第18回建設省技術研究会報告
42) 流出計算例題集2 建設省水文研究会編 昭和46年 全日本建設技術協会
43) 特性曲線法による出水解析について～雨水流出現象に関する水理学的研究～ 末石富太郎 土木学会論文集 No.29, 昭和30年12月
44) 降雨流出に関する基礎的研究 九州大学工学部集報 上田年比古 Vol.132 No.3～Vol.135 No.1, 昭和34年9月—昭和36年9月
45) 数値解析法講座11. 応用編 流体解析（II）池淵周一,高棹琢馬 土木学会誌 1972年11月号, Vol.57, No.12
46) 特性曲線法を利用した流出解析についての考案「流出機構モデルの総合化に関する研究」竹内俊夫,吉川秀夫 文部省科学研究費特定研究（水文学）最終報告書 1970年 3月
47) 特性曲線法による山科川内水調査について 田岡穣,日野俊栄 第19回建設省技術研究会報告
48) 本邦河川洪水の unit graph について 中安米蔵 第7回建設省直轄技術研究会 1953
49) 洪水流出の新解析法 立神弘洋 1955年5月 河川工学 山本三郎編 朝倉書店 昭和33年
50) 河川流出に関する近似解法について 柴原孝太郎 建設省河川局 昭和26年11月～30年3月
51) 雨量から流量を予知する方法について 菅原正巳,丸山文行 水文諸量の予知に関する研究論文集 p.14-18 昭和31年3月
52) 降雨から流出量を推定する方法 佐藤清一,吉川秀夫,木村俊晃 土木研究会報告 87号 昭和29年
53) 流出関数による由良川洪水の解析 石原藤次郎,高瀬信忠 土木学会論文集 第57号 p.1～6 昭和33年
54) 合理式による洪水流量の算定についての提案 吉野文雄 第27回建設省技術研究会報告
55) 物部水理学 本間仁,安芸皎一 岩波書店
56) 下水道雨水流量に関する調査報告書 土木学会 昭和43年
57) V. T. Chow Handbook of Applied Hydrology
58) 昭和13年の豪雨記録により導きたる雨量強度式について 伊藤 剛 内務省土木試験所報告 No.53, 1940
59) 利水計画による流況把握の研究 第17-23回建設省技術研究会 建設省 河川部門指定課題
60) 農業水文学 金子 良 共立出版
61) 養老川の日流量を雨量から算出する方法について 菅原正巳,勝山よし子,今井智恵子 科学技術庁資源局 昭

第 4 節 洪 水 追 跡

36 年 4 月
62) 富士山の降雨特性について,降雨量の垂直分布の一例　本山,二宮寿男,高橋尚城,石井正義　第 23 回建設省技術研究会報告
63) 庄川上流域における低出流出解析について(タンクモデル法)堀岡　豊　第 20 回建設省技術研究会報告
64) 流出解析法　菅原正己　共立出版
65) 貯留関数法 3-1　木村俊晃　土木技術資料　Vol.4　No.4　p.175-180　1962

第 6 章

水位計算と粗度係数

第6章　水位計算と粗度係数

第1節　総　　説

> 本章は，主として，洪水流を対象にした水位計算および粗度係数の設定に関する標準的手法を定めるものである．

解　説

本章では，河道計画の検討において必要となる洪水位を，一次元の流れの計算により求める手法に重点を置いている．

実河川に発生する洪水流を扱う場合，実験水路の場合と異なり，粗度係数など計算に必要なパラメータが未知であり，パラメータを測定して求めることが必ずしも容易でなく，また，河道形状や粗度状況がはるかに複雑であるという困難さがある．したがって，洪水位の計算においては，適切な計算手法を採用することに加えて，その時点で入手できる情報を最大限生かして，妥当なパラメータ設定を行うことが大事である．また，計算の有効性を，洪水データと比較しながら検証していくことが大事である．こうしたことから，本章は，水位計算における最も重要なパラメータである粗度係数の設定法を中心的内容の1つとしている．計算結果の取り扱いに際しては，このような実河川を扱うことに伴う困難さに十分配慮しなければならない．

ここで説明される手法の基本的な部分は，平水時の流れに適用することが可能である．ただし，平水時の流れを扱う場合，局所的な河道形状の影響をより強く受けるようになること，粗度係数の決まり方が洪水時の場合と異なる可能性があることに留意しなければならない．

本章で用いる用語の定義は以下のとおりである．

・粗度係数：マニング平均流速公式に基づく粗度係数．詳細な定義は，第2節を参照のこと．
・粗度状況：粗度係数を支配する河道表面の凹凸の状態のこと．具体的には，高水敷の地被状況，低水路河床の河床材料粒径や河床波の状況など．
・n：ある場所の粗度状況と一対一の対応を持つ粗度係数．元々のマニングの平均流速公式の定義による粗度係数である．
・N：合成粗度係数．異なる粗度状況を持つ複数の場所の影響や断面形状の影響が合成されて反映されたもの．

第2節　河川における平均流速公式と粗度係数，径深

> 河川の流れを対象とする平均流速公式は，計算目的，河道および水理条件に応じて適切に選択し，マニングの平均流速公式あるいはそれを拡張したものを用いるものとする．

解　説

平均流速公式とは，縦断方向に一様な河道断面における等流を想定し，河道断面形と河床勾配が与えられた時に，平均流速や流量と水位とを，粗度係数などのパラメータと径深を介して関係づける式である．平均流速公式は，流れの抵抗則，あるいは摩擦損失水頭を表す公式ともいうことができる．平均流速公式は，等流計算はもち

ろん，不等流計算や不定流計算を含む流れの一次元計算の根幹をなすので，その定義や意味，適用性を理解しておくことが重要である．

表6-1に，平均流速公式のレベル分類を示す．レベル1が，単純な水路を想定した元々の平均流速公式であり，それ以外は，実際の河道が複雑であるために，元々の平均流速公式を基本にしつつそれを拡張して作られたものである．レベル1に用いられ，他のレベルの平均流速公式の基本になる平均流速公式としては，マニングの平均流速公式を用いる．各レベルの平均流速公式の内容については，〔参考6.1〕〜〔参考6.4〕を参照されたい．

表6-1 平均流速公式のレベル分類

平均流速公式のレベル	粗度係数の物理性が概ね保たれる条件	考慮できる現象			計算に必要なパラメータ
		複断面形状の効果	粗度状況の潤辺内の変化	干渉効果	
レベル1	・単断面 ・潤辺内の粗度状況が一様	×	×	×	1断面に1つの粗度係数 n
レベル1a	・単断面 ・潤辺内で粗度状況が変化	×	○		1断面の潤辺内の粗度係数 n の分布
レベル2	・複断面 ・潤辺内で粗度状況が変化 ・干渉効果効かず	○	○	×	各分割断面の粗度係数 n
レベル2a	・複断面 ・潤辺内の粗度状況が一様 ・干渉効果効かず	○	×	×	1断面に1つの合成粗度係数 N
レベル3	・複断面 ・潤辺内で粗度状況が変化 ・干渉効果が効く	○	○	○	・各分割断面の粗度係数 n ・境界混合係数 f

注）いずれのレベルの平均流速公式も，一次元的な流況を前提にしており，複雑な河道形状などに起因して，流れが一次元的とはいえない状況になる場合は，適用性が落ちる．

表6-1は以下のように見る．「粗度係数の物理性が保たれる」とは，当該平均流速公式で定義される粗度係数が，元々のマニングの平均流速公式で定義される粗度係数と同じ意味を持ち，その値の物理的意味が明確で，粗度係数値と対応する河床の粗度状況とが一対一の関係を持つことをさす．「潤辺内で粗度状況が変化する」とは，例えば，低水路，左右の高水敷間で粗度状況が異なる場合，あるいは，河床と側壁で粗度状況が異なる場合などをさす．「干渉効果」とは，複断面形状や樹木群などが原因となって，河道横断方向に急な流速変化が生じ，そこで生じる付加的エネルギー損失により，流れ全体の流水抵抗が増大する効果をさす．「複断面形状の効果」とは，低水路と高水敷で水深が大きく異なる複断面形状の性質により，河積／潤辺長で定義される通常の径深計算法の下では，平均流速公式が実現象をうまく表せなくなることをさす．例えば，通常の径深計算法を用いた場合，高水敷にわずかに水が乗った状態では乗る前に比べ潤辺長が急増するため径深が急減し，実現象と異なる計算結果をもたらす．

厳密には，レベル1だけをマニングの平均流速公式とよぶが，上述のように，河川の洪水流を対象とする場

第2節 河川における平均流速公式と粗度係数，径深

合，複断面形状の効果や粗度状況の潤辺内の変化など，実河川固有の複雑な条件を考慮する必要があり，本章では，表6-1のすべての公式を広義の平均流速公式とよんでいる．このような条件を考慮するため，レベル1a〜レベル3の平均流速公式では，径深の計算法に井田法を用いる，断面分割法を用いる，潤辺内の水深や粗度状況の変化を適切に考慮する，境界混合係数 f を導入して干渉効果を考慮する，などの工夫がなされている．これらの工夫は，いずれも〔参考6.1〕～〔参考6.4〕で説明されている．また，このような工夫によって，レベル1とレベル2を除いて，1河道断面で定めるべき粗度係数などのパラメータが複数になっている．

なお，対象河道に樹木群がある場合には，樹木群を死水域としたうえで，上記と表6-1の説明を準用すればよい．河道内樹木群を水位計算に考慮する方法については，〔参考6.10〕を参照されたい．

平均流速公式の選定にあたっては，そこで用いられる粗度係数の物理性が保たれるようにすることが望ましい．というのは，粗度係数に実際の粗度状況に見合う値を与えることができれば，このような選定により，種々の水位，河道断面形，潤辺内粗度状況に対しても，良好な精度の計算結果を期待できるからである．

一方，マニングの粗度係数の物理的意味が保たれないようなレベルの平均流速公式を使わざるをえない場合，水位計算を実施することは可能であるが，粗度係数に明確な物理的な意味が必ずしも伴わない．このため，良好な精度を保とうとすると，原理的には，潤辺内粗度状況が不変でも河道断面形や水位が変わるごとに適切な粗度係数を与えざるをえない．また与える粗度係数値は，実際の粗度状況と必ずしも対応しない．このような粗度係数設定ができない場合には，計算精度が低下する場合がある．マニングの粗度係数の物理的意味が保たれないようなレベルの平均流速公式における粗度係数は，物理的意味を持つ元々の粗度係数 n と区別して，合成粗度係数 N とよぶ．すなわち N の値は，対応する河床の粗度状態だけでなく，断面形状効果，複数の粗度状態の影響，干渉効果などが複雑に合成されて決まることになる．

ただし，レベルの高い平均流速公式を用いた水位計算は，より煩雑で，設定すべきパラメータ数も多く，そのレベルに見合う，精度と密度のより高い洪水データおよび河道情報を必要とするので，単純にレベルの高い公式を選択すればよしとするのでなく，水位計算の目的，必要精度，手に入る情報等を総合的に勘案して，平均流速公式の選択を合理的に行うことが肝要である．ただし，マニングの粗度係数の物理的意味が保たれないレベルの公式を採用する場合，そのことが計算精度に及ぼす上述の影響について十分配慮する必要がある．

以上に見てきたように，粗度係数は，一緒に用いられる平均流速公式や河道および水理条件により，その定義・物理的意味が変わるので，それらと無関係に粗度係数だけを取り上げてその値を吟味することは避けるべきである．

なお，ここに示した平均流速公式は，一次元の水位計算に適用されることが前提になっており，堤防や低水路平面形の蛇行，樹木群配置，構造物などとの関係で，一次元的とはいえない複雑な流れが生じる区間では，レベル3であっても，必ずしも十分な精度を持つとは限らない．一次元解析を前提にした平均流速公式自体の限界も考慮し，実測洪水データに基づく計算精度の検証，その結果を河道状態との関係で吟味すること，それを踏まえての計算結果利用における総合的判断は非常に大切である．

〔参考 6.1〕 平均流速公式レベル1の説明

平均流速公式レベル1は，元々のマニングの平均流速公式である．すなわち，マニングの粗度係数 n は，次の式で表される．

$$U=\frac{Q}{A}=\frac{1}{n}R^{\frac{2}{3}}I_b^{\frac{1}{2}} \tag{6-1}$$

ここで，U：断面平均流速，Q：流量，A：流れの断面積，n：マニングの粗度係数，R：径深，I_b：水路縦断勾配，である．また $R=A/S$（S：潤辺長）であり，いわゆる単断面を想定した通常の径深計算法である．n は次元を持っており，m-s 単位を用いる．R と A は水位と河道形状の関数であるから，n と河道の形が与えられ I_b が与えられれば，任意の Q に対する水位を算出することができる．

なお，広長方形断面では，次の式を用いることができる．

$$\bar{u} = \frac{1}{n} h^{\frac{2}{3}} I_b^{\frac{1}{2}} \tag{6-2}$$

ここで，$\bar{u}$：鉛直平均流速，h：水深，である．この式に，浮子投下の側線上あるいは洪水航測などにより局所的な水理量がわかっている点の $\bar{u}, h, I_b$ を代入すれば，当該地点の粗度係数を求めることができる．

〔参考　6.2〕　平均流速公式レベル１aの説明

$$U = \frac{A^{2/3}}{(\sum S_i \cdot n_i^{3/2})^{2/3}} I_b^{1/2} \tag{6-3}$$

ここに，S_i，n_i：同一粗度を持つ i 番目の潤辺部分の長さとそこでの粗度係数．

上式の導出にあたってはまず，単断面において，異なる粗度を持ついくつかの部分から全潤辺がなっている（各潤辺部分内では粗度は同一）状況を想定する（図6-1参照）．この各潤辺部分から抵抗を受けている流水断面に全流水断面を分割することを考える．この分割は，分割された流水断面間の境界でせん断力が０となるように行われるものとする．ここで，分割された各流水断面内の平均流速すべてが全断面平均流速に等しいと仮定することにより，上式を導くことができる．

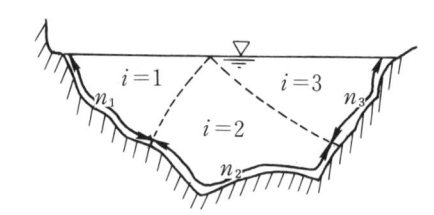

図 6-1　レベル１aの平均流速公式の説明

〔参考　6.3〕　平均流速公式レベル２と２aの説明

(1)　レベル２

$$U_i = \frac{1}{n_i} R_i^{2/3} \cdot I_b^{1/2} \tag{6-4}$$

ここで，添字 i は，i 番目の分割断面に関する水理量であることを表す．

いわゆる断面分割法である．図6-2に示すように，流水断面が性質の異なるいくつかの断面に容易に分割でき，分割された各断面（以下，分割断面とよぶ）間での流れの干渉効果を無視でき，各分割断面で独立して流れが生じていると考えてよい場合に適用される．

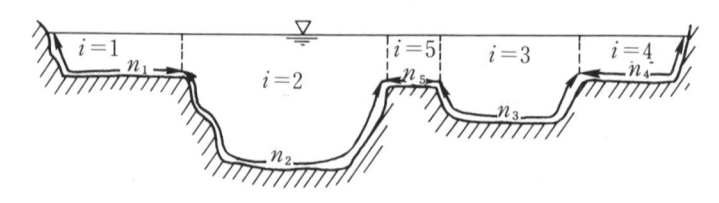

図 6-2　レベル２，２aの平均流速公式の説明

(2)　レベル２aの平均流速公式の説明

$$U = \frac{1}{n} R_c^{2/3} \cdot I_b^{1/2} \tag{6-5}$$

第 2 節　河川における平均流速公式と粗度係数，径深

$$R_c = \left(\frac{\sum R_i^{2/3} \cdot A_i}{A}\right)^{3/2} \approx \left(\frac{\int_0^B h^{5/3} \cdot d\xi}{A}\right)^{3/2} \tag{6-6}$$

ここに，R_c：井田による合成径深，B：水面幅，h：水深，ξ：横断方向の座標．

上式は断面分割法の一種であり，図 6-2 のような複断面的な断面形状を持つものの，潤辺内の粗度係数が一定（$=n$）という値を取る場合に成立するものである．井田による合成径深 R_c を用いることにより，複断面的な河道でありながら単断面と同じ形の抵抗則を適用できることに本手法の特徴がある．

〔参考　6.4〕　平均流速公式レベル3の説明

$$\frac{n_i^2 \cdot U_i^2}{R_i^{1/3}} S_{bi} + \frac{\sum_{ji}(\tau'_{ji} \cdot S'_{wji})}{\rho g} + \frac{\sum_{ji}(\tau_{ji} \cdot S_{wji})}{\rho g} = A_i \cdot I_b \tag{6-7}$$

$$\tau_{ji} = \rho \cdot f \cdot U_i^2 \tag{6-8}$$

$$\tau'_{ji} = \rho \cdot f \cdot (\Delta U_{ji})^2 \cdot \mathrm{sign}(\Delta U_{ji}) \tag{6-9}$$

ここに，S_b：壁面せん断力が働く潤辺長，S_w：樹木群境界の潤辺長，S'_w：分割断面境界の潤辺長，τ と τ'：それぞれ樹木群境界，分割断面境界に作用するせん断力，ΔU：隣り合う分割断面との断面平均流速差，f：境界混合係数，添字 i：i 番目の分割断面についての量であることを表す，添字 j_i：j 番目の分割断面境界あるいは樹木群境界についての量であることを表す（ただし i 番目の分割断面に係わる境界のみが対象）．$\mathrm{sign}(\Delta U_{ji})$ は，当該断面の平均流速が比較対象断面の平均流速より大きい場合には1，小さい場合に-1をとる（図 6-3 参照）．

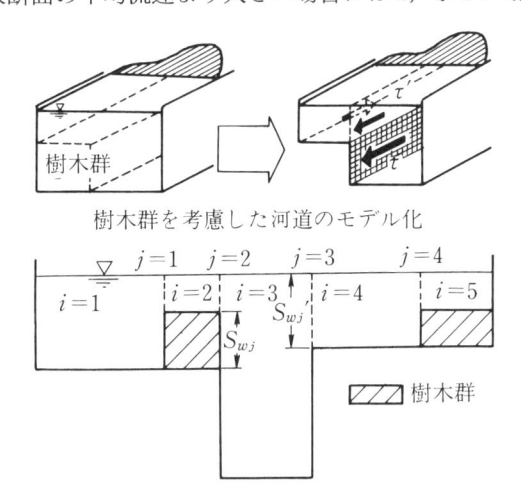

図 6-3　レベル3の平均流速公式の説明

本手法は，レベル2および2aと同様に断面分割法を基本にしたうえで，横断方向の運動量輸送による干渉効果を表す項を式(6-7)の左辺第2項，第3項に加えている．これらの項を0にするとレベル2の平均流速公式と一致する．

本手法では，樹木群内の流速が外に比べ十分小さく樹木群内を死水域として扱うことができると仮定したうえで，流れの計算を樹木群領域を除いた流水断面について行うこととし，図 6-3 に示すように，樹木群繁茂領域の外縁を河床と同じように扱って断面分割を行う．ここで，分割断面境界とは，隣り合う分割断面の境界のうち樹木群外縁でなく流水同士が接する境界のことであり，樹木群境界とは，分割断面の境界のうち樹木群外縁にあたる部分のことである．また，図の分割断面 $i=2$ のように底面が樹木群外縁となる分割断面については，底面を河床と同様に扱い，粗度係数 n_i を与えて計算を行う．式(6-7)～(6-9)を連立させて解くことにより U_i を得る．

干渉効果の強度を表す境界混合係数 f の値については次のとおりである．分割断面境界については低水路と

高水敷上の流れの干渉についてのf値を用いる．樹木群境界については，当該樹木群が堤防に接している場合，当該樹木群が2つの流れに挟まれている場合それぞれに対応した樹木群内外の干渉についてのf値を用いる．境界混合係数fの値については，例えば文献で詳細に検討されている．

なお河道内樹木群の取扱い全般については〔参考6.10〕に述べられているので必要に応じ参照されたい．

〔参考 6.5〕 粗度係数の物理的意味が概ね保たれるようなレベルの平均流速公式と河道状態との関係—複断面河道の場合—

複断面河道について，下式で示されるC_1，C_2を計算する．

$$C_1 = \frac{n_{mc}}{(xyz^{5/3}+A_*)^2} \cdot \left\{\frac{5}{3}xz^{2/3}z'(A_*-y) - B_*(1+xz^{5/3})\right\} \quad [\text{m-s}]\text{単位} \tag{6-10}$$

$$C_2 = \frac{(1-A_*)}{xyz^{5/3}+A_*} \tag{6-11}$$

ここで，

$$x = \frac{b_{fp}}{b_{mc}}, \quad y = \frac{n_{mc}}{n_{fp}}, \quad z = \frac{h_{fp}}{h_{mc}}$$

$$A_* = \frac{\theta}{(1+\theta)} \cdot yz^{2/3} + \frac{1}{(1+\theta)} \cdot \sqrt{1+\theta-\theta y^2 z^{4/3}}$$

$$B_* = \frac{\theta'}{(1+\theta)^2} \cdot yz^{2/3} + \frac{2}{3}\frac{\theta}{(1+\theta)} \cdot yz^{-1/3}z'$$

$$- \frac{\theta'}{(1+\theta)^2} \cdot \sqrt{1+\theta-\theta y^2 z^{4/3}} + \frac{1}{(1+\theta)} \cdot \left(\frac{\theta' - \theta' y^2 z^{4/3} - \frac{4}{3}\theta \cdot y^2 z^{1/3} z'}{2\sqrt{1+\theta-\theta y^2 z^{4/3}}}\right)$$

$$\theta = \frac{S_T \cdot f \cdot h_{mc}^{1/3}}{g b_{mc} n_{mc}^2}$$

$$\theta' = \frac{2 \cdot f}{g b_{mc} n_{mc}^2} \cdot \left(\frac{4}{3}h_{mc}^{1/3} - \frac{1}{3}D_{mc} \cdot h_{mc}^{-2/3}\right)$$

$$z' = \frac{D_{mc}}{h_{mc}^2}$$

また，b_{mc}：低水路幅，b_{fp}：高水敷の全幅，n_{mc}：低水路粗度係数，n_{fp}：高水敷の粗度係数の平均，h_{mc}：低水路水深，h_{fp}：高水敷の平均水深，S_T：干渉によるせん断力が作用する部分の潤辺長（低水路の両側に高水敷がある時$S_T=2h_{fp}$，低水路の片側にだけ高水敷がある場合には$S_T=h_{fp}$），D_{mc}：低水路深さ，f：境界混合係数，g：重力加速度である．分類図は，粗度係数の予測に直接用いるわけではなく，複断面河道の抵抗特性を概略把握するために用いられるので，n_{mc}，n_{fp}には厳密な値を与える必要はなく，通常考えられる範囲の代表値を与えておけばよい．

縦軸に〔$0.64\,C_2$〕をとり，横軸に〔C_1〕をとった複断面河道抵抗特性分類図（図6-4参照）に，C_1，C_2の計算結果をプロットする．分類図の縦軸は，低水路内と高水敷上の流れの干渉効果による合成粗度係数の増加割合を表し，これは表6-1における「干渉効果」の影響度に対応する．ここで合成粗度係数は，式(6-5)で定義される粗度係数のことである．横軸は，水位が1m上昇することによる合成粗度係数の増加量を表し，これは，表6-1における「粗度状況の潤辺内の変化」と「干渉効果」を合わせた効果の影響度に対応する．なおここでいう影響度とは，合成粗度係数に代表される当該河道断面の全体的な流水抵抗に対してのものである．

「粗度係数の物理的意味が保たれるように」という観点からの平均流速公式の選定は以下のようになる．表

第3節　一次元の流れの計算の基本

縦軸：干渉効果による合成粗度係数の増加割合　$0.64 \times C_2$
横軸：水深1m増による合成粗度係数の増加量　C_1

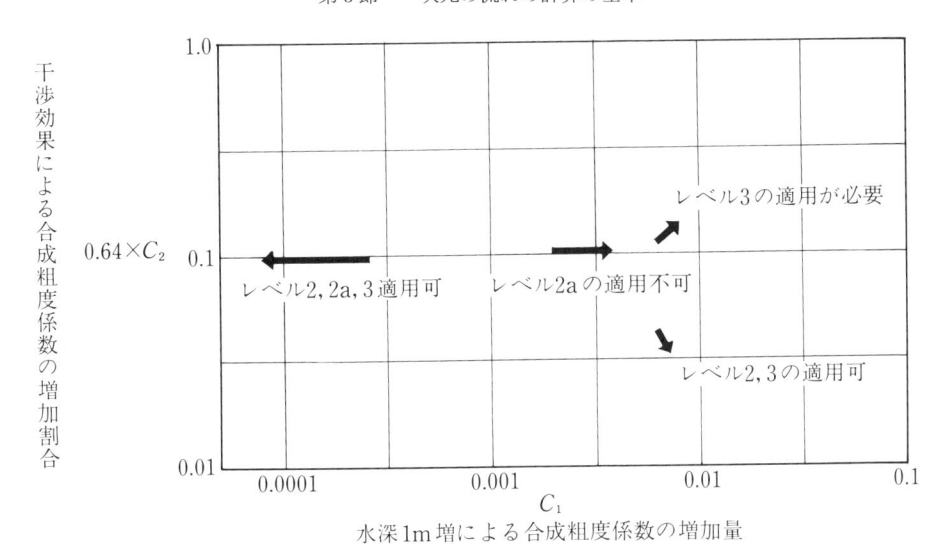

グラフ内注記：
- レベル3の適用が必要
- レベル2,2a,3適用可
- レベル2aの適用不可
- レベル2,3の適用可

図 6-4　複断面河道抵抗特性分類図と平均流速公式レベル選択の考え方

6.1と対比すればわかるように，分類図上でプロットが左方（原理的に左下方のみ）に位置すれば，平均流速公式レベル2aの適用が可能であり（レベル2と3も可），分類図上の右方では，平均流速公式レベル2aの適用は不適切となる．この場合，プロットの位置が右下方にくる場合にはレベル2による粗度係数の適用が可能であるが（レベル3も可），右上方に位置する場合にはレベル3を用いる必要が出てくる．

着目している横断面内の高水敷に樹木群がある場合には，樹木群がもたらす抵抗増大効果を含んだ大きな n_{fp} 値を用いることにより，本手法によっても概略の情報を得ることができる．ただし，一般に樹木群がもたらす干渉効果は大きいので，低水路に隣接した高水敷上あるいは低水路河岸に高水敷水深規模の高さを持つ樹木群がある場合には，高水敷水深が低水路水深に比べ非常に小さい，あるいは低水路幅・水深比が非常に大きいなどの特殊な場合を除いて，レベル3の平均流速公式の下での粗度係数だけがその物理的意味を概ね保つと考えたほうがよい．

第3節　一次元の流れの計算の基本

3.1　概　　　説

> 河川の水位計算には，一次元の流れの計算を用いることを基本とする．

解　　説

一次元の流れの計算とは，河川の流れを縦断方向に一次元的にとらえ，横断面内の水理量の分布は当該横断面を代表する少数の水理量から推定できると仮定して，水理量の縦断方向変化を計算するものである．河道形状が複雑で，流れの挙動が一次元的には取り扱えない場合には，本解析手法は適用できないが，実際上，一部の例外的区間を除く河川のほとんどの区間では，このような一次元的な取扱いが工学的に有用である．平面流計算など，より次元の高い計算法に比べ，計算が簡便で，計算に必要なパラメータ，河道情報も少ないので，河道計画等に広く用いられている解析手法である．ただし，一次元的な流れにならない複雑な形状・粗度状況の河道については，必要に応じて，別途特別の検討（平面流計算，実験など）を行うことが望ましい．平面流計算については本章第7節を参照されたい．

一次元流れの計算においては，流量，河道形状，必要に応じて樹木群形状，粗度係数，必要に応じてその他のパラメータ，水理量の境界条件を与え，各断面の代表的水位，流速を求める（不等流計算）．不定流計算の場合

には，流量も計算対象になる．

3.2 計算の種類

> 一次元の流れの計算は，大きく次の2つに分けられる．
> 1. 平均流速公式を基本に，長い河川区間にわたって行うもの．
> 2. 平均流速公式を基本とせず，局所的な流れを対象に行うもの．
>
> 計算は，必要に応じ，これらを適切に組み合わせて行う．

解　説

上記の1.は，縦断方向の変化が緩やかな流れを対象に，平均流速公式を用いて計算を行うものであり，これには，等流計算，不等流計算，不定流計算がある．上記の2.は，平均流速公式が適用できない局所的で変化の急な流れを対象に行う計算であり，これには，跳水，分流・合流点の取扱い，橋脚による水位堰上げ，段落ちによる損失水頭などがある．

実際の河川の流れの計算では，基本的には，1.の平均流速公式を用いた一次元の流れの計算を行い，この計算ができない個所についてだけ，別途，その個所の状況に合った2.の局所的な計算方法を採用し，両者を組み合わせて計算を行う．

1.の説明は本章第4節に，2.の説明は本章第5節にある．

第4節　平均流速公式を用いた流れの計算

4.1 等流計算

> 等流計算は，断面形および勾配が縦断的に不変と考えられる水路に時間的に一定と考えられる流量が流れる場合に，適切な平均流速公式を用いて，水位や流速を計算するものである．

解　説

等流計算の概説は，〔参考6.1〕～〔参考6.4〕の平均流速公式の説明を参照されたい．適切な平均流速公式の選択の考え方は，本章第2節を参照されたい．

現実には，実河川での等流発生は起こりえないから，近似的に等流とみなされる場合に，等流計算を行ってよいということになる．近似的に等流とみなされる流れが現れやすいのは，勾配急変点や水位流量構造物などがなく，断面形状が縦断的にほぼ一様で，比較的直線区間が長い場合などである．しかし，実際には，このような条件はなかなか満たされない．

4.2 不等流計算

> 不等流計算は，断面形および勾配が縦断的におだやかに変化する水路に時間的に一定と考えられる流量が流れる場合に，適切な平均流速公式を用いて，水位や流速の縦断変化を計算するものである．

解　説

流量が時間的に変動しない時，河川や水路の縦断水面形，平均流速，掃流力などを計算で求めるのに不等流計算を用いる．

不等流計算を行うには河川の断面特性を調査しておく必要がある．また，堰や床止めなど水位調節施設のある

第4節　平均流速公式を用いた流れの計算

位置および勾配や断面の急変点などで支配断面が生ずるかどうか前もって調査しておく．特に，分合流がある場合には，一般に流量調節構造物があるのが普通なので，流量調節機能に従って予備計算を試みておく．河床勾配が大きく射流が常に現れる場合は〔参考6.11〕を参照のこと．

不等流計算に必要な境界条件は，常流にあっては下流端水位（河口潮位，$H \sim Q$ 曲線水位，支配断面水位など），射流では上流の支配断面水位である．

適切な平均流速公式の選択の考え方は，本章第2節に準じる．用いる平均流速公式によって，計算方法，計算される水理量がやや異なってくる．これについては，〔参考6.6〕〜〔参考6.8〕を参照されたい．

〔参考　6.6〕　レベル1の平均流速公式を用いた不等流計算の方法

1. 不等流計算の基本式
・運動方程式：

$$\frac{1}{gA} \cdot \frac{\partial}{\partial x}\left(\int u^2 dA\right) + \frac{\partial H}{\partial x} + \frac{T_r}{\rho g A} = 0 \tag{6-12}$$

・式(6-12)において，運動量補正係数 $\beta = \frac{1}{A}\int \frac{u^2}{U^2}dA$ を一定とおくことが可能な場合：

$$\frac{\beta}{2g}\frac{\partial}{\partial x}\left(\frac{Q}{A}\right)^2 + \frac{\partial H}{\partial x} + \frac{T_r}{\rho g A} = 0 \tag{6-13}$$

ここに，Q：流量，A：流れの断面積，x：流下方向にとった座標，H：水位，T_r：単位長さの河道の河床に作用する力，u：ある点の流速，U：断面平均流速．

式(6-12)は流下方向の運動量の収支を表す式である．不等流計算の際には，式(6-12)あるいは(6-13)を差分化し，与えられた流量，河道形状，河道条件（粗度係数や樹木群条件など）の下で，標準逐次計算法を適用して解くことにより水位や流速などの水理量縦断変化を得る．式(6-12)あるいは式(6-13)を解くためには，各断面について，水位 H と流速 u の断面内分布（したがって $\int u^2 dA$）との関係（式(6-13)の場合は不要），水位 H と T_r との関係が既知でなければならない．この関係を得るために，平均流速公式が用いられる．

2. レベル1の平均流速公式を用いた不等流計算

式(6-13)を基本式とし，$\beta \approx 1.1$ あるいは1を標準とし，$T_r = \frac{n^2 Q^2}{A^2 R^{4/3}}$ とおく．ここで R は径深で，$R = A/S$（S：潤辺長）である．以上に基づく標準逐次計算は次のとおりである．

$$\left\{H_U + \frac{1}{2g}\left(\frac{Q_U}{A_U}\right)^2\right\} - \left\{H_L + \frac{1}{2g}\left(\frac{Q_L}{A_L}\right)^2\right\} = \frac{1}{2}\left(\frac{n_L^2 \cdot Q_L^2}{A_L^2 \cdot R_L^{4/3}} + \frac{n_U^2 \cdot Q_U^2}{A_U^2 \cdot R_U^{4/3}}\right) \cdot \Delta x \tag{6-14}$$

ここに，添字 L は下流断面の既知水理量で，添字 U は上流断面の未知水理量である．そのうち Q_U，n_U は既知とする．Δx：x についての差分間隔．

なおレベル1aの平均流速公式を用いた場合には，やはり式(6-13)を基本式とし，$\beta \approx 1.1$ あるいは1を標準とし，T_r は次式で与える．

$$\frac{T_r}{\rho g A} = \frac{1}{A^{4/3}}\left(\frac{Q}{A}\right)^2 \cdot \left(\sum S_i \cdot n_i^{3/2}\right)^{4/3} \tag{6-15}$$

記号については〔参考6.2〕を参照のこと．

〔参考　6.7〕　レベル2と2aの平均流速公式を用いた不等流計算の方法（井田の方法）

レベル2の平均流速公式を用いた不等流計算では，式(6-12)を基本式とし，$\left(\int u^2 dA\right)$ と T_r を次式で与える．

第6章　水位計算と粗度係数

$$\frac{T_r}{\rho g A} = \frac{A^2 (Q/A)^2}{\left(\sum \frac{1}{n_i} R_i^{2/3} \cdot A_i \right)^2} \approx \frac{A^2 (Q/A)^2}{\left(\int_0^B \frac{1}{n} h^{5/3} \cdot d\xi \right)^2} \tag{6-16}$$

$$\int u^2 dA = Q^2 \cdot \frac{\beta_1 \sum \left(\frac{1}{n_i^2} R_i^{4/3} \cdot A_i \right)}{\left(\sum \frac{1}{n_i} R_i^{2/3} \cdot A_i \right)^2} \approx Q^2 \cdot \frac{\beta_1 \int_0^B \frac{1}{n^2} h^{7/3} \cdot d\xi}{\left(\int_0^B \frac{1}{n} h^{5/3} \cdot d\xi \right)^2} \tag{6-17}$$

ここに，β_1：各分割断面内での流速分布による運動量補正係数（1.1または1が標準），添字 i：i 番目の分割断面に関する水理量であることを表す，B：水面幅，h：水深，ξ：横断方向の座標．

レベル2aの平均流速公式を用いた不等流計算では，式(6-12)を基本式とし $\left(\int u^2 dA \right)$ については式(6-17)を用い，T_r は次式で与える．

$$\frac{T_r}{\rho g A} = \frac{n^2 U^2}{R_c^{4/3}} \tag{6-18}$$

なお式(6-17)において，$n_i = n$ とする．

いずれの場合も標準逐次計算については〔参考6.6〕と基本的に同様である．

以上の方法は井田により考案された方法に基づいている．ただし，ここでは，基本式を運動量の法則から導いている．井田が示したようにエネルギーの法則に基づき不等流計算法を行ってもかまわない．

〔参考　6.8〕　レベル3の平均流速公式を用いた不等流計算の方法

レベル3の平均流速公式を用いた不等流計算では，式(6-12)を基本式とし，$\left(\int u^2 dA \right)$ と T_r を次式で与える．

$$\frac{T_r}{\rho g A} = \frac{1}{\rho g A} \sum_i \left\{ \frac{\rho g n_i^2 \cdot U_i^2 \cdot S_{bi}}{R_i^{1/3}} + \sum_{j_i} (\rho \cdot f \cdot U_i^2 \cdot S_{wj_i}) \right\} \tag{6-19}$$

$$\int u^2 dA = \beta_1 \sum_i (U_i^2 \cdot A_i) \tag{6-20}$$

計算においてはまず，式(6-7)～(6-9)を連立させて解くことにより $U_i/\sqrt{I_b}$ を得，式(6-21)が成り立つように I_b を定めて最終的に U_i を得る．

$$Q = \sum_i (A_i \cdot U_i) \tag{6-21}$$

この U_i を用いて式(6-19)と式(6-20)を計算する．等流の場合には，I_b が河床勾配でありこれを既知としてよいが，不等流計算の場合には近似的に I_b をエネルギー勾配に置き換えることができるとし，このエネルギー勾配を式(6-21)の連続式から求めることになる．

標準逐次計算については〔参考6.6〕と基本的に同様である．

〔参考　6.9〕　断　面　図

〔参考　6.9.1〕　断面特性の作成

> 不等流計算を行う場合には，河道の縦横断測量を行って計算に必要な断面特性を作成する．

河道の縦横断測量は，河床変動調査など河道計画上の諸種の調査のために定期的に行われることが多い．しかし不等流計算のためには，できるだけ現状に近い断面が必要なため，河床変動の予想される河川などでは大きい出水後などに不定期の縦横断測量を追加することが望まれる．大規模な河道掘削を行う場合も同様である．

河道断面形状が単断面とみなされ，平均流速公式レベル1あるいは1aを適用する場合には，横断測量成果の横断図より予め死水域を除去後，各水位に対する水理量を求めておく．

第4節　平均流速公式を用いた流れの計算

河道断面形が低水路と高水敷とからなる複断面および複々断面の場合あるいは樹木群を持つ場合で，平均流速公式レベル3，2あるいは2aを適用する場合には，横断測量成果の横断図より予め死水域を除去後，図6-2，図6-3のようにまず，各水位に対して一定の水深，一定の粗度係数を持つと考えられる要素に断面を分割し，各水位に対して各分割断面の水理量を求め，〔参考6.7〕や〔参考6.8〕で述べた計算式によって水位計算を行う．
死水域の取り方については〔参考6.12.4〕を参照されたい．

区間距離 Δx については，主流に沿っての距離をとることが肝要である．いわゆる河道の縦断距離と合わせる必要はない．直線部河道で，低水路が中央部を通っていて，主流がその低水路にあることが知られている場合には，それに沿う縦断距離をとる．また，河道が屈曲，弯曲していて低水路が外側にあり，主流も外側にあるような場合には，その主流に沿う縦断距離をとったほうがよい．洪水時の航空写真成果があれば，それを参考にして決めるとよい．

〔参考　6.9.2〕　内挿断面の作成

> 上下流の断面変化が大きい場所や，支配断面の近くで設定する内挿断面は，途中の断面特性が判明しているときはそれを用い，判明していない場合は両端断面からの内挿によって作る．

内挿断面の意義については〔参考6.12.2〕で述べる．内挿断面は支配断面や急縮部など常流計算における水面勾配の大きい（あるいは水面勾配の縦断的変化の大きい）地点の近傍で使用して最も効果的である．また，樹木群が存在する河道においても内挿断面を使用することが多くの場合必要である．もし適当な断面の断面特性が測量成果から判明している場合には，それを使うのが最良である．もし両端断面しかわかっていない場合には，両端断面の各同一水位に対する断面積 A および水面幅 B などから内挿によって求めるなどして，内挿断面を作成する．

4.3　等流・不等流計算における樹木群の取扱い

> 必要に応じて，樹木群の水理的影響を等流・不等流計算において適切に考慮する．

解　説

河道内樹木群は，その繁茂状況によっては，洪水流の水位や流況に大きな影響を与える．樹木群が洪水流に与える主たる水理的影響は，1)樹木群繁茂領域の流速が周囲に比べ著しく低減すること，2)樹木群内外の流れの干渉により，樹木群周囲の流速が樹木群がない時に比較して減速させられること，3)樹木群の下流に，樹木群内と同様に減速された低流速域が発生すること，である．樹木群の水理的影響を評価しなければならない場合には，流れの計算においてこれらを適切に考慮する．

〔参考　6.10〕　河道内樹木群を考慮した不等流計算法

密生した樹木群が存在すると，樹木群内が死水域に近い状態となって実質的な河積を減ずるとともに，周辺の流れとの間に干渉効果を生じ，流れ全体の抵抗が増大する．樹木群が繁茂する河道の不等流計算では，このような樹木群の水理的な影響を評価するため次のことを行う．

(1) 死水状態もしくはそれに近い状態となる樹木群の区域を河積から除外する．
(2) 死水域とみなす樹木群の下流に形成される後流域も死水域に設定する．
(3) 平均流速公式レベル3に基づく不等流計算を行う．

上記(2)の設定法については〔参考6.12.4〕を参照されたい．また，上記(1)(2)に伴って内挿断面を入れる必要が出てくる．これについては〔参考6.12.2〕を参照されたい．

本計算法では，低水路や高水敷などの流れの場それぞれに粗度係数値を与え，流れと樹木群の境界に干渉効果の程度を反映した境界混合係数 f を与えるなど，通常の不等流計算と比べて設定すべきパラメータが多い．用

いる各パラメータには物理的意味があり，これらの設定に際しては，各パラメータの持つ物理的な意味を損なうことがないようにすることが重要である．したがって，流速分布や痕跡水位の再現に際しては，単に各パラメータ値を変化させて適合性をよくするのではなく，河道の状態や水理条件から物理的に予測されるパラメータ値を踏まえ，痕跡水位の精度，流量の精度などの分析も含めて合理的かつ効率的にパラメータ値の設定を行うことが重要である．

なお，条件によっては，樹木群領域をすべて死水域に設定すると，樹木群の水理的影響を過大に評価してしまう場合がある．このようなときは，死水域に設定する領域の調節や，低流速であっても樹木群領域内の流れを考慮するなどの工夫を行う．

河道内樹木群を考慮した不等流計算法については文献に詳しいので必要に応じて参照されたい．

4.4 不等流計算における射流の取扱い

> 射流が生じる場合には，発生する射流の特性を適切に反映させた計算を行う．

解　説

射流は，断面急変部や急勾配流れに生じうる．下流から計算することが一般的な常流と異なり，射流の不等流計算は上流水位に規定され，また，射流〜常流の遷移点付近，支配断面が現れるあたりは，跳水が生じたり，計算が不安定になるので，射流発生区間については，特別な配慮が必要である．また，実河川での射流またはそれに近い流れは，河道形状のわずかな空間的変化に応答して，あるいは反砂堆の発生と相まって，常流に比べ激しい水面変動（時間的・空間的）を起こすことが多いので，射流を対象にした不等流計算結果を利用する際には，不等流計算では評価できないこのような水面変動を必要に応じ別途考慮しなければならない．

〔参考6.11〕　急勾配河川の水位計算

水理学的な急勾配水路とは，限界水深が等流水深より大きいような水路をさす．急勾配水路となり広い範囲で射流が発生するようになる目安の河床勾配は，フルード数が1を越えるという条件より，マニング式を使って，

$$I_b > n^2 g R^{-1/3}$$

となる．$n=0.03 \sim 0.05, R=1 \sim 3\mathrm{m}$ とすると，

$$I_b > 1/164 \sim 1/40$$

程度である．

急勾配区間がまとまって存在し，そこで明確な射流が生じている場合には，その急勾配区間の上流端に支配断面がある．水面形は，その支配断面での水位を通って下流区間の等流水深の大きさに応じて S_2 あるいは S_3 の水面形の遷移区間を経て，擬似等流水深になめらかに接続することになる．急勾配区間の途中で緩勾配区間（等流水深が限界水深より大きい区間）が存在し，そこで常流が発生する場合には，緩勾配区間の上流端で跳水が生じ，その常流水位は，その下流の支配断面の水位に規定される．射流発生区間では，河幅に急拡がある場合には，流れが全河幅に広がるのにかなりの拡散区間を必要とするとされ，急縮の場合には交差波を生じて水位が局所的に高くなる場合もある．その他，定常波を生じやすいなどの現象が知られており，これらは水面形計算に現れないものであるから，発生するか否かを個々に検討する以外に方法がない．

急勾配区間がまとまって存在し，そこで明確な射流が生じる場合には，上に示した射流（あるいはそれと隣接する常流）区間の性質を考慮した不等流計算を行うことにより水面形を得ることができる．ただし，急勾配区間における射流発生区間において S_2 および S_3 型の区間が短ければ，擬似等流水深を結ぶ水位を所要の水位するという方法も実用的である．

一方，水路勾配は急であるものの，明確な射流がまとまって出現するほどの急勾配でない河道において，限界水深と疑似等流水深との差が水深に比べ非常に小さい状態（$F_r \fallingdotseq 1$）が長区間続き，射流計算の問題よりも流れ

第4節　平均流速公式を用いた流れの計算

が $F_r=1$ 付近であることに起因する計算不安定性のために良好な水面形計算結果が得られない場合もしばしば見られる．このような場合には，〔参考6.12.2〕に示すように内挿断面を設定することにより改善されることが期待される．しかし，支配断面が1つの場合と異なり，長区間にわたって細かな内挿断面を必要とし，計算労力が必要以上に大きくなることも考えられる．このような場合にも，擬似等流水深あるいは限界水深を結ぶ水位を所要の水位するという方法が実用的な対処法となる．

なお，疑似等流水深は，$U=\dfrac{Q}{A}=\dfrac{1}{n}R^{2/3}\sqrt{I_b}$ より計算し，限界水深は $\dfrac{U}{\sqrt{gR_c}}=1$ となる径深 R_c に対する水位において起こるとする．

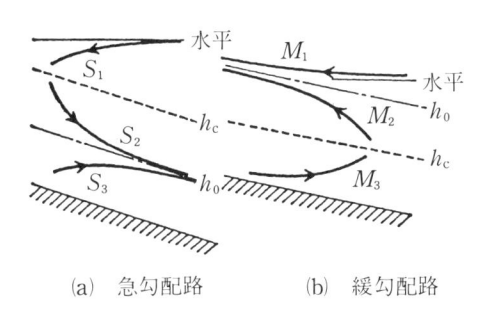

(a) 急勾配水路　　(b) 緩勾配水路

図 6-5　急勾配水路および緩勾配水路における水面形

〔参考　6.12〕　**計算上の注意事項**

〔参考6.12.1〕　支配断面が現れる場合

> 一様でない水路（自然河川）で支配断面が現れるような場合，水位計算には注意を要する．

　一様な人工水路のような場合と異なって，自然河川の不等流計算では限られた断面間隔で計算が行われることになる．したがって，例えば下流1の断面とその上流2の断面との間に支配断面が現れる場合には，その地点において上下流の水位（流れはともに常流と仮定）は互いに影響を及ぼし合わなくなるので，注意を要する．このとき，下流1の断面の水位をもとに計算できるのは支配断面の直下流までで，上流2の断面の水位は支配断面地点の水位を下流端水位にして新たに計算を始める必要がある．実際の計算においては，1回計算を行ってみて水面勾配が非常に大きくなったり，水位を下げるとエネルギーが大きくなったりすることによって初めて射流の存在に気づくことが多い．したがって支配断面の現れそうな勾配急変点や，M_2 型など特殊な水面形の現れそうな次のような各場合で，しかも精密な水面形を必要とする場合には，支配断面の現れる位置を推定する必要がある．

1. 河口の水位が低い場合（河口に支配断面が現れる）
2. 急拡があり下流水位が低い場合（急拡の直下流に支配断面が現れる）
3. 堰・床止め（本川，あるいは分合流点）など水位調節構造物があり，潜り堰とならない場合（構造物地点に支配断面が現れる）
4. 大きい堆砂がある場合（堆砂の下流に支配断面が現れる）
5. 勾配急変部
6. 流量が小さい場合

こうした場合の不等流計算上の注意は次のとおりである．流れの多くが射流のような急勾配の流れについては〔参考6.11〕を参照のこと．

1. 相隣る2断面間に流れの遷移部があると考えられる場合には，その遷移の起こる場所を決める．遷移の起こる場所はほぼ上述の場所に限られる．

第6章 水位計算と粗度係数

2. 途中に堰や床止めなどの水位調節構造物がある場合には，一般にそこで支配断面が発生するので，堰や床止め上で計算流量に対する限界水深を求める．その構造物より上流が常流の場合には，その限界水深を下流出発水位として上流の水位計算を行う．このとき内挿断面を入れたほうがよい場合が多い．構造物より上流が射流の場合には，構造物地点には限界水深は現れない．構造物より上流の水位は等流水深（射流）にほぼ近い水位で流れている．構造物より下流が常流の場合には，下流断面との間に跳水が生じている．

3. 堰や床止めがあっても下流水深が十分大きい場合には，そこで支配断面が現れず堰などは潜り堰となってしまう場合がある．そのとき堰などは流れに対する付加的抵抗として作用し，通常の不等流計算を行ってよいことになる．

4. 構造物がなくても支配断面が発生する場合があるが，この場合には勾配急変点や急拡点などを支配断面と仮定し，そこで断面特性より限界水深を求め，2.と同様にして計算を進めることができる．こうした地点の河床が岩盤のような場合には恒久の支配断面となりうるが，他方移動床の場合には局所的な河床変動が起こって支配断面が移動する場合がある．

5. 厳密な計算でない場合および水位の必要な地点がこうした地点から十分遠いような場合には，現在計算中の上流側断面に限界水深が発生するものと仮定して以下の計算を続けていくことができる．

6. 境界条件の河口水位が，河口付近の限界水深を与える水位より高いか低いかによって不等流計算の難易さは大きく異なる．これは4.の例と同様であって，この場合基本的には図6-6のように3種類の水面形が考えられる．河口水位が計算流量に対する河口部の限界水深を与える水位より低い場合には，河口地点で限界水深を通り，下流部は段落ち流れ，上流はM_2型水面形となる．この場合には河口で河床変動が予想され，計算水位の精度は若干低下しよう．水位が高い場合の計算は容易である．

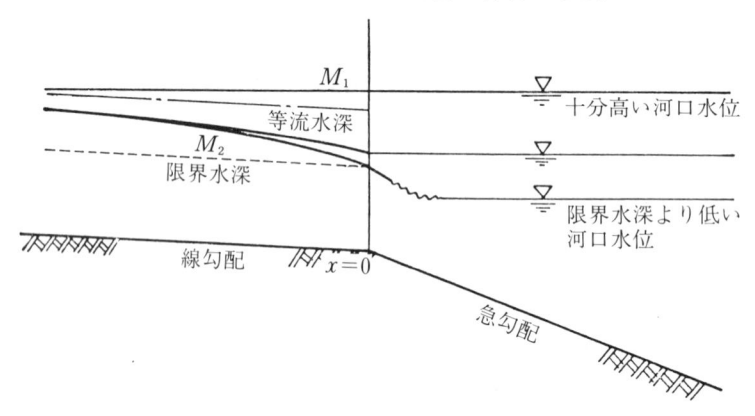

図 6-6 河口付近の水面形

〔参考 6.12.2〕 内挿断面の意義

> 支配断面が現れる場合，あるいは大きいエネルギー勾配が現れる場合にその上流水位を計算する際，また樹木群のある河道の水位計算に際しては，一般に内挿断面を挿入したほうが良好な結果を与える．

支配断面近傍および急縮断面近くでは一般にエネルギー勾配が大きく，それより上流の例えば$\Delta x=200$ m上流の断面ではエネルギー勾配が小さいなどという場合がある．不等流計算の標準逐次計算法によると，この時上流側エネルギー（水位＋速度水頭）は，（両者の平均エネルギー勾配）$\times \Delta x$＋下流側エネルギーとして評価されることになっている．したがって，こうした場合平均エネルギー勾配を過大に評価しすぎるため，過大な上流水位を計算することになり，上流側の勾配が小さい場合には特に堰上げ背水曲線となっていつまでも誤差となって残る不都合が生ずる（急拡の場合にはこの影響が比較的短区間で消失するので問題が少ない）．

第4節　平均流速公式を用いた流れの計算

　河川の緩流区間に床止めがあってそこで支配断面が生ずる場合を考える．支配断面①とその上流断面②との区間距離を Δx とした場合の水面計算結果が，水面形 A となったとする．このとき断面②より上流は一般に堰上げ背水曲線となる．一様な水路の場合 Δx を小さくとって計算すればこの付近では M_2 型の水面形が現れるはずである．両水面形の差が計算水位誤差である．床止めよりかなり上流では誤差は小さくなるが，床止めの近くでは水位計算精度はよくないといわざるをえない．

　内挿断面の断面数については別に基準はない．計算をいとわない場合には Δx を10等分して各等分断面を内挿してもよいし，支配断面の近くに集中して2～3の内挿断面を設けることによっても，かなり効果を発揮する場合が多い．

〔図6-7の説明〕

　$I_b=1/1\,000$ の河道で $x=0$ 地点（①地点）に床止めがあり，そこで限界水深が生ずるものとし，内挿断面を考慮する代わりに区間距離 ΔX を変化させた場合の同一流量の水面形を示す．$\Delta X=10\,\text{m}$ の場合でも水面形は $\Delta X=50\,\text{m}$ のそれとほとんど変わらないから図の $\Delta X=50\,\text{m}$ の水面形を M_2 曲線と考えてよかろう．$\Delta X=200\,\text{m}$ 以上では実際には現れないはずの M_1 曲線ができている．$\Delta X=50\,\text{m}$ の水面形と各 ΔX に対する水面形との差は水位計算誤差を表す．

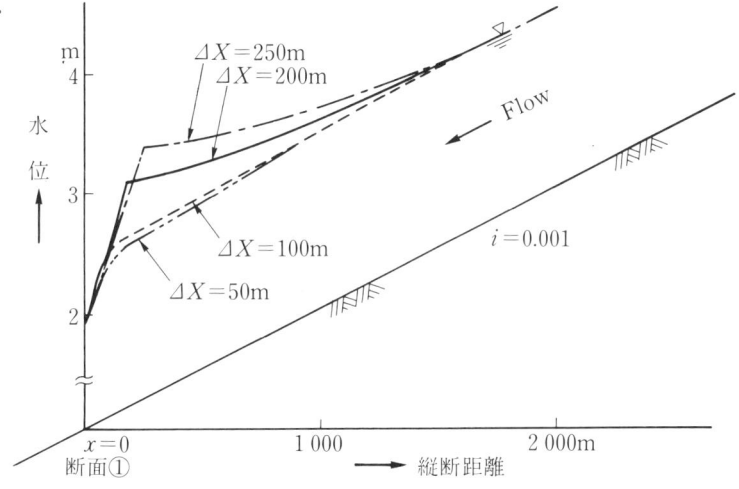

図 6-7　内挿断面の取り方による水面形の変化

　死水域とみなす樹木群を持つ河道を計算する場合にも，樹木群およびその後流域の死水域設定に伴う断面の急変に対処するため，図6-8に示すように流水断面積の縦断変化が大きい個所で内挿断面を設定する．このような内挿断面により，実際には生じない水面形の凹凸を避けることができる．

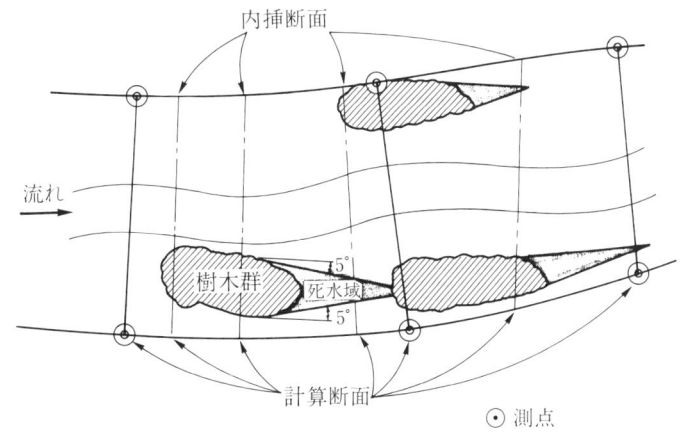

図 6-8　樹木群に伴う死水域の設定と内挿断面

第6章 水位計算と粗度係数

〔参考 6.12.3〕下流端付近の計算法

> 下流端水位を与える断面付近では次のような計算法がある．
> 1. 河口潮位が河口水位の実測から設定されたものであれば，河口では（河口潮位）＋（その水位に対応する速度水頭）だけのエネルギーを持つようにする．
> 2. ある河道地点の $H\sim Q$ 曲線より出発する場合には，下流端断面でのエネルギー高は，水位ではなくて（水位）＋（速度水頭）とする．
> 3. 河口近くの潮位を用いる場合には，出発位置を河口先端とし，比重差に基づく水位上昇を潮位に付加したものを出発水位にしてもよい．この場合も，出発位置でのエネルギー高は，水位ではなくて（水位）＋（速度水頭）である．

河口における流れの状況は，大きく分けて，淡水のコアが塩水中を徐々に広がっていく洪水時の流れと，塩水上を淡水が広がる低水時の流れとがあり，ここでは洪水時の状況を対象にしている．

河口潮位が河口の実測水位から設定されたものである場合は，その地点で流速が生じていると考えられるから，河口のエネルギーは図 6-9 の B 点にあると考えたほうがよい．すなわち，水面形としては BH（エネルギーは BE）を計算すべきである．2.の考え方も同様である．勾配の大きい所では，水面形 AH はすぐに BH と一致するようになる．

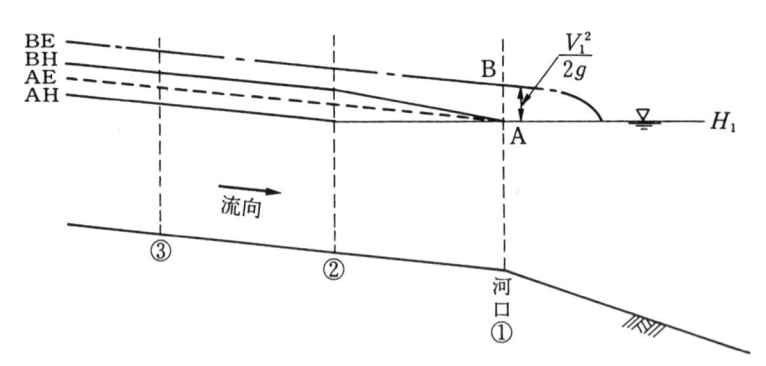

図 6-9 河口の実測水位から河口潮位を設定した場合の水面形計算

また，単純な静水圧のつり合いから，河口水深 h_0 に $\Delta h = h_0\left(1-\dfrac{\rho_1}{\rho_2}\right)$ を加算した水位が河口水位としての１つの目安となるとの考え方もある．ここに ρ_1 および ρ_2 はそれぞれ河水及び海水の密度である．ただしは h_0 淡水深であり，塩水が遡上している場合にはその影響を考慮する必要がある

〔参考 6.12.4〕死水域のとり方

> 不等流計算には死水域を除く必要がある．

死水域とは，河道の水面部分で流れのない場所，あるいは流れがあっても渦状（閉じた渦）の場所で，流量の疎通に関係のない部分をさす．こうした死水域は，急拡部や急縮部，湾曲部，種々の構造物の流れの陰の部分に発生しやすく，水表面が死水あるいは鉛直軸を有する渦状であれば水底までそうであると考えてよい．湾曲部外岸の局所洗掘場所などは一般に死水域にはなりにくい．また，一般的には同一河川でも流量規模によって死水域が異なる．

こうした死水域を考慮せずに計算を行うと計算水面形に実際には生じない凹凸が生ずるのが普通で（常流では断面積の大きくなる断面で水位が高く計算される），凹凸の原因を調べていくうちに死水域が原因であることがわかる場合も少なくない．特に勾配の小さい平地部河川では，死水域による水位計算誤差がいつまでも残りやす

第4節　平均流速公式を用いた流れの計算

いので死水域除去が必要である．

　死水域除去の方法は，出水規模別の航空写真測量成果や模型実験から判断するのが最良である．こうした方法が採れない場合で急拡部の死水域を除去するには，図6-10のように急拡点からおよそ5度の角度で広がる漸拡水路内は有効断面と考え，それ以外の部分を死水域とする．非越流固定堰，水門など流れの陰の場合にも同様にして死水域を設定できる．急縮部や分合流点などのはく離域は一般に規模が小さいため死水域として除去されないのが普通であるが，急縮の度合いが大きい場合には，水路幅縮小比や縮小角度によっても異なるが図6-10のようなおよそ26度の仮想水路を考える．

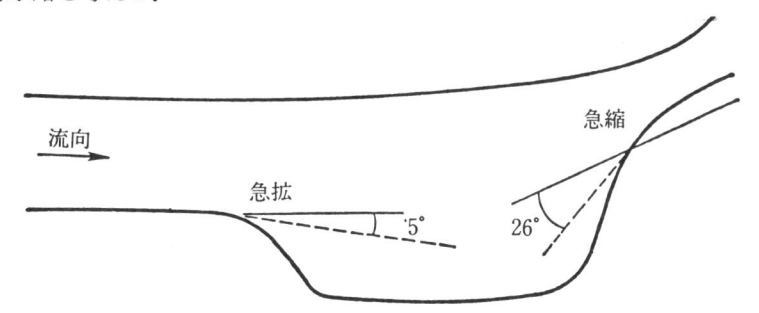

図 6-10　急拡急縮部の死水域除去法（平面図）

　縦断的な死水域のとり方については全体的な流れの様子を十分よく検討し推定する．場合によっては模型実験を行うとよい．

　〔参考6.10〕で述べたように，樹木が密生している場合には，樹木群内部の流水抵抗が大きくなるため，樹木群内流速は周囲に比べて非常に小さくなる．ゆえに，流れの計算の際には樹木群内を死水域と考えるのが合理的である．また，これらの樹木群の直下流側には，およそ5度の範囲で死水域が形成されるので，この範囲も流下断面から除く（図6-8参照）．ただし，樹木の密生状況や高さによっては樹木群内すべてが死水域とはならず，かなりの流水が透過する場合もあるので，この場合には死水域の範囲を小さくするなど，流水の一部透過を考慮する．この死水域の大きさの決め方の適合性は痕跡水位の再現計算によって検証することが望ましい．

〔参考　6.13〕　湾曲部の水面形

　単断面河川の単一湾曲部の常流の流れでは内外岸に水位差が生じ，その大きさ Δh は，

$$\Delta h = \frac{B \cdot U^2}{g \cdot r_c} \tag{6-22}$$

で近似される．通常の不等流計算では，湾曲部の中央部に沿う水位が計算されるものと考え，湾曲部内岸ではその水位より $\Delta h/2$ だけ低下し，外岸では $\Delta h/2$ だけ平均水位より上昇するものと考えてよい．ここに B は湾曲部の河幅，U は断面平均流速，g は重力の加速度，r_c は水路中央の曲率半径である．r_c は平面図より平均的な半径を求めるものとする．複湾曲水路では上のような水位差が鮮明でない場合がある．

　流れが射流の場合には上の記述を使うことはできず，水面のかく乱波，衝撃波，振動が生じて側壁沿いの水位は不規則になるので，別途の検討が必要である．

4.5　不定流計算

> 不定流計算は，流量の時間的変化が無視できない場合に，適切な平均流速公式を用いて，水位や流速の縦断的，時間的変化を計算するものである．

解　説

　不定流計算が必要となる状況として次の2つがある．1つは，流量の時間変化があり，その時間変化自体を求

第6章　水位計算と粗度係数

める必要がある場合である．洪水流の流量ハイドログラフが計算対象になる場合がこれにあたる．もう一つは，不等流計算では無視されている運動方程式中の時間変化項が他の項に比べ無視しえないほど大きく，例え各時刻の流量を実測値等から与えることが可能であっても，不等流計算では必要な精度の計算が原理的にできない場合である．ただし，日本の河川の洪水流については一般に，運動方程式中の時間変化項が無視しえないほど大きくなることは，低平地河川の河口近くでも起こりにくいので，後者の理由により不定流計算を行う必要が出てくるのは，水門操作や氾濫，河道への津波等の遡上など特殊な状況に限られると考えてよい．したがって，通常の洪水流を対象にする場合，不定流計算の必要性の判断は，流量変化を求める必要があるかどうかによることになる．

適切な平均流速公式の選択の考え方は本章第2節に準じる．

〔参考6.14〕　不定流計算概説

不定流計算の基本式である運動方程式と連続の式を示すと，次のようである．

連続の式　$\dfrac{\partial A}{\partial t}+\dfrac{\partial Q}{\partial x}=0$ (6-23)

運動方程式

$$Q^2\dfrac{\partial \beta}{\partial x}+A\dfrac{\partial Q}{\partial t}-2\beta Q\dfrac{\partial A}{\partial t}-\dfrac{\beta Q^2}{A}\dfrac{\partial A}{\partial x}+gA^2\dfrac{\partial H}{\partial x}+\dfrac{A}{\rho}T_r=0 \quad (6\text{-}24)$$

運動量補正係数　$\beta=\dfrac{1}{A}\int\dfrac{u^2}{U^2}dA$ (6-25)

ここに，A：流れの断面積，Q：流量，x：流下方向にとった座標，t：時間，H：水位，T_r：単位長さの河道の河床に作用する力（＝潤辺内の平均せん断力 τ_b ×潤辺長 S），u：ある点の流速，U：断面平均流速．

$\beta=1$ で，単純な断面を想定して T_r の計算にマニングの平均流速公式を用いた場合の運動方程式は，

$$\dfrac{1}{g}\dfrac{\partial U}{\partial t}+\dfrac{1}{2g}\dfrac{\partial U^2}{\partial x}+\dfrac{\partial H}{\partial x}+\dfrac{n^2 U^2}{R^{4/3}}=0 \quad (6\text{-}26)$$

式(6-24)の運動方程式は，運動量の法則から導かれたものである．エネルギーの法則からもほぼ同様の式を導くことができる．式(6-24)中の T_r と β の算出には平均流速公式が用いられ，その方法は〔参考6.6〕～〔参考6.8〕と同じである．ただし，逆流が生じている条件では Q 値が負になり，この際 T_r 値を負値に直さなければならないことに注意する．

上に示した基本式を，差分法（陽形式あるいは陰形式），特性曲線法を用いて数値計算により解くのが，不定流計算の基本である．

この他，マスキンガム法，貯留計算法，貯水池追跡法，河道ポンドモデルなど，上記の基本方程式の一部の項を省略し，あるいは河道断面特性の計算への反映を簡略化したことに相当する近似解法がある．このうち，マスキンガム法と貯留関数法は河床勾配の比較的大きな河道に，河道ポンドモデルは低平地の河道に適した近似手法である．なお，近年は，計算機の能力向上に伴い，計算能力の不足が近似解法を用いる理由になることは急速に起こりにくくなっている．しかし，河道断面形状など河道情報が不足していて，基本方程式を直接数値的に解くことが必ずしも精度向上につながらない場合があり，こうした状況では近似解法が有用となりうる．

〔参考6.15〕　横流入・流出を伴う流れの計算

1. 計算法

横流入・横流出を伴う流れの計算の運動方程式と連続の式は次のとおりである．

$$Q^2\dfrac{\partial \beta}{\partial x}+A\dfrac{\partial Q}{\partial t}-2\beta Q\dfrac{\partial A}{\partial t}-\dfrac{\beta Q^2}{A}\dfrac{\partial A}{\partial x}-2\beta Q q_*+AU_*\cdot q_*+gA^2\dfrac{\partial H}{\partial x}+\dfrac{A}{\rho}T_r=0 \quad (6\text{-}27)$$

$$\frac{\partial A}{\partial t}+\frac{\partial Q}{\partial x}+q_*=0 \tag{6-28}$$

ここに，q_*：単位河道長さあたりの流出量（流入の場合負となる），U_*：流出（入）する水が持つ x 方向の流速．q_*，U_* を所与の条件とするか，上式によって計算される水理量と q_*，U_* との関係を予め与えておくことにより，上式を数値的に解くことができる．解法は〔参考6.14〕の不定流計算の場合と同様である．

2. 遊水地の不定流計算への適用

遊水地を持つ河道区間の不定流計算は，式(6-27)，式(6-28)を基本式として次のようにする．

a) 越流堤方式の場合

横越流が生じる区間で

$q_*=$ 横越流量 q_{out}

$U_*=$ 断面平均流速あるいは越流堤側の高水敷の平均流速

横流入が生じる区間で，

$q_*=-$ 横流入量 q_{in}

$U_*=0$

とした計算を行う．横越流量 q_{out}，横流入量 q_{in} の単位は m³/s/m であり，区間長 Δx の間の全横越流量および全横流入量はそれぞれ $q_{out}\times\Delta x$，$q_{in}\times\Delta x$ である．q_{out} の算定式としては，

- 一様水路　　デマルキの式（常，射流）

　　　　　　　中川の式（射流）
- 非一様水路　フォルヒハイマーの式

　　　　　　　伊藤・本間の式

などがある．これらはいずれも完全越流の場合の式であり，不完全あるいは潜り越流による横流出の場合の q_{out} は，河川水位と遊水地水位との差から与える．q_{in} についても q_{out} と同様の考え方で与える．

b) 導水路方式の遊水地を持つ河道区間の場合

不定流計算は，分流の計算（遊水地へ流入の場合）および合流の計算（遊水地から流出の場合）を行う．

c) 強制流出・流入がある場合

強制流出・流入がある地点で，その流出・流入量を q_* の形で与えればよい．U_* は通常 0 とする．

越流堤方式の遊水地の場合には，水深がごく浅い場合を除いて一般に全貯水池の水位一定の条件で貯留量のみによる水位計算を行ってよい．導水路方式の場合には，導水路末端の貯水池への流入流量に応じて全遊水地の水位一定の条件で計算を行ってよいが，導水路延長が長い場合には，導水路内のエネルギー損失を考慮する．遊水地内の水深がごく小さい場合を除いて，遊水地内の水位の非一様性が問題となる例は少ない．問題として考えられるのは，越流水の落下による水面かく乱が波動として伝わるような場合，風の吹き寄せ，セイシュである．これらは風の強さなどによって相当の大きさになり得るから周囲堤（囲ぎょう堤）の堤防高の検討には不可欠である．

第5節　平均流速公式を適用できない局所的な流れの計算

平均流速公式を適用できない局所的な流れに対しては，河道や起こりうる流れの特徴を踏まえ，適切な計算手法を採用する．

解　説

このような流れの多くは，二次元あるいは三次元的な流況を持つが，以下の参考で説明している手法は，計算の簡便さを優先させて，あくまで一次元的な解析の枠内での取扱い法である．実際多くの場合，そのような簡便

な取扱いで有用な結果を得ることができる．ただし，厳密な水位・流況予測が必要な場合には，実験やより高次の計算など，詳細な検討を行うことが望ましい．

なお，不等流計算などの水位計算の中で，どの程度の局所的な流れまでを個別に取り扱うかについては，計算目的，必要精度，局所的な流れの持つ影響度等を踏まえ合理的な判断を行い，局所的な流れの計算を多数混ぜることによる計算のいたずらな煩雑化や，流水抵抗の二重カウントが起こらないよう注意する．

〔参考 6.16〕 跳　　水

河道における跳水の計算は次式を用いる．

$$\frac{h_2}{h_1}=\frac{\sqrt{1+8F_{r1}^2}-1}{2}, \quad F_{r1}^2=\frac{\beta U_1^2}{gh_1} \tag{6-29}$$

床止め，堰，水門などの水叩き下流などでは，上式の関係を満足する位置で跳水が起こる．上式は河床勾配の小さい水路に発生する跳水の上下流の水深の関係を示すもので，記号は図 6-11 に示すとおりであり運動量補正係数 $\beta=1$ とおいてよい．下流の常流水深 h_2 は，下流の不等流計算によって計算されるが，そのフルード数によっては，水面の動揺，波動が起こる場合があるとされている．

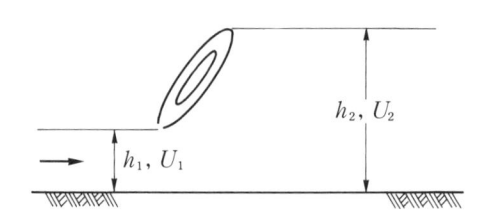

図 6-11　跳水の計算

〔参考 6.17〕 分流点の取扱い

> 分流点では，多くの場合，水位が等しいという条件で分流量配分が不等流計算によって求められる．

ここにいう，分流点とは，分流の直上流に設けられた水位計算断面をさす．分流点は，背割堤がある場合には背割堤の先端断面，ない場合には流れが分かれる点を仮定し仮想背割堤を設定しそれを分流点とする．分流点における水位は多くの場合横断方向に一定であると考えてよい．このとき図 6-12 の分流点 A では，水位は等しいが，それぞれ Q_1，Q_2 に対応した速度水頭を考えるため，横断方向のエネルギーの大きさは異なるものと考えている．A 点より上流の断面の水位を計算するには A 点の平均エネルギー高さが必要であるが，そのためには，平均エネルギー高さを

$$E=H+\frac{1}{2g}\left(\frac{Q_1+Q_2}{A_1+A_2}\right)^2$$

とする．A 点より一つ上流の断面では，横断方向に水位，エネルギー高とも変化がなくなるとする．

ところで，例えば図 6-13 に示すように水が河道Ⅲへ流入するために大きく右に曲がらなければならない場合，流線の曲がりを生じさせるため H_1 が H_3 より大きくなる．この例に示されるように，自然分流地点の平面形によっては，図 6-12 のようななめらかな自然分流形状の場合に用いられる条件 $H_1=H_2=H_3$ ではなく，H_1，H_2，H_3 間に分流ロスとして水位差を与える必要が出てくる．この水位差は，水深に比べ相当小さくても分流量の計算に有意に影響を与える可能性があることに注意しなければならない．実験や平面流計算から，分流ロスによる水位差と分流点付近の代表的な水理量との関係を予め得ておくと，不等流あるいは不定流計算に自然分流点の局所的な特性を組み込むことができる．ただし，無視できない分流ロスが予想され分流量の評価を精度よく行う必

第5節　平均流速公式を適用できない局所的な流れの計算

$$=\frac{1}{2g}\left(\frac{Q_1}{A_1}\right)^2 \quad =\frac{1}{2g}\left(\frac{Q_2}{A_2}\right)^2$$

図 6-12　分流点の水位計算

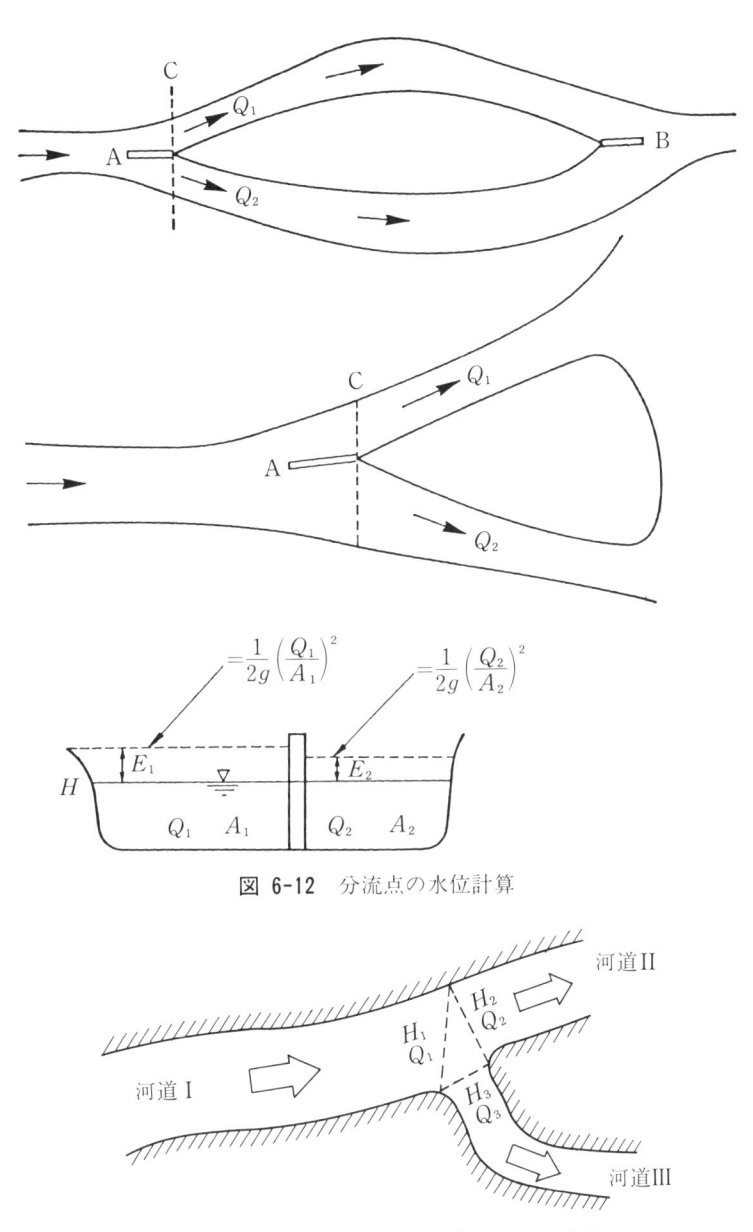

図 6-13　分流ロスが生じやすい分流点形状

要がある場合には，模型実験や本章第7節で述べる平面流計算自体を検討の手段にする．

〔参考　6.18〕　合流点の取扱い

　合流点では，多くの場合，水位が等しいと置くことにより，不等流計算を行うことができる．

　流量や流速の規模がほぼ等しい河川が合流する場合には，合流量で下流より不等流計算で合流点の水位を求め（合流点では水位，エネルギー高さとも一定である），それより〔参考6.17〕の考えを適用して各合流量でそれぞれ上流の水位を計算する．

　ただし，合流角度が大きい場合や流量規模に大差がある場合などには大きな損失（両方の河川あるいは一方の河川に大きな堰上げ水位が生ずる）が，現れることがある．このような場合の合流ロスをおおざっぱに見積もる方法として次のものがある．図6-14の合流形状に対して，

第6章 水位計算と粗度係数

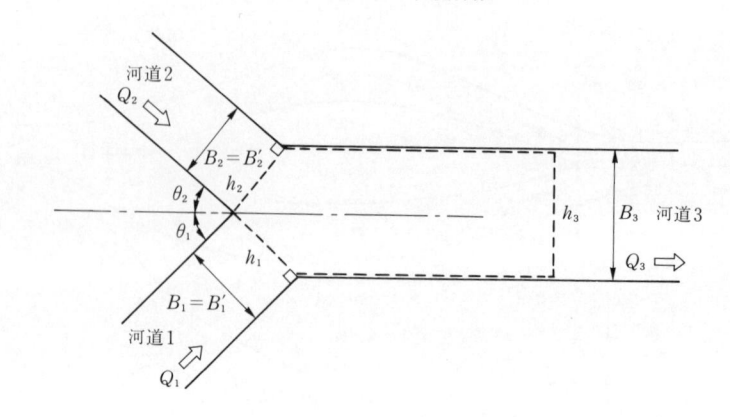

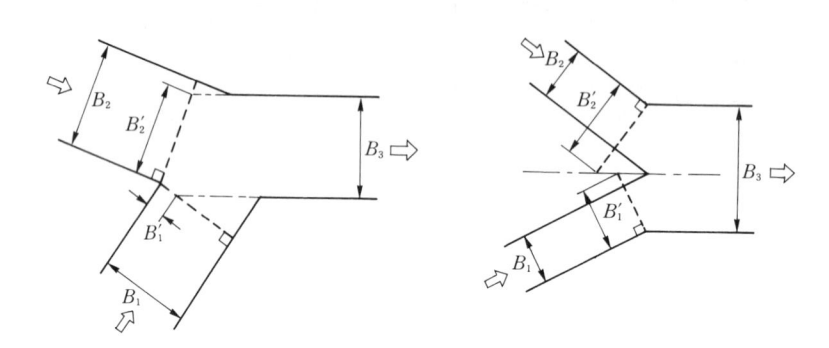

合流部模式図

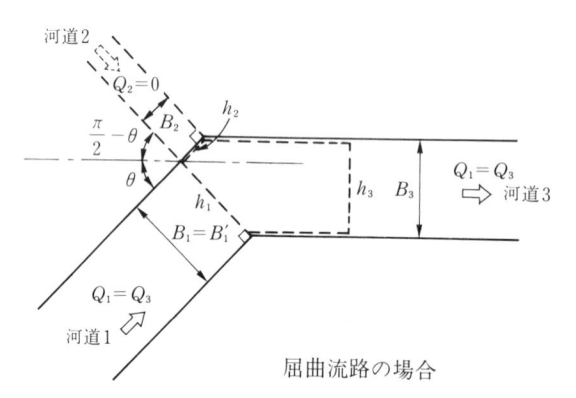

屈曲流路の場合

図 6-14 合流ロスが生じやすい合流点形状

$$\left(\frac{h_1}{h_3}\right)^3 - (1+2\beta F_{r3}{}^2)\frac{h_1}{h_3} + 2\beta\left\{\left(\frac{Q_2}{Q_3}\right)^2\frac{B_3}{B_2}\cos\theta_2 + \left(\frac{Q_1}{Q_3}\right)^2\frac{B_3}{B_1}\cos\theta_1\right\}F_{r3}{}^2 = 0 \tag{6-30}$$

河道2がなく，河道1が河道3と直角をなす場合（直角屈曲）

$$\frac{h_1}{h_3} = \sqrt{1+2\beta F_{r3}{}^2} \tag{6-31}$$

ここに，Q：流量，B：川幅，h：水深，θ：図6-14に示す合流角度，β：運動量補正係数（≈1.1），B'：図6-14参照，添字1，2，3：それぞれ河道1，2，3の諸量であること表すもの．図6-14のような合流・屈曲部では，流れが大きく曲げられ，異なるベクトルを持つ運動量が混合し，場合によっては，合流前後で総川幅が急変

第5節 平均流速公式を適用できない局所的な流れの計算

する．このため局所的なエネルギー損失が発生するので，合流点で本川上下流と支川の水位が一致するという仮定は成立せず，こうしたエネルギー損失による水位差を水面形計算において考慮する必要が出てくる．上式は文献に基づくものである．式(6-30)は h_1/h_3 に関する3次方程式であり，合流後水深 h_3 が既知であれば，$h_1(\approx h_2)$ を計算することができる．角度 θ の屈曲水路を対象にする場合，河道2を仮想の河道とし，$Q_2=0$ とし，$\theta_2=\pi/2-\theta$ とおいて式(6-30)を解けばよい．$\theta=\pi/2$ の場合に得られる解が式(6-31)である．

この手法はあくまで一次元解析の枠内での近似手法であり，合流ロスによる水位差を簡便に求めることに重点を置いている．流況の評価が求められる場合や水位計算に要求される精度が高い場合には，模型実験や本章第7節で述べる平面流計算自体を検討の手段にする．

〔参考 6.19〕 橋脚による水位堰上げの計算

橋脚による水位堰上げ量を推定するには次の式（D'Aubuisson 公式）を用いる．

$$\Delta h=\frac{Q^2}{2g}\left\{\frac{1}{C^2 b_2^2(H_1-\Delta h)^2}-\frac{1}{b_1^2 H_1^2}\right\} \tag{6-32}$$

Δh：橋脚による堰上げ高
Q：流　量
C：ピアの平面形状によって定まる定数
b_1：ピア上流側の水路幅
b_2：$(b_2=b_1-\sum t)$　全水路幅から，ピア幅の総計を控除した幅
t：ピア1基の幅
H_1：ピア上流側の水深

この式はエネルギー式から導かれたもので，係数は図6-15のようにピア形状によって異なる．これは実際の流れの幅 b_2 に対して，ピア上端部付近の流れのはく離による縮流によって Cb_2 に有効幅が減少することに対応している．河床高が特に不規則な場合には H_1 の代わりに径深を使用する．上式による Δh の計算は試行錯誤法になり，初め右辺の Δh を零と仮定して左辺の Δh の第1次近似解を得，この計算を繰り返して正しい Δh を求める．仮締切りなどに対してもこの式によって近似的な堰上げ量を推定できる．ただ全川幅の相当の部分を占める大規模な仮締切りの場合には模型実験などによって確かめる必要がある．

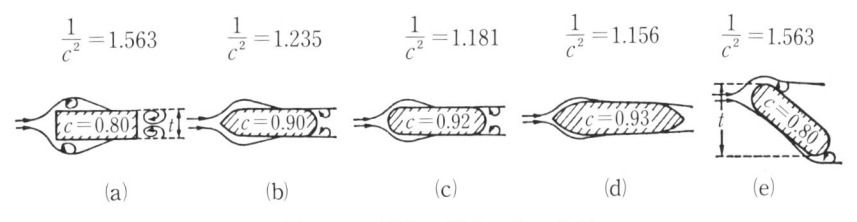

$\frac{1}{c^2}=1.563$	$\frac{1}{c^2}=1.235$	$\frac{1}{c^2}=1.181$	$\frac{1}{c^2}=1.156$	$\frac{1}{c^2}=1.563$
$c=0.80$	$c=0.90$	$c=0.92$	$c=0.93$	$c=0.80$
(a)	(b)	(c)	(d)	(e)

図 6-15 橋脚の形と c 値の参考

なお，図6-15に示されている C 値は，有効幅の減少を b_2 との関係で決めるものになっており（ピアの幅 t でなく），特に b_2 が $\sum t$ に対して十分大きい場合には C 値が小さすぎ過大な Δh を与える可能性があることに留意し，図6-15を参考にしつつ適切な C 値を用いることが望ましい．取りうる C 値の最大値は1である．

〔参考 6.20〕 段落ちによる損失水頭の計算

床止めなど段落ち流れの水頭損失は図6-16によって推定できる．

図6-16は一様幅の緩勾配水路に対して得られたもので，下流水理量をとる断面IIは，段落ち地点から段落ち高さの約30倍程度下流にとる．

$$h_1/h_2=\beta_*, \quad \Delta z/h_2=K, \quad u_2/\sqrt{gh_2}=F_2$$

第6章 水位計算と粗度係数

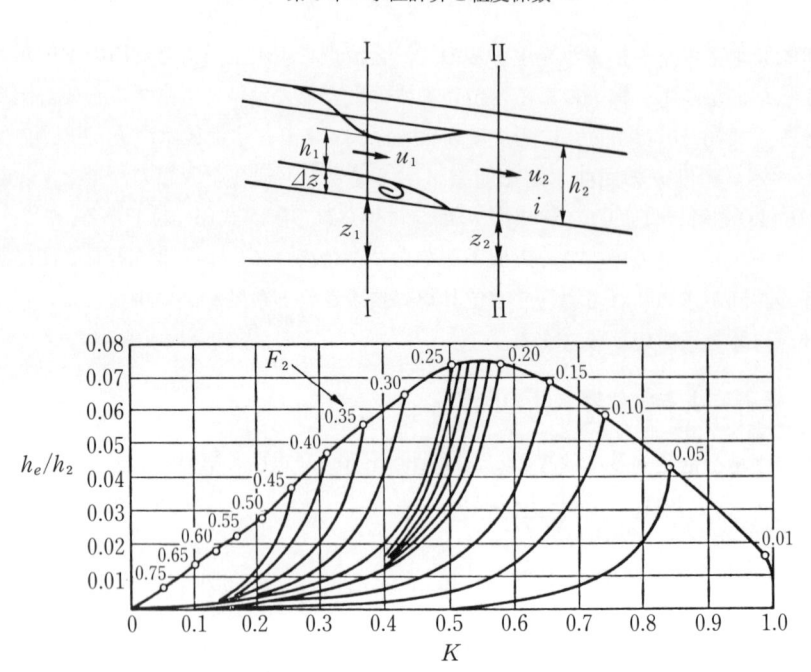

図 6-16 段落ち流れの水頭損失

とおくと,損失水頭 h_e は,

$$\frac{h_e}{h_2}=K+\beta_*-1+\frac{F_2^2}{2}\left(\frac{1}{\beta_*^2}-1\right) \tag{6-33}$$

と表される.上式の計算結果を示したのが図 6-16 で,K および F_2 を知って h_e が算出される.

第6節 平均流速公式を用いた流れの計算に用いる粗度係数の設定

6.1 洪水流観測と粗度係数の検討

> 粗度係数の設定とそれに基づく洪水流の計算を適切なものにするために,洪水流観測,痕跡水位測定とその結果に基づく粗度係数などの検討を行う.

解　説

洪水流観測,洪水後の痕跡水位調査とその結果に基づく粗度係数などの検討が十分行われていることは,粗度係数設定にとって不可欠である.また,これらは,時間的・空間的に変化変動し得る河道状況,粗度状況を継続的に把握する手段としても,また,物理的な粗度係数設定手法の精度向上や流れの計算の精度向上のための検証データとしても大事である.不断の洪水流観測とその解析を行うとともに,これらの手法の改善を図っていくことが大切である.粗度係数設定に係わる水位測定については本章 6.5 に述べられている.

6.2 粗度係数設定の基本

> 粗度係数の設定には,大きく分けて以下の2つの考え方がある.
> 1. 粗度状況からの物理的な粗度係数推定に基づき設定する.
> 2. 既往洪水データからの逆算粗度係数に基づき設定する.
>
> 粗度係数の設定においては,両者の特徴を十分踏まえて,設定の目的,使用できる当該河川のデー

第6節　平均流速公式を用いた流れの計算に用いる粗度係数の設定

タの質・量等を考慮し，総合的な観点から妥当な設定方法を採用する．

解　説

上記の2つ設定の考え方の特徴を比較すると次のようである．
1. 物理的推定に基づく設定：一般性，応用性が高く，原理的には，任意の断面形状や洪水規模，粗度状況に適用できる．したがって，将来の河道について，現在と異なる任意の粗度状況，河道形状，洪水規模を想定した粗度係数設定を行うことができる．この一方で，粗度係数の物理性が保たれるようなレベルの平均流速公式の使用が前提となる．また，粗度係数の推定精度や推定法の適用範囲に限界や不確定要素が残る．
2. 逆算に基づく設定：逆算粗度係数には，その洪水発生時の種々の情報が集約されており，実績という意味で重みがある．設定対象とする粗度状況，河道形状，洪水規模が，粗度係数逆算対象のそれらとあまり変わらない場合には，妥当な設定を行うことができる．逆にそうでない場合，この設定法が妥当でなくなる可能性が出てくる．質がよく十分な数の粗度係数逆算が行われていることが前提となり，また，設定結果の成否が洪水データの精度に依存する．

一般には，両者の弱点を補完するように，両方の設定法を併用することが現実的な選択である．すなわち，河道の粗度状況から物理的に粗度係数を設定するようにし，しかし一方で，その設定により既往代表洪水の逆算粗度係数あるいは洪水位を再現できるかを確認し，必要に応じて，逆算粗度係数値を踏まえ粗度係数を修正する，というものである．あるいは，逆算粗度係数に基づき粗度係数を設定することを試み，しかし一方で，逆算対象の洪水規模・河道状況と粗度係数設定対象のそれらとの違いを踏まえ，物理的な粗度係数推定法を加味して，最終的に粗度係数を設定するというものである．粗度係数設定対象河道の粗度状況が粗度係数逆算対象の粗度状況と異なることのほうが一般的であるから，粗度係数の設定において，想定される粗度状況からの物理的な粗度係数推定を少なくともなんらかの形で組み込むことが，今後ますます重要になると考えられる．

なお，物理的な粗度係数推定法の適用が難しい河道については，粗度係数逆算結果を重視した粗度係数設定を行うことになる．この例として，岩河道，土丹が露出した河道などがあげられる．逆に，粗度係数逆算データがないまま設定せざるをえない場合は，物理的な推定法のみの適用や，それが難しい場合には，類似の河川の粗度係数の吟味を通じた設定も，現実的な選択肢となる．

粗度係数を支配する要因とその影響度が複雑で，精度よい洪水観測が必ずしも容易でない実河川を対象にしていることから，適切な粗度係数設定を行った場合でも，種々の誤差，不明確な要素を粗度係数から完全に除去するのは困難と考えるべきであり，一般には，粗度係数の有効数字は2桁が限度である．粗度係数の設定，設定した粗度係数を用いた水位計算結果の解釈と利用においては，粗度係数が含みうるこうした誤差，不確実性を十分考慮しなければならない．

6.3　河道の粗度状況からの物理的な粗度係数推定

粗度状況からの物理的な粗度係数推定は，各推定法の原理，特徴，適用範囲を理解し，対象となる場の特性を踏まえ，適切な推定法に基づき行う．

〔参考　6.21〕　代表的な粗度係数の値

河川や水路の粗度係数のおおよその範囲は次のようである（m-s単位）．**表6-2**の値は，水位計算に用いる粗度係数を束縛するものではなく，従来の実測値のおよその範囲を示したものである．また表6-2は単断面的な河道についてのものと考えたほうがよい．

第6章　水位計算と粗度係数

表 6-2 河川や水路の状況と粗度係数の範囲

河川や水路の状況		マニングの n の範囲
人工水路・改修河川	コンクリート人工水路	0.014〜0.020
	スパイラル半管水路	0.021〜0.030
	両岸石張小水路（泥土床）	0.025（平均値）
	岩盤掘放し	0.035〜0.05
	岩盤整正	0.025〜0.04
	粘土性河床，洗堀のない程度の流速	0.016〜0.022
	砂質ローム，粘土質ローム	0.020（平均値）
	ドラグライン掘しゅんせつ，雑草少	0.025〜0.033
自然河川	平野の小流路，雑草なし	0.025〜0.033
	平野の小流路，雑草，灌木有	0.030〜0.040
	平野の小流路，雑草多，礫河床	0.040〜0.055
	山地流路，砂利，玉石	0.030〜0.050
	山地流路，玉石，大玉石	0.040　以上
	大流路，粘土，砂質床，蛇行少	0.018〜0.035
	大流路，礫河床	0.025〜0.040

〔参考　6.22〕河床材料を用いた低水路粗度係数の推定

　河川の低水路（高水敷以外の場所）は一般に移動床の条件にある．移動床に洪水が作用すると，小規模河床波の消長により粗度係数が大きく変化することが珍しくない．この傾向は砂床河川で特に顕著であるが，礫床河川でも無視できない場合が少なくない．小規模河床波の影響を受ける流れについては，河床材料の粒径 d を粗度係数と直接対応づけるという考え方を基本にした粗度係数予測は，適切な結果をもたらさない．

　小規模河床形態を考慮した低水路の粗度係数予測については，少なくとも実用的観点からは，理論的予測はまだ困難で，次元解析や土砂水理学の知見を用いつつ実験や河川の観測データからなんらかの法則性を導き出すというアプローチが依然として主流である．これには主として実験結果に基づき小規模河床形態の領域区分ごとに抵抗則を示した岸・黒木の方法，実験結果に河川の観測データを加え，河川に生じうる幅広い水理条件，河床材料粒径範囲について流速係数 ψ 〜無次元掃流力 τ_* 〜水深粒径比 h/d 関係を図化した山本の方法がある．以下これら2つを簡単に紹介する．

1．岸・黒木の方法

　岸・黒木の方法は，エンゲルンドの研究を母体とし，重要なパラメータ R/d を追加して修正したものである．ここで R は径深．その方法は，まず河床材料の大きさと水理量とから河床の領域区分（砂堆河床，遷移河床，平坦河床及び反砂堆河床の区分）を行い，それぞれの区分内での抵抗法則を多くの実験結果から求めたものである．

　領域区分は図 6-17 のガルデ・ラジュの図を用い，各領域の境界線を次のように定量化した．

　砂堆河床と遷移河床との境界線は，

$$I_b/s = 0.02(R/d)^{-1/2} \quad \text{あるいは，} \quad \tau_{*a} = 0.02(R/d)^{1/2}$$

両式は，同じ意味の別表現である．

　また，遷移河床と反砂堆河床（antidunes）との境界線は，

$$I_b/s = 0.07(R/d)^{-3/5} \quad \text{あるいは，} \quad \tau_{*b} = 0.07(R/d)^{2/5}$$

このとき各領域における抵抗法則は，

　　(A)　砂堆河床 I　　$\psi = 2.4(R/d)^{1/6} \tau_*^{-1/3}$

第6節 平均流速公式を用いた流れの計算に用いる粗度係数の設定

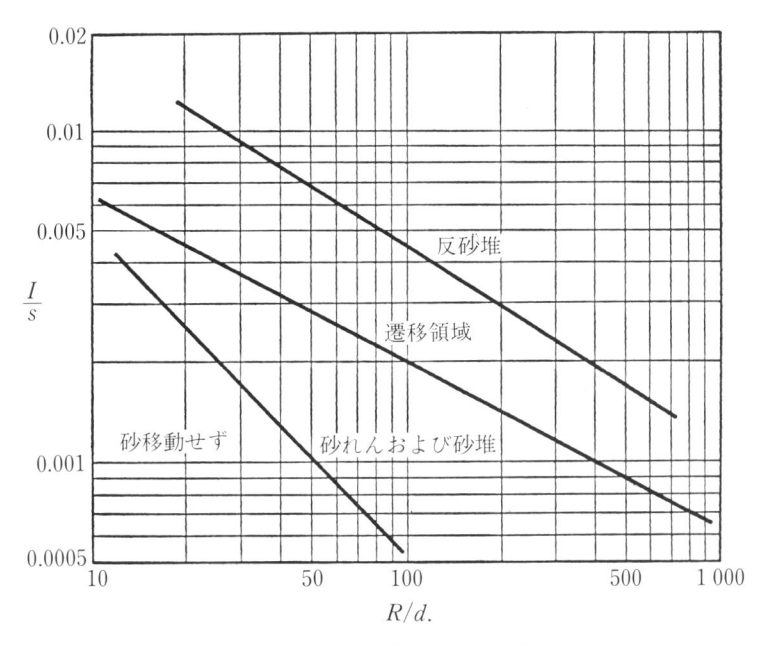

図 6-17 ガルデ・ラジュの図

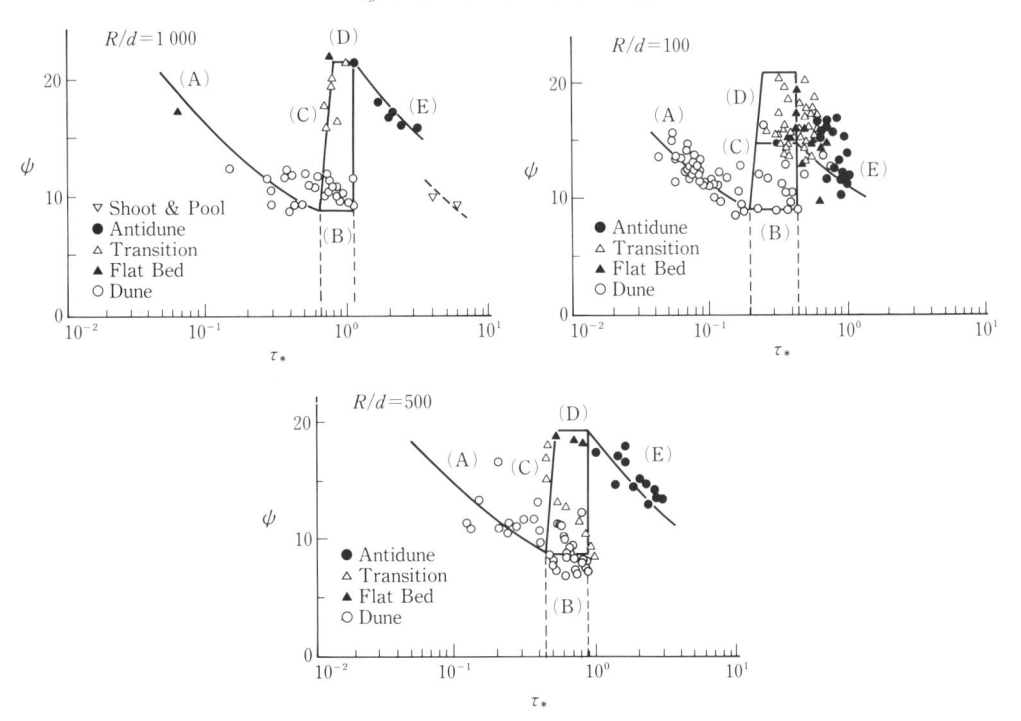

図 6-18 流速係数 ψ の計算値と実験値の比較（岸・黒木の方法）
(A), (B), ……, (E) は各領域を示す

(B) 砂堆河床 II $\psi = 8.9$
(C) 遷移河床 I $\psi = 1.1 \times 10^6 (R/d)^{-3/2} \tau_*^3$
(D) 平坦河床 $\psi = 6.9 (\kappa_0/\kappa)^{1/2} (R/d)^{1/6}$
(E) 反砂堆河床 $\psi = 2.8 (R/d)^{3/10} \tau_*^{-1/3}$

であり，これを図化すると**図 6-18**（R/d がパラメータとなっている）のようになる．ここに，I_b：河床勾配，d：平均粒径あるいは50％粒径の大きさ，s：河床材料の水中比重で通常1.65程度，R：径深，$\tau_* = U_*^2/sgd = $

RI_b/sd, ψ：流速係数で $=\psi=U/U_*=\dfrac{R^{1/6}}{\sqrt{g}\cdot n}$, U_*：摩擦速度, U：平均流速, g；重力加速度, κ_0：純水のカルマン数で0.4, κ：流砂濃度により変化するカルマン定数．κ_0 と κ のずれを考慮する場合には，志村の式，日野の式がある．

岸らの方法ではまず τ_*, R/d の値を求め，それより τ_{*a}, τ_{*b} を計算で求め，τ_* と τ_{*a}, τ_{*b} との大小関係より該当する領域区分を定める．各領域に相当する抵抗則を用いて流速係数 ψ が計算され，粗度係数が定められる．$\tau_{*a} < \tau_* < \tau_{*b}$ の領域では図 6-18 に示されているように，同じ τ_* に対して異なるの値が得られる．この範囲では河床状態を知らなくては粗度係数を推定することができない．

2. 山本の方法

移動床の流れと流砂の現象は，川幅水深比が大きい一方で砂州の影響が無視できる場合には，次元解析により次のように表すことができる．

$$\frac{h^{1/6}}{\sqrt{g}\cdot n}=\psi=f(R_{e*},\ \tau_*,\ h/d) \tag{6-34}$$

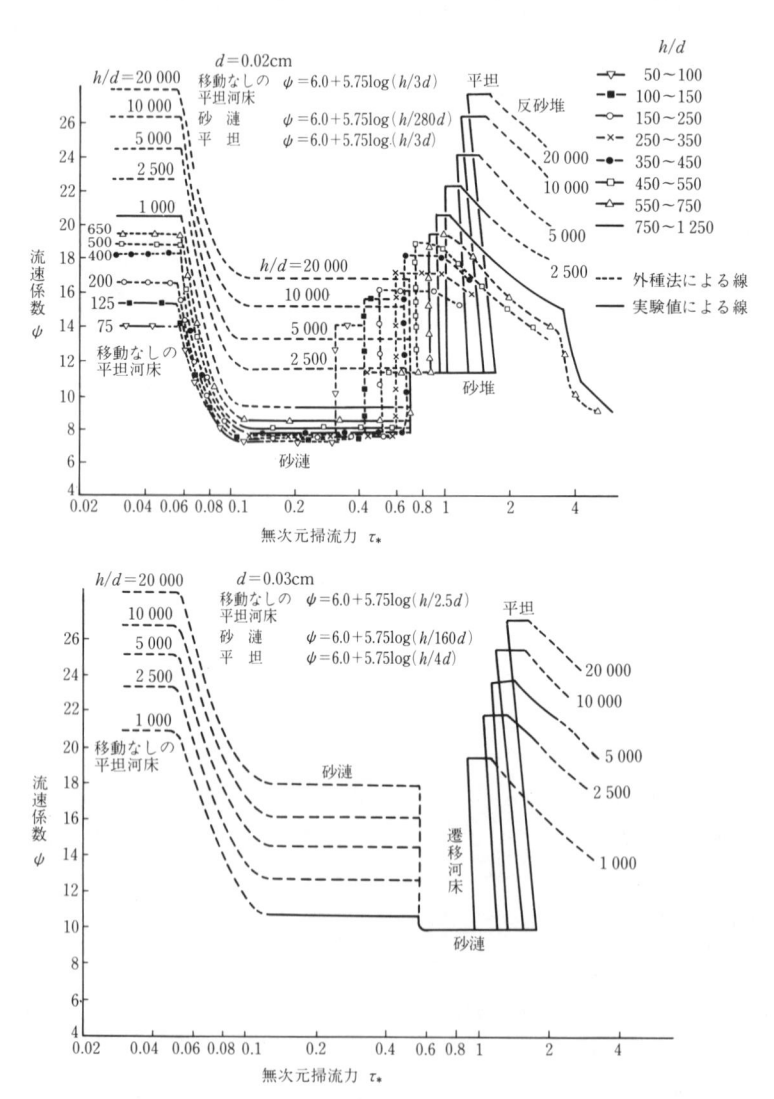

図 6-19(1) 各粒径 d についての ψ と τ_* との関係

第6節　平均流速公式を用いた流れの計算に用いる粗度係数の設定

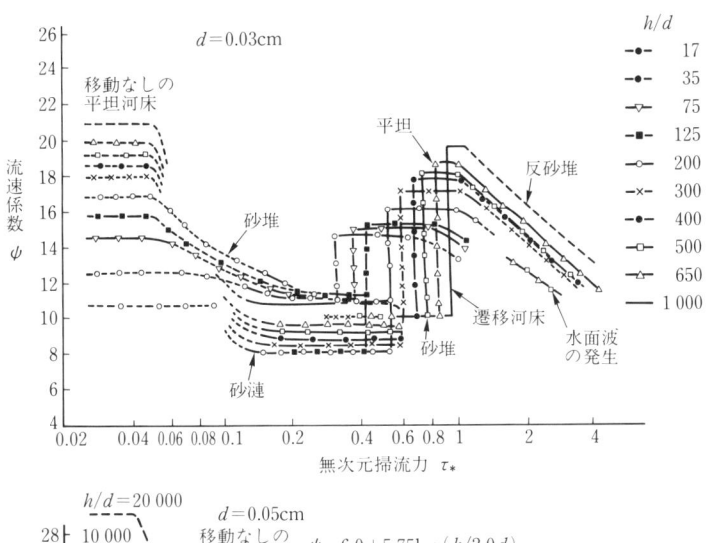

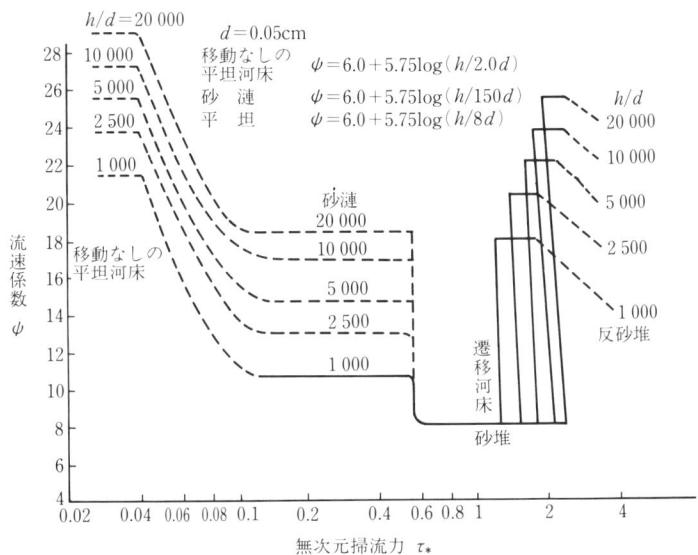

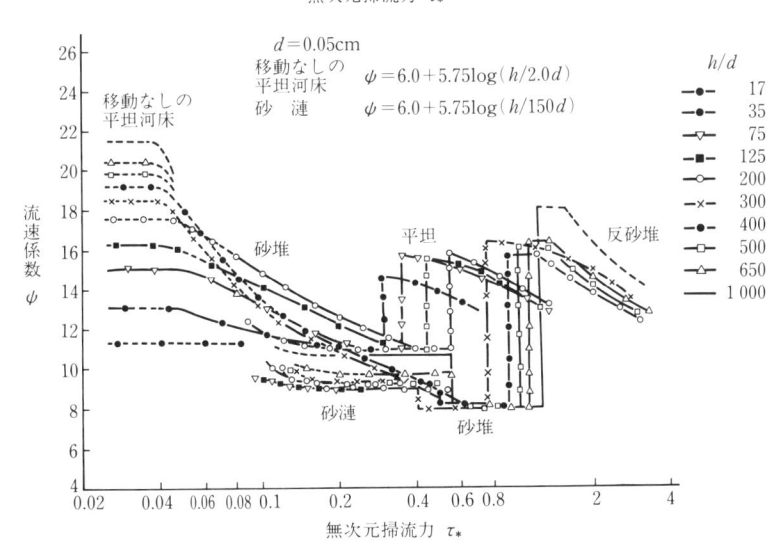

図 6-19(2)　各粒径 d についての ψ と τ_* との関係

第6章　水位計算と粗度係数

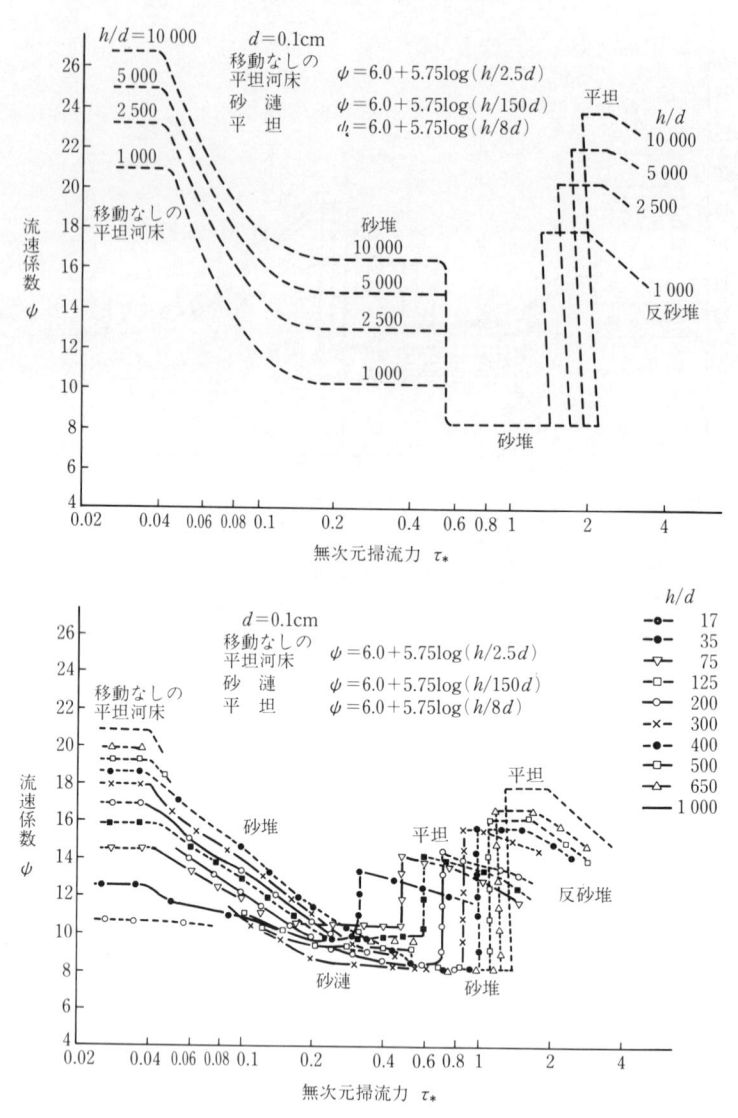

図 6-19(3)　各粒径 d についての ψ と τ_* との関係

ここに，h は水深である．R_{e*} は粒子レイノルズ数（$U_* d/\nu$：ν は動粘性係数）であり，実際上 d と τ_* でほぼ決まってしまう．このことから，流速係数 ψ は τ_* と h/d，d の3つのパラメータにより決まると考えて差し支えない．また，R_{e*} が ψ に影響を与える範囲から考えて，パラメータ d が実際上効くのは $d < 0.3$ cm である．

以上のように考えた山本は，上式の具体的な関係を求めるため，内外の移動床に関する実験資料および実際の河川の観測資料を集め，流速係数 $\psi \sim (\tau_*, h/d, d)$ の関係を，$d = 0.02, 0.03, 0.05, 0.1$ cm について実際の河川で生じる水理量の範囲を概ねカバーするように図化した．この結果が図 6-19 である．流速係数の変化は河床形態の変化とも対応しているため，図中では河床形態区分も示されている．また，図中の実線の部分は実験資料を基に描かれており，点線の部分は実測資料がない領域での推定線である．推定線は，実測資料があるところの $\psi \sim (\tau_*, h/d, d)$ 関係についての詳細な分析から得られた経験的法則を資料のない領域に適用して得ている．この図は，岸・黒木の方法など他の方法と比較した時，粒径 d の違いの効果が考慮されている，$h/d > 1000$ という実用域まで図化されている，砂堆と砂漣の区分が明確になっているという特徴を持つ．

なお，河床材料が $d > 0.1$ cm の場合，一様粒径であれば $d = 0.1$ cm の図を準用することができる．

第6節　平均流速公式を用いた流れの計算に用いる粗度係数の設定

3. 留意事項

岸・黒木の方法あるいは山本の方法の図を見ればわかるように，流速係数 ϕ が τ_* の増加に伴い徐々に減少し，しばらく一定値を取ったのち再び大きくなる．このような ϕ の変化の機構は小規模河床形態との関連で以下のように説明づけられる．砂河川の場合，洪水時において τ_* の取り得る値は 0.7 程度から 3 程度の範囲である．この範囲において，砂床河川の抵抗特性と河床形態との関係は以下のとおりである．小規模洪水時には，河床に小規模河床波（砂漣・砂堆）が生じ抵抗は大きくなる（ϕ は小さくなる）．洪水規模が大きくなると河床は平坦になり抵抗は減少する（ϕ は増加する）．礫床河川において洪水時に τ_* の取り得る範囲は，一般的に 0.05～0.2 程度である．礫床河川の抵抗特性と河床形態との関係は以下のとおりである．中小規模洪水時には河床材料の動きは鈍く，明確な河床波を形成しないために抵抗は比較的小さい（ϕ は大きい）．大洪水時には小規模河床波（砂堆）が生じるので抵抗が増加する（ϕ が小さくなる）．

以上のように，小規模河床波の消長が原因となって，洪水の規模により流速係数あるいは粗度係数が有意に変化しうることは，低水路粗度係数の設定において非常に重要である．特に，通常，計画流量より小さい規模の洪水で算定されることの多い（低水路）逆算粗度係数を扱う際には，このような基本的性質を理解したうえで，その粗度係数設定への利用方法を検討する必要がある．

なお，ここで紹介した2つの方法はいずれも，「一様粒径」，「砂州の影響が無視できる状態」，「定常の流れ」を想定している．したがって，流量の非定常性の効果，混合粒径の効果，砂州の効果が卓越する場合には粗度係数推定誤差が大きくなることが考えられる．また，岩が河床に露出するなど，河床が十分な移動床厚を持っていない場合にも本手法は適用できない．これらの手法を適用する際には以上の点に留意する必要がある．

〔参考　6.23〕　高水敷粗度係数と植生地被との関係

一般に高水敷は固定床的にとらえることが可能である．この場合，高水敷におけるマニングの粗度係数 n に支配的に影響するのは高水敷表面の地被状態であり，中でも植生高さの影響が大きいと考えられる．このことに着目して，植生高 h_v と水深 h との比 h/h_v と n との関係を洪水観測データから調べたものが図6-20である．

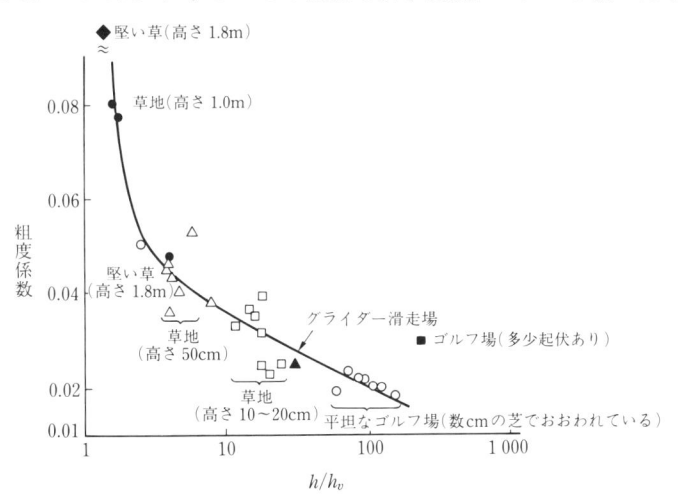

図 6-20　マニングの粗度係数 n と水深 h/植生高 h_v との関係（高水敷について）

ここで h_v は冠水前の植生の平均高さである．この図において，非常に短い草の h_v を 2 cm としている．この図から，高水敷粗度係数と h/h_v の間には明確な関係があることがわかる．このことは，現地の草の概略の高さから粗度係数をある程度の精度で知ることができることを示している．なお，h/h_v が 2 以下になると h/h_v による粗度係数の変化が大きくなるため，粗度係数自体の予測精度は大きく低下する．しかし，$h/h_v<2$ の領域では粗度係数の値自体がかなり大きく，この粗度係数のもとで生じる流速が主流部の流速に比べて無視できるほどに

小さくなるため，疎通能力の予測という実際上の目的から見た場合，この領域の予測精度の低下が大きな問題になることはないと考えられる．

ここでは，草が平面的に一様に繁茂した状態である地被を対象としている．樹木群など，流水の透過性の非常に低い物体がある場所にまとまって存在する場合について水理的検討を行う際には別の取扱いが必要であり，これについては〔参考6.10〕を参照されたい．また，図6-20のデータは，高水敷粗度係数値について概括的な情報を得るのに有用であるが，比較的緩流の河川での観測結果に基づいているので，高水敷上の流速が速く洪水流による植生のたわみがより卓越する条件では大きく異なる値を取る可能性があることに留意しなければならない．

6.4 粗度係数の逆算法

6.4.1 粗度係数逆算の基本

> 粗度係数の逆算は，逆算の目的に適った平均流速公式を用い，実測の河道形状，水位，流量あるいは流速から，粗度係数を算出することである．

解　説

平均流速公式において，粗度係数以外の水理量を与えれば，粗度係数を算出することができる．これらの水理量を実測から与えるのが，粗度係数の逆算である．

本章第2節で述べているように，用いる平均流速公式のレベルによって粗度係数の意味が異なる．粗度係数の逆算に用いる平均流速公式の選択においても，このことに留意しなければならない．一般に，粗度係数逆算の主たる目的は，流れの計算に用いるべき粗度係数の吟味であるから，流れの計算に用いるものと同じ平均流速公式を粗度係数の逆算に用いることが基本となる．また，異なる平均流速公式を用いて逆算された粗度係数同士の比較は避けなければならない．

1断面内に複数の粗度係数（低水路と高水敷の粗度係数など）を設定する平均流速公式を用いる場合には，一回の逆算で1断面内のすべての粗度係数を逆算することは原理的に不可能である．この場合の逆算手順については，次のようなやり方がある．

1. 種々の規模の洪水について逆算を行い，実測値に合う粗度係数の組合せを見い出す（例えば，低水路満杯時の洪水で低水路粗度係数を逆算し，それより高い水位の洪水から高水敷の粗度係数を求めるなど）．
2. 水位に対する影響が支配的でなく，粗度状況からの物理的推定の信頼性が比較的高い粗度係数の値を逆算時に既知として与え，この条件に該当せず逆算する必要性が高い1つの粗度係数だけを対象に逆算を行う（例えば，高水敷の粗度係数値を植生地被からの推定により与え，低水路粗度係数だけを逆算対象にするなど）．

上記1.は，洪水規模による粗度係数の変化，対象各洪水発生時の粗度状況の違いが無視できることが適用条件となる．上記2.の持つ誤差は，既知として与えるほうの粗度係数値の誤差により決まる．

6.4.2 逆算する粗度係数の種類

> 逆算対象となる粗度係数には，次の2種類がある．
> 1. 河道の長い区間の平均的な粗度係数
> 2. 短い河道区間の局所的な粗度係数

解　説

1.を対象にした粗度係数逆算が多く行われている．これは，粗度係数の細かな縦断変化を知らなくても，対象区間の平均的な粗度係数を知っていれば，河道計画の策定などに耐え得る精度で水位計算を行うことができるか

第6節　平均流速公式を用いた流れの計算に用いる粗度係数の設定

らである．

一方，2.の局所的な粗度係数が得られれば，その値とその付近の河道状態との関係を調べることにより，河道状態，例えば，高水敷の地被状態や低水路の河床材料，河道法線形と粗度係数との関係などを検討することができる．また，局所的な粗度係数の逆算には，長い区間の平均的な粗度係数を逆算する場合と違って少数の水位データしか必要とせず，水位測定点が少数ならば最高水位だけでなく水位の時間変化まで測定することも現実的となる．このことから，局所的な粗度係数の逆算は，粗度係数の時間変化を分析することにもむいている．以上から，洪水流の挙動を分析する手段として2.の粗度係数も有用である．

なお，データが不足しているために局所的な粗度係数しか求められない場合に，やむをえずその値を上記1.の粗度係数に置き換えて水位計算を行うことが考えられる．しかし，多くの場合，局所的な粗度係数がその上下流の長い区間をも代表しうるか問題であり，このやり方の適用は慎重にすべきである．

6.4.3　河道の長い区間の平均的な粗度係数を逆算する方法の種類

> 河道の長い区間の平均的な粗度係数を逆算する方法としては，痕跡不定流逆算法と痕跡不等流逆算法の2つがある．河道および洪水流の特性に応じてこれらを使い分ける．

解　説

痕跡水位を用いた粗度係数逆算の手順は以下のとおりである．粗度係数を仮定して水位計算を行い，得られた計算水位ピークを洪水後に観測された痕跡水位縦断と比較する．両者が必要な精度で一致するまで粗度係数を変えて水位計算を行う．

逆算に用いる痕跡水位の選定にあたっては，精度の高い痕跡を重視する．測量精度などがほぼ同一と考えられる痕跡資料に極端な水位の上下がある場合，始めからある考えを持って痕跡水位を取捨選択することは禁物である．必ず数回の水位計算を実施後に，どうしても説明不可能なものから順番に無視していくようにする．左右岸の水位が大きく異なるような場合，あるいは下流の痕跡水位が上流のそれよりも大きいような場合でも，それらがデータ的に同一の精度と考えられる限り，計算水位がそれらの平均値を通るように粗度係数を求めるべきである．

なお，ここでは，痕跡水位を用いることを前提に説明しているが，用いる水位が水位観測所で測定されたピーク水位であっても，それが河道の長い区間に平均的に存在しているならば，基本的には同様の逆算法を適用することができる．

痕跡不定流逆算法における水位計算は，境界条件（通常，上流端で流量ハイドロ，下流端で水位ハイドロ）を与えて不定流計算を行い，水位および流量の時間的，場所的変化を求めるものである．痕跡不等流逆算法における水位計算は，ピーク水位発生時の流量を各区間で与え，下流端の水位を設定して不等流計算を行い，水位縦断を得るものである．ピーク水位発生時の流量としては，近似的に最大流量を用いることが多く行われている．この方法では，洪水の非定常性を無視するため，逆算対象洪水の非定常性が無視できない場合，逆算精度は低下する．また，ピーク水位発生時流量の設定精度が逆算精度を支配するので，例えば，流量に最大流量を与える場合，それとピーク水位発生時の流量とに差があると，逆算精度は低下する．一方，計算に要する労力は痕跡不定流逆算法に比べ小さい．

これらの特徴を考慮し，以下のように2つの方法を使い分けることが合理的である．対象洪水の非定常性が無視でき，ピーク水位発生時の流量が精度よく設定できる場合，計算に要する労力の観点から，痕跡不等流逆算法のほうが有利となる．対象洪水の非定常性が強い場合，痕跡不等流逆算法では精度の高い逆算結果を得ることは難しいので，痕跡不定流逆算法を適用する．

〔参考 6.24〕 痕跡不定流・痕跡不等流逆算法の選択

洪水痕跡水位より粗度係数を逆算する場合において，痕跡不定流逆算法を用いるか痕跡不等流逆算法を用いるかの判定は，以下の2つの方法に従って行う．
① ピーク流量逓減の程度を調べる．
 1) 実測値，もしくは過去に行った不定流計算結果をもとにピーク流量の縦断図を描く．
 2) 隣り合う流量観測所で得られたピーク流量に大きな差がある場合は痕跡不定流逆算法を用いる．
② $H \sim Q$ 図によりピーク水位時の流量とピーク流量との差異を調べる．
 1) 実測流量，水位をもとに $H \sim Q$ 図を描く
 2) ピーク流量とピーク水位時の流量を図より読み取り比較する．
 3) 両者に大きな差がある場合は痕跡不定流逆算法を用いる．

1. ①について

実河川においてはピーク流量は縦断的に変化し，支川の合流等がなければ多くの場合逓減する．痕跡不定流逆算法においてはピーク流量の河道縦断変化をある程度正確に再現できるものの，痕跡不等流逆算法においてはこれが再現できないので便宜上流量観測所で求まった実績のピーク流量をある区間にわたり一定に与える．マニングの式よりわかるように，計算における設定流量の誤差が直接 n の逆算精度に影響を与える．

ピーク流量の河道縦断変化を無視できるため痕跡不等流逆算法の適用が可能であるという判断が妥当かどうかは，流量観測により求まったピーク流量の縦断図を描くことにより推定する．図 6-21 にピーク流量縦断図の例を示す．ピーク流量縦断図において，隣り合う流量観測地点の観測流量が大きく異なる場合には痕跡不等流逆算法による逆算粗度係数の精度は低下し，痕跡不定流逆算法の適用が必要となってくる．なお，流量の縦断変化が大きい場合でも流量観測所が密にあり，ピーク流量の実測値が河道縦断方向に密に得られる場合には，痕跡不等流逆算法による粗度係数の逆算精度を向上させることができる．

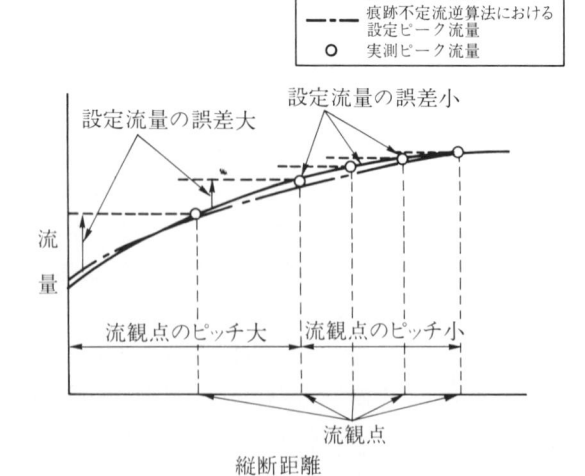

図 6-21 痕跡不等流計算における設定流量に含まれる誤差 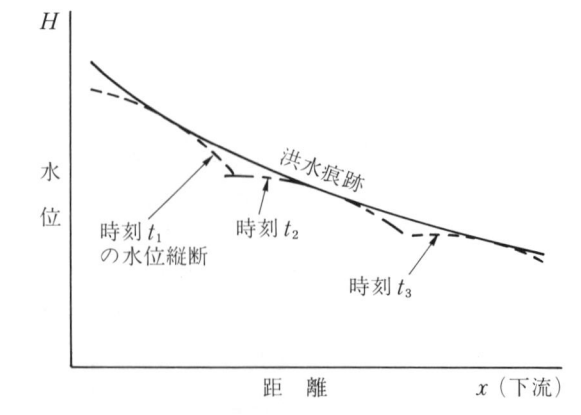　　図 6-22 痕跡縦断曲線と各時刻の水位縦断曲線

2. ②について

洪水は非定常性を有しているため，ピーク水位，ピーク流速，ピーク水面勾配，ピーク流量は同時に発生しな

第6節　平均流速公式を用いた流れの計算に用いる粗度係数の設定

い．痕跡水位縦断はピーク水位の包絡線であるので（**図 6-22** 参照），痕跡水位縦断を用いて粗度係数逆算を行う時には，厳密にはピーク水位発生時の流量を使わねばならない．痕跡不定流逆算法においては自動的にピーク水位発生時の流量のもとで粗度係数の逆算が行われるので，特に問題はない．しかし痕跡不等流逆算法においてはピーク水位発生時の流量を用いるべきところにピーク流量を代用することが一般的に行われるため，地点によっ

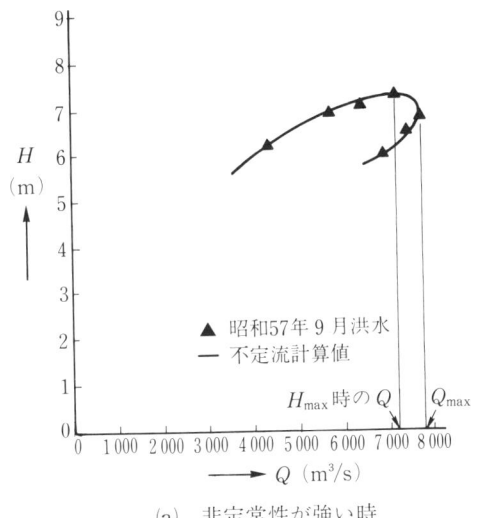

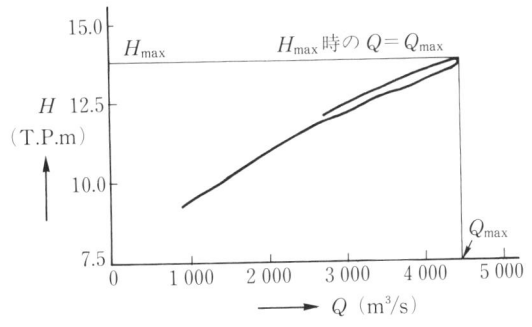

(a) 非定常性が強い時

(b) 非定常性が弱い時

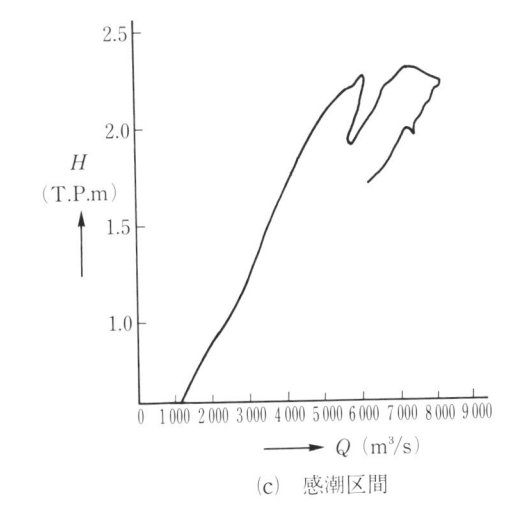

(c) 感潮区間

図 6-23　$H \sim Q$ 関係の例

ては設定流量に問題が生じる．流量の設定誤差は粗度係数の逆算精度を低下させる直接的な原因となる．

ピーク水位発生時の流量とピーク流量との差異は，$H \sim Q$ 図により読み取る．原理的には読み取った流量の差異に比例して逆算粗度係数に含まれる誤差の割合が変化すると考えられる．すなわち，ピーク水位時の流量とピーク流量が仮に10％異なれば，逆算粗度係数も10％異なる可能性がある．

図 6-23 に $H \sim Q$ 図の例を示す．a)の場合は，洪水の非定常性が強い時の例であり，同じ水位でも洪水増水期と減水期では流量に大きな差異があるのが特徴である．この図の場合，ピーク水位時の流量とピーク流量はおよそ9％異なる．したがって，ピーク水位時の流量を用いた場合の逆算粗度係数と，ピーク流量を用いた場合の逆算粗度係数はおよそ9％異なる可能性を有している．この図のように，ピーク水位発生時の流量とピーク流量とで大きな差異がある場合は設定流量の補正もしくは痕跡不定流逆算法の適用が必要となる．b)は，洪水の非定常性が弱い場合の $H \sim Q$ 図の例であり，ピーク水位発生時の流量とピーク流量とではほとんど差異はない．この場合には，痕跡不等流逆算法の適用が可能となる．c)は，感潮区間の $H \sim Q$ 図の一例である．この図では，$H \sim Q$ 曲線は特異な動きをしている．このため痕跡不等流逆算法を用いる場合，計算に用いるべき流量の設定は難しい．したがって感潮区間では痕跡不定流逆算法を用いて逆算粗度係数を求めることが望まれる．

〔参考　6.25〕　痕跡不等流逆算法－標準法

河川の下流から上流まで一貫して粗度係数を求める場合で，しかもその中に粗度係数が一定と考えられる比較的長い河道区間がある場合には，次の標準法によって粗度係数を逆算する．

1．標準逐次計算法

不等流計算には標準逐次計算法を用いる．エネルギー損失は2断面の算術平均値をとる．計算打切誤差はそれをエネルギーの大きさの差で表した場合（河床勾配×計算区間距離）×(1/20～1/50) 以下を目安とする．計算打切誤差を大きくとる場合には，誤差の累積のできるだけ少ない計算方法を選ぶ．

2．計算断面間隔

間隔 Δx は 200 m とする例も多いが，河幅に応じて適宜選定する必要がある．断面測量成果がない場合には $\Delta x = 500$ m でもやむをえない．急激な低下背水区域や勾配急変区間はさらに 1/10 の区間距離とする．そうした区間で測量成果がない場合には，断面特性は両端断面のそれから内挿によってつくってもよい．

3．計算法

適切な平均流速公式を用いた計算法を用いる．

4．流量資料

流量観測所の $H \sim Q$ または実測流量から求めた $H \sim Q$ 曲線からの推定値を使用する．

5．横断面

洪水後の実測横断面図を使用することを原則とする．

6．粗度係数一定区間の設定

粗度係数一定とする区間を不必要に短くすることはしない．粗度係数の変化点の取り方としては，河道特性の分析に基づく河道セグメント区分による方法を重視する．

7．粗度係数の決定

粗度係数が一定と考えられる区間では，一定の粗度係数に対する計算水位縦断を回帰線とし，痕跡水位との差でつくった分散が最小となるようにして，この区間の粗度係数を定める．

第6節　平均流速公式を用いた流れの計算に用いる粗度係数の設定

1. 計算打切誤差1mmとは，水位差が1mmではなく，計算によるエネルギー高と真のそれとの差が1mmという意味である．勾配の小さい感潮区間では計算打切誤差1mmが大きすぎる場合もあり，逆に勾配の大きい河道区間ではもう少し大きく取っても問題のない場合がある．水位計算断面数が多い場合には，計算に伴う累積誤差を少なくできる計算法を使用することが望ましい．
2. 痕跡水位は，精度の高いものが縦断距離で200～500mに左右岸1個ずつは必要である．一般的には水位計算点のみで精度の高い痕跡を採取するのは無理があるので，正確な痕跡をできるだけ多く取ることが望ましい．内挿断面の意義，設定の仕方については〔参考6.12〕を参照のこと．
3. 洪水波形の変形の著しい区間及び分合流のある場所ではさらに別途検討を加えた流量で計算する．
4. 河道特性の分析に基づく河道セグメント区分については本編第19章第2節を参照のこと．補完的な検討手段として，以下のような，nの変化点について機械的にチェックする方法がある．計算水位と痕跡水位とでつくった標準偏差の移動値をとり，その値が明らかに増大あるいは減少して，傾向を異にする地点をnの変化点と考えるものである．計算水位と痕跡水位の連続したm個の組合せよりつくった標準偏差σを，

$$\sigma = \sqrt{\frac{\sum_{}^{m}(HK-H)^2}{m}} \tag{6-35}$$

で定義し，これを例えば$m=10$として1つずつ上流へデータをズラしていった移動値の傾向を見ることによって，また，水位差

$$HM = \frac{1}{m}\sum_{}^{m}(HK-H) \tag{6-36}$$

において1つずつ上流へデータをズラしていった移動値の傾向を見ることによって，比較的容易に変化点の判定がつくようである．ここにHKは計算水位，Hは痕跡水位である．

5. 最小二乗法によって機械的にnを決定した場合でも，最後には目視によって計算水位と痕跡水位を比較することによりnの妥当性を再確認することが望ましい．

6.4.4　短い河道区間の局所的な粗度係数を求める方法

> 短い河道区間の局所的な粗度係数を求める際には，逆算目的，必要精度，河道および洪水流の特性を踏まえ，適切なデータを用いて適切な計算法により行う．

解　説

局所的な粗度係数を用いる場合には，逆算に用いる水位データが短区間のものになるので，特にその水面勾配の精度が問題になることが多い．水面勾配は逆算精度に直接関係するので，水位データの取扱いに際しては，水面勾配の精度に十分留意する必要がある．これについては〔参考6.30〕を参照されたい．

〔参考　6.26〕　等流計算から局所的な粗度係数を逆算する方法

河道の縦横断変化の小さい場所では，等流計算の逆算によってその局所的な粗度係数をおおまかに推定できる．平均流速公式レベル1で説明すると，上下流2点の水位差をΔH，区間距離をΔx，その区間の流水の断面平均流速をU，径深をRとすれば，

$$n = R^{2/3}\frac{\sqrt{\Delta H/\Delta x}}{U} \tag{6-37}$$

でマニングのnが求められる．

〔参考　6.27〕　洪水航測資料，流量観測資料から高水敷あるいは低水路の局所的な粗度係数を逆算する方法

河道の縦横断変化が小さい場所であり，拡幅部や急湾曲内岸の死水域や流水の乗り上げ位置，その他河道内で

の横断混合が激しい河岸近傍や高水敷の地被状態が急変している個所以外の局所的等流近似が成り立つ場所では，航空写真や流量観測の浮子流速などから求めた実測の流速と水位，水深，水面勾配を用いて等流近似計算を行うことにより，高水敷上，低水路の局所的な粗度係数をおおまかに推定できる．高水敷上の水深を h_{fp}，水面勾配を I_w，水深平均流速を $\bar{U}$（航空写真や流量観測の浮子流速などから求める）とすると，粗度係数 n は，

$$n = h_{fp}^{2/3} \frac{\sqrt{I_w}}{\bar{u}} \tag{6-38}$$

で与えられる．

〔参考 6.28〕 不等流計算から局所的な粗度係数を逆算する方法

流量の出入りはないが上下流の断面形に少なからぬ差があり，等流近似に無理がある場合には，不等流計算の式をそのまま使って粗度係数を逆算する．断面変化の著しい区間では，この方法を用いたほうが〔参考6.26〕の方法より高い精度が期待できる．平均流速公式レベル1を使う場合，次の式で n が逆算される．

$$n^2 = \frac{2\left[\left\{H_U + \frac{1}{2g}\left(\frac{Q_U}{A_U}\right)^2\right\} - \left\{H_L + \frac{1}{2g}\left(\frac{Q_L}{A_L}\right)^2\right\}\right]}{\left(\frac{Q_L^2}{A_L^2 \cdot R_L^{4/3}} + \frac{Q_U^2}{A_U^2 \cdot R_U^{4/3}}\right) \cdot \Delta x} \tag{6-39}$$

ここに，添字 L は下流断面の水理量で，添字 U は上流断面の水理量である．こうして得られた n は，局所的な値であるという点では〔参考6.26〕と同じである．

6.5 粗度係数の検討に係わる水位測定

> 粗度係数の検討に係わる水位測定は，粗度係数検討の目的，各水位測定法の長所・短所を踏まえ，測定対象に応じて適切な方法を選択して行う．

解　説

水位データは，流量データおよび河道形状に関するデータと並んで，粗度係数の検討を行ううえで最も重要なものである．粗度係数検討にとって有用な水位データを得るために，水位測定法の種類と特徴を踏まえ，粗度係数の検討目的と対象とする流れの特性に応じて適切な水位測定法を選択する必要がある．

〔参考 6.29〕 目的に応じた水位測定法の選択

> 水位測定は，各測定法の長所・短所を考慮し，目的に応じて使い分けるものとする．
> ①　水位縦断変化特性を調べる場合………痕跡水位測定，最高水位計
> ②　河道の長い区間の平均的な粗度係数を求める場合………痕跡水位測定，最高水位計＋（自記水位計，普通水位計による測定）
> ③　河口部の水位を測定する場合………自記水位計
> ④　局所的な粗度係数を求める場合………普通水位計，自記水位計による測定

1.　①について

水位の縦断変化を測定することは，河道安全度の縦断的なバランスを知るうえで重要である．また，水位の縦断変化特性は，支川合流が水位に与える影響，流速の増減，粗度係数の縦断的な変化状況等さまざまな洪水流に関する情報を含んでおり，対象河川の河道特性の変化を知るうえでも貴重な資料となる．水位縦断変化特性の把握には，1点あたりの測定に要する費用が他の方法に比べ安く，河道縦断的に密な最高水位データを比較的容易

第6節　平均流速公式を用いた流れの計算に用いる粗度係数の設定

に得ることのできる痕跡水位測定が最適である．痕跡水位より一般に精度が高い最高水位計の適用はより好ましい．痕跡水位の測定法については〔参考6.31〕を参照されたい．ただし，痕跡水位は最高水位に関する情報しか持っていない．

2．②について

河道の長い区間（数km〜数10km）の平均的な粗度係数を求める際には，粗度係数が一定となる区間を設定し，この区間において計算水位と観測水位とが平均的に合うような粗度係数を求めるという手順を取る．比較的少ない費用で多点での観測が可能な痕跡水位測定が目的②には適している．痕跡水位よりも精度が高いと考えられる最高水位計，自記水位計，普通水位計のデータも合わせて利用することが望ましい．

3．③について

河口部では，それよりも上流の河道とは別の原因，すなわち波浪，河口砂州，潮位等の影響により痕跡水位の精度が低下する場合がある．波浪は，痕跡を平均水位よりも高い所へ打ち上げるので，痕跡水位自体の精度を低下させる．河口砂州，潮位は洪水ピーク流量とは無関係に河口部に最高水位をもたらす可能性がある．したがって河口部で水位を測定する場合には，波浪の影響を受けにくく，かつピーク流量発生時刻の水位もしくはピーク水位発生時刻を知ることのできる水位計，例えば圧力式等の自記水位計によることが必要である．

自記水位計が設置されていないもしくは故障している等の原因により痕跡水位を用いなければならない場合には，以下の点に留意する必要がある．

1) 波浪の影響を受けやすいので，河口付近の水位縦断図を観察し，縦断的にばらついているときにはそのデータをよく吟味する．
2) 河口砂州，潮位等の影響によりピーク流量発生時刻と無関係な時刻に痕跡が残される場合があるので，近隣の検潮所の潮位データ，潮位表等を参考に，下流端水位の時間変化に関するデータも合わせて収集する．得られた下流端水位の時間変化と流量ハイドログラフがあれば不定流逆算法により粗度係数を逆算することが可能である．ただし，河口砂州のフラッシュなど，洪水中に大きな河床変動が生じた場合には，このような方法によっても粗度係数逆算の精度が大きく低下することに注意しなければならない．

4．④について

比較的短い区間（数百m〜数km）を対象とした粗度係数逆算方法では，大きな誤差を含む可能性のあるのは水面勾配である．精度の低い水位データを用いたり，水面勾配算出に用いる2つの水位データ測定地点間の距離を適切にとらなかった場合には水面勾配の精度は大幅に低下する．このため，水面勾配の算定には，なるべく精度の高い自記水位計，普通水位計による水位データを用いる．適切な水面勾配の測定については，参考6.30を参照のこと．また，これらの水位計は時間変化も測定することができるので，粗度係数の時間変化を分析するという観点からも，痕跡や最高水位計に頼らないこれらの水位測定は重要である．

〔参考　6.30〕　局所的な粗度係数を求めるための水面勾配の測定法

> 水面勾配の測定は，次式を満たすように行う．
> $$\frac{\Delta n}{n} > \frac{1}{2} \cdot \frac{\Delta H}{I_w \cdot \Delta x}$$
> ここで，n：求めるべき粗度係数の代表値，Δn：許容される逆算粗度係数の誤差，ΔH：水位測定誤差，I_w：水面勾配の代表値，Δx：2つの水位測定点間の距離である．

上式は，マニングの式の各項をテイラー展開し，2次以上の微小項を切り捨てることにより導かれたものである．

上式より，粗度係数の許容誤差$\frac{\Delta n}{n}$が小さくなると，水位測定誤差をΔHを小さく，もしくは水位測定点間

距離を Δx 大きくしなければならないことがわかる．$\dfrac{\Delta n}{n}$ には，逆算粗度係数に必要と考えられる精度に応じた値（例えば逆算粗度係数に含まれる誤差の割合を 10 % 以下に抑えたい時には 0.1）を与える．

Δx については，あまり大きな値にならないようにすることが重要である．この値が大きくなりすぎると，得られる逆算粗度係数値が種々の河道状況からなる河道の平均的な粗度係数になってしまい，単一河道状況における局所的な粗度係数としての意味が薄れる．取り得る Δx の最大値の考え方は以下のとおりである．すなわち，2 つの水位観測地点が同一の河床勾配，河床材料，横断面形状，高水敷の地被状態とみなせる範囲に収まるように 2 つの水位観測点を決めることが必要と考えられる．実際の河川では，高水敷地被状態，横断面形状が縦断的に変化することが多く，取り得る Δx が大きくても 1 km～2 km，平均的には数百 m であることが一般的である．

一方，痕跡水位の誤差は以下に示すように比較的大きいので，痕跡水位を用いるには Δx を大きく取る必要が出てくる．この場合，上述の Δx に関する制約条件を満たすことができない場合が多い．このため局所的な粗度係数を求めるための水面勾配測定は，より精度の高い自記，普通水位計により行うことが必要となる．これらの水位計の数が十分でない場合や，洪水中の水位観測が困難な場合には，最高水位計が有力な手法となる．

図 6-24 は，全国の河川を対象に，痕跡水位に含まれる誤差と河床勾配との関係を示したものである．なお，誤差は，痕跡水位の測定を行った断面（地点）内に設置してある自記水位計，普通水位計などにより得られた水位を真値と仮定し次式により求めた．

　　　　　誤差＝（痕跡水位）－（水位計，普通水位計などにより測定した水位）

図 6-24 から，河床勾配が大きいほどバラツキが大きいことがわかる．また，ほぼ同一勾配の河川の誤差の分布特性に注目すると，零を中心にして，正負同様にばらついている．ただし，誤差の原因についてはまだ十分には把握されていないので，図 6-24 はあくまで参考程度と解釈されたい．

なお，水位計の設置場所の選定は，正しい平均水面勾配を求めるという点では水位計読取り精度以上に重要であるので，本編第 2 章を参照して十分注意を払う必要がある．

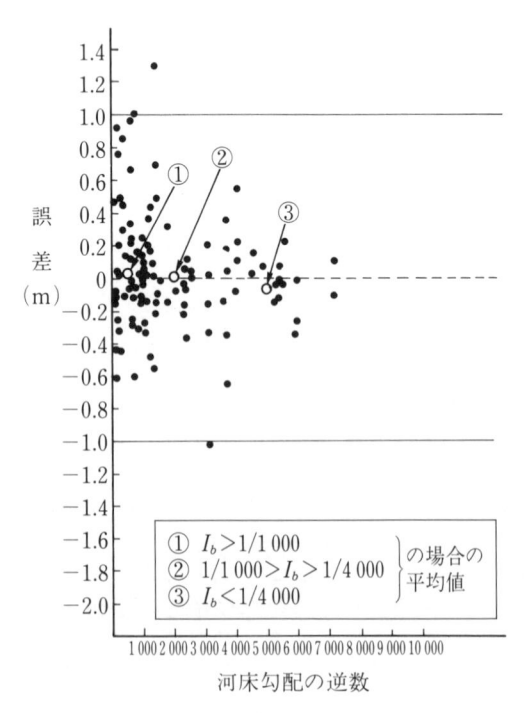

図 6-24 痕跡水位に含まれる誤差と河床勾配との関係

第6節　平均流速公式を用いた流れの計算に用いる粗度係数の設定

〔参考　6.31〕　痕跡水位の測定法

> 痕跡水位の測定に関しては以下の点に留意する必要がある．
> ① ピーク水位発生後なるべく早く測定する．
> ② 痕跡の判定はなるべく泥の付着によるものとする．
> ③ ゴミで判定する場合，測定点周辺の付着状況を予め観察し，他の場所に比べて低いところに付着した場所は測定対象からはずす．
> ④ 水位計による最高水位と比較し，痕跡水位の精度のチェックを行う．
> ⑤ 縦断方向にも密に，1つ1つ確認しながら左右岸で痕跡を採取する．痕跡の間隔としては，直線部河道で50～100 mに1個は確実な資料がとれることが望ましい．

　痕跡水位は，流量データと並んで出水後の水理検討の結果を大きく左右するので，その測定の重要性をしっかり認識しなければならない．痕跡水位の精度は本来さほど高くなく，測定方法によっては精度がさらに低くなる可能性があるので，測定の際はある程度の精度が確保できるように工夫しなければならない．工夫のポイントは以下のとおりである．

　①について

　泥などの痕跡は時間の経過とともに消えるか，もしくは薄れてしまう．特に雨が降る場合は短時間で消える．仮に消えなくとも雨によって流れ，真のピーク水位よりも下がる可能性がある．したがって，痕跡水位はピーク水位発生後なるべく早い時期に測定するのが望ましい．洪水減水期において，痕跡のところに杭打設，ペンキマーク等を施す方法も痕跡水位の精度向上の有効な手段である．

　②③について

　高水敷，堤防等には植生がある場合が多く，痕跡水位の判定には植生についたゴミ，泥等を調べる機会が多い．以下に痕跡水位の精度とゴミ等の付着物の一般的な関係について述べる．

　ゴミ等は自重が比較的大きいのでずり落ちやすい．また，ゴミは出水後に風により，あるいは人為的に移動することなどが起こりうる．泥は重みでずり落ちることはないのでゴミに比べれば比較的高精度な痕跡水位が得られるものと考えられる．ゴミで判定せざるをえない場合には，以下に示すような測定手順を踏まなければならない．まず，測定地点周辺のゴミの付着状況を十分に観察する．他の点と比べ低いところにゴミが付着している場所はゴミがずり落ちている可能性が高いと推定されるので，この点を測定対象から除く．残った点を包絡する線を想定し，その高さを測定する．

　④について

　痕跡水位が真値に対して平均的に高いあるいは低い場所では，逆算によって求めた長い区間の平均的な粗度係数値が誤差を持ってしまう．この粗度係数誤差の真値に対する比は，一般に，河道の平均的な水深に対する痕跡水位の誤差の比の5/3乗に概ね比例する．したがって，水深の小さい河川で痕跡水位が実際の最高水位よりも小さめに測定されている場合には，粗度係数の逆算値が小さくなるという危険側の解析結果を得る恐れがある．このようなことを防ぐため，より精度の高い水位測定値を用いることにより，痕跡水位の精度の確認をしておくことが必要である．

　その他

　射流が生ずるような急勾配河川では流れの飛沫などにより思わぬ高い痕跡をとる恐れがあるので注意を要する．

　なお，本編第21章第10節〔参考21.20〕を参照のこと．

第7節　河川における平面流計算

7.1　概　　　説

> 平面流計算は，河道内における水面形および流速の空間分布を，二次元解析法または，三次元解析法を用いることによって求めるものである．

7.2　適　　　用

> 河道の平面形や粗度係数分布が複雑である個所や断面形の縦断変化が大きい個所等において，局所的に流れや水面形が大きく変化することが予想され，これらの影響を高い精度で評価する必要がある場合に平面流計算法を適用し，河道形状や粗度係数分布等が流れや水位に与える影響を検討する．河道・構造物の計画・設計等にあたって河道内における詳細な流速分布を把握する必要がある場合においても，平面流解析を適用する．

解　　説

　河道形状や粗度分布が複雑な場合，一次元の不等流解析もしくは不定流解析では水位の縦断形や流速を精度よく求められない場合がある．また，河道計画の策定にあたり，水位や流速の平面分布を推定する必要がある場合がある．これらのような場合には，平面流解析を適用して流速分布や水面形の検討を行うことができる．

　洪水ピーク時等における現象を調査する場合には平面不等流計算法を適用し，時々刻々変化する状況を調査する場合には平面不定流計算法を用いる．

　平面流計算の対象となりうるのは以下のような場合である．

1．河道の形状から
　（1）　分流・合流がある流れの場合
　（2）　急拡・急縮があり，死水域が生じる可能性がある流れの場合
　（3）　越流を伴う流れの場合
　（4）　湾曲部・蛇行部等の集中した流れが生じる可能性がある場合
以上の他，平面形・断面形や樹木群を含む地被状態が複雑に変化する場合

2．評価項目から
　（1）　河道形状を変えた時の流速の空間分布の変化を評価する場合
　（2）　河川構造物，植生等が流れに及ぼす影響を評価する場合
　（3）　水質調査や熱・物質の拡散問題の検討を行う場合
　（4）　生態調査にあたって流れを調査する場合

3．計算対象場から
　（1）　遊水地内等への流れを求める計算
　（2）　堤内地への氾濫流れを求める場合

4．そ　の　他

第7節　河川における平面流計算

〔参考　6.32〕　資　料　収　集

> 平面流解析を行うにあたって以下の資料を作成・収集し，条件設定を行うものとする．
> 1.　低水路部の川幅程度の間隔で測量された横断面図
> 2.　河道の平面図
> 3.　地形図と河道内における粗度係数の平面分布
> 4.　既往の出水記録（流量ハイドロ・水位記録・痕跡水位縦断図・出水前後の河道横断図や航空測量写真等の検証データ等）

1. 河道内における流れは，水深や川幅によって決まる縦断距離で変動するため，川幅スケールもしくはそれよりも短い縦断距離での断面形の設定が望ましい．基本的には，移動床部の幅もしくは対象とする出水時の断面平均水深の20倍程度が望ましい．そのため，流れや水位の分布を詳細に調べる場合には，解析にあたって現地の状況を十分調査する必要がある．現場の状況が縦断的に大きく変化していない場合については，内挿により断面形を定めてもよい．
2. 河道の形状，構造物の配置等がわかるように河道データを作成する．地盤高さおよび構造物・植生等の高さや形状がわかるようにする．
3. 低水路内の粗度，高水敷の粗度の分布がわかるように作成する．
4. 解析にあたり検証するためのデータを収集する．事前に十分な調査が行われていない場合には，出水時の水位縦断形で検証することになるが，なるべく流速分布等が測定されていることが望ましい．また，全体的な流れ場を見るためには航空測量写真が利用できることが望ましい．航空測量によって求められた流速分布（横断分布・等流速線・流速ベクトル等）がある場合には，粗度分布や流速分布に関する詳細な検討が可能になる．

〔参考　6.33〕　計算法の選定

> 基礎方程式には，二次元計算を行う場合には浅水流方程式と水深平均した連続式を用いるものとする．この場合には底面の乱れに起因した渦粘性を考慮するものとする．三次元計算を行う場合には三次元の流れの運動方程式と連続式を用いるものとする．渦粘性は必要とする精度と目的に応じてモデルを選定するものとする．

河道の地形形状としてあらかたの変動が終わったものを適用し，水位・流速分布を求めることが目的で河床変動計算を伴わない場合については，平面二次元流解析を適用してもよい．また，河床変動計算を伴う場合でも，河道の線形がほぼ直線的で浅い流れの場合には平面二次元流解析を適用してよい．

一般的に河床変動計算を伴う場合には，三次元的な流れ場を求め，その結果を河床変動計算に用いる．三次元計算でも構造物周りの流れ等の局所的な問題を除いては，静水圧近似を適用することができる．三次元計算とは，三次元的な流れ場を求めることをいい，準三次元計算を含む．

なお，平均流速公式レベル3で考慮されているような分割断面間の干渉効果を平面流計算で再現するには特別な工夫が必要であり，これは現状では実用技術とはなっていない．今後の研究の進展が期待される．

〔参考　6.34〕　離散化の方法

> 以下の方法により空間微分の離散化を行うことを標準とするものとする．

第6章 水位計算と粗度係数

> 1. 基本的に有限差分法もしくは有限要素法等を用いるものとする．
> 2. 移流項については風上化（上流化）法を適用するものとする．

1. 離散化の方法は格子分割法と関係するので十分検討のうえ，採用する．ただ単に計算解を求めるだけでなく，その結果を検討のための資料にすることに注意して，離散化方法や分割形状を決める．この他の方法として，有限体積法等がある．
2. 一般的に移流項には風上化を行い，移流項の風上化の方法は目的と必要とする精度に応じて採用することとする．時間変動場まで詳細に求めたい場合には3次精度以上の風上化を行い，時間平均場のみを求めたい場合には1次精度の風上化手法を適用する．有限要素法等で用いられる時間積分過程におけるマスマトリクスランピングに基づく拡散性の導入は，方向性がないものなので，流れ場を解析する時には用いてはいけない．この他，常流・射流が混在するような場合で，保存形式で離散化してラックス・ヴェンドロフ法やマッコーマック法等の時間積分法を用いる場合には計算が安定しない場合がある．これらの場合には，TVD法や高次の人工粘性法を用い，風上化と同様な効果を持たせる．

〔参考 6.35〕 不定流計算での時間積分

> 以下の方法により時間積分計算を行うことを標準とするものとする．
> 1. 陽形式の差分法（2次精度または4次精度）
> 2. 陰形式の差分法

1. 基本的に，開水路における二次元以上の解析の場合には，1次精度の陽解法は安定が悪いのでなるべく用いないようにする．閉管路等における解析のように，連続式を満足するように圧力修正を行う場合については1次精度でもよいが，なるべく2次精度以上の陽解法や陽陰混合法などを用いることが望ましい．通常の予測子・修正子法は2次精度の陽解法である．
2. 陰解法には，半陰解法も含む．ただし，陰解法であっても基礎式は非線形方程式であるので時間刻みを大きくとることは避ける．

〔参考 6.36〕 格子分割と座標系

> 1. 格子分割は，河道の形状に沿った形で行うことが望ましい．
> 2. 基礎方程式の座標系は，格子分割の形に応じたものを用いることが望ましい．

1. 境界形状に応じた格子の分割は，差分法では境界適合格子（一般座標系）を導入することによって，有限要素法では解析法をそのまま適用することによって可能である．河道がほぼ直線的な場合や海・湖または貯水池等のように流速が遅い場合には直交格子を用いることも可能である．しかし，一般的には格子分割を細かくしなければ，境界形状だけでなく，境界条件を十分適合させることが困難であるので，格子分割はなるべく河道形状に沿ったものを用いる．
2. 座標系を格子分割に応じてとることによって，解析結果を用いた検討を行ううえで現象の物理的な意味が明確になりやすい．

〔参考 6.37〕 検証計算

> 種々の検討を行う前に，数値解析モデルと与えた河道形状・粗度係数分布等に関する検証計算を行うものとする．

検証計算は，〔参考6.32〕で収集した資料をもとに基本的に粗度分布・河道形状に対する流量と水位分布の関係等について行うこととする．実際の流量観測データや航空測量写真または模型実験等から得られた流速に関するデータがある場合には流速についても検証を行う．

数値解析モデル自体の検証は，事前に種々の実験や観測結果等に対して解析モデルを適用し，解析結果を十分に比較・検討することによって行っておくこととする．

第8節 氾 濫 解 析

8.1 概　　　　　説

> 氾濫解析は治水・避難計画をたてるために，破堤および洪水の越水に伴う氾濫水の挙動を把握したり，氾濫被害の検証・予測を行うために実施するものである．

解　　説

氾濫解析は氾濫に伴う被害を検証・予測する場合の他，治水施設を計画する場合に施設の費用便益効果があるかどうかを判断（治水経済調査を実施）したり，水害発生時の避難計画を検討する場合にも利用される．

氾濫解析の適用にあたっては氾濫現象は氾濫外力，堤内地の地形特性，排水施設の稼働状況などにより大きく流況が異なるので，当該地域の各種特性を詳細に調査し，最適なモデルおよびモデル定数を設定したうえで，氾濫現象を検証・予測するものとする．

8.2 資 料 の 収 集

> 氾濫解析を行うにあたっては，地形特性および過去の浸水実績に基づいて設定した解析対象範囲に関して，河道計算に用いる資料（水文資料を含む）の他，以下の資料を収集する．
> 1. 堤内地の地盤高
> 2. 堤内地の盛土（堤防，道路，鉄道など）の形状
> 3. 各種排水施設（ポンプ，水路，樋門，カルバートなど）の諸元
> 4. 氾濫原粗度係数を設定するための土地利用面積，また必要に応じて，氾濫原粗度係数に家屋密度を考慮するための堤内地における家屋面積

解　　説

地盤高は都市計画図（縮尺1/2 500または1/5 000），国土基本図などを用いて調査し，単点の地盤高データをメッシュごとに平均値化するなど，データを加工する必要がある．もし，国土数値情報や50mメッシュデータなどのデジタルデータを用いて地盤高を評価する場合は，傾斜地と平地が接する勾配変化点付近の地盤高に注意する．

盛土は氾濫水の伝播に大きな影響を及ぼすので，原則として平均（周辺）地盤高から比高が50cm以上の盛土を抽出して，関連データを収集する．なお，予算・時間等に制約がある場合は平均地盤高からの比高が1m以上の盛土だけを採用してもよい．

排水施設の諸元としては，ポンプの排水開始条件，排水量の他，水路や樋門などの場合は流水部の施設形状も調査する必要がある，また下水道の設備が進んでいる都市域では下水道も排水施設に加えることが重要である．

従来土地利用ごとに設定した粗度係数が採用されることが多かったが，最近は人口・資産が稠密な都市域を対象に建物の配置密度を考慮して粗度係数を設定する手法が開発されている（8.4参照）．この手法を用いれば，

第6章 水位計算と粗度係数

主観が入ることなく，家屋密度を考慮した正確な粗度係数の設定が可能となる．

8.3 氾濫解析手法の選定

> 氾濫解析にあたっては，堤内地の地形，計算労力を考慮して氾濫特性に対応した氾濫解析手法を選定するものとする．

解　説

解析手法は基本的には氾濫水が河道沿いの狭い範囲で流下する場合は一次元モデル，平面的に氾濫する場合は二次元モデルを採用するものとする．モデルは**表 6-3**に示したように，開水路非定常流式のどの項を考慮しているか，すなわち氾濫水のどういう特性までを考慮しているかによって分類されている．

モデルのうち，貯留関数法およびマスキンガム法は河道モデルと同様のモデルであるが，その他のモデルは基本的には堤内地を分割したメッシュモデルである．二次元モデルのうち，二次元不定流モデルは x 方向，y 方向の直交する 2 軸で分割するモデルで，非定常流式の各項を省略しない厳密なモデルであるが計算に時間を要する．一方，その他の二次元モデルは独立に運動方程式をたてられる（相互作用が考慮されていない）ため，メッ

表 6-3　氾濫モデルの各項の比較

氾濫モデル		各項 開水路非定常流式の各項						長所および短所
		第1項	第2項	第3項	第4項	第5項	第6項	
一次元モデル	貯留関数法	×	×	△	×	○	○	長所：計算時間が短い 短所：氾濫域が広い地形を有する地域には適用できない
	マスキンガム法	×	×	△	△	○	○	
	簡易一次元不定流モデル	×	×	×	○	○	○	
二次元モデル	越流ポンドモデル	×	△	△	○	○	△	長所：流量係数に慣性項の影響が含まれているので運動式が簡略化 短所：緩勾配の氾濫原では適合性が落ちる
	氾濫ポンドモデル	○	×	×	○	○	○	長所：ポンドを不定形に分割できる 短所：浸水深の横断的な変化の再現性が低い
	開水路ポンドモデル	○	×	×	○	○	○	長所：ポンドを不定形に分割できる 短所：浸水深の横断的な変化の再現性が低い
	二次元不定流モデル	○	○	○	○	○	○	長所：氾濫流の運動を厳密に再現できる 短所：計算時間が長い

注1)　第1項：場の加速度項，第2・3項：慣性項，第4・5項：水面勾配項，第6項：抵抗項
注2)　○：考慮されている項，△：近似的に考慮されている項，×：考慮されていない項

シュは直交する軸で分割しなくてもよい（不定形でメッシュ分割が可能な）モデルであるが，氾濫水の伝播計算に関しては，二次元不定流モデルより若干精度が劣っている．氾濫ポンドモデルと開水路ポンドモデルのモデル構造はほぼ同じである．

一次元の開水路非定常流式は

$$\frac{1}{gA}\frac{\partial Q}{\partial t}+\frac{Q}{gA^2}\cdot\frac{\partial Q}{\partial x}-\frac{Q^2}{gA^3}\cdot\frac{\partial A}{\partial x}+\frac{\partial h}{\partial x}-i_b+\frac{n^2 Q/Q}{A^2 R^{4/3}}=0$$

（第1項）（第2項）　（第3項）　　（第4項）（第5項）（第6項）

と表示される．

8.4　計算条件の設定

> 計算条件の設定にあたっては，一次元モデルではモデル定数を設定する．簡易一次元不定流モデルや二次元モデルの場合は堤内地を分割するメッシュの大きさ，計算時間間隔，モデル定数を設定する必要がある．また，氾濫外力の条件設定にあたっては地形特性，重要水防個所などからみて越水・破堤個所を想定するとともに，越水深・幅，破堤幅を設定する．

解　説

1．モデル定数等の決定

一次元モデルでは既存の氾濫現象から見て，適切なモデル定数を設定する．実績値がない場合は特性が類似した河川流域のデータを参考値とする．

二次元モデルにおいては，原則として河道に沿った方向にメッシュ分割を行う．メッシュ分割にあたっては，氾濫原の面積，地形特性，用途などを考慮してメッシュの大きさを決定する．目安としては総メッシュ数は1万個以内，氾濫流の横断方向のメッシュ数は最低3個，メッシュ間の地盤高差は50cm以内とする．直轄河川の実績では500mまたは250mメッシュを採用している例が多い．ただし，氾濫水の伝播が重要となる避難計画を検討する場合はメッシュを細かくする一方，急勾配の河川流域において氾濫解析を実施する場合は，メッシュを若干大きくしてもよいものとする．

なお，計算の安定条件はメッシュの大きさと計算時間間隔の関係で決定されるので，この面での検討も必要となる．メッシュの大きさが決定されると，計算の安定条件から計算時間間隔が決定される．通常，メッシュの大きさ500mに対して計算時間間隔は20秒以内である．

モデル定数の設定はモデルごとに異なる（**表6-4**参照）が，簡易一次元不定流モデル，二次元モデルの場合，定数は粗度係数である．粗度係数は通常宅地，水田などの土地利用に対して設定されているが，二次元不定流モデルの場合は家屋占有率（家屋面積／全体面積の割合）と水深をパラメータとした以下に示す粗度係数算定式が提案されている．なお，底面粗度係数 n_0 は各土地利用ごとの粗度係数の面積加重平均式で表現している．

$$n^2 = n_0^2 + 0.020 \times \frac{\theta}{100-\theta} \times h^{4/3}$$

$$n_0^2 = \frac{n_1^2 A_1 + n_2^2 A_2 + n_3^2 A_3}{A_1 + A_2 + A_3}$$

ここで，n：合成粗度係数（m$^{-1/3}$・s：以下同じ），n_0：底面粗度係数，θ：家屋占有率（％），$n_1=0.060$（農地），$n_2=0.047$（道路），$n_3=0.050$（その他），A_1：農地面積，A_2：道路面積，A_3：その他の土地利用面積である．

2．外力条件の設定

越水・破堤個所は実績に基づいて設定することを基本とするが，実績がない場合は重要水防個所のうち危険性が高い個所，地形特性等から見て越水・破堤の危険性が高い個所（流下能力が低い，旧川締切り個所，落堀，旧

第6章 水位計算と粗度係数

表 6-4 モデル定数の一覧表

氾濫モデル	対象流域	モデル定数	定数設定の際の留意事項
簡易一次元不定流モデル	古川（太田川水系）	水田・畑 $n=0.1$ 市街地 $n=0.3$	・本モデルの適用にあたっては，まず不定流式中の加速度項，慣性項が水面勾配項・抵抗項に比較して無視できるかどうかを検討しなければならない． ・これまでの検討結果によれば，1) 加速度項は，$i_x>1/1000$ で無視できる，2) 慣性項は，$i_x \geqq 1/10000$ で無視できる，3) y方向の加速度項はx方向のそれより $10^1 \sim 10^2$ 大きくなることがわかっているので，本モデルは $i_x>1/1000$ の場合に適用し，氾濫原の横断的な拡がりが大きい流域で適用する場合には n を小さめに設定しなければならない． （x方向：氾濫流の接線方向，y方向：氾濫流の法線方向）
	波介川（仁淀川水系）	$n=0.15$	
	巴川	水田・畑 $n=0.15$ 市街地 $n=0.3$	
越流ポンドモデル	石狩川（篠津地区）	$c=0.046$	・流量係数 c は以下の式で与えられる． $$C=\left\{ a(1-k^2)+\Delta x \cdot n^2 \cdot g \left(\frac{1}{R_1^{4/3}} + \frac{K^2}{R_2^{4/3}} \right) \right\}^{-1/2}$$ ・流域に市街地が密集している場合，家屋による氾濫流の縮流効果が増大するため，c が大きくなる傾向がある．
	石狩川（北村地区）	$c=0.091$	
	庄内川	$c=0.111$	
氾濫ポンドモデル	（利根川・樽川・北上川・庄内川の h-n グラフ）		・樽川のように氾濫形態が貯留型であったり，北上川や利根川のように浸水深が短時間のうちに上昇する場合，大きな水深における粗度係数が氾濫流況を決定したと予想される．したがって，$h \geqq 50$ cm の n は 0.1 前後となり開水路ポンドモデルの n（水田・畑）と同程度の数値となっている．
開水路ポンドモデル	北上川	水田・畑 $n=0.1$	・標準値としては水田・畑で $n=0.1$，市街地で $n=0.3$ が適当である． ・宇治川で係数の値が大きくなっているのは宇治川の氾濫形態が貯留型氾濫（流下方向と逆方向に $i=1/560$ の傾斜地盤がある凹地）であったため浸水位が大きくなったためである． ・北上川では係数を一律としているが農地の農道，畔等の影響を考えて $h \leqq 50$ または，100 cm では隣接したポンドへ越流しないような条件を設定している．
	中川	市街地 $n=0.1$	
	白川	水田・畑 $n=0.1$ 市街地 $n=0.3$	
	樽川	水田・畑 $n=0.15$ 市街地 $n=0.3$	
	宇治川（淀川水系）	水田・畑 $n=0.25$ 市街地 $n=0.2$	
	小貝川（石下地区） （畔と稲穂を考慮した場合） 氾濫原粗度係数 n (m$^{-1/3}$·s)		
二次元不定流モデル	宇治川	水田・畑 $n=0.025$ 宅地 $n=0.040$ 山林 $n=0.060$	・白川や小貝川（石下地区）のように流域に旧堤・自然堤防が多い場合は，氾濫水の堰上げにより係数が大きな値となる． ・宇治川のように凹地の流域で係数が小さくなっている理由は不明
	白川	水田・畑 $n=0.075$ 宅地 $n=0.090$ 山林 $n=0.110$	
	浦上川（長崎市）	宇治川と同じ	
	高良川（久留米市）	$n=0.05$	
	小貝川（明野地区）	水田・畑 $n=0.02$ 宅地 $n=0.04$ 山地 $n=0.06$	
	小貝川（石下地区）	（水田・畑）$n=0.06$	

扇状地面と現扇状地面が交差する個所など）を設定する．また，外力としての越水深・幅は河道計算の結果得られるが，破堤条件は予め設定しておく必要がある．破堤幅については既存の破堤データから求められた川幅との関数式から求める．破堤幅に影響を及ぼす因子としてはさまざまな因子が考えられるが，既存の破堤データの解析より破堤区間が合流点か否かが大きく影響することがわかっているので，合流点と合流点以外に分けて関数式は以下のように設定されている．

〈合流点の場合〉　　　　$B_b = 2.0\ (\log_{10} B)^{3.8} + 77$

〈合流点以外の場合〉　$B_b = 1.6\ (\log_{10} B)^{3.8} + 62$

ここで，B_b：破堤幅（m），B：川幅（m）である

破堤形状の時間的変化については，実績値を採用するのがよいが，実績値がない場合は，既存データより求められた以下の関数式を採用する．

$t = 0$　　　　　　　$B_b' = B_b/2$

$0 < t \leq 60$ 分　　　$B_b' = B_b/2 \cdot (1 + t/60)$

$t > 60$ 分　　　　　$B_b' = B_b$

ここで，t：破堤後の経過時間（分），B_b'：ある時刻における破堤幅（m），B_b：最終破堤幅（m）である

8.5 具体的な計算方法

> 二次元モデルなどでは盛土，水路などはメッシュ境界に配置する．そして，越水・破堤個所および盛土上の氾濫流は本間公式により計算を行う．樋門・カルバートからの流れは流出形態を考慮した計算を行う．水路は等流モデルまたは不等流モデルを用いて計算を行う．

解　説

簡易一次元不定流モデルや二次元モデルでは，盛土，水路などはメッシュ境界に配置し，メッシュ間の水理条件に対応させて計算を行う．なお，水路の配置にあたってはメッシュ境界の他，メッシュ中央に配置する方法も提案されているが，これまでの実績などから見てメッシュ境界に配置するものとする．

越水・破堤個所からの氾濫流量は，氾濫形態が完全越流か潜り越流かを判断したうえで，本間公式を用いて，計算を行う．破堤開始時刻は通常，河道内水位が堤防高を越えた時か，または計画高水位に達した時としている例が多い．盛土上の氾濫流の流下計算も同様に本間公式により行う．

樋門・カルバートからの流出量は以下の式を用いて計算を行う．

水位の関係		計算式
$h_2 \geq H$		潜り流出：$Q = 0.75\ BH\sqrt{2g(h_1 - h_2)}$
$h_2 < H$	$h_1 \geq 3/2 \cdot H$	中間流出：$Q = 0.51\ BH\sqrt{2gh_1}$
	$h_1 < 3/2 \cdot H$	自由流出：$Q = 0.79\ Bh_2\sqrt{2g(h_1 - h_2)}$ $h_1/h_2 \geq 3/2$ の場合は $h_2 = 2/3\ h_1$ とする

ここで，Q：流出量（m³/s），B：樋門・カルバートの幅（m），H：樋門・カルバートの高さ（m），h_1：敷高から見て高いほうの水位（m），h_2：敷高から見て低いほうの水位（m）である．

安定した計算を行うため，計算で考慮する水路は原則としてメッシュ幅の1/5以上のものとする．水路を通じた流下量は等流モデルで計算しても問題ないが，流下方向に断面積が大きく変化する場合は不等流モデルを採用する．

第 6 章　水位計算と粗度係数

参考文献

1) 開水路の水理学 I　Ven Te Chow 石原藤次郎訳　丸善　第 6 章 5 節　1962
2) 広巾員開水路の定常流―断面形の影響について―　井田至春　土木学会論文集　第 69 号　別冊(3-2)　1960
3) 樹木群を有する河道の洪水位予測　福岡・藤田・新井田　土木学会論文集　447 号/II-19　1992
4) 河道内の樹木の伐採・植樹のためのガイドライン（案）　建設省河川局治水課監修・(財)リバーフロント整備センター編集　山海堂　1994
5) 複断面河道の抵抗予測と河道計画への応用　福岡・藤田　土木学会論文集　411 号/II-12　1989
6) 洪水流に及ぼす河道内樹木群の水理的影響　福岡・藤田　土木研究所報告　180 号　1990
7) 常流・射流が混在する区間の不等流計算法　石川・林　土木技術資料　第 25 巻 3 号　1983
8) 開水路断面急拡部における水理に関する研究(1)―矩形水路巾急拡による損失水頭―　芦田・荒木　土木研究所報告　第 101 号　1959
9) 流路幅縮小部の流れについて II　細井・山口　土木学会年次学術講演会　1971
10) 水路幅縮小部の流れについて III　細井・松本　土木学会年次学術講演会　1972
11) 河川における不定流計算法 IV―分合流・遊水池・複断面を考慮した陰型式差分法―　建設省土木研究所河川研究室　土木研究所資料　第 2080 号　1984
12) 水理公式集　土木学会　昭和 60 年版　第 4 編発電編　第 1 章 4 節 1　1985
13) 開水路合流部の水面形計算接続法に関する研究　室田・多田　第 25 回水理講演会論文集　1981
14) 開水路断面急拡部の水理に関する研究(2)―段落ち部の水理―　芦田　土木研究所報告　105 号　1961
15) 移動床流れにおける河床形状と流体抵抗（I）　北大工学部研究報告　1972
16) 沖積河川学　山本　山海堂　4 章　補章 1　1994
17) 流砂の水理学　吉川編著　第 3 章 7 節 3(1)　1985
18) 河道特性に関する研究　建設省河川局治水課・土木研究所　第 42 回建設省技術研究会報告　1988
19) 氾濫シミュレーション・マニュアル（案）―シミュレーションの手引きおよび新モデルの検証―　栗城・末次他　土木研究所資料　第 3400 号　1996
20) 氾濫シミュレーション(2)―氾濫現象の実態調査と氾濫モデルの適用性に関する検討―山本・末次・桐生　土木研究所資料　第 2175 号　1985

第 7 章
地 下 水 調 査

第7章 地下水調査

第1節 総　　　説

> 本章は，地下水調査に関する標準的な手法を定めるものとする．

解　説

　本章では，地下水に関連した調査に必要な基礎的事項と現地調査の標準的な手法を定める．観測所の設置・維持，記録の整理・報告については，建設省河川局「水文観測業務規程および細則」を，詳細な調査方法については「地下水調査および観測指針（案）」を参照のこと．

第2節　地下水調査の項目

> 　地下水調査は，対象地域の特性を十分把握したうえで，所期の目的が達成できるよう，系統的かつ効率的に実施しなければならない．地下水調査のおもな項目は次のものである．
> 1. 地下水資源調査
> 2. 地下ダムに係わる地下水調査
> 3. 人工涵養に係わる地下水調査
> 4. 地下掘削に係わる地下水調査
> 5. 堤防基盤に係わる地下水調査
> 6. 斜面災害に係わる地下水調査
> 7. 地盤沈下に係わる地下水調査
> 8. 地下水汚染調査

解　説

　近年，土地利用や水利用が高度になり，その形態が複雑化するにつれて，地下水調査の項目も多岐にわたるようになってきている．その中で重要性および出現頻度が比較的高い調査は以下のとおりである．
1. 地下水資源調査：地下水の資源としての量と質を評価し，開発可能量を把握するために実施する．
2. 地下ダムに係わる地下水調査：地下開発量の評価あるいは塩水浸入防止処理を評価し，候補地の選定，および工法の検討を実施する．
3. 人工涵養に係わる地下水調査：涵養適地・涵養工法の選定，涵養施設の設計，人工涵養による周辺への影響評価を目的として実施する．
4. 地下掘削に係わる地下水調査：掘削工事の安全かつ経済的な施工および工事に伴う地下水障害の防止を目的として実施する．
5. 堤防基盤に係わる地下水調査：堤防基盤の地下水流動形態を把握し，堤防の安全性評価とその対策工の検討を目的として実施する．
6. 斜面災害に係わる地下水調査：地すべりあるいは斜面崩壊の機構を解明し，対策工法ならびに予知方法を

検討することを目的として実施する．
7. 地盤沈下調査：地盤沈下の実態の把握，原因・機構の解明，沈下量の予測およびこれに起因する障害の防止対策を検討することを目的として実施する．
8. 地下水汚染調査：汚染実態の把握，汚染機構の解明，汚染防止対策・汚染地下水の浄化方法の検討等を目的として実施する．

第3節 予備調査

> 本調査を効率的に遂行するために，予備調査を実施するものとする．予備調査は，資料調査と現地予察調査からなる．

解　説

現地中心の本調査を手戻りなくかつ効率よく進めるために，予備調査として調査地域周辺の地形地質，土地利用・植生現況，気象・水文，地下水利用実態等の情報を収集・整理する．

資料調査は地形，地質，水文，地下水利用等に関する資料を収集し，調査対象地域の地下水の概要，問題点等を把握する．調査対象資料は以下のようなものである．

1. 地形図・地形分類図
2. 地質図・表層地質図・水文地形図
3. 土壌図
4. 空中写真・衛星画像
5. 土地利用
6. 気象・水文
7. 地下水利用状況
8. 地下水障害

現地予察調査は，資料調査の成果を確認・吟味・補完し，第4節以下の本調査を円滑に進めるために予備調査の最終段階に実施する．

第4節　地形・土地利用調査

> 地形・土地利用調査は，既存資料の利用，空中写真判読，現地調査により実施し，要求される内容や精度に応じ，十分な現地調査を行わなければならない．

解　説

地形・土地利用調査は，地形面から地下水流動系を推定するとともに，土地利用の実態から水の利用，表流水の浸透・涵養あるいは地下水の湧出の状況を把握し，地下水と地表水の収支との関係を検討するために実施する．

調査結果は，調査対象域の地下水位分布を推定するために必要な地形標高区分図，傾斜分級図，地形分類図，土地利用現況図等を作成するとともに，調査目的に応じて必要な解析を行い，要領よくまとめなければならない．

第5節　地下水利用実態調査

> 地下水利用実態調査は，所期の目的が達成できるよう，資料調査，アンケート調査，訪問調査等によって行うものとする．

解　説

　地下水利用実態調査は，地下水利用施設の分布，構造，地下水利用量を把握し，地下水賦存・流動状況の検討，水収支解析，地下水の開発・保全策の検討を行うことを目的として実施する．

　資料調査としては，条例によって地下水利用の届出義務が制定されている自治体においては，「地盤沈下調査報告書」が毎年出されており，揚水利用の現状が把握できる．また，「全国地下水（深井戸）資料台帳」や「水道統計」，「工業統計」などによっても地下水利用状況を把握できる．

　アンケート調査では，次の項目等を調査する．
　①井戸の所在地，所有者　②業種および規模　③用途別使用量　④使用期間　⑤さく井年次　⑥井戸の深さおよび標高　⑦井戸の口径　⑧スクリーンの位置　⑨さく井時および現在の水位　⑩さく井時および現在の揚水量　⑪揚水機の諸元　⑫水質資料

第6節　水　文　調　査

> 水文調査は，水循環の量的把握に必要な資料を得ることを目的とし，必要に応じて，水文気象，表流水・伏流水流量，蒸発散量，土壌水分量，浸透量等の項目について実施するものとする．

解　説

　水文調査の観測方法および整理は，本基準（案）調査編，本編第1章，第2章，第3章のほか気象業務法および水文観測業務規程に準拠することを原則とする．

　水文気象調査は，地下水涵養量の把握に必要な資料を得ることを主たる目的とし，調査地域の特性，利用可能な資料の有無などを勘案し，観測項目，観測所の位置・場所，観測機器と観測方法を適切に選定しなければならない．

　表流水・伏流水調査は，地下水域内における表流水と地下水との交流関係を把握し，地下水の水収支を検討することを主たる目的として実施する．流量調査の対象範囲や必要な観測密度は表流水と地下水の関係する範囲や関係の複雑さなどによって大きく異なるものであるから，調査の計画においては地形図，水文地質図，河川縦横断図を利用するとともに必要に応じ現地踏査を実施し，当該流域の水系，分・合流の状態，地下水の分布や予想される表流水との関係，既存の観測所の位置等について十分考慮しながら観測所の数や配置を決定する必要がある．

　伏流水は河谷堆積物中の地下水で河川表流水によって涵養を受けているもので，図7-1の(b)，(c)の場合には，地下水流の河道に垂直な成分を求めることによる伏没量，還元量の概算が可能であるが，(d)のような場合もありうるので，観測井密度などの面で注意を要する．

　蒸発散量調査は，地下水涵養量推定のための基礎資料を得ることを目的として蒸発測定器あるいは気象学的方法など適切な方法で行わなければならない．

　土壌水分調査は，地下水涵養および雨水浸透に係わる基礎資料を得ることを目的として，地表に達した降水のうち地表流出あるいは直接蒸発しなかった水分が地表面の間隙を通じて土壌中に留まった土壌水分量を測定する

第7章 地下水調査

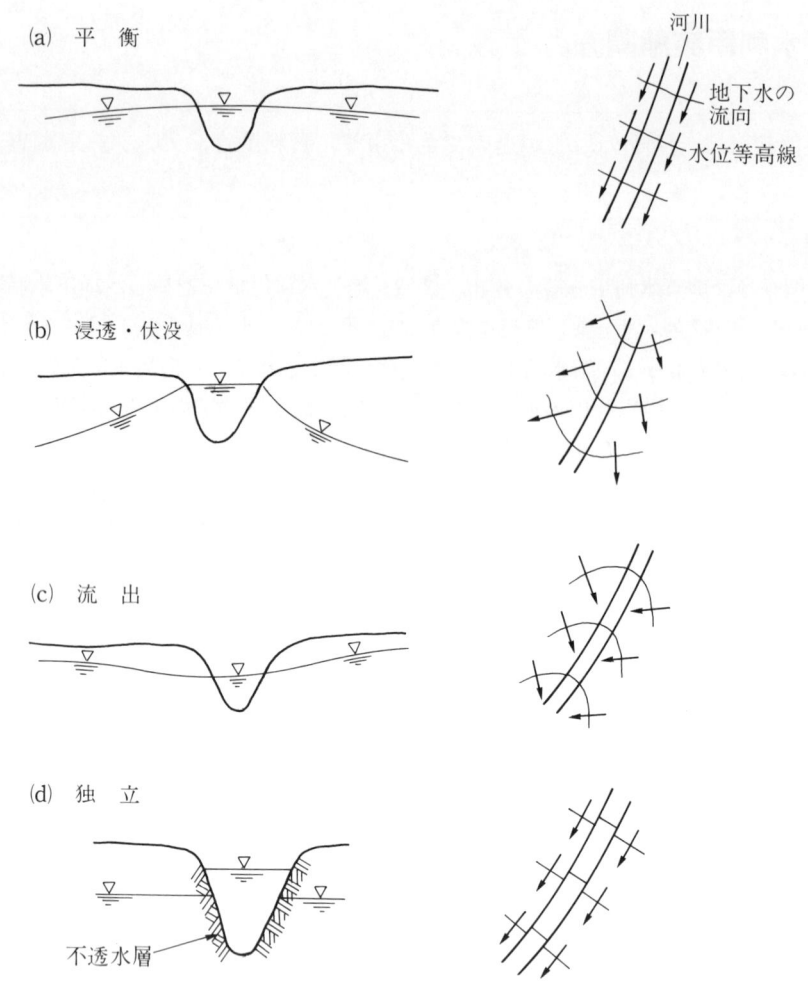

(a) 平衡

(b) 浸透・伏没

(c) 流出

(d) 独立

不透水層

河川
地下水の流向
水位等高線

図 7-1 表流水と地下水の関係

ものである．現在，土壌水分量の測定法として比較的よく用いられている方法としては，①炉乾燥法，②テンシオメータ法，③中性子法，④電気抵抗法等があり，適用条件，測定環境，土壌の状態等を考慮して，適切な方法を選定しなければならない．

浸透量調査は地下水涵養および雨水浸透に係わる基礎資料を得ることを目的とし，浸透計，減水深測定器等を用いて行う．調査は各手法の特質，現地の条件等を考慮して適切な手法を選定しなければならない．

第7節 地下水位調査

7.1 調査の目的

地下水位調査は，地下水調査の基礎として，地下水位の空間的分布および経時変化を把握し，地下水の賦存・流動機構を明らかにするために実施するものである．

7.2 観測所と観測井

> 地下水位観測所は，観測対象地下水域の特性を考慮し，所期の目的が達成できるよう適切に配置しなければならない．また，観測井は地下水の状況を正確に反映させるため，適切な構造と性能を有するものでなければならない．

解　説

地下水位調査における観測点数は，一般には1 km²に1〜2点程度の割合とされることが多いが，地下水域の大きさや地質条件，調査の目的等に応じて適切な数や配置を決定しなければならない．

観測所の設置場所は，自然に近い地下水位を求めるために，稼働中の井戸からできるだけ離れた位置に選定する必要がある．一般的には稼働中の井戸より1 km内外離れた位置にすることが望ましいとされている．

対象地域に複数の帯水層がある場合には，帯水層の数だけ観測井を設置するか，パッカー等を用いて対象とする帯水層以外の地下水をしゃ断するかの方法による必要がある．

7.3 観測方法と観測機器

> 一斉観測は，無降雨が数日以上続き，帯水層全体にわたって比較的水位が安定している時期に，できるだけ短期間に行う．観測は季節変動等を考慮して適切な頻度で実施するものとする．観測には，携行型水位計が一般に用いられている．
>
> 長期観測は，調査目的および観測対象地下水位の変動特性に応じて，適切な観測期間，観測時間間隔で実施するものとする．観測には原則として自記水位計を用いるものとし，読み取り単位はm，最小読み取り単位は原則として1 cmとする．

解　説

地下水調査には，大きく分けて一斉観測と長期観測の2つの種類があり，この違いにより調査の方法や機器も異なってくる．

1. 一斉観測

ある広がりを持った地域に対して，短期間に一斉に水位観測を行うことにより，その地域の地下水体の賦存状況や地下水の動態を知ろうとするもので，ある地域の地下水収支の把握，建設工事の地下水への影響の予測，地下水汚染の経路の追跡等，種々の目的のために実施される．

一般に，数日間無降雨が続き，対象地域の帯水層全体にわたって比較的水位が安定した時期に一斉に実施する．測水には可搬式の水位測定器が用いられることが多い．

2. 長期観測

地下水位は降水，河川水位，潮汐，気圧，地震等の自然要因あるいは地下水の揚水，かんがい，土木工事等の人為的要因によって変動する．このような地下水の変動に関する情報は，水収支解析，地下水の貯留量や涵養機構の変化の追跡，建設工事の影響調査，地盤沈下調査，地下水管理・保全のための調査等，さまざまな目的で必要となるが，そのためには長期間の連続的な水位観測が必要になる．長期観測の実施期間は原則的に1年以上で，専用の観測井での自記水位計による観測が一般的である．

第8節 地 質 調 査

> 地質調査は，地層の空間的分布とその水理特性を把握し，地下水の賦存状況，流動状況を明らかにすることを目的として，必要に応じて現地踏査，リモートセンシング，物理探査，ボーリング，サンプリング，透水試験，揚水試験および土質試験等を実施するものとする．

解　説

　現地踏査は，地下水の状況を暗示する地形・地質等に留意しながら踏査することによって当該地域の概略の地下水状況を把握するために実施する．

　リモートセンシングは，広域の水文地質構造調査や水資源調査および，土地利用状況などの変化の把握を目的として実施する．リモートセンシングによる地質調査の方法には，衛星画像による方法や空中写真による方法があるが，可視光線以外の領域の電磁波を用いることにより，より多くの情報が得られる．実施にあたっては，各方法の特性を十分理解し，調査の目的に適した手法を選ばなければならない．

　物理探査は地盤の物理特性を利用して地質状況を把握するために行う．物理探査の方法は多くあるが，地下水に係わる探査目的の場合には，電気探査，地震探査，放射能探査，温度探査等を用いることが多い．実施にあたっては，目的，地盤条件，各探査手法の特質等を考慮して最も効果的な手法を選定しなければならない．

　ボーリングは，調査目的，調査地域の予想地質状況，予定される孔内試験等を勘案し，所期の目的が達成できるよう適切な配置，深度，掘削方法，孔径で実施しなければならない．

　室内土質試験のためのサンプリング（試料採取）は，対象地盤を代表する位置において，試験目的と対象地盤の土質・地質に応じた適切な方法で行い，その性質を変えないように運搬・保管しなければならない．

　単孔式現場透水試験は，地層の透水係数を原位置で把握する必要がある場合に実施する．実施にあたっては，試験の目的，地層条件，地下水等から適用性と結果の妥当性を十分検討しなければならない．

　揚水試験（帯水層試験）は地下水調査において帯水層の水理定数（透水係数，貯留係数）あるいは揚水井の性能（適正揚水量）を求めるために実施する．試験および解析は目的，地層条件地下水条件等を考慮して適切な方法で行わなければならない．

　土質試験は帯水層の物理値，特に透水性を把握し，地下水解析を行う場合の諸定数を設定するために実施する．試験項目および方法は，目的や対象地盤の性質等に応じて選択しなければならない．

　地質調査については，本基準（案）調査編第17章土質地質調査を参照のこと．

第9節 水 質 調 査

> 地下水質調査は，水質型の分類，基準との照合，その他調査目的の達成に必要な項目を選び，試験目的に応じてそれぞれ定められた規程等に準拠して実施するものとする．

解　説

　水質試験項目は，地下水の飲料水や工業用水としての利用の適否，水文地質学的調査，地下水汚染調査などの調査目的に応じて選択しなければならない．水質試験方法については，本基準（案）調査編第16章水質・底質調査を参照のこと．

第10節　地下水流動調査

> 地下水流動調査は，調査対象とする地下水流動系の規模，現地の条件等を勘案して，所期の目的が達成できる適切な方法で実施しなければならない．

解　説

地下水の流動調査は，地下水の流れを水循環の一環としてとらえ，涵養域—流動域—流出域という空間的な広がりを持つ連続した系として認識し，三次元的な観点から地下水流動の実態を解明することにある．地下水流動の実態を明らかにする方法には，以下の方法がある．

1. 地下水分布の測定による方法
2. 環境同位体，地下水温，水質や人工トレーサによる方法
3. 単孔を利用した方法

第11節　地下水涵養量調査

> 地下水涵養量調査は，気象条件，地盤条件等から，地下水涵養量とその機構を把握するために実施するもので，調査対象地域の規模，目的，現場条件等を勘案して適切な方法で実施するものとする．

解　説

地下水涵養量を求める方法には，地表面付近の水の流れのどこに注目するかによって次のように分けられる．

1. 水収支による方法（地表面の水収支による方法）

十分に長い期間の水収支を考えると，地表における貯留量の変化と土壌水分の変化量はほとんど無視できるので，水収支の基本式は次のように表される．

$$G_r = P - E - (R_o - R_i)$$

ここに，　G_r：地下水涵養量
　　　　　P：降水量
　　　　　E：蒸発散量
　　　　　R_o：表流水流出量
　　　　　R_i：表流水流入量

2. 土壌水分の動きを測定する方法

土壌水分の移動速度はダルシー則の適用によって，不飽和透水係数と動水勾配の積とで求まる．不飽和透水係数は土質試験により求められる．不飽和透水係数と吸引圧との関係が求まれば，テンシオメータによる吸引圧の継続測定により地下水涵養量が求まる．

3. ライシメータによる方法

降下浸透量を測定する最も直接的な方法は，ある深さまで土壌層を通過した水の量を容器に受けて測定できるようにした浸透ライシメータを用いるものである．

4. 土壌水をトレーサで追跡する方法

トリチウムや重水素などのように自然界に存在する環境同位体をトレーサとして，土壌水分あるいは地下水中のトレーサの濃度変化から涵養量を推定する方法で，トレーサとしては水と挙動をともにするという点でトリチウムが最も適しているといわれている．

第12節　地盤沈下量調査

> 地盤沈下量調査は，地盤沈下地域および地盤沈下が予想される地域における沈下動向を把握するもので，沈下観測井による観測あるいは一級水準測量によるものとする．

解　説
1. 沈下観測井による観測

地盤沈下観測井は，原則として一等水準測線の近くに配置し，所期の目的が達成できる構造と性能を有するものでなければならない．

観測は原則として自記記録計により連続的に行い，観測値は必要な補正を行い累加沈下量として整理するものとする．

2. 一級水準測量による観測

水準点は，沈下区域または，沈下が予想される区域の周辺部を含む調査地域に，原則として1kmメッシュの密度で設けるものとし，観測は，効果的かつ経済的な観測計画のもとで，所定の精度を期待できる機器と方法で行わなければならない．

測量結果は，必要な補正・計算を施し，水準点標高として整理するものとする．

第13節　数　値　解　析

13.1　総　　　説

> 数値解析は，対象地域における地下水の状況を調査・観測データに基づいてモデル化し，地下水の利用・保全・管理等に関する検討を行うもので，目的や取り扱う検討項目によって適切な手法を選定しなければならない．

解　説
数値解析の一般的な手法は，目的や取り扱う検討項目によって次のように区分される．
1. 巨視的な水収支を取り扱う解析
2. おもに地下水の流動を取り扱う解析
3. 地下水汚染を取り扱う解析
4. 地盤沈下を検討するための解析

13.2　マクロな水収支解析

> 水収支解析は，水循環の主として地下水に係わる量的問題を検討すること目的として実施する．水収支解析の手法，対象領域，対象期間，時間間隔は，対象地域の特性，利用可能なデータなどを考慮して，所期の目的が達成できるように，それぞれ適切に選定しなければならない．

解　説
1. 水収支モデルによる解析方法

地下水の水収支計算法は，大別して不圧地下水の場合と被圧地下水の場合に分けられる．不圧地下水の水収支

第13節　数　値　解　析

計算は，下図に示す水収支要因を連続式として計算する．

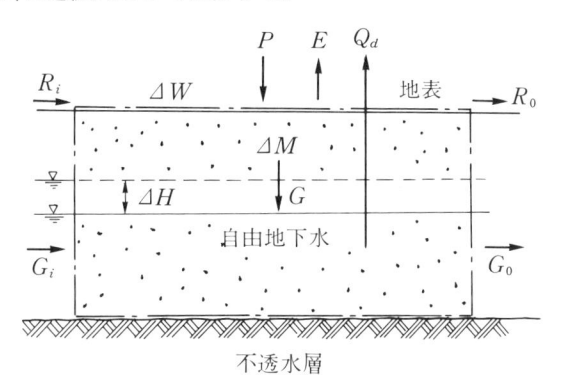

ここに，　　P：降雨量
　　　　　R_i：地表水流入量
　　　　　R_0：地表水流出量
　　　　　G_i：地下水流入量
　　　　　G_0：地下水流出量
　　　　　E：蒸発散量
　　　　ΔW_s：地表における貯留量変化
　　　　　Q_d：揚水量
　　　　ΔM：不飽和帯の土湿変化
　　　　ΔH：地下水変化量
　　　　　G：地下水補給量

また，被圧地下水の場合には，被圧地下水域全体を1つの水収支区として次の基本式より求める．

地下水涵養量＝地下水域の面積×貯留係数×地下水頭変動量＋流動量（揚水量含）

2．タンクモデルによる方法

河川の流出解析法として開発されたタンクモデルを地下水の水収支に適用するもので地下水位データの再現性が高い地下水貯留型の地域に適用することが望ましい．流出特性の地域差をモデル化する場合には，並列に多重タンクを並べて連結する多重並列タンクモデルも用いられている．

13.3　地下水流動解析

> 地下水流動解析は，広域的または，局所的な地下水流動状況の把握あるいは予測を目的として実施する．地下水流動解析の手法は，目的，対象地域の特性，利用可能なデータ等を考慮して適切に選定しなければならない．

解　説

地下水流動解析の手法には**表7-1**に示されるものがある．

第7章 地下水調査

表7-1 地下水流動解析モデルの特性と適用条件

モデル	特性と適用条件
一次元モデル	1方向のみの流れについて適用される．帯水層の水頭低下に伴う加圧層の圧密沈下予測によく用いられる．
平面二次元モデル	近似的に鉛直方向の流れがなく，水平方向の流れで代表できる条件に適用される．比較的広域な地下水流動を平面的にとらえる場合に適している．
断面二次元モデル	断面の垂直方向には水の出入りがないことおよび，多層構造の場合各層の流れの方向は平面的に同一方向であるとの仮定のもとに適用される． 複数の層構造からなる帯水層の水頭変化の状況を解明することに適している．特に地下掘削に伴う地下水障害の問題やその対策工の検討を行う場合，多層構造を取り扱うことが多くこの断面二次元モデルがよく使われる．水路，河川堤防，道路といった長い構造物と周辺地下水の問題を取り扱うのに適している．
準三次元モデル① 半透水性の加圧層を考慮した多層構造を取り扱う方法	複数の帯水層と半透水性の加圧層からなる地盤構成の地下水の流動を解析するときに用いられる． 帯水層は水平方向のみの流動であり，加圧層内は水平方向の流動は無視する仮定に基づく． 地盤沈下や地下水開発を検討する場合に適している．
準三次元モデル② 地盤水理定数を地下水位の関数として多層構造を取り扱う方法	鉛直方向の流動が微少であるとして無視するDupuit-Forchheimerの仮定のもとに，多層の透水層からなる帯水層での地下水流動を解析するときに用いられる．複数の透水層の水理定数（透水量係数，貯留係数）を地下水位の関数として求め，解析を行う方法である．このモデルは地下水位が低下し，被圧帯水層から不圧帯水層になったり，基盤まで地下水位が低下するような場合，透水量係数や著留係数が帯水層の状態に応じて変化するため，水理定数を地下水位の関数として変化させるモデルとしてある．平面二次元解析に比べて多層構造の水理定数を考慮している点で優れている．広域の地下水流動を平面的にとらえる場合でしかも地下水位の変動量が大きい場合に適している．
準三次元モデル③ 鉛直スライス法	三次元の領域を断面二次元でスライスに分割し，スライス内は独立に飽和―不飽和断面二次元解析法により解析を行う方法である．スライス間はダルシー則に従った二次元要素を用いて流量を求め，その流動を用いて断面二次元解析に反映させ，何回か交互に繰り返す手法をとっている． 岩盤の割れ目が卓越している場合や断面破砕帯が存在する場での地下水流動を取り扱う場合にこのモデルの特徴が生かされる．トンネル掘削に伴う三次元的湧水問題などを検討する場合に有利である．
三次元モデル	三次元領域のすべてに適用されるものである． ただし，情報量が膨大となるので経済的にも技術的にも負担が大きい．

13.4 地下水汚染解析

　地下水汚染の解析は，汚染の実態の把握，水質保全・管理方策等を目的として実施する．解析の手法は，目的，対象地域の特性などを考慮して適切に選定しなければならない．

13.5 地盤沈下解析

> 地盤沈下解析は，地盤沈下地域および地盤沈下が予想される地域において，地盤沈下量の予測および沈下量と揚水量との関係の把握のために実施する．解析の手法は，目的，対象地域の特性などを考慮して適切に選定しなければならない．

解　説

地盤沈下解析の手法には，時系列的な予測手法，圧密理論による予測手法および広域地盤沈下シミュレーション等が用いられている．

参考文献

1) 地下水調査および観測指針（案）　建設省河川局　山海堂　1993
2) 地下水ハンドブック　地下水ハンドブック編集委員会編　建設産業調査会　1980
3) わが国の地下水―その利用と保全―　地下水政策研究会　大成出版社　1994
4) 新版　地下水調査法　山本荘毅編　古今書院　1983

第 8 章
内 水 調 査

第8章 内 水 調 査

第1節 総　　　説

1.1 総　　　説

> 本章は，内水対策を行うにあたって必要となる調査の標準的な手法を定めるものである．

解　説

　内水とは，本川水位が高いため自然排水が困難となり，堤内地に湛水する水をいう．その排水対策としては河川および堤内地の形態や状況に応じて，本川への合流点付替え，ポンプ排水など多様なものが考えられるが，最も適切な対策が講ぜられるように十分調査しなければならない．

　なお，内水河川とは，本川水位が高い場合，自然排水ができずにその流域内に湛水が生じる河川とし，流下能力不足によるものは，ここでは対象としない．

　内水被害を助長する要因としては次のようなものが考えられる．
1. 本川上流の土地利用の変化や河道改修による洪水位の上昇
2. 本川の河床の上昇
3. 土地利用の変化や河道改修による内水河川の洪水流出の増大
4. 内水地域の盛土等による氾濫域（貯留域）の減少
5. 地盤沈下
6. 河口閉塞
7. 高潮等

　これらの要因に対して考えられる内水対策としては以下のような方法があるので，十分な調査を行って最も適切な対策をとるよう計画をたてなければならない．

1. 河川工事
   (1) ポンプ
   (2) 水門，樋門，樋管，防潮水門
   (3) 本川の河床掘削
   (4) 山水の分離（放水路，流域変更）
   (5) 合流点付替え
   (6) 遊水地
2. 土地利用の規制，変更
3. 家屋・施設の耐水化
4. 保水機能の保全（調節池，建築物地下貯留，浸透施設）
5. 遊水機能の保持（盛土抑制，規制等）
6. 警戒避難体制の強化
7. 水害保険
8. 各種方法の複合化

1.2 内水調査の項目

> 内水調査を行う場合には，必要に応じて次の調査を行うものとする．
> 1. 水文調査
> 2. 計画対象河川調査
> 3. 内水被害調査
> 4. 地形調査
> 5. 流域状況調査
> 6. 想定湛水区域状況調査
> 7. 関連諸事業調査

第2節 内 水 調 査

2.1 水 文 調 査

> 既往の内水状況の把握，内水の確率規模の検討等のため雨量・水位・流量資料を収集・整理するものとする．
> また，必要に応じて新たに水文観測所を設置し水文観測を行うものとする．

解　説

水文調査で収集した資料は，次の目的で用いられる．
1. 既往の内水状況の把握
2. 内水解析モデル作成時の入力条件および検証資料
3. 内水の確率規模を統計的に算出する標本値
4. 内水処理施設計画を検討する際の入力条件

水文資料はこのように多くの目的に利用される基礎データなので，収集される資料の多寡・精度および整理方法の合理性が，内水処理計画全体の妥当性を直接左右するということができる．特に，内水河川，本川の水位，流量や，排水施設の稼働状況についてはできるだけ正確に把握する．

水文資料は，既設の観測所より得ることを基本とするが，当該流域に適当な観測所が存在しない場合，または，既存の資料のみでは不十分な場合には，新たに観測所を設置し観測を行う．

2.2 計画対象河川調査

> 計画の対象とする内水河川および，その河川が合流する本川について，これまでの治水事業の実施経過，流下能力，今後の事業予定等について調査するものとする．

解　説

内水の発生特性は，内水河川および本川での治水事業の進展状況によって大きく左右される．例えば，本川の河道改修やダム建設等により，著しく内水被害の減少することがある．また近い将来，本川において河道改修が予定されていれば，それに伴い外水位が低下し，必要な内水処理施設の規模が小さくてすむこともあるので，これを確認しておく必要がある．

第2節　内　水　調　査

2.3　内水被害調査

> 内水被害調査では，内水被害時の湛水状況，被害状況および内水処理施設の運用状況について，資料を収集整理するものとする．なお，必要に応じて聞込み調査，痕跡調査を行い，できるだけ正確に被害状況を把握するよう努めるものとする．

解　説

内水被害調査は，対象内水河川の過去の内水被害発生時における湛水状況，被害状況，内水処理施設の運用状況等を把握するものである．緊急的に運用された可搬型ポンプおよび排水路などによる排水状況を把握しておくことも重要である．この調査結果から，対象内水区域の内水発生頻度，内水被害特性を検討することになる．また，内水被害状況の結果は，検討対象内水の選定，内水解析モデルの検証に直接用いられる．なお，内水処理計画の検討期間中に，現に内水被害が発生することも考えられ，この場合，内水解析モデルの精度向上のため，十分な現地調査を実施する必要がある．

内水被害調査の調査項目は以下のとおりである．

1. 湛水地域と地域別湛水深，湛水時間
2. 内水位（時刻別内水位，最大内水位）
3. 被害数量，被害額（直接被害）
4. 間接被害額
5. 実施された災害対策

2.4　地　形　調　査

> 地形調査では，調査対象内水河川流域の流域界，流域面積，河床勾配，流路長など全体の地形条件を把握し，これをもとに，2.1～2.3で行った調査の結果と合わせて想定湛水区域の設定を行うものとする．

解　説

地形調査では，地形図より調査対象内水河川流域の流域界・流域面積をまず確定した後，流域内の地形分類，河床勾配等のマクロ的な地形条件を把握する．このマクロ的な地形条件と先に実施した内水被害調査等の結果をあわせて，想定湛水区域を設定する．なお，想定湛水区域の設定にあたっては，本川の計画高水位も参考にする．

調査すべき地形条件は次のような項目である．

1. 地形分類（低地，自然堤防，台地，山地）
2. 流域界
3. 流域面積
4. 河床勾配
5. 流路長

また，この際，参考となる資料としては次のようなものがある．これらの資料でも不明な場合には，現地調査を行う必要がある．

1. 地形図（国土地理院 1/10 000　1/25 000　1/50 000）
2. 土地条件図（国土地理院 1/25 000）
3. 国土基本図（国土地理院 1/2 500　1/5 000）

4. 河川改修計画平面図（建設省，地方公共団体 1/2 500 1/5 000）
5. 都市計画図（市町村 1/2 500 1/5 000）
6. 排水系統図（市町村，農林水産省）
7. 下水道台帳（市町村）

2.5 流域状況調査

> 流域状況調査は，流出モデルを作成するにあたっての基礎資料を得ることを目的とし，土地利用と排水状況等を調査するものとする．

解　説

流域状況調査は，内水解析モデルのうち流出モデルを作成するための基礎資料を得ることを目的として実施されるものであり，土地利用調査，排水状況調査および地質調査で構成される．土地利用調査および排水状況調査は，現時点だけでなく過去の変遷や将来の予測も同時に行うことを原則とし，流出モデルの同定や将来の流出量変化の予測の参考にする．

2.6 想定湛水区域状況調査

> 想定湛水区域の状況を把握するため，地盤高調査，土地利用調査，資産調査を行うものとする．

解　説

想定湛水区域の標高と面積および容量の関係を作成するためには地盤高調査を行う必要がある．

また，想定湛水区域内の資産算出および内水処理方式の検討のために必要な基礎資料を得ることを目的として，想定湛水区域内の土地利用調査を行う．

さらに，資産調査は，想定湛水区域内の一般資産，農作物，公共土木施設等を調査するもので，その方法は調査編第 20 章に従う．

2.7 関連諸事業調査

> 関連諸事業調査では，調査対象内水河川流域に係わる都市計画，地域計画，下水道計画，用排水計画およびこれらに関連した事業計画の情報を収集するものとする．

解　説

通常，内水河川流域の規模は小さいので，流域内での事業が内水現象あるいは内水処理対策に大きく影響することがある．内水現象あるいは内水処理対策に影響を及ぼすものとして，流域開発などの面的な整備，用排水路など線的な整備，さらには受け皿としての河川改修などの各事業が考えられる．

これらの各事業の実施に伴い想定される内水河川流域の変化は，流出モデル・内水モデルの検討および将来の資産を想定するために重要である．

関連する諸事業としては，例えば，次のようなものがあげられる．

1. 土地区画整理事業
2. 都市計画事業
3. かんがい排水事業
4. ほ場整備事業
5. 道路改良事業
6. 下水道（雨水排水）事業

なお，2.2で述べた内水河川・本川の改修事業も，内水現象に直接影響を与える重要な要素である．また上記のような大規模な事業でなくても，想定湛水区域内の宅地開発等は，内水現象，内水処理対策に大きな影響を与えるので，情報収集に努める必要がある．

第3節　内　水　解　析

3.1　内水解析モデルの作成

> 内水解析モデルは，対象内水河川流域における過去の内水現象の再現および将来の内水現象が予測できるように作成するものとする．

解　説

内水解析モデルは，流出モデル，外水位モデル，内水モデルで構成され，対象内水河川流域における過去の内水現象の再現および将来の内水現象の予測ができるように作成する必要がある．

以下に，内水解析モデルについて概説する．

1. 流出モデル

流出モデルとは，内水河川流域の降雨を入力し，流域の地形，土地利用等を条件とし，流出量を算定するモデルである．

内水河川流域の流出計算手法としては多くのものが考えられるが，流域の状況および内水河川，本川で用いられている流出計算手法も参考にしながら，この中から最も適切と思われる方法を選定する．

なお，内水河川流域は一般的に小流域のものが多く，土地利用条件の変化が顕著に現れやすいため，土地利用変化に応じた流出現象ができる流出計算手法を採用することが望ましい．

流出計算手法は流域の流出機構をモデル化したものであるから，そのモデル化の方法によってそれぞれの特徴をもっている．流出計算手法の選定は，その特徴を十分に踏まえ，対象流域の特性および使用目的に応じて行う．

2. 外水位曲線の作成

内水計算を行う際に，境界条件となる内水河川合流点での外水位が必要となる．本川水位記録として内水河川合流点に水位観測所がある場合にはその観測値を用いればよいが，そうでない時が多く，その場合には合流地点上下流に設置されている水位観測所の水位記録から補正して作成する．

3. 内水モデルの作成

内水モデルとは，流出モデルで得られた内水河川流域の流出量を入力とし，内水区域の地形，排水形態等を条件とし，内水位および湛水区域を算定するモデルである．この内水モデルは，内水処理施設計画を検討する際にも用いられる．

対象内水区域の特性および既往の湛水実績状況に応じて，対象内水区域の内水現象が再現できる内水計算手法を選択する．内水現象を再現するためには内水区域をモデル化し，内水区域への流入量，外水位という境界条件を与えて計算しなければならない．この内水計算手法としては，池モデル（1池モデル，多池モデル）と氾濫流モデル（一次元モデル，二次元モデル）がある．いずれの手法を用いるにしても，予め内水地区の地形条件を把握しておかなければならない．また，多池モデルおよび氾濫モデルの場合は，さらに内水区域ブロックを分割のための湛水特性および内水河川の河道断面についても調査しておく必要がある．

以下に，池モデルと氾濫流モデルを概説する．

(1) 池モデル

　池モデルは，1池モデルと多池モデルとがあり，いずれの場合も池への流入量と外水位を境界条件とし

て，連続式により池内の水位を推定するものである．このうち，1池モデルは既往の内水処理計画で最も多く用いられている．

1池モデルでは，内水地域を1つの水位で代表される1個の池と仮定し，流出モデルによる流出計算結果を流入量 I，ポンプ，水門等による本川への排水量 Q，湛水量を V として，$dV/dt=I-Q$ という連続式に基づいて V の時間変化を計算し，$H-V$ 曲線を用いて内水位を逐次計算するという方法をとっている．このため，計算は簡便であるが内水区域がいかなる地形構造を持っていても，河道内および内水区域での流水の運動は評価されず，ただ末端の排水施設のみが評価の対象となるにすぎない．

なお，多池モデルは，内水域を多数の池で代表させ，1池モデルでは一括して扱われていた内水区域の湛水状況を，ある程度細かく表現しようとしたものである．

(2) 氾濫流モデル

氾濫流モデルは，内水区域への流出量と外水位とを境界条件として，内水区域内の流れを連続式と運動方程式とにより解析し，湛水状況を推定する．すなわち，池モデルでは考慮されていなかった運動方程式が導入されている．したがって，このモデルは，池モデルでは評価されなかった内水区域の流水の挙動を表現できることになる．

内水区域での流水の挙動を表現したい場合には，このモデルで解析しなければならない．例えば，内水区域が広く，氾濫流の流下時間が長い場合，あるいは内水河川流域内の降雨の状況によって湛水区域が変化するような場合には，氾濫流モデルが用いられる．

この氾濫流モデルには，河道を一次元不定流で解析しその河道に湛水池が接続される一次元モデルと，湛水域の平面的な広がりを表現するために湛水域を二次元メッシュで扱う二次元モデルがある．また，採用する運動方程式の形によって，一次元モデルは貯留関数法，簡易一次元不定流モデル等に，また，二次元モデルは，越流ポンドモデル，氾濫ポンドモデル，開水路ポンドモデル，二次元不定流モデル等に区分される．

なお，内水解析モデルは，基本的には流出モデル，内水モデルのそれぞれについて個別に検証する必要がある．しかし，内水河川流域では，流出域からの流出量が観測されていることが少なく，流出モデルの検証が実施できない場合がある．このような場合にあっては，内水モデルおよび外水位曲線モデルは比較的不確定要素が少ないことから，内水区域における水位等で内水解析モデルを一括して検証してよい．

しかしながら，内水区域の流れが複雑であったり，流速が大きく内水区域におけるエネルギー損失が無視できない場合には，内水モデル単独の検証を実施する必要があり，流出モデルの検証と2段階の検証を行う必要がある．

第 9 章
河 口 調 査

第9章 河 口 調 査

第1節 総　　　説

1.1 総　　　説

> 本章は，河口処理を行うにあたって必要となる調査の標準的な手法を定めるものである．

1.2 河口調査の項目

> 河口調査においては，必要に応じ次の調査を行うものとする．
> 1. 波浪調査
> 2. 河口水位調査
> 3. 河口流量調査
> 4. 潮位調査
> 5. 漂砂調査
> 6. 底質材料調査
> 7. 河川・海岸地形調査
> 8. 水質調査
> 9. 風向・風速調査
> 10. 飛砂調査
> 11. 水生生物，直物等の生態環境調査
> 12. その他の調査

解　説

　河口処理を行うにあたっては，**図9-1**に示すように具体的な河口の問題と河口処理工法を念頭においたうえで，**表9-1**などを参考に必要な調査を行うものとする．なお，これ以外にも河口部の空中写真撮影，河口周辺地域の地形・地質調査，河口砂州のフラッシュ調査，流出土砂量調査，河口部の流況調査，河口部被害調査などがある．

第9章 河口調査

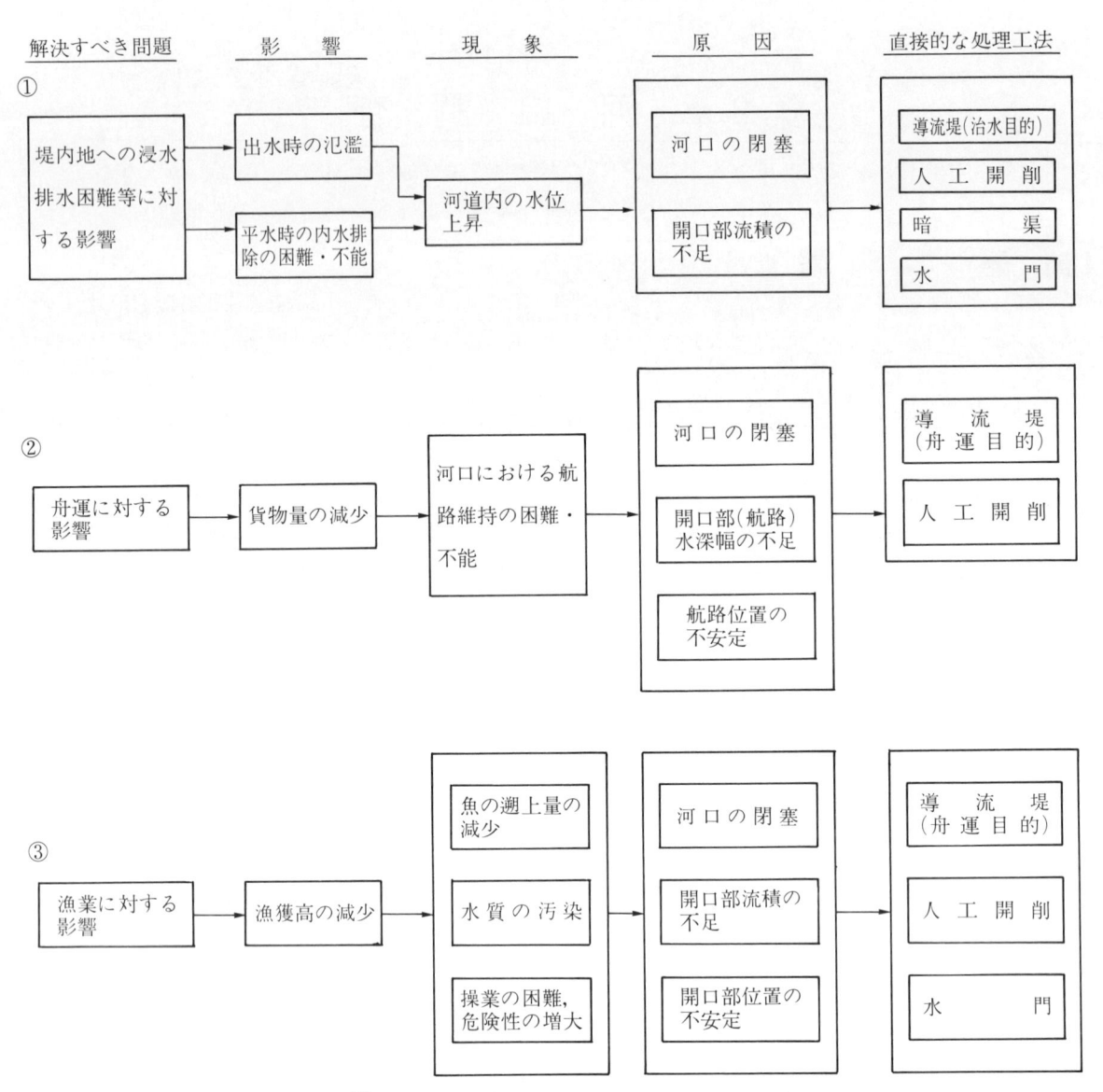

| 解決すべき問題 | 影響 | 現象 | 原因 | 直接的な処理工法 |

① 堤内地への浸水排水困難等に対する影響 → 出水時の氾濫／平水時の内水排除の困難・不能 → 河道内の水位上昇 → 河口の閉塞／開口部流積の不足 → 導流堤(治水目的)／人工開削／暗渠／水門

② 舟運に対する影響 → 貨物量の減少 → 河口における航路維持の困難・不能 → 河口の閉塞／開口部(航路)水深幅の不足／航路位置の不安定 → 導流堤(舟運目的)／人工開削

③ 漁業に対する影響 → 漁獲高の減少 → 魚の遡上量の減少／水質の汚染／操業の困難,危険性の増大 → 河口の閉塞／開口部流積の不足／開口部位置の不安定 → 導流堤(舟運目的)／人工開削／水門

図 9-1　河口閉塞によって起こる問題と処理工法

第1節 総　　　説

表 9-1 処理工法に対する必要調査項目

調査項目		処理工法				
		導流堤 (治水)	導流堤 (舟運漁業)	人工開削	暗渠	水門
波　浪	有義波の日平均頻度分布	○	○	△	○	△
	波向の日平均頻度分布	○	○	△	○	△
流　量	平水時の日平均流量	○	○	○	○	○
	入退潮量		○	○	○	○
	出水時の毎時流量	○	○	○	○	○
水　位	平水時の日平均水位	○	○	○	○	○
	出水時の毎時水位	○	○	○	○	○
潮　位	平均潮位	○	○	○	○	○
	朔望平均干満潮位	○	○		○	○
	気象偏差	○			○	○
漂　砂	沿岸漂砂の量および方向	○	○	○	○	△
底　質	粒径分布図	○	○	○	△	△
水　質	水質の分布図	△	○	△	△	△
風向 風速	毎時の風向，風速	△	△	△	△	△
	異常気象時の風向，風速	△	△	△	△	△
河川，海岸， 地形，測量	等深線図（海域）	○	○		○	
	等高線図，縦断図（海域）	○	○		△	
	汀線の径年変化図	○	○			○
	河道縦横断図	○	○	○	○	○
河口部縦横 断　測　量	砂州の消長を示す平面図，等高線図	○	○	○	○	○
	平水時の河口開口部横断図	○	○	○	○	○
	平水時の河口部縦断図	○	○	○	○	○
	出水直後の河口開口部断図	○	○	○	○	○
	出水直後の河口部断図	○	○	○	○	○
飛　　　　砂		△	△	△		△
模　型　実　験		△	△	△	△	△

注）○印は調査必要項目

△印は必要に応じて行う項目．なお，いずれの処理工法をとる場合でも，計画高水流量，計画高水位，計画河口水位，粗度係数を求めておく必要がある．

第2節 河口調査

2.1 波浪調査

2.1.1 波浪調査の方法

> 波浪調査は，原則として次の2法のいずれかによるものとする．
> 1. 当該河口部に波高計等を設置して観測する方法
> 2. 隣接海岸における波浪記録より当該河口部の波浪を推定する方法

解　説

　波浪調査は，波高，周期，波向を調査し，当該河口付近における波浪諸元の性質を知ることを目的として行うものであり，河口処理計画を検討するうえで必須のデータである．

　一般に隣接海岸の記録が利用できるのは，その地点と当該河口部との両者の地形条件，気象，海象条件が類似しており両地点にほぼ同様の波浪が来襲すると考えられる場合であり，本文2.の方法を利用する場合にはこの点に関して十分検討する必要がある．なお，河口の地形や地形変化に重要な役割を果たす卓越波向は，空中写真を用いて海岸線の形状等を分析することにより，簡便に推定することができる．

2.1.2 波浪調査

> 当該河口部に波高計等を設置して観測する場合についての一般的方法は，調査編第15章第3節によるものとする．

解　説

　観測機器の設置は砕波帯の沖側で，かつ河川流，地形，構造物等の影響が少ない所を選定する必要がある．

2.1.3 データ整理

> 波浪観測データは，必要に応じ平均波，有義波，1/10最大波，最高波などに整理しておくものとする．

解　説

　海の波は不規則であるために，有義波などの代表波で表示されている．有義波とは，連続的な100波以上の波高の大きいものから数えて全波数の1/3を選び，その波高と周期を平均したものである．平均波とは，一群の波全体の平均値，1/10最大波とは，全波数のうち波の大きいものから1/10を取り出して平均したもの，最高波とは一群の波の最高値である．これらのデータ整理については調査編第15章第3節を参照のこと．

2.2 河口水位調査

2.2.1 河口水位調査の方法

> 河口水位調査の一般的方法は，調査編第2章によるものとする．

解　説

　河口水位調査は，河口付近の水位を観測することにより，砂州による洪水の堰上，洪水による砂州のフラッシュに伴う水位の変化を知ることを目的として行うものである．

第2節 河 口 調 査

2.2.2 河口水位調査

> 海に近い河道内で，砂州の発達している場合は，砂州より上流で，原則として自記水位計による通年観測を行うものとする．

解　　説

観測位置は本文に示した位置で，砂州の変動によって水位計が埋まらないような場所で海に近い所とする（図9-2参照）．

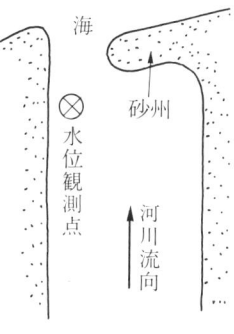

図 9-2　水位観測位置

2.2.3 データ整理

> 洪水記録は，必要に応じ時間水位表，時間水位変化図などの形に，平常時記録は非感潮河川については日水位表，感潮河川については，大潮，中潮，小潮時の時間水位表，時間水位変化図の形にそれぞれ整理するものとする．

解　　説

調査編第2章第5節参照のこと．

2.3 河口流量調査

2.3.1 河口流量調査の方法

> 河口流量調査についての一般的方法は，調査編第3章によるものとする．

解　　説

河口流量調査は，河川固有流量と河口流量を知ることを目的とする．河口流量は，河川固有流量と入退潮量との和である．

2.3.2 河口流量調査

> 河川固有流量の観測位置は，感潮区間より上流で河口に近く，河床の経年変化の小さい地点を選定するものとし，観測は，原則として自記水位計による通年観測により行うものとする．
>
> また，河口流量については，感潮区間内の水位計と仮設水位標により各地点の同時水位を観測し，河口部貯留量を計算することにより求めるものとする．

解　　説

河口流量を計算するための仮設水位標は，感潮区間に5個所程度を設置することが望ましい．ただし，感潮区間の短い場合には水位標の設置数を少なくしてもよい．

なお，設置位置を河道横断測量点におくと，後に貯留量計算をする際横断測量の成果を用いることができるので便利である．観測時間間隔は水位曲線が正確に描けるような間隔とする必要がある．

河口流量は，例えば次のようにして求められる．

河川固有流量を Q_c，河口流量 Q_0，感潮区間を L，水位を h，x を河口より上流に向かっての距離，B を河幅，S を感潮区間の貯留量とすると，これらの間には次の関係がある．

$$Q_c - Q_0 = \frac{\partial S}{\partial t} \tag{9-1}$$

$$\frac{\partial S}{\partial t} = \int_0^L \frac{\partial S}{\partial t} dx = \int_0^L \frac{\partial h(x,t)}{\partial t} \cdot B(x,t) dx \tag{9-2}$$

したがって，Q_c, L, B が求めてあれば，$h(x,t)$ を水位標から測定することによって河口流量 Q_0 を求めることができる．

いま水位標間の水面を直線と仮定し，感潮区間 N 個所で水位の連続観測を行ったとすれば，式(9-1)および式(9-2)から次の関係式が得られる．

$$\begin{aligned}
Q_0(t) = Q_c(t) &- \frac{1}{\Delta T} \sum_{i=1}^{i=N-1} \left[\left\{ h\left[x_i, t+\frac{\Delta t}{2}\right] - h\left[x_i, t-\frac{\Delta T}{2}\right] \right\} \times B(x_i, t) \times \left[\frac{x_{i+1}-x_{i-1}}{2}\right] \right] \\
&- \frac{1}{\Delta T} \left[\left\{ x_0, t+\frac{\Delta T}{2}\right\} - h\left[x_0, t-\frac{\Delta T}{2}\right] \right\} \times B(x_0, t) \times \left[\frac{x_1-x_0}{2}\right] \\
&+ \left\{ h\left[x_N, t+\frac{\Delta T}{2}\right] - h\left[x_N, t-\frac{\Delta T}{2}\right] \right\} \times B(x_N, t) \times \left[\frac{x_N-x_{N-1}}{2}\right]
\end{aligned} \tag{9-3}$$

ここで，ΔT は時間間隔であり，$Q_c(t)$ は $h-Q$ 曲線から，$h(x,t)$，$B(x,t)$ は観測からそれぞれ既知であるので Q_0 が求められる．

2.3.3 データ整理

> 河川固有流量のデータ整理は，調査編第3章第9節によるものとする．
> また，河口流量は必要に応じ毎時流量表，時間流量変化図，毎時水位表および時間水位変化図に整理するものとする．

2.4 潮 位 調 査

> 潮位調査では，一般に気象庁発行の潮位表等により当該河口部付近の平均潮位，朔望平均満潮位朔望平均干潮位，気象偏差を求めるものとする．

解　説

潮位調査は，河口部の計画潮位の算定のための資料を得るために行う．河口部の計画潮位については，計画編第10章第4節を参照のこと．

一般に潮位の観測は改めて行う必要はなく，気象庁等発行の潮位表を用いることができる．平均潮位，朔望平均満干潮位等天体潮については，潮位表にその値が計算されてある．また，潮位表に記載されている検潮所以外の地点の値も付近の検潮所の値から推算することができる．

気象偏差の推算には2つの方法があり，1つはモデル台風を用いて動力学的な計算を行う方法，他の1つは過去の記録を用いて次のような経験式により推算する方法である．

$$h = a(P_0 - P) + bw^2 \cos\theta + c \tag{9-4}$$

a, b, c：定数
　　h：最大偏差（cm）
　　P_0：基準気圧（1 010 hPa）
　　P：最低気圧（hPa）

第2節　河口調査

　　　w：最大風速（m/s）
　　　θ：主風向と最大風向とのなす角度

各地における定数および主風向は潮位表に記載してある．なお，定数決定に用いられた資料数が少ない場合には，推算精度が低くなるので注意を要する．

2.5　漂砂調査

> 漂砂の調査においては，当該河口部を中心にした海岸域の漂砂量および方向を調査するものとする．調査の方法等については，調査編第15章第7節を参照するものとする．

解　説

ここでいう漂砂調査は，当該河口を中心とした領域の漂砂量および方向の経年変化を知るために行うものである．これはおもに河口処理工（例えば導流堤等）を施工した後において，河口付近の汀線が将来どのように変化するかの予測に用いる．

沿岸漂砂の卓越方向は，波浪データから推定する方法が正統的であるが，実際には空中写真を利用し，検討の対象とする河口付近において沿岸漂砂を阻止する海岸構造物の上手側の安定した汀線形より推定する簡便法が利用できる．また，沿岸漂砂量についても，近隣の漂砂阻止構造物の上手側の推積土砂量や，下手側の侵食土砂量の経年変化を求め，これより求める方法が実績値を精度よく推定するうえで有効である．

2.6　底質材料調査

2.6.1　河口底質材料調査

2.6.1.1　河口底質材料調査の位置

> 河口底質材料調査において，河道部の調査範囲は，河口から河幅の10倍程度，採取断面は5断面以上とし，採取地点として1横断面につき3点を選ぶものとする．また，砂州部においては，採取地点として汀線付近，波のうちあげ部，バームの頂点，川側の4点を選ぶものとし，断面数は砂州の大きさに応じて決めるが一般には3断面行うものとする．

解　説

底質材料調査は，砂州部および河道部の底質材料を知る目的で行う．底質材料を調査することによって，砂州の構成材料を知り砂州の形成要因を把握し，また流出土砂量の算定のための基礎資料とする．

調査期間中は原則として年1回行うものとするが，砂州部において砂州が季節的に大きく変動する場合には，年に数回程度行うことが望ましい．

また，河道内においても，洪水などによって状況が変化した場合には洪水後に調査を行うことが望ましい．

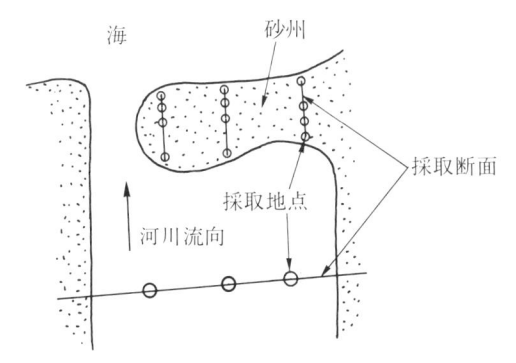

図 9-3　調査地点

2.6.1.2　河道部の調査

> 河道部の調査は，原則として次のように行うものとする．
> 1．試料採取地点
> 試料採取地点は，河床が比較的平坦な個所で，表面における砂礫の分布状態が偏っていない標準的な地点を選定するものとする．

> 2．採 取 方 法
> (1) 採取地点が陸上の場合
>   採取点を中心に 0.5×0.5 m の採取面を設定し，表面から 30 cm の表層を取り除くものとする．次にこの区域内でさらに 30 cm の深さから砂礫を採取するものとする．採取した砂礫のうち径 100 mm 以上の礫のある場合はそれを別途分析した後，次に 100 mm 以下の全重量を測定し，それをよく混合した後に約 35 kg を粒度分析の資料とするものとする．100 mm 以上の礫がない場合には採取砂をよく混合し，JIS A 1102 に従う重量を粒度分析に当てるものとする．
> (2) 採取地点が水中の場合
>   採取にあたっては，粒度分布を乱さないように採取し，採取量は JIS A 1204 によるものとする．

解　説

本文に述べた採取方法は，河床の平均的な粒度分布を測定するためのものである．河床の表面は，アーマリング現象によって比較的大粒径の砂礫に覆われていることが多いから，平均的な資料を得るためには表層を除く必要がある．

河床での鉛直方向の粒度変化を調べたり，アーマリング効果の調査のためには本文に述べた方法と異なり，各層ごとにできるだけ資料を混合しないように採取することが必要である．表層のみの粒度分布を調べる場合で，比較的粒径の大きい礫などで覆われている場合には，等間隔ごとに石の径を測定する線格子法，面積格子法による調査なども簡便な方法である（調査編第 14 章第 4 節参照）．

2.6.1.3 砂州部の調査

> 砂州部の調査は，原則として次のように行うものとする．
> 1．試料採取地点
> 試料採取地点は，砂州の表面における砂礫の分布状態が偏っていない標準的な地点を選定するものとする．
> 2．採 取 方 法
> 砂州部においては，表層の 10 cm と，表面下 40〜70 cm とを採取砂とする 2 層の調査を行うものとする．採取した砂はよく混合し，JIS A 1102，A 1204 に従う重量を粒度分析に当てるものとする．

2.6.1.4 粒 度 分 析

> 粒度分析は，原則として次のように行うものとする．
> 1．砂の場合：砂の粒度分布測定は JIS A 1102，A 1204 に従って行うものとする．
> 2．礫を含む場合：100 mm 以上の礫がある場合には次の計算式によるものとする．
>   100 mm 以下の砂礫の通過百分率 $P(d)$ は，
> $$P(d) = P_0(d) \times \frac{W_s}{W_s + W_p} \tag{9-5}$$
>   100 mm 以上の砂礫の通過百分率 $P'(d)$ は，
> $$P'(d) = \frac{W_s + (100\,\text{mm 以上で粒径}\ d\ \text{以下の全砂礫重量})}{W_s + W_p} \times 100 \tag{9-6}$$
>   ここに，$P_0(d)$：JIS A 1102 に従う各ふるい目ごとの通過百分率

第 2 節 河 口 調 査

Ws：100 mm 以下の採取全重量
Wp：100 mm 以上の採取全重量

2.6.2 海域の底質材料調査

海域の底質調査において，調査範囲は，河口中央を中心に河幅の間隔で 5～7 測線を選定し，沖方向には水深 10 m 程度までおおよそ 10 点を選ぶものとする．ただし，中小河川においては測線間隔を広げ 1～3 測線に減少させることができるものとする．

解　説

海域では底質採取が容易でないが，波による砂移動に関する多くの有効な情報を知るうえで重要である．特に底質粒径の水深方向分布を求めると，移動限界水深の推定などに役立つ．底質は表層のものを採取すればよいが，引き上げるときに採取器からの流失を防除する必要がある．

2.6.3 データ整理

試料採取地点ごとに粒径加積曲線または，粒径加積表などにより，平均粒径や均等係数などを計算しておくものとする．

解　説

粒径の加積曲線図および表を作成し，次式により平均粒径 d_m を求める．

$$d_m = \frac{\sum_{p=0}^{100} d\varDelta p}{\sum_{p=0}^{100} \varDelta p} \tag{9-7}$$

$\varDelta p$：ある粒径の d の占める重量比（％）

その他混合特性を表す均等係数 $M = \sum_{p=0}^{p=50} d\varDelta p \Big/ \sum_{p=50}^{c=100} d\varDelta p$

ふるい分け係数 $\sqrt{\dfrac{d_{75}}{d_{25}}}$ などを計算する．

2.7 河川・海岸地形調査

2.7.1 河川・海岸地形測量

河川・海岸地形測量は，河道縦横断測量，深浅測量，海浜測量，汀線測量，河口部縦横断測量などにより河口部の地形などを調査するものである．

測量は，原則として洪水前後の地形変化を調べるために行うものとする．また，河口砂州の季節的変化量が問題になるときは，河口部縦横断測量を季節ごとに年 4 回行うものとする．

解　説

本文において，深浅測量は汀線より沖側の海底地形の測量を，海浜測量はほぼ平均干潮面汀線から後浜の範囲の地形測量を，汀線測量は平均潮位における汀線位置の測量を，河口部縦断測量は河口砂州の変動範囲における河床，海底，砂州の変化状況を知るための測量をそれぞれさしている．

また，地形測量と同時に空中写真撮影を行うことが望ましい．

2.7.2 河川・海岸地形測量の範囲と測線間隔

河川・海岸地形測量における測量範囲および測線間隔は，原則として表 9-2 のとおりとするものとする．

第9章 河口調査

表9-2 測量範囲および測線間隔

測量名	測量範囲	測線間隔
河道縦横断測量	河口より上流側5kmまで	50～200m
深浅測量	海岸線方向は河口を中心に原則として左右それぞれ3km以内．海岸線に直角方向は汀線から水深20mまで．	50～300m 測点間隔は1m間隔の等深線が描ける程度とする．
海浜測量	ほぼ平均干潮面汀線から後浜を含む範囲． 海岸線方向は深浅測量と同じ．	深浅測量と同じ．
汀線測量	河口を中心に左右それぞれ3km以内．	
河口部縦横断測量	河口砂州の変動範囲（過去における変動範囲および将来条件の変化によって変動が予想される範囲を含む）のうち必要な範囲．	河川横断方向に河幅のほぼ1/10の間隔で50m以下の間隔．ただし開口部最狭部付近は砂州の形状に応じて3断面程度の測定を行う． 測点間隔は，0.5m間隔の等高線が描ける程度とする．

解 説

河道縦横断測量において，その測量範囲は，小河川の場合には適宜短くしてよい．

深浅測量の範囲を水深20mまでとしたのは，一般に市販されている海図には水深20m以深が記入されているので，それと接続させる意味である．

海浜測量は，潮位変化の比較的大きい個所における汀線の位置を知るために行うものであり，図9-4に示すように，後浜を含む範囲で行う．

深浅測量および汀線測量の範囲を河口を中心に原則として左右それぞれ3km以内としたが，河川規模や沿岸漂砂の状況によってはさらに，広範囲で行う必要があるので注意する必要がある．

河口部縦横断測量において，出水その他による砂州流失直後の測量は，流失した砂州の回復日数が意外に早い

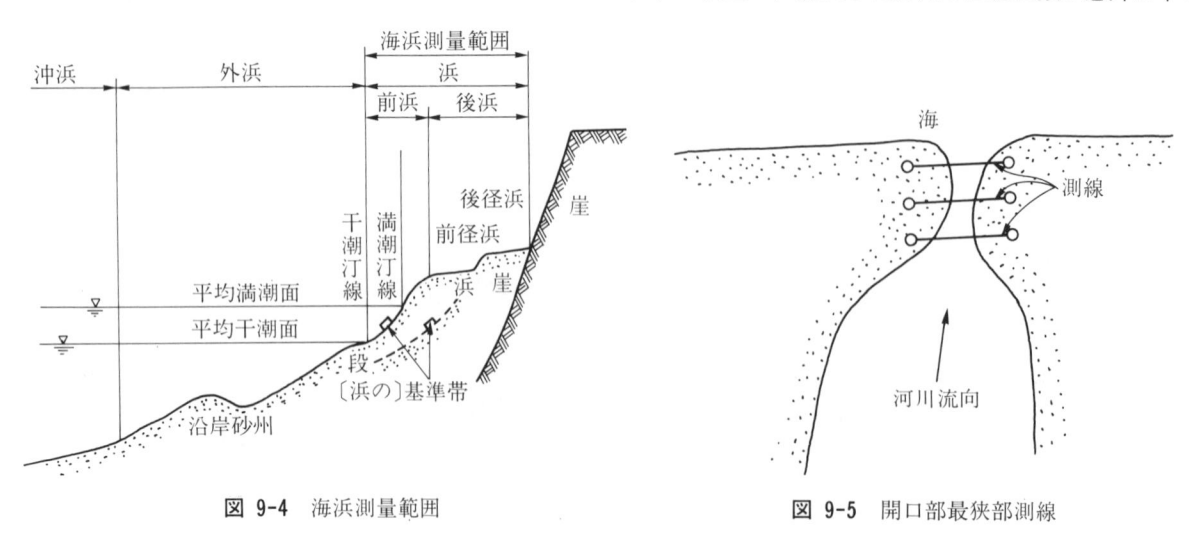

図 9-4 海浜測量範囲

図 9-5 開口部最狭部測線

2.7.3 測量方法

> 河川・海岸地形測量についての一般的方法は，調査編第21章によるものとする．
> なお，汀線測量は，次にうちのいずれかの方法によるものとする．
> 1. 平板測量による方法
> 2. 基準杭と巻尺で行う方法
> 3. 海浜測量資料と潮位記録から求める方法

解　説

平板測量による方法と基準杭と巻尺で行う方法とは，比較的干満潮位差の小さい場所において用いる．基準杭と巻尺で行う方法は，後浜の波の作用しない所に，海岸線方向に50〜300m（海浜測量の測線間隔にあわせる）に基準杭を打ち，それを基準に巻尺およびポールを用いて汀線の位置を測定するものである．

また，海浜測量資料と潮位記録から求める方法は，干満潮位差が大きいために平均潮位に対する汀線を直接測定しにくい場合に用いる方法であり，海浜測量による海浜の縦断面図と潮位記録を用いて図上で汀線を求める．この場合，海浜と平均潮位との交線を汀線とする．

なお，平面的な砂州形状を知るうえで，空中写真，模型飛行機あるいは気球による写真および河口を見おろせる高地からの写真などが参考となるので活用するとよい．

2.7.4 データ整理

> 測量資料は，原則として表9-3のように整理するものとする．
>
> **表9-3　測量資料の整理方法**
>
> | 測　量 | 整　理　方　法 |
> |---|---|
> | 河道縦横断測量 | 各測量断面ごとの横断面図および縦断面図 |
> | 深　浅　測　量 | 1m間隔の等深線図 |
> | 海　浜　測　量 | 0.5m間隔の等高線図および縦断面図 |
> | 汀　線　測　量 | 経年変化を示す平面図 |
> | 河口部縦横断測量 | 砂州の消長を示す平面図
砂州の等高線図
平水時の河口開口部横断図
平水時の河口部縦断図
出水直後の河口開口部横断図
出水直後の河口部縦断図 |

解　説

各図面の縮尺は次の例を目安としてよい．
1. 河道横断面図：縦縮尺1/100，横縮尺1/500
2. 等深線図，等高線図，汀線変化平面図：同一縮尺で1/2500〜1/5000．前2者には測量の数値を書き込む．
3. 河口部縦横断測量：平面図1/2500〜1/5000程度，開口部横断図縦1/100，横1/500程度

2.8 水質調査

2.8.1 水質調査

> 水質調査は，河口部，感潮部における水質を観測し，塩水の侵入の程度，水質の汚染状況を調査するものである．
>
> 観測は，河道内および河口付近の海で行い，観測地域を適宜区分してその区分を代表すると思われる地点を採水地点とするものとする．
>
> なお，水質調査についての一般的方法は，調査編第16章によるものとする．

解　説

河口における砂州の存在，また導流堤などの設置による砂州規模の変化による水質への影響は，海水と河川水との交換量の変化に基づくものである．河口流水断面の増加による海水の河道内への侵入量の増加は，塩水のより上流への遡上をもたらし，種々の影響を与えることがある．逆に砂州の存在による海水と河川水の交換量の減少は，河道内に河川水を滞留させて水質の悪化をもたらすことがある．

本調査の目的は，砂州の存在，導流堤の設置およびしゅんせつなどによるこのような影響を把握することである．このため水質調査項目は，一般水質調査のように一般的な水質調査項目をすべて含む必要はない．塩水の侵入が問題である所では，天候，気温，水温，pH，電気伝導度，塩素イオンを測っておけば十分である．

また，海水の交換量の増加による河道内水質の改善，砂州の存在による内水面の汚染程度を調査するには，これらの項目のほかに BOD，COD，DO などを測る必要がある．

なお，電気伝導度調査で塩素イオン量調査に代える場合には，別途採水した試料を滴定することによって電気伝導度と塩素イオン量および水温との関係を明らかにしておく必要がある．

2.8.2 塩水遡上調査

> 塩水遡上調査は，採取した試料の電気伝導度を測定することにより塩水の遡上状況を調査するものである．
>
> 横断面内での塩分濃度変化は，ほとんどないとされており，原則として最深部の1測点を選定して測定を行うものとする．鉛直方向には，1〜2m間隔で測定を行うものとし，特に塩分濃度の急変点付近では，原則として50cm程度以内の間隔で測定するものとする．
>
> 測点の縦断間隔は，遡上距離およびその変動状況に応じて定めるものとする．一般に，河口付近と遡上先端付近においては変化が大きいので，間隔を密にしなければならない．測定点数は，5点〜15点程度とするものとする．
>
> なお，塩水の遡上状況は，潮位変動，流量および風などにより変化するのでこれらも同時に測定しておかなければならない．

解　説

河道部の塩水遡上の状況は，流量による相違および潮位変動量による相違がわかるように測定計画がたてられなければならない．一般に小潮時には淡塩水の混合の程度が小さく，遡上距離が伸びる場合があるので注意を要する．

なお，河口部の塩分濃度は，河川流量や潮位変動量などによって変化するので，長期間にわたる観測が必要である．

第2節 河口調査

2.8.3 データ整理

採水試料の分析および測定結果は，調査地点ごとに水質年表様式に準じて整理するものとする．また，水質の鉛直分布図などの分布状況を表す図に整理するものとする．

2.9 風向・風速調査

2.9.1 風向・風速調査

風向・風速調査は，河口における風向および風速を調査するものである．観測は，原則として自記記録装置を有する機器による通年観測とし，観測機器は地形の影響の少ない場所に設置するものとする．

解　説

風向・風速調査の資料は，本章2.1の資料の補完に用いられる．

波浪資料が十分でない場合には，風向・風速資料から波浪の推算をしたり，風向・風速資料を波浪資料の代わりとして用いたが，現在は波浪観測が全国各地で行われており，あまり使われていない．

ただし，飛砂調査を行う場合には風の資料が必要である．

観測機器の代表的なものとしては，プロペラ型風向・風速計，風杯風速計と矢羽根型風向計，超音波型風向・風速計などがある．

2.9.2 データ整理

観測資料は，表9-4の形に整理するものとする．

表9-4

日	時刻 項目	1	2	3	4	5	6	7	8	9	10	22	23	24	合計	平均	備考
1	風向																
	風速																
2	風向																
	風速																
30	風向																
	風速																
31	風向																
	風速																

異常気象時の資料は，別途整理するものとする．

2.10 飛砂調査

飛砂により河口埋没の恐れのある河口では，飛砂調査を行うものとする．飛砂調査では，地形に応じて河岸近くの数点において，鉛直方向の飛砂量分布，方向および粒径を観測するものとする．また，堤防等の構造物を越える飛砂量の観測を行うものとする．

第9章 河口調査

解　説

飛砂量は風速，風向，砂の粒径および地形などの影響を受けるので同時に観測する必要がある．特に風は局地的な変化が生じやすいので，代表地点の選定に留意しなければならない．

また，堤防や導流堤の河口付近の高さを決定する参考資料とするため，試験的に堤防構造物の高さを2, 3種変えて設け，飛砂の堆砂状況および構造物を越える飛砂量を観測する．飛砂の特に著しい河口では，さらに，防砂柵の試験を実施することが望ましい．

2.11　河川環境調査

> 河口処理によって河口部およびその周辺部の生態環境に変化が生じると考えられる場合は，その影響を把握するための河川環境調査を行うものとする．

解　説

調査編第18章参照のこと．

2.12　その他の調査

2.12.1　その他の調査

> 前項までのほか，次のような調査を必要に応じて実施するものとする．
> 1. 洪水による砂州のフラッシュ調査
> 2. フラッシュ後の波による砂州復元状況調査
> 3. 流出土砂量調査
> 4. 河口部流況調査
> 5. 波浪遡上調査
> 6. 河口部被害調査
> 7. 河口周辺地域の地形・地質調査
> 8. 隣接河口状況調査
> 9. 社会経済調査
> 10. 河口模型実験

解　説

これらの調査は，河口処理工法の検討に非常に重要な項目である．調査に際して河口の現象に対する考察を重視する必要があるので，専門家の助言を必要としよう．

2.12.2　砂州のフラッシュ調査

> 砂州のフラッシュ調査は，洪水時における砂州部の開口形状および変化過程を把握するものとする．

解　説

フラッシュ調査は，洪水時における河口砂州部の断面変化を時系列的に把握する必要がある．しかし，洪水時の水深測量については，砂面計や超音波測深機などの提案がなされているが，いまのところ十分なものは開発されていないため，断面変化を代表するものとして川幅変化を測定するものとする．これと併せてフラッシュ開始位置，拡大の方向，側方侵食の状況を記録する．

本調査を実施するときには，水位，流量，潮位，波などについて同時に観測しておく必要がある．

第2節 河 口 調 査

2.12.3 河口部流況調査

河口部流況調査は，河口付近における水の移動状況を把握するため，河道部および海部において平常時および出水時，あるいは荒天時に必要に応じ次の方法により行うものとする．
1. 流速計を用いて直接測定する方法
2. 染料あるいは浮子を流して，水上，陸上あるいは上空より追跡する方法（表面あるいは表層流況の把握に用いる）
3. 模型実験による方法
4. 間接的に，河道内の砂州の移動状況，あるいは海床変動などより推定する方法

解　　説

流況調査は高度の調査であり，平水流および洪水流による土砂の動き，波による漂砂移動，あるいは水質問題などを検討する場合に重要である．

流況調査を実施するときには，他の水理量，例えば水位，流量，潮位および波などについて同時に観測しておく必要がある．流況調査計画には河口問題の全般的な判断が必要であるから，多くの場合専門家の助言を必要としよう．

〔参考　9.1〕　河口模型実験

河口模型実験は，砂州のフラッシュ，河口維持水深，波による砂州の発達，洪水時の水位，河口構造物による周辺汀線の変化など，河口処理計画を検討する場合に必要となる参考資料を得るために，模型上で現地において起こると予想される現象を再現するものである．

河口部は河道と異なって波と流れの共存の場であり，その強さおよび方向が刻々変動する．さらに，淡水と塩水の共存の場でもあり，密度流効果が強く発生すること，潮位の変動があること，河口に存在する底質材料の供給源として海からと川からを考えなければならないこと，また粒度分布が大きく変わる所でもあることなどの特性を持っている．

このような特性によって，現地現象を模型上にすべて再現することは不可能であるので，検証実験を行って現象の相似性に関して十分に検討し，かつ模型実験結果と基礎的研究成果，数値計算，他河川の例，現地資料解析とを正しく位置づけ，模型実験結果を評価することが必要である．

なお，現地資料の収集，解析，検証データの精度などが模型実験結果を左右する．模型実験によると，複雑な三次元現象を直接目で見ることができ，種々の現象の理解と発見ができ，各種実験資料が得られ，討議や検討が促進され有益である．

参考文献
1) 現場のための海岸Q&A選集　宇多高明　（社）全国海岸協会　1964
2) 礫河床のサンプリングと統計的処理　山本晃一　土木技術資料　Vol. 13-7，1971
3) 河川水理模型実験の手引き　山本晃一，高橋　晃　土木研究所資料　第2803号　1989

第 10 章
地すべり調査

第10章 地すべり調査

第1節 総　　　説

> 本章は，地すべり防止計画を策定するための調査の標準的手法を定めるものである．

第2節 地すべり調査

> 地すべり調査は，必要に応じて予備調査，概査および精査に区分し，実施するものとする．

解　説

地すべり調査は，図 10-1 のように分類される．

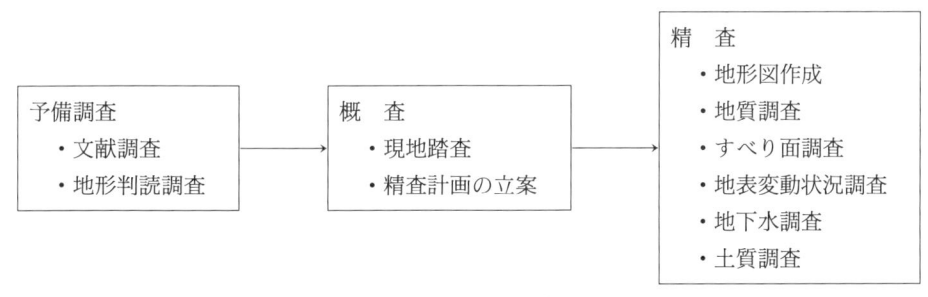

```
予備調査              概　査              精　査
・文献調査    →    ・現地踏査    →    ・地形図作成
・地形判読調査      ・精査計画の立案    ・地質調査
                                       ・すべり面調査
                                       ・地表変動状況調査
                                       ・地下水調査
                                       ・土質調査
```

図 10-1　地すべり調査の分類

2.1 予備調査

> 予備調査は，広域における地すべり地の予察を行い，あるいは対象とする地すべり地の概況を把握するために行うものとする．

解　説

予備調査は，ある地域に地すべりの徴候が現れ，その対策を検討する場合や，構造物の建設，改良工事等に伴って地すべりの発生が予想される場合に行われ，文献調査および地形判読調査からなる．

2.1.1 文献調査

> 文献調査は，地すべりの特性を把握するために行うものとし，その地域の地形・地質，気象，過去の地すべり履歴および近傍の地すべりの発生などについて調査するものとする．

解　説

地すべりは，特定の地形・地質の地域に多発しやすく，また，同様な地形・地質の地域では類似した形態の地すべりが発生しやすい．したがって，その地域の地形・地質に関する文献および情報を事前に調査し，また，近傍の地すべりの発生記録および，発生時の気象状況を調査することによって，その地域での地すべりの発生およ

び運動の特性についての有用な情報を得ることができる．

〔参　考　10.1〕　文献調査における資料

地形・地質等の地盤条件に関する資料としては以下のものなどがある．
1．地形図
2．空中写真
3．地質図
4．地形分類図，土地条件図
5．その他（既存の土質，地質調査報告書など）

過去の災害履歴に関する資料としては以下のものなどがある．
1．既存の工事誌，災害調査報告書，土質（地質）調査報告書
2．学会などの研究論文，報告書
3．集落分布，土地利用状況に関する資料
4．竹林等の対策慣行，家屋・田畑手入れ状況に関する資料
5．田畑等の地割り制度や慣行に関する資料

気象に関する資料としては以下のものなどがある．
1．気象月報
2．各種観測所の観測資料

2.1.2　地形判読調査

> 地形判読調査は，地すべり地の予察や現地踏査では把握できない地形および，地質上の特徴を知るために行うものであり，空中写真および地形図等を用いて，地すべり地形や地質構造上の特性について調査するものとする．

解　説

空中写真等を用いて，地すべり地形や地質構造上の特性および弱線等を調査する方法は，広域での地すべり地の分布を把握するうえで非常に有用な方法である．ただし，過去に滑動を繰り返すことによって形成された地すべり地形は，判読しやすい地形の１つであるが，溶岩台地末端の火砕流やある種の河岸段丘を地すべり地形と見誤る場合があるので，後で現地踏査を実施して確認する必要がある．また，過去の変位量が少ない等の理由から，地形上判読し難い岩盤地すべり等でも，地質構造上の弱線の存在等から予知し得る場合がある．

2.2　概　　　査

> 概査は，地すべり災害の緊急性を判断し，また精査を効率よく行うために，精査に先立って実施するものとする．

解　説

概査は，主として現地踏査によって行い，その成果に基づき必要に応じて精査の計画および応急対策の計画を行う．

2.2.1　現地踏査

> 現地踏査は，文献調査および地形判読調査の結果の確認と調査計画や応急対策計画の立案のために行うものであり，現地を踏査して地すべりの発生機構および運動機構等の予察を行うものとする．

第2節　地すべり調査

解　説

現地踏査の際に行うべきことは次のとおりである．

1. 地すべり範囲の推定

対岸の高所等からの遠望によって地すべり地および周辺の地形を観察し，これらの観察結果と地すべり地内に発生している各種の徴候から地すべりの活動地域，将来の活動の恐れのある地域および，被害の及ぶ範囲を推定する．

2. 地質調査（地質性状と地質構造）

地すべり土塊を構成している物質の種類，粒度，礫等の岩質・形状や粘土等の色調を調べることによってその地すべりの年齢，今後の運動の仕方および安定度等を推定できる．また，基岩の岩質，地すべり土塊およびすべり面の構成物質等も推定できる．加えて，周辺露頭の基盤の性状を調べることによって，この地域の基盤の一般的な層序，層位，走向および傾斜を推定して，その地すべりの性格を推定することもできる．さらに，周辺部の地盤に断層および破砕帯等が発見された場合は，その分布を追跡してその地すべり地に関係しているか否かについて検討することも必要である．

3. 地形調査（微地形や地形による地質構造の推定）

地形調査ではおもに地表の微地形や地形を観察することによって地質構造の推定を行う．

4. 地下水の分布の把握

地すべり地内外の池沼，湿地および湧水点について調査し，池沼の場合は水位，湧水点では湧水量がそれぞれ降雨とどのような関係を持っているかを調べることによって，その水が浅い地下水に起因するものか，あるいは深い地下水に起因するかを判断する資料を得る．

5. 運動形態（各種の徴候による）の推定

主として微地形，主クラック，側方クラック，末端クラックや道路，家屋および石垣等の変状など，各種の徴候を調査して，地すべりの運動形態や方向を推定する．

6. 発生原因の推定

踏査によって発生原因を直ちに推定できる場合は少ないが，発生当時の気象等を参考にし，また運動形態を観察して，その発生経過等を推定することによって発生の原因を推定する．

次のような原因である場合が多いが，単一の原因でなく複数の原因が組み合わさっていることも多いので，十分な検討が必要である．

1) 地すべり末端部の河川等による浸食
2) 長期間の降水または融雪
3) 台風等の豪雨
4) 切土，盛土
5) 地表水，地下水処理の不完全
6) 湛水
   (1) 最初の湛水時
   (2) 水位の急激な降下
7) 地震

7. 今後の運動予測

今後の運動について踏査のみで予測することはかなり困難であるが，一般的に幼・青年期の地塊状の地すべりで，ほぼ一様なすべり面勾配を持つ斜面では滑落の心配が大きい．また，河床が隆起するような舟底状地すべりでは末端部の崩壊の可能性があり，末端が河床より高い位置にある場合の危険性はより大きい．弧状地すべりの場合は特に末端部でのがけ崩れを発生しやすく，これによって運動が急激に活性化する事例は非常に多い．

8. 活発化に伴う被害区域と被災状況の予測

第10章 地すべり調査

前項までの調査において活発化する可能性が大きい場合は，その被害区域を想定し，これに対する必要な措置（避難・警戒体制の確立等）を講じる必要がある．被害区域については，地すべりの拡大を考慮して付近の地すべり地形をよく踏査し，特に地すべり地の上部斜面での地すべりの拡大に注意する．一般に末端部に隆起を伴う場合，その隆起区域は拡大する可能性は少ないが，舟底型地すべりや椅子型地すべりの場合にその末端部に生ずる2次的地すべりは，土塊の厚さも小さいが，降雨等によって活発化する可能性が非常に大きいのでその被災区域での防災体制は万全を期する必要がある．

9. 応急対策についての検討

踏査の結果，地すべりの発生ならびに運動機構がほぼ推定され，その活発化が予測される場合には，これに対する応急対策を考慮し計画する．

表10-1 地すべりの型分類　　―渡による（一部修正，削除）―

特徴＼分類	岩盤地すべり	風化岩地すべり	崩積土地すべり	粘質土地すべり
平面形	馬蹄形，角形	馬蹄形，角形	馬蹄形，角形，沢形ボトルネック形	沢形，ボトルネック形
微地形	凸状尾根地形 凸状台地形	凸状台地形 単丘状凹状台地形	多丘状凹状台地形 単丘状凹状台地形	凹状緩傾斜地形 多丘状凹状台地形
すべり面形	椅子形，舟底形	椅子形，舟底形	階段状，層状	階段状，層状
おもな土塊の性質（頭部）	岩盤または弱風化岩	風化岩（亀裂が多い）	巨礫または礫混じり土砂	巨礫または礫混じり土砂
おもな土塊の性質（末端部）	風化岩	巨礫混じり土砂または強風化岩	礫混じり土砂，一部粘土化	粘土または礫混じり土砂化
運動速度（活動時の平均）	2cm/日以上	1.0〜2.0cm/日程度	0.5〜1.0cm/日	0.5cm/日以下
運動の継続性	短時間，突発性	ある程度断続的（数十〜数百年に一度）	断続的（5〜20年に1回程度）	断続的（1〜5年に1回程度）または継続的
すべり面の形状	平面すべり（椅子形）	平面すべり（頭部と末端がやや円弧状）	曲面状と平面状，末端が流動化	頭部が曲面状だが大部分は流動状（沢状）
ブロック化	たいてい単一ブロック	末端，側面に2次的地すべり発生	頭部がいくつかに分割され2〜3ブロックになる	全体が多くのブロックに分かれ，相互に関連し合って運動
予知の難易	地すべり地形が不明瞭なため非常に困難．綿密な踏査と精査を必要とする	1/3 000〜1/5 000地形図で予知できるし，空中写真の利用も可能	1/5 000〜1/10 000地形図でも確認できる．地元での聞き込みも有用	地元での聞き込みによって予知できるし，非常に容易に確認できる
一般的な斜面形	一般に台地部があるか不明瞭である．凸形斜面に多く，鞍部から発生する	明瞭な段落ち．帯状の陥没地と台地を有す．大きく見れば凹形だが，主要部は凸形	滑落崖を形成し，その下に沼，湿地等の凹部があり，頭部にいくつかの残丘があり，凹形斜面に多い	頭部に不明瞭な台地を残し大部分は一様な緩斜面．沢状の斜面である

2.2.2 調査計画の立案

> 調査計画の立案においては，文献調査，地形判読調査および現地踏査の結果に基づいて推定した地すべり機構を確認するために必要な調査を計画するものとする．

解　説

調査計画を立案するためには，運動ブロックを分割し，調査測線を設定する．また，的確な調査計画の立案のためには，以下の項目について推定しておくことが必要である．

1. 地形・地質等に基づく，地すべりの型の推定

地すべり地は，地形・地質などの特徴により，岩盤地すべり，風化岩地すべり，崩積土地すべりおよび粘質土地すべりに分類される．

型分類ごとの地すべりの特徴は，**表10-1**に示すとおりである．

2. 地すべり範囲の推定
3. 地すべり土塊の厚さの推定
4. 地すべり運動ブロックの分割とそれぞれのブロックの運動形態の推定
5. 地すべり（運動ブロックの）運動方向の推定
6. 地下水分布の推定
7. 地質構造上の弱線帯の推定
8. 地すべり土塊の到達範囲の推定

2.2.2.1 運動ブロックの分割

> 運動ブロックの分割は，現地踏査の結果に基づいて行うものとする．

解　説

運動ブロックの分割は，地すべり地域をいくつかの地すべり運動ブロックに分割する．分割されたブロックは，地すべり調査および対策の1つの単位となるものであることから，運動上の特徴はもちろんのこと地質，地形，被害等を考慮して決定する．分割する方法は微地形と運動状況によるものとし，1つの頭部を含む斜面や引張亀裂に囲まれた斜面を1つの単位とする．なお，ブロックの数が多いほど対策工の計画および実施が困難になるのでなるべく整理することが望ましい．

2.2.2.2 調査測線設定

> 調査測線は，現地踏査の結果に基づいて設定するものとする．

解　説

調査の主測線は地すべり運動ブロックの地質，地質構造，地下水分布，地表変動およびすべり面等が具体的に確認でき，対策の基本計画および基本設計を行うのに適した位置および方向に設定するものとする．副測線は，特に地質構造および地下水分布等について補助的に調査する必要のある場合の測線で，原則として主測線に平行に設定するものとする．

〔参　考　10.2〕　調査測線の設定の例

主測線は地すべりブロックの中心部で運動方向にほぼ平行に設けるものとするが，斜面上部と下部の運動方向が異なる場合は，折線または，曲線になってもよい．地すべりブロックが2つ以上の場合は主測線も2つ以上とする．また，地すべりブロックの幅が100 m以上にわたるような広域の場合は，主測線の両側に50 m以内の間隔で副測線群を設ける場合が多い．

第10章 地すべり調査

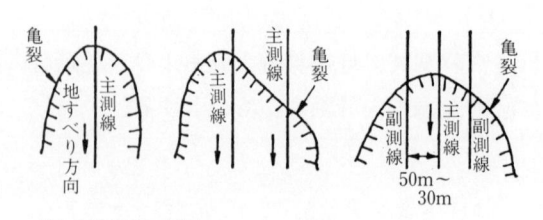

注）副測線間の間隔は30～50m（最大限 50m）とする．

図 10-2 調査測線の設定

2.3 精査

> 精査は，予備調査および概査より推定された地すべりの発生・運動機構を確認し，より精度の高い機構解析を行うために実施するものとする．

解　説

精査は，地すべりの機構を解明することを目的として実施するとともに，必要に応じて対策計画の決定および，設計に関する資料を得ることを目的として実施される．

精査では，目的に応じて，地形図の作成，地質調査，地表変動状況調査，すべり面調査，地下水調査および土質調査が行われる．

2.3.1 地形図の作成

> 地形図は，概査の結果に基づいて，地すべり地およびその周辺地域の必要範囲について作成するものとする．

解　説

地形図の作成範囲は，地すべりブロックを含めた地すべり地全域を対象とする．地形図は，調査および対策のために必要な事物を記入し，地形的にも，地すべり運動ブロックの分割ができるような精度と範囲で作成するものとする．地形図の縮尺は，原則として地すべりの長さが200 m以下の場合は1/500程度，200 m以上の場合は，地すべり全体を示すものが1/1 000～1/3 000程度，部分を示すものが1/500程度とする．特に面積の大きい場合は，上述より小縮尺で全域を作成し，対象となる地すべりブロックおよび，その周縁部については上述の縮尺で作成する．図示すべき項目は，民家，道路，各種構造物，河川（渓流を含む），沼地，湿地，亀裂，滑落崖，植生（喬木，かん木等），水田，畑などである．

なお，周辺部の過去の地すべり地も含めた広範囲にわたる地形図を別に作成しておくとよい．

2.3.2 地質調査

> 地質調査は，すべり面や地下水，地質，土質を調査するために，主として垂直ボーリングによって行うものとし，オールコア採取を原則とする．

解　説

地質調査においては，次の項目を明確にする必要がある．

1. 地すべり変動に関係すると思われる脆弱な地層，すべり面
2. 主要な抵抗部となったり，地すべり移動地域の範囲を規制する抵抗部，支持力の大きな地層

地質調査では，ボーリング調査のほか，必要に応じて，広域的な調査として弾性波探査，自然放射能探査が併用されることがある．また，調査坑調査が行われる場合がある．弾性波探査，自然放射能探査の概略は以下に示

第2節　地すべり調査

すとおりである．
1) 弾性波探査

　弾性波探査は，人工的に起こされた衝撃波の地層を伝播する速度がその地層の剛性に関係することから，その伝播速度特性を測定し，地層の分布特性を明らかにしようとするものである．地すべりの調査では，特に広大な地すべりで運動ブロック区分が困難な場合に有用である．

　弾性波探査の方法には次のものがある．
  (1) 屈折法
  (2) 浅層反射法
  (3) 常時微動法
2) 自然放射能探査

　地塊を構成している岩石類には，ウランやトリウム系統の放射能元素が含まれていて，これらが崩壊の過程でガス状のラドンやトロン等を放出する．これらもまた放射能元素であるが，地下の断層や亀裂帯を通過して地上に散逸する．これらの放出する放射性元素を地表で計測し，その量が多い個所は，地塊内に断層や破砕帯が存在する可能性が高いと推察するものである．

　地質調査の結果に基づき再度現地踏査を実施し，地すべり地の地質構造や地質を確認することに加えてすべり面の深度，形状を推定することが必要である．

　なお，ボーリング孔を利用して，次の調査を行うことがあるので，孔径については十分に検討することが必要である．
1. すべり面調査
2. 地下水調査（地下水位観測，地下水追跡，間隙水圧測定，地温測定，揚水試験，地下水検層，その他の検層）
3. 土質調査（標準貫入試験等の原位置試験，土質試験用不攪乱資料の採取）

2.3.2.1 ボーリング調査の配置と長さ

　ボーリング調査は，地すべり地のすべり面や地質および地質構造を明らかにするうえで最適な位置に必要な長さで行うものとする．

解　説

　ボーリングは，主測線に沿って，30～50m程度の間隔で運動ブロック内で3本以上およびブロック外の上部斜面内に少なくとも1本以上の計4本以上行うものとする．地すべりブロックの面積が小さな場合には，地すべり地の地質を把握するのに最適な位置に2本以上配置するものとする．また，副測線でも50～100m間隔程度

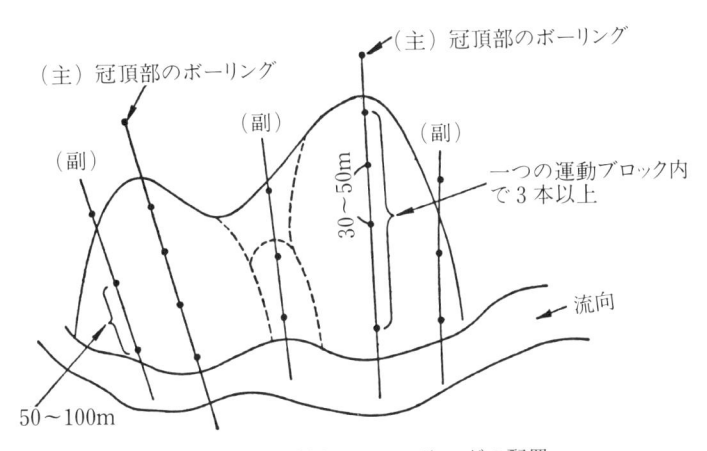

図 10-3　測線沿いのボーリングの配置

第10章　地すべり調査

で必要に応じて行う．また，基盤内に断層，破砕帯が分布していたり，地質構造が複雑であったり，すべり面の分布が複雑な場合には，別途補足のボーリングを行うものとする．1本のボーリングの長さは，基盤を確認するのに十分な長さとする．

地すべりブロックの層厚が推定不可能な場合は，原則として1本あたりの長さを地すべりブロック幅の1/3程度として，実施にあたって長さを調整する．

2.3.2.2　結果の整理

> ボーリング調査の結果の整理においては，地すべり地の地質，土質やすべり面を検討するうえで必要な項目について観察した所見をボーリング柱状図にとりまとめるものとする．

解　説

ボーリング柱状図の最も主要な点は，コアによる地質，土質の観察と掘削時の状況記事，掘進中および最終の孔内水位，コア採取率である．また，岩盤中における調査では，風化の程度，亀裂の角度，片理面の角度，亀裂の量等の状況も観察し，その垂直的な分布についても記載する．地質，土質およびすべり面の観察は，経験の深

表10-2

調査名			施主	
調査地名	県　郡　市町村　大字　字		請負者	
地名番号		総コア長	m	土質試験有無	
標高	m	平均コア採取率	%	標準貫入試験有無	
方向角度		最終水位	m	地質判定責任者	
掘削期間		水位計設置有無		機械操作者	
総想進長	m	揚水試験有無		使用機種	
日平均掘進長	m	各種施工検層名			

1	2	3	4	5	6	7	8	9		10	11	12	13	14	15	16	17	18	19	20	21	22	23
月	標高	深度、標尺	層厚	地質記号	分類	硬軟	色調	記事		孔内水位	漏湧水量	孔径	ケーシング	ストレーナーの有無	コア長	コア採取率	送水量	掘進圧	土質試料採取位置	すべり面測定器位置	標準貫入試験N値	各種試験結果	標尺
日	尺							所地質土見質	掘削状況														

記入要領　3：　5：00……深度
　　　　　　　（123：50）…標高　のごとく記入する

10：毎日作業開始前の孔内水位をそのときの掘削深度の位置に数字で−8.00のごとく記入する．

11：漏水は10 l/min ↓，　湧水は10 l/min ↑ のごとく記入する．

16：毎回の掘進長で毎回のコア長を除した百分率

19：使用シンウォールチューブの孔径，試料採取長をその深度位置に記入する．

第2節　地すべり調査

い技術者が行うものとする．コア写真はカラーとし，正常な色が出るように撮影する．また3色または，5色の標準色調板を貼布して撮影する．**表10-2**にボーリング柱状図の例を示す．

2.3.3　すべり面調査

> すべり面調査は，すべり面を判定するために行うもので，地すべり地の地形，地質，地すべりの規模等に応じて最も適切な手法を用いて行うものとする．

解　説

　すべり面調査には，地質調査による方法と計測機器による方法がある．また，計測機器には，ボーリング孔を用いた地中歪計，孔内傾斜計，縦型伸縮計があり，クリープウェルによる観察もその一方法である．すべり面の判定は，これらの中から最も適切な手法を用いて行うものとする．ただし，判定にあたっては地質調査による方法と計測機器の方法の結果を総合的に検討することが望ましい．なお，計測機器によるすべり面調査に用いるボーリング孔を地下水位観測のためのボーリング孔として併用することは，計測調査の精度を損なうことが多いので，原則として併用しないものとする．

1. 地質調査による判定
1) ボーリング掘進中の判定

　　地すべり滑動の活発な地域では，掘進中に孔曲がりが発生し，掘進ごとに同一深度で抵抗を感じたり，半月形のコアが採取されたりすることによって，すべり面の位置が確認できることがある．

2) ボーリングコア観察による判定

　　ボーリングコアの観察によってすべり面の位置を判定する．ボーリングコアの観察にあたっては，色調，亀裂の形状・量，風化状況，粘土層等について観察を行い，総合的にすべり面を判定する．

2. 計測機器による方法
1) 地中歪計による方法

　　地中歪計によるすべり面の計測方法の特徴は，ボーリング孔全長にわたってその曲がりを測定できることであるが，その寿命は1～2年である．地中歪計は，普通1mの塩ビ管等のパイプに1対（2枚のストレインゲージ）ないし2対のゲージを1方向に貼り，コードをパイプの外側に通したものを用いている．ゲージの方向は，地すべり運動の方向に一致させるのが原則であるが，運動方向が不明の場合は1個所につき直角に2方向に計4枚のゲージを貼布したものを用いる．

　　また，地中歪計をボーリング孔に設置するとき，孔壁とパイプの間の空隙はセメントミルク等（最近はアクリル系の薬液による重合剤が効果をあげている）を用いて完全に充填することが必要である．また，ゲージの測定は原則として3日に1回とするが，地すべりの動きにより測定間隔を縮めたり延ばしたりしてもよ

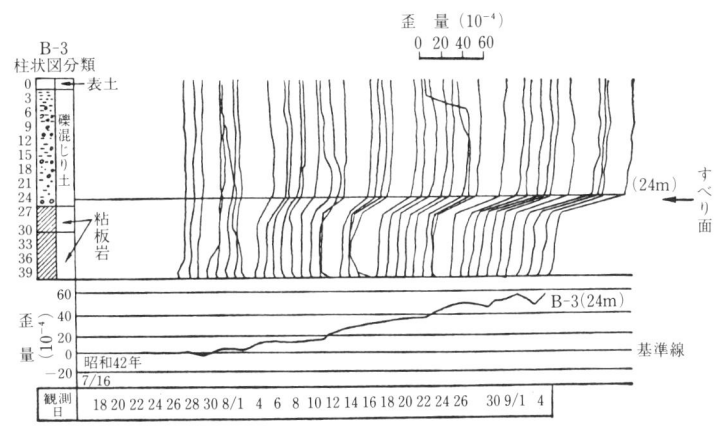

図10-4　地中歪計による歪変動累積図

い．また，解析に用いる測定値は，パイプ歪計設置後1週間後のものから利用することを原則とする．さらに，地中歪計は設置時にその測定値がアナログ式では$8\,000 \sim 12\,000 \times 10^{-6}$，デジタル式では$-2\,000 \sim 2\,000 \times 10^{-6}$のものを正常とし，他は不良品であるので測定から除外する．

計測の結果は，歪変動累積図に整理し，原則として歪の累積$1\,000 \times 10^{-6}$以上をもってすべり面と判断する．ただし，累積傾向のないものはいかに測定値の変動が著しくても，すべり面と判定してはならない．

図10-4に歪変動累積図の例を示す．

2) 孔内傾斜計による方法

ボーリング孔内に傾斜計用のガイドパイプを挿入，設置し，これに沿って傾斜計を挿入して上下に移動させ，ガイドパイプの曲がり，傾斜を測定する方法である．孔曲がりが激しくなると計器を挿入できなくなることが欠点であるが，ほぼ連続的にボーリング孔のすべりによる形状の変化を追跡することが可能である．測定結果は，孔底からの傾斜量の積分で表現され，その曲がりの著しくかつ歪が累積する位置をすべり面と判定する．計測にあたっては，センサ部が温度による影響を受ける恐れがあるので，温度変化の少ない地中内部にセンサ部を一定時間保持した後に計測を行う必要がある．

図10-5に孔内傾斜計の概要と測定値の表示例を示す．

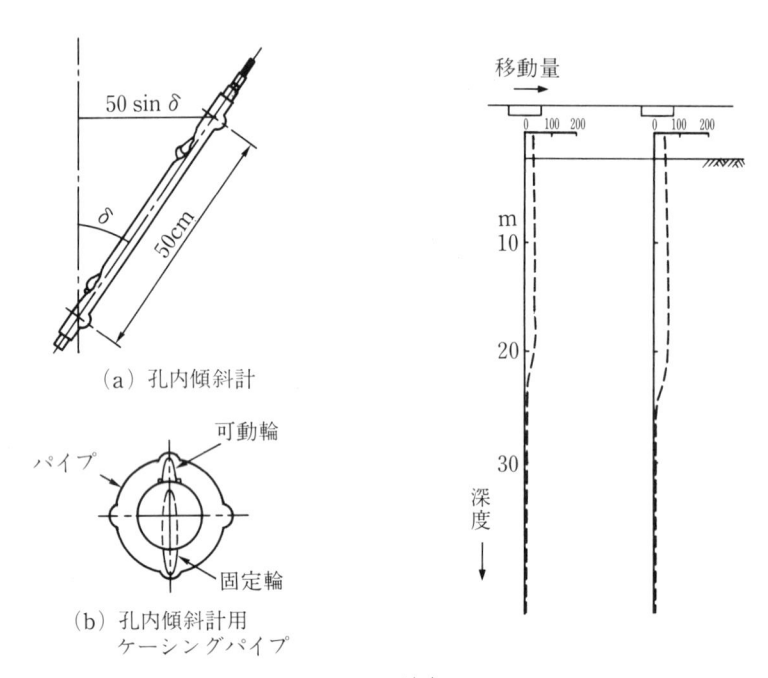

図 10-5　孔内傾斜計の概要と測定値の表示の例

また，孔内の必要深度の位置（主としてすべり面）にセンサを固定し，当該位置での傾斜変形を測定する設置型のタイプも用いられている．図10-6にその設置の概要を示す．

3) 縦型伸縮計による方法

本方法は，基本的には地すべり移動量の測定に用いられる伸縮計をボーリング孔内に鉛直方向に複数設置したものであり，すべり面での移動を直接測定するものである．ボーリング孔内の必要位置にワイヤの先端部を固定し，それを地上に導いて，このワイヤ伸縮量を地上で測定する．図10-7にその概要を示す．

2.3.4　地表変動状況調査

地表変動状況調査は，地すべりの範囲，運動方向あるいは活動性，気象等の誘因との関係等を把握するために実施するものとする．

第2節　地すべり調査

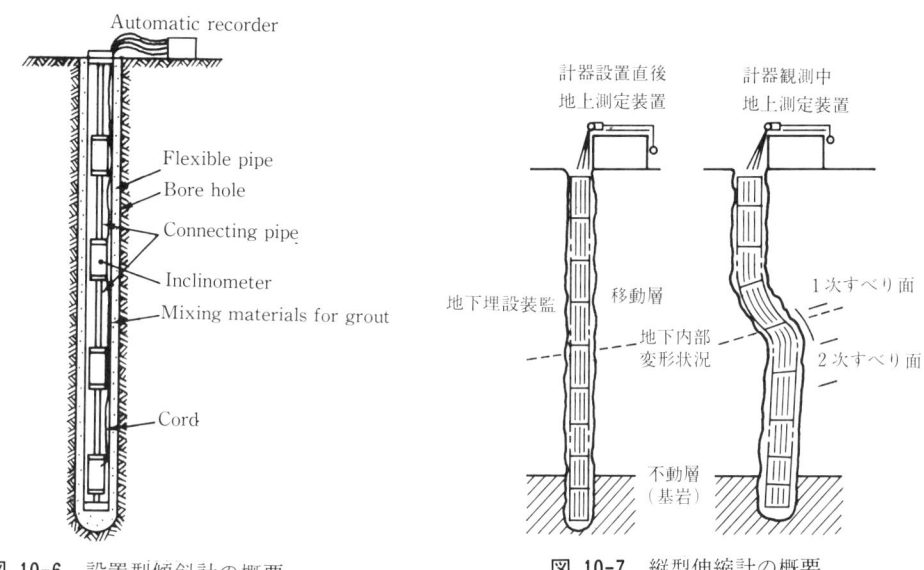

図 10-6　設置型傾斜計の概要

図 10-7　縦型伸縮計の概要

解　説

　地表変動状況調査は，地表に発生した亀裂，陥没，隆起や地盤の盛り上がり等の地表変動状況や，地盤の傾動，水平方向の運動量等を観測することにより行う．

　一般的な地表変動状況調査の方法としては次のものがあり，その目的は図 10-8 に示すとおりである．

1) 地盤伸縮計による方法
2) 地盤傾斜計による方法
3) 測量による方法
   ・地上測量
   ・GPS 測量等

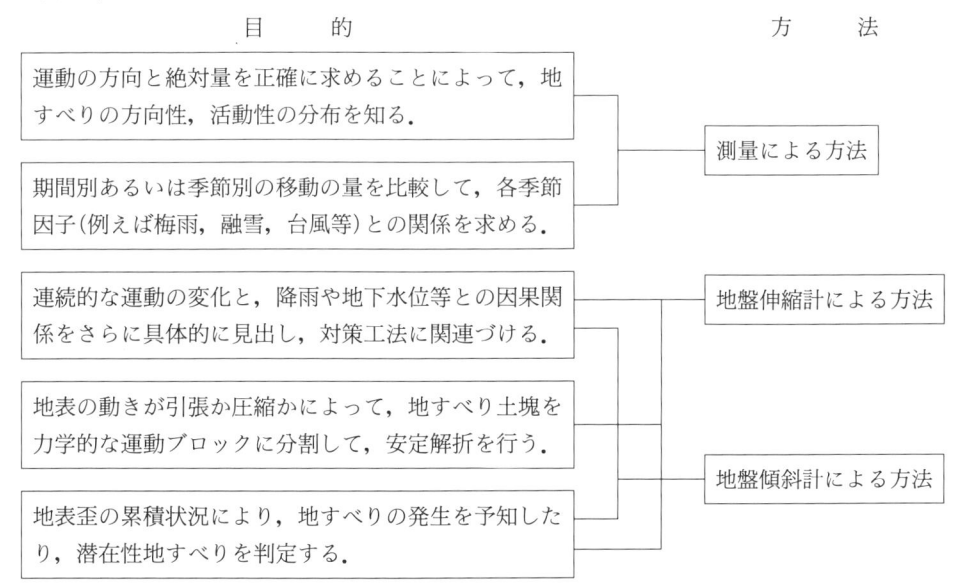

目　　的	方　法
運動の方向と絶対量を正確に求めることによって，地すべりの方向性，活動性の分布を知る．	測量による方法
期間別あるいは季節別の移動の量を比較して，各季節因子(例えば梅雨，融雪，台風等)との関係を求める．	
連続的な運動の変化と，降雨や地下水位等との因果関係をさらに具体的に見出し，対策工法に関連づける．	地盤伸縮計による方法
地表の動きが引張か圧縮かによって，地すべり土塊を力学的な運動ブロックに分割して，安定解析を行う．	地盤傾斜計による方法
地表歪の累積状況により，地すべりの発生を予知したり，潜在性地すべりを判定する．	

図 10-8　地表面移動状況調査の目的と方法

2.3.4.1　地盤伸縮計による調査

　地盤伸縮計による調査は，地盤の伸縮を測定することによって地すべり発生の予知を行ったり，地

第10章 地すべり調査

すべり活動と誘因との関係を把握するために行うものとする．

解　説

　地盤伸縮計は，各調査測線に沿って地すべりの運動方向に平行に設置するものとし，副測線沿い，地すべりの中間部および末端部の明瞭な亀裂や段落ちのある場所にも適宜設置するものとする．

　調査の結果は，縦軸に累積歪量，横軸に期日をとり，降水量または，地下水位と対照できる図にまとめるものとする．図10-9に測定結果のとりまとめの例を示す．図10-10は伸縮計の設置方法を示したものであるが，このうち計器固定杭は，固定するのに十分な断面を有する角材とし，1m以上打込みを行い，スパンは原則として20m程度以下とする．また，インバー線は塩ビ管等で保護しなければならない．なお，保護管がインバー線に接触しないよう特に注意が必要である．

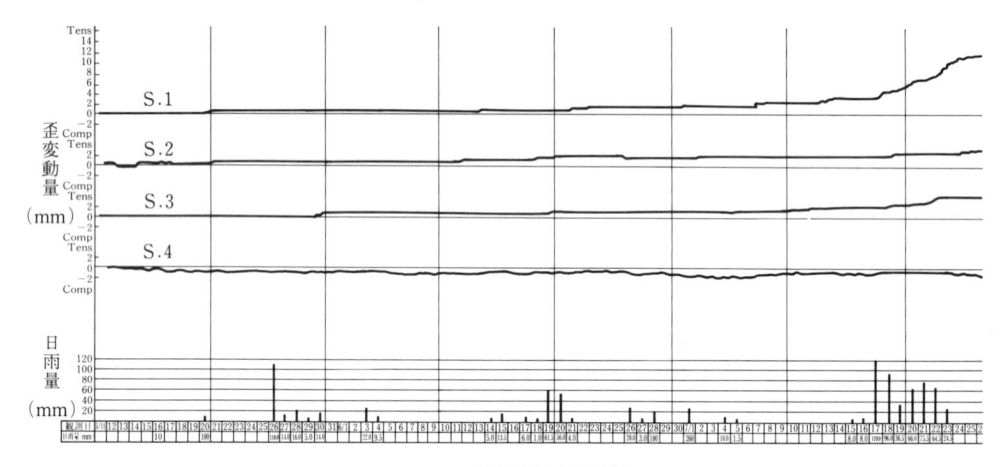

図 10-9　伸縮計測定結果

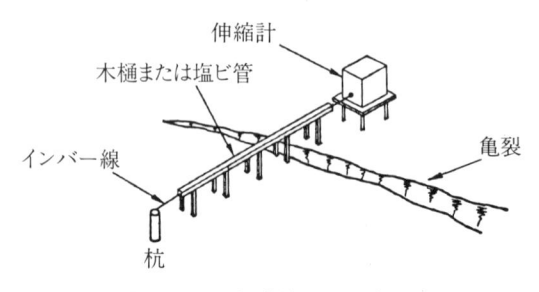

図 10-10　伸縮計設置概略図

　なお，次項の傾斜計の場合も同様であるが，融雪，梅雨，台風期をカバーすることにより，地すべりの性質に対する有力な情報を得ることがあるので，調査の目的に応じ，観測を1年以上継続することが望ましい．

　地すべりの全体的な動きを把握するために，伸縮計を主測線に沿い連続的に設置することもある．長期観測が必要なので，耐久性のある材料・機構とすることが望ましい．

〔参　考　10.3〕　斜面の滑落時期の予測

　亀裂（引張亀裂）をまたいで伸縮計を設置し，移動速度を測定することによって，斜面の滑落時期を予測することができる．

　一般に滑落の直前には，移動速度が急激に増加する傾向があるので，これを観測することによって事前に滑落時期を予測できる場合がある．斉藤迪孝は，歪速度と斜面の破壊までの時間との関係を現場測定と実験によって，図10-11，図10-12のような結果を得た．図中の縦軸に崩壊までの時間（分）を表し，横軸は歪速度/分を表す．すなわち，伸縮計の線長が10mならば，移動長にしてmm/分の単位となる．また，定数歪速度の分布が

第2節　地すべり調査

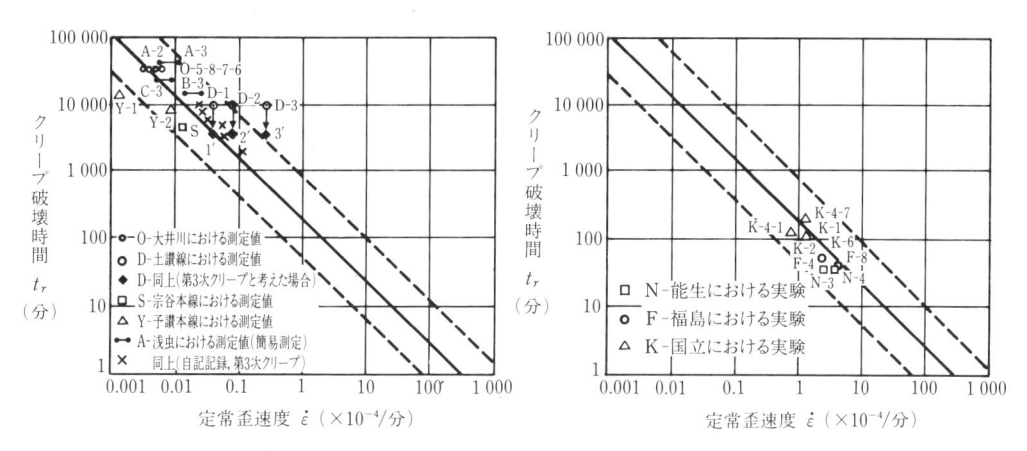

図 10-11　斜面崩壊の実測結果の判定図

図 10-12　斜面崩壊実験結果の判定図

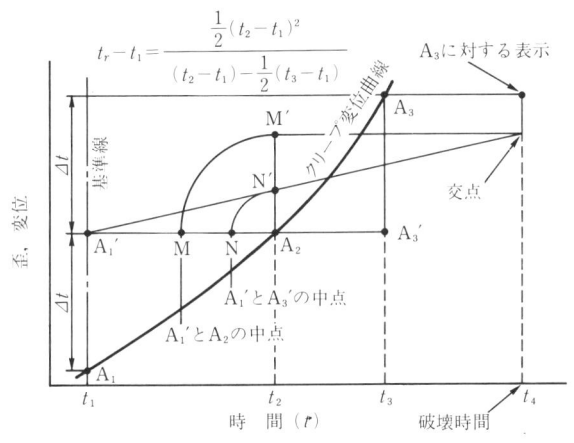

図 10-13　第3次クリープ領域における破壊時間を求める図式解法

さらに詳しくわかれば，3次クリープによる予測方法（図10-13）もある．これらの予測方法は多くの現場で実施されて，数個所の実例で成功している．

なお，一般に可塑性の大きい地盤ほど，亀裂発生から滑落までの時間が長い傾向にあり，また，すべり面の形が弧状または舟底形で，末端隆起を伴う場合にも滑落しにくい傾向がある．

斜面に異常を発見した場合には，その引張亀裂の最上部のものについてその伸びを測定し，滑落時期を計算するか，警報器（4 mm～1 mm/時で警報を発する）を取り付け観測を行うとよい．

2.3.4.2　地盤傾斜計による方法

地盤傾斜計による測定は，地すべり運動の明瞭な範囲を推定するためあるいは地すべり地の活動の予測を行うために実施するものとする．

解　説

地盤傾斜計は地すべり地内のほか，調査主測線沿いの運動ブロックの上方斜面にも必ず地盤傾斜計を設置して，地すべりの拡大の可能性を検討するものとする．また，必要に応じて運動ブロックの両側にも設置するものとする．

地盤傾斜計の観測は，1日～7日に1回とする．活動中の地すべり挙動を把握する場合には連日，活動の予測を行う場合には3日～7日に1回の観測とし，必要期間継続観測を行う．調査の結果は，縦軸に傾斜累積量，日傾斜変動量，横軸に期日をとり，降雨量や地下水位と対照できる図に整理し，傾斜累積速度，日平均傾斜変動量

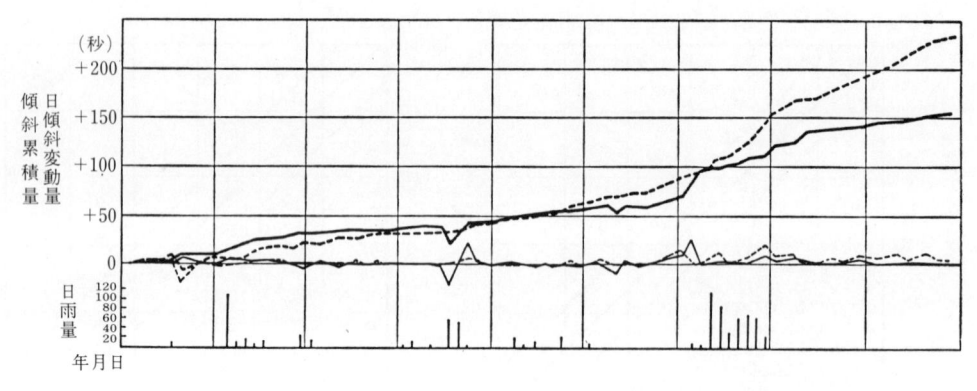

第10章 地すべり調査

図 10-14 地盤傾斜変動図

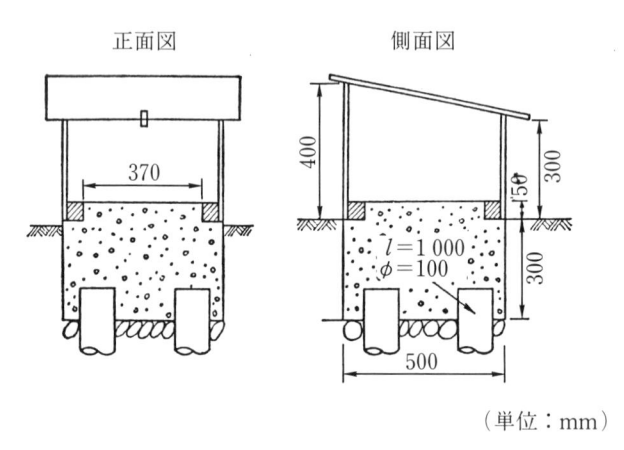

図 10-15 地盤傾斜計設置図（例）

を計算する．

図 10-14 に傾斜量の測定結果の表示例を示す．

地盤傾斜計を設置する台は，まず地表上を約 20 cm 程度掘削し，図 10-15 に示すようなコンクリートブロックを打設し，表面にガラス板を張って水平に仕上げ設置台とする（図 10-15 参照）．この設置台は計器格納用の木箱で覆っておく必要があり，傾斜計としては水管式のものが簡便である．測定は 2 本の傾斜計を N-S，E-W の 2 方向に直交させて行い，傾斜計は主軸（分度板の付いた軸）を N，E 側として設置する．

測定結果は表 10-3 に示す形式に従ってとりまとめ，日平均累積量，傾斜方向を求めるものとする．さらに変動特性を求めるために，傾斜累積量と日傾斜変動量を縦軸に，測定日を横軸にプロットした地盤傾斜変動図を作成し，これから傾斜変動の累積の有無，降雨量や地下水位と傾斜変動量との関係などを検討する．

計算は次のような方法で行って日平均変動量（θ_n），傾斜運動方向（$\cos\phi$ または，$\tan\phi$）などを求める．

$$\overline{\theta}_n = \frac{\sum \theta_n}{n} \qquad S = \sqrt{\frac{\sum(\theta_n - \overline{\theta}_n)^2}{n}} \tag{10-1}$$

日平均変動量 $\overline{\theta}_n \pm S$ （S：標準偏差）

注）　$\tan^2\theta_n = \tan^2 X + \tan^2 Y$　　　　　　　　　　　　θ_n, X, Y が微小な場合は $\theta_n^2 \fallingdotseq X^2 + Y^2$

傾斜運動方向

$$\cos\phi = \frac{\tan \sum X}{\tan \sum \theta_n} \quad \text{または} \quad \tan\phi = \frac{\tan \sum Y}{\tan \sum X} \tag{10-2}$$

第2節 地すべり調査

表10-3 傾斜解析計算表

月日	測定日数 (n)	N-S方向変動量(X) (秒)	E-W方向変動量(Y) (秒)	最大傾斜角 $\theta_n=\sqrt{X^2+Y^2}$	$(\theta_n-\bar{\theta}_n)^2$	N-S累積量 (x)	E-W累積量 (y)	摘 要
	1							
	2							
	3							
	⋮							
	⋮							
	n-1							
	n							
Σ				$\sum\theta_n$	$\sum(\theta_n-\bar{\theta}_n)^2$			

$\sum X, \sum Y, \sum \theta_n$ が微小な場合 $\cos\phi=\dfrac{\sum X}{\sum\theta_n}$ または $\tan\phi=\dfrac{\sum Y}{\sum X}$

地盤傾斜計の主脚（分度板）をNおよびE方向に向けて設置した場合の傾斜運動方向は，**表10-4**から求める．

表10-4 正負と傾斜方向の関係

(今回の読み－前回の読み)

N－S方向	－	－	＋	＋
E－W方向	－	＋	－	＋
傾 斜 方 向	NϕE	NϕW	SϕE	SϕW

2.3.4.3 地上測量による調査

> 地上測量による調査は，主として地すべりの運動方向が不明瞭な場合や運動の激しい場合に用いるものとする．このため地すべり運動地域外の固定点を基準とする横断見通し測量や三角測量，空中写真による測量を用いるものとする．

解　説

一般には地すべり地以外の固定点を基準とする見通し測量が多く用いられる．これは見通し線上に並べた測点の変位を測線に対する直角方向に測定する方法で，2測線の交点付近では次式によりその方向と移動の絶対量 (a) を知ることができる（**図10-16**参照）．**図10-17**のようにA，B各線の交点の移動量をそれぞれ，a, b とすれば，

$$\theta=90°+\alpha+\tan^{-1}\left\{\dfrac{b-a\cos(\beta-\alpha)}{a\sin(\beta-\alpha)}\right\}$$

$$（変位量）c=\dfrac{\sqrt{a^2+b^2-2ab\cos(\beta-\alpha)}}{\sin(\beta-\alpha)}$$

(10-3)

この場合，各測線両端の基準点は地すべり運動のない地点に置くことが必要で，このために付近に地盤傾斜計を置いてチェックする必要がある．地形的に見通しの悪い地すべり地では三角測量によって測線の移動状況を調べる．この方法は手間のかかる割に精度があまりよくないので，最近は空中写真測量の発達により，運動の活発

第10章　地すべり調査

図 10-16　　　　　図 10-17

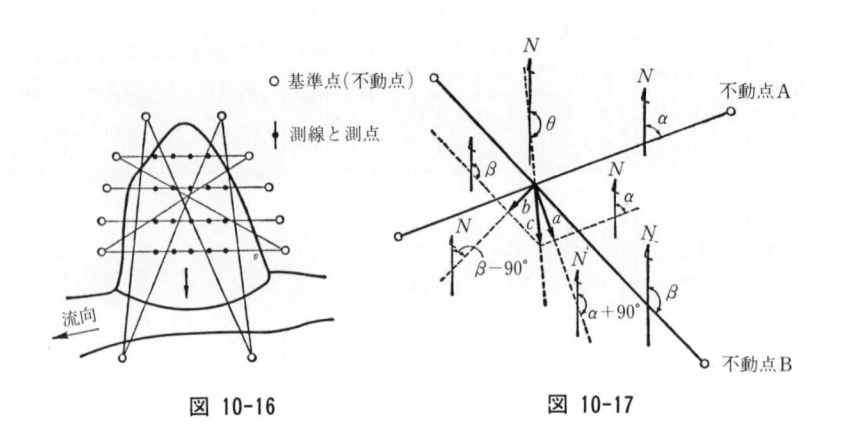

な地すべり地では，一定期間ごとに写真を撮り，これを利用して測量する方法も採用されつつある．

2.3.4.4　GPS測量による方法

> GPS測量による調査は，主として地すべり運動方向が不明瞭な場合や運動の激しい場合に用いるものとし，特に地すべり地周辺の状況から地すべり運動地外の固定点を確保することが困難である場合等に行うものとする．

解　説

近年では，地表面の移動状況を調査する手法としてGPS測量による方法が開発されている．伸縮計，地上測量等による方法では地すべりの規模が大きい場合や地すべり多発地帯では確実な固定点を確保できないことが多く，困難を伴う場合等にGPS測量を行うことがある．

2.3.5　地下水調査

> 地下水調査は，斜面の安定解析，また，対策工の検討の基礎資料を得るために行うものとし，地すべり地の地下水の流動経路，地すべり地内における分布，性質，流動傾向およびすべり面に作用する間隙水圧等を調査するものとする．

解　説

地下水調査には，次のものがあり目的に応じて，行うものとする．

地下水位の測定は必ず行うものとし，地下水位の高いときおよび地下水の多いときは，地下水追跡試験を行う．また，水質分析調査では，同時に電気電導度の測定を行うこともある．

表 10-5　地下水調査の目的と種類

目　的	調　査　項　目
すべり面に作用する間隙水圧の把握	間隙水圧の測定，地下水位の測定
地山地下水位変動と降雨との相関などの検討	地下水位測定
地山地下水の流動層の把握	地下水検層
地山地下水の流動方向の把握	地下水追跡，水質分析
地山地下水の分布の把握	電気探査，地温探査，水温調査，水質分析
地山の透水性	透水試験，揚水試験

第2節　地すべり調査

2.3.5.1　地下水位測定

> 地下水位測定は，降雨と地下水変動との相関やすべり面に作用する間隙水圧の把握を目的として，調査ボーリング孔を利用し，少なくとも主測線沿いのボーリング孔では一定期間必ず行うものとする．

解　説

ある規模以上の降雨時には，地下水位測定の観測間隔をつめる等の対応が必要であり，降雨との関連を十分に把握するためには，原則として連続観測によるものとする．

連続的に地下水位変化を測る場合には自記水位計が用いられる．この水位計は，ボーリング孔用の特殊なフロートを用いたもので製品は市販されている．この場合フロートと孔壁の間に摩擦を生じたり，錘とフロートとの間のバランスが悪かったり，器械のフリクションが大きかったりすると，水面変化にうまく追随しない場合がある．特に，地下水位の変化の速度は河川等と比べて緩やかであることから，この水面追随機構の維持には注意すべきである．特に同一のボーリング孔内に錘とフロートの両方を入れることは摩擦を大きくする原因になるので，ボーリング孔のすぐ横に錘用の孔を掘り，フロートと錘は別に設置する必要がある．

特殊な場合には，地下水位測定は測深法によっている．測深法は，テープの先に電気接点を設け，接点が水面に達すれば電気回路を形成して電流が流れるので，これを電流計で測ったり，ランプが点灯するようにしてその水面の深度を正確に測定する方法である．

ボーリング終了後にも，孔内の地下水を長期間観測し，真の地下水位を把握することが必要である．

地下水位観測の結果は，当日の降雨量および地表変動量との対照図として整理し，すべりとの相関性の有無の検討や地すべり対策を決定するための基礎資料とする．

2.3.5.2　間隙水圧測定

> 間隙水圧測定は，安定解析に用いる，すべり面に作用する間隙水圧を把握するために行うものとし，地質，土質，すべり面，地下水の状況等に応じて最も適切な方法を用いて行うものとする．

解　説

すべり面付近の間隙水圧を測定する方法には，直接的に間隙水圧計により測定する方法，すべり面付近のみにストレーナ加工を施した地下水位測定専用孔で間隙水圧の測定を行う方法がある．いずれの方法を用いるにしても，事前のすべり面と流動層の把握が重要であり，測定結果に大きな影響を与える．

2.3.5.3　地下水追跡試験

> 地下水追跡試験は，地下水の流下経路（流動方向）を推定するために行うものとし，調査ボーリング孔等を利用して地下水中に水溶性の色素，無機薬品等のトレーサを投入し，これを湧水，ボーリング孔，井戸，渓流等で検出することにより行うものとする．検出は事前に測定した各採水位置のバックグラウンド値と比較することによって行うものとする．

解　説

トレーサ投入地点は斜面上部に選び，確実に流出させるため多量の水を注入して，その水頭で浸透を容易にさせる必要がある．採水は関係地域の全域にわたりできる限り多くのボーリング孔，湧水個所，井戸，小渓において行うが，ボーリング孔による場合，透水層が水面下にあるときはトレーサの拡散が遅く，地下水流動層まで達するのが遅れたり，薄まって不明となる場合も考えられるので，次項の地下水検層の結果を参照し，透水層の位置で採取するのが望ましい．このためには，任意の深度で採取できる採水器具を使用するとよい．トレーサ投入後の採水は，第1日目は投入後それぞれ0.5，1，2，4，8時間後，第2日目以後は毎日1回とし，最低20日間

は実施する．個々の採水点におけるトレーサの検出結果と検出時間を平面図上にプロットすれば，地下水の流動経路がはっきりする．なお，トレーサにCaイオンのような自然水にも多量に含まれているものを使用する場合は，調査実施前に少なくとも1週間程度1日1回のバックグラウンド濃度を測定し，その分散値を超えるような値をもって検出したものとする（図10-18参照）．また，トレーサ投入孔と採水孔との距離および，検出時間から概略の透水係数を求め，地下水排除工の設計に資することができる．

なお，トレーサ（追跡用薬剤）は食塩，フルオレッセンソーダ等の毒性のないものを使用する．

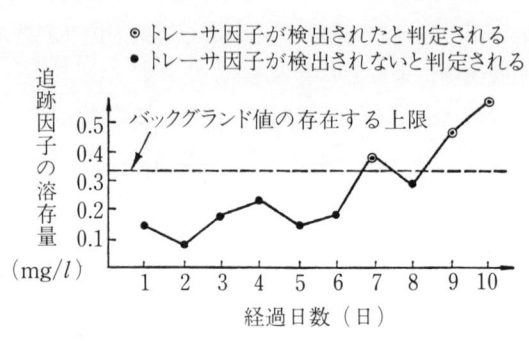

図 10-18 トレーサの検出結果図

2.3.5.4 地下水検層

> 地下水検層試験は，地下水の流動層の垂直分布を推定するために行うものとする．

解　説

地下水検層試験は，地すべり地の頭部付近や主測線沿いの地下水位の高い所で行う．また，地下水排除工を導入することが予想される場合には必ず行う．

結果は電導度柱状図に整理し，地下水の垂直的な分布を把握する．

図10-19に地下水検層測定結果の例を示す．

本試験は，地下水の流動層の位置および流動状況を垂直的に調査，解析するためのもので，地下水排除工の設計上欠かせぬものであり，流動層の幅，勾配，連続性を確認するため，少なくとも斜面上部の2本のボーリングで必ず実施する必要がある．手順は次のとおりである．試験に際し，予めボーリング孔内水の電気抵抗値を測定し，この値の約1/10程度の電気抵抗値になるように食塩水を孔内に均一に注入する．

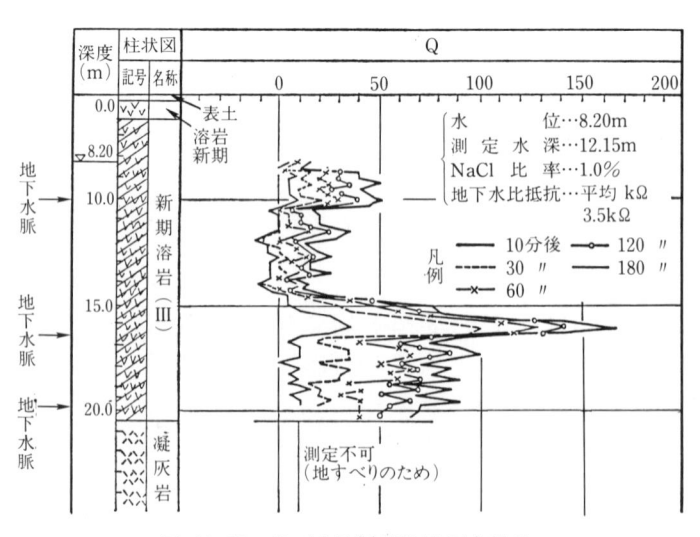

図 10-19 地下水検層試験別測定結果

地下水の流動面では，食塩水は流動地下水により希釈され抵抗値が大きく変化するから，これを時間の経過につれて測定し流動層の確認を行う．試験器は電極を25cmごとに付けたコードの束状のものや，電極が先端部のみについた懸走式のものがある．これをボーリング孔内に挿入し，静置した状態で食塩水投入後10，20，30，60分などの時間間隔で孔内水の抵抗値を測定する．以上の結果を食塩投入直後または，10分後を基準としての各時間ごとの抵抗値の変化を地質柱状図に対比させて記入し，地下水流動面の位置および地層との関連を検討する．また，地層断面図にこの結果を記入しておけば，地下水の流動経路がさらに明確になる．

ボーリング孔が不透水層をつき抜けてしまった場合には，真の地下水位，流動層が検出できない場合があり，このような場合が予想されるときには，ボーリング掘進の段階ごとに地下水検層試験を行うこともある．

2.3.5.5 簡易揚水試験

> 簡易揚水試験は地すべり地の土層の透水係数を把握するために行うものとし，地すべり地内の地下水調査に利用する計画のあるボーリング孔について，必要に応じて実施するものとする．

解　説

ボーリング孔を利用した地下水調査結果を解析する場合には，ボーリング孔周辺の土層の透水係数は欠かすことのできない重要な要素である．また，地下水検層試験で良好な結果が得られない場合にも，簡易揚水試験では良好な結果が得られることもあるので，簡易揚水試験を行っておくことが望ましい．

土層の透水係数を厳密に測定するには，地すべり調査（地質調査等）と兼用するボーリング孔では孔径および配置等の制約により不十分な場合が多いので，一般には簡易揚水試験より土層の透水性を判定するのが便利である．

簡易揚水試験は，ボーリング掘削にあたって2～3mごと程度に簡易な採水器により孔内水を一定水位になるまで汲み上げて，その汲上量を求めるものである．一定水位に達した後に汲上げを中止し，時間～水位回復曲線を求める．この回復曲線にヤコブ式を適用して，各深度ごとの土層の透水係数を算出する．

2.3.6　土質調査

> 土質調査は，すべり面の強度あるいは対策工の設計に必要な地盤の強度を把握するために実施するものとする．

解　説

すべり面の強度を把握するための調査には，現位置せん断試験や室内での三軸圧縮試験，一面せん断試験，リングせん断試験等の土質，岩石試験がある．試験試料はボーリングコアを用いる場合が多いが，堅孔やトンネル等の施工によってすべり面の露頭が見出された場合にも実施しておくとよい．

対策工の設計に必要な強度を把握する調査には，地盤反力係数を求めるための孔内載荷試験，標準貫入試験等がある．

2.4　解　　　析

> 解析は，概査および精査の結果に基づき，対策工を検討するために行うものとし，地すべり発生の素因・誘因および発生・運動機構について考察するものとし，次の順序で行うものとする．
> 1. 地すべり運動ブロック図の作成
> 2. 地すべり断面図の作成
> 3. 地すべり機構解析

第10章　地すべり調査

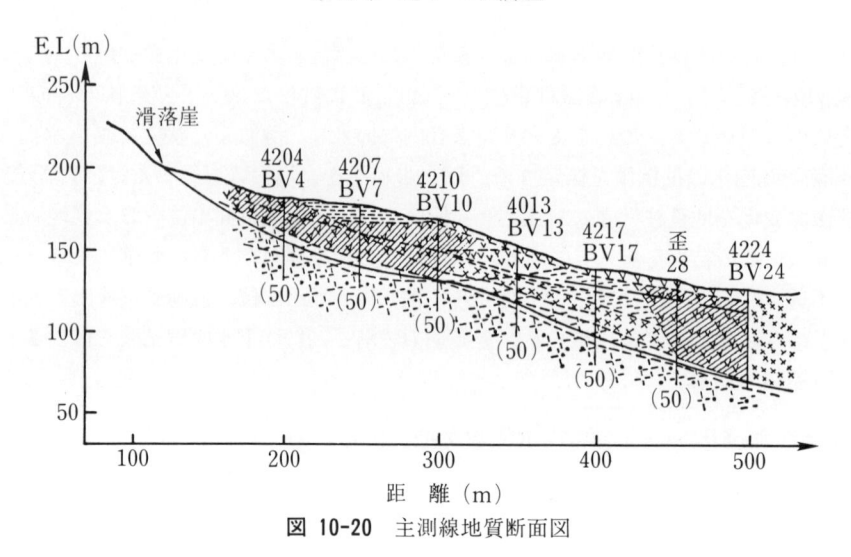

図 10-20　主測線地質断面図

解　説

1．地すべり運動ブロック図の作成

地形図上に調査の結果得られた地すべり運動ブロックを記入する．この場合，地盤傾斜計などによって推定された潜在的に地すべりの分布する地域も点線で記入する．また，必要に応じてすべり面分布を示すすべり面等高線図を作ることもある．

2．地すべり断面図の作成

主測線に沿った地すべりの地質断面図を作成し，推定されたすべり面や地下水位，亀裂の位置等を記入する．地質断面図は，ボーリング，その他の調査結果を十分検討したうえで作成するものとする．また，必要に応じて副測線や地すべりの横断測線についても断面図を作る．

本図には，地すべり発生前の断面形がわかっていればこれを記入し，併せて地下水検層の結果より判定された帯水層の位置，ボーリング孔ごとに観測された最高水位・最低水位等も記入する．縦断面図は，測線に沿って縮尺 1/200 または，1/500 程度（縦，横同一縮尺）のものを作成し，地表面傾斜の変化点，亀裂，旧段落，池沼，凹地，台地，調査ボーリング地点，各種計測器の位置および表土，基岩の層準と傾斜，基岩と崩積土の区別，土質，断層，破砕帯の分布等を記入する（図 10-20 参照）．

3．地すべりの機構解析

地すべりの発生，運動機構について，原因を素因，誘因に分けて詳述し，その対策計画についての考え方を述べるとともに，各種調査結果を添付する．

対策計画の中では，地表水排除工，地下水しゃ断工，河川構造物等を除いた他の対策工については，対策工事実施後の安定計算を行い，各運動ブロックごとの計画安全率を計画編第14章地すべり防止施設計画により計算し，工法比較を行う．なお，地下水排除工による地下水位の低下高は，計画編第14章 3.2.2 を参照のこと．

参考文献

1) 地すべり・斜面崩壊の予知と対策　渡，小橋　山海堂　1987
2) 第3次クリープによる斜面崩壊時期の予知　斎藤迪孝　地すべり Vol. 4, No. 3　1968
3) 地すべり・斜面崩壊の実態と対策　山田，渡，小橋　山海堂

第 11 章
急傾斜地調査

第11章 急傾斜地調査

第1節 総　　　説

> 本章は，急傾斜地崩壊対策計画を策定するための，調査の標準的手法を定めるものである．

第2節 急傾斜地調査

2.1 急傾斜地調査の目的

> 急傾斜地の調査は急傾斜地崩壊防止工事の計画，設計，施工を適切なものとするために行う．

解　説

　急傾斜地の崩壊による災害を防止するためには，崩壊が発生しないようにすることと，発生しても人的，物的被害がないようにすることの2つの方法がある．前者に対応するものとしては，崩壊防止工事およびのり切り・盛土・急傾斜地崩壊防止施設以外の工作物の設置，土砂採取など崩壊の原因となる有害な行為の制限があり，後者に相当するものとして，警戒避難体制の整備，崩壊により被害を受ける恐れのある家屋等の移転，急傾斜地崩壊による災害危険区域での必要な建築制限等がある．これらのことは，昭和44年に制定された「急傾斜地の崩壊による災害の防止に関する法律」にすべて網羅されている．ここで扱う急傾斜地の調査は，急傾斜地崩壊防止工事を行うための調査で，危険斜面の判定，想定される崩壊形態の予測，想定される被害の状況，崩壊素因の推定，対策区域の決定，環境に配慮した対策工法の種類の決定，対策工の設計，施工のための調査などが主たる目的となる．

2.2 急傾斜地の調査の種類および流れ

> 急傾斜地の調査では予備調査，本調査を行うものとする．

解　説

　急傾斜地の調査の種類と流れを**表11-1**に示す．
　急傾斜地の調査は，対策区域を決定するために行う予備調査と，対策区域が決定したあと，崩壊防止工事の計画・設計・施工の基礎資料を得るために行う本調査からなる．
　予備調査は，対象斜面周辺の地形・地質等の概要を把握するための資料調査，および急傾斜地の崩壊危険度を把握し対策区域を決定するための現地踏査（概査）による危険度点検調査からなる．
　本調査は，対策工法の種類の計画，概略設計，詳細設計，施工法の検討を行うために必要な調査であり，地盤調査，および環境や景観の観点からより好ましい施設の設計を行うための環境調査からなる．

第11章　急傾斜地調査

表11-1　斜面調査の種類と流れ

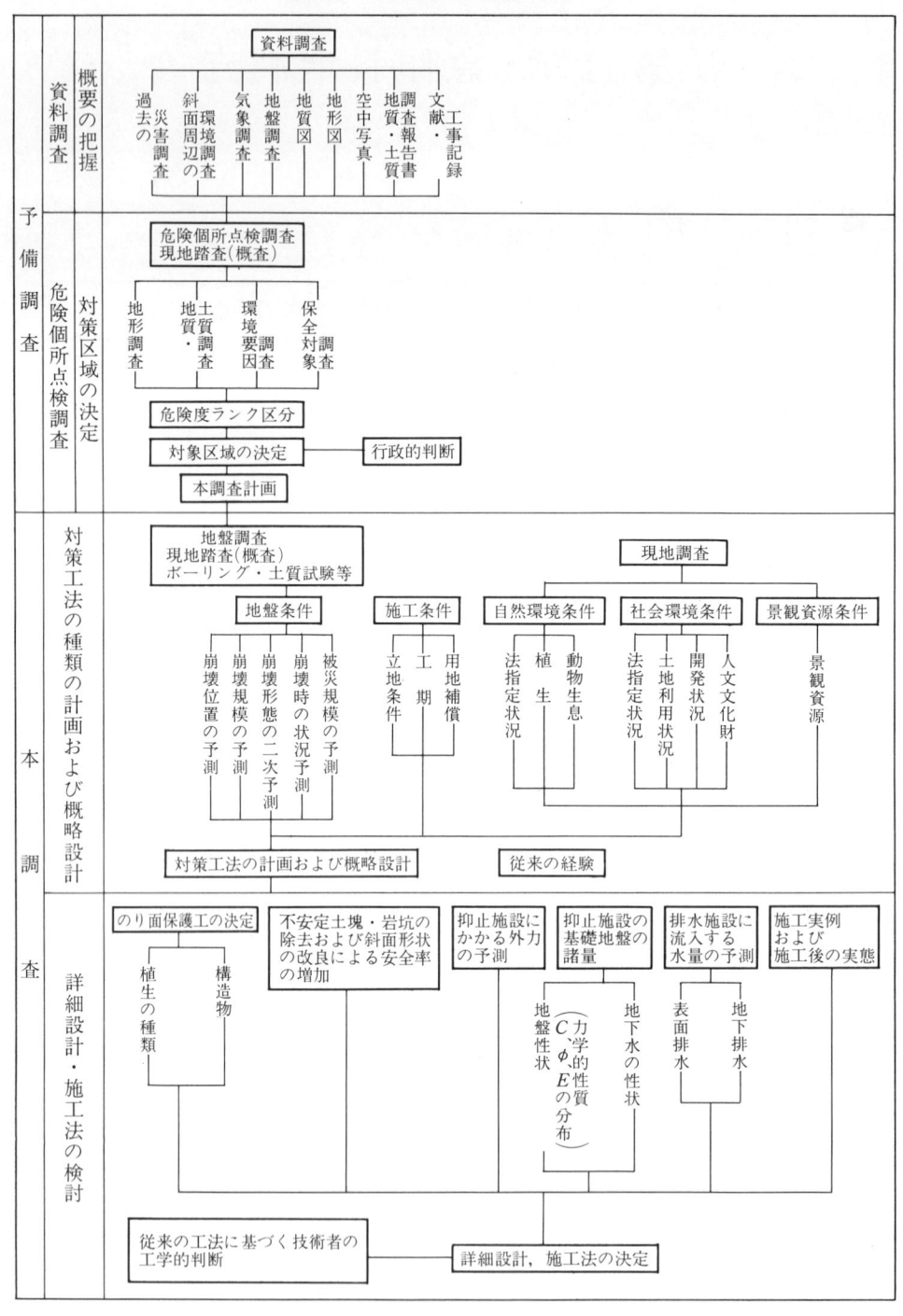

予備調査	概要の把握 資料調査	資料調査：過去の災害調査／斜面周辺の環境調査／気象調査／地盤調査／地質図／地形図／空中写真／地質調査報告書・土質／文献／工事記録
	危険個所点検調査 対策区域の決定	危険個所点検調査 現地踏査（概査）：地形調査／土質・地質調査／環境要因調査／保全対象調査 → 危険度ランク区分 → 対象区域の決定 ← 行政的判断 → 本調査計画
本調査	対策工法の種類の計画および概略設計	地盤調査 現地踏査（概査） ボーリング・土質試験等 地盤条件：崩壊位置の予測／崩壊規模の予測／崩壊形態の二次予測／被災規模の状況予測／崩壊時の状況予測 施工条件：立地条件／工期／用地補償 現地調査　自然環境条件：植生／動物生息／法指定状況　社会環境条件：開発状況／土地利用状況／法指定状況／人文文化財　景観資源条件：景観資源 → 対策工法の計画および概略設計　　従来の経験
	詳細設計・施工法の検討	のり面保護工の決定：植生の種類／構造物 不安定土塊・岩塊の除去および斜面形状の改良による安全率の増加 抑止施設にかかる外力の予測 抑止施設の基礎地盤の諸量：地盤性状／力学的性質（C,φ,E）の分布 排水施設に流入する水量の予測：地下水の性状／表面排水／地下排水 施工実例および施工後の実態 → 従来の工法に基づく技術者の工学的判断　　詳細設計，施工法の決定

2.3　予備調査

2.3.1　予備調査の目的および種類

予備調査では，対策区域を決定することを目的として対象斜面の概要を把握する調査，および急傾斜地崩壊危険度を把握するための現地踏査（概査）による危険度点検調査を行うものとする．

2.3.2 資料調査

資料調査では，対象斜面の概要の把握および崩壊危険度の把握に必要な，過去の災害記録，地質図，地形図等の資料を収集・整理するものとする．

解　説

収集する資料は以下のようなものである．

1. 過去の災害記録

斜面周辺の崩壊の形態，規模，被災の状況，発生日時など．

2. 斜面周辺の環境記録

人家戸数，人家配列，世帯数，住民数，公共建物・公共施設等の位置・数・大きさ，斜面下端と人家との距離，その間の防災構造物の位置・種類，道路・通路・水路等の配置・規模，斜面上の水路・構作物，その他斜面周辺の人為的な改変個所などの位置・年月・規模．

3. 気象記録

付近の雨量観測所の位置，各種雨量，その他の気象記録（風，積雪，凍結）．

4. 地震記録

発生日時，震度，震源との距離，最大加速度，斜面崩壊等の災害の発生の有無，近隣地域における有感地震の回数・程度．

5. 地質図

6. 地形図，土地条件図，土地利用図，地すべり分布図等

7. 空中写真

8. 文献，工事記録，地質・土質調査報告書

過去に発生した崩壊の調査研究，郷土史，言い伝え，既往の調査報告書や工事記録などを参考とする．

各種資料調査の着眼点を**表11-2**に示す．

2.3.3 危険個所点検調査

危険個所点検調査では，対象区域を決定するために現地踏査（概査）を行って，対象斜面の概況や想定される崩壊形態を把握し，急傾斜地の崩壊危険度を把握するものとする．

解　説

調査項目は以下のとおりである．

1. 地形要因

傾斜度，斜面の高さ，斜面方位，斜面形状，横断形状，遷急線

2. 地質・土質要因

地表の状況，表土の厚さ，地盤の状況，岩盤の亀裂，斜面と不連続面の傾斜関係，断層・破砕帯

3. 環境要因

植生の種類，樹木の樹齢，伐採根の状況，調査斜面および近隣斜面の崩壊履歴と状況，湧水，対策工，対策工上部の状況，斜面上部の土地利用状況

4. 保全対象

人家戸数，公共的建物，公共施設等

調査結果は，調査票および調査位置図，写真に整理する．調査票の例を**表11-3**に示す．また調査結果より想定される崩壊形態を，**図11-1**(1)，(2)に従って推定し，本調査計画立案の基礎資料とする．

第11章　急傾斜地調査

表11-2　各種資料調査の主要着眼点

区分	調査の着眼点	1 過去の災害記録	2 斜面周辺の環境記録	3 気象記録	4 地質記録図	5 地形図	6 土地条件図	6 土地利用図	6 地すべり分布図	7 空中写真	8 文献・工事記録	地質・土地調査報告書
崩壊の要因 — 大地形	崩壊跡地	△				○	◎			◎	△	
	地すべり地	△				○	◎		○	◎	△	
	土石流跡地	△				○				◎		
	線状構造(リニアメント)					○				◎		
	傾斜変換点					○				◎		
	崖錐				△	○				◎	△	
	小起伏面					○	○			◎		
	河川攻撃斜面					○				◎		
	非対称山稜					○				◎		
微地形	わずかな沢状の凹み					○				○		
	斜面途中の平坦図					○	◎			◎		
	段落ち・亀裂のある斜面					△	△			◎		
	沼・池・湿地帯の有無と配列					○				◎		
	斜面上部および斜面内に不安定土塊のある場合					△	○			○		
土質	概略の土質構成	◎									◎	◎
	問題のある土質・土層構成の把握	○									○	○
	概略の土性（含盛土材料）	◎									◎	○
	問題のある土地の把握（含盛土材料）	○									○	○
地質	概略の岩質・地質構成	◎				◎				○	◎	◎
	問題のある岩質・地質構成の把握	○				○					○	○
	概略の地質構造	◎				◎			○	△	◎	◎
	問題のある地質構造の把握	○				○				△		
植生	植生区分	△					○	◎		◎		
	植生の疎密度	△								◎		
	周囲の植生との相違個所	△						◎		◎		
	伐採跡地および山火事跡地	△						◎		◎		
水分状況	湧水個所	○	◎								○	△
	透水層の位置	○	◎								○	△
	地表水の状況	△					△			○	△	△
	地下水位の状況	△	◎								△	△
	土地利用の現況		◎				○	◎		◎		
気象	雨量等			◎								
	地震発生日時・震度・震源との距離，最大加速度等				◎							

注）予備調査の精度として　◎：よくわかるもの　○：ある程度わかるもの　△：場合によりわかるもの

第2節　急傾斜地調査

表 11-3　急傾斜地崩壊危険個所現地調査票

個所番号	26	斜面区分	自然斜面　人工斜面	個所名	
位置		郡・市	町・市	大字	小字
急傾斜地崩壊危険個所の延長		m			

<table>
<tr><th rowspan="8">地形要因</th><th>傾斜度</th><td colspan="5"></td></tr>
<tr><th>斜面の高さ</th><td colspan="5">m</td></tr>
<tr><th rowspan="2">斜面方位</th><td>1. 東向き斜面</td><td>2. 南東向き斜面</td><td>3. 南向き斜面</td><td colspan="2">4. 南西向き斜面</td></tr>
<tr><td>5. 西向き斜面</td><td>6. 北西向き斜面</td><td>7. 北向き斜面</td><td colspan="2">8. 北東向き斜面</td></tr>
<tr><th rowspan="2">縦断形状</th><td colspan="2">1. 凸形尾根斜面　2. 直線尾根斜面
3. 凹形尾根斜面　4. 凸形直線斜面
5. 直線直線斜面　6. 凹形直線斜面
7. 凸形谷斜面　8. 直線谷斜面
9. 凹形谷斜面</td><td colspan="3">① ② ③ ⑦ ⑧ ⑨
④ ⑤ ⑥</td></tr>
<tr><td colspan="5"></td></tr>
<tr><th>横断形状</th><td>1.オーバーハングがある</td><td>2.斜面上部に凹凸がある</td><td>3.斜面全体に凹凸がある</td><td>4.斜面下部に凹凸がある</td><td>5.平坦な斜面である</td></tr>
<tr><th>遷急線</th><td colspan="5">1. 遷急線が非常に明瞭　2. 遷急線が明瞭　3. 遷急線が不明瞭　／　断面図：遷急線が非常に明瞭（A-A断面）、遷急線が明瞭（B-B断面）、遷急線が不明瞭（C-C断面）／　平面図 A B C</td></tr>
</table>

<table>
<tr><th rowspan="7">地質土質要因</th><th rowspan="2">地表の状況</th><td colspan="6">1. 亀裂が発達、開口しており転石、浮石が点在する
2. 風化、亀裂が発達した岩である
3. 礫混じり土、砂質土
4. 粘質土
5. 風化、亀裂が発達していない岩である</td></tr>
<tr><td colspan="6"></td></tr>
<tr><th>表土の厚さ</th><td colspan="6">cm</td></tr>
<tr><th>地盤の状況</th><td>1. 崩積土</td><td>2. 火山砕屑物</td><td>3. 強風化岩</td><td>4. 段丘堆積物</td><td>5. 軟岩</td><td>6. 硬岩</td></tr>
<tr><th>岩盤の亀裂</th><td colspan="2">1. 亀裂間隔が10cm以下</td><td>2. 亀裂間隔が10〜30cm</td><td>3. 亀裂間隔が30〜50cm</td><td colspan="2">4. 亀裂間隔が50cm以上</td></tr>
<tr><th>斜面と不連続面の傾斜関係</th><td>1. Aタイプ</td><td>2. Bタイプ</td><td>3. Cタイプ</td><td>4. Dタイプ</td><td>5. Eタイプ　6. Fタイプ</td><td>7. Gタイプ</td></tr>
<tr><th>断層・破砕帯</th><td colspan="3">1. 明瞭な断層・破砕帯あり</td><td colspan="3">2. 明瞭な断層・破砕帯なし</td></tr>
</table>

<table>
<tr><th rowspan="11">環境要因</th><th>植生の種類</th><td>1. 植生がない(裸地)</td><td>2. 草地</td><td>3. 竹林</td><td>4. 針葉樹</td><td>5. 広葉樹</td><td>6. 針広混交</td></tr>
<tr><th>樹木の樹齢</th><td>1. 10年未満</td><td>2. 10〜20年</td><td>3. 20〜30年</td><td>4. 30〜40年</td><td>5. 40〜50年</td><td>6. 50年以上</td></tr>
<tr><th>伐採根の状況</th><td colspan="3">1. 伐採根のある斜面</td><td colspan="3">2. 伐採根のない斜面</td></tr>
<tr><th>調査斜面 崩壊履歴</th><td colspan="2">1. 古い崩壊地がある</td><td colspan="2">2. 新しい崩壊地がある</td><td colspan="2">3. 崩壊地は認められない</td></tr>
<tr><th>　　　　状況</th><td>1. 下部斜面の崩壊</td><td>2. 斜面中部の崩壊</td><td>3. 上部斜面の崩壊</td><td>4. 斜面全部の崩壊</td><td colspan="2">5. 崩壊なし</td></tr>
<tr><th>隣接斜面 崩壊履歴</th><td colspan="2">1. 古い崩壊地がある</td><td colspan="2">2. 新しい崩壊地がある</td><td colspan="2">3. 崩壊地は認められない</td></tr>
<tr><th>　　　　状況</th><td>1. 下部斜面の崩壊</td><td>2. 斜面中部の崩壊</td><td>3. 上部斜面の崩壊</td><td>4. 斜面全部の崩壊</td><td colspan="2">5. 崩壊なし</td></tr>
<tr><th>湧水</th><td>1. 湧水が常時ある</td><td>2. 降雨時に湧水がある</td><td colspan="2">3. 斜面が常時ジメジメしている</td><td colspan="2">4. 斜面は乾燥している</td></tr>
<tr><th>対策工</th><td colspan="3">1. 対策工に異常あり</td><td colspan="3">2. 対策工に異常なし</td></tr>
<tr><th>対策工上部の状況</th><td colspan="6">1. 10m以上掘削したままの斜面あり
2. 5m以上掘削したままの斜面あり
3. 5m未満掘削したままの斜面あり
4. 掘削したままの斜面なし</td></tr>
<tr><th>斜面上部の土地利用状況</th><td colspan="6">尾根型：1 道路　2 水路　3 池沼　4 家　5 農地　6 山林　7 その他
台地型：8 道路　9 水路　10 池沼　11 家　12 農地　13 山林　14 その他</td></tr>
</table>

保全対策	人家戸数	
	公共的建物	公共施設
	がけ下人家戸数	

第11章　急傾斜地調査

	1-(1) 表土の崩落	1-(2) 表土の滑落	
表土	風，雨，地震力などにより発生する．表土の下層が侵食または人工により，えぐられ，表土が張り出した状態になっている部分が崩壊する．	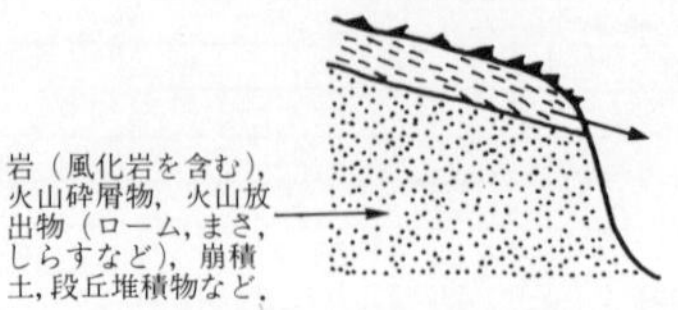 岩（風化岩を含む），火山砕屑物，火山放出物（ローム，まさ，しらすなど），崩積土，段丘堆積物など． 表土のみが滑落するもので，すべり面は表土と下層（同時にすべらないものとする）との境にある．崩壊で最も例が多い．	

	2-(1) 崩積土の崩落	2-(2) 崩積土の滑落	
		2-(2)-a 基盤の境	2-(2)-b 不連続面
崩壊土	比較的例の少ないもので，地すべりの末端部などにときどき見られる．	崩積土がその下盤である岩盤または，その風化帯を境界面としてすべるもので小型の地すべりと見ることができる．下盤は層理を有する堆積岩（頁岩，砂岩，礫岩，片岩など）であることが多い．一般にがけ面全体が一度にすべることが多い．がけ下には湧水を見ることが多い．	崩積土中の不連続面ですべるもの 崩積土がその生成の過程において粒度が異なったり，火山灰をはさんだり，有機質土をはさんでおり，これを境界面としてすべるものである． 現地調査においては，これらがけ面内になんらかの不連続面（はさみ層）を見つけたら，その粒度，色調，その箇所での湧水状況を記載するとよい．

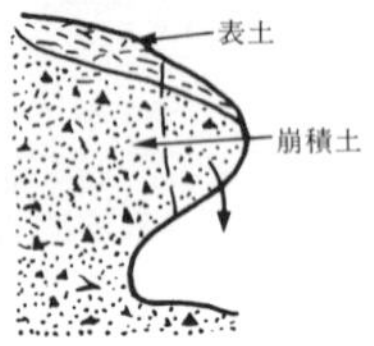

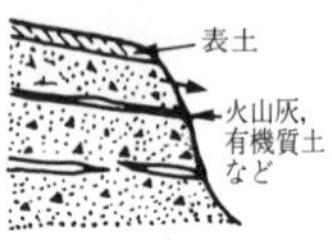

	3-(1) 火山砕屑物の崩落		3-(2) 火山砕屑物の滑落
	3-(1)-a シラス，ローム	3-(1)-b 風化集塊岩，凝灰角礫岩等	シラス，ローム
火山砕屑物	シラスの崩落が最も特徴的であるが，ロームでも砂質の層をはさむ場合は同様の現象が見られる．特に地震に対して弱い．シラス，ロームでも一般に下部に湧水があり，その侵食によってえぐられるのが原因である．また，流水によって下部が侵食されている場合もある．	岩礫以外の部分の風化，侵食が進み，残った岩礫が崩落する．	シラス，ロームとも滑落は一般に全体が均質でなくて，砂質の湧水，透水層があるか，または，固結したシルト層などの相対的な不透水層がある場合に見られる． 降雨により，不透水層の上にあるシラスまたはローム中のパイピングや間隙水圧が上昇してすべりを誘発する．

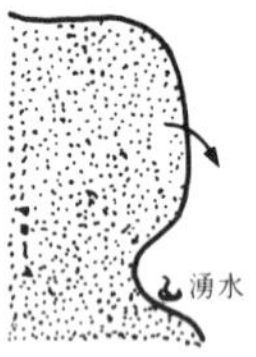

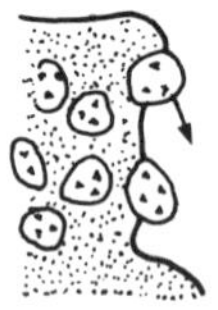

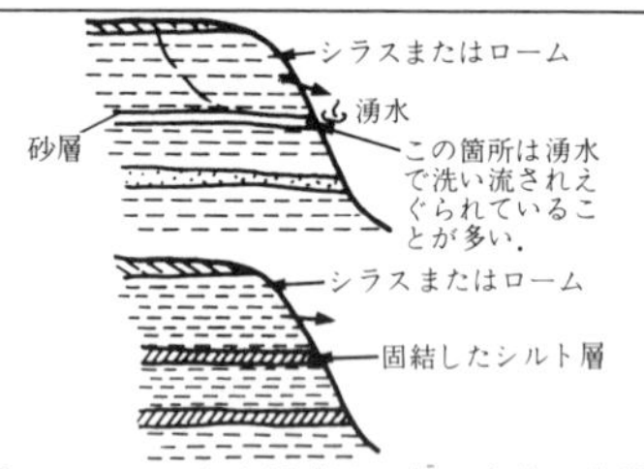

	4-(1) 段丘堆積物の崩落		4-(2) 段丘堆積物の滑落
	4-(1)-a 不透水層	4-(1)-b 礫の抜け出し	
段丘堆積物	例が非常に少ないが，シルト分を多く含んだ地層の周辺に湧水のある場合に発生することがある．	円礫層が滞水層になっているので，この滞水層で地下水をのみ切れない場合にはすべりを起こす．地形的には，水を集めやすい所に発生しやすい．	礫層以外の侵食が進み残った礫が崩落する．	（注）土石流堆積物の崩壊は，崩積土または段丘堆積物とほぼ同じに取扱える．土石流堆積物は問題となるようながけ面を形成することが比較的少ない．

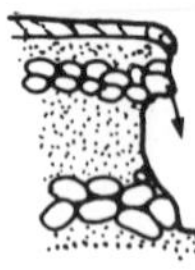

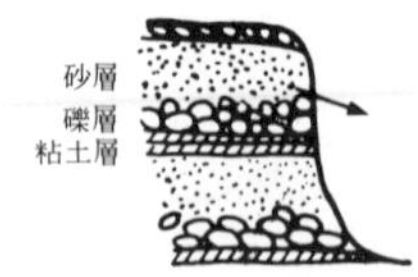

図 11-1(1)　斜面の崩壊形態分類

第2節　急傾斜地調査

	5-(1) 強風化岩の崩落	5-(2) 強風化岩の滑落	
強風化岩		5-(2)-a　マサ	5-(2)-b　温泉余土
	（図：マサまたは温泉余土／流水によりえぐられた個所） 例が非常に少ないが，がけの下部が流水によって侵食された場合に見られる．	（図：マサ／強風化した花崗岩／新鮮な花崗岩） マサの滑落は，砂層化した強風化花崗岩が弱風化した花崗岩との境界面ですべるもので，その厚さは厚くて2m以下である．	（図：流理または層理に沿って特に著しく変質し，いわゆる温泉余土になっている／安山岩，集塊岩など，全体に変質を受け二次鉱物ができている．） 温泉変質地帯では熱水，熱気および温泉の作用によって，安山岩，集塊岩などが変質を受け全体に軟弱化しており，このうちでも特にある流理または層理に沿って粘土化（温泉余土）しているとこの層沿いに滑落する．

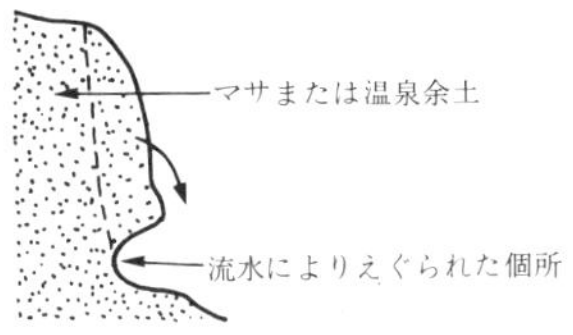

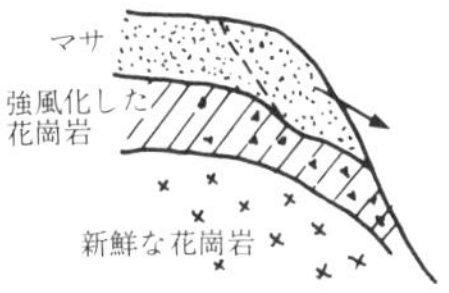

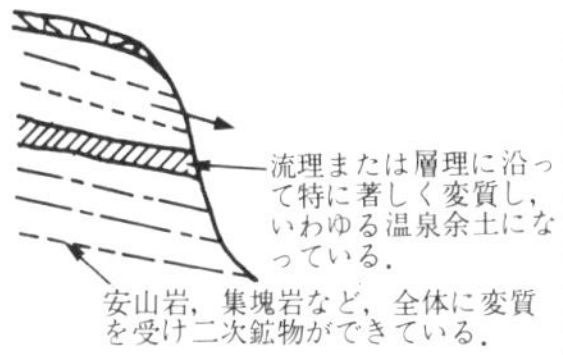

	6-(1) 岩（I）の崩落		6-(2) 岩（I）の滑落	
岩（I）（硬岩）	6-(1)-a　ブロック状	6-(1)-b　互層	6-(2)-a　境界面	6-(2)-b　断層，割れ目
	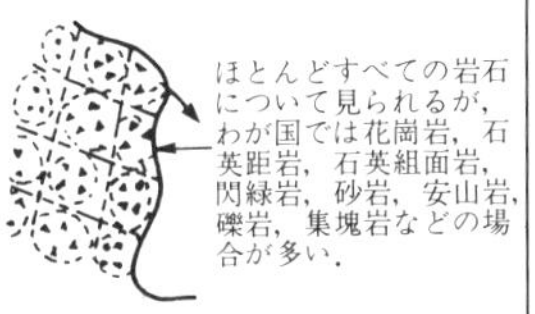 ほとんどすべての岩石について見られるが，わが国では花崗岩，石英粗面岩，閃緑岩，砂岩，安山岩，礫岩，集塊岩などの場合が多い． 時雨，凍結などで割れ目が緩んだ時，ブロックの崩落（落石）が生じる．地震時にはよく起こる．	（図：集塊岩，礫岩，砂岩，頁岩，安山岩（溶岩）など／固結度の低い凝灰岩など） 互層になっている時，下層が侵食に弱く，上層が残されているもの．	（図：砂岩／頁岩／砂岩） 砂岩と頁岩の組合せなど，特に強度，透水性の異なる互層に多い．	（図：断層） 断層，割れ目（節理，亀裂）の方向性，密度，状態がおもな要素で，これらの組合せによって種々のすべり面ができる．

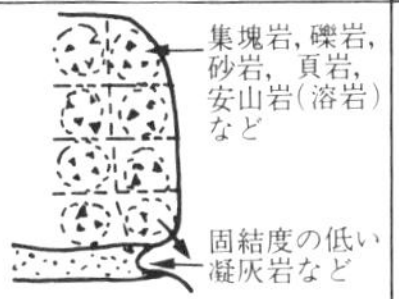

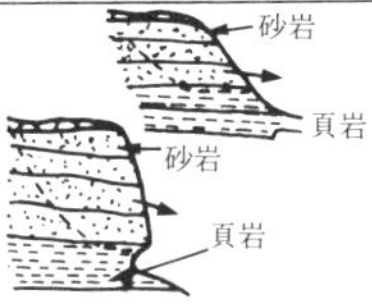

	6-(1) 岩（I）の崩落		6-(2) 岩（I）の滑落
岩（I）（硬岩）	6-(1)-c　下部が弱い	6-(1)-d　溶岩	6-(2)-c　礫岩，集塊岩
	（図：断層などがこのような状態にあれば特に崩落しやすい．） 同一の地層でも，下部が侵食に弱く，上部が残っているもの．	（図：溶岩／礫岩など） 溶岩（特に安山岩質）の末端部などで発生することが多く，非常に高いがけとなっており，その節理（柱状節理）面からはく落する．火山地帯の河岸や海岸で見かける．	（図：礫岩，集塊岩） 礫岩，集塊岩で，礫と粘土，石灰岩，火山灰などの膠結部の境界沿いに滑落するもの．

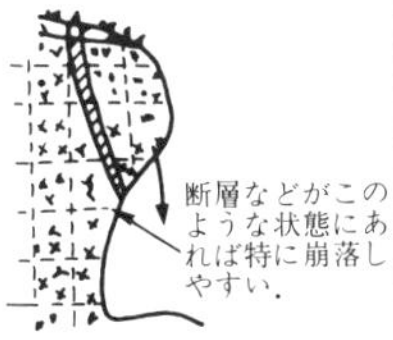

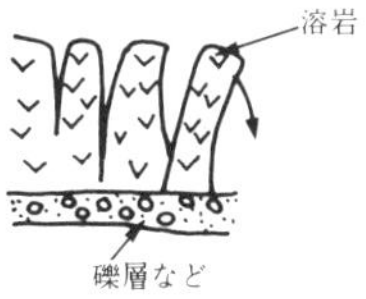

	7-(1) 岩（II）の崩落		7-(2) 岩（II）の滑落	
岩（II）	7-(1)-a　互層	7-(1)-b　第三紀層	7-(2)-a　頁岩，層理面	7-(2)-b　砂岩，頁岩の互層
	（図：砂岩／頁岩／湧水／固結度の低い砂岩） 互層になっているとき，侵食に強い層が残り，それが崩落する．	（図） 表面近くに（普通30cm以内）表面乾燥によるクラックが表面に平行して発生し，これを境にして崩落する．	（図） 第三紀層の頁岩は非常に風化しやすい．層理面から風化が進むことが多く，層理沿いに砂岩などの透水性の高い地層があるときは，この傾向が助長される．	（図：頁岩／固結度の低い砂岩／湧水） 新第三紀層で砂岩の固結度が低く湧水によって洗い流され，えぐられている場合などによく見られる．

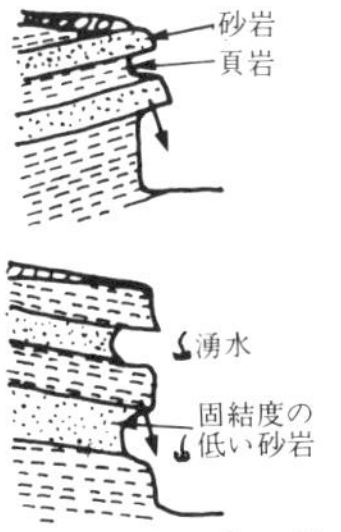

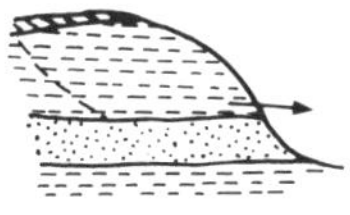

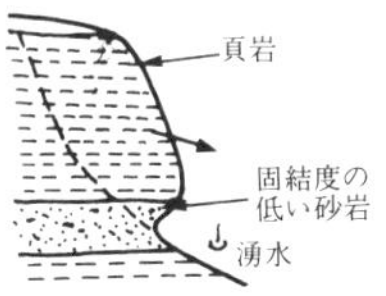

図 11-1(2)　斜面の崩壊形態分類

第11章　急傾斜地調査

2.3.4　大縮尺地形図の作成

> 本調査に先立って，斜面調査の基本となる地形図を作成するものとする．

解　説

平面図は縮尺 1/500〜1/1 000 を標準とする．また縦横断図は縮尺 1/100〜1/200 で，10〜20 m ピッチで作成することを標準とする．地形図には，細かな地形，保全対象物，道路，水路，その他の構造物等の位置を明示するものとする．

2.4　本　調　査

2.4.1　本調査の目的

> 本調査は，安全性の確保に加え，環境にも配慮した対策工法の種類を決定し，対策工の詳細な設計，施工法を検討するために行うものとする．

2.4.2　本調査の種類

> 本調査では，原則として地盤調査および環境調査を行うものとする．

解　説

本調査では，対策工の計画・設計・施工に必要な地盤条件の調査が主体となるが，この他，環境や景観に配慮した，より好ましい施設の設計のための環境調査も行う．

2.5　地　盤　調　査

2.5.1　地盤調査の目的

> 地盤調査は対策工法の種類の計画のため崩壊位置・崩壊規模等を想定すること，および対策工法の設計・施工に必要な斜面の地盤条件・土質特性等を調べることを目的として行うものとする．

2.5.2　地盤調査の種類

> 地盤調査には，現地踏査（精査），ボーリング，サウンディング，土層観察，サンプリング，物理探査，地下水関連の調査，土質試験，斜面挙動調査等があり，調査の種類は必要に応じてこれから選択するものとする．

解　説

調査の種類は，目的によって以下のように選択するものとする．
1. 崩壊の位置，規模や滑落面の推定
現地踏査（精査），ボーリング，サウンディング，土層観察，物理探査，斜面挙動調査等
2. 土層構成および土層の強度・透水性
現地踏査（精査），ボーリング，サウンディング，土層観察，物理探査，土質試験，透水試験等
3. 地表付近の水の挙動
現地踏査（精査），透水試験，物理探査，間隙水圧の測定等
4. 地下水の挙動
現地踏査（精査），地下水位観測，地下水追跡試験，地下水検層試験，間隙水圧の測定，透水試験等
5. 土質の性質
現地踏査（精査），サンプリング，土質物理試験，土質力学試験，サウンディング等

第2節　急傾斜地調査

表11-4　崩壊形態分類と各種調査方法

崩壊形態分類			記号	簡易貫入試験	スウェーデン式サウンディング	標準貫入試験	コーンペネトロメータ	ボーリング	オーガーボーリング	不攪乱試料サンプリング	テストピット	弾性波探査	電気探査	地下レーダ探査	地下水位調査	地下水追跡	地下水検層	透水試験	間隙水圧測定	土質力学試験	土質物理試験	岩石試験	斜面挙動調査（傾斜計・歪計・伸縮計）
表土	崩落		1-(1)	△																			
	滑落		1-(2)	◎	○		○		○	○	△	◎			○		○			○	○		
崩積土	崩落		2-(1)																				
	滑落	基盤との境界	2-(2)-a	◎	◎	◎	◎	◎	△	△	△	◎	○	△	◎	○	◎	○	△	○	○		△
		崩積土中の滑落	2-(2)-b	○	○	△		◎	○	△	△	○	△		◎		△		△				
火山砕屑物	崩落	シラスローム等の崩落	3-(1)-a						△														
		風化した集塊岩，凝灰角礫岩等の崩落	3-(1)-b																				
	滑落	シラスローム等の滑落	3-(2)	○	△	△	△	○	○	△	△	○	△	△	◎		○	○		○	○		△
段丘堆積物	崩落	シルト層等の不透水層がある場合	4-(1)-a					○															
		礫を含むルーズな堆積物からの礫の抜出し	4-(1)-b					○															
	滑落		4-(2)	○		△		◎	△	△	△	○			◎		△			○			△
強風化岩	崩落		5-(1)																				
	滑落	マサの滑落	5-(2)-a	◎	△	○	○	◎	△	△	△	○	△		◎	△	△	○	△	○	○		△
		温泉余土	5-(2)-b	△	○	○	○	◎	△	△	△	○	△		◎	△	△	○	△	○	○		△
岩 I	崩落	割れ目で囲まれたブロック崩壊	6-(1)-a					△				△	○										
		互層になっている時，下層が浸食に弱く上層がのこされているもの	6-(1)-b					△				△											
		同一地層でも下部が浸食に弱く上部が残っているもの	6-(1)-c					△				△											
		溶岩の節理による崩落	6-(1)-d					△				△	△	△									
	滑落	地層の境界面での滑落	6-(2)-a		△			◎				◎	○	△	△	△				△			
		断層割れ目の組み合わせによる滑落	6-(2)-b					◎				○	△							△			
		礫岩，集塊岩で礫と粘土，石灰石，火山灰等の膠着部の境界沿いに滑落	6-(2)-c		△			◎				△			○	△				△			
岩 II	崩落	互層になっていた時，浸食に強い層が残りそれが崩落	7-(1)-a					△				△											
		第三紀層の頁岩の表面はく離による崩落	7-(1)-b																				
	滑落	頁岩の層埋面沿いの滑落	7-(2)-a	△		○		◎				○	△		○			△				△	
		砂岩，頁岩の2層にまたがる滑落	7-(2)-b			○		◎				○						△				△	

◎：一般的に用いられる方法　　○：必要に応じて用いられる方法　　△：場合により用いられる方法

6. 岩石の性質
現地踏査（精査），サンプリング，岩石の物理試験，岩石の力学試験，物理探査，ボーリング等
予備調査結果から地盤調査の方法を選択する場合には，**表11-4**を参考にする

2.5.3 地盤調査の計画

地盤調査の計画は，原則として，表11-5を参考にたてるものとする．

解　説

表11-5　地盤調査の調査レベルの目安

調査レベル	調査対象斜面の概要	標準的な調査内容
I	1. 斜面高さが小さく勾配も緩い． 2. 地層構造が単純で現地踏査で明確にできる． 3. 想定される崩壊規模が非常に小さい． 4. 崩壊歴がない． 5. 施工過程における斜面の不安定化の恐れがない．	地質構造や地表面の変状の把握，崩壊形態の想定を主目的とする現地踏査に重点を置き，必ずしもサウンディング等を実施する必要はい．
II	1. 斜面高がやや大きく勾配もやや急．斜面高は小さいが勾配は急 2. 地層構造がやや複雑で現地踏査だけでは明確にしにくい． 3. 想定される崩壊規模がやや大きい． 4. 小規模な崩壊歴がある． 5. 施工過程における斜面の不安定化の恐れがややある．	・現地踏査 ・簡易サウンディング（簡易貫入試験，コーンペネトロメータ等） ・ボーリング（構造物等の基礎の確認が必要な場合は特に重要となる．）
III	1. 斜面高が大きく勾配もやや急． 2. 地層構造が複雑で簡易なサウンディングだけでは明確にしにくい． 3. 想定される崩壊規模が大きい． 4. 中規模以上の崩壊歴や斜面の異常変状がある． 5. 施工過程における斜面の不安定化の恐れがある．	・現地踏査 ・ボーリング ・サウンディング （簡易貫入試験，コーンペネトロメータ，スウェーデン式サウンディング，標準貫入試験） ・弾性波探査 ・土質試験

2.5.4　現地踏査（精査）

対策工法の検討の基礎資料とするために，地形，地質，湧水，植生などについて詳細な現地踏査を行うものとする．

解　説

現地踏査の項目・内容は危険個所点検調査に準じるが，特に次の諸点に注意する．

1. 地形調査
   ① 斜面背後の集水状況および流下経路
   ② 斜面およびその周辺の崩壊・亀裂，および構造物の変状
   ③ 斜面形状，オーバーハング，斜面勾配，斜面の向き，比高，斜面長，傾斜変換点，斜面上の沢地形やくぼみ，斜面途中の平坦地，段差等
2. 地質調査

第2節　急傾斜地調査

① 近隣の崩壊地の観察特にすべり面の観察
② 異方性のある岩盤斜面の面構造の測定
③ 風化の程度，硬さ，浸食抵抗度
④ 断層や弱層，割れ目の状況，土層・地層境界
⑤ 表土，崖堆積物，崩土の未固結層，および強風化岩の分布

3．湧水調査

湧水の分布状況のほか，付近の井戸の水位変化等

4．植生調査

樹種，密度，植生分布，樹高，伐採の状況，根系のはり具合い等

5．その他

① 表土層，崩積土層等の分布，厚さ，締まり具合い，基盤との境界面の状況
② 凍上等による緩み，浮き石の有無
③ 斜面の改変の状況
④ 既往の防災工事の有無，種類，施工時期，位置，安定度，変状の有無

2.5.5　ボーリング，土質試験等

> ボーリング，土質試験等によって，崩壊の位置・規模，滑落面，土層構成および土層の強度，地下水の挙動，斜面の挙動等を調べるものとする．

解　説

1．ボーリング

おもに，斜面の土層構成（特に想定すべり土塊および想定すべり面の性状）の調査，土質試験用試料の採取，標準貫入試験等の原位置試験，地下水位測定のために行われる．また，場合により，各種の検層，ボーリング孔を利用した変形試験，すべり面調査のためのパイプ歪計や，孔内傾斜計の設置などの目的で行われる．ボーリングは，なるべくオールコアリングで行い，掘削中の観察事項，採取したコアの状況，地下水位・湧水・漏水の状況等について記載する．掘削深度は，想定すべり土塊の下の基盤に達するまでとする．

2．サウンディング

想定崩壊面の位置，形状，および地盤の原位置での相対強度を調べるために行う．急傾斜地の調査では，簡易貫入試験，スウェーデン式サウンディング，標準貫入試験，コーンペネトロメータ等を用いるものとする．

3．土層観察

間接的な調査手法であるサウンディングや物理探査を行う際，原則として土層観察を行うものとする．土層観察はオーガーボーリング，ボーリング，テストピット等で行うものとする．

4．サンプリング

土質試験のための試料を採取することを目的とする．物理試験用の攪乱試料はオーガーボーリングまたは標準貫入試験のサンプルを用い，大量に必要な場合はテストピットより採取する．力学試験用の不攪乱試料は，専用のサンプラーを用いて採取するか，またはテストピットからのブロックサンプリングを行う．

5．物理探査

急傾斜地の調査では，物理探査として弾性波探査，電気探査，電磁探査（地下レーダ探査）等を用いるものとする．これらは，比較的短時間で広範囲を調査できる長所があるが，得られる値が間接的であるため，結果をボーリング等の結果と併せて，総合的に解釈する必要がある．

6．地下水関係の調査

地下水の挙動が，崩壊の大きな要因と考えられるような場合には，地下水位測定調査，地下水追跡調査，地下水検層，間隙水圧測定等を行って，地下水位の変化，地下水の流向，流速，流動層の位置，間隙水圧等について

調査するものとする．また，地表近くの土層の透水性の不連続性が問題となる場合には，透水試験を行うものとする．

7．土質試験

斜面安定計算，設計条件の設定等の基礎資料とするため，地盤の諸性質を把握することを目的として，必要に応じ以下のような室内試験を行う．

① 土質物理試験

斜面の土質の基本的な物理的性質（粒度分布，含水量，単位体積重量など）を把握するために行う．

土粒子の密度試験，含水比試験，粒度試験，液性限界試験，塑性限界試験（以上乱した試料を用いる），土の湿潤密度試験（乱さない試料を用いる）等を行う．

② 土質力学試験

斜面の安定検討を行う際，乱さない試料の採取が可能な場合に，必要に応じて土質の強度を求めるために行う．

一軸圧縮試験，三軸圧縮試験等を行う．

③ 岩石の物理試験

岩盤斜面において，岩石の基本的な物理的性質を把握するために行う．

密度試験，超音波伝播速度試験等を行う．

④ 岩石の力学試験

岩盤斜面の安定検討を行う際に，必要に応じて構成岩石の強度を求めるために行う．一軸圧縮試験，三軸圧縮試験等を行う．

8．斜面挙動調査

斜面挙動調査は，斜面土層が連続的に移動する恐れのある場合，斜面上の亀裂や構造物等の変状があり，拡大し崩壊に到る恐れのある場合，すべり面沿いの動きが見られる場合など，斜面変動が予想される場合に行うものとする．この場合，坑内傾斜計やパイプ歪計によるすべり面調査，伸縮計による地表変位調査等を行う．本調査は，崩壊の形態が地すべりに近い場合に行われ，調査方法，解析とも地すべり調査で行われているものに準じる．

2.6 環 境 調 査

2.6.1 環境調査の目的

環境調査は，崩壊防止施設の設計にあたって，環境や景観と調和を図ることを目的とし必要に応じ行うものとする．

解　説

環境調査は，計画編第5章第2節「環境対策計画」の方針をふまえて，その基礎資料を得，施設の設計に反映させるためのものとして位置づけられる．

2.6.2 環境調査の調査方法と種類

環境調査の方法は，既存資料の収集，現地踏査，調査結果の整理・分析等から，また，調査の種類は，自然環境調査，社会環境調査，景観資源調査からなり，必要に応じてこれらの中から選択するものとする．

解　説

1．自然環境調査

自然環境調査は，対象斜面とその周辺の自然環境の現状を把握する目的で行うもので，以下の調査項目からなる．
(1) 法指定状況調査
　以下のような既存資料に目を通し，該当するものについて整理する．
　① 自然環境保全法（自然環境保全地域の指定状況）
　② 自然公園法（自然公園地域の指定状況）
　③ 都市緑地保全法（緑地保全区域の指定状況）
　④ 文化財保護法（天然記念物の指定状況）
　⑤ 鳥獣保護および狩猟に関する法律（鳥獣保護区の指定状況）
　⑥ その他の法令および関連自治体の自然環境に関する条例等
(2) 植生調査
　既存植生図，土地分類図，主要動植物地図，優れた自然図，日本の重要な植物群落，我が国における保護上重要な植物種の現状，特定植物群落報告書などの資料のうち，該当するものを収集する．
(3) 動物生息調査
　動物調査報告書，自然環境保全基礎調査，主要動植物地図，優れた自然図などの資料のうち該当するものを収集する．

以上の調査結果については，自然環境図のように地域を対象としたものは，1:50 000〜1:25 000 の図面に，既存植生図のように対象斜面とその周辺部を対象としたものは，1:2 500〜1:500 の図面に整理するものとする．

2. 社会環境調査

社会環境調査は，対象斜面とその周辺の社会環境の現状を把握するために行うもので，土地利用や人文文化財に関する法指定状況のほか，地域特性等を調査する．おもな調査項目は以下のとおりである．
(1) 法指定状況調査
　以下の資料のうち，該当するものを収集し整理する．
　① 都市計画法（地域地区等の決定状況，土地利用計画）
　② 文化財保護法（史跡，名称の指定状況）
　③ 古都における歴史的風土の保存に関する特別措置法
　④ 砂防法（砂防指定地の指定状況）
　⑤ 地すべり等防止法（地すべり指定地の指定状況）
　⑥ 森林法（保安林の指定状況）
　⑦ その他の法例および関連自治体の環境関連条例等
(2) 土地利用計画調査
　土地利用状況，土地利用計画などの資料を収集する．
(3) 開発状況調査
　行政区画の現状，将来開発計画などの資料を収集する．
(4) 人文文化財調査
　人文文化財分布などの資料を収集する．

以上の調査結果は，対象斜面を含む地域の場合には，1:25 000〜1:5 000 の図面に，個別斜面を対象とした場合は，1:2 500〜1:500 の図面に整理するものとする．

3. 景観資源調査

斜面対策を検討する際には，予め対象斜面周辺の景観資源を調査し，地域の個性的な景観が損なわれたり，貴重景観資源が失われたりすることのないように，十分注意をする必要がある．

表 11-6 地域の景観資源の例

規 模	地 域 の 景 観 資 源
大 ｜ ｜ 小	ふるさと的風景 鎮守の森　塔　港　橋 寺　神社　城跡　歴史的建築物　教会 公共建築物　倉　古い洋館　屋敷林 石垣　歴史的町並　高級住宅地　外観の統一された建築 異国情緒のある建物　土塀　広場　用水路 野外彫刻　看板　せせらぎ　花壇　建物の色・材質

調査すべき景観資源には，大規模なものから小規模なものまであり，斜面景観への配慮の方法も異なるが，それらをまとめると，**表 11-6** に示すものがあげられる．

第 12 章
雪 崩 調 査

第12章 雪崩調査

第1節 総　　説

> 本章は，雪崩対策計画を策定するための調査の標準的手法を定めるものである．

1.1 調査の目的

> 調査は，雪崩対策施設の計画，設計，施工を行うために必要な資料を得ることを目的として行うものとする．

解　説

集落保全を目的とした雪崩対策施設は，その目的から必然的に人家近傍に設置される機会が多く，施設の倒壊や破損が直接的に集落災害につながるため，雪崩対策施設の設計にあたっては，現地における雪および雪崩の特性，さらには無雪期の斜面状況等を十分に調査，把握して対策計画の検討を行う必要がある．

また，雪および雪崩に関して，これまで多くの調査・研究が行われているが，雪の性質が条件により大きく変化することや雪崩の観測が困難であるといった種々の問題から未解明の部分も多い．そのため，今後とも雪および雪崩に関する資料を蓄積して行く必要があるので，現地観測等を含めた調査を実施することが望まれる．

1.2 資料調査

> 雪崩対策計画を策定するにあたっては，資料調査として地形図，空中写真，雪崩経歴資料，積雪・気象資料，植生資料，地質資料等の収集を行うものとする．

1.3 現地調査

> 雪崩対策計画を策定するにあたっては，現地において対象とする区域の地形状況，植生状況，地盤状況を概略的に把握するために現地調査を行うものとする．

解　説

総合的な現地調査に最も適した時期は，地表がよく見える落葉直後あるいは新緑直前である．また，積雪状態および樹木や既設対策工の効果を観察する時期は冬期が望ましい．

第2節　積雪・気象調査

2.1 基本方針

> 雪崩対策事業を実施するうえで必要な積雪・気象調査を行うものとする．

第12章 雪崩調査

解　説

本節は雪崩対策事業の計画立案にあたって把握しなければならない対象地の気象状況と設計積雪深等に関する検討手法について定めるものとする．積雪・気象調査は資料調査ならびに資料整理から構成される．

2.2 資料調査

> 雪崩対策事業を実施するうえで必要な積雪・気象資料を収集するものとする．

解　説

1. 資料の収集

雪崩対策施設の計画に際して，設計積雪深，雪崩の種類，雪崩の規模を把握するために必要となる積雪深，降雪量，風向，風速，気温，積雪断面，積雪密度等のデータを収集する必要がある．

雪崩の種類や規模については，既往の履歴に基づくことが望ましいが，その記録がない場合は積雪・気象データから推定することとする．すなわち，既往の冬期の積雪・気象状況の推移を整理し，日本雪氷学会の雪崩分類表等を参照しながら，雪崩の種類や規模を定性的に推定する．

積雪・気象資料を扱う際に注意すべきことは，雪崩発生区と気象観測点の位置関係である．できるだけ近い観測点の資料を用いるものとするが，それが困難な場合は標高補正などを行う．

2. 観　測

雪崩対策事業を実施するうえで必要な積雪・気象観測を行うことが望ましい．一般的な雪崩調査に関する積雪・気象観測項目は，1.資料の収集項目と同じとする．

2.3 資料整理

> 収集した資料を整理し，観測や記録上の誤りの有無や資料の均質性を検証するものとする．また，確率解析を行って標高との関係を把握するものとする．

解　説

収集した資料は，資料数や記録期間の長さ，欠測の程度，記録精度等を解析の条件に照らして，取捨選択し記録の誤り等について検証を行う．

資料の整理は以下の事項についてとりまとめる．

1. 年最大積雪深の時系列変化

調査対象個所に比較的近く，観測年数が最も長い観測所を積雪深基準点とし，基準点における年最大積雪深を対象としてその時系列変化を把握する．

2. 豪雪年における積雪状況

積雪深基準点を対象として，豪雪年における積雪深，降雪量ならびに気温変化状況を把握する．これらのデータから調査対象地域において表層雪崩の発生が予想されるかを評価する．また，雪崩実績があれば，発生した雪崩の形態を推定するためにも用いることができる．

3. 確率解析

収集した積雪深基準点の年最大積雪深データをもとに，確率解析を行い，50年再現確率年最大積雪深を把握する．確率解析の手法は，河川砂防技術基準（案）調査編第4章に基づくものとする．

4. 積雪深と標高

各種検討の結果得られた積雪深基準点の既往最大積雪深ならびに50年再現確率年最大積雪深と標高との関係を把握する．把握する方法としては，相関分析による場合が多い．

第3節 雪崩調査

3.1 基本方針

> 雪崩対策事業を実施するうえで必要な雪崩調査を行うものとする．

解　説

　本節は，雪崩対策事業の計画立案にあたって把握しなければならない雪崩状況に関する調査手法について定めるものとする．
　雪崩調査は，雪崩実態調査，雪崩要因調査，雪崩の運動解析ならびに雪崩による衝撃力解析から構成される．

3.2 雪崩実態調査

> 調査対象地およびその近隣地区において，雪崩発生履歴がある場合には，発生時の積雪・気象状況を整理したうえで，雪崩の実態を把握するものとする．

解　説

　調査対象地およびその近隣地区において雪崩発生履歴がある場合には，発生した雪崩の実態を現地調査，聴取調査等によって把握するものとする．
　雪崩の実態については発生区，走路，堆積区を把握するものとし，発生区についてはその面積，走路については雪崩の流下深，堆積区については雪崩の到達範囲を明らかにするものとする．さらに，雪崩の発生した時の気象データ等から雪崩の種類，雪崩の発生層厚を推定し，雪崩量も明らかにする．

3.3 雪崩要因調査

> 積雪・気象条件，地形条件，植生条件等をもとに，雪崩の発生する要因を把握するものとする．

解　説

　雪崩要因は，発生要因と到達要因に大別される．
　雪崩要因を種類別に分類すると，地形，植生，既設構造物，積雪・気象状況があげられ，それぞれについていくつかの項目がある．
　雪崩要因と，その調査方法を表 12-1 に示す．

3.4 雪崩の運動解析

> 集落あるいは雪崩対策施設に衝突する雪崩の速度ならびに速度分布を把握するために，雪崩運動解析を行うものとする．

解　説

　雪崩の運動解析上の留意事項については，次の項目がある．
　1．基本的事項
　雪崩の到達距離を予測する手法としては，Voellmy によるものが代表的である．これは，運動方程式に固体摩擦を加え，さらに，速度の二乗に比例する流体的な摩擦項を考慮したものであり，これまで数多くの雪崩運動解析に用いられている．

第12章 雪崩調査

表12-1 雪崩要因とその調査方法

分類	種類	項目	内容	方法 現地調査	方法 現地聴取	方法 資料解析	方法 空中写真判読	方法 地形図計測
発生要因（発生区）	地形要因	傾斜		◎			◎	◎
		方位	8方位	◎			◎	◎
		長さ，または比高	m	○			○	○
		幅	m	○			○	○
		断面形状	凹型，凸型，等斉型，複合型	○			○	○
		平面形状	しりすぼみ，末広がり，平行，複合	○			○	○
	植生要因	種類	裸地，草地，針葉樹，広葉樹	◎			◎	
		樹高階	潅木，低木，中高木，高木	◎			◎	
		樹冠疎密度	無林，疎林，低密林，中密林，高密林	◎			◎	
	雪況	設計積雪深	cm			◎		
		雪庇	無，小，中，大	○	○		○	
		吹溜まり	同上	○	○		○	
	既設構造物	段階工	有，無	○	○	○	○	
		柵，杭	同上	○	○	○	○	
到達要因（走路・堆積区）	地形要因	見直し角(仰角)					◎	◎
		屈折度	無，小，中，大	○			○	○
		断面形	V字型，U字型，皿型，平型，凸型	○			○	
		土地利用	道路，水路，田畑，土堤	○			○	○
	植生要因	樹高階	潅木，低木，高木	○			○	
		樹冠疎密度	無林，疎林，低密林，中密林，高密林	○			○	
		樹林帯の厚み	m	○			○	
	既設構造物	減勢工	有，無	○	○	○	○	
		擁壁，柵	同上	○	○	○	○	

◎：必ず調査を行わなければならない項目，○：調査を行うことが望ましい項目

2．雪崩発生区域の設定

雪崩発生区域は，地形状況，植生状況ならびに既往施設状況を考慮したうえで設定するものとする．

3．雪崩発生層厚の設定

雪崩発生層厚は，表層雪崩と全層雪崩では設定の方法が異なる．

表層雪崩の発生層厚は，対象となる斜面に雪崩発生履歴があり，その年月日が明確に把握できていれば，近く

にある観測点の気象推移から求めることができる．また雪崩発生履歴がない場合，あるいはあってもその年月日が明確に把握できない場合は，積雪深が最大となる頃の気象の推移から求める．

全層雪崩の発生層厚は，発生時期が融雪期であり，積雪全層が雪崩となるために，融雪期の積雪深から推定することが妥当である．

4．シミュレーションモデルの選択

雪崩の速度ならびに速度分布を把握するために雪崩シミュレーションを行うものとする．

シミュレーションに用いるモデルは線モデルと面モデルとに区分される．このうち，線モデルは予め雪崩の流下する経路が想定できる場合に用いる．これに対して，面モデル（例えば離散ボールモデル等）は地形が複雑で経路の想定が困難な場合に用いるものとする．なお，ここで雪崩経路とは発生区から走路，堆積区まで含めた，流動する雪崩の想定される経路として定義されるものである．

次に，線モデルは流体モデルと剛体モデルに区分される．このうち流体モデル（例えばVoellmyモデル，Perlaモデル等）は通常の表層雪崩に適用するものとし，剛体モデルについては小規模斜面等で想定される雪塊が落下するような落雪型雪崩となるような場合に用いるものとする．

雪崩の運動解析を行うにあたって，線モデルによるシミュレーションを行う場合には，予め雪崩の流下することが予想される経路を設定しなければならない．雪崩経路を設定するにあたっては，現状の地形状況を十分に考慮する．ただし，雪崩が高速度で流下する場合，直進性が強く，沢地形が上流から下流に対して急角度で屈曲しているような場合には，斜面を塑上し，小さな尾根は越えてしまう危険性があるため，このような雪崩の挙動を十分に考慮して経路を設定することが望ましい．

（参考）

(1) Voellmy モデル

Voellmy (1955) は，雪崩の運動を定常流の流体として取り扱い，次の運動方程式で表した．

$$V = \sqrt{V_f^2 - (V_f^2 - V_0^2)\exp\left(-\frac{2gs}{\xi h}\right)}$$

ここに，V：雪崩の速度（m/s）

S：斜距離（m）

h：雪崩流下深（m）

$V_f : \sqrt{\xi h(\sin\phi - \mu\cos\phi)}$

g：重力加速度（$9.8\,\mathrm{m/s^2}$）

ϕ：斜面の傾斜（°）

μ：雪崩底面と斜面との摩擦係数（動摩擦係数）

ξ：粘性抵抗，空気抵抗等を表す乱流減衰係数（$\mathrm{m/s^2}$）

① 動摩擦係数（μ）

Schaerer (1975) は実際の雪崩の観測に基づいて次の経験式を提唱した．

$\mu = 5/V$ （ただし $V \geq 10\,(\mathrm{m/s})$ のとき）

ここに，V は雪崩の速度（m/s）である．速度Vが$0 \leq V < 10\,(\mathrm{m/s})$の範囲では定義されていない．一般に速度$V$が小さい段階では$\mu = 0.5 \sim 0.6$とされている（新編防雪工学ハンドブック）ので，$V = 0$で$\mu = 0.6$，$V = 10$で$\mu = 0.5$とし，その中間の

$0 < V < 10$

では直線的な内挿によるものとする．すなわち，

$\mu = -0.01V + 0.6$ 　　 $(0 \leq V < 10)$

となり，動摩擦係数として次の式を使用するものとする．

第12章 雪崩調査

$$\mu = \begin{cases} -0.01V + 0.6 & (0 \leq V < 10) \\ 5/V & (V \geq 10) \end{cases}$$

なお，雪崩の状況に応じて μ を一定値として検討を行ってもよい．この際には，μ は 0.1〜0.4 前後が妥当である．

② 雪崩の流下深

雪崩の流下深とは雪崩が運動しているときの深さであり，設定にあたっては調査地区および近傍の雪崩事例や痕跡を調査し，妥当な値を検討する．調査地および近傍に雪崩履歴がない場合，または，痕跡等がない場合には以下の式によってもよい

$h = h_0 + s/100$

h：雪崩の流下深 (m)
h_0：雪崩の発生層厚 (m)
s：斜距離 (m)

これは，これまでの雪崩調査から雪崩の流下距離と樹木の枝折れ等の高さの関係を経験的に求めたものである．

③ 乱流減衰係数

乱流減衰係数 ξ は雪崩の運動のしやすさを示す係数で，単位は加速度と同じ (m/s^2) である．したがって ξ が大きくなれば雪崩の流動性は増加し，より遠くまで到達することになる．一般的に乱流減衰係数 ξ の値は雪崩の性質によって変化するが，

表層雪崩　$1\,000 \leq \xi \leq 3\,000 \, (m/s^2)$

全層雪崩　$\xi < 1\,000 \, (m/s^2)$ で，概ね $400 \sim 600 \, (m/s^2)$

のような範囲の値をとるとされている．

次に，乱流減衰係数 ξ の設定方法を以下に示す．

調査地に雪崩の履歴があり，発生点と到達点がわかっている場合には，前述のようにその痕跡に沿って雪崩経路を設定する．この経路を使って，到達点の V が 0 になるように計算を繰り返し，乱流減衰係数 ξ の値を設定する．

次に，雪崩の履歴がない場合については，発生区の最上部から見通し角 18°の位置まで経路を設定し，同じように V が 0 になるまでくり返し ξ を設定する．

④ 運動計算

以上のデータ，運動方程式，パラメータを使用して雪崩の運動計算を行う．

運動計算の目的は 2 つある．1 つは雪崩が人家まで到達する可能性のある斜面（危険斜面）を限定することであり，もう 1 つは人家付近または，雪崩対策施設計画位置での雪崩の速度を推定することである．

まず，危険斜面の限定については，発生区と考えられる位置の経路上から雪崩の運動計算を行い $V = 0$ となる位置を求める．$V = 0$ となる位置が人家に到達していれば，この発生点付近の斜面は危険となる．次に，1 つ下の位置から計算を行い，同様に $V = 0$ となる位置を求める．以下，同様の計算を繰返し，危険斜面と安全斜面を区分する．

次に，人家付近での雪崩速度については，発生点と考えられる位置から運動計算を行い，人家付近または，対策施設計画位置での雪崩の速度を求める．この場合，雪崩の速度は経路の数や発生点の数によって複数個得られるが，安全側に考えて最も大きな値を採用するものとする．

・Perla モデル

Perla (1979) は，Voellmy 式を基礎に，雪崩の質量と抗力を考慮して次式を提案した．

$$V = \sqrt{V_f^2 - (V_f^2 - V_0^2)\exp\left(-\frac{2S}{M/D}\right)}$$

ここに　S：斜距離（m）
　　　　M/D：雪崩の質量と抗力の比
　　　　　V_f：雪崩の終速度（m/s）；$\sqrt{(M/D)g(\sin\phi-\mu\cos\phi)}$

本式は，雪崩量に起因したパラメータ M/D を定める必要があるかわりに，雪崩経路に対応した流下深を設定する必要がないという利点がある．

(2) 剛体モデル

上記の2つのモデルは斜面が長い場合の方程式であり，斜面長 S が概ね $S \geqq 50\,\mathrm{m}$ の場合には使用できる．しかし，斜面長が比較的短く地形的に見ても落雪型の雪崩が想定される場合には，雪崩を剛体として扱うため，質点の運動モデルを使用する必要がある．

この方程式は，次のように表される．

$$V=\sqrt{2gS(\sin\phi-\mu\cos\phi)+V_0^2}$$

ここで，V：雪崩速度（m/s），ϕ：傾斜角（°），g：重力加速度（m/s²），μ：動摩擦係数，S：斜面長（m），V_0：雪崩の初速度（m/s）である．また，動摩擦係数 μ については雪崩の状況に応じて一定値として検討するものとする．この際，μ は 0.1～0.4 前後が妥当である．

第4節　地形調査

4.1　基本方針

> 雪崩対策事業を実施するうえで必要な地形調査を行うものとする．

解　説

本節は雪崩対策事業の計画立案にあたって，把握しなければならない地形状況に関する検討手法について定めるものとする．

4.2　地形調査

> 雪崩対策事業を実施するにあたり，対策対象となる斜面を分割し，斜面の傾斜，斜面形，方位，斜面長等の諸元を把握するものとする．

解　説

調査対象となる斜面を尾根や谷等を境界として細区分し，それぞれの単位斜面に関する最大傾斜，平均傾斜，斜面形状，斜面方位，斜面長等の地形諸元を明らかにするものとする．

第5節　地質調査

5.1　基本方針

> 雪崩対策事業を実施するうえで必要な地質調査を行うものとする．

解　説

本節は，雪崩対策事業の計画立案にあたって，把握しなければならない地質状況に関する検討手法について定めるものとする．

5.2 地質調査

> 雪崩対策事業を実施するにあたり，対策対象となる地域ならびにその周辺の地質状況を把握し，最も適切な方法により地盤の性状を把握するものとする．

解　説

構造物を設計する場合には，踏査および既存の資料を検討することにより，構造物設置個所の地形，地質を把握し，構造物の形状寸法と基礎形式の概要を定める．この想定された形式に応じて調査計画をたて必要な土質調査を行わなければならない．

この場合の土質調査の項目としては以下のものがある．
① 外力（土圧）の計算に必要な設計定数を求める調査
② 基礎支持力の計算に必要な設計定数を求める調査
③ 安定性の検討に必要な設計定数を求める調査
④ 圧密沈下の検討に必要な設計定数を求める調査

第6節　植生調査

6.1 基本方針

> 雪崩対策事業を実施するうえで必要な植生調査を行うものとする．

解　説

本節は，雪崩対策事業の計画立案にあたって把握しなければならない植生状況に関する検討手法について定めるものとする．

6.2 植生調査

> 雪崩対策事業を実施するにあたり，雪崩の発生要因の判定や対策対象地選定の基礎資料とするため，対策対象地において空中写真判読ならびに現地調査等により植生区分図を作成する．植生区分図は，樹種，樹高，樹冠疎密度等を明確にするものとする．

解　説

現地調査ならびに最も近年に撮影された積雪期あるいは無雪期の空中写真を用いて，植生区分図を作成する．植生の高さ（樹高）ならびに種類については現地調査時に代表地点において確認し，植生区分図の精度を高めるものとする．また，主要な植生界（境界）については現地測量を行う場合に測量図面に明示することが望ましい．樹冠疎密度は，樹冠疎密度板を使用して求めることが望ましい．

第7節 環境調査

7.1 基本方針

> 雪崩対策事業を実施するうえで天然記念物が周辺に存在するなど，環境に配慮する必要がある場合には環境調査を行うものとする．

解　説

本節は，雪崩対策事業の計画立案にあたって，把握しなければならない環境状況に関する検討手法について定めるものとする．

雪崩対策事業の実施の際における環境調査は次のように分類される．
① 斜面および周辺の自然環境
② 斜面および周辺の景観

雪崩対策事業は一般に集落近くの山腹や斜面で実施されるため，多様な生態環境に影響を与えることも考えられる．このため，必要に応じて環境に配慮した計画とするものとする．

7.2 自然環境調査

> 雪崩対策事業を実施するにあたり，対策対象地において必要に応じて，現地調査ならびに資料調査等により自然環境調査を行うものとする．本調査は，自然環境に配慮した対策施設を設置するにあたっての基礎資料とするものとする．

解　説

自然環境に配慮した雪崩対策事業を実施するためには，事業区域の環境の現状を把握し，そのうえで事業と自然環境との関連について検討した後，所要の対策を講ずる必要がある．

1. 現況調査

既存の文献・資料により生物相および分布状況について把握し，保全を要する種とその分布位置または区域を整理する．この際，自然公園，鳥獣保護区等の環境関係の地区指定の状況についても整理し，現地調査を行って各種生物相とその分布状況の実態を把握する．

2. 環境現況分析および事業実施に際しての問題点抽出

現況調査の結果をもとに，貴重種等の観点から，特に考慮すべき種を抽出する．また，それらの生物の分布状況，生息地の環境条件等について整理・分析し，事業実施に際しての問題点の抽出を行うとともに環境保全対策の検討に役立てる．

7.3 景観調査

> 雪崩対策事業を実施するにあたり，対策対象地において必要に応じて，空中写真ならびに現地調査等により景観調査を行うものとする．本調査は，景観に配慮した防止施設を設置するにあたっての基礎資料とするものとする．

解　説

景観への配慮については，「見せる」施設，「隠す」施設，「調和させる」施設に分けられる．景観とは，ある

視点場から施設の方向を眺めた時に得られる景色として定義されるため，視点（人間）の存在を常に念頭に置いておく必要がある．

景観を配慮するにあたっての基本方針を整理すると次のようになる．

① 永続性

公共土木施設は他の構造物，施設に比べて長い耐用年数が要求されるため，短期のデザイン指向に左右されない考え方が要求される．

② 公共性

公共土木施設は不特定多数の住民に眺められ，利用されるため，特定の傾向に偏らない公共感覚が要求される．

③ 環境性

公共土木施設は一般に大規模であるため，地域の生態系，歴史・文化さらには周辺施設への慎重な配慮が求められ，施設そのものが形状・色彩を含めて地域全体の景観を考慮したものであることが要求される．

第 13 章

生産土砂調査

第13章　生産土砂調査

第1節　総　　説

> 本章は，砂防計画の基本となる土砂量を決定するための資料を得ることを目的とする．荒廃渓流とその流域で生産される土砂および流出する土砂に関する調査の標準的手法を定めるものである．

解　説

　この技術基準では，河川の掃流域において，流水により河道を移動する土砂を流送土砂といい，これに対して，渓流に土砂の生産に伴って流出する土砂を生産土砂といい，またそれが砂防計画基準点に土石流，掃流等の流出形態で流出する土砂を流出土砂という．

　砂防計画では，土砂の生産源地域における調査量を基に計画の規模を保全対象の重要度等を考慮して定め，計画生産土砂量を設定し，さらに，そのうち計画基準点に流出が予想される土砂量を渓流での諸調査によって推定して計画流出土砂量とする．

　そこで基準点での計画許容流砂量を考慮して，有害過剰な計画超過土砂量を求め，土砂処理計画の対象土砂量とする．

　ここでは土砂処理計画の対象土砂量を求める基礎となる資料として土砂生産源での生産の実態，渓流での土砂運搬の実態を調べて，生産土砂量および流出土砂量を把握することを目的とする．

　調査の方法を系統的に示すと図 13-1 のようになる．

　流出土砂量は単位となる時間の長さによって，次のように区分される．

1. 流砂量（m^3/s）
2. 1洪水流出土砂量（$m^3/1\,flood$）
3. 1年間流出土砂量（$m^3/year$）

上記の流出土砂量を平均化した表現は次のようである．

4. 1洪水比流出土砂量（$m^3/1\,flood/km^2$）
5. 1年間比流出土砂量（$m^3/1\,year/km^2$）

砂防計画の資料として流出土砂量を取り扱うには，それぞれの流出土砂量の持つ意味を熟知しておくことが必要である．

　1.は，流水における流量と同じ意味のものである．ただし，現在のところ渓流において実測して把握する方法が得られていないし，推定式も実用化されたものはない．また，これをもって砂防計画を組み立てることは現在行われていない．

　2.は，ある1つの洪水がもたらした流出土砂量として定義される．同様に3.は，ある1年間の流出土砂量である．

　天竜川水系美和ダムにおける例で説明すると，美和ダムには昭和35年築造以来42年11月までに2回の異常な土砂流入があった．異常な土砂流入があると1年間比流出土砂量の N 年間平均値は，その影響を受けて大きく変動する．特に測定期間 N が短い場合，その期間の土砂の異常流入の頻度が高い場合はその変動または，異常値の出現が顕著で，毎年平均的に期待される流入土砂量を表さなくなる．図 13-2 は測定開始以来11年後の年間比流出土砂量平均値は，そのほとんどが2回の異常土砂流入に支配されていることを示している．

第13章 生産土砂調査

（調査項目）　　　　　　　　　　　（調査結果）

基礎調査
- 流域区分 ─── 支渓別流域面積
- 谷の次数区分 ─── 谷の次数 ─── 生産土砂量

現況調査
- 水源崩壊地調査
  - 崩壊地の所在 ─── 渓流の各区間ごとの包蔵土砂量
  - 崩壊地包蔵土砂量
  - 1次谷の堆積土砂量
  - とくしゃ地の生産土砂量
  - 地すべり性大規模崩壊地包蔵土砂量
- 渓流調査
  - 渓床堆積土砂量
  - 谷幅，勾配 ─── 堆積地帯と流過地帯の区分／土石流区域と掃流砂区域の区分
  - 流出（堆積）形態
  - 堆積年代と繰返し ─── 渓床堆積地の形成および移動現象の繰返し方

→ 流出土砂量

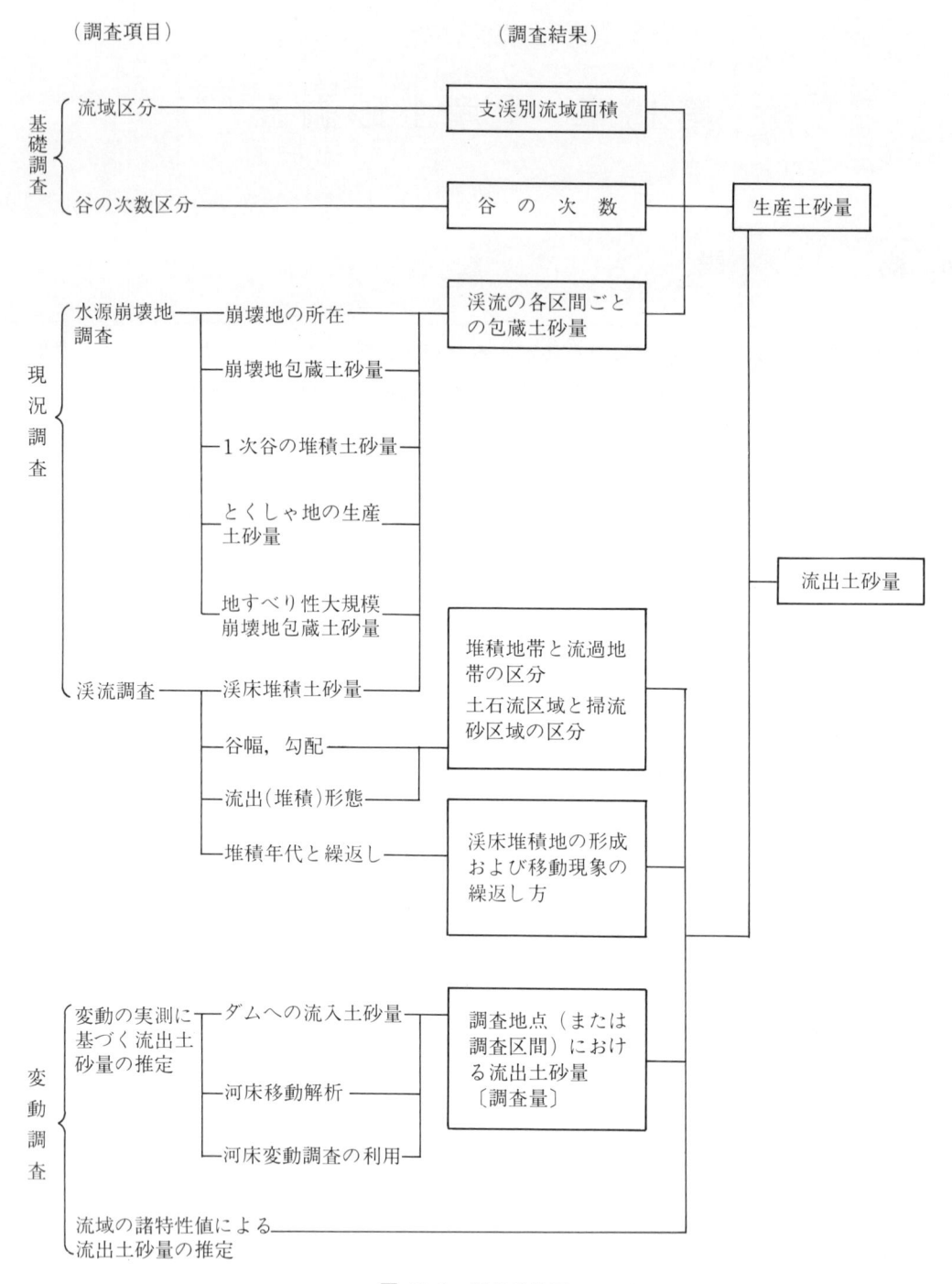

変動調査
- 変動の実測に基づく流出土砂量の推定
  - ダムへの流入土砂量 ─── 調査地点（または調査区間）における流出土砂量〔調査量〕
  - 河床移動解析
  - 河床変動調査の利用
- 流域の諸特性値による流出土砂量の推定

図 13-1　調査系統図

　期間の取り方によってその中に含まれる異常現象の回数と規模が異なるので，得られた流出土砂量の取扱いには必ず過去の災害の時系列的検討を行い，その持つ意味を明確にし分類しておく必要がある．

　また，流出土砂量の持つ意味は時間的要素ばかりでなく，場所的要素によっても相違がでてくる．すなわち，土石流で流出した土砂量なのか，掃流形態で流出した土砂量なのかということで，この流出形態の相違は渓流における場所の相違によるものである．

　過去の大災害のときに測量した1洪水比流出土砂量を砂防計画の資料として用いる場合が多い．この際，対象

第2節 基礎調査

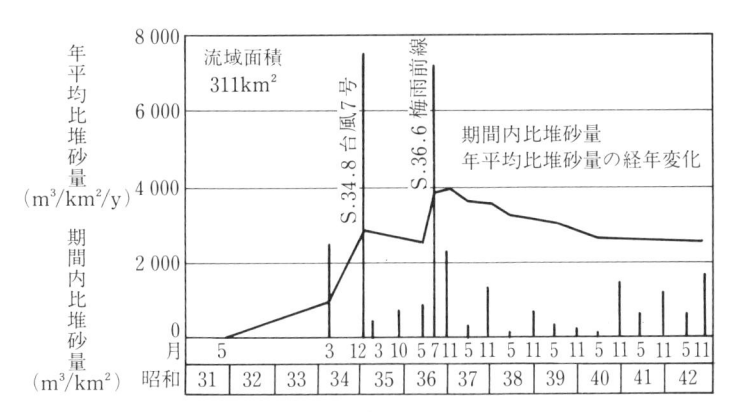

図 13-2 美和ダムの年平均比堆砂量（m³/km²/year）および期間内比堆砂量（m³/km²/期間）

渓流のたびの区間で計った量をいっているのか，分母の流域面積は崩壊や渓床の変動が著しい流域の面積ばかりを集計したものであるのか，それとも単に1水系の流域面積であるのかを知る必要がある．これらの条件によって流出土砂量の持つ意味とその適用法とが異なることになるからである．

第2節　基　礎　調　査

2.1　流　域　区　分

基礎調査においては，まず5万分の1地形図を用いて，砂防計画基準地点より上流の流域を渓流ごとに区分し，それぞれの流域面積を求めるものとする．

2.2　水　系　図

基礎調査においては，本章2.1のほか5万分の1地形図を用いて水系図を作製し，谷を次数ごとに区分するものとする．

解　説

水系図を描くにあたり，5万分の1地形図に流水記号の記載された谷は実線，流水記号で記載されていない谷

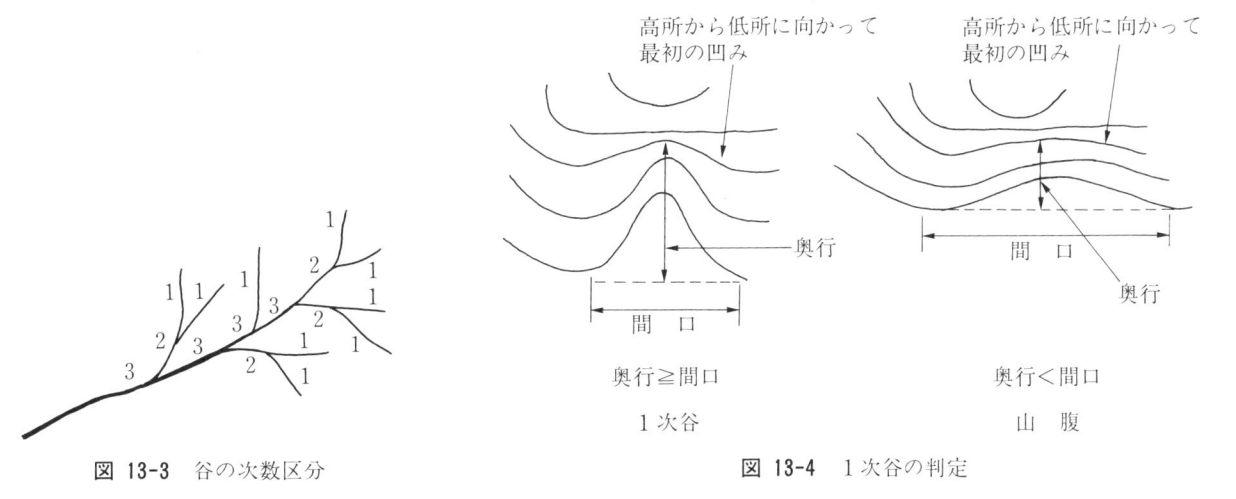

図 13-3　谷の次数区分

図 13-4　1次谷の判定

は点線を用いて水系を表現する．

谷の次数の区分はHorton則による（**図13-3**を参照のこと）．ただし，谷筋の最上流部において，そこを谷とみなすか，山腹であるとするか，すなわち1次谷の判定方法が問題となる．この点については**図13-4**のように，5万分の1地形図の等高線の凹み具合を眺めて，凹んでいる等高線群の間口よりも奥行が大なる場合に1次谷とし，その反対の場合には山腹とみなすものとする．

第3節 現況調査

3.1 水源崩壊調査

3.1.1 調査対象

> 水源崩壊調査は山腹崩壊地と渓岸崩壊地および，その母体となる地域のほか，本章2.2による1次谷の渓床を対象として行うものとする．

3.1.2 崩壊地の土砂量

> 流域内の全崩壊地については，踏査実測によるかあるいは空中写真を併用する方法で崩壊の状況と土砂生産に関係する諸元を調査し，現況における崩壊残土量と将来における拡大生産見込土量とを推定するものとする．
>
> 崩壊地から河道への土砂供給点は，河道距離で表すこと．ただし，土砂供給地点が本章2.2の1次谷になる場合は，1次谷の下流端の地点を土砂供給地点とするものとする．

解　説

本調査を行う対象は急峻な個所であるから，踏査実測を行うにしてもポケットコンパス，ハンドレベル，クリノメータ，間なわなどの簡単な測器でよい．

空中写真を使用する場合には，1支渓の中で少なくとも1個所は実測によって結果を照合しておかなければならない．調査項目は，例えば**表13-1**にあげるもので，この結果を表13-1のように取りまとめる．各項目について説明する．

1．土砂供給地点

本文に示すとおりであるが，**図13-5**によって例示すると，崩壊地AおよびBは河道距離16.0 km，Cは15.5 km，Dは15.3 kmである．

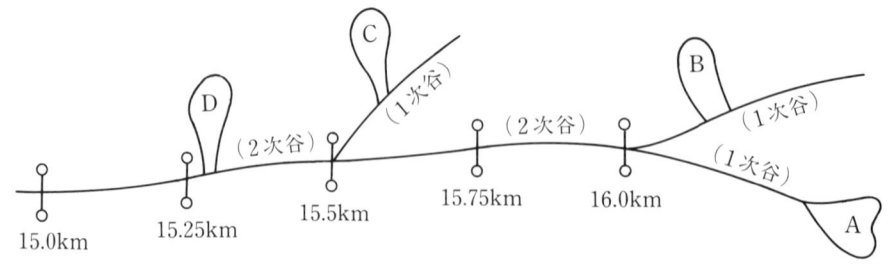

図 13-5　土砂供給地点の表示

2．規　模

　(1) 元斜面の設定

　　まず最初に崩壊が起きる前の元斜面を推定して設定する（図13-6参照）．この作業は個人差が生じやすいので，できれば崩壊面に多数の縦横断線を設けて図面上で設定することが望ましい．図面上で設定する

第3節 現況調査

表13-1 崩壊現況調査表

河川名		水系名		調査年月日						
渓流名	支渓名	土砂供給地点	山腹崩壊渓岸崩壊別	規 模				崩壊土量	残土量
				平均幅	平均長	面積	平均深		

流出土砂量	拡大生産見込量	地質	勾配		わき水の有無	流心に対する角度	形状	崩壊時期	原因	摘要
			頭部	残土						

＊規模欄上段は崩壊土について，下段は残土について記す．

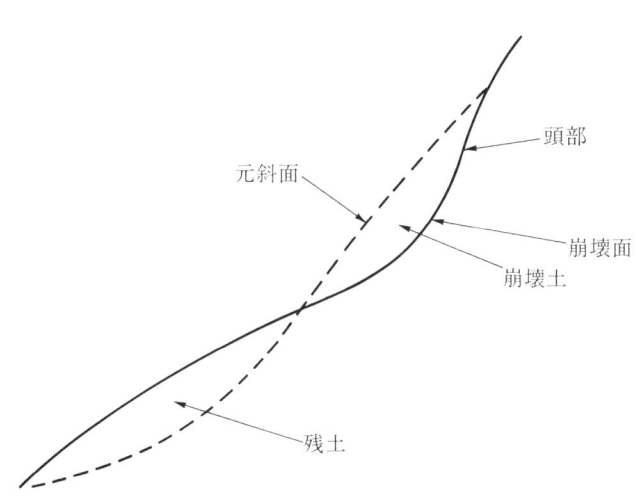

図 13-6 元斜面の設定

場合も，やむをえず目測で推定する場合も，崩壊地に接続する斜面の形状に準ずることが判断の基準となる．

(2) 平均値，平均長，面積，平均深

　平均幅および平均長は，元斜面と崩壊面の交点間の平均長で表す．面積はこれらの交点を連ねた図形の面積であり，平均深は元斜面より崩壊面までの深さの平均である．これらは崩壊土と残土について別に計上する．

3. 崩壊土量，残土量，流出土砂量

崩壊面積×崩壊平均深＝崩壊土量　　(A)

残土面積×残土平均深＝残土量　(B)

$(A)-(B)=$流出土砂量

4. 拡大生産見込量

表13-1の地質より後にあげた項目を参考に，かつ現地を眺めて崩壊がどれだけ拡大するかを検討し，その場合に生産される（崩落する）土砂量を推定する．

5. その他

表13-1の地質より後にあげる項目は，崩壊地における土砂量の推定に定性的に参考となる事項である．

　(1) 地　質

　　崩壊を起こした地層が何であるかを調査する．分類は次のようである．（ⅰ）崩積土，（ⅱ）表土，（ⅲ）風化残積土，（ⅳ）岩．（ⅲ）は，基岩の風化物であり，（ⅲ），（ⅳ）については基岩の名称も必要とする．

　(2) 流心に対する角度

　　渓岸崩壊地の中心線の方位と流心の方位との角度差である．

　(3) 形　状

　　半円筒状，樹枝状，スプーン状等，形状の特徴を捉えて簡単に表現する．

3.1.3　1次谷の渓床土砂堆積量

　本章2.2の1次谷においては，合流点から常時湧水点までの間の渓床土砂堆積量を求めるものとする．

　1次谷の渓床土砂堆積量は便宜上1次谷の末端の地点におけるものとし，河道距離でその位置を表すものとする．

解　説

調査の方法は本章3.2.3渓床土砂堆積量に準ずる．

3.1.4　とくしゃ地の生産土砂量

　いわゆる「とくしゃ地」からの生産土砂量を測定するには，原則として次の2方法のいずれかによるものとする．

　1.　直接的方法……測定しようとする区域に2〜5mメッシュの測線を設定し，その交点に杭を打つ．杭頭の地表面上の「出」を測定し，前回の測定値と差し引きして表土の移動深を求め，その杭の分担面積を乗じ，さらに，区域を集計して生産土砂量を求めるものである．

　2.　間接的方法……とくしゃ地から流出する土砂量を適当な「ます」で受けて測定しようとする方法で，一例として短侵食渓の下のダムを利用するものである．

解　説

本文1，2いずれの方法も，本章4.1.1ダムへの流入土砂量などと同様に測量時期を選択することによって，1洪水流砂量，平均流出土量を求めることができる．

　直接的方法は間接的方法に比して必ず大きな値となるようである．林野庁で，昭和26年度から28年度にわたって荒廃地で調査した結果による．ごく大まかな目安程度の数値は次のようである．山腹面で年間に移動する土砂量は荒廃地の表土の深さにして20〜40mm程度，普通の気象状態ではこの移動量のうち現実に崩壊地の下端まで流出するものとなると減少して20mm前後，さらに，やや下方の谷止めのある所まで流出する土砂量となると5〜10mm程度となるようである．

　林業試験場の川口が従来の資料を統計的に整理したものによると，年流出表土深についてはだいたい裸地（崩壊跡地を除く）が10^0mm，跡地が10^{-1}mm，草地，林地が10^{-2}mmのオーダーであり，これらを併せ考え

ると山地からの平均流出表土深はだいたい年間 10^{-1} mm のオーダーと思われる．土壌侵食量と梅雨の関係について，土壌侵食量と1降雨量，最多1時間降雨量の重相関を求めたものは 0.6〜0.9 の値を示し，侵食に降雨の量と質双方を考えることの妥当性を示している．

京都大学上加茂試験地の裸地試験区では，土壌侵食量は5分間雨量強度に比例するので，土壌侵食は1年に数回の強い降雨によってその大半が生ずるという．

3.1.5 地すべり性大規模崩壊

対象地域内における構造破砕帯の地区等，地すべり地の存在する地区を重点に，地すべり性の大規模崩壊が発生する地形，地質条件のある土地を空中写真，現地踏査等によって確認し，生産見込土砂量等を本章 3.1.2 の崩壊地の土砂量と同様に推定するものとする．

解　説

地すべり性大規模崩壊発生に関する地質地形条件として着目すべきものは，昭和 28 年の有田川筋の例で示すと

1. 構造破砕帯地域
2. 大規模斜面の存在
3. 斜面の縦断形
4. 地すべり性地形の存在

となる．

1.については，御荷鉾破砕帯と著しい関係が推定されること，2.については大きな崩壊は大きな斜面で起きるものであり，崩壊が起きる時に滑落する部分は，一般には縦断方向は分水界から谷まで，横断方向には著しい谷や稜線で区切られた範囲であること．3.については山腹斜面の縦断形として，山腹に傾斜変換線があって相対的に緩い上部斜面と，急な下部斜面に分けられる斜面と，侵食が進み河口部急斜面のみで構成される斜面とでは，上部傾斜面を残す斜面は，そうでない斜面より，風化，変質して脆弱化している地層を残存させていること，緩斜面での雨水等の浸透能が大であること等の要素を有していることを考慮する必要があること．4.については，大崩壊を超した斜面には，頭部に弧状の小崖（引張亀裂），斜面上部〜中部に不整形微起伏が存在することが多いこと，等がそれぞれ明らかになっている．

これらのことから，1.〜4.は共存の関係が推定され，破砕，変質，風化の進みやすい地質，地形の所では，浸透水が増加して表面流が減少し，表面侵食が微弱となり，侵食，開析が遅れ，単位斜面の規模は大きくなりやすい．浸透水の増加は地中での粘度生成を促進させ，あるいは溶脱作用により岩盤の脆弱化が進行し，スライド，クリープ，グライドなどが生じやすく，そのため，さらに浸透水が増加し，粘土化が促進されやすい斜面基部では斜面上部からの運搬堆積量が微小なので側侵食が進みやすく，下部斜面は後退して勾配は大きくなり，上，下斜面の差が増して不安定度が増大しやすいと考えられる．

3.2　渓　流　調　査

3.2.1　範囲と測点

本章 3.2.2 以降の項目についての調査の範囲は，原則として砂防計画基準地点より上流に向かって本流および，支渓の本章 2.2 による 2 次谷の上流端までとするものとする．

調査範囲内において，河道の形状および特性を表す調査地点を明示する目的で固定測点を設けるものとする．

解　説

固定測点は測点間隔を 50 m の整数倍で，かつ，谷幅の概ね 2 倍程度にとることを標準とし，谷幅の 4 倍を越

第13章　生産土砂調査

えないように設ける．そして，河道縦断線に沿う累加距離を与えて，その測点の呼称とする．累加距離の基点は，砂防計画基準地点をとるのもよいが，その近傍に河川距離標がある場合には，これと連結するのが望ましい．支渓については，その合流点より上流で支渓であることを表示する．

（例 2.2 km 点……本流，大谷 2.2 km 点……支渓大谷）

固定測点は，河道縦断線に沿う座標であるばかりでなく，1つの横断測線の位置をも表すものであるから，両岸の堅固な場所にコンクリート杭や鉄びょう等で1対の測点を設ける．

測点の相互の位置関係は，三角測量などを行って明確にしておく．

3.2.2 谷幅と渓床勾配

> 固定測点を設けた地点（以下測点という）で谷幅と渓床勾配を測定し，これらを河道縦断線に沿う累加距離（以下河道距離という）に対してプロットし，谷幅および渓床勾配変化図に整理するものとする．

解　説

谷幅は原則として源渓床高での地山間距離とする．ただし，段丘が形成されている場合には，その横断面で100年確率雨量を用いて流出量を求め，等流計算による水面以上の高さにある段丘は一応地山とみなす．

渓床勾配は平均河床高より算出する．

谷幅および渓床勾配変化図は例えば図 13-7 のようである．

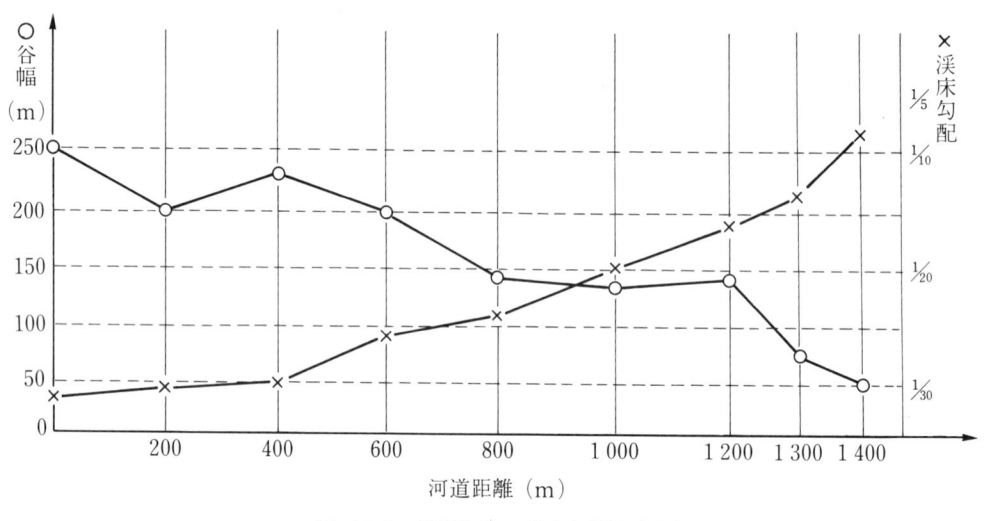

図 13-7　谷幅および渓床勾配変化図

3.2.3 渓床土砂堆積量

> 各測点で渓床堆積土砂の堆積深を求めて，各測点間の渓床土砂堆積量を算出し，河道距離に対してプロットして渓床土砂堆積量図に整理するものとする．

解　説

渓床土砂堆積量図は渓床土砂の堆積に関する量と場所の情報をもたらすものである．

堆積深は，ダム等床掘り断面や周囲の洗掘断面の観察等が推定の手がかりともなるが，ボーリング調査に弾性波探査を併用して渓床岩盤の深さを判定することができる．

堆積深と本章 3.2.2 の谷幅とから，各測点間の渓床土砂堆積量を算出し，その量を河道距離に対してプロットすると図 13-8 のような渓床土砂堆積量図を得る．

この図と現地踏査を行った結果を併せて堆積地帯と流過地帯の区分をすることができる．

第3節 現況調査

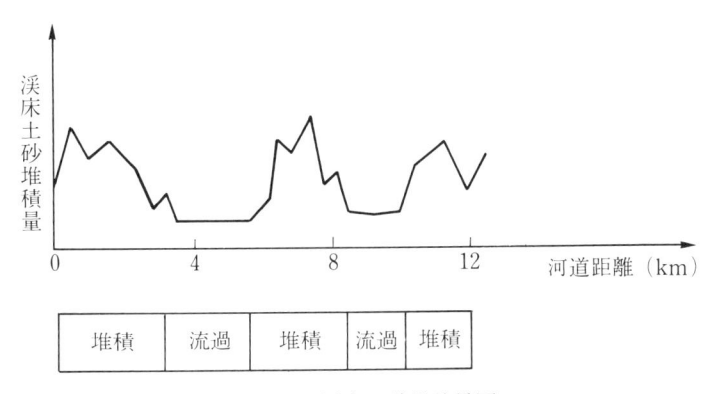

図 13-8 渓床土砂堆積量図

　この際，本章3.2.2の谷幅および渓床勾配図を対象しながら検討する．着眼点は谷幅が狭い所から急に広くなった所，広く連続する所，合流点の付近などである．

3.2.4 流出形態の判別

> 渓床土砂堆積地の形状と断面を観察および測定することによって，堆積が掃流によって形成されたものか，土石流によって形成されたものかを判断し，この結果を河道距離に対してプロットして，主として掃流状態で土砂運搬が行われる区域（掃流区域）と，そうでない区域（土石流区域）とに区分するものとする．

解　説

図 13-9 渓床土砂堆積地の形状による分類

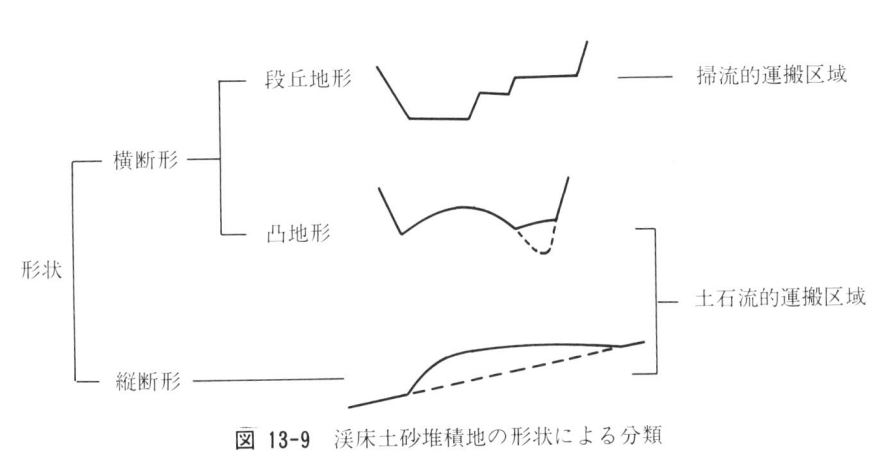

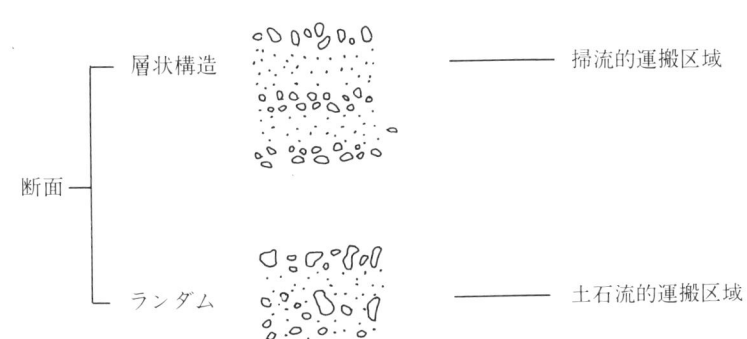

図 13-10 渓床堆積地の断面の粒径の配列による分類

第13章　生産土砂調査

渓床土砂堆積地の形状には横断形，縦断形に図13-9のように特徴的な相違が見られる．

また，堆積地の断面を堆積土砂の粒径の配列に着目して観察し，分級作用による層状構造の認められる場合を掃流的運搬区域とし，ランダムな場合を土石流的なものと見ることができる（図13-10参照）．

なお，掃流砂堆積物のスケッチ例を図13-11に示す．

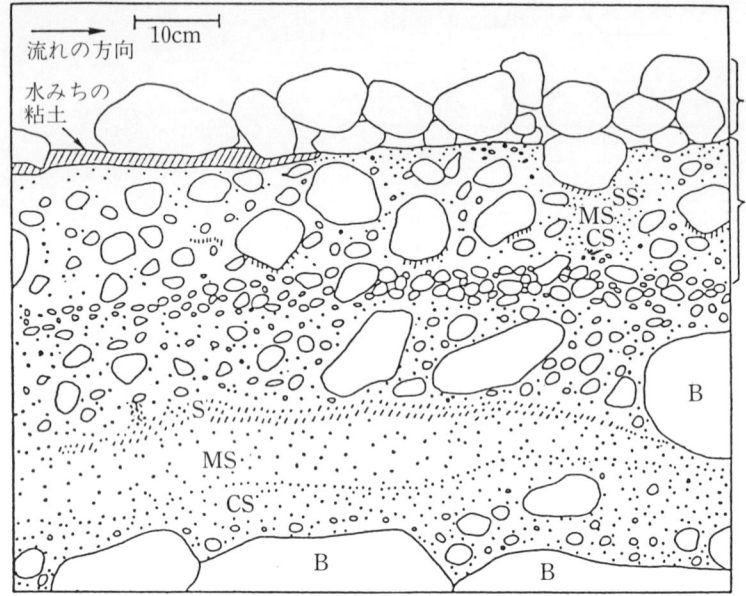

図 13-11　掃流堆積物スケッチ例

河道距離に対してプロットした例を図13-12に示す．

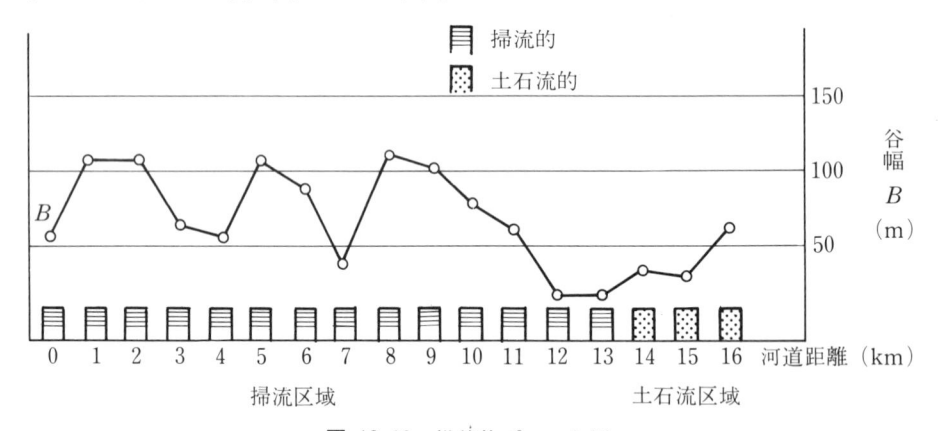

図 13-12　堆積物プロット例

3.2.5　渓床の土砂堆積地の形成年代および移動現象の繰返し方

渓床の土砂堆積地に木本科植物群落がある場合に限って，この調査を行うことができる．

渓床土砂堆積地の形状からみて累次の前後関係を判定し，その上に存在する木本科群落の年代調査を行って土砂の堆積年代を推定するものとする．調査地点の情報として得られた堆積年代を河道縦断距離に対してプロットし，渓床土砂の各年代ごとの移動傾向を推定するものとする．

解　説

木本科植物群落による年代調査は，林分の形態（天然生同令林分であること）は，林分を形成する固体が圧

第3節 現況調査

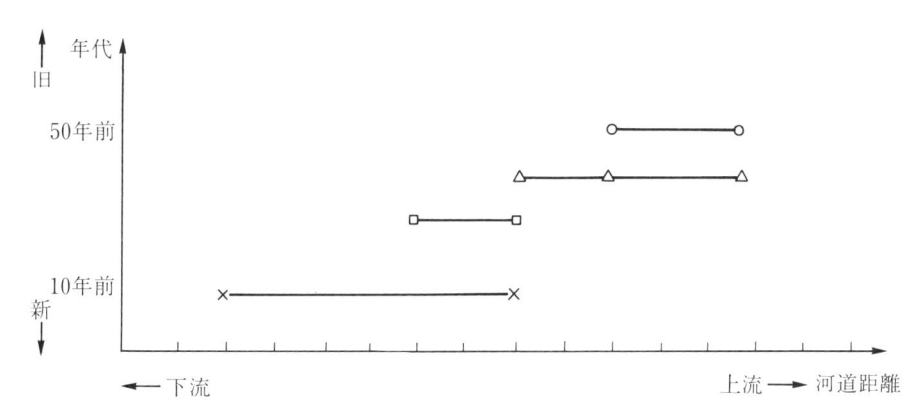

図 13-13 渓床(河岸段丘)における木本科植物の年代別分布図

迫を受けた場合に現れる反応の特徴を，年齢から読み取って土砂の堆積年代を推定する方法である．

調査地点の情報に距離的要素を加えて，水系として解析するための図は図 13-13 のように作製する．この図から，資料が多く蓄積されれば，堆積地の移動頻度，出水量と対応した移動距離，移動に関する水系のパターン，本章 3.2.3 による堆積地帯と流過地帯の時間的確認など多くの事項が判明する可能性がある．

3.3 現況調査のまとめ

> 水源崩壊地および渓流の現況調査により，次のような成果をとりまとめるものとする．
> 1. 渓流における区間ごとの包蔵土砂量
> 2. 堆積地帯と流過地帯の区分
> 3. 土石流区域と掃流区域の区分
> 4. 渓床土砂堆積地の移動現象の繰返し方

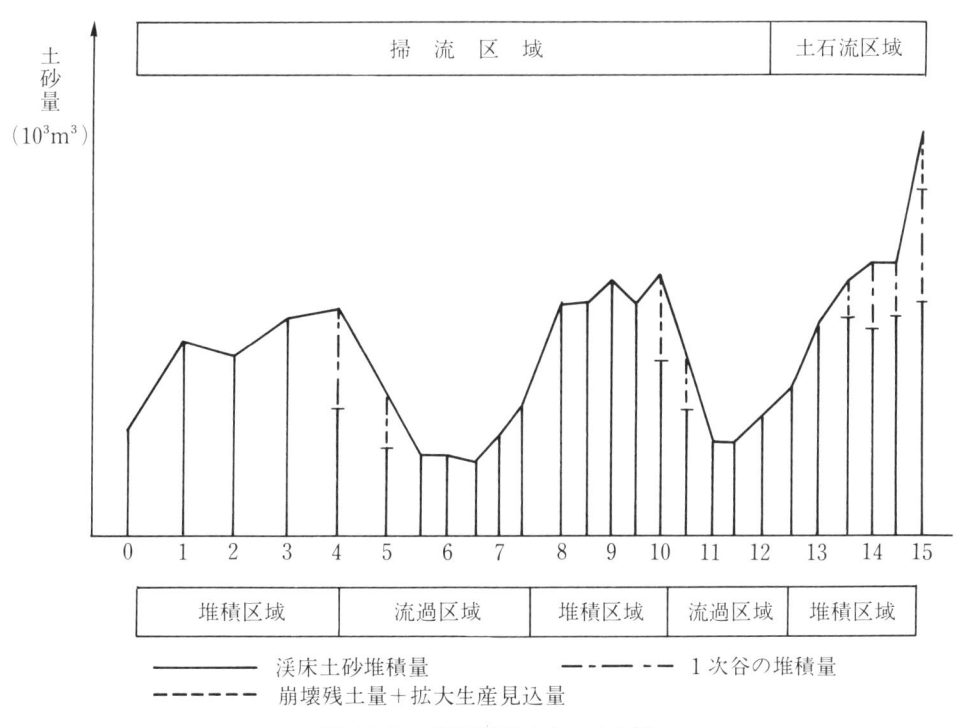

図 13-14 現況調査のまとめの例

第4節 変動調査

4.1 変動の実測に基づく流出土砂量の推定

4.1.1 ダムへの流入土砂量

解　説
　ここで区間ごとの包蔵土砂量というのは，本章3.2.3による2次谷より高次の谷の渓床土砂堆積量に，本章3.1.2による崩壊地の残土量と拡大生産見込量，本章3.1.3による1次谷の渓床土砂堆積量，本章3.1.4によるとくしゃ地の生産見込量および本章3.1.5の地すべり性大規模崩壊生産見込量をあわせたものである．
　1.〜3.の成果は図13-14のように1枚の図にまとめると見やすい．

> 　適当な個所に調査ダムが得られる場合には，ダムへの流入土砂量を測量してその地点における流出土砂量を求めるものとする．未満砂ダムにおける調査は，測量時期を選択することにより1洪水流出土砂量および平均流出土砂量のいずれも求めることが可能で，流出土砂量推定方法として最も望ましい．

解　説
　流出土砂量を求めようとする流域の最上部にあるダムで，2時期に堆積土砂の測量を行い，その差をもって期間の流入土砂量，すなわち流出土砂量とする．
　測量範囲は貯水池内と貯水池に接続する河道で，貯水池に河床の変動が支配される区域とする．
　未満砂ダムは，調査時期を洪水の前後に選べば1洪水流出土砂量が求まり，年間1回の測量を数回繰り返して回数で除せば，平均流出土砂量を求めることができて多面的な調査が可能である．しかしながら条件を満たすような貯水ダムは，おそらく非常に数少ないであろう．一方，砂防ダムは数多く存在するが容量が小さく，したがって，調査ダムとしての使用期間が短いということのほかに，場合によっては1洪水流出土砂量をも貯めきれないことも考えられるが，流出土砂量調査としては，調査個所がたくさん得られるのはなんといっても利点であって，この面から砂防ダムは大きな価値がある．砂防ダムが未満砂の間は，もちろん貯水ダムと同様に取り扱い，満砂した後には流入土砂量の算定に精度の問題はあるとしても，堆砂勾配の変動を測定して流入土砂量を求める方法がある．ただし，この方法は1洪水流出土砂量を求めることに用いるのがよく，1年間とか長い期間の流出土砂量を求めるには，さらに，多くの仮定を導入する必要があり，また評価手続きが複雑となるので，あまり適当ではない．
　次にその方法を述べる．

1. 算定方法
　洪水前の堆砂縦断形，洪水後の堆砂縦断形をそれぞれ測量し，それぞれ縦断形を2次式で近似し，別途に谷幅と堆砂長を求め，これらの諸元を流砂量算定式に入れて計算する．

2. 堆砂縦断形近似式
$$Z(x, t) = a(t)x + b(t)x^2$$
　ここに，x：ダム天端から上流に向かって測った水平距離，$Z(x, t)$：時間 t，距離 x における堆砂高，$a(t)$ および $b(t)$：x および x^2 の係数で時間の関数

3. 流砂量算定式
$$Q_B = F \cdot a(T) \cdot B \cdot L^2$$
　ここに，Q_B：1洪水（時間 $t_1 \sim t_2$ の間の流出土砂量，L：堆砂変動区間長，B：計算上の谷幅で次式で表す．
$$B = V/S$$

第 4 節 変 動 調 査

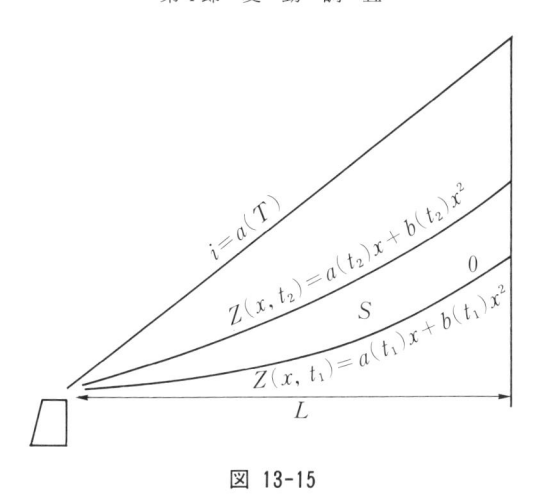

図 13-15

ここに，V：時間 $t_1 \sim t_2$ の間で $X=0 \sim L$ の区間の堆砂変動量，S：$x=0 \sim L$ の区間の時間 t_1 と t_2 との近似曲線で囲まれた面積，$a(T)$：動的平衡勾配で次式で表す．

$$a(T) = a(t_2) + 2L \cdot b(t_2)$$

F は用いる流砂量公式によって値の異なる係数で，次のとおり，

$$0.768 \log_{10}\left\{\frac{3 \cdot S}{2 \cdot L^3 \cdot b(t_2)} + 1\right\} \qquad \text{佐藤，吉川，芦田式}$$

$$0.439 \log_{10}\left[\left\{\frac{3 \cdot S + 2 \cdot L^3 \cdot b(t_2)}{L \cdot b(t_2)}\right\} \times \left\{\frac{4 \cdot a(T) - 3 \cdot L \cdot b(t_2)}{8 \cdot a(T) \cdot L^2 - 3(3 \cdot S + 2 \cdot L^3 \cdot b(t_2))}\right\}\right] \qquad \text{Brown 式}$$

4．堆砂変動区間長の取り方

毎年の堆砂縦断形の変動記録を初期河床と比較しながら検討して，一様に変動しているとみられる区間とする．

5．谷幅 B の検討

谷幅 B は，V/S で算出される．いわば，平均谷幅である．流砂量の算出は単位幅あたりの流砂量に谷幅 B を乗じるので，B の精度は流砂量を大きく支配する．したがって，B の検討は重要である．

いま，この $B = V/S$ で算出した値を B_A とし，地形からみた谷幅を B_C として，実際に計算してみると，B_A がマイナス $(B_A < 0)$ になったり，地形的にみて谷幅として理解し難い値 $(B_A > B_C)$ になることがある．こうした場合に安倍川の事例では，以下のようにして B を決定した．ここで，V が大きいというのは水みちを埋め，河床全体を変動させるほどの堆砂量と定義されている．

(1) $B_A > B_C$ の場合で V が S に比し大きい場合：もし山崩れなどによる土砂の側方供給や測量上の誤りがないとするならば，この原因は土石流による堆積のように，流量に比べて大量の土砂が堆積した場合が考えられる．この場合には谷幅は全面にわたって変動したことが予想されるので，横断図を検討のうえ，地形的に最大と思われる谷幅をとった．

(2) $B_A > B_C$ の場合で V，S ともに小さい場合：これは，$B_A = V/S$ が 0/0 に近づくために生じた場合であるので，当然変動したであろう河幅も小さかったと思われる．しかし，その値を決めるのは現在では不可能であるので，B_C をもって，代用した．したがって，こういう場合は最も信頼性に乏しいと考えられる．

(3) $B_A < 0$ の場合：この原因は洪水後測量するまでの時間が長くて，みおすじが洗掘されてしまったり，数回の洪水が来襲し，堆砂変動を複雑にしていることが考えられる．そこで，その年の流量と対応して堆砂変動が行われたと考えて，その年の最大日流量と谷幅との関係（数年の実測値が必要である）から求めた．

B_A がマイナスとなる要因の1つに最低河床高をとっていることも考えられる．平均河床高によると S が

プラスとなって，よい結果を示した事例もあるので試みるとよい．

6. 計 算 例

洪水前の堆砂縦断形：
$$Z(x, t_1) = 2.67 \times 10^{-2} x + 3.47 \times 10^{-6} x^2$$

洪水後の堆砂縦断形：
$$Z(x, t_2) = 2.94 \times 10^{-2} x + 2.08 \times 10^{-6} x^2$$

計算区間　L：1 000 m

谷　　幅　B：50 m

上記の場合

$a(t_1) = 2.67 \times 10^{-2}$, $a(t_2) = 2.94 \times 10^{-2}$, $b(t_1) = 3.47 \times 10^{-6}$, $b(t_2) = 2.08 \times 10^{-6}$

$a(T) = a(t_2) + 2L \cdot b(t_2) = 2.94 \times 10^{-2} + 2 \times 1\,000 \times 2.08 \times 10^{-6} = 3.36 \times 10^{-2}$

$S = 2/3 \cdot L^3 \cdot \{b(t_1) - b(t_2)\} = 2/3 \times 1\,000^3 \times \{3.47 \times 10^{-6} - 2.08 \times 10^{-6}\} = 927.0 \text{ (m}^2\text{)}$

$$Q_B = 0.768 \cdot a(T) \cdot B \cdot L^2 \times \log_{10}\left\{\frac{3S}{2 \cdot L^3 b(t_2)} + 1\right\}$$

$= 0.768 \times 10^{-1} \times 3.36 \times 10^{-2} \times 5 \times 10^{1} \times 1 \times 10^{6}$

$\times \log_{10}\left\{\dfrac{3 \times 9.27 \times 10^2}{2 \times 1 \times 10^9 \times 2.08 \times 10^{-6}} + 1\right\} = 2.86 \times 10^5 \text{ (m}^3\text{)}$

4.1.2　河床変動解析による流出土砂量の推定

> 調査対象区間内の一部の地点で流砂量の実測が可能ならば，河床変動を河道断面間の平均的変動として捉え，次式による逐次計算を行って流出土砂量を推定するものとする．
>
> $$\Delta Z = \frac{Q'_B - Q_B}{B \cdot \Delta x} \cdot \Delta t \qquad \Delta Z = Z_{t+\Delta t} - Z_t$$
>
> ここに，ΔZ：時間 Δt の間の河床変動高，Q'_B：上流断面での流入流砂量，Q_B：下流断面での流出流砂量，B：計算区間幅員，Δx：計算区間距離，Z_t：時刻 t のときの河床高，$Z_{t+\Delta t}$：時刻 $t + \Delta t$ のときの河床高．

解　説

河床変動は一般に流砂の場所的な不均衡によって生ずるものと考えられ，(1)河道断面間の平均的変動，(2)湾曲部や構造物周辺の局所的変動 Sand wave および(3)拡幅や蛇行などの平面的変動に分けられる．このうち(1)については，いわゆる一次元解析法があるが，それ以外は一般的な解析法が確立されるにいたっていない．一次元解析式は流砂に関する連続の方程式から導かれ，流量計算と流砂量計算を組み合わせて，数値計算を行うというのが元来の方法であるが，現在のところ渓流において適用し得る流砂量公式が確立されていないところから，流量と上下2断面の河床変動高（平均河床高の変化量）を実測して，あとは流砂量公式を適用しようというわけにはいかない．この方法を適用しようとするには，河床高の変動が測量できるほか，少なくとも，どちらかの断面で流砂量を何等かの方法で実測しなければならない．流砂量の測定には満足すべき方法がいまだ開発されていないが，例えば，1洪水中に何回かバケツですくって流砂量を実測するということでも問題の解決に役立つであろう．

ΔZ や Δt のピッチもまだ標準化された段階ではなく，精度はともかくとして試みることによって発展を期す段階のものである．

計算の手順としては，初期渓床状態から始めて $t_0 \cdots\cdots\cdots t_n$ まで n 時間の逐次計算を行う．実際問題として，河床高を測定し得るのは，かなりの時間を経なければできないことと考えられるが，計算では変動が激しくて，

第4節 変　動　調　査

その間をいくつかの十分小さな Δt に分けて計算しなければならない．渓床の粒度分布は計算期間中不変であると仮定する．幅員 B も1次で計算に効いてくるが，この時間的変化の取り方も工夫を要する．

このような点から，現在のところ本方法は一般的とはいえないが，将来作法渓流における流出土砂量調査はこの形で行われるべきであるので，流砂量，河床高について洪水中での現場計測手法の開発が待たれる．

4.1.3 河床変動量調査の利用

> 次の場合には，河床変動量調査（調査編第14章流送土砂調査参照）を渓流に適用して，流出土砂量の推定を行うことができる．
> 1．土石流区域について
> 土石流堆積物による河床変動量から土石流による1洪水流出土砂量を推定する場合．
> 2．掃流砂区域について
> 調査対象区域の最下流端で土砂流出が概ね阻止されるような状態，例えば，ダムなどが存在するような区域での河床変動量から1洪水流出土砂量あるいは1年間ごとの流出土砂量を推定する場合．

解　説

土石流区域で実測に基づいて，流出土砂量を求めようとするとまずこの方法しかない．

1洪水期間中に発生した数回の土石流の土砂量は，土石流堆積物を測量して求めることができるが，土石流が停止して土石流堆積物となったものは水のほかに細粒分がかなり流失してしまっているので，実際の土石流による流出土砂量は，測量値より大きいことが考えられる．

調査区域の下流端で流出土砂が阻止されない場合には，河床変動の振幅が漸減していってほぼ平衡に達している区間まで調査するなどして，その有効性を検討しておかなければならない．

調査区間の中には自然河道ばかりでなく，砂防ダムや堰が存在し，河床変動が支配されている個所が存在する

表13-2　河床高，河床土砂容積計算書

水系名		河川名		区域		測量期日		断面積を求めた方法	

測点	基準標高	幅	基準標高よりの断面積	平均河床高	最低河床高	平均断面積	距離	基準標高よりの体積	備考

第13章　生産土砂調査

場合が多い．渓流横断工作物も河道条件の1つとみなして，連続した調査区間を考えればよい．河床変動量調査の整理は，例えば**表13-2**のようにすればよい．この場合，表13-2において測点の何番から何番までは，砂防ダムの堆砂地である旨を備考欄に示す．

河床変動量調査の通常の方法は縦横断測量によるが，空中写真を利用して行うのも記録を残せるとか，情報量が多いなどの利点がある．

縦横断測量による方法は調査編第14章流送土砂調査に準じて行い，整理は例えば**表13-3**のようにする．表13-3における平均河床高は河床が計算上設定した基準標高より下および上にある部分の断面積をそれぞれ正および負の値とし，その代数和によって基準標高よりの断面積を求め（基準標高）−（断面積／幅）で求めることができる．

表13-3　河床変動量調

水系名		河川名		区域		前回測量期日		今回測量期日	

測　点	最低河床高			平均河床高			基準標高よりの体積			備　考
	前回	今回	変動	前回	今回	変動	前回	今回	変動	

空中写真を利用することについて，昭和41年に渡良瀬川の足尾ダム上流地域で行った調査の事例に基づいて要点を説明する．2時期の空中写真は，あり合わせの写真を用いるのではなくて，この目的のために撮影したものであることが望ましい．理由は，撮影コースやモデル数がはなはだしく異なる2種の写真上に，同一断面を設定するのが困難であること，標高の明瞭な不動点を共通に多数を得難いという点にある．空中写真は，垂直撮影，パンクロ写真，普通角，撮影縮尺1/5 000～1/10 000のものである．断面を設定するには機械的に何百mピッチとせずに，写真利用の利点を生かして堆砂形成のピッチを眺めて決定するとよい．

断面の設定の基図としては縮尺1/2 000程度の図化を行う必要がある．1級図化機に写真をかけて，主として傾斜変化点で渓床の標高を測定し，2時期の断面積差を求める．断面積差に断面間隔を乗じて区間変動量を求め，全区間について集計すれば調査区間の河床変動量となる．断面計測の誤差はオペレータの技能にもよるが10～20 cmにとどめ得る．しかし，精度を論ずるとき問題は断面間隔である．断面間隔というものは基準次第で有意な長さがいくとおりにも取り得る．

断面線は原則として両岸に直角に設定するが，屈曲や谷幅次第で必ずしも両岸に直角に設定できるとは限らず，まして全断面線を平行に引くことはできないので断面間隔は一義的でなく，土量計算を行うのに誤差の配分がアンバランスになっていることは十分にあり得る．したがって，算出された土量が，どの桁まで信用できるか

第4節 変 動 調 査

明確でない．そこで，土量計算作業の条件をいくつか想定して有効桁数を決めておくとよい．原理的には断面間隔を導入しない方法，例えば等高線断面積法などで解決されることになろう．

河床変動量は，区間ごとに増加量と減少量を河道距離に対応してプロットした河床変動量図，上流から下流に向かって河床変動量を加算して河道距離に対応してプロットした河床変動量累加曲線図に整理すると変動状況の把握が容易である．

4.2 流域の諸特性値による流出土砂量の推定

> 調査しようとする流域の特性が，いわゆる流出土砂量算定式の適合度の高い条件に合致する場合には，流出土砂量算定式による流出土砂量の推定を行うものする．

解　説

流出土砂量算定式の適用性については，式を導いた資料を取得した流域の特性と算定しようとする流域の特性とが異なる場合に得られる値に大差が生ずるものとして，一般性にかけるものとされ，また，資料の多くが大流域面積で得られているところから，広範囲な地域全体の流出土砂量の傾向を非常に巨視的に知る意義はあるが，通常 100 km² を割るような砂防計画対象流域においては，算定式によって算出された流出土砂量に意義がある場合は少ないと評価される．

ところが，全国的に収集した砂防ダム堆砂量調査の中から 103 個所を抽出して，村野が導いた年平均 1 km² あたりの堆砂量（比堆砂量）を求める算定式（村野式・1967）は，いくつかの地質条件に関してはかなりよい相関が得られている．村野式は次のようである．

$$\log q_s = a + b \log A + c \log R + d \log M_E + e \log R_r$$

ここに，q_s：比堆砂量（m³/年/km²）　　A：流域面積（km²）
　　　　R：長期間の年平均雨量（mm）　M_E：流域平均高度（m）
　　　　R_r：起伏量比（無単位）　　　　$a \sim e$：重回帰分析で求めた各項の係数で **表 13-4** による．

表 13-4

係数 地質	a	b	c	d	e	相関係数
I	-8.5498	-0.3926	1.3380	0.2523	0.0955	0.6669
III	-2.7844	-0.0618	2.0970	0.1071	1.8900	0.8342
IV	-2.9090	-0.3928	0.9728	0.9631	-0.2270	0.6059

ここに，I：古期堆積岩（古生層，中生層）からなる流域
　　　　II：主として古期堆積岩の変成岩（結晶片岩類）からなる流域
　　　　III：主として新期堆積岩類（第三紀層，第四紀層，火山砕屑物）からなる流域
　　　　IV：主として噴出岩類（安山岩，石英粗面岩等）からなる流域
　　　　V：堆積岩類と火成岩類の 30～70 % ずつからなる流域

である．

村野式の係数の表に相関係数を示したように，相関係数が 0.6 を上回るところの I，III，IV の地質よりなる流域に関していえば，これをもって計画量として年平均流出土砂量を決定するには問題があるとしても，かなり信頼性のある平均流出土砂量を得ることができる．

流域の諸特性値のうち，起伏量比というのは，流域内の主流路に沿った最高点と，谷の出口との高度差（起伏量，m 単位）を主流路延長（m 単位）で除して無次元化した値である．

流出土砂量算定式のうち，注目すべきものに江崎式（1966）がある．

江崎式は，
$$V_s = 8.85 IS^2 + 7.83 I(A_d/A) D^2$$
である．
ここに，
V_s：I の期間によって定まる期間内貯水池総堆砂量 (m³)
I：期間内洪水総流入量 (m³)
S：貯水池流入端付近の平均河床勾配
A_d：流域内の崩壊地面積 (km²)
A：流域面積 (km²)
D：崩壊地の平均勾配

である．

式は北海道，四国を除く我が国河川の最上流発電用貯水池（容量 10^7 m³ 以上）で，流域面積が 41～3 827 km² のものについて 28 資料から得られた結果である．$I \cdot S^2$ 項に比して，$I(A_s/A)D^2$ 項の比重が大きく，崩壊地からの土砂流入の重要さを指摘しているのが特徴である．

本式により流出土砂量の目安を知ることができる．

4.3 変動調査のまとめ

> 調査量に基づいて計画流出土砂量を決定する場合の基幹となるものは，変動調査による調査量である．
> 変動調査の調査量は，調査地点での流出土砂量，あるいは調査区間での土砂の移動収支の姿で得られるものであるから，それを支配する条件との関係を考察して計画基準点における流出土砂量を推定するものとする．

解　説

この方針に沿って作業を行う手法は実は完成されたものではないが，作業はまず地点または，区間で得た調査量を河道の縦断距離に沿ってプロットするところから始める．

1 洪水流出土砂量であれば同一年に測定した資料を用いてプロットする．

この際に調査地点（区間から得たものであれば代表地点を抜き出す）の流域面積，谷幅，渓床勾配，渓床礫の平均径を併せてプロットする．この流出土砂量の場所的変化を表すグラフは，例えば渓流の下流に向かうに従って流出土砂量が次第に増加してくるような形にはならないで，一見ランダムな折線図となっている場合が多いと思われる．そこで，基礎調査と現況調査から得られた資料，すなわち流出土砂を支配する条件を導入してなぜそうなるのかの考察を行う．

条件としては，河床変動状況，渓流区間ごとの土砂包蔵量，流砂形態などが考えられる．

このようにしてみれば調査量を水系編成したり，その後，計画基準点における流出土砂量を推定するうえでの問題点が明らかになり，いくつかの仮定を導入するとしてもある程度説明がつくものと考える．

計画基準点における調査量から計画流出土砂量を決定する場合，将来起こる土砂流出も過去に発生した洪水と同様の洪水がある場合には同様に流出するであろうとの再現性の期待を前提とする．計画の策定にあたっては措定される土石流の規模あるいは計画降雨の規模に基づく洪水流量から計画流出土砂量を決定する．この際にも現況調査から求めた渓流区間ごとの包蔵土砂量，渓床堆積地の移動減少の繰返し方などを考慮する必要がある．

計画量は調査量をもとに決定すべきものであるという趣旨からすると，当然調査量の積上げが必要であるが，現状では 1 洪水の変動量調査によって得られた 1 回だけの調査量によって計画をを求めざるをえない場合も多いと考えられる．こうした場合にも上記の考え方に従って，得られた資料に現象の時間的経過と場所的条件を導入

第4節 変 動 調 査

して考察を進めるとよい．

参考文献
1) 森林の水土保全機能とその活用　(社)日本林業技術協会　昭和48年
2) 有田川流域砂防調査報告書　木津川砂防工事　昭和44年3月
3) 渓床土石の移動過程調査の方法　新谷　融　新砂防83　昭和47年4月
4) 砂防ダムの堆砂流出土砂量の研究　第23回建設省技術研究会報告　土木研究所　昭和44年

第 14 章
流送土砂調査

第14章 流送土砂調査

第1節 総　　　説

1.1 総　　　説

> 本章は，流送土砂調査を行うにあたって必要となる標準的な手法を定めるものである．

解　説

　一般に河道は流水によって運ばれ堆積した土砂により構成されており，出水があればこれらの土砂は再び流送され，上流から流送されてくる土砂におきかえられる．

　放水路計画，低水路計画などの河道設計や，ダム，貯水池，堰，水門などの構造物の設計においては，流送土砂の移動特性や，これに関する河床の堆積や洗掘などの変動現象を十分認識することが必要である．

　本章では，これらの目的のために必要な基礎的調査として，河床変動量調査，流送土砂量調査，河床材料調査について，その具体的な調査方法を示す．

1.2 調査の項目

> 流送土砂調査においては，必要に応じ，次の調査を行うものとする．
> 1. 河床変動量調査
> 2. 流送土砂量調査
> 3. 河床材料調査

第2節　河床変動量調査

2.1 調査の目的と項目

> 河床変動量調査は，河床の変動が洪水の疎通能力および護岸，水制，橋脚などの河川構造物の安全性や機能に与える影響の検討，さらには，河口から周辺海岸への供給土砂量の検討などのために行うものであり，必要に応じ次の調査を行うものとする．
> 1. 縦横断測量調査
> 2. 水位調査
> 3. 河床変動計算
> 4. 人為的要因による河床変動量調査
> 5. 洪水時河床変動調査

2.2 縦横断測量調査

2.2.1 縦横断測量調査の方法

> 縦横断測量調査は，同一測点について一定期間をおいて行う2回の測量結果を比較し，その期間内の変動量を求めるものであり，基準水位としては計画高水位または平均低水位を用いるものとする．
> 縦横断測量についての一般的方法は，調査編第21章によるものとする．

解　説

本章における縦横断測量は，河床変動の実態を把握するために行うものである．基準水位は，高水敷の場合は計画高水位とし，低水路の場合には平水位付近の水位を基準として，これを毎年度変えないことが重要である．

2.2.2 縦横断測量調査の範囲および時期

> 縦横断測量調査の範囲，断面および時期は，原則として表14-1のとおりとするものとする．

表14-1　縦横断測量調査の範囲および時期

調査項目	調査範囲	調査断面	調査時期
河道における変動量	横断測量の範囲は，調査対象区間が改修区域内のとき改修計画の河川敷の範囲また，改修区域外では洪水時に土砂の移動が予想される範囲．	距離標と一致する横断面をとり，200m間隔を標準とする．	年1回同一時期洪水のあった場合はその直後
ダム（砂防ダムを含む）による変動量	ダムによって生ずる土砂の堆積の及ぶ範囲，および下流の河床低下の生ずる範囲	ダムの場合には50〜200m間隔．砂防ダムの場合には20〜50mの範囲で変化量の大小，縦断的変化の状況に応じて間隔を決定する．	洪水の前後

2.2.3 データ処理

河道における測量調査結果は，表14-2および表14-3，砂防ダムにおいては，表14-4に，ダム貯水池については，表14-5に，それぞれ必要に応じ整理するものとする．

表14-2 平均河床高表

水系名		河川名		区域		測量年月	

粁杭	計画高水位	左岸側高水敷			低水路または全断面	右岸側高水敷	最低河床高
		水面幅	平均河床高	断面間距離			

表14-3 河床変動高，変動量表

水系名		河川名		区域		測量年月		前回測量年月	

粁杭	基準水位	水面幅	平均河床高	前回測量水面幅	前回測量平均河床高	変動高	断面間距離	変動量	土砂採取量

表14-4 砂防ダム堆砂量調査表

番号	河川名	ダム名	調査年月			堆砂勾配		現堆砂量	今期貯砂量	堆積物質の最大径	平均見かけ比重
			前回	今回	期間	前回	今回				

第14章　流送土砂調査

表14-5　貯水池堆砂量調査表

ダム名	河川名	前回調査		今回調査		前回〜今回		1ヵ年堆砂量	1km²あたり1ヵ年堆砂量	総貯水量に対する堆積比	年間流入（または流出）土砂量	土砂捕獲率	堆積差見かけ比重
		総堆砂量	年月	総堆砂量	年月	堆砂量	期間						

解　説

1. 河道における変動量調査資料の整理

河道における測量結果を用いて，平均河床高，変動高，変動量を求め，**表14-2**および**表14-3**に整理する．

表14-2は，複断面または複々断面などの河川に使用し，表14-3は前回の測量結果と併せて変動高や変動量を表示する場合に使用するもので，複断面水路では低水敷，高水敷別に作成する．

平均河床高は，

$$\left(\begin{array}{c}\text{計画高水位また}\\\text{は基準水位}\end{array}\right)-\left(\frac{\text{河積}}{\text{水面幅}}\right)$$

として求め，絶対標高で記入する（河積はその水位以下の河道面積）．

断面間の距離は，それぞれ高水敷や低水敷の代表長を求めるように注意する．

なお，河床変動量調査区域内の縦断図面に次の事項を記入のうえ添付する．

最低河床高，高水敷および低水敷平均河床高，用水堰，床止め，洗堰等河床変動に影響を及ぼす構造物の名称，位置，敷高，築造年月，掘削年月，計画築堤高，計画高水位，計画河床高，管理河床高，支派川の分合流点，水位標位置

2. ダム（砂防ダムを含む）による変動量調査資料の整理

縦横断測量の成果を砂防ダムについては**表14-4**により，ダム貯水池については**表14-5**により整理する．

表14-4の現堆砂量は今回測量の全堆砂量であり，今期堆砂量は前回測量の全堆砂量との差である．

表14-5の1km²あたり1ヵ年堆砂量は，上流に貯水施設がある場合には残留域に対するものとする．

貯水池への年間流入土砂量または，流出土砂量を土砂量の計算を適用するなどして求め，これと1ヵ年堆砂量から土砂捕捉率，すなわち $\frac{\text{堆砂土砂全量}}{\text{流入土砂全量}}\times 100$（％）を求める．

砂防ダムまたは貯水池の平均堆砂面の縦断面を添付することが望ましい．

2.3　水位資料の調査

> 横断測量資料が十分ない場合には水位資料の調査を行い，平均低水位の変化または水位，流量観測地点における水位—流量曲線の経年的変化により河床変動状況を推定するものとする．

解　説

十分な横断測量の資料がない場合には，年平均低水位や年平均水位を経年的に比較することによって，水位観測点付近下流部の河床変動を推定することができる．しかし，この方法は年雨量の影響を受けるから，渇水年など低水流量の大小に注意しなければならない．

また，流量観測所における経年的な水位流量曲線の変動から河床高の変化を推定することができる．すなわ

2.4 河床変動計算

2.4.1 河床変動計算の目的と方法

> 河床変動計算は，河床変動の生じた原因の推定や河川構造物を新設したことの影響の把握，将来の河道安定性の予測などのために，一般に不等流計算と流砂量計算を組合わせた数値計算により行うものとする．

解　説

流砂量の縦断的不均衡に基づく河床変動の計算には次式を用いる．

$$\Delta Z = Z_{t+1} - Z_t = \frac{Q_{B1} - Q_{B2}}{B \Delta x (1-\lambda)} \Delta t \tag{14-1}$$

ここに，ΔZ：Δt 時間内の河床変動量，Z：河床高，Q_{B1}, Q_{B2}：上，下流断面の通過流砂量，B：河床変動を生ずる河幅，λ：河床砂の空隙率，Δx：区間距離

式（14-1）は流砂量の連続の条件を表したものであり，各地点の各時刻における流砂量を精度よく見積もることができれば，河床変動の推定精度も高い．

通常，計算の手順は次のとおりである．まず，初期河床について t_0 の時刻の流量を用いて不等流計算を行い，各断面での摩擦速度 U_* を求める．この値と河床材料の粒度分布から流砂量式により各断面での流砂量を求め，式（14-1）から，Δt 時間後の河床高 Z_{t+1} を計算する．以下逐次 n 時間までの計算を繰返して t_n 時間の河床高が得られる．

河床変動計算では，河床材料の粒度分布の変化やアーマリング効果の取扱い，境界条件の設定の適否等によって計算結果に差異を生ずる場合があるので，これらについては十分検討しておかねばならない．

〔参考　14.1〕　**流砂量算定法**

河床変動に考慮すべき流砂量は，通常浮遊砂と掃流砂とするものとする．貯水池の中の変動など流速の変化が大きい場合には，wash load についての検討も行わなければならない．また，掃流力と河床の粒度分布の関係から掃流砂量または浮遊砂量のうちどちらか一方が卓越している場合には，その流砂量式のみを用いてよいものとする．流砂量の推定にあたっては，小規模河床形態の特性を反映させるとともに，河床形態に応じた摩擦速度・有効摩擦速度比を用い，Lower regime, Upper regime ごとの流砂量を算出するものとする．

通常用いられる流砂量式は次のようなものがある．

Ⅰ．掃流砂量

1. 佐藤・吉川・芦田の式

$$q_B = \frac{u_*^3}{\left(\dfrac{\sigma}{\rho} - 1\right)g} \cdot \phi \cdot F(\tau_0/\tau_c) \tag{14-2}$$

ここに，q_B：単位幅単位時間あたりの掃流砂量，u_*：摩擦速度 $=\sqrt{gHI_e}$，H：水深，I_e：エネルギー勾配，σ：砂の密度，ρ：水の密度，g：重力の加速度

ϕ は，$n \geq 0.025$ で $\phi = 0.623$

$\qquad n < 0.025$ で $\phi = 0.623 \ (40n)^{-3.5}$ \hfill (14-3)

（ただし，n：マニングの粗度係数）

また F は図 14-1 に示すような τ_0/τ_c の関数である．

ここで，τ_0 は底面に働く掃流力で，$\rho g H I_e$，τ_c はシールズ（Shields）ダイヤグラム，岩垣式などにより河床

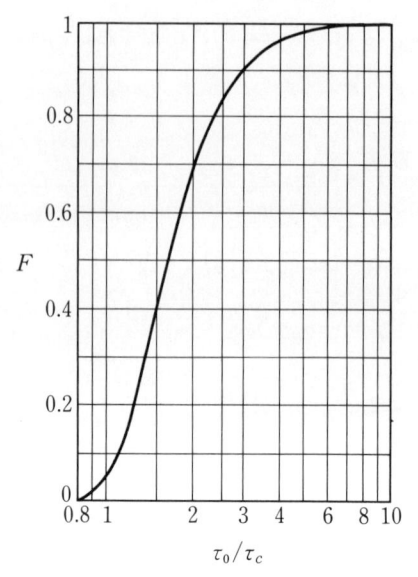

図 14-1 佐藤，吉川，芦田の式における F と τ_0/τ_c との関係

材料から求まる無次元移動限界掃流力である．

2. Einstein（アインシュタイン）の式

(1) 一様粒径

$$\frac{q_B}{\sqrt{\{(\sigma/\rho)-1\}gd^3}}=\frac{f(\psi_e)}{43.5\{1-f(\psi_e)\}} \tag{14-4}$$

ここに，q_B：単位幅，単位時間あたりの掃流砂量の容積，d：粒径

$$f(\psi_e)=1-\frac{1}{\sqrt{\pi}}\int_{-0.143(1/\psi_e)-2}^{0.143(1/\psi_e)-2}e^{-t^2}dt \tag{14-5}$$

$$\psi_e=u_{*e}^2/\{(\sigma/\rho)-1\}gd \tag{14-6}$$

u_{*e}：有効掃流力に対する摩擦速度で次式により求めるものとする．

$$u_{*e}=\sqrt{gR_{b'}I_e} \tag{14-7}$$

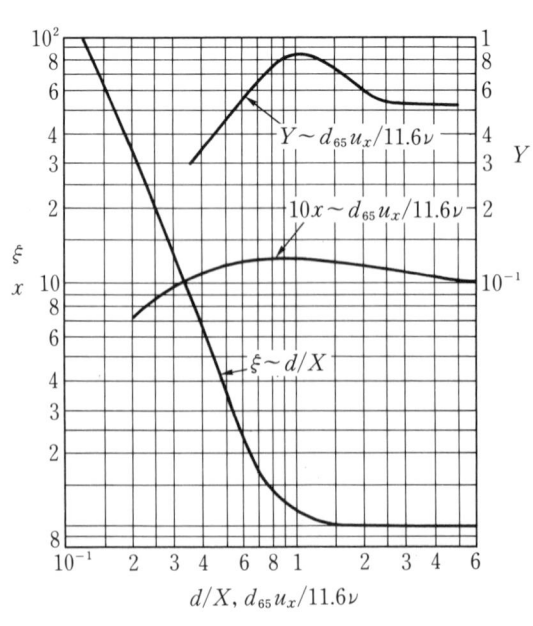

図 14-2　ξ：x および Y を求める図表

R_d は次式より求められる

$$\frac{v}{\sqrt{gR_{b'}I_e}} = 5.75 \log_{10}(12.27 R_{b'} \cdot x/d) \tag{14-8}$$

ここに，v：平均流速，x：図 14-2 に示す関数で，$du_{*e}/11.6\nu > 10$ に対して $x=1$ である．

(2) 混合粒径

前式の q_B，ψ_e の代わりに

$$q^*_B = q_B \cdot i_B/i_b, \quad \psi_e^* = \frac{1}{\xi Y(\beta^2/\beta_x^2)} \psi_e \tag{14-9}$$

とすれば，そのまま適用できる．

ここに，i_b，i_B：与えられた粒径範囲の砂がそれぞれ河床および掃流砂においてしめる割合，ξ：しゃへい係数で砂礫が層流底層にしゃへいされるか，細かい砂が粗い砂に遮蔽されるための補正係数（図 14-2 のとおり d/X の関数）．

$$d_{65}u_{*e}/(11.6\nu_x) > 1.80 \quad : X = 0.77 d_{65}/x \tag{14-10}$$

$$d_{65}u_{*e}/(11.6\nu_x) < 1.80 \quad : X = 1.39(11.6\nu/u_*) \tag{14-11}$$

Y：揚圧力の補正係数で図 14-2 のとおり，$d_{65}u_*/11.6\nu$ の関数．

$$\beta^2/\beta_x^2 = \{\log_{10}10.6/\log_{10}10.6(X \cdot x/d_{65})\}^2 \tag{14-12}$$

3. 芦田・道上の式

(1) 一様粒径

$$\frac{q_s}{u_{*e}} = \frac{q_s}{\sqrt{sgd^3}} \cdot \tau_*^{-1/2} = 17\tau_{*e}^{3/2}\left(1 - \frac{\tau_{*c}}{\tau_*}\right)\left(1 - \frac{u_{*c}}{u_*}\right) \tag{14-13}$$

ここに，

$\tau_* = u_*^2/sgd$, $\tau_{*e} = u_{*e}^2/sgd$, $\tau_{*c} = u_{*c}^2/sgd$

$s = \sigma/\rho - 1$, u_{*e}：有効摩擦速度

なお，式 (14-13) 中の τ_*，u_* は，それぞれ理論式における τ_{*e} および u_{*e} を，実験値との適合性がさらに，よくなるように修正したものである．

ここに q_B：単位幅単位時間あたりの掃流砂量の容積，d：粒径，u_*：摩擦速度である．

有効摩擦速度は，

$$u/u_{*e} = 6.0 + 5.75 \log_{10}\frac{R}{d(1+2\tau_*)} \tag{14-14}$$

で求められる．

(2) 混合粒径

混合粒径の流砂量は，式(14-13)中の τ_*，u_* として粒径別の値を用いて求められる．

$$\frac{q_{Bi}}{f_0(d_i)u_{*e}d_i} = 17\tau_{*ei}\left(1 - \frac{\tau_{*ci}}{\tau_{*i}}\right)\left(1 - \frac{u_{*ci}}{u_*}\right) \tag{14-15}$$

ただし混合砂の粒径別限界掃流力は次のとおり．

$$\frac{d_i}{d_m} \geq 0.4 : \frac{\tau_{ci}}{\tau_{cm}} = \left\{\frac{\log_{10}19}{\log_{10}(19d_i/d_m)}\right\}^2 \frac{d_i}{d_m} \tag{14-16}$$

$$\frac{d_i}{d_m} < 0.4 : \frac{\tau_{ci}}{\tau_{cm}} = 0.85 \tag{14-17}$$

ここに，q_{Bi}：粒径 d_i の砂礫の流砂量

$f_0(d_i)$：粒径 d_i の砂礫が河床において占める割合

$\tau_{*ei} = u_{*e}^2/(\sigma/\rho_0 - 1)gd_i$

$\tau_{*i} = u_*^2/(\sigma/\rho - 1)gd_i$

$\tau_{*ci} = u_{*ci}^2/(\sigma/\rho - 1)gd_i$

$$\tau_{ci} = \rho u_{*ei}^2$$
$$\tau_{cm} = \rho u_{*cm}^2$$
$$\tau_{cm} \fallingdotseq 0.05(\sigma - \rho)gd_m$$

なお，有効摩擦速度 u_{*e} は次式により求めるものとする．

$$\frac{U}{u_{*e}} = 6.0 + 5.75 \log_{10} \frac{R}{d_m(1+2\tau_*)} \tag{14-18}$$

ここに，U は平均流速

II．浮遊砂量

1. Lane・Kalinske（レイン・カリンスキ）の式

$$q_s = qC_aP\exp\left(\frac{6a_0w_0}{\kappa h u_*}\right),\quad P = \int_0^1 \left[1 + \frac{1}{\kappa\psi}(1+\ln\eta)\right]\exp\left(-\frac{6w_0}{\kappa u_*}\eta\right)d\eta \tag{14-19}$$

$$q_s = qC_0P,\quad C_0 = a\Delta F(w_0)\left[\frac{1}{2}\left(\frac{u_*}{w_0}\right)\exp\left\{-\left(\frac{w_0}{u_*}\right)^2\right\}\right]^n \tag{14-20}$$

ここに，q_s：単位幅，単位時間あたりの浮遊砂量，q：単位幅流量，P：図 14-3 に示すように w_0/u_*，カルマン定数 κ および $\psi = v/u_*$ の関数，C_a：基準点 $x=a_0$ における濃度，C_0：河床濃度（ppm），$\Delta F(w_0)$：沈降速度 w_0 になる砂粒が河床砂礫中にしめる割合（%），$a,\ n$ は定数で $a=5.55$，$n=1.61$，$\eta = z/h$．

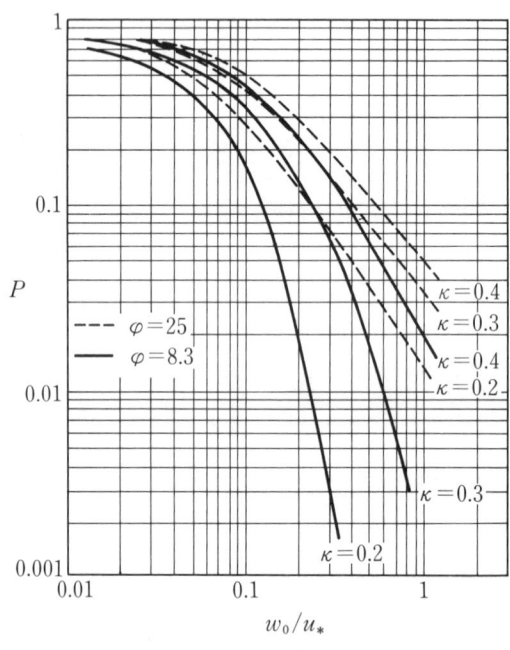

図 14-3　Lane・Kalinske における P の値（芦田による）

2. Einstein（アインシュタイン）の式

$$i_sq_s = i_Bq_B\frac{0.4}{\kappa}(P_1I_1 + I_2) \tag{14-21}$$

ここに，

$$\left.\begin{aligned}P_1 &= 8.5\kappa + 2.3\log_{10}\frac{h}{k_s}\\ I_1 &= 0.216\frac{A^{z-1}}{(1-A^z)}\int_A^1\left\{\frac{1-\eta}{\eta}\right\}^z d\eta\\ I_2 &= 0.216\frac{A^{z-1}}{(1-A^z)}\int_A^1\left\{\frac{1-\eta}{\eta}\right\}^z I_n\eta\, d\eta\end{aligned}\right\} \tag{14-22}$$

第2節　河床変動量調査

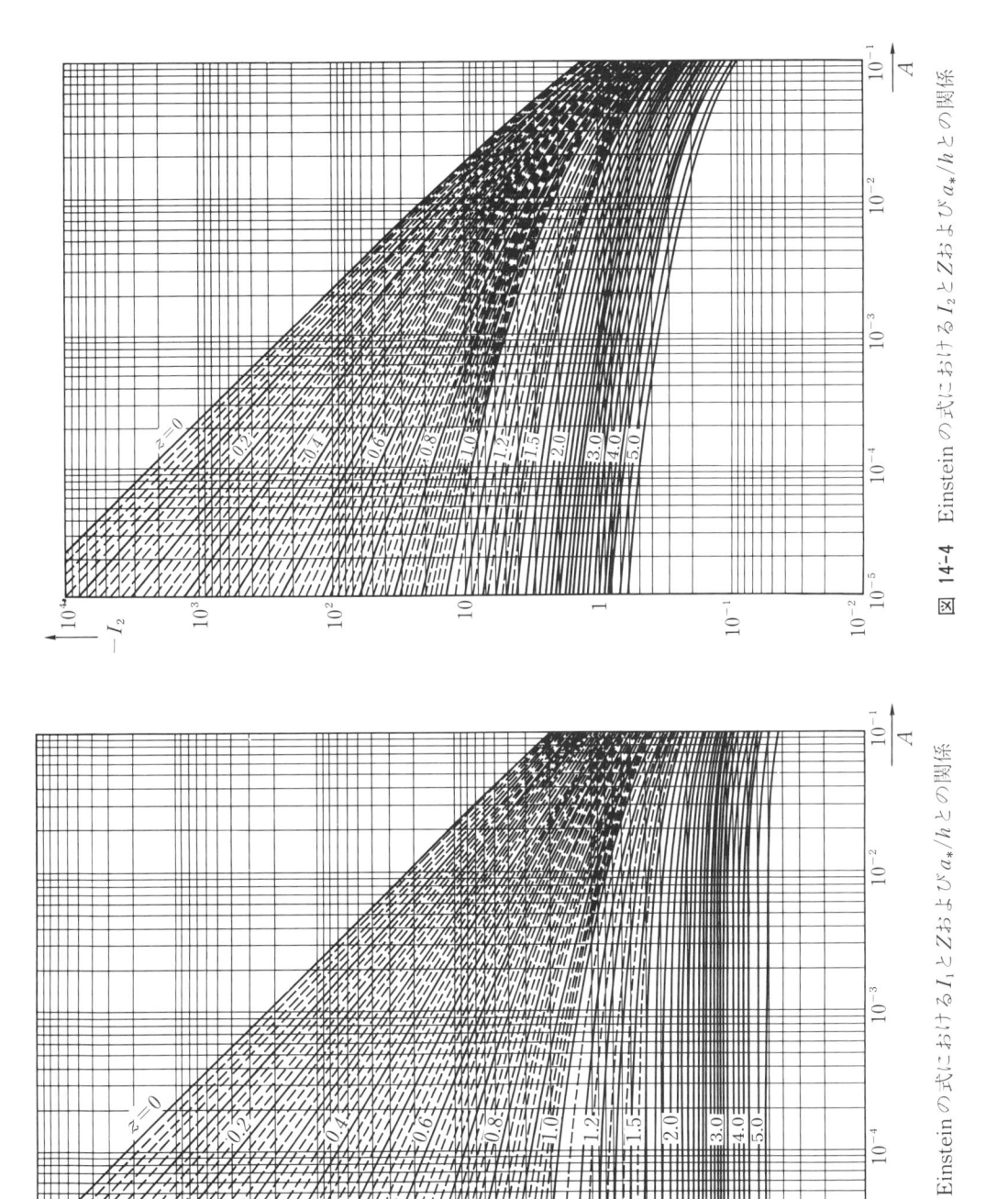

図 14-4 Einstein の式における I_2 と Z および a_*/h との関係

図 14-5 Einstein の式における I_1 と Z および a_*/h との関係

$A = a_*/h,\ z = w_0/\beta \cdot \kappa \cdot u_*$

であり，a_*：浮遊限界点，k_s：相当粗度，I_1 および I_2：図 14-4 および図 14-5 に示すように z をパラメータとした $A = a_*/h$ の関数，i_s および i_B それぞれ浮遊砂量，掃流砂量において与えられた粒径範囲の砂粒が占める割合である．

Einstein の式では z 中の u_* の代わりに $u_{*e} = \sqrt{gR'I_e}$ を用いる．また，$\kappa = 0.4$，$\beta = 1.0$，$k_s = d_{65}/x$，P_1

第14章 流送土砂調査

$=2.303\log_{10}30.2xh/d_{65}$ とし浮遊限界点は $a_*=2d$ にとるものとする.

III. 全流砂量

1. Laursen（ロールセン）の式

$$\frac{\bar{C}}{\left(\frac{d}{h}\right)^{7/6}\left(\frac{\tau'_0}{\tau_c}-1\right)}=f\left(\frac{u_*}{w_0}\right),\quad \frac{\tau'_0}{\rho}=\frac{v^2}{(7.66)^2}\left(\frac{d}{h}\right)^{1/3},\quad \tau_c/\rho=\psi_c\cdot(\sigma/\rho-1)gd \tag{14-23}$$

ここに，$\bar{C}$：重量で表した平均濃度（%）すなわち，$C=265q_r/q$，$f\left(\dfrac{u_*}{w_0}\right)$：図 14-6 に示すような u_*/w_0 の関数，τ'_0：有効掃流力，τ_c：限界掃流力，ψ_c：限界掃流力の無次元表示（$\psi_c=0.03\sim0.05$）である．q_r：単位幅あたりの全流域砂量，q：単位幅流量である．

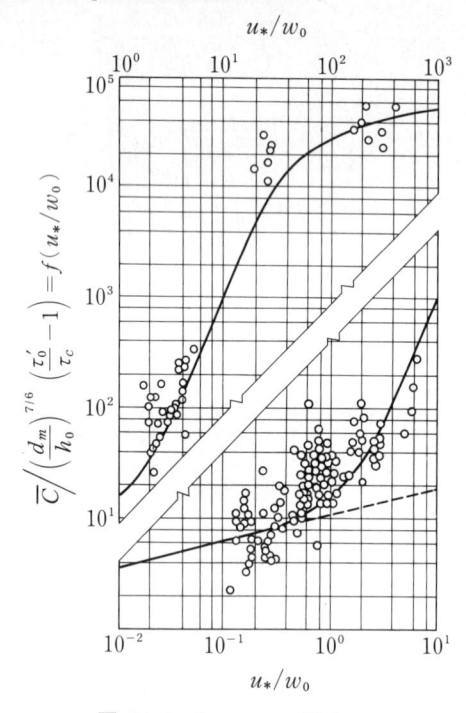

図 14-6 Laursenの図表

2. Kalinske・Brown（カリンスキ・ブラウン）の式

$$q_B/u_*d=f\{u_*^2/(\sigma/\rho-1)gd\}^2 \tag{14-24}$$

または，

$$q_B/u_*d=10\{u_*^2/(\sigma/\rho-1)gd\}^2 \tag{14-25}$$

ここに，q_B：全流砂量
　　　　u_*：摩擦速度
　　　　d：砂の粒径
　　　　σ：砂の密度
　　　　ρ：水の密度
　　　　g：動力の加速度

IV. Wash load

$$Q_s=(4\times10^{-8}\sim6\times10^{-6})Q^2 \tag{14-26}$$

ここに，Q_s：Wash load(m³/s)，Q：河川流量(m³/s)

流砂量算定の精度は河床変動計算の精度に影響するところが極めて大きいので，算定式の選定やその適用法については十分検討を行うことが必要である．

第 2 節　河床変動量調査

表 14-6　Lower regime 流砂量の予測法

領域	河床形態	掃流砂量式	浮遊砂量式	備　考
領域①	砂堆	Lower regime 芦田・道上式　　佐藤・吉川・芦田式	底面濃度式に芦田・道上式の有効摩擦速度を考慮した Lane-Ka linske 式（河床形状による流れの抵抗を考慮）	芦田・道上式は堆砂領域に適している
領域②	砂堆, 砂漣 ($H/d<450$)	芦田・道上式	〃	τ_* が 0.1～0.3 では砂漣が発生することがある
領域③	砂漣 ($H/d\geq450$)	$d=0.02$ cm に対して $q_s/u_*d=11.4\tau_*^{5.4}$ $d=0.03$ cm に対して $q_s/u_*d=14.6\tau_*^{4.6}$ $d=0.05$ cm に対して $q_s/u_*d=7.99\tau_*^{4.25}$	用いない	・この領域は H/d による流砂量の違いはない ・Ripple 領域の流砂量を検証しているデータが少ない

表 14-7　Upper regime 流砂量の予測法

領　域	河床形態	掃流砂量式	浮遊砂量式	備　考
領域④	平坦	Upper regime 芦田・道上式	Lane-Kalinske 式	無次元掃流力に対する流砂量の傾きが実際に比べて緩い場合がある
		Brown 式	用いない	掃流砂量式に浮遊砂量を含んでいる
		Upper regime	Upper regime Einstein 式	流砂量の傾きは実際とよく一致

＊) Upper regime—　$u_*=u_{*\ell}$
　Lower regime　　$u_*>u_{*\ell}$　流砂量算定に有効掃流力を用いる．

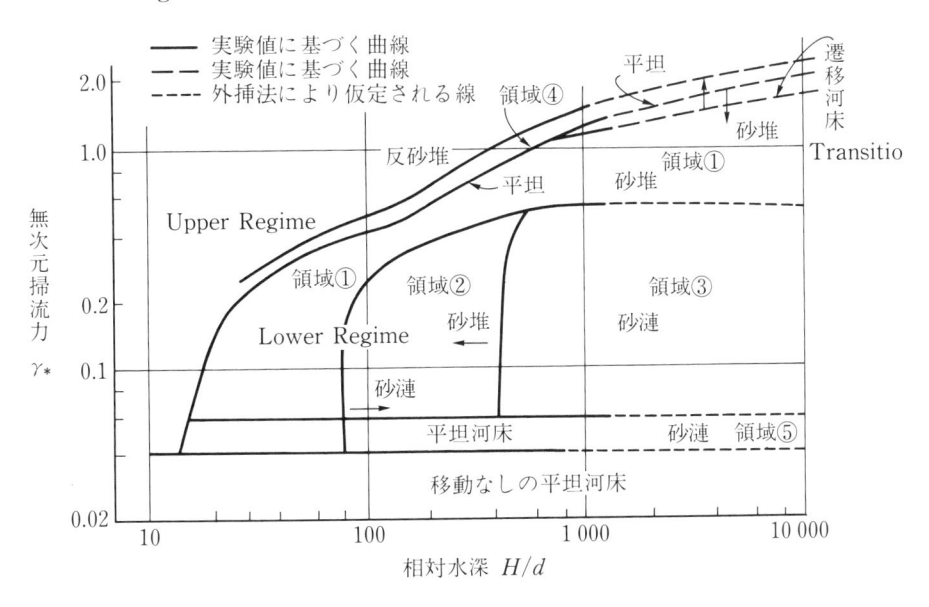

第14章 流送土砂調査

　流砂は，流れ（流水抵抗），河床形態，流砂量の3者が相互に影響を及ぼし合う1つの系の中での現象であり，したがって，流砂量の予測も流水抵抗，河床形態と関連付けて考える必要がある．流砂量については前述のように多くの推定式が提案されているが，それぞれが流水抵抗特性と河床形態についての限定された局面を想定し，しかもその局面が必ずしも同一でないことから，各流砂量式の間にはかなり大きなバラツキがあるのが現状であ

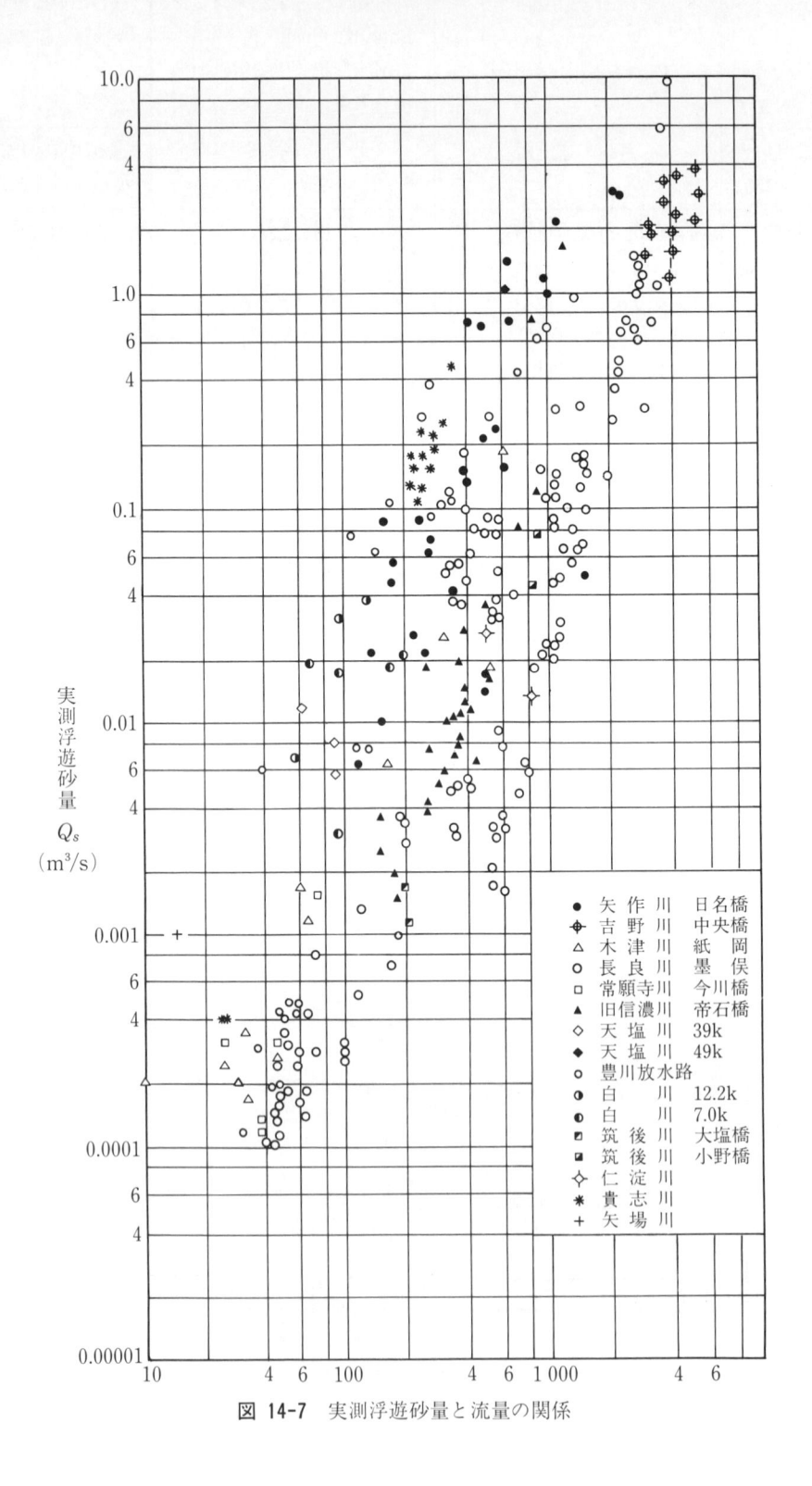

図 14-7 実測浮遊砂量と流量の関係

る．また，河床形態や流水抵抗に関して幅広い局面を持つ実河川に適用する際には，1つの流砂量予測式で対応できるものではない．

幅広い水理条件の下での，実測に基づく流砂量と各種予測式との比較［土研資料，3099号］によれば，流砂量の推定にあたっては，小規模河床形態の特性を反映するとともに，河床形態に応じた摩擦速度・有効摩擦速度比を用いることにより算定することとしている．以上の検討をもとに，Lower regime, Upper regime 流砂量について例えば表14-6, 14-7 の予測方式などが提案されている．

実際の計算では，計算区間の全域について，流量を変えて数種類の不等流計算を行い掃流砂量，浮遊砂量を算出して比較し，河床変動を支配する流砂形態を明らかにする．また，その場合に流量時系列をも考慮して使用すべき最小流量や区分流量，不等流計算繰返しの単位期間の選定などの検討もしておかねばならない．

流砂量算定式の選定は，その河川の現地流砂量観測結果や河床変動の解析結果など実測値に基づく資料によって検討することが望ましいが，それらの資料が得られない場合には，ここにあげた算定式のなかから選定する．これらの算定式の適用の仕方や特徴については，多くの文献があるので参照されたい．

掃流砂量の算定式では，芦田・道上式がよく用いられている．Einstein の式とともに均一粒径の場合，混合粒径の場合いずれにも適用されるが，混合粒径で粒度分布の範囲が広い場合には Einstein の方法では，しゃへい効果の補正係数が過大になり，細粒径の流砂量を過小に見積もることが指摘されている．

浮遊砂量の算定式においては，Einstein の算定法では，計算された掃流砂量を用いて浮遊砂量を求めるので，混合粒径の場合には前述した理由で精度が低い．実測資料に基づく浮遊砂量式は，Lane Kalinske の式であるが，これはアメリカのミシシッピー河やミズリー河等数河川の資料を用いて，その係数値を定めたものである．

Wash load については，多くの直轄河川で出水時に観測した結果を図14-7に示す．この資料は浮遊砂の観測として採水されたものであるが，採取された資料の粒度構成から判断すると，浮遊砂ではなくて Wash load と考えるべきものである．全国平均値としては $Q_s=10^{-7}Q^2$ の関係にある．

2.4.2 平面河床変動計算

> 平面河床変動計算は，現在生じている河床変動の原因を明らかにしたり，河道の将来予測を行う場合に行うほか，河道の線形の変更や構造物の設置に伴う河床形状の変化とそれに伴う流れ場の変化を予測するために行うものであり，主に洪水中の河床の縦断形・横断形の時間変化を平面流解析によって求められた流れ場と平面二次元における流砂量式と流砂の連続式に基づいて解析するものとする．

解　説

洪水中には河道の平面形状や構造物に起因した流れの集中・発散等に伴って，河床変動が生じる．

平面河床変動は，第6章7節の平面流計算法により得られた三次元流れから河床面に作用するせん断力ベクトル，流砂量ベクトル，浮遊砂量等を算定し，流砂量の出入りから平面二次元的な河床変動を求めるものであり，主に川幅スケールで生じる中規模的な河床変動を予測するために用いられる．

平面河床変動計算を行うことによって，河床洗掘などの河床変動が生じている原因や将来的な洗掘深・堆積高等を予測することができる．河床変動計算を行う場合には，河床材料や流れに対する流砂量について十分な検討を行っておく必要がある．

この他，河道計画を策定する場合に平面流計算と平面河床変動計算を行うことによって将来的な河床の状況を予測し，適切な河道平面形や構造物配置を求めるために役立てることも可能である．河床変動解析における流れ場の解析には三次元解析法を用いる．

平面河床変動計算は，平面流計算を適用する6章.7.2解説1.2.の場合のほか，河道形状や構造物・樹木等に起因する

1. 川幅スケールでの河床洗掘や土砂堆積の位置と量

第14章　流送土砂調査

2. 砂州の形成や移動・停止
3. 河岸や河床に作用する力
4. 停滞性水域における流入土砂の流動

等を予測・評価する場合に用いられる．

　複雑な圧力変動が河床形状の変化に影響を及ぼす場合や構造物近傍の河床変動・河口砂州の形成等，河床変動に対する流れが局所的に作用したり，流れの三次元性が高い現象を取り扱う場合については，模型実験を行うことが望ましい．また，基礎的な現象が十分明らかにされてない場合には，大型実験もしくは模型実験等を行う必要がある．

〔参考　14.2〕　流砂量式の選定

　流砂量調査および河床変動解析等の結果を通じて，対象とする河道区間に適した流砂量式と補正係数（時間歪）等を選定するものとする．

解　説

　平面二次元河床変動に用いる流砂量式は，河床材料や洪水時の水理量等を参考に選定する．

　流砂量式の検証に用いる河床変動解析は，一次元または二次元解析とする．

　種々の流砂量式を用いて，実洪水時の河床変動を求めると計算値と実測値とがかなり異なることがある．このような場合には，解析時に生じる河床変動が現地における河床変動と一致するように対象とする水理量の範囲内で流砂量式を補正（時間歪等）して用いる．

　さらに，礫河川などでは河床変動解析にあたって，解析対象とする粒度やアーマリングの発生とアーマコートの粒度についても調査し，河床変動の抑制機構について検討しておく．これらの検証を行う場合には，事前に十分かつ綿密な河床材料調査や河床横断測量を行っておくことが必要である．また，ボーリング調査などによって河床における河床材料の堆積厚について調査しておく．ボーリング調査については，調査区間の近傍に設けられた橋脚工事等における既存の調査結果を用いてもよい．

〔参考　14.3〕　流砂量ベクトルの算定

　流砂量ベクトルは，底面での流速の向き・底面せん断力・河床の縦横断勾配等を考慮して定められたものを用いるものとする．

解　説

　平面河床変動計算を行う場合には，流れと河床形状に応じた流砂量ベクトルを決める必要がある．

　計算を簡単化するために，主流方向の流砂量を流砂量公式から求め，河床面に働くせん断力と重力の斜面方向成分を考慮して横断方向の流砂量成分を求めることが多い．

〔参考　14.4〕　流砂の連続式と解析方法

　河床高の変動は，掃流土砂・浮遊土砂量の出入りの差を変動とする流砂の連続式を用いて求めるものとする．

解　説

　流下方向を s，それと直角の横断方向を n，s-n 平面と垂直に水深方向を z とした場合，流砂の連続式は以下のように表される．

$$(1-\lambda)\frac{\Delta Z}{\Delta t}+\frac{\Delta q_{Bs}}{\Delta s}+\frac{\Delta q_{Bn}}{\Delta n}+(q_{su}-\omega C_0)=0$$

Owen 型モデル，Shen 型モデル

　ここで，　λ：空隙率
　　　　　　Z：河床高
　　　　　　q_B：掃流砂量（q_{Bs}，q_{Bn} は s，n 方向の掃流砂量）
　　　　　　q_{su}：巻き上げ量
　　　　　　ω：浮遊砂の沈降速度
　　　　　　C_0：浮遊砂の底面濃度

　解析は，流れ場と同様に空間を離散化して河床変動量を時間積分することによって行う．時間積分において河床に関する時間刻みと流れ場に関する時間刻みを変えてもよいが，その場合には河床変動の時間積分は基本的に陰解法を用いるものとする．

　ここで，浮遊土砂については浮遊土砂の移流拡散方程式を解くことによって求める．浮遊土砂の巻き上げ量については「流砂の水理学」（吉川秀夫編：丸善）に従う．ウォシュロードの取扱いについては，十分注意する．特に閉鎖性水域や感潮域の河口部においてはウォシュロードの堆積が生じる．

〔参考　14.5〕　構造物の影響

　通常は，構造物の配置による流れ場全体の変化とこれに伴う河床形状の変化を求めるものとする．構造物周りの流れや河床の詳細な状況については，別途に検討を行うものとする．

解　　説

　水制や床止め等の構造物周りの流れは三次元的である．取り扱う領域を小さくし，三次元解析を行うことによって構造物周りの流れを求めることは可能である．しかしながら，構造物の周りでは底面に作用するせん断力と圧力変動の関係などが通常の流れ場のものと異なるなどの理由のために，流砂量に関してピックアップレイト等が変化する．したがって，流砂の取扱いについて模型実験結果などと比較を行うなど十分な検討を要する．

2.5　人為的要因による河床変動量の調査

　人為的要因による河床変動量の調査は，河床変動に及ぼす，砂，砂利採取の影響を調査することを目的とするものである．このため，砂，砂利の採取許可数量等を調査し，経年的に各区間における砂，砂利採取量および河床低下量を算出するものとする．

　なお，本章 2.2 に定めた河道における縦横断測量により，砂，砂利採取が河床変動に及ぼす影響を把握しておくものとする．

解　　説

　砂，砂利等の採取が河床変動の要因となっている場合があるので，必要に応じその影響を把握しておく必要がある．

2.6　洪水時河床変動調査

　洪水時の局所洗掘や河床変動の実態を調査する必要がある場合には，洪水時河床変動調査を行うものとする．

解　説

　橋脚，水制，堰，水門などの河川構造物の周辺や湾曲部など流れの集中する所，2次流の発生する所では洪水中に局所洗掘が発達する．また一般の河道でも，洪水中は河床変動が大きい．局所洗掘などは洪水後に埋め戻され，洪水後の観測では洪水中の状況を把握することができない．このため，洪水中に連続してこれらの変動を観測することが必要となる．

　洪水中の河床変動を測定する方法としては，音響測深機などが用いられている．広い範囲を移動して観測するためには，音響測深機が使われているが，観測船の安全性や送受波器をのせるフロートの操作などについての十分な検討が必要である．また，最大洗掘深のみを知る方法としては，リング法，埋設法などがあり，比較的簡便である．

　これらの方法の適用にあたっては，その調査目的に応じて選択し，河川の状況を考慮して計画することが重要である．

第3節　流送土砂量調査

3.1　流送土砂量調査の目的と方法

> 　河床変動の合理的な推定や河道への流入土砂量，海への流出土砂量などの流砂量の把握のために，必要に応じ次の調査を行うものとする．
> 1. 流砂量観測による調査
> 2. 河床掘削による調査
> 3. ダム貯水池等の堆砂量測定による調査
> 4. 河口部深浅測量データによる調査

解　説

　流送土砂量は河床材料が掃流力によって支配され，これらの関係を一般的に規定する流砂量算定式も既に多くのものが発表されているが，実河川におけるこれらの適用性については，まだ多くの問題点が残されており，それぞれの河川で観測や実測を行ってこれらの適用性を確かめ，また，精度を高めることが必要である．

　流砂量の調査方法としては，流砂量の観測による方法，河床を人為的に掘削しておいて出水による埋戻し量と流砂量とを関係づける方法，砂防ダムや貯水池など未満砂の貯水池において出水時の堆砂量から求める方法あるいは河口部での洪水前後の深浅測量データから求める方法など各種の方法があり，河川の特性や観測地点の状況等を勘案して確実な方法を選択する必要がある．

3.2　流砂量観測による方法

3.2.1　掃流土砂量調査

3.2.1.1　掃流土砂量調査の方法

> 　掃流土砂量調査は，掃流土砂量を観測して，掃流砂量と掃流力との関係を把握することを目的とするものである．掃流採砂器は，掃流砂量の観測目的に応じて適当なものを使用するものとし，また，掃流砂量と掃流力との関係を求めるため，水深，水面勾配，流速，流量，横断面形状等の測定および河床材料調査を行うものとする．

第 3 節　流送土砂量調査

解　説

採砂器としては，改良型土研式掃流採砂器 A 型または B 型などが適当である．そのほか現地に適するような適当な採砂器を製作使用してもよい．

採砂器の具備すべき条件は，流れを乱さずに掃流砂の移動状況を変えないで採砂できることであり，このためには，流入口でできるだけ抵抗の小さいことと採取口が河床にうまく接地することが必要である．

なお，掃流土砂量は，水深，水面勾配，河床材料，河床状態等に関係して変動するから，これらについての調査も行っておく必要がある．調査方法については，調査編第 2 章，第 3 章等を参照のこと．

3.2.1.2　掃流土砂調査の観測回数，調査断面

平水時には，同一流量同一地点で原則として 10 回以上，洪水時には横断方向に 2 点以上の測点を設けて，できる限り多数回，それぞれ採取を行うものとする．

調査断面は，本章 3.2.1.1 に記した諸水理量をよく代表する地点に選ぶものとする．

解　説

観測時期および観測地点は，目的に応じて適切に選定する．採取と同時に測定し記録すべきものは，採取地点の位置，測定時刻，採取時間，水深，水面勾配，採砂器の種類等である．

本章 3.2.1.1 解説にも記したように掃流土砂量は，水深，水面勾配，河床材料，河床状態等に関係して変動するから，調査区間において，掃流土砂量および上述した諸水理量を代表する地点を選んで観測を行えば，その河川の掃流力と掃流砂量との関係を把握できる．したがって，調査断面としてはこのような条件を満足するとともに，採砂器の操作が容易なことや，水理量の観測も同時に行える地点であることなども考慮する必要がある．

3.2.1.3　データ整理

観測記録より単位時間あたりの掃流砂量などについて整理するものとする．また，採取した試料を乾燥器で乾燥させた後秤量し，さらに，代表的な試料を選定して粒度分析を行うものとする．

解　説

観測記録の結果は**表 14-8** の例にならって整理する．

3.2.1.4　掃流砂量算定式の決定

本章 3.2.1.3 によるデータ整理の結果から，その河川またはその地点に適合する掃流砂量算定式を決定するものとする．

解　説

既に発表されている種々の算定式との適合性を見るためには，観測された資料の平均粒径を用い，流砂量と掃流力の無次元表示の関係をグラフで表すのがよい．すなわち，

$$\frac{q_B}{u_* d} \sim \frac{u_*^2}{(\sigma/\rho - 1) \cdot g \cdot d} \tag{14-27}$$

ここに，q_B：単位幅単位時間あたりの掃流砂量の容積

u_*：摩擦速度 $\sqrt{gHI_e}$　H：水深　I_e：エネルギー勾配　σ：砂の密度　ρ：水の密度　g：重力の加速度

の関係を求めて各種の算定式と比較する．

係数の修正は式 (14-2) において ψ の値を変化させて観測資料に適合できるか否かを検討するものである．

第14章 流送土砂調査

表 14-8 掃 流 土 砂

水系名			河川名			観測個所			地建および工事事務所	
水面勾配	1/		河床砂平均粒径		mm	粗度係数	$n=$		観測器具	
年月日	測線番号	測線番号および河床からの距離	測定時間(時分〜時分)	水位(m)	径深(m)	平均流速V(m/s)	単位幅流量q(m³/s/m)	採取量(kg)	採取時間(S)	単位時間掃流砂量(kg/g)

表 14-9 浮 遊 土 砂

水系名			河川名		観測個所			地建および工事事務所	
水面勾配	1/		河床砂平均粒径	mm	粗度係数	$n=$		観測器具	
年月日	測線番号	測線番号および河床からの距離	測定時間(開始終了)	水位(開始終了)	採取水深(m)	採水量(cc)	浮遊土砂乾燥重量(mg)	含砂量 mg/cc = kg/m³	採水点の流速 m/s	採水点の有効水深 m

第3節　流送土砂量調査

量　計　算　表　例

| 地建 | | | | | | | | | 工事事務所 | |

（土研式採取器）

単位幅あたり掃流砂量		流砂濃度 q_B/q	側線が代表する掃流幅	掃流砂量 (m³/s)	全断面平均流速 m/s	全断面積 m²	流量 m³/s	水面勾配	摘　要
kg/s/m	q_B m³/s/m								
									水温＝

量　計　算　表　例

| 地建 | | | | | | | | 工事事務所 | |

流速計　　　　　採水器

側線上の単位幅あたり流量 m³/s/m	採水点の流砂量 (kg/s/m²)	側線上単位幅あたり流砂量 (kg/s/m²)	浮遊土砂量 t/sec	全段面平均流速 m/s	全断面積 m²	流量 m³/s	水面勾配	摘　要
								水温＝

第14章 流送土砂調査

3.2.2 浮遊土砂量調査
3.2.2.1 浮遊土砂量調査の方法

> 浮遊土砂量調査は，浮遊砂量を観測して浮遊砂量と掃流力および流量との関係を把握しようとするものであり，浮遊砂量の観測にあたっては，適当な採水器を使用するものとする．また，浮遊砂量と掃流力および流量との関係を求めるため，水深，水面勾配，流速分布，流量，横断面形状等を測定しておくものとする．

解　説

採水器としては簡易採水器 B 型などがあるが，その他目的に応じて製作された採水器を使用してよい．採水器の具備すべき条件は，乱されない資料が採取できること，流れの乱れの規模に応じ，ある程度平均的な流砂濃度が採取できるように採水時間の長いこと，採取口径は浮遊土砂最大粒径の少なくとも 5 倍以上であることなどである．また，資料を資料ビンに移すときに採砂器内に砂粒が残らないようにする必要があり，資料ビンから取り出すときにも同様な注意が必要である．

3.2.2.2 浮遊土砂の観測，調査断面

> 浮遊土砂の観測は，採水器による鉛直方向の濃度分布の測定により行うものとし，同時に鉛直方向の流速分布を測定しておくものとする．横断方向の測線数は，河川の状況に応じて選定するものとするが，原則として 3 測線以上とするものとする．
>
> なお，調査断面は，本章 3.2.2.1 に記した諸水理量をよく代表する地点に選ぶものとする．

解　説

観測にあたって，流砂の濃度は河床付近で一番大きくなるので，特に河床付近の測定には，河床からの高さや流速測定とあわせて綿密な注意が必要である．なお，測定においては，採水時刻，採水量，採水時間，採水点の流速，水深，水面勾配，水温等を記録し，採取した資料を全量採水ビンに移しかえる．調査地点においては，河床材料調査を実施しておくことが必要である．

3.2.2.3 データ整理

> 観測記録より単位幅あたりの流砂量などについて整理するものとする．

解　説

観測記録の結果を**表 14-9** の例にならって整理する．

まず，採水した資料からその含砂率を測定する．含砂率を求めるには，例えば，採取した水の重量を測定し，水が澄むまで最小限 24 時間静置し，次に上澄液を排除し，後に残った沈殿物を乾燥し秤量する．

浮遊土砂量は含砂率と流速の積により求める．

単位幅あたり浮遊土砂量は，1 測線について各点の浮遊土砂量を水深方向に加算して求める．

3.2.2.4 浮遊砂量算定式の決定

> 本章 3.2.2.3 によるデータ整理の結果から，その河川（または，その地点）に適合する浮遊砂量算定式を決定するものとする．

解　説

既に発表されている浮遊砂量算定式の調査地点における適合性を調べるためには，当該地点の河床材料や水理量を用いて浮遊砂量を算出し，これと実測値とを比較する．適合性のよい場合や軽微な修正で算定式が求められ

る場合はよいが，算定式が求められない場合は，実測資料を用いて式（14-28），式（14-29）のような整理を行い，平均的な値として常数を決定してよい．

$$q_s = kq^n \tag{14-28}$$

ここに，q_s：単位幅あたり浮遊土砂量
　　　　q：単位幅あたりの流量
　　　　k：河川によって異なる常数
　　　　n：定数（≒2）

$$q_s = AH^m I \tag{14-29}$$

ここに，A：河川によって異なる常数
　　　　H：水深
　　　　m：定数（≒2〜5）
　　　　I：水面勾配

3.3 河床掘削による方法

> 河床掘削による方法においては，1回の出水で完全に埋め戻されない程度の大規模な河床掘削を行い，洪水前後の測量および洪水中の水深，水面勾配，流速等の観測により流送土砂量と掃流力との関係を把握するものとする．

解　説

　この方法は河川に人為的に掃流力の差を生じさせ，掘削孔内に堆積した土砂と掃流力の関係から流砂量を検討しようとするものである．したがって，洪水中に掘削した箇所が完全に埋め戻されないことが必要である．このため，掘削孔の規模を決める場合には，予め洪水規模を想定し，その場合の埋戻し量を〔参考14.1〕の流砂量算定式によって検討し，掘削孔の寸法を決めることが重要である．

　掘削孔は3m以深を原則とするが作業の難易や掘削が周辺に及ぼす影響等も考慮して決定する．

　調査地点としては，できるだけ直線部で断面形状が整正であり，縦断方向にも河床形状の変化の少ない所を選ぶ．また，水理量の観測が必要であるから既設の水理調査地点の近傍などが望ましい．

　掘削孔の深さが大きい場合でも，掘削個所の流砂量が完全に0になることはまれであり，流入した流砂のうち下流に流出していく流砂があるので，堆積土砂量は，掘削個所およびその上，下流の掃流力との差で評価することが必要である．掘削孔内の堆積土砂量が多い場合には，これが掘削個所の掃流力に影響を与えるので，流砂量算定式を仮定して河床変動計算を行い，実測の変動状況と照合して算定式を検討する手法が必要である．

3.4 ダム貯水池等の堆砂量測定による方法

> ダム貯水池等の堆砂量測定による方法は，未満砂の砂防ダムやダム貯水池における土砂の堆積量の調査観測結果を利用して，流送土砂量を求めるものである．

解　説

　この方法では一般に流送土砂としては，掃流砂と浮遊砂の両者が含まれることが多い．

　ダム貯水池等では，大きな出水の前後に河床の縦横断測量を行って堆積土砂量を調査している所が多いので，1つの洪水による堆積土砂量を知ることができる．この土砂は，洪水中にダム地点を流下した浮遊土砂を除いた全流入土砂であるから，ダム下流で浮遊砂の観測を行えば流入土砂全量を求めることができる．また，貯水池への流入河川で水理量の観測を行って掃流力を求め，流砂量計算を行って洪水中の通過流砂量を算出し，これと流

入土砂量とを比較することにより流砂量算定式の適合性を検討したり，流砂量の実用公式を求めたりすることができるわけである．

3.5 河口部深浅測量データによる調査

> 河口部深浅測量データによる調査では，洪水前後に実施した河口部深浅測量データを比較して河口部への堆積土砂量を推定するものとする．これより砂州部の侵食土砂量を差し引けば流送土砂量の推定が可能である．

解　説

洪水前後に河口部深浅測量を実施すれば，それらの比較より1洪水による流送土砂量の推定が可能である．ただし，深浅測量の間隔はその間の波による漂砂があって河口部の土砂が運び去られる可能性があるため，できる限り短く，例えば1〜2週間に設定することが必要とされる．この方法は河川流出土砂量が周辺海岸へ及ぼす影響を評価する際には有効な手法である．

第4節　河床材料調査

4.1　河床材料調査

> 河床材料調査では，流送土砂量算定に必要な基礎資料や，その他河道計画や河川工事のための基礎資料を得るために粒度分布，比重，空隙率などの調査を行うものとする．

解　説

河床材料調査は，河道を構成する砂礫の物理的性質のうちで，流砂の移動量や河床の変動，河道設計などにもっとも関係する粒度分布，比重，沈降速度，空隙率などの測定を行うものである．これらのうち沈降速度については，粒径から公式などを用いて推定することが多い．また，礫床河川などでは，表層河床材料調査も行われる．

4.2　河床材料調査の調査地点と回数

> 河床材料調査の調査地点は，原則として河川の縦断方向については1km間隔，1断面について3点以上をとるものとする．ダムの堆砂区域，支川の合流点など，局部的に河床材料の変化の激しい所では実状に応じて採取地点間隔を決定するものとする．
>
> 調査回数は，原則として3年に1回とするが，貯水池での堆砂やダム下流の河床低下などで大きな河床変動の見られる地点では，年1回とするものとする．

解　説

粒度分布および粒度分布の調査については調査編第9章2.6.2および2.6.3を参照のこと．

4.3　表層河床材料のサンプリング法

> 表層河床材料調査では，面積格子法，線格子法，平面採取法，写真測定法などがあるので，これらの中から最適な手法を選んで行うものとする．

第4節　河床材料調査

解　説

1. 面積格子法

図 14-8 のように適当な大きさの木枠を用いて，測定対象河床上の最大礫径間隔程度で糸を張り，糸の交点下の石を採取する．

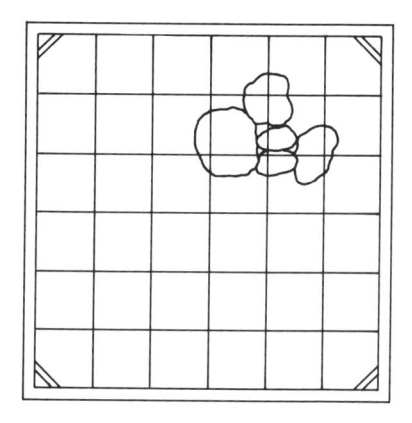

図 14-8　面積格子法によるサンプリング

2. 線格子法

図 14-9 のように河床上に巻尺等で直線を張り，一定間隔（河床材料の最大径以上）に区分し，その直下にある石を採取する．

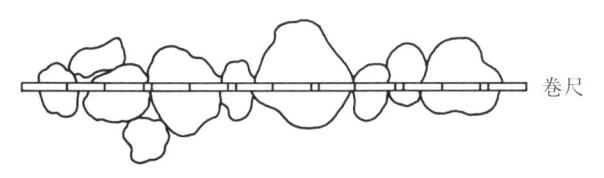

図 14-9　線格子法によるサンプリング

3. 平面採取法

一定表面積中にある表面に露出した全礫を採取する．

河床面を写真に写し，それを読み取る．

これらのうち，2.の線格子法は必要な道具の数量が最も少なく，また河床礫のランダムな標本抽出という面からも 2.がすすめられる．なお粒径の小さい場合は 1.の方法が正確であり，局所的な表面粒度の変化を把握できる．平面採取法は，すべての石を採取するから，一見優れているように見えるが，採取するべき対象の石を見分けられない欠点をもつ．特に小粒径では表層と表層の下の石の区別がつかなくなってしまう．現場での石の採取に時間がとれないときには，河床の写真を撮り，写真上で 1.の方法を取るとよい．

4.4　データ整理

データ整理については，調査編第 9 章 2.6.3 によるものとする．

4.5　比　重　測　定

粒度分布を測定するために採取した資料を用いて比重の測定を行うものとする．砂等の比重は JIS A 1109 により，礫は JIS A 1110 により，また土粒子については JIS A 1202 の試験法によるものとする．

4.6 沈降速度の算出

> 沈降速度は，特別に実測する必要のある場合を除き，計算式または計算図より粒子の径および水温を与えて求めるものとする．

解　説

沈降速度の実測は，透明な円筒状容器に水を入れ，これに砂粒または礫を落下させその沈降速度を測定するが，一般には，粒子を球体とみなしてレイノルズ数 $U \cdot d/\nu$（U：沈降速度，d：粒子の直径，ν：水の動粘性係数）が1以下の細砂についてはStokesの式を適用し，レイノルズ数が1より大きい場合には，抵当係数を用いた鶴見公式などが適用される．図 14-10 はこれらを計算して示したものである．

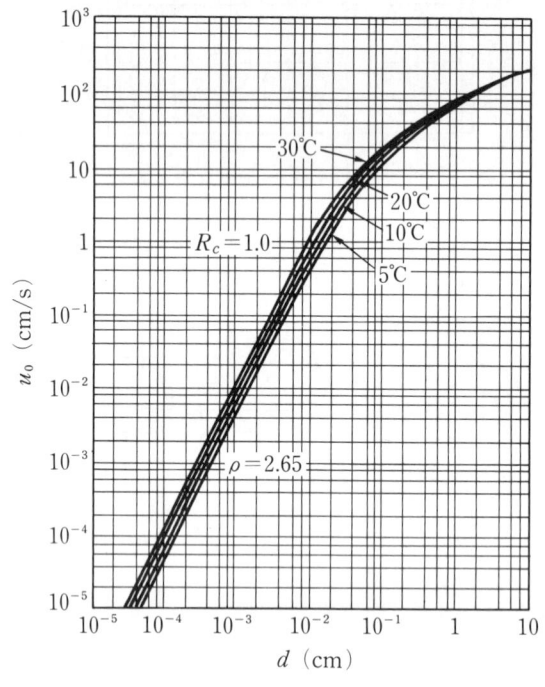

図 14-10 沈降速度と粒径

Stokes の式では，$$U = \frac{1}{18}\left(\frac{\sigma}{\rho} - 1\right)\frac{g}{\nu}d^2 \tag{14-30}$$

ここに，U：粒子の沈降速度，ρ^1 粒子の密度，ρ：水の密度，g：重力の加速度，ν：水の動粘性係数

鶴見公式（$\sigma = 2.65$，水温 25℃ に対して求めたもの）では次のようになる．

$$d > 0.015 \text{ cm} \qquad U = 11\,940\,d^2 \text{ cm/s} \tag{14-31}$$
$$0.015 \text{ cm} < d < 0.11 \text{ cm} \qquad U = 171.5\,d \tag{14-32}$$
$$0.11 \text{ cm} < d < 0.58 \text{ cm} \qquad U = 81.5\,d^{0.667} \tag{14-33}$$
$$0.58 \text{ cm} < d \qquad U = 73.2\,d^{0.5} \tag{14-34}$$

参考文献

1) 河川工学　吉川秀夫　p.109～111　朝倉書店
2) 水理公式集　p.247
3) 水理公式集　p.223～228
4) 移動床流れの抵抗と掃流砂量に関する基礎的研究　芦田和男，道上正規　土木学会論文報告集　No.206　昭和47

年10月
5) 河床変動に関する研究：第23回建設省技術研究会河川部会報告　昭和44年11月
6) 音響測深機による洪水時河床観測について　星畑国松　第19回建設省技術研発表会　昭和40年11月
7) γ線密度計による河床洗掘調査　有泉，近藤，森　土木研究所報告　第123号　昭和40年1月
8) "橋脚周辺の洗掘"橋脚の計画と設計　全日本建設技術協会
9) 現場計測(2)　—河床変動の測定—　土屋昭彦　土木技術資料　Vol.14　No.5　昭和47年5月
10) 礫河床のサンプリングと統計的処理　山本晃一　土木技術資料　Vol.15　No.7　昭和40年1月
11) 応用水理学　中1　石原藤次郎・本間仁編　丸善
12) 水理学演習　下　荒木正夫，椿東一郎　森北出版
13) 実際に役立つ水理計算例　土木施工設計計算例委員会編　山海堂
14) 土木研究所資料　3099号　平成4年3月
15) 沖積河川学　山本晃一

第 15 章
海 岸 調 査

第15章　海　岸　調　査

第1節　総　　説

1.1　総　　説

> 本章は，海岸に関する事業および管理を行うにあたって必要となる基礎的資料を得るための調査の標準的な手法を定めるものである．

1.2　調査の基本方針

> 海岸調査は，海岸の適正な保全と利用に資するため，広い視野にたち，海岸保全区域を含む広い区域を対象として，長期にわたる定量的な調査を行うものとする．

解　説

　海岸は陸域と海域の接点であり，地形，海象等の自然条件や動植物や生態系の自然環境も多様性に富んでおり，人間が生活の場，生産の場などいろいろな形で係わってきたが，その実態は陸域に比べて十分把握されておらず，海岸における現象もまだ十分明らかにされていない．また，諸現象は各種の作用が複雑にからみ合っており，時々刻々変化している．したがって，海岸調査は変化に対応し，現象の本質を明らかにすることを心がけるとともに，広い視野にたった長期間にわたる定量的な調査が望まれる．このため，調査方向についても創意工夫を行い，順応性を持った方法を採用する．

　調査の範囲については海岸保全区域を含むことは当然ではあるが，高潮，津波，海岸侵食などの現象は保全区域にとどまらず広域で生ずることより，保全区域外も調査する必要がある．特に侵食が関係する問題については，漂砂の観点から一連の系となる範囲，例えば沿岸方向には規模の大きい岬から岬まで，岸沖方向には砂丘背後の低地から沖の水深20m程度までを調査範囲とし，その範囲の波浪，流況，海面変動，漂砂などの特性を把握することが求められる．

1.3　調査の項目

> 海岸調査の項目は，以下に示すものとする．
> 1.　気象調査
> 2.　波浪調査
> 3.　流れの調査
> 4.　海面変動調査
> 5.　海岸測量
> 6.　漂砂調査
> 7.　海岸災害調査

8. その他

解　説

　波浪や流れの調査は相互に関連していることより，各現象を同時に調査することが場合によっては有用である．図15-1は，日本海側の水深15m地点における波浪，流速および風の計測例である．図には上から，平均水位（実線），海水面上昇量に換算した大気圧（破線），有義波周期，有義波高，平均流速，平均風速が示してある．波高，流速，風速はベクトルで示してある．平均海面は，低気圧の通過に伴って変動を繰り返している．また平均流速は，風の影響を受けて海岸線に沿う向きの流れが発達する傾向がある．このように，沿岸域の流れの特性を把握するためには，波のみでなく，大気圧や風の変化も合わせて解析することが重要である．

　ここで，η：平均水位，η_p：気圧の低下による水位上昇（気圧より計算），$T_{1/3}$：有義波周期，$H_{1/3}$：有義波高と平均波向，u：流速ベクトル，W：風速ベクトルである．

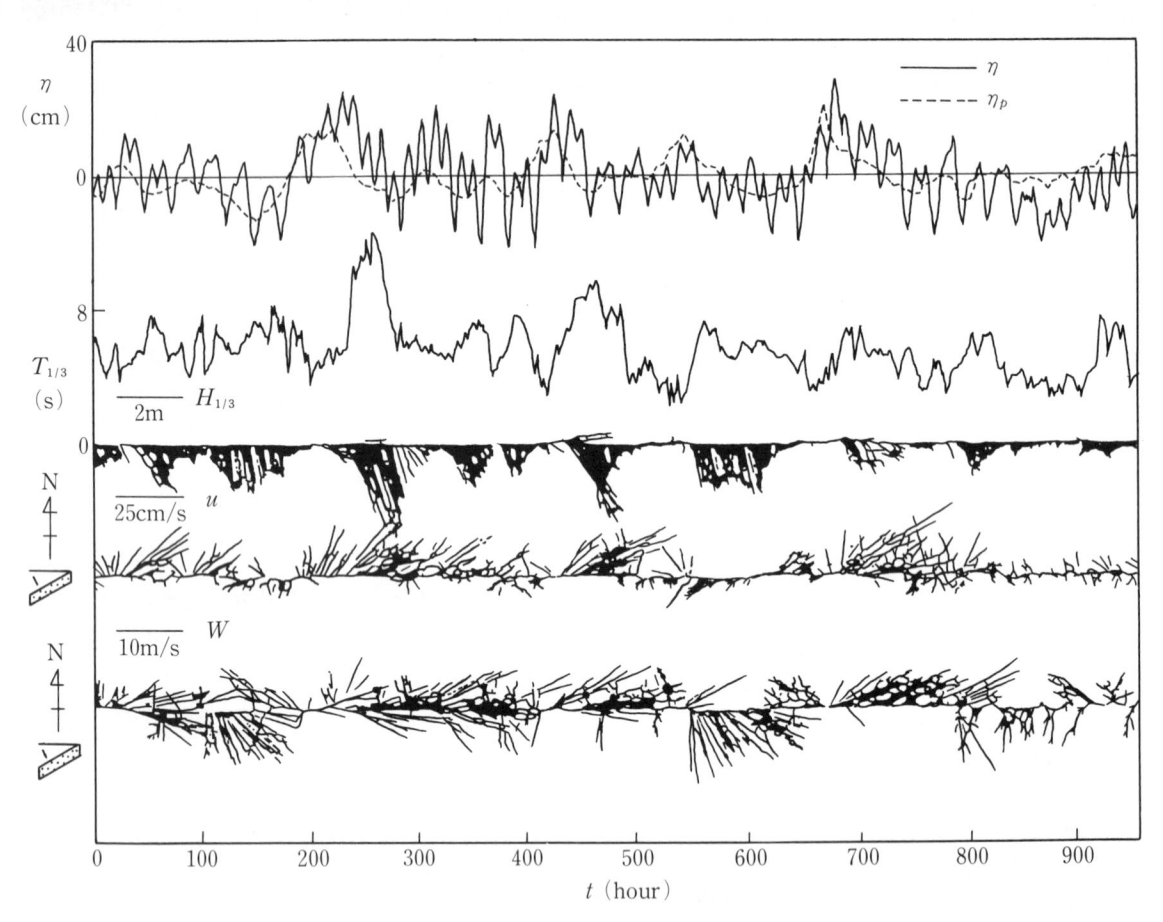

図 15-1　気象，海象の経時的変化観測例

　図15-2は，太平洋側の水深20mの地点で観測された水位変動と流速の計測例である．同時に計測された水温の変動を下段に示してある．一般に海岸の流れは，潮汐や波浪・風の影響を受けて変動するが，ここに示した観測期間には，水温の変化に対応した大規模な変動が見られる．海岸における流れには，このように海水温の変動に起因する強い流れが見られる場合があるため，密度成層が発達する環境条件では，水温の計測も合わせて実施する必要がある．

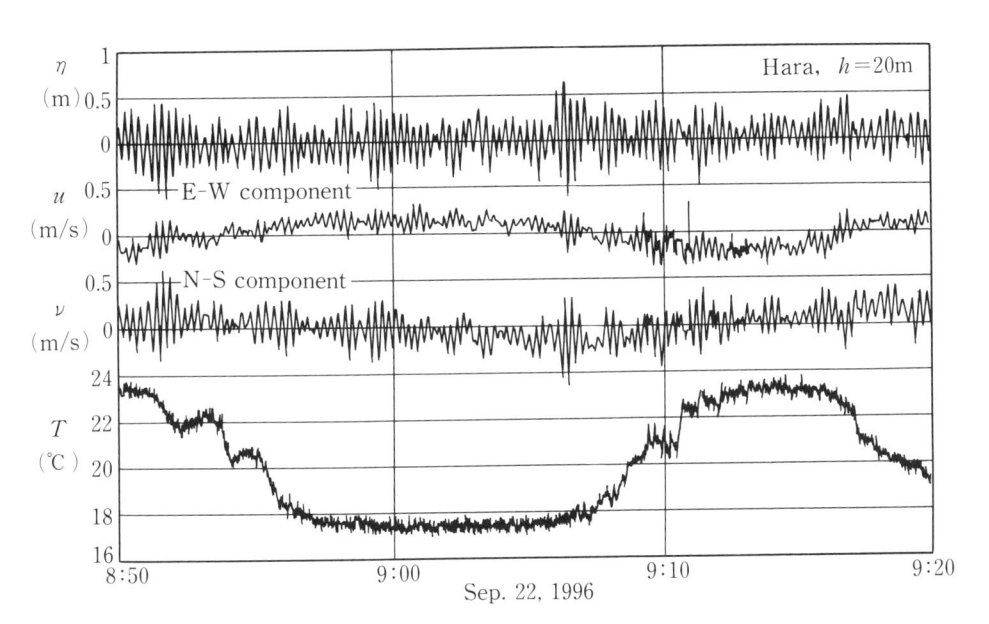

図 15-2　波浪と水粒子速度，水温の観測例

第2節　気　象　調　査

> 気象調査は，さまざまな気象現象のうち，海面変動，波浪，流れに関係する風と気圧に関する調査を行うものとする．

解　説

波浪の発達や吹送流などは風が影響するので，基礎データとして風向，風速を観測する必要がある．また，潮位や平均水面は気圧の影響で変動するので気圧の観測も必要である．

第3節　波　浪　調　査

3.1　波　　　　浪

> 波浪とは，風によって発生した風波およびうねりをさし，2〜30秒の周期を持った波をいう．波は，一般に，波高，周期，波向で表示するものとする．

解　説

海洋における波浪としては，広い意味では小さなさざ波から風浪，津波，潮汐までをさすが，ここで対象としているのは風波とうねりである．風波は風によって発達している波であり，うねりは風波が風域を出て減衰しながら進行している波をいう．風域とは風の吹いている区域をさし，一般にその風向方向の長さを吹送距離，風の吹いている時間を吹送時間とよぶ．風速および風向は，一般に海面上10m付近の値を用いる．日本沿岸に来襲する波浪は，太平洋側においては台風による波が主体となり，一方日本海側では，冬期季節風による波が中心となる．

海の波は不規則であるためにその特性を表示する方法としては，有義波などの代表波で表示する方法と，スペクトルによって表示する方法がある．

第15章 海岸調査

1. 有義波による方法

ある地点において時間的に波形を観測するとき，海面は不規則に変動しているが，平均海面を上向き（ゼロアップクロス）または，下向き（ゼロダウンクロス）に波形が横切る時間間隔でそれぞれ1波を定義し，その時間間隔を周期，1波の中での最高値と最低値の差で波高を定義する．これらの波の記録の中で波高の大きいものから，全波数の1/3の波数の波を取り出し，その波高と周期を平均したものをそれぞれ有義波高（$H_{1/3}$），有義波周期（$T_{1/3}$）とよぶ．また波高が最大のものを最高波（H_{max}），全体を平均したものを平均波（H_m）とよぶ．これらは不規則に変動するものをなんらかの代表値で表そうとする方法の1つで，1947年にスベルドラップとムンクが提案し広く用いられている．

これらの波高の間には次のような関係がある．しかし，変動が大きいために有義波の測定にあたっては100〜200波を用いる必要がある．

$$\frac{H_{1/3}}{H_m}=1.60 \qquad \frac{H_{1/10}}{H_{1/3}}=1.27$$

$$\frac{H_{max}}{H_{1/3}}=1.53（波数100波）=1.64（波数200波）$$

図15-3はゼロアップクロス法とゼロダウンクロス法による一波の定義を示したもので，一般的にはゼロアップクロス法が用いられているが，砕波帯ではゼロダウンクロス法が適当な場合がある．

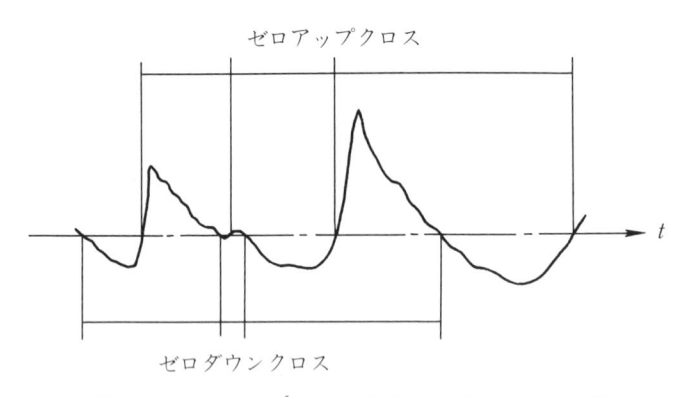

図 15-3　ゼロアップクロス法とゼロダウンクロス法

2. スペクトルによる方法

波の波高，周期の不規則性を表すものとして周波数スペクトル，波向の不規則性を表すものとして周波数スペクトルを方向別に表した方向スペクトルがある．

周波数スペクトルは，各周波数に対応する波の平均エネルギーを表すもので世界各地で観測されている．この分布形状を近似的に表す経験式は，ブレットシュナイダー（Bretschneider），ノイマン（Neuman），ピアソン・モスコビッツ（Pierson-Moskowiz），光易（Mitsuyasu）ら多くの研究者によって提案されている．ここでは，ブレットシュナイダーの提案式を光易が係数を修正した式を示す．

$$S(f)=0.257H^2T(T \cdot f)^{-5}\exp[-1.03(T \cdot f)^{-4}]$$

ここに，S：周波数スペクトル（m²・sec），f：周波数（sec^{-1}），H：有義波波高（m），T：有義波周期（sec）

図15-4はスペクトル解析結果の例を示したものである．

方向スペクトルはこれまで十分な観測が行われてはいないが，この関数形を近似的に表す式もいくつか提案されている．光易らは，次のような関数形を提案している．

$$S(f, \theta)=S(f) \cdot G(f, \theta)$$

ここに，$S(f, \theta)$：方向スペクトル，$G(f, \theta)$：方向分布関数，θ：主方向からの角度

方向分布関数は，次の形で表される．

第3節 波浪調査

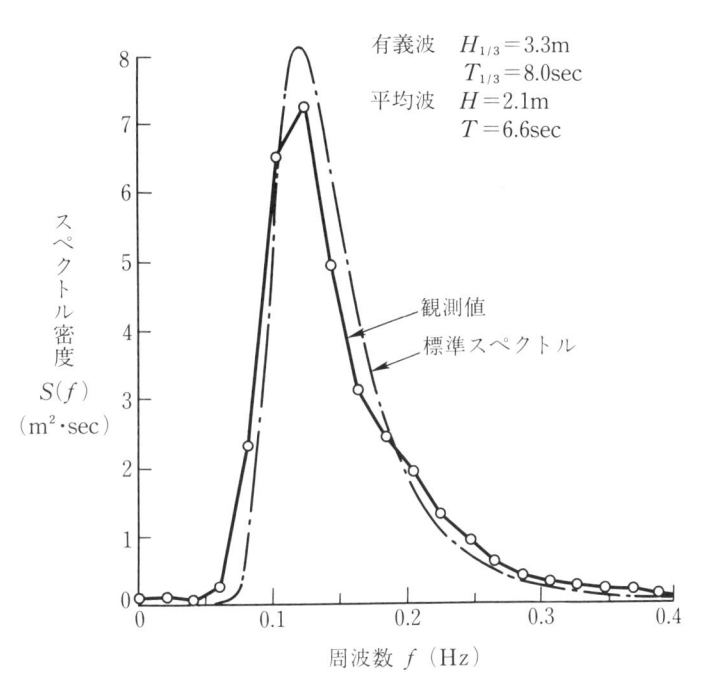

図 15-4 スペクトル解析結果の例

$$G(f, \theta) = \cos^{2s}\left(\frac{\theta}{2}\right)$$

$$G_0 = \left[\int_{\theta_{\max}}^{\theta_{\max}} \cos^{2s}\left(\frac{\theta}{2}\right) d\theta\right]^{-1}$$

$$S = \begin{cases} S_{\max}(f/f_p)^5 & f < f_p \\ S_{\min}(f/f_p)^{-2.5} & f \geqq f_p \end{cases}$$

方法集中度パラメータ $S_{\max}$ として，合田・鈴木は実験や観測結果から以下の値を提案している．

　$S_{\max}=10$：風波，25：減衰距離の短いうねり，75：減衰距離の長いうねり

参考のため図 15-5 に，$S_{\max}=20$ の場合の方向分布関数を示す．図中の f^* は，周波数 f をピーク周波数 f_p で割ったものである．また，図 15-6 に波のエネルギーの累加曲線を $S_{\max}$ をパラメータとして示した．この図から，$S_{\max}$ が大きいほど，主方向にエネルギーが集中していることがわかる．

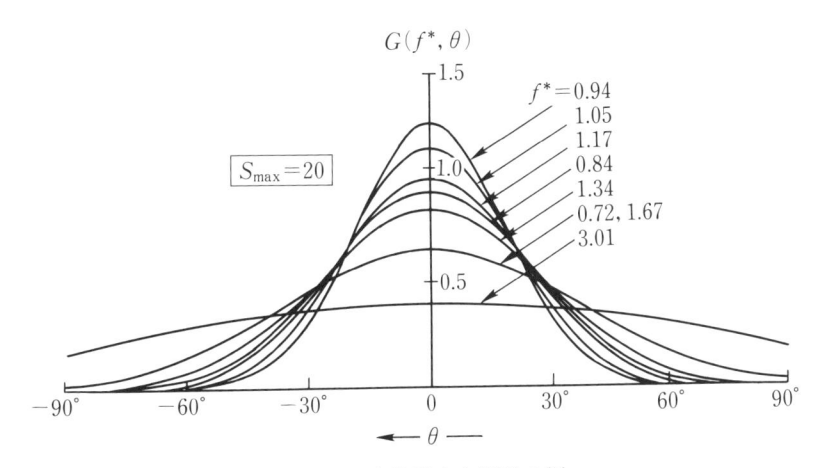

図 15-5 光易型方向関数の例

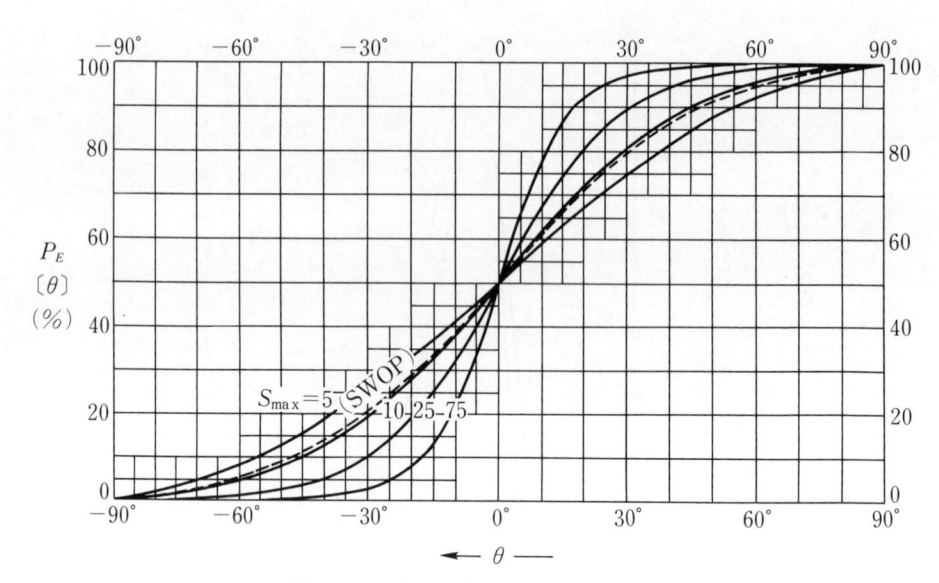

図 15-6 波のエネルギーの累加曲線

このような波の不規則性は，波の変形に影響を及ぼすことがある．

有義波を設計に用いる場合，注意しなければならない点は，実際の波は不規則であって有義波高より大きな波は全波数の13％程度あること，既に述べたように周期の不規則性・波向の不規則性が後述する波の変形に大きく影響する場合があることである．したがって，越波量の検討，複雑な海岸地形，施設配置状況下の波の変形等において波の不規則性の影響が大きい場合については，波の不規則性を考慮することが望ましい．

3.2 波浪調査の目的と項目

波浪調査においては，高潮対策，海岸侵食対策，海岸利用などの検討のために，必要に応じて次の調査を行うものとする．
1. 波浪観測
2. 波浪推算

解　説

波浪観測は実際に波浪を観測するものであり，観測は長期にわたって行う必要がある．波浪推算は比較的資料の整備されている気象資料を用いて解析を行うものであり，SMB法やスペクトル法などの推算手法が提案されている．また両者の方法を組み合わせて，波浪観測によって推算法を検証し，これをもとに観測が行われなかった場合の波浪を推定する方法もとられる．

3.3 波浪観測

3.3.1 波浪観測の方法

波浪観測は，原則として波高計により水面変動の連続計測を行うとともに，波の入射方向を観測するものとする．

なお，波浪観測施設は，観測目的，設置条件，保守体制，経費などを考慮して選定し，異常波浪時でも観測できるように施設を整備するものとする．

第3節　波　浪　調　査

解　　説

　来襲する波浪は季節，年によって変動するため，ある海域の波浪特性を把握するためには長年月にわたる観測が必要である．また，津波来襲時の沿岸での津波の挙動や高波浪時の異常波浪の発生等，未解明な部分が多いため，波形の連続計測を行う．デジタル方式で連続計測を行う場合のサンプリング間隔は 2 Hz 以上とする．また，波形の計測とともに，水平2成分の流速計を併設するなどの方法で波の入射方向および流れを観測する．

　波浪観測においては異常波浪時のデータを取得することが重要であるので，原則として週1回の陸上記録部の点検と年に1～2回の精密点検を行うとともに，欠測を生じた場合には直ちにその原因を調査し，適切な措置を講ずる．また，故障等に対処するため観測方法などを原則として二重化しておくものとする．

　平時においては波浪観測施設の整備と長期的な維持管理，データの保管などに留意し，逐次更新を図るのが望ましい．

3.3.2　観測地点

　波浪観測は，調査目的に対して代表性のある資料が得られる地点で，使用する機器に適した位置で行うものとする．

解　　説

1. 観測地点の選定に際して考慮する必要のある事項は，例えば次のとおりである．
   (1) 記録部の保守・点検に便利な場所に観測小屋が得られること．
   (2) 調査目的に対して代表性のある資料が得られる地点であること．
2. 使用する機器により次のような注意をする必要がある．
   (1) 波高計を海底に設置する場合には，鋼管杭，やぐら，コンクリートブロックなどで，洗掘，埋没などが生じないように保護し受感部を海底から数メートル離すこと．
   (2) 波高計を海面に取り付ける方式では，支柱は波力や海底地質を考慮し，十分な強度と高さを有するものとすること．

3.3.3　データ整理

　波浪観測データは，毎正時20分間のデータを用いて，平均水位，平均波，有義波，1/10最大波，最高波，平均波向，平均流速および流向などの項目を整理しておくものとする．

解　　説

観測データは，次のような整理を行って保存する．
(1) 平均水位を求め，個々の波を定義し，波高と周期を求める．
(2) 平均波を求める：全観測波の波高と周期を平均する．
(3) 有義波を求める：全観測波中波高最大のものから大きい順に全観測波数の1/3を取り出し，これらの波高と周期を平均する．
(4) 1/10最大波を求める：全観測波中波高最大のものから大きい順に全観測波数の1/10を取り出し，これらの波高と周期を平均する．
(5) 最高波を求める：全観測波のうち，波高最大のものについてその高さと周期を求める．
(6) 平均波向を求める：流速計のデータがある場合には，それを解析し平均波向を求める．
(7) 平均流速，平均流向を求める：流速計のデータがある場合には，それを解析し平均流速および平均流向を求める．
(8) 毎年の極値と波高，周期の頻度分布を整理しておく．極値分布の分布形についてはまだ十分長期にわたるデータがないために明らかでないが，ワイブル分布などが用いられている．年間の波高，周期の分布はその

海岸の波浪特性を知るうえで重要である．また月間の分布は海上工事の施工計画をたてるうえで必要となる．

これに関連して波高1m以下，または，0.5m以下の継続期間の頻度分布も参考になる．

3.3.4 データの保管

> 波浪観測の原データは，保管しておくものとする．

解　説

有義波等を求めた後も，解析が必要になることがあるので原データは保管しておく．

3.4 波浪推算

3.4.1 波浪推算

> 波浪推算は，波浪観測資料がない場合に計算によって波高，周期，波向を求めるものである．

解　説

波浪推算は，観測資料がない場合に，気象資料から風速，風向，風の継続時間，風域を推定し，それをもとに波高，周期，波向を推算するものである．

3.4.2 風の推算

> 風域での風の実測資料が得られない場合には，天気図によって風域，風速，風向などを決定するものとする．

解　説

1. 風は，気圧傾度（気圧差／水平距離）に比例して起こる気圧の高いほうから低いほうへ空気を移動させようとする力によって発生するが，さらに，コリオリの力と遠心力が作用するので，風は等圧線に対して斜めに吹き込む（これを傾度風という）．台風のように風域の移動がある場合には，傾度風と風域の移動に伴う風をベクトル的に合成しなければならない．

   波浪推算に用いる風は，海面近くの風（これを海上風という）であり，海面からの摩擦力が作用するので，風速は傾度風よりは小さくなる．

2. 天気図から風域および風速，風向を設定する方法には次のようなものがある．

   図15-7のように推算点PがO点における風向と±30°の範囲内にある場合に，P点は風域内にあるとする．この条件を満足するO点の範囲を風域とする．ある地点の風向は，その地点での等圧線への接線に対しαの角度をなして，高気圧の場合には，その中心から吹き出すように，また低気圧の場合には中心へ吹き込むように向きを決める．

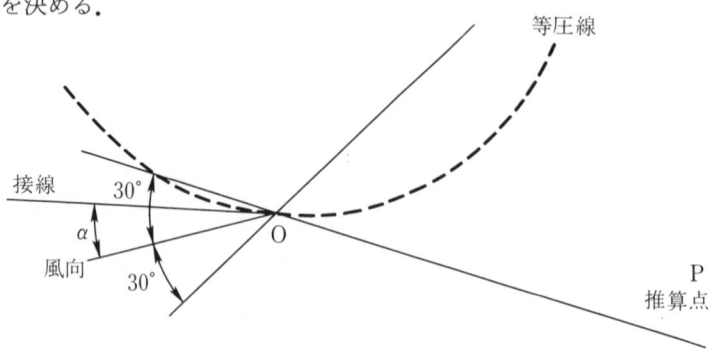

図 15-7　風域の設定法

風域内の風速は平均の気圧傾度から式(15-6)を用いて傾度風を求め，**表15-1**の関係から海上風を計算する．

表15-1 海上風と傾度風の関係

緯　度	10°	20°	30°	40°	50°
α	24°	20°	18°	18°	15°
$\left(\dfrac{海上風速}{傾度風速}\right)$	0.51	0.60	0.64	0.67	0.70

3. 台風域の気圧分布は，例えば次の藤田式によって求め，低気圧の場合は天気図を用いる．

$$p = p_\infty - \frac{a}{\sqrt{1+\left(\dfrac{r}{r_0}\right)^2}} \tag{15-2}$$

ここに，

p：台風域の気圧（hPa），p_∞：台風域外の気圧（hPa）

r：台風中心から気圧を求める位置までの距離（km），a：台風中心示度の降下量（hPa）

r_0：台風域内の風速の中心距離 r にる変化から実験的に最小二乗法によって定められる常数（km）

4. 傾度風速は次の公式で求められる．

$$V_{gr} = r\left(\sqrt{\psi^2\sin^2\psi + \frac{\partial p}{\partial r}\cdot\frac{1}{\rho r}} - \omega\sin\psi\right) \tag{15-3}$$

ここに，

V_{gr}：傾度風速(cm/s)，r：台風中心からの距離（cm）

ρ：空気密度（1 000 hPa，0℃で1.29×10^{-3}g/cm³）

ψ：風速を求める点の緯度，ω：地球の自転の角速度（7.29×10^{-5}s^{-1}），p：気圧（hPa）

気圧傾度は台風の場合には次式により，低気圧の場合には天気図より求める．

$$\frac{\partial p}{\partial r} = \frac{ar}{r_0^2}\left\{1+\left(\frac{r}{r_0}\right)^2\right\}^{-3/2} \tag{15-4}$$

5. 傾度風速から表15-1を用いて海上風が求められる．

ただし，αは等圧線の接線に対する吹込み角である．ここで，$\alpha=0°$の場合が気圧傾度と偏向力が釣り合って等圧線に沿って吹くと考えられる仮想の風で地衡風と呼ばれる．

3.4.3 波浪の推算の方法

> 波浪の推算は，その目的に適合した方法によって行うものとする．

解　説

波浪の推算手法には有義波法，スペクトル法などがある．有義波法はSMB法ともいわれ，風速，風の吹送距離，吹送時間，水深と有義波高，有義波周期の関係を観測結果より求め，その関係を用いて推算する方法である．深海についてはウイルソン（Wilson）が整理した関係が用いられ，海底摩擦の影響を考慮する必要のある浅海についてはブレットシュナイダー（Bretschneider）が提案した関係が用いられている．比較的条件が簡単な一定の風が吹き続き，吹送距離が限定できる場合にはこれらの方法で精度よく簡単に波の推算を行うことができる具体的な方法については例えば水理公式集を参照すること．

風が場所的にも時間的にも変化する場合には波のエネルギースペクトルの変化を追跡するスペクトル法が用いられる．これは波のエネルギーの変化，すなわち風から波への輸送，成分波の相互干渉，逆風や砕波による損失などによる変化を記述した方程式を用い，適切な境界条件および初期条件のもとに方向および周波数に分けた各

スペクトルの成分ごとに数値計算を行うものである．対象海域を格子点で覆い，各格子点での波高，周期，波向が求められるが，計算時間を要する．この方法は気象庁が波浪予報に用いている．

スペクトル法を簡略化したものとして，パラメータ法があり，これは風波のスペクトル形に関してなんらかの相似性を仮定してパラメータの発達，減衰を数値計算により追跡するものである．これはうねりの計算については精度は劣るが，計算時間が少なくてすむという利点がある．特に計算対象地点が限定されている場合に有利な方法である．

第4節 流れの調査

4.1 沿岸域における流れの調査

> 沿岸域における流れの調査は，目的により適切な方法で実施するものとする．

解　説

沿岸域における流れは風による吹送流，太陽および月の引力による潮汐流および波が海岸に入射することに起因する海浜流などがある．海浜流は，波が海岸に来襲し砕波することによって生じる岸向きの流れ（向岸流），沿岸方向にある間隔で生じる沖向きの流れ（離岸流），波が海岸に斜めに入射する場合には岸に沿った流れ（沿岸流）に大別できる．また，海岸に構造物を設置した場合は新たな流れが発生する．

4.2 流れの調査の目的と項目

> 流れの調査においては，海岸侵食対策，海岸利用，海岸環境の保全などの検討のために，必要に応じて次の調査を行うものとする．
> 1. 流れの観測
> 2. 流れの計算

解　説

流れの観測は計器などによって，直接流れを調査するものであり，流れの計算は計算によって流況を調査するものである．一般には，海岸の流れの調査方法は現地調査が主体となる．流れの計算方法については種々の提案がなされており，目的に応じ適切な方法を用いる必要がある．また，計算を行う場合においても，計算方法の検証や各種係数の検討のためには現地観測の資料が必要となることが多い．

4.3 流れの観測

4.3.1 流れの観測方法

> 流れの観測は，その目的に適合した方法によって行うものとする．

解　説

流れの観測は，次の2つに大別できる．
1. 流れの面的観測
2. 流れの定点観測

流れの面的観測は，海岸における海浜流や潮流の特性を把握するために行う．おもな方法としては，海に投入したフロートを2台のトランシットなどで10〜20秒間隔で追跡し流況を求める方法，多数のフロートを投入し，ヘリコプターなどを用いて空中から写真撮影し流況などを求める方法などがある．

また，流れの定点観測は海底面における底質の移動などの外力としての流れを把握するために行う．海底面に電磁流速計や超音波流速計を固定し，流向，流速を連続測定する方法などがある．

4.3.2 観測地点

海岸における流れの観測は，調査目的に応じた観測地点と範囲で行うものとする．

解　説

海浜流を対象とする場合は，汀線に沿って20m間隔でフロートを投入し，その移動方向と速さを観測する．この場合，海浜流は砕波帯で強い流れを生じているので，砕波帯を中心に調査することが望ましい．また，離岸流の発生間隔は，300～500mであるので，離岸流の調査をする場合は，これより広い範囲を調査する．構造物による影響を観測する場合は，その影響範囲を考慮して観測範囲を設定する．また，海流を対象とする場合は，対象海域の境界，地形変化のために流況の変わる地点，計算値との比較上便利な地点などを選択することが望ましい．

海底面の土砂移動の外力としての流れを対象とする場合には，波高計とともに流速計を設置し，水面変動，流向，流速，波向などを連続して観測することが望ましい．

4.3.3 データ整理

観測データは，観測方法および観測目的に応じた整理を行い，必要に応じ流れの解析を行うものとする．

解　説

観測データは次のような整理を行う．

1. 流れの面的観測

流れの面的観測によって得たデータは，海浜流，潮流ともに観測地点の地形図に流向，流速をベクトル表示した流況図として取りまとめる．この場合，測定年月日，測定期間，近接地点の潮位，波浪条件（波高，波向）などを明記することが望ましい．

2. 流れの定点観測

流れの定点観測によって得たデータは，縦軸を観測期間中の毎正時の流向，流速，横軸を時間軸とした経時変化図としてとして取りまとめる．この場合，観測地点の水面変動，気圧変化の経時変化図も添付することが望ましい．

流れは流速と流向で表示する．一般に流速の単位はm/sを使用し，小数点以下第2位までとし，流向は流れさる方向で，度で表示する．角度は真北から東回りに測った値で表示する．

3. 潮流の調和分析

潮流については調和分析を行って，主要分潮の流向と流速振幅，位相などを明らかにする．また，大潮時の満潮，干潮，下げ潮，上げ潮における流速，流向の分布図を作成する．

潮流観測データを使用して調和分析を行う場合には，「海洋観測指針」を参照する．

4.4 流れの計算

4.4.1 流れの計算方法

流れの計算は，流れの発生要因に応じて適切な基礎方程式を用いて行うものとする．

解　説

ここでは，各基礎方程式の詳細な記述は避けるが，潮流については線形または非線形長波の方程式が，海浜流についてはラディエーション応力を起因力とした長波の方程式が用いられている．長波の方程式に，風による表

面応力を考慮すると吹送流が，密度の変化を考慮すると密度流が計算できる．

第5節 海面変動調査

5.1 海面変動調査の目的と項目

> 海面変動調査は，潮汐，高潮，津波の現象を把握するとともに，地球温暖化による海面上昇，地震に関連する地殻変動を明らかにすることを目的とし以下に掲げる項目のうち必要な調査を実施するものとする．
> 1. 潮位観測
> 2. 潮位解析
> 3. 高潮解析
> 4. 津波解析
> 5. その他の海面変動調査

解　　説

　海面の水位は天体の運動による潮汐（天体潮）のほか，風の吹き寄せ，気圧の変動，水面の振動，高潮や津波を含む長周期波，地球温暖化による海面上昇，地殻変動などにより変化している．これらの現象を明らかにして海岸計画や設計に反映させることを目的として調査を行う．

　天体潮，高潮，津波以外の海面変動としては，地球温暖化による海面の上昇，地震等の地殻変動による水位の変化などがあり，これらに関しては，必要に応じて解析するものとする．

5.2 潮位観測

> 潮位観測は，海面変動に関する観測資料を得るために行うものとする．

解　　説

　海面変動のうち主要なものは潮汐現象であり，これを大別すると月や太陽の引力によって生じる天体潮と台風などによって生じる気象潮（高潮）とに分けられる．天体潮による海面上昇，下降は一般には12時間25分の周期で生じ満潮または干潮の時刻は毎日50分ずつ遅れる．相次ぐ満潮と干潮または干潮と満潮の高さの差を潮差とよぶ．潮差は1ヵ月の間では新月（朔）と満月（望）の1～3日後に大きくなる．これを大潮とよび，このころの満潮位を朔望満潮位という．上下弦のころは潮差が小さくなるが，これを小潮という．

　潮位観測は，潮位を必要とする地点に検潮所を設け，直接海面の昇降を観測するものであり，その方法については「海洋観測指針」を参照すること．

　潮位観測の資料は必要に応じ，毎時の海面高を読み取って整理を行う．なお，一般に潮位観測は各検潮所ごとに基準面を設けて観測しており，その基準面と東京湾中等潮位の関係を明らかにしておく必要がある．また，必要に応じて潮汐の調和分解や推算を行うとともに，観測記録より高潮の偏差や津波の波高等を求める．

5.3 潮位解析

> 天体潮について，必要に応じて調和分析，潮位の推算，潮汐計算を行うものとする．

第5節 海面変動調査

解　説

潮位観測の資料から，平均潮位，朔望平均満潮位，干潮位などを整理するとともに，調和分析を行う．これは，潮位の観測記録を分潮に分解し，各分潮の振幅と遅角（位相）を求めて潮汐の予報に役立たせる．観測された潮位の観測値は天体潮とそれ以外の気象等の影響によるものの和としての値であるが，天体潮に関しては調和分析によって，一定の振幅と周期をもった分潮に分けることができる．天体潮は月や太陽の引力が地球上の場所によって異なることによって起こる．主要な分潮は次の4分潮である．また，これらの値は潮汐の予測に使用する．

おもな分潮の名称	記号	周期(hr)	角速度(°/hr)
主太陰半日周期	M_2	12.42	28.984
主太陽半日周期	S_2	12.00	30.000
主太陰日周期	O_1	25.82	13.943
日月合成日周期	K_1	23.93	15.041

調和分析法には種々の方法があるが，これらについては「海洋観測指針」を参照のこと．

調和分析の結果を用いて潮位を推算することができる．すなわち，対象地点の分潮の周期と調和常数（振幅と遅角）から，各分潮を加え合わせたものが天体潮であるとして潮位を計算する．

平面的な潮位分布や潮流流速が必要な場合には適当な境界条件を設定して，数値計算により潮汐の状況を知ることができる．

5.4　高　潮　解　析

> 異常気象時の高潮は，潮位観測の資料を基に，潮位の観測値から天体潮の推算値を差し引くことにより求めるものとする．
>
> 　高潮の偏差が必要となる場合には，観測値を活用するとともに，気象資料を用いて高潮の推算を行うものする．

解　説

高潮は，台風や熱帯低気圧の変化によって生ずる異常潮位をいい，その原因は気圧低下による潮位上昇，その変動による長波としての変形による上昇，これに刺激されて生ずる副振動，セイシュとの共振，風の吹き寄せによる上昇などがある．一般に南または，西に開いた湾に沿って，この湾の西側をたどるコースで来襲する台風に伴う高潮が最も危険であって，台風の進行に伴って急速にその高さを増し，台風後面に入って風が南転したのち，著しく上昇し，次第に減衰する．**表15-2**は我が国における過去のおもな高潮によって起こされた気象潮を示したものである．

表15-2　最大気象潮が2m以上の高潮(1900～1994)(気象庁潮位表1995による)

年　月　日	発生域	大偏差(m)	原　　因	年　月　日	発生域	最大偏差(m)	原　　因
1917.10. 1	東京湾	2.1 外	台　　風	1961. 9.16	大阪湾	2～2.5	第2室戸台風
1930. 7.18	有明海	2.5 外	〃	1964. 9.25	大阪湾	2　外	20号台風
1934. 9.21	大阪湾	3.1 外	室戸台風	1965. 9.10	内海東部	2.2	23号台風
1938. 9. 1	東京湾	2.2 外	台　　風	1970. 8.21	土佐湾	2.44 推	10号台風
1950. 9. 3	大阪湾	2.4	ジェーン台風	1972. 9.11	伊勢湾	2.0	20号台風
1956. 8.17	有明海	2.4 外	9号台風	1991. 9.27	有明海	2.7	19号台風
1959. 9.26	伊勢湾	3.5	伊勢勢湾台風				

気象潮，すなわち高潮の偏差は異常気象時の潮位観測値から天体潮の推算値を差し引くことにより求めること

第15章 海岸調査

ができる．

　計画潮位の検討などの際に高潮の偏差が必要となる場合には，観測値を活用するとともに，気象資料より推算を行うことができる．すなわち，過去の観測値を用いて最大偏差を算定する実験式がある場合にはその式を用い，これがない場合には高潮の数値計算による．

　過去に生じた最大気象潮の概略は，気圧降下量 δ_p (hPa) による静的な海面上昇量 ζ_s と風の吹き寄せによる上昇量 ζ_w との和として求められている．（気象庁：潮位表，1975）

$$\zeta = a(1\,010 - p) + bW^2 \cos\theta + c$$

ここに，　ζ：最大偏差（気象潮）(cm)，p：最低気圧 (hPa)
　　　　　W：最大風速 (m/sec)，θ：主風向と最大風速の風向のなす角

a, b, c は各地点ごとに定まる定数であり，**表15-3**のように求められている．

　高潮の偏差は風および気圧の影響を考慮した長波の方程式を数値的に解くことによって求めることができる．東京湾，伊勢湾，大阪湾など重大な被害が予想される地域においては，数値計算によって偏差が求められている．これらは実際の台風を含め，各種のモデル台風（例えば伊勢湾台風をモデルとしたもの）を，いくつかの経路を仮定して来襲させ，高潮の沿岸での挙動を検討するものである．

表15-3　最大偏差を与える実験式の定数

地点	a	b	主風向	統計期間	資料数	地点	a	b	主風向	統計期間	資料数
稚内	0.516	0.149	WNW	'60～'68	38	淡輪	2.552	0.004	SSW	'53～'60	8
網走	1.296	0.036	NW	'61～'68	29	大阪	2.167	0.181	S 6.3 E	'29～'53	28
花咲	1.120	0.020	SE	'70～'79	38	神戸	3.370	0.087	S 24 E	'26～'54	31
釧路	1.316	0.016	SW	'54～'68	33	洲本	2.281	0.026	SSE	'50～'60	10
函館	1.262	0.023	S	'55～'68	35	宇野	4.109	-0.167	ESE	'50～'60	8
八戸	1.429	0.015	ENE	'57～'60	7	呉	3.730	0.026	E	'51～'56	4
宮古	1.193	0.012	NNW	'58～'60	6	松山	4.303	-0.082	SSE	'50～'56	7
鮎川	1.346	0.020	SE	'45～'59	9	高松	3.184	0.000	SE	'50～'56	9
銚子	0.622	0.056	SSW	'51～'59	6	小松島	1.720	0.019	SE	'50～'60	10
布良	1.935	0.012	SW	'57～'60	7	高知	2.385	0.033	SSE	'50～'60	8
東京	2.332	0.112	S 29 E	'17～'87	22	土佐清水	1.428	0.022	S	'50～'57	10
伊東	1.128	0.005	NE	'51～'66	30	宇和島	2.330	-0.012	SSE	'50～'66	7
内浦	1.439	0.024	SW	'51～'66	29	油津	1.005	0.036	SE		6
清水港	1.350	0.016	ENE	'51～'66	36	鹿児島	1.234	0.056	SSE		6
御前崎	1.324	0.024	NE	'51～'66	18	枕崎	0.973	0.040	S		4
舞阪	2.256	0.080	S	'51～'66	29	那覇	1.117	0.015	N 9 E	'69～'87	19
名古屋	2.961	0.119	S 33 E	'50～'87	29	三角	1.185	0.154	WSW		11
鳥羽	1.825	0.001	ESE	'50～'59	7	富江	1.094	0.027	SE		5
浦神	2.284	0.025	SE	'50～'61	6	下関	1.231	0.033	ESE		10
串本	1.490	0.036	S	'50～'60	10	浜田	1.170	0.021	NNW	'50～'59	6
下津	2.000	0.022	SSW	'34～'60	13	境	0.480	0.027	ENE	'50～'59	8
和歌山	2.608	0.003	SSW	'30～'60	12	宮津	1.430	-0.014	NE	'50～'59	14

　　+20 cm 以上の資料を使用
　　+30 cm 以上の資料を使用
　　+35 cm 以上の資料を使用
　c：浜田 −12.9，境：+15.4，宮津 −4.8 を除きゼロ

5.5 津波解析

> 津波は，観測潮位から波形を求めるとともに，必要に応じて数値計算により解析するものとする．

解　説

　潮位観測の記録と天体潮に関する推算値より津波の波形を求めることができる．津波が短周期成分を含む場合には潮位計の応答も考慮する．津波の観測記録が限定されている場合や，ない場合には，発生原因である地震による海底地盤の変動量を与えて，沿岸に来襲する津波を数値計算により求めることができる．

第6節　海岸測量

6.1　海岸測量の目的と項目

> 海岸測量は，海岸地形の把握および海岸地形の変化特性を解明するために，必要に応じて次の調査を行うものとする．
> 1. 海浜測量
> 2. 深浅測量

解　説

　海岸測量は海岸地形の実体およびその変化の状態を明らかにして，海岸の計画や設計に役に立たせるものである．海岸測量は，陸域の砂丘から汀線付近までの海浜測量と，汀線付近から波による底質の移動限界水深までの深浅測量からなる．砕波帯内では，波浪がきびしく船や陸上からの測量が困難な場合もあるが，できるだけ同時に行うものとする．海岸地形は砂礫海岸では波や風による変形があり，また，崖海岸ではその侵食による変形が生じるため，これらの状況を知るために海浜測量を行う．波による底質の移動限界水深は波浪条件，底質粒径，移動限界の状態より決まるが，我が国の沿岸では最大でも水深30m程度である．

6.2　海岸測量の範囲および期間

> 測量範囲は，調査目的に応じて選定するものとするが，深浅測量は，原則として沖側は外洋においては水深30m，内湾においては水深20mまでの範囲とするものとする．
> 測量を行う時期および時間間隔は，目的に応じて選定するものとする．

解　説

　測量の範囲は目的に対応して選定しなければならない．海岸地形の変動を調べる場合においては，波，流れ，風によって砂の移動しない範囲まで測量する必要がある．岸沖方向については，陸上部では波や風の影響範囲，沖側では波や流れによる漂砂の移動限界までとする．したがって，太平洋や日本海に面した海岸では水深30m程度，東京湾，大阪湾，瀬戸内海などの内湾では水深20m程度までとなる．

　沿岸方向については，漂砂の連続する範囲をとることが望ましい．また，比較のためには同一範囲を定期的に測量することが必要である．したがって，測量の範囲は来襲波の特性，底質，地形などによって変化する．従来の海岸測量は沿岸方向に測線を設けて測量を行ってきており，その測線間隔は200m程度，測線の測点間隔は20〜30mである．

　測量の期間や時間間隔についても目的に対応して適当な値を選定する．季節変化を調べるには少なくとも年2

回程度は必要であることが多く，長期間にわたる地形変化については年1回程度で十分であることが多い．また，構造物の建設に伴う地形変化については，初めは変化が著しいが1年も経過すればその変化は小さくなる傾向がある．

6.3 海浜測量の方法

> 海浜測量は，原則として4級水準測量とするものとする．

解　説

海浜の地形は風や波により変化すること，深浅測量の精度との整合性を考慮して，4級水準測量により行うものとした．

6.4 深浅測量の方法

> 深浅測量は，海底地形の把握または，海底地形変化の把握のため，水深の浅い所ではポールまたは，レッドにより，水深の深い所では測量船の音響測深機等により行うものとする．

解　説

深浅測量は，十分信頼できる精度が得られるような方法で行う．測深の精度とともに，位置決定の精度も場合によっては高めなければならない場合がある．特に海底勾配のきつい場合や，海底地形の変化が激しい場合においては注意を要する．

深浅測量の精度の検証のため，検証用の測線を数本設けて測深を行い，チェックするのが望ましい．測量は，水位の観測，船位の測量，測深に分けられる．音響測深機およびレッドとも，水深が求められるので，T.P.に換算するには潮位を知る必要があり，そのため水位の観測を行う必要がある．水位は，検潮所または量水標による観測値を使用するものとし測定単位は1cmとする．

測深を音響測深機で行う場合には，測深機器を使用前に検定する必要がある．また，毎日の測量の初めと終わりおよび作業途中においてはバーチェックを行う必要がある．測深に際しては，測線上に測量船を誘導するとともに，一定時間間隔（15秒程度）で，測角および記録紙上のマークの記録を同時に行う．音響測深機以外に面的に測深をできる機械もあるが，そのような場合にも同様に精度を確保する．

位置の測定は，トランシット，光波測距儀，GPSなどによる．なお，基準面としては東京湾中等潮位（T.P.）を標準とする．

6.5 データ整理

> 測量結果は，水深の補正などを行い，海浜測量，深浅測量の結果をあわせて海岸地形図としてとりまとめるものとする．図の縮尺は，原則として1/2 500とするが，使用目的，測量の範囲，測量の精度等を考慮して選定するものとする．図には，縮尺，方位，基準面，測量年月日，測量方法，測器名等を記載しておくものとする．

第7節 漂砂調査

7.1 漂砂調査の目的と方法

> 漂砂調査においては，漂砂現象を把握するため，必要に応じて次の調査を行うものとする．
> 1. 海岸踏査
> 2. 波浪，流れ，潮位，風，気圧に関する調査
> 3. 海岸測量
> 4. 底質調査
> 5. 漂砂観測
> 6. 供給源調査
> 7. 飛砂調査
> 8. 漂砂解析

解　説

漂砂に関する調査は，総合的な調査を必要とする．本文のうち，風，気圧については第2節，波浪については第3節，流れについては第4節，潮位については第5節，また，海岸測量については第6節をそれぞれ参照すること．

7.2 海岸踏査

7.2.1 海岸踏査の目的と項目

> 海岸踏査は，対象とする海岸の概況を調べ，各種観測の方法，範囲，期間などを決定するために必要に応じ次の項目について調査するものとする．
> 1. 底質の粒径，形状，組成
> 2. 海浜の勾配
> 3. 汀線の形状
> 4. 砕波線の形状
> 5. 河口砂州の形状
> 6. 構造物周辺の地形
> 7. 流況
> 8. 付近住民からの聴取

7.2.2　データ整理

> 海岸踏査の結果は，踏査平面図として整理するものとし，調査年月日，底質採取地点，海浜写真撮影地点，平均粒径，海岸線の変動，構造物の状況などを記載しておくものとする．

解　説

写真は，構造物などによる地形変化を撮影し，その日時，場所を記入し，図面とともに整理しておくのが望ましい．

7.3 底質調査

7.3.1 底質調査の目的と範囲

> 底質調査は，海浜を構成する底質の粒度分布，平均粒径，ふるい分け係数，円磨度，扁平度などを把握し，底質の移動状況や波による底質の分級状況を調査するために行うものとする．範囲は，目的に応じて設定するものとする．

解　説

調査範囲は，海浜を構成する底質の状況を把握する場合には沿岸方向には全域，岸沖方向には海浜から波による底質の移動限界水深までとする．

7.3.2 試料の採取

> 試料の採取位置は，陸上部では砂丘やバームなど，海底ではバーやトラフなどの地形を考慮し，目的に応じて選定するものとする．

解　説

海岸の底質は汀線付近において，波浪条件によって大きく粒径が変化することがあるため，全域の特性を調べる場合には同じ地形の場所から採取する．海底部では底質採取器を用い，船上または潜水夫により採取し，同時に水深と位置を測定する．位置の測定は 2 台のトランシットや GPS 等によって行う．また，採取量は 400 g 以上とし，試料はビニール袋に入れ，試料番号，採取年月日，採取水深などを記入するものとする．なお，採取間隔は目的により変化するが，底質の平面分布を把握するためには，原則として沿岸方向に 500 m 程度，岸沖方向には漂砂の卓越する範囲や地形を考慮し，20 m から 50 m 間隔とする．

7.3.3 データ整理

> 採取した試料について粒度分析を行い，必要に応じて平均粒径，中央粒径，最大粒径，ふるい分け係数，円磨度，扁平度などを求め，底質分布図などとして整理するものとする．

解　説

中央粒径およびふるい分け係数については本編第 9 章 2.6 を参照のこと．砂礫海岸では円磨度，扁平度を調査する．また，底質分布図には，採取年月日，採取方法，分析方法，縮尺，真北などを記入しておくものとする．

7.4 漂砂観測

> 漂砂観測は，浮遊や掃流による底質移動を把握するために行うものとする．

解　説

漂砂は波や流れにより浮遊して移動する形態と，海底面を掃流状態で移動する形態に分けることができることより，浮遊および掃流状態の底質移動を観測する．

7.4.1 浮遊砂調査

> 浮遊による底質移動の調査は，波や流れにより浮遊する底質の移動特性を把握するために，浮遊砂濃度計や捕砂器等を用いて行うものとする．

解　説

浮遊砂の観測の際には波浪，流れを同時に観測することが望ましい．
捕砂器としては，捕砂管などを使用する．容量は 2〜4 l 程度を貯められるものを使用するのが望ましい．捕

砂器の捕砂孔の大きさは長さ5cm，幅1cm程度とし，その間隔は，海底付近では20〜30cm間隔，海面では50〜100cm間隔とする．また，設置位置は調査対象海岸の代表地点とし，1回の設置期間は原則として1週間程度とする．捕砂器の設置に際しては，トランシットにより位置を測定し，また，水深，日時を記録する．捕砂器の引揚げに際しては，引揚げ日時，設置水深を記録する．

調査結果は，必要に応じ海底からの高さと捕砂量および平均粒径の関係を示す図などに整理する．

7.4.2 掃流砂調査

> 掃流による底質移動の調査は，海底面での掃流での移動特性を把握するために，捕砂器を用いて行うものとする．

解　説

掃流砂は波により底面を移動するものであり，捕砂器を用いて調査を行うが，手法として十分確立しておらず工夫を必要とする．捕砂器として海底に円筒または矩形の箱を埋設したり，袋状のネットを設置し，一定時間内に捕砂器に入った砂の量を測定する方法がとられる．捕砂器を設置したために海底面が洗掘されたり，砂が巻き上がり捕砂量に影響を与える可能性があるので注意を要する．

7.4.3 トレーサによる調査

> トレーサによる調査は，漂砂の移動状況，卓越方向，外力と漂砂量の関係などを把握するため，螢光砂等を投入し定期的に追跡することにより行うものとする．

解　説

トレーサとしては螢光砂，ガラス砂，れんがくずなどがあるが，取扱いやすく，現地砂と同じ性質のものを作ることができることなどから螢光砂を使うことを原則とした．

螢光砂の作業は，次のように行う．現地砂を採取し，細かいふるいにかけ水洗いを行って乾燥する．それに流砂観測用螢光塗料を加え，混ぜ合わせる．自然乾燥を行った後にもみほぐす．螢光塗料と砂の混合割合は**表15-4**のとおりである．また螢光塗料の色としては，赤，黄，緑，だいだい，などを使用する．

表 15-4　螢光砂作成における塗料の割合

粒　径	螢光塗料
1.0〜0.5 mm	2.5%
0.5〜0.25	5.0
0.25〜0.1	10.0

漂砂の移動状況を知るためには，外力，観測期間，範囲などに対応した量を投入することが必要である．短期間の移動状況については1点にある量のトレーサを投入する方法でよいが，長期間にわたる場合にはある決められた点に一定量をある期間にわたって投入する方法をとるのが望ましい．

トレーサの投入位置および投入量は，調査目的，調査範囲，外力の条件，観測期間などにより決定する．試料の採取は採取器またはグリースを塗布した防水紙で行うが，採取時間間隔は目的，外力条件によって決定する．採取点の位置は必要に応じトランシット等で測定する．

トレーサの移動速度と移動範囲（移動断面積）が明らかになれば，漂砂量を求めることができる．なお，砂はある方向に移動するのみではなく，拡散するので平均の移動速度を求める．

また，トレーサとして螢光砂を使用する場合には，螢光砂は投入前に水にぬらして投入する．また，螢光砂の

検出は暗室で紫外線灯を使用して行い，試料をパレットに拡げ，その中の蛍光砂の数を数える．蛍光砂の投入期間中は，外力である波浪，流れ，潮汐の観測を行うのが望ましい．

7.4.4 海底面変動調査

> 海底面変動調査は，時系列的な海底変動を把握するために，砂面計などを用いて行うものとする．

解　説

砂面計等により海底面の時系列的な変化を調査する．機器等が波により移動しないように十分強固なものにする必要があるが，その規模が大きくなると地形変化に影響を与える可能性もあるので注意する．波浪や流れの観測もあわせて行う．

観測結果には波浪や流れの状態と海底の変動の状態を時系列変化として示す．

7.5 供給源調査

7.5.1 河川からの供給土砂調査

> 河川からの供給土砂調査においては，河川および海岸における底質調査によって平均粒径，最大粒径，粒度分布，鉱物組成を調査し，河川からの寄与を明らかにするものとする．
>
> 供給量については，河川からの流出土砂量の直接観測，河床変動の状況，流出土砂量計算等によって推定を行うものとする．

解　説

河川からの流出土砂が漂砂の主要な供給源となる場合が多いのでその状況を必要に応じて把握しておく必要がある．本章7.3および本編第14章流送土砂調査などを参照のこと．

7.5.2 海崖からの供給土砂調査

> 海崖から海岸に供給される土砂の調査については，海崖およびその周辺の地形とその変化，構成物質，風化の程度を調査し，海崖からの寄与を明らかにするものとする．

解　説

海崖が波浪や降雨により侵食されて，その一部が海岸への供給土砂となる．その量は海崖を構成する岩質や環境条件により異なる．侵食量は，海崖の測量成果や，時期を異にする地形図や航空写真を比較することにより推定することができる．海岸への供給量については，侵食量の一部は浮遊状態で移動し海岸にとどまらないことより，海崖を構成する岩質，その粒度分布，海岸の底質の粒度分布等を比較することにより推定する．

7.6 飛砂調査

> 風が卓越する海岸では，必要により土砂収支に飛砂量を考慮するものとする．飛砂量は適切な算定式を用いて求めるものとする．

解　説

海浜の砂は，風の作用によって汀線から海側に吹き込まれる飛砂量，海浜から内陸側に飛ばされる飛砂量，あるいは汀線に沿って輸送され，砂丘を形成したり，河口の閉塞や港湾の埋没の要因となる飛砂量がある．これらの飛砂量が土砂収支に影響を及ぼすと考えられる場合は土砂収支にこの量を考慮する．

冬季の日本海沿岸のように，降水が比較的短い時間で繰り返され，絶えず砂面の含水率が変化するような海岸の飛砂量を妥当な精度で算定することは，現時点では困難であるが，降水が少ない海岸では飛砂量は妥当な精度

で推定することができる．

　飛砂量は算定式によって求めるものとする．式には種々の提案があるが，その利用にあたって実験係数が必要な場合は現地実験によって求める．算定式は「海岸保全施設設計便覧」を参照のこと．

　飛砂現象を調べるために最も重要な要素は，砂面での風によるせん断応力 τ_0 であり，τ_0 がある限界値以上に達すると砂粒子は運動を開始する．砂が移動を開始する以前における風速分布は，対数則で表されるが，風速が大きくなり砂が動きだした場合の風速の鉛直分布は次式で表される（Bagnold, 1954）．

$$u = 5.75 u_* \log_{10} \frac{z}{z'} + u'$$

ここに，u は砂面上 z の高さでの風速，u_* は摩擦速度，(z', u') は焦点とよばれ，Zingg によれば砂の粒径 d (mm) によって次のように表される．

$$z' = 10 d \,(\mathrm{mm}), \quad u' = 8.8 \times 10^2 d \,(\mathrm{cm/sec})$$

いま $d = 0.30$ mm と仮定して $z = 100$ cm, 446.5 cm での風速 u_{100}, $u_{446.5}$ と u_* との関係を計算によって求めてみると次のようになる．ただし，u, u_* は cm/sec の単位で表している．

$$u_* = 0.0690 u_{100} - 18.4, \quad u_* = 0.0690 u_{446.5} - 14.7$$

上式によれば粒径とある1点の高さでの風速の記録があれば，u_* と u の関係を求めることができ，実際の飛砂量推算において u_* を求められる．風速記録は現地の観測資料等による．

7.7　漂砂解析

7.7.1　漂砂解析の目的と項目

　漂砂の解析は，漂砂の卓越方向と量について平均的な値と季節的な変化特性を明らかにするために，前項までの調査データなどを基に総合的な判断を行うものとする．

7.7.2　漂砂の卓越方向調査

　漂砂の卓越方向は，地形，波浪，流況，底質などの調査結果から総合的に判断するものとする．

解　説

漂砂の移動方向は，次のことを考慮し調査する．
1. 波の卓越方向により沿岸漂砂の方向が推定できる．波の卓越方向が季節により変化すれば，それに対応して，沿岸漂砂の方向も変動するとされている．
2. 波形勾配の大きな波は沖への漂砂を生じ，小さな波は岸への移動を生じる場合が多い．
3. 底質の特性の沿岸方向変化から沿岸漂砂の卓越方向の推定が可能である．一般的には，特定の鉱物の組成が多いものから少ないものへと変化していれば，その方向に沿岸漂砂が卓越しているとされている．また，平均または最大粒径が大きいものから小さいものへと変化していれば，その方向へ沿岸漂砂が卓越していると考えられる．しかし，砂礫海岸ではその逆の特性を示す場合があるので，底質の淘汰度や円磨度などの指標とともに検討する必要がある．
4. 洋谷が存在する場合は，洋谷への砂の落込みの可能性がある．

7.7.3　移動限界水深

　漂砂の移動限界は，現地観測および算定式により求めるものとする．

解　説

漂砂解析においてはその移動範囲を知る必要がある．その方法としては，現地観測による方法，算定式を用いる方法があり，状況に応じてこれらから選定する．実際にトレーサ等をもちいて現地において観測することによ

り漂砂の移動状況を知ることができる．また，底質，波浪や流れの条件から算定式を用いて移動限界を求めることができる．潮流などの流れによる底質の移動限界は河川における流砂の移動限界式等を用いて算定する．

波による移動限界については，次のような定義に基づいてそれぞれの式が提案されている．
1. 初期移動限界：海底面の砂粒のいくつかが動き出す状態
2. 全面移動限界：海底の表層の砂がほとんど動き出す状態
3. 表層移動限界：表層の砂が波向き方向に集団的に掃流される状態
4. 完全移動限界：水深変化が明瞭に現れるほど顕著な移動がみられる状態

海浜の変形などの目的に対しては，表層または完全移動限界が用いられ，それに対応する水深を表層移動限界水深および完全移動限界水深とよぶ．具体的な式については「水理公式集」を参照すること．

7.7.4 漂砂量

> 漂砂量は次の項目について解析を行い，総合的に判断するものとする．
> 1. 地形変化の解析
> 2. 沿岸漂砂量公式
> 3. 供給量
> 4. 土砂収支

解　説

海岸侵食や河口閉塞防止に関連して必要となるのは，海岸における土砂収支であり，地形変化，沿岸漂砂量，供給土砂量などをもとに検討する．

対象とする海岸に補給される土砂は，沿岸漂砂の連続する一連の海岸を対象として検討する．海岸の管理者等が異なることにより一連の海岸について調査を行うことができない場合には資料の入手を依頼するとともに，航空写真，地形図等により海岸の変化状況を把握する．

1. 地形変化の解析

深浅測量の結果より，汀線に直角方向の測線について，その汀線や断面積の変化を季節ごとまたは年ごとに調べる．構造物の周辺の測線で汀線が経時的に後退し，それに対応して断面積が減少していれば，沿岸漂砂が存在し，その測線の位置する範囲は侵食が進んでいると判断できる．また，汀線が経時的に前進し，断面積が増加している場合には，その範囲は堆積が進んでいると判断できる．

断面形状の比較により，季節ごともしくは年ごとにバームやバー地形の消長が見られる場合には岸沖方向の土砂移動が活発であると推定できる．

2. 沿岸漂砂量公式

外力としての波向，波高，周期の資料があれば，これから沿岸漂砂量公式によって，漂砂量を求めることができる．沿岸漂砂量公式としてはCERC公式，Komar公式などがある．

3. 供給量

対象とする海岸に供給される量は供給源調査の結果に基づき，河川からの流出土砂量，海崖の侵食量などによって求める．

4. 土砂収支

土砂収支は，漂砂の卓越方向を知ることにより定性的な漂砂特性を把握し，移動限界水深により岸沖方向の移動範囲を明らかにし，対象区域への供給土砂量および流出土砂量をもとに総合的に検討する．地形変化の解析より対象区域の増減量を推定し，沿岸漂砂として境界を越えて流入および流出した量を求め，これに河川等からの供給量や飛砂による流出を加味し収支をとる．一般に整合性がとれている場合は少ないために，各項目の推定の精度等を考慮して全体の収支を推定する．この際，沖への流れ等により失われる量についても考慮する．

第8節　海岸災害調査

8.1　海岸災害調査の目的と項目

災害調査は，過去の災害状況を調査して，災害の外力と原因，被害の状況などを明らかにするものとする．

8.2　海岸災害調査の方法

災害調査は，既往の文献調査，現地調査などにより総合的に行うものとする．

解　説

文献調査は災害史，古文書により調査する．過去に生じた高潮や津波の実体を明らかにするために社寺や旧家に保存されている古文書を調査することにより，新たな知見が得られる場合がある．

現地調査は高潮や津波の来襲地域を調査し，潮位や波浪，津波の遡上高，構造物の被災形態や原因，一般的な被害の状況を調査して，以後の災害対策に役立たせることを目的として実施する．したがって，現地を災害直後に踏査することが主体となる．

現地踏査の内容としては，家屋などに残された高潮や津波の痕跡，構造物の被害の状況，一般的な被害の形態と状況，目撃者からの聞き取りなどがある．また，災害時の写真やビデオもあわせて収集する．

第9節　そ　の　他

必要に応じて以下の資料を収集するものとする．
 1．気象
 2．海象
 3．地形・地質
 4．土壌
 5．水文
 6．植生
 7．動物相
 8．景観
 9．人口構造
10．産業構造
11．所得等の経済指標
12．土地利用
13．土地の所有区分および地価
14．建築物の状況
15．交通
16．観光

17. 歴史
18. 都市施設の整備状況
19. 既定計画

解　説

1. 気　象

気象に関する調査項目は気温，気圧，風向・風速，降水量，積雪量，天気日数等である．これらの項目については，特に平年値の把握が必要である．各項目の観測データは全国各地の気象台で取得されており，「気象庁年報」「気象庁月報」（気象庁）や「理科年表」（東京天文台）に掲載されているほか，各地の気象台で資料が入手できる．また，沿岸域の気温については，各都道府県の水産試験場が観測を行っている場合があるので，その資料を活用することもできる．

(1) 気温，気圧

気温は，海水浴や海浜レクリエーション等の活動に影響する項目である．月別日平均気温，月別日最高・最低気温，時刻別月平均気温等の資料が気象統計等から得られるので，目的に応じたデータを用いる．また，日最高気温≧30°C，≧25°Cの日をそれぞれ真夏日，夏日といい，日最高気温<0°C，日最低気温<0°Cの日をそれぞれ真冬日，冬日というが，これらの指標の月別日数は夏，冬の気候の特性をよく表すので有効な資料となる場合がある．

気圧は，台風や低気圧の状況，海面の変動に関連する項目であり，気象統計等から得ることができる．

(2) 風向・風速

風速は波の発達，飛砂に関係し，また海水浴，散策等の屋外活動の制約条件となる．外洋に面した沿岸域では海風の風速が大きな場合が多い．風向・風速は防風・防砂林の配置等においても考慮すべき項目であり，気象統計等から得ることができる．

(3) 降水量

降水量は海岸地域の排水の基礎となる資料である．気象統計のほかに「雨量年表」（建設省河川局）を利用することもできる．また，屋外でのレクリエーション活動等の計画においては，降水日数の把握が必要な場合がある．この場合には，降水日数および降水量階級別日数（日降水量が0.5mm以上，1.0mm以上，10mm以上，30mm以上あったそれぞれの日数）を気象統計等から得ることができる．

(4) 積雪量

積雪の多い地域では雪害対策が必要であり資料を収集する．最深積雪および積雪階級別日数（最深積雪が10cm以上，20cm以上，50cm以上，100cm以上あったそれぞれの日数）は気象統計等から得ることができる．なお，植生や飛砂を対象とした調査を行う場合には，直接調査する必要がある．

(5) 天候

対象地域の天候の特性を把握する際には，月別の日平均雲量階級別日数（日平均雲量が1.5未満（快晴）あるいは8.5以上（曇り）の日数，不照日数（日照時間が0.1時間未満の日数），雪日数，霧日数，雷日数および夏日・真夏日・冬日の日数，降水日数，降水量階級別日数，積雪階級別日数等が適した指標となる．これらは気象統計等から得ることができる．

(6) 雷

波浪観測等の計器による観測の際や，海上でのレクリエーション活動等では，雷による被害を生じる場合があるので，雷の発生状況に関しても調査しておく必要がある．

2. 海　象

(1) 水温

水温は，沿岸での流況に影響を与え，また，海水浴等の海洋レクリエーションの制約条件になるほか，水

第9節 そ の 他

産利用にも関連する項目であり，気象条件と同様に平年値の把握が必要である．沿岸域における水温の観測は，気象庁，海上保安庁，都道府県水産試験場等で行われており，それぞれ「海洋資料観測資料」「気象要覧」（以上，気象庁），「水路部観測報告海洋編」（海上保安庁水路部），各水産試験場事業報告等に資料が掲載されている．

(2) 水質

海水浴や水産利用では，法規により水質に関する基準が定められている．調査項目は「水質汚濁に係る環境基準について」（平成7年3月30日・環告17）や日本環境衛生センターの基準に定められている．水質に関する具体的な調査項目として塩分濃度，水素イオン濃度（pH），化学的酸素要求量（COD），溶存酸素量（DO），大腸菌群数，n—ヘキサン抽出物質等がある．水質資料としては「全国公共用水域水質年鑑」（環境庁水質保全局），「日本河川水質年鑑」（建設省河川局）を利用することができる．

3. 地形・地質

陸上の地形・地質は海岸保全や利用等を立案したり，施設を設計するうえでの基礎資料となるものである．海岸測量については，第6節で述べたが，それ以外に，国土地理院発行の各種「地形図」「国土基本図」「土地条件図」「地質図」，国土庁の「土地分類基本調査図（地形分類図）」，その他の図面および空中写真等を利用することができる．海底地形についても国土地理院発行の「沿岸海域地形図」「沿岸海域土地条件図」，海上保安庁発行の「海図」「海の基本図」を利用することができる．また，地質資料は各種施設の建設等に必要であり，国土庁発行の「土地分類基本調査図（表層地質図）」等を利用することができる．詳細な資料を必要とする場合には，ボーリング調査，サウンディング，物理探査等を行う必要がある．

さらに，学術的価値の高い，あるいは天然記念物等の対象となる地形・地質については事前に調査し保全等の措置を講じる必要がある．これらの特殊な地形・地質については，「すぐれた自然図」（環境庁），「文化財分布図」（都道府県，市町村教育委員会）等の資料を利用して調査するとともに，現地踏査を実施することが望ましい．

4. 土 壌

土壌は海岸緑化等の基礎資料となる項目であり，土壌断面，土壌の物理的・化学的特性などの資料を収集する．

5. 水 文

対象地域や周辺地域の水循環に関連する項目であり，主要河川の流量は「流量年表」（建設省河川局）により把握することができる．また地下水に関して，構造物の建設等により地下水脈を分断しないよう調査を行っておく必要がある．「地下水位観測施設調書」（農林水産省構造改善局），「地下水位年表」（建設省河川局），「観測井調査報告書」（通商産業省）等の資料よりその分布を把握できる場合がある．

6. 植 生

植物の分布は対象地域の自然環境を把握するうえで基本となる調査項目である．また，貴重な植物等保全の必要な植物群落等が存在する場合，開発の観点からは制限条件となるが，レクリエーション等の観点からは貴重な資源となることが考えられる．

植生調査の結果は植生図として表現されるが，現在一般に使用される植生図は現存植生図と潜在自然植生図であり，現存植生図には植物社会学的方法によるものと相観によるものとがある．海岸利用計画等の目標によって適宜有効な方法を選択する．

全国的な植生調査は，2回の自然環境保全基礎調査（通称「緑の国勢調査」）において実施されており，現存植生図が作成されている．さらに，貴重植物については「すぐれた自然図」「特定植物群落調査報告書」「動植物分布図」（環境庁）が作成されている．このほか「主要動植物地図」（文化庁），「文化財分布図」（都道府県，市町村教育委員会）等を資料として利用することができる．状況によっては，詳細な現地調査が必要な場合がある．

第15章 海岸調査

7. 動物相

海鳥等の陸上の生物および海洋生物の生息状況と生息環境，貴重種の分布等の資料収集を行う．特に貴重種については法律により保護されている種もあるので，詳細な調査が必要である．その生息状況は海域の水質や陸上の植生等と密接な関係を有するので，生息環境も十分に把握する必要がある．動物相の分布については，「すぐれた自然図」「動物分布調査報告書」「動植物分布図」（環境庁），「主要動植物地図」（文化庁），「文化財分布図」（都道府県，市町村教育委員会）のほか，鳥獣保護に関する資料等が活用できるが，詳細な資料が必要な場合には現地調査を行う．また，海洋生物に関しては既存の水産利用への影響と新たな水産利用の促進の観点から調査が必要である．

8. 景観

海岸は景観資源として重要な場合があり，眺望点，ランドマーク等の景観構成要素の分布，対象地域の景観の特性等に関する資料収集を行う．

9. 人口構造

人口の総数および増減数（自然増減，社会増減に区分する必要もある），人口の地域分布，人口密度，年齢層別人口，産業分類別常住地就業者数，産業分類別従業地就業者数，就業地別・職業別就業人口，世帯数，世帯の規模等が調査項目としてあげられる．これらの統計は「国勢調査」（総務庁統計局）や住民基本台帳から得ることができる．

10. 産業構造

事業業所数（産業分類別，従業員の規模別，形態別），従業者数（産業分規別，形態別），製造業出荷額（産業分類別），商業販売額（産業分類別），産業の立地動向等の産業構造に関する資料収集を行う．これらの資料は「事業所統計」（総務庁統計局），「工業統計調査」「商業統計調査」（以上，通商産業省調査統計部）等から得ることができる．

11. 所得等の経済指標

経済指標に関しては所得水準，物価指数，消費動向等の資料収集を行う．「国税庁統計年報」「県民所得統計年報」（経済企画庁経済研究所），「消費者物価指数年報」「家計調査」（以上，総務庁統計局）や各都道府県の統計書，統計年報等を資料として利用できる．

12. 土地利用

(1) 土地利用現況

　　土地利用の地目別現況等を調査する．概況把握のためには，「土地利用図」（国土地理院），「土地分類基本調査図（土地利用現況図）」（国土庁土地局），航空写真等を利用できるが，地目別の土地利用の詳細な把握には，公図，土地課税台帳等の資料による調査と現地踏査による実態調査を併用することが望ましい．

(2) 土地利用規制

　　法規による土地利用の規制は，開発規模等を決定する制約条件となるので十分な調査が必要である．「都市計画法」による区域区分，地域地区，「農業振興地域の整備に関する法律」による農業振興地域・農用地，「森林法」による保安林，「自然公園法」による国立公園・国定公園・都道府県立自然公園，「自然環境保全法」による原生自然環境保全地域，自然環境保全地域，都道府県立自然環境保全地域の指定状況のほか，「河川法」による河川区域，「海岸法」による海岸保全区域，「文化財保護法」による史跡名勝天然記念物，「鳥獣保護法」による鳥獣保護地区等の指定状況を調査する必要がある．

13. 土地の所有区分および地価

用地取得に関連して調査が必要な項目である．土地の所有区分については，公図，土地課税台帳等の資料により調査する．地価については，公示地価および周辺地域での取引価格等について調査を行う．

14. 建築物の状況

建築物の用途，建築動態，住宅戸数，住宅規模等が調査項目としてあげられる．家屋課税台帳，「住宅統計調

15. 交　　通

交通量や交通施設の現況および将来計画，周辺都市との時間距離等の調査を行う必要がある．調査はおもに実態資料を利用して行う．交通量については全国道路交通情勢調査，パーソントリップ調査，自動車起終点調査，物資流動調査，自動車輸送統計等が参考になる．

16. 観　　光

観光は，特に海洋性リゾート等の計画に強く関連する項目である．入込数，観光資源・施設の分布状況等について調査を行う．入込数については各自治体において観光統計が整備されつつあるので，この資料を用いるのが最も簡便な方法である．ただし，調査方法が調査主体によって異なる場合があるので注意を要する．

17. 歴　　史

歴史は，地域の人間の営みの蓄積であり建造物または，史跡の形で知ることができる．また，これらの背景を調査し，その結果を計画に反映することが必要である．これについては市史，町史などが参考となる．

18. 都市施設の整備状況

都市施設の整備状況としては，供給処理施設，教育文化施設，社会福祉施設等の施設量，分布の現況等について調査する．特に施設容量を把握しておくことが重要である．

19. 既 定 計 画

全国総合開発計画から計画対象地が存する自治体の基本計画，総合計画までさまざまの計画が調査対象となる．また，「多極分散型国土形成促進法」の規定による振興拠点地域基本構想，「地域産業の高度化に寄与する特定事業の集積の促進に関する法律」の規定による集積促進計画，「高度技術工業集積地域開発促進法」の規定による開発計画，「総合保養地域整備法」の規定による基本構想等，地域の振興を目的とした法律による開発計画等についても調査を行う必要がある．この場合，広域にわたる各種の開発計画における海岸利用等の位置付けと調整の観点から調査を実施する必要がある．

参考文献

1) 改訂海岸保全施設築造基準解説　海岸保全施設築造基準連絡協議会　(社)全国海岸協会　1987
2) 海岸保全施設設計便覧改訂版　海岸保全施設設計便覧改訂小委員会　土木学会　1969
3) 水理公式集―昭和46年度版―　土木学会水理委員会水理公式集改訂委員会　土木学会　1971
4) 水理公式集―昭和60年度版―　土木学会水理委員会水理公式集改訂委員会　土木学会　1985
5) 海洋観測指針　気象庁　日本気象協会　1970
6) 港湾調査指針（改訂版）　運輸省港湾局　日本港湾協会　1987
7) 海岸環境工学　本間仁・堀川清司　東京大学出版会　1985
8) 気象の事典　和田清夫　東京堂出版　1968
9) 潮位表　気象庁　日本気象協会　1995
10) 日本海沿岸で観測された流れの特性　佐藤慎司　土木学会論文集II　No.512　II-32　pp.113〜121　1995
11) 風波のスペクトルの発達(2)―有限な吹送距離における風波のスペクトルの形について　光易恒　第17回海岸工学講演会論文集　pp.1〜7　1970
12) Mitsuyasu, H. et al　Observation of the directional spectrum of ocean waves using a cloverleaf buoy　J. Physical Oceanography　Vol. 5　No. 4　pp. 750〜760　1975
13) 光易型方向スペクトルによる不規則波の屈折・回折計算　合田良実・鈴木康正　港湾技研資料　No. 230　pp. 1〜45　1975
14) Fujita　T, Pressure distribution in typhoon　Geophys　Mag., Vol. 23　1952
15) MMZ計画策定の手引き（案）土木研究所彙報第57号　建設省土木研究所　1992

第 16 章

水質・底質調査

第16章 水質・底質調査

第1節 総　　　説

> 本章は水質・底質調査を行うための基本的手法を定めるものとする．

解　説

1. 水質調査は，河川，湖沼，貯水池，海域に存在する表流水ならびに地下水を含む水の適正な水質管理を行うために，その水中の化学的，生物化学的，および細菌学的性状，ならびにそれらに関与する物理的性質の状態を明らかにすることならびに水質の予測を含む対策の立案を行うために実施するものである．表流水および地下水の化学的，生物化学的ならびに細菌学的性状は，気候，降水量などの自然条件によっても影響を受けるが，人為的条件によって極めて大きく影響されるので，水質調査を行うにあたっては，流域にいかなる汚染源があるかを予め調べて，それに対応できる調査方法，調査項目を定めることが必要である．

    水質調査を目的別に分類すると，水質観測，地下水調査，汚濁源および汚濁負荷量調査，水質汚濁予測調査，水質事故時の水質調査，酸性雨調査，個別調査に分類される．

    水質観測は公共用水域での水質汚濁に係わる環境基準の維持達成状況の把握と河川（それに付随する水域を含む）管理上必要な資料を得るため恒久的，永続的に行う水質の調査である．この調査のため各水域に基準地点と一般地点を設置し，それらの地点において，水質および流量を一体とした観測を行い，必要に応じて水質の常時監視を行う．

    地下水調査は，清浄な地下水（伏流水を含む）を保全し，その効果的な利用を図るために必要な資料のうち，その水質についての資料を得るため継続的に観測を行うものである．地下水の水理的な把握については，調査編第7章地下水調査を参照のこと．

    汚濁源および汚濁負荷量調査は公共用水域の水質汚濁と密接に関与する汚濁発生源の把握と，それによる発生汚濁負荷量，排出汚濁負荷量，流入汚濁負荷量，流達率についての調査である．

    水質汚濁予測調査は公共用水域の水質汚濁防止計画（流域別下水道整備総合計画を含む）の策定，河川（それに付随する水域を含む）の管理，利水上必要な工作物の設置，湖沼の再開発，交通体系の整備，住宅および，工業用地の造成などの諸計画に対する水環境面でのアセスメントを行うとともに対策を立案するための基礎調査である．なお，生態環境に対するアセスメントに関しては，調査編第18章河川環境調査を参照のこと．

    水質事故時の水質調査は油や魚の浮上等の水質事故が起こった時に緊急に行う調査，酸性雨調査は河川や地下水の水質に長期的に影響を及ぼす可能性のある降雨の降水水質調査等である．

    個別調査は河川，湖沼，海岸などでの工作物の設計および工事のための調査材料としての水の性質を知るなどの個別の目的をもった調査であり，これらの調査はケースバイケースで行われるのが常である．

    なお，河川の水質は人為的条件のみならず，流量などの自然的条件によって大きく変化することもある．河川の水質と流量との関係を時系列的にみると，一般的には，流量の少ない期間がかなり続けば水質は一定になり，その後降雨による出水があると，水質項目によっては出水の初期には極めて濃度が上昇し，流量の逓減に従って水質も清浄になるという変化をたどる．また，出水が終わって流量が洪水前の流量と同じ程度になったとき以降において，水質項目によってはしばらくの間は出水前よりも濃度の低い期間があるといわ

れている．洪水流出初期の水質悪化は「黒にごり」として知られており，生物化学的酸素要求量（BOD）や濁度等が平常時の数十倍に達することもある．これは，水中に浮遊物資として存在している汚濁物質の一部が，平常時には河床などに沈殿堆積してしまい，出水による掃流力の増加に伴ってこの堆積物が一時に流出してくるためである．したがって，出水前の流量の少ない期間が長ければ長いほど，洪水流出初期の水質は悪くなる．また，洪水後の水質が清浄になる期間については，洪水の通過によって河床の窪みなどが再び生成され，この部分が沈殿物によって満たされるまでは沈殿による水質の清浄化作用が大きくなるためと説明されているが，その詳細な機構は明らかではない．

　黒にごり時の水質調査などは個々のケースによってかなり異なり，個別的な調査と考えられるため，本章5.6降雨時の流入負荷量調査で若干述べるほかは特にふれていないが，河川の水質の実態の把握のため必要に応じて調査すべきである．

　以上のような水質調査のほかに水質事故時の水質調査の場合は本章第7節に述べた．また，酸性雨調査は本章第8節に述べた．

2. 底質調査は河川，湖沼，貯水池ならびに海域の適正な管理に資するためその底部に堆積する底質中の化学的・生物化学的性状と諸成分の含有量，ならびにそれらに関与する物理的性質の現状を明らかにするとともに水質現象に与える底質の寄与を明らかにすることを目的として行うものである．有害，有毒物質を含有する底質および，多量の有機物質を含有する底質についての調査は，しゅんせつの必要性，しゅんせつ方法，しゅんせつの処分方法などを検討するための資料を得るためにさらに詳細に行われる．このため，これら有害物質，有機物，ならびに栄養塩類の原因である人為的条件に着目して調査方法，調査項目などの選定が行われなければならない．

3. 本章に関連する調査結果の整理等については，「水文観測業務規定及び細則」を参照のこととする．

第2節　水　質　調　査

2.1　観測測定地点の設定

2.1.1　観測測定地点の設定

> 　観測測定にあたっては，観測測定地点として基準地点および一般地点を必要に応じ設定するものとする．

2.1.2　基準地点の選定

> 　基準地点は，流水の正常な機能の保持，環境基準の保持等公共用水域の管理上の重要な地点で，その水域の代表的な水質を示し，継続的に水質調査を行う必要のある地点を選定するものとする．

解　説

基準地点は次の要件のいずれかを満たすものについて選定するのがよい．

1. 水質汚濁に係わる環境基準地点であること．
2. 公共用水域の水質を総合的に把握できる地点であること．
3. 治水，利水計画上の基準地点であること．
4. 流水を利用している重要地点であること．

2.1.3　一般地点の選定

> 　一般地点は，本章2.1.2に定めた基準地点以外で，公共用水域の水質状況を把握するために継続し

> て水質調査を行う必要のある地点を選定するものとする．

解　説

一般地点は次のいずれかの要件を満たすものについて選定する．
1. 河川で，その水質に現在大きな影響をもたらしているか，今後影響をもたらすと予想される，支川，排水路などが合流している位置の上・下流地点および支川，排水路の合流直前の地点であること．
2. 河川で流量の大きい支川が合流している位置の上・下流地点および支川の合流直前の地点であること．
3. 河川で山間部から平野部に移るような地形の変化する地点であること．
4. 河川で流域の地質が変化する地点であること．
5. 湖沼，貯水池に直接流入する河川，排水路のうち，その湖沼，貯水池の水質に大きな影響をもたらしているか，今後影響をもたらすと予想されるものの流入直前の位置であること．
6. 湖沼，貯水池の出入口および，湖心その他必要な地点であること．
7. 基準地点以外で流水を利用している地点であること．
8. 海域に直接流入する河川および排水路のうち，その海域の水質に大きな影響をもたらしているか，今後影響をもたらすと予想されるものの流入直前の位置であること．
9. 海域で河川，排水路などの流入している沖の地点であること．
10. 閉鎖性海域の湾口，海峡など外海との水の交換が行われる地点であること．
11. その他特殊な汚濁状況を示す地点であること．

2.2 観測測定地点に設置すべき機器

2.2.1 水位流量観測設備の設置

> 河川および排水路の基準地点，一般地点には原則として水位および，流量観測設備を設置するものとする．ただし，流量観測地点がすぐ近傍にあり，その間の流量の増減がないと認められる場合はこの限りでない．

解　説

河川および排水路の基準地点，一般地点では採水のたびに水位および流量観測を行って，その結果を水質の観測測定結果とともに資料として保存する．このため，水位および流量の測定が行えるよう設備を整える必要がある．

2.2.2 水質自動監視装置の設置

> 水質自動監視装置は基準地点のうち，特に水質の連続監視が必要な地点に設置するものとする．

解　説

水質自動監視装置は，水質の連続観測を行う装置であり，基準地点のうちで特に水質の連続監視が必要な地点に設置し，長期間にわたっての水質データの収集，異常水質の発見に努めるものとする．

水質自動監視装置で測定する項目としては，水温，pH，導電率，溶存酸素（DO），濁度のほか，必要に応じてシアン，化学的酸素要求量（COD），総窒素，アンモニウム態窒素，総リンなどについても測定を行うものとする．水質自動監視装置のデータは必要に応じて管理者等に伝送できるようにするとよい．

2.2.3 自動採水装置の設置

> 自動採水装置は，基準地点，一般地点および主要な汚濁源が流域に存在する支川，排水路のうち水質の連続監視が必要な地点に設置するものとする．

第16章 水質・底質調査

解　説

　自動採水装置は人力によらず長時間にわたる定時間間隔の試料を採取し，保存しておくものである．試料のもつ性質（水質）を自動的に測定することはできないが，一定時間の範囲ならば，過去に流下した水を保存しておけるので，重金属類，毒性物質などが流され魚類に被害を与えたり，また，浄水後の給水によって異状を発見した場合にも，その保存された試料を用いて，原因の究明が行える．自動採水装置としては種々のものがあるが，一定時間試料を保存した後自動的に排水し新しい試料を採取できるものが，この種の目的に使用するのに便利である．

2.3　採　水　位　置

2.3.1　河川（湖沼，ダム貯水池等を除く）の採水位置

> 　河川での採水は，流心で行うものとする．ただし，左岸または（および），右岸側の水質が明らかに異なる地点では，左岸側または（および），右岸側においても，その代表する位置で採水を行うものとする．

解　説

　採水位置は流心とするが，上流に支川または排水路が，流入している場合には，左岸側または（および），右岸側の水質が異なる場合がある．特に感潮河川は緩流速であり，その傾向が強い．このように流心と異なる水質である場合には，左岸側または（および），右岸側についても採水を行う必要がある．左岸側または（および），右岸側で採水を行う場合には，流心と左岸または右岸の河岸との間の横断面で，その流水断面積がほぼ等しくなる位置を左岸または右岸側の採水位置とする．水質自動監視装置および自動採水装置での採水位置もこれに準じて定める．

2.3.2　湖沼および海域の採水位置

> 　湖沼および海域での採水は，水域全体を最も代表するような湖心等の位置で行うものとする．ただし，対象とする水域の面積が大きい場合，流入河川水の影響を受ける水域が存在する場合は，その水域において代表する位置を数地点設定し採水を行うものとする．

解　説

　調査地点の選定に際しては，湖沼および海域の水理条件を十分に考慮しなければならない．水域全体の特性を最も代表するような地点として湖心がある．湖面積が極めて小さいような場合は，湖沼全体について１地点だけを調査地点としてもよい．湖盆形態や滞留時間にもよるが，一般に湖沼等では吹送流などに起因する循環流が認められることが多く，流下方向に沿って湖沼全体で何地点かを選べばよいが，循環流の大きさに応じてそれぞれ１～３地点程度を個々の水塊を代表する地点として選ぶようにする．

　また，湖面積がある程度以上に大きく，流入河川水の影響を強く受ける水域が存在する場合や，一様流が支配的である場合には，数地点を調査地点とする必要がある．

　なお，湖沼および海域における観測測定地点は本章2.1.2または，2.1.3に従って平面的に位置を定める．

2.3.3　ダム貯水池等の採水位置

> 　細長いダム貯水池等の採水は，その横断面の最深部の位置で行うものとする．ただし，左岸または（および），右岸側の水質が最深部の水質と明らかに異なる地点では，左岸側または（および），右岸側においても，その代表する位置で採水を行うものとする．

解　説

　河川と同じような取扱いのできる細長いダム貯水池の場合は河川の場合に準じて採水位置を定める．
　なお，幅広いダム貯水池における観測測定地点は，本章2.1.2または，2.1.3に従って平面的に位置を定めるとともに，「ダム貯水池水質調査要領」および「堰水質調査要領」に従う．

2.4　採　水　深　度

2.4.1　河川における採水深度

> 　河川での採水は原則として水面から水深の2割の深度で行うものとする．ただし，水深が浅く，採水することにより河床の底泥土を乱す恐れのある場合は，河床の泥土を乱さない深度で採水を行うものとする．また，水深が大きく，かつ上下の混合が十分に行われていない場合には水面から2割の深度で採水するほか，混合状況を考慮して5割，あるいは8割等の深度でも採水を行うものとする．

解　説

　非感潮河川では上下の混合が十分に行われているので，水面から2割の水深での採水のみでよい場合が多い．
　水深が浅い場合には，採水時に河床の泥土を乱したり付着藻類をはく離して，それが試料中に混合する恐れもあるので，この場合には水面付近で採水してもよい．
　感潮河川の場合には，上下の混合が十分に行われていない場合が多い．ここでは2割の位置で採水するのを原則としたが，感潮河川における塩水の混合状況は月齢等により変化することもあり，河川の特性に応じて採水位置など採水方法について十分調査をする必要がある．例えば緩混合時は，常に水深方向に水質の差が認められる．感潮河川においては，水面より2割のほか5割あるいは8割の採水が必要となる場合もある．水質自動監視装置および自動採水装置での採水位置もこれに準じて定める必要がある．

2.4.2　湖沼および海域における採水深度

> 　湖沼および海域で全水深が3mを越え，水深方向に水質変化があると考えられる場合には，必要に応じ表層（水面より0.5～1.0mの深度），変水層または中層（全水深の1/2の深度），および下層（底泥表面より0.5～1.0m）の深度において採水するものとする．全水深が3m以下の場合には，中層採水および下層採水を省略してよいものとする．

解　説

　一般に湖沼等においては，春になると表面が緩められて水深方向に温度勾配を生じ始め，晩春から夏にかけて強い温度躍層（水温が急変する層）が形成されて，温度躍層の上下での水の混合がほとんど起こらなくなる．強い温度躍層が形成されて成層状態になる時期を停滞期または成層期とよぶが，停滞期には温度躍層より上の層（表層または表水層）と下の層（下層または底水層）との混合が起こらないため，水深方向の水質も特に温度躍層を境として大きく変化する．したがって，温度躍層を変水層ともよぶ．
　秋になると表面から冷却され始め，水深方向の温度分布も一様に近づき，水深方向の水の混合も起こりやすくなる．この時期を循環期とよぶ．
　このように湖沼等の水質は，少なくとも停滞期には水深方向に大きく変化している可能性があるので，停滞期には表層，変水層，下層の3層からの試料を採取し，個々の試料について分析を行う必要がある．温度躍層がはっきりとは形成されていない場合や，停滞期以外の期間は，変水層の代わりに中層（全水深の1/2の深度）で採水を行う．なお，循環期において全層の水質が同じであると確認された場合には，表層のみの試料採取で差し支えない．また，本文の規定にかかわらず，水温，DO，導電率など比較的簡単に現場測定できる項目については，表層および変水層では2mピッチ程度，それより深い層では5～10mピッチ程度で水深方向の分布を測定し，

湖沼，貯水池の成層状況および，それに伴う水質特性を把握しておくことが望ましい．

全水深が3mを下回る場合には，中層採水および下層採水を省略してよいとしたのは，全水深が浅い場合には晩春および夏においても成層することがほとんどないからである．

海域では河川の流入，潮汐の干潮などによって，その水質は水深方向で変化する場合が多い．このため，表層，中層，下層の3層で試料採水を行うのを原則とする．なお，水域によっては，季節により全層の水質が同じであると確認された場合には表層の1層のみの試料採取で差し支えない．水質自動監視装置での採水位置もこれに準じて定める．ただし，全水深が3mを越える場合で1個所の設置台数1台の場合には表層に，2台設置の場合は表層と下層に採水位置を定める．

2.4.3 ダム貯水池等における採水深度

> ダム貯水池では，水深方向の水質も温度躍層を境として大きく変化するため，採水深度は，必要に応じ表面，変水層または中層および下層の深度において採水するものとする．

解　説

ダム貯水池等においては，湖沼における温度躍層と同様の特性がある．ダム貯水池等の採水深度は，本章2.4.2に従って行うとともに，「ダム貯水池水質調査要領」，および「堰水質調査要領」に従う．

2.5　観測測定項目

2.5.1　基準地点，一般地点で共通的に測定すべき項目

> 基準地点，一般地点では必要に応じ，人の健康の保護に関する環境基準項目，生活環境の保全に関する環境基準項目および要監視項目，その他について測定するものとする．

解　説

全公共用水域には一律の人の健康の保護に関する環境基準値および，要監視項目の指針値が定められている．これらの項目は，すべて測定するのが原則であるが，水質汚濁上問題のない地点ではその一部の項目を省略することができる．その他の項目としては，水道水源に関するトリハロメタン生成能，排水規制項目など，今後環境基準値が追加指定されることが予想される項目のうちから当該水域で検出されるもの，また将来検出が予想されるものを必要に応じて選定する．なお，本文に定めた項目について一般地点においても実施する必要があるのは支川等からの流入があると思われる場合である．なお，人の健康の保護に関する環境基準項目等は（参考16.1〜16.3）に定めている．

2.5.2　河川（湖沼およびダム貯水池等を除く）の基準地点，一般地点で測定すべき項目

> 河川の基準地点，一般地点では必要に応じ水位，流量，気温，水温および生活環境の保全に関する環境基準項目，その他について測定するものとする．

解　説

この項目のうち，大腸菌群数は環境基準の類型C，D，Eが設定されている河川については，その必要が認められない場合は省略してもよい．その他の項目としては，色相，臭気，透視度または濁度，化学的酸素要求量（COD），溶解性BOD，溶解性COD，TOC，溶解性TOC，塩化物イオン（感潮河川では必ず測定のこと），n-ヘキサン抽出物質，酸度，アルカリ度，硫酸イオン，硫化物，総窒素，溶解性総窒素，アンモニウム態窒素，亜硝酸態窒素，硝酸態窒素，総リン，溶解性総リン，オルトリン酸態リン，陰イオン界面活性剤，色度，蒸発残留物，強熱減量，有機性浮遊物（VSS），クロロフィル，重クロム酸カリウムCOD（COD_{cr}），トリハロメタン生成能，農薬，導電率，2MIB，ジオスミン，総硬度，カルシウム，マグネシウム，シリカ，ナトリウム，カリウ

ム，一般細菌数，無機態炭素（IC），1次生産速度などのうちから，当該水域での測定の必要が認められたものを測定する．

〔参考 16.1〕 人の健康の保護に関する環境基準

人の健康の保護に関する環境基準

項　　　目	基　準　値	測　定　方　法
カ　ド　ミ　ウ　ム	0.01 mg/l 以下	日本工業規格 K 0102（以下この表，別表2，付表1，付表3，付表6，付表7および付表9において「規格」という．）55.2，55.3もしくは55.4に定める方法または付表1に掲げる方法
全　シ　ア　ン	検出されないこと．	規格38.1.2および38.2に定める方法または規格38.1.2および38.3に定める方法
鉛	0.01 mg/l 以下	規格54.2，54.3もしくは54.4に定める方法または表1に掲げる方法
六　価　ク　ロ　ム	0.05 mg/l 以下	規格65.2に定める方法または付表1に掲げる方法
ヒ　　　　　素	0.01 mg/l 以下	規格61.2に定める方法または付表2に掲げる方法
総　　水　　銀	0.0005 mg/l	付表3に掲げる方法
ア　ル　キ　ル　水　銀	検出されないこと．	付表4に掲げる方法
Ｐ　　Ｃ　　Ｂ	検出されないこと．	付表5に掲げる方法
ジ　ク　ロ　ロ　メ　タ　ン	0.02 mg/l 以下	日本工業規格 K 0125 の5.1，5.2または5.3.2に定める方法
四　塩　化　炭　素	0.002 mg/l 以下	日本工業規格 K 0125 の5.1，5.2，5.3.1，5.4.1または5.5に定める方法
1,2-ジクロロエタン	0.004 mg/l 以下	日本工業規格 K 0125 の5.1，5.2，5.3.1または5.3.2に定める方法
1,1-ジクロロエチレン	0.02 mg/l 以下	日本工業規格 K 0125 の5.1，5.2または5.3.2に定める方法
シス-1,2-ジクロロエチレン	0.04 mg/l 以下	日本工業規格 K 0125 の5.1，5.2または5.3.2に定める方法
1,1,1-トリクロロエタン	1 mg/l 以下	日本工業規格 K 0125 の5.1，5.2，5.3.1，5.4.1または5.5に定める方法
1,1,2-トリクロロエタン	0.006 mg/l 以下	日本工業規格 K 0125 の5.1，5.2，5.3.1，5.4.1または5.5に定める方法
トリクロロエチレン	0.03 mg/l 以下	日本工業規格 K 0125 の5.1，5.2，5.3.1，5.4.1または5.5に定める方法
テトラクロロエチレン	0.01 mg/l 以下	日本工業規格 K 0125 の5.1，5.2，5.3.1，5.4.1または5.5に定める方法
1,3-ジクロロプロペン	0.002 mg/l 以下	日本工業規格 K 0125 の5.1，5.2または5.3.1に定める方法
チ　ウ　ラ　ム	0.006 mg/l 以下	付表6に掲げる方法
シ　マ　ジ　ン	0.003 mg/l 以下	付表7の第1または第2に掲げる方法
チオベンカルブ	0.02 mg/l 以下	付表7の第1または第2に掲げる方法

第16章 水質・底質調査

ベ ン ゼ ン	0.01 mg/l 以下	日本工業規格 K 0125 の 5.1, 5.2 または 5.3.2 に定める方法
セ レ ン	0.01 mg/l 以下	規格 67.2 に定める方法または付表2に掲げる方法

備考
1 基準値は年間平均値とする．ただし，全シアンに係わる基準値については，最高値とする．
2 「検出されないこと」とは，測定方法の欄に掲げる方法により測定した場合において，その結果が当該方法の定量限界を下回ることをいう．別表2において同じ．
3 1,1,2-トリクロロエタンの測定方法で日本工業規格 K 0125 の5に準ずる方法を用いる場合は，1,1,1-トリクロロエタンの測定方法のうち日本工業規格 K 0125 の5に定める方法を準用することとする．この場合，「塩素化炭化水素類混合標準液」の 1,1,2-トリクロロエタンの濃度は，溶媒抽出・ガスクロマトグラフ法にあっては $2\,\mu g/ml$，ヘッドスペース・ガスクロマトグラフ法にあっては $2\,mg/ml$ とする．

〔参考 16.2〕 生活環境の保全に関する環境基準

生活環境の保全に関する環境基準
1 河 川
(1) 河川（湖沼を除く．）

項目 / 類型	利用目的の適応性	基 準 値					該当水域
		水素イオン濃度 (pH)	生物化学的酸素要求量 (BOD)	浮遊物質量 (SS)	溶存酸素量 (DO)	大腸菌群数	
AA	水道1級 自然環境保全 およびA以下の欄に掲げるもの	6.5以上 8.5以下	1 mg/l 以下	25 mg/l 以下	7.5 mg/l 以上	50 MPN/100 ml 以下	第1の2の(2)により水域類型ごとに指定する水域
A	水道2級 水産1級 水浴 およびB以下の欄に掲げるもの	6.5以上 8.5以下	2 mg/l 以下	25 mg/l 以下	7.5 mg/l 以上	1 000 MPN/100 ml 以下	
B	水道3級 水産2級 およびC以下の欄に掲げるもの	6.5以上 8.5以下	3 mg/l 以下	25 mg/l 以下	5 mg/l 以上	5 000 MPN/100 ml 以下	
C	水産3級 工業用水1級 およびD以下の欄に掲げるもの	6.5以上 8.5以下	5 mg/l 以下	50 mg/l 以下	5 mg/l 以上		
D	工業用水2級 農業用水 およびEの欄に掲げるもの	6.0以上 8.5以下	8 mg/l 以下	100 mg/l 以下	2 mg/l 以上		

第2節　水　質　調　査

E	工業用水3級 環　境　保　全	6.0以上 8.5以下	10 mg/l 以下	ゴミ等の浮遊が認められないこと．	2 mg/l 以上		
測　定　方　法		規格12.1に定める方法またはガラス電極を用いる水質自動監視測定装置によりこれと同程度の計測結果の得られる方法	規格21に定める方法	付表8に掲げる方法	規格32に定める方法または隔膜電極を用いる水質自動監視測定装置によりこれと同程度の計測結果の得られる方法	最確数による定量法	×

備考
1　基準値は，日間平均値とする（湖沼，海域もこれに準ずる．）．
2　農業用利水点については，水素イオン濃度6.0以上7.5以下，溶存酸素量5 mg/l 以上とする（湖沼もこれに準ずる．）．
3　水質自動監視測定装置とは，当該項目について自動的に計測することができる装置であって，計測結果を自動的に記録する機能を有するものまたはその機能を有する機器と接続されているものをいう（湖沼，海域もこれに準ずる．）．
4　最確数による定量法とは，次のものをいう（湖沼，海域もこれに準ずる．）．
　　試料10 ml，1 ml，0.1 ml，0.01 ml……のように連続した4段階（試料量が0.1 ml 以下の場合は1 ml に希釈して用いる．）を5本ずつBGLB醗酵管に移植し，35〜37℃，48±3時間培養する．ガス発生を認めたものを大腸菌群陽性管とし，各試料量における陽性管数を求め，これから100 ml 中の最確数を最確数表を用いて算出する．この際，試料はその最大量を移植したものの全部かまたは大多数が大腸菌群陽性となるように，また最小量を移植したものの全部かまたは大多数が大腸菌群陰性となるように適当に希釈して用いる．なお，試料採取後，直ちに試験ができないときは，冷蔵して数時間以内に試験する．

（注）
1　自然環境保全：自然探勝等の環境保全
2　水道1級：ろ過等による簡易な浄水操作を行うもの
　　〃　2級：沈殿ろ過等による通常の浄水操作を行うもの
　　〃　3級：前処理等を伴う高度の浄水操作を行うもの
3　水産1級：ヤマメ，イワナ等貧腐水性水域の水産生物用ならびに水産2級および水産3級の水産生物用
　　〃　2級：サケ科魚類およびアユ等貧腐水性水域の水産生物用および水産3級の水産生物用
　　〃　3級：コイ，フナ等，β-中腐水性水域の水産生物用
4　工業用水1級：沈殿等による通常の浄水操作を行うもの
　　〃　　2級：薬品注入等による高度の浄水操作を行うもの
　　〃　　3級：特殊の浄水操作を行うもの
5　環境保全：国民の日常生活（沿岸の進歩等を含む．）において不快感を生じない限度

(2) 湖沼
(天然湖沼および貯水量1 000万立方メートル以上の人工湖)
ア

類型	利用目的の適応性	基準値					該当水域
		水素イオン濃度(pH)	化学的酸素要求量(COD)	浮遊物質量(SS)	溶存酸素量(DO)	大腸菌群数	
AA	水道1級 水産1級 自然環境保全およびA以下の欄に掲げるもの	6.5以上 8.5以下	1 mg/l 以下	1 mg/l 以下	7.5 mg/l 以上	50 MPN/100 ml 以下	第1の2の(2)により水域類型量ごとに指定する水域
A	水道2,3級 水産2級 水浴およびB以下の欄に掲げるもの	6.5以上 8.5以下	3 mg/l 以下	5 mg/l 以下	7.5 mg/l 以上	1 000 MPN/100 ml 以下	
B	水産3級 工業用水1級 農業用水およびCの欄に掲げるもの	6.5以上 8.5以下	5 mg/l 以下	15 mg/l 以下	5 mg/l 以上	―	
C	工業用水2級 環境保全	6.0以上 8.5以下	8 mg/l 以下	ゴミ等の浮遊が認められないこと.	2 mg/l 以上	―	
測定方法		規格12.1に定める方法またはガラス電極を用いる水質自動監視測定装置によりこれと同程度の計測結果の得られる方法	規格17に定める方法	付表8に掲げる方法	規格32に定める方法または隔膜電極を用いる水質自動監視測定装置によりこれと同程度の計測結果の得られる方法	最確数による定量法	

備考
　水産1級,水産2級および水産3級については,当分の間,浮遊物質量の項目の基準値は適用しない.

(注)
1　自然環境保全：自然探勝等の環境の保全
2　水道1級：ろ過等による簡易な浄水操作を行うもの
　〃　2,3級：沈殿ろ過等による通常の浄水操作,または,前処理等を伴う高度の浄水操作を行うもの
3　水産1級：ヒメマス等貧栄養湖型の水域の水産生物用ならびに水産2級および水産3級の水産生物用
　〃　　2級：サケ科魚類およびアユ等貧栄養湖型の水域の水産生物用ならびに水産3級の水産生物用
　〃　　3級：コイ,フナ等富栄養湖型の水域の水産生物用
4　工業用水1級：沈殿等による通常の浄化操作を行うもの
　〃　　2級：薬品注入等による高度の浄化操作,または,特殊な浄水操作を行うもの
5　環境保全：国民の日常生活（沿岸の進歩等を含む.）において不快感を生じない限度

第2節　水　質　調　査

イ

項目＼類型	利用目的の適応性	基　準　値 全　窒　素	基　準　値 全　リ　ン	該当水域
I	自然環境保全およびII以下の欄に掲げるもの	0.1 mg/l 以下	0.005 mg/l 以下	第1の2の(2)により水域類型ごとに指定する水域
II	水道1, 2, 3級（特殊なものを除く.）水産1種水浴およびIII以下の欄に掲げるもの	0.2 mg/l 以下	0.01 mg/l 以下	
III	水道3級（特殊なもの）およびIV以下の欄に掲げるもの	0.4 mg/l 以下	0.03 mg/l 以下	
IV	水産2種およびVの欄に掲げるもの	0.6 mg/l 以下	0.05 mg/l 以下	
V	水産3種 工業用水 農業用水 環境保全	1 mg/l 以下	0.1 mg/l 以下	
測　定　方　法		規格45.2, 45.3または45.4に定める方法	規格46.3に定める方法	

備考
　1　基準値は，年間平均値とする.
　2　水域類型の指定は，湖沼植物プランクトンの著しい増殖を生ずる恐れがある湖沼について行うものとし，全窒素の項目の基準値は，全窒素が湖沼植物プランクトンの増殖の要因となる湖沼について適用する.
　3　農業用水については，全リンの項目の基準値は適用しない.

(注)　1　自然環境保全：自然探勝等の環境保全
　　　2　水道1級：ろ過等による簡易な浄水操作を行うもの
　　　　　水道2級：沈殿ろ過等による通常の浄水操作を行うもの
　　　　　水道3級：前処理等を伴う高度の浄水操作を行うもの（「特殊なもの」とは，臭気物質の除去が可能な特殊な浄水操作を行うものをいう.）
　　　3　水産1種：サケ科魚類およびアユ等の水産生物用ならびに水産2種および水産3種の水産生物用
　　　　　水産2種：ワカサギ等の水産生物用および水産3種の水産生物用
　　　　　水産3種：コイ，フナ等の水産生物用
　　　4　環境保全：国民の日常生活（沿岸の進歩等を含む.）において不快感を生じない限度

2 海域
　ア

項目 \ 類型	利用目的の適応性	基準値					該当水域
		水素イオン濃度（pH）	化学的酸素要求量（COD）	溶存酸素量（DO）	大腸菌群量	n-ヘキサン抽出物質（油分等）	
A	水産1級　水浴　自然環境保全およびB以下の欄に掲げるもの	7.8以上 8.3以下	2 mg/l 以下	7.5 mg/l 以上	1 000 MPN/100 ml 以下	検出されないこと．	第1の2の(2)により水域類型ごとに指定する水域
B	水産2級　工業用水　およびCの欄に掲げるもの	7.8以上 8.3以下	3 mg/l 以下	5 mg/l 以上		検出されないこと．	
C	環境保全	7.0以上 8.3以下	8 mg/l 以下	2 mg/l 以上			
測定方法		規格12.1に定める方法またはガラス電極を用いる水質自動監視測定装置によりこれと同程度の計測結果の得られる方法	規格17に定める方法（ただし，B類型の工業用水および水産2級のうちノリ養殖の利水点における測定方法はアルカリ性法）	規格32に定める方法または隔膜電極を用いる水質自動監視測定装置によりこれと同程度の計測結果を得られる方法	最確数による定量法	付表9に掲げる方法	

備考
1　水産1級のうち，生食用原料カキの養殖の利水点については，大腸菌群数 70 MPN/100 ml 以下とする．
2　アルカリ性法とは，次のものをいう．
　　検水 50 ml を正確に三角フラスコにとり，水酸化ナトリウム溶液（10 w/v %）1 ml を加え，次に N/100 過マンガン酸カリウム溶液 10 ml を正確に加えたのち，沸騰した水溶中に正確に 20 分放置する．その後よう化カリウム溶液（10 w/v %）1 ml とアジ化ナトリウム溶液（4 w/v %）1 滴を加え，冷却後，硫酸（2+1）0.5 ml を加えてよう素を遊離させて，それを力価の判明している N/100 チオ硫酸ナトリウム溶液ででんぷん溶液を指示薬として滴定する．同時に試料の代わりに蒸留水を用い，同様に処理した空試験値を求め，次式により COD 値を計算する．
$$\mathrm{COD}(\mathrm{O_2\,mg}/l) = 0.08 \times \{(b) - (a)\} \times f\mathrm{Na_2S_2O_3} \times 1\,000/50$$
　(a)：N/100 チオ硫酸ナトリウム溶液の滴定値(ml)
　(b)：浄留水について行った空試験値(ml)
　$f\mathrm{Na_2S_2O_3}$：N/100 チオ硫酸ナトリウム溶液の力価

（注）
1　自然環境保全：自然探勝等の環境保全
2　水産1級：マダイ，ブリ，ワカメ等の水産生物用および水産2級の水産生物用
　〃 2級：ボラ，ノリ等の水産生物用
3　環境保全：国民の日常生活（沿岸の進歩等を含む．）において不快感を生じない程度

第2節　水　質　調　査

イ

類型＼項目	利用目的の適応性	基　準　値		該当水域
		全　窒　素	全　リ　ン	
I	自然環境保全およびII以下の欄に掲げるもの（水産2級および3種を除く．）	0.2 mg/l 以下	0.002 mg/l 以下	第1の2の(2)により水域類型ごとに指定する水域
II	水産1種 水浴およびIII以下の欄に掲げるもの（水産2種および3種を除く．）	0.3 mg/l 以下	0.03 mg/l 以下	
III	水産2種およびIVの欄に掲げるもの（水産3種を除く．）	0.6 mg/l 以下	0.05 mg/l 以下	
IV	水産3種 工業用水 生物生息環境保全	1 mg/l 以下	0.09 mg/l 以下	
測　定　方　法		規格45.4に定める方法	規格45.3に定める方法	
備考 1　基準値は，年間平均値とする． 2　水域類型の指定は，海洋植物プランクトンの著しい増殖を生ずるおそれがある漁域について行うものとする．				

(注)　1　自然環境保全：自然探勝等の環境保全
　　　2　水産1種：底生魚介類を含め多様な水産生物がバランスよく，かつ，安定して漁獲される
　　　　水産2種：一部の底生魚介類を除き，魚類を中心とした水産生物が多獲される
　　　　水産3種：汚濁に強い特定の水産生物が主に漁獲される
　　　3　生物生息環境保全：年間を通して底生生物が生息できる限度

〔参考16.3〕 人の健康に関する要監視項目および指針値

	項　目　名	指　針　値
1	クロロホルム	0.06 mg/l 以下
2	トランス-1,2-ジクロロエチレン	0.04 mg/l 以下
3	1,2-ジクロロプロパン	0.06 mg/l 以下
4	p-ジクロロベンゼン	0.3 mg/l 以下
5	イソキサチオン	0.008 mg/l 以下
6	ダイアジノン	0.005 mg/l 以下
7	フェニトロチオン (MEP)	0.003 mg/l 以下
8	イソプロチオラン	0.04 mg/l 以下
9	オキシン銅（有機銅）	0.04 mg/l 以下
10	クロロタロニル (TPN)	0.04 mg/l 以下
11	プロピザミド	0.008 mg/l 以下
12	EPN	0.006 mg/l 以下
13	ジクロルボス (DDVP)	0.01 mg/l 以下
14	フェノブカルブ (BPMC)	0.02 mg/l 以下
15	イプロベンホス (IBP)	0.008 mg/l 以下
16	クロルニトロフェン (CNP)	＊
17	トルエン	0.6 mg/l 以下
18	キシレン	0.4 mg/l 以下
19	フタル酸ジエチルヘキシル	0.06 mg/l 以下
20	ほう素	0.2 mg/l 以下
21	フッ素	0.8 mg/l 以下
22	ニッケル	0.01 mg/l 以下
23	モリブデン	0.07 mg/l 以下
24	アンチモン	0.002 mg/l 以下
25	硝酸性窒素および亜硝酸性窒素	10 mg/l 以下

「水質汚濁に係わる環境基準についての一部改正について」
環水管第21号（平成5年3月8日）
＊：平成6年3月にCNPのADIが取り消されたため，CNPの指針値は削除された．

2.5.3 湖沼の基準地点，一般地点で観測測定すべき項目

> 湖沼の基準地点，一般地点では必要に応じて水位，気温，水温，透明度，生活環境の保全に関する環境基準項目およびCOD，その他について測定するものとする．

解　説

ここの項目のうち，大腸菌群数は環境基準類型 B，C が設定されている湖沼については，その必要が認められない場合には省略してもよい．その他の項目としては水色および，本章2.5.2解説に示した項目があげられ，必要に応じ測定を行うものとする．このとき，濁度，BOD，溶解性COD，重クロム酸カリウムCOD (COD_{cr})，TOC，溶解性TOC，無機態炭素 (IC)，溶解性総窒素，アンモニウム態窒素，亜硝酸態窒素，硝酸態窒素，溶解性総リン，オルトリン酸態リン，有機性浮遊物 (VSS)，クロロフィル，1次生産速度を，また，水道水源と

第2節 水質調査

なっている場合，将来水源となる場合についてはトリハロメタン生成能，2 MIB，ジオスミンなどについてはできるだけ測定を行うことにするとよい．

富栄養化した水域，あるいは富栄養化する可能性のある水域では生物，生態関係の調査が必要になるが，これらについては調査編第18章河川環境調査を参照のこと．なお，環境基準項目に関する項目は（参考16.1，16.2）に定めている．

2.5.4　海域の基準地点，一般地点で観測測定すべき項目

> 海域の基準地点，一般地点では，必要に応じ水位，水温，透明度，生活環境の保全に関する環境基準項目，塩化物イオン，その他について測定するものとする．

解　説

ここの項目のうち，CODは特に環境基準項目としてアルカリ法COD（COD_{OH}）の指定を受けている場合を除き，酸性法とし，必要に応じてCOD_{cr}で測定する．大腸菌群数は，環境基準類型B，Cが設定されている海域，n-ヘキサン抽出物質は環境基準類型Cが設定されている海域においては省略してもよい．その他の項目としては，SSのほか，本章2.5.2解説に示した項目があげられ，必要に応じ測定を行う．このとき，閉鎖性水域においてはBOD，TOC，溶解性TOC，アンモニウム態窒素，亜硝酸態窒素，硝酸態窒素，溶解性総リン，オルトリン酸態リン，クロロフィル，1次生産速度などについて，できるだけ測定を行うことにするとよい．

富栄養化した水域，あるいは富栄養化する可能性のある水域では，生物，生態関係の調査が必要になるが，これらについては調査編第18章河川環境調査を参照のこと．

2.5.5　ダム貯水池等の基準点，一般地点で観測測定すべき項目

> ダム貯水池等の基準地点，一般地点では必要に応じて水位，気温，水温，透明度，生活環境の保全に関する環境基準項目および，その他について測定するものとする．

解　説

その他の項目としては水色および，本章2.5.2解説に示した項目があげられ，必要に応じ測定を行うものとする．このとき，濁度，COD，溶解性COD，COD_{cr}，TOC，溶解性TOC，無機態炭素（IC），溶解性総窒素，アンモニウム態窒素，亜硝酸態窒素，硝酸態窒素，溶解性総リン，オルトリン酸態リン，有機性浮遊物（VSS），クロロフィル，1次生産速度などについてはできるだけ測定を行うことにするとよい．また，水道水源となっている場合，将来水源となる場合については，トリハロメタン生成能，2 MIB，ジオスミンなどについてはできるだけ測定を行うことにするとよい．

富栄養化した水域，あるいは富栄養化する可能性のある水域では生物，生態関係の調査が必要になるが，これらについては調査編第18章河川環境調査を参照のこと．また，環境基準項目に関する項目は（参考16.1，16.2）に定めている．なお，観測測定すべき項目については，「ダム貯水池水質調査要領」，「堰水質調査要領」に準ずる．

2.6　観測測定回数

2.6.1　河川（湖沼，ダム貯水池等を除く）の基準地点，一般地点における観測測定回数

> 本章2.5.2に示す項目については，原則として月1日以上，1日について6時間間隔の4回程度の測定を行うものとする．なお，日間の水質変動が大きい河川では，必要に応じ年間2日程度，各1日について2時間間隔で13回の通日調査を実施するものとする．ただし，この場合，日間変動の少ない地点などでは，1日の測定回数を適宜減じてもよいものとする．

第16章　水質・底質調査

解　説

　原則は本文に定めるとおりであるが，本章2.5.2の「その他」に示した項目のうち，1日の変化がほとんどないと認められるものについては，1日1回の測定で十分である．

　なお，感潮河川では1日について干潮時と満潮時の2回調査を行うものとする．

2.6.2　湖沼の基準地点，一般地点における観測測定回数

> 　湖沼の基準地点，一般地点で観測測定すべき本章2.5.3に示す項目については，原則として月1日以上，1日について12時間間隔の2回調査を行うものとする．なお，日間変動の少ない地点では，1日の調査回数を1回としてもよいものとする．

解　説

　湖沼においても一般的な観測測定は，河川の場合と同様な考え方で本文のような回数の観測測定を行うものとする．

2.6.3　海域の基準地点，一般地点における観測測定回数

> 　海域の基準地点，一般地点で観測測定すべき本章2.5.4に示す項目については，原則として月1日以上，1日について干潮時と満潮時の2回調査を行うものとする．なお，日間の水質変動の大きい水域の基準地点，一般地点では，必要に応じ各1日について2時間間隔で13回または，4時間間隔で7回の調査を特に変化の大きい項目について実施するものとする．また，日間変動の少ない地点では，1日の調査回数を1回としてもよいものとする．

解　説

　原則は本文に定めるとおりであるが，本章2.5.4の「その他」に示した項目のうち，1日の変化がほとんど認められないものについては，1日1回の測定で十分である．

2.6.4　ダム貯水池等の基準点，一般地点における観測測定回数

> 　ダム貯水池等の基準地点，一般地点で観測測定すべき本章2.5.3に示す項目については，原則として月1日以上，1日について12時間間隔の2回調査を行うものとする．また，日間変動の少ない地点では，1日の調査回数を1回としてもよいものとする．

解　説

　ダム貯水池等においては，濁水問題等により洪水時および洪水後の水質変化のパターンを把握するための調査が必要とされることが多い．この場合には，水質の時間変化図を描くのに十分な回数の観測測定を行う必要があり，特に水質変化の著しい増水期には頻度を多くしなければならない．なお，この場合には本章2.5.3の項目のすべてを行う必要はないのはもちろんである．なお，観測測定回数については，「ダム貯水池水質調査要領」，「堰水質調査要領」に準ずる．

2.7　採　水　の　日　時

2.7.1　河川（湖沼，ダム貯水池等を除く）の基準地点，一般地点での採水の日時

> 　河川の基準地点，一般地点での採水は，降雨中および降雨後の増水期等を避け，原則として流量の比較的安定している低水流量時を選んで行うものとする．なお，感潮河川にあっては，採水時刻は昼間の干潮時を考慮して定めるものとする．

第 2 節 水 質 調 査

解　説

　河川での採水は，原則として流量の安定している時期を選ぶ必要がある．

　季節によっては低水流量時を選定できかねる場合もあるが，この場合にも本文の原則を考慮して日時を定めるようにするとよい．ただし，負荷量調査など洪水時も含めた調査が必要な場合はこの限りではない．

　なお，採水は日曜日，祝祭日およびその前後の日は避けるとよい．また強風時および強風直後には，河床の比較的比重の軽い底質が巻き上がり，測定に誤差を生じやすいので，このようなときは採水を避ける必要がある．さらに，感潮河川での採水では，昼間の干潮時の水質が一般には最も悪化することになるので，採水のうち1回は昼間の干潮時を含めるように採水計画をたてること．

2.7.2　湖沼の基準地点，一般地点での採水の日時

> 湖沼の基準地点，一般地点での採水は，降雨中および降雨後の増水期を避け，原則として流入河川および，流出河川の流量が比較的安定している低水流量時を選んで行うものとする．また，強風時および強風時直後の採水は避けるものとする．

解　説

　水深の浅い湖沼では風による底泥の舞いあがりによる影響が大きいので，強風時および強風直後の採水は避けることとした．

2.7.3　海域の基準地点，一般地点での採水の日時

> 海域の基準地点，一般地点での採水は，強風時および強風時直後は避けるものとする．なお，その基準地点，一般地点の水質が流入河川の影響を受ける場合には，降雨中および降雨後の増水時での採水は避けるものとする．また，海域での採水時刻は，昼間の干潮時を考慮して定めるものとする．

解　説

　海域の採水でも，湖沼，貯水池の場合と同様に強風時および強風時直後の採水は問題が多いので避ける必要がある．また，海域では潮汐の干満によって水質が異なり，一般的には昼間の干潮時に水質が最も悪化する．このため，採水時刻は昼間の干潮時に採水が行えるよう考慮することとした．

2.7.4　ダム貯水池等の基準地点，一般地点での採水の日時

> ダム貯水池等の基準地点，一般地点での採水は，降雨中および降雨後の増水期を避け，原則として流入河川および流出河川の流量が比較的安定している低水流量時を選んで行うものとする．また，強風時および強風時直後の採水は避けるものとする．

解　説

　水深の浅いダム貯水池等では風による底泥の舞いあがりによる影響が大きいので，強風時および強風直後の採水は避けることとした．

　なお，ダム貯水池においては，濁水問題等により，降雨中および降雨後の増水期において水質調査を行う必要があり，増水期における負荷量を把握することが重要である．

　本文の規定はこれらの調査を妨げるものではない．なお，採水の日時については「ダム貯水池水質調査要領」，「堰水質調査要領」に準じる．

2.8 採水の方法

2.8.1 採水器等

> 採水には原則として採水器等を用いるものとする．使用する採水器，採取する試料の量，試料ビンの種類などは分析項目によって異なるが，適切な方法で行うものとする．

解　説

採水の方法，試料ビンをはじめとして器具の洗浄等については，基本的には「河川水質試験方法（案）」に準ずるものとする．

採水には，水深が浅くて採水器が使用できない場合や，表面で採取する場合を除いて，採水器を用いるのを原則とした．採水器は定められた水深で正確に採水できる形式のものでなければならない．DO用の試料の採取には試料がなるべく大気に曝されないような形式のもの，殺菌試験用試料の採取には予め滅菌しておいた細菌用ハイロート採水器を用いる．湖沼などにおける深度別の採水には，携帯用ポンプなどを用いてもよい．ただし，揮発性物質用の試料の採取にはポンプを使用してはならない．

2.8.2 混合試料の作成

> 混合試料を作成して試験する場合は，原則として流量比例で作成するものとする．空気に曝すこと，あるいは容器の移し変えによって値が変わる恐れのある項目の試験は，混合試料によってはならないものとする．

解　説

水質分析の試料の採水は，原則として基準点および一般地点での試料によるが，水質分析の検体数を減らすために，混合試料を作成して分析することがある．この場合には，流量比例によって混合試料を作成するのを原則とし，時間方向の混合試料を作成するときには個々の試料を採取した時期の流量比によって，また，河川などにおいて横断面平均の混合試料を作成するときには，区分流量比によってそれぞれ作成する．ただし，停滞水域などで流量比がとれない場合にはこの限りではない．

混合試料によってはならない水質項目には，pH，DO，大腸菌群数，一般細菌数，IC，n-ヘキサン抽出物質，揮発性有機物，農薬などがある．なお，混合試料の作成は現場で行うよりも，個々の試料を保存して持帰り，試験室で行うほうが望ましい．

2.9 試料の前処理

> 採取した試料の分析を直ちに行うことができない場合には，必要に応じて前処理を現場で行うものとする．

解　説

水の分析は，いかなる項目であれ，採取後直ちに行うのが最も望ましいが，これが困難な場合には「河川水質試験方法（案）」に準ずる保存処理を試料採取後，直ちに行い，試料の変質を最小限にしなければならない．

2.10 現場測定

> 現場においては，採水，試料の前処理のほか，原則として以下に掲げる項目の観測および記録を行うものとする．
> 1. 天候　　　　　　2. 気温

3. 水温　　　　　　　　4. 水の外観および臭い
5. 透視度または透明度　6. 全水深
7. 採水水深　　　　　　8. 水位および流量
9. 流れの状況および感潮河川おいては流向，潮位
10. 採水日時

その他，以下の項目については必要に応じて現場でも観測を行うものとする．
1. pH　　　2. DO　　　3. 導電率　　　4. 簡易生物調査

なお，採水時に油膜，「黒にごり」などの異常状態が観察された場合には記帳しておくものとする．

解　説

水位と流量はともに観測するのを原則とするが，湖沼や感潮河川等においては水位のみでよい．

pH，DO，導電率の測定には現場測定用の機器が利用できるのでこれらを用いて現場測定をすることが望ましい．特に，pH は空気中からの炭酸ガスの吸収などによって変化する可能性があるので，現場測定を行うのが望ましい．ただし，測定精度自体は pH，DO，導電率のいずれにおいても，試験室で行ったほうがよいので，現場測定を行った場合にも同じ試料について試験室内での分析を行うのが望ましい．

なお，簡易生物調査の方法は「河川水質試験法（案）」（資料編）が参考となる．

2.11 現場測定方法

2.11.1 水　温

水温の測定は，適切な方法により行うものとする．

解　説

水温測定の方法については，「河川水質試験法（案）」に準じて行う．

測定には棒状水銀温度計，転倒温度計，サーミスタ温度計，白金抵抗体温度計のいずれがを用いるとよい．

通常の測定には，測定しようとする位置の水を十分多量に採取し，これに棒状温度計を入れて平衡温度に達してから読み取る方法でよい．しかし，深さ方向に多くの位置で測定する場合や，測定数は少なくても深い位置の水温を測定する場合には，投入式のサーミスタ温度計あるいは白金抵抗体温度計を使用することが望ましい．

また，水温測定用の温度計の気温測定用のものとは別に用意することが必要である．やむをえず1本の温度計で共用する場合には，必ず気温の測定を最初に行う．

2.11.2 pH

pH の測定は，適切な方法により行うものとする．

解　説

pH の測定は，「河川水質試験方法（案）」に定める形式以上の性能を有する携帯用 pH 計を用いて行うものとする．

2.11.3 溶存酸素（DO）

溶存酸素（DO）の測定は，適切な方法により行うものとする．

解　説

溶存酸素（DO）の測定は，現場固定による DO 測定，または，現場測定用の溶存酸素計を用いて行う．

溶存酸素測定方法については，「河川水質試験方法（案）」に準ずるものとする．

また，湖沼，ダム貯水池等など流速がほとんどない水域において，深さ方向に数多くの位置で DO を測定する

場合には，常に電極表面で必要な流速が保てるように撹拌装置が取り付けられている電極を使用すると便利である．

なお，DOの測定には水温が大きく影響するので，自動温度補償型の溶存酸素計を使用するのが便利である．

2.11.4 導 電 率

> 導電率の測定は，適切な方法により行うものとする．

解　説

導電率の測定は「河川水質試験方法（案）」に準じて行う．

導電率は温度によって大きく変化するので，水温を25℃に保って測定するのが望ましいが，現場では困難なので，温度補償回路を持つ導電率計を使用するのが便利である．

2.11.5 透 明 度

> 透明度の測定は，適切な方法により行うものとする．

解　説

透明度は湖沼や海における水の透明の程度を，この透明度板がちょうど見えなくなる限度の深さ（m単位）で表すものである．透明度の測定は，「河川水質試験方法（案）」に準じて行う．

観測は，透明度板をワイヤの先端につなぎ，透明度板の下に5kgぐらいの錘を付け，手または手動の巻上機で静かに水中に沈めて見えなくなる深さと，次にこれをゆっくり引き上げていって見え始めた深さとを，反復して確かめて平均することにより行う．透明度は，水の清濁のほかに，表面の波浪天空の状態，日射などによっても変化するので，船形を利用して太陽や天空の反射のない表面を通して透明度板を見るようにする．透明度板の表面は，白色のつや消しラッカーで塗装したものであるが，円板の反射能は透明度の測定に影響するので表面が汚れたときは塗り直す必要がある．

2.11.6 透 視 度

> 透視度の測定は，適切な方法により行うものとする．

解　説

透視度は，河川における水の透明の程度を，透視度計を用いて底部の標識の二重十字線が明らかに識別できる限度の深さ（cm単位）で表すものである．透視度の測定は，「河川水質試験方法（案）」に準じて行う．

2.12　試料の運搬

> 試料は，前処理の有無に係わらず，採取後速やかに試験室に運搬しなければならない．試料の運搬は適切な方法により行うものとする．

解　説

試料の運搬は，河川水質試験法（案）の方法により行う．保存用の前処理を行った試料は，分析項目によっては冷暗所に入れておかなくてもよいものもあるが，運搬の途中は原則として冷暗所に入れておくのが望ましい．

また，試験室に搬入した後も，冷暗所で保存する必要のある試料は冷暗所に入れておく（冷暗所に保存する必要性の有無については「河川水質試験方法（案）」参照）．

2.13 水質分析方法（室内分析）

2.13.1 水質汚濁に係わる環境基準が定まっている水質項目および要監視項目の試験

> 水質に係わる環境基準が定まっている水質項目および要監視項目の分析は，定められた適切な方法により行うものとする．

解　説

水質に係わる環境基準が定まっている項目および要監視項目の分析は，「河川水質試験方法（案）」に掲げる標準法に従って行うのを原則とする．

ただし，参考法であった場合においても標準法と同等または，精度のよい方法の採用を妨げるものではない．

2.13.2 脱酸素係数の試験

> 脱酸素係数は，原則として標準の BOD 試験方法に準じた方法で1日間，2日間，……，6日間，7日間の酸素消費量を測定して求めるものとする．

解　説

脱酸素係数は，BOD による酸素消費の速度係数であって，脱酸素係数が大きい場合には水中に含まれている有機物が生物学的に分解されやすいことを意味し，BOD の減少が速い一方，溶存酸素の消費も速い．脱酸素係数を知ることによって，5日間 BOD から最終 BOD を求めることができるが，この計算式は本章 6.1.1 解説を参照のこと（最終 BOD とは，概念的には水中に含まれている有機物のうち，生物化学的に酸化されるものが，最終的に酸化安定化されるまでに必要な酸素量である）．5日間 BOD が同じであっても，脱酸素係数が異なっていると最終 BOD は同じではなく，脱酸素係数が大きいほど最終 BOD は小さい．河川等に放流された有機性汚濁物質が，その水域の溶存酸素濃度に及ぼす影響を考える場合には，BOD を知るだけでは不十分であり，脱酸素係数を併せて知ることによって正当な評価ができる．

標準の5日間 BOD の試験では，初期と5日後の溶存酸素を測定して5日間の酸素消費量を求めるのに対し，脱酸素係数の試験では毎日の溶存酸素を測定することを除けば，試験方法は全く同じである．希釈が必要な試料の場合は，BOD 試験と同様，5日後の酸素消費量が初期の値の 40～70％ となるよう希釈する．また，植種を必要に応じて行うのも BOD 試験と同様である．7日目までの溶存酸素の測定は，正確に1日間隔で行わなければならない．

2日目まで，あるいは5日目までの酸素消費量から脱酸素係数を求める方法もあるが，7日間のデータを用いて計算するのを原則とする．計算方法には能率法，傾斜法などがある．

上記の方法によって計算をする前に酸素消費量と日数との関係をグラフにプロットし，酸素消費の遅れや第2段階 BOD の開始の有無を調べなければならない．もし，これらの影響がある場合には，これを除去できる計算方法を用いる．さらに脱酸素係数（k_1）と最終 BOD（L_0）を求めた後，式(16-1)によって毎日の酸素消費量を逆に計算し，実測値と比較して妥当な値が求まったか否かをチェックする必要がある．

$$O_t = L_0(1-10^{-k_1 t}) \tag{16-1}$$

ここで，

O_t：t 日後の酸素消費量
L_0：最終 BOD
k_1：脱酸素係数

である．

なお，河川の自浄作用調査などにおいて，できるだけ実際の水中に近い状態での酸素消費速度を調べるために，フランビン内に回転子を入れマグネスチックスタータで撹拌しながら脱酸素係数を測定することがあるが，

第16章 水質・底質調査

この場合には水温条件が一定になるよう十分注意しなければならない．酸素消費速度の測定は，クーロメータを用いて行ってもよい．

2.13.3 １次生産量の測定

> １次生産量の測定方法は，適切な方法により行うものとする．

解　説

１次生産とは光合成による植物性プランクトンの生産をいい，植物性プランクトンを食餌として動物性プランクトンや魚類が２次的に生産されることに対応する用語である．１次生産速度は，水域の富栄養化に応じて増加するものであり，富栄養化の程度を表す指標として大きな意味を持っている．

１次生産速度の測定方法には直接測定法と間接測定法があるが，直接測定法が一般的である．なお，直接測定法には明暗ビン法のほか，C^{14}法などいくつかの方法があるが，我が国においては放射性同位元素取扱いの厳しい制約があるため，C^{14}法は一般的ではない．なお，基本的には湖沼環境調査指針の現場法（明暗ビン法）の直接測定法（光合成の測定から求める方法）に準ずるものを原則とする．

2.13.4 その他の項目の試験

> その他の項目の試験方法は，適切な方法により行うものとする．

解　説

その他の項目の中でアンモニウム態窒素，亜硝酸態窒素，硝酸態窒素，有機態窒素，オルトリン酸態リン，およびクロロフィル等の項目については，「河川水質試験方法（案）」による．

2.13.5 分析を行うまでの最大許容時間

> 保存のための試料の前処理を行った場合において，試料の採取から分析を行うまでの時間は，適切な可能時間以内とするものとする．

解　説

採取した試料を放置しておくと多くの水質成分は変化する．したがって，水質分析は試料の採取後直ちに行うのが望ましいが，運搬分析の人員などの関係で短時間の間に分析できないことが多い．このため本章2.9に示した前処理を採取現場で行って試料の変質を最小限にする．この場合での変質程度は，季節，濃度などによっても異なるので分析までの許容時間は一律に定まるものではないが，原則として「河川水質試験方法（案）」に示される試料の保存可能時間以内とする．

2.13.6 測定値の表示

> 水質分析結果は採用している分析方法の分析精度を考慮して表示するものとする．

解　説

測定結果の単位，記号，測定方法ごとの定量下限値，試験成績の表示方法（最小単位，有効数字）および数値の求め方は原則として「河川水質試験方法（案）」に掲げる取扱いに従うものとする．

2.14 水質資料の整理

> 水質資料は，水質月表，水質年表など所定の様式に従って整理するものとする．

解　説

様式は，「水文観測業務規程」および細則によるものとする．

第3節 底質調査

3.1 調査の順序と項目

> 底質調査を行う場合には，必要に応じ次の順序で調査を行うものとする．
> 1. 汚染状況把握調査
> 2. 概況調査
> 3. 精密調査

解　説

　底泥中には流域内で発生した排水の成分が濃縮された形で堆積されている場合が多いので，底泥を調査することにより，過去に流下した水中に含まれていた成分を把握することができる．このようなことから，定期的な（原則として1年に1度の頻度で）底泥の汚染状況把握調査を行う．この調査によって，底泥が人為的汚染を受けていることが明らかとなったり，また，その可能性のある場合には，その汚染の概況を知るために概況調査を行う．流域の状況から汚染源が認められない場合には，その後の調査回数を減らすことができる．この概況調査によって，汚濁対策事業としてのしゅんせつのおおよその範囲などが定められる．しゅんせつの必要性が認められた場合には，さらに精密調査を行って，これにより，しゅんせつの範囲，しゅんせつ深度，しゅんせつ土量，しゅんせつ方法，しゅんせつ土の処分方法，しゅんせつ工事の進め方，しゅんせつおよびしゅんせつ土による2次公害の防止策などについての正確な判断を下すこととする．

3.2 汚染状況把握調査

3.2.1 採泥地点の選定

> 河川（湖沼，ダム貯水池等を除く）については，河口のほか，その上流の排水口，汚濁した支川などの位置を考慮して，数個所の採泥地点を定めるものとする．湖沼および海域では，その状況に応じて，1水域につき少なくとも3地点以上の採泥地点を設けるものとする．

解　説

　河川（湖沼，貯水池等を除く）の場合は，底泥のたまりにくい場所もあるので，排水口などの位置を考慮してその状況に応じて数個所の採泥地点を定める．ただし，底泥のたまりやすい河川では原則として5kmの間隔で調査地点を定める．また，湖沼，貯水池で長方形に近い形状を有するものは，横断面上は中央の1点の採泥で差し支えないが，縦断方向には少なくとも3点（上流地点，中流地点，下流地点）の調査は必要である．海域では河川が流入している位置の沖，主要汚染源の沖などの位置に調査地点を定める．なお，ダム貯水池等では「ダム貯水池水質調査要領」，「堰水質調査要領」に従う．

3.2.2 採泥深度

> 採泥は表層部のみについて行うものとする．

解　説

　汚染状況調査では，底層水に影響する底泥厚は，底泥表面から，10～20cm程度の深度であるので，エクマンバージ型採泥器等による表層部のみの採泥で十分である．

3.2.3 観測測定項目

> 調査にあたっては必要に応じ，堆積厚，堆積物の状態，底質の性状，汚染の状況が把握できる項目等について選定して測定するものとする．

解　説

汚染状況把握調査では，水と底泥との関係から，人の健康の保護に関する環境基準項目についての測定も必要に応じて選定して行う．また，水質および底質の状況を把握するのにできるだけ多くの項目を網羅して行うのが望ましい．

例えば，色相，臭気，水分，固形分，粒度分布，強熱減量，BOD，COD，COD_{cr}，TOC，硫化物，鉄，マンガン，塩化物イオン，総水銀，アルキル水銀，PCB，カドミウム，鉛，クロム，六価クロム，ヒ素，亜鉛，ニッケル，総窒素，総リン，n-ヘキサン抽出物質等があり，必要に応じ項目を選定し行うものとする．

3.2.4 調査結果の整理

> 底質調査の結果は，所定の様式に従って整理するものとする．

解　説

様式は，「水文観測業務規程」および細則によるものとする．

3.3 概況調査

3.3.1 採泥地点の選定

> 概況調査においては，非感潮河川については原則として汚濁源より下流側に，感潮河川については，海水の遡上等を考慮して，汚濁源の上流に向かっても，必要に応じ適切な間隔で測定地点を設けるものとする．また，湖沼，海域，ダム貯水池等については，調査対象水域の規模および予想される汚染の程度に応じて適切な採泥地点を定めるものとする．

解　説

概況調査においては，非感潮河川については原則として汚濁源と推定される最上流の排水路，または排水口より下流に500mから1kmごとの地点に採泥地点を定めるものとする．さらに，排水路合流点，排水口直下のほか，流下方向に50mの位置，100mの位置などについても採泥地点を定めることを考慮する．

ただし，明らかに堆積物の沈殿が認められない位置については調査範囲からはずしても差し支えない．感潮河川については海水の遡上，淡水の逆流を考慮して，排水路または，排水口の影響がその上流部にも及ぶと考えられる時は，排水路または，排水口の上流に向かっても必要に応じて採泥地点を設けるものとする．

湖沼，ダム貯水池および海域については調査対象水域の規模および，予想される汚染の程度に応じて均等に1kmから6kmメッシュで調査地点を定め，さらに主要な排水路または，排水口の周辺の水域については，原則として排水路合流点，排水口直下のほか，同心円状に50m，100mの位置などについても採泥地点を定めるものとする．

3.3.2 採泥深度

> 採泥は表層部のみについて行うものとする．

解　説

概況調査では，調査の簡易化を図るため，表層部のみの採泥でよい．

第3節 底 質 調 査

3.3.3 観測測定項目

> 調査にあたっては，堆積厚，底質の状況，汚染が認められた項目から選定し，さらに必要に応じて，その他の項目を選定して測定するものとする．

解　説

　観測測定項目としては，色相，臭気，水分，固形分，強熱減量，総水銀，アルキル水銀，カドミウム，鉛，クロム，六価クロム，ヒ素，HCH（BHC）などがあげられ，当該水域の底泥の汚染と関係する成分を選定して行うものとする．さらに，必要に応じて，総窒素，総リン，COD，BOD，硫化物，鉄，マンガン，塩化物イオン，亜鉛，ニッケル，n-ヘキサン抽出物質などについて項目を選定して測定を行うものとする．

　このうち，現場の状況から判断して必要でないと認められるものがあれば省略して差し支えない．総窒素，総リン，COD，BODは，有機汚染および閉鎖性水域での富栄養化に関与する項目である．堆積物は嫌気性分解や還元反応によって，有機物（BOD，COD），栄養塩類（窒素，リン），鉄，マンガン等の金属を溶出し，水域の有機汚染，富栄養化を促進することになるが，有機汚染，富栄養化が問題となる水域では，当然これらの項目についても測定を行う必要がある．

3.4 精 密 調 査

3.4.1 採泥地点の選定

> 精密調査においては，非感潮河川および感潮河川については，概況調査の結果に基づいて，底泥が汚染され，あるいは堆積物が堆積している範囲の区域についてより細かく定めるものとする．

解　説

　精密調査での採泥地点は，50mから100m程度の間隔で採泥地点を定めるものとする．さらに，排水路合流点，排水口直下にも採泥地点を設け，顕著な汚濁源の付近では，採泥地点間隔を密に定めるものとする．また，湖沼，ダム貯水池等および影響海域では，概況調査の結果に基づいて，底泥が汚染され，あるいは堆積物が堆積している範囲の区域について，200mないし300mメッシュで採泥地点を定めるものとする．さらに，排水路合流点，排水口直下にも採泥地点を設け，それから同心円上に広がる最も影響を受けていると考えられる範囲については，採泥地点間隔を密に定めるものとする．

3.4.2 採泥深度

> 調査地点における採泥は，予め数地点でボーリングを行って柱状試料を採取し堆積物の分布状態が一様であると認められる場合については，表層付近のみの採泥で差し支えないものとする．しかし，堆積物が多層にわたっている場合で，含有物に変化が認められる場合には，ボーリングなどによる採泥を行って柱状試料を採取するものとする．

解　説

　堆積物の堆積が長年月にわたって行われてきた時には，堆積物は年代別に層状をなして堆積し，個々の層内の堆積物の含有成分も大きく異なる場合が多い．また採泥地点によっては，洪水時の影響を受けて，土砂がサンドウィッチ状に中間層を形成している場合もある．このような状態はボーリングなどによってのみ確認できる場合が多いので，精密検査ではボーリングなどによる柱状試料の採取が必要である．柱状試料は堆積物が多層にわたっている場合は層ごとに分析試料を採取する．また，堆積物が全層にわたってほぼ一様に分布している場合には，1mごとの位置で分析試料を採取する．

3.4.3 観測測定項目

観測測定項目は，本章3.3.3概況調査の観測測定項目と同様とするものとする．ただし，概況調査結果からその内容が十分把握できている項目については，精密調査を省略してよいものとする．

3.5 採泥方法

底泥は原則としてエクマンバージ型採泥器，コアサンプラまたは，これに準ずる採泥器を用いて採取するものとする．

解　説

概況調査の場合には表層試料でよいので，エクマンバージ型採泥器が最も一般的である．採泥は同一地点について3回以上行い，それらを混合して底泥試料とするものとする．なお，この表層の採泥方法は，表層付近の試料が撹乱されてしまう場合がある．特に表層の不撹乱試料を採取する場合は，コアサンプラ等の表層泥をできるだけ撹乱することが少ない採泥方法を採用する．

柱状試料を採取して深さ方向の底質調査を行う場合には，不撹乱試料が採泥できるコアサンプラ等を用い，原則として底泥表面から深さ1mごとの各位置において，その各々上下10cm程度の泥を採取し，その位置の試料とするものとする．柱状試料の場合には1地点1回の採泥でも差し支えないものとする．

表層の底泥の採取において，同一地点で3回以上採泥して底泥試料を作成するのは，できるだけ代表的な試料を得るためである．

3.6 採泥時の試料の調整

採取した底泥は原則として清浄なホーロー製のバットに移し，30分間静置して，その上澄液を捨てるものとする．ついで木石，貝殻，動植物片などの異物を除いたのち均等に混合し，適切な量を試験室に持ち帰るものとする．

解　説

エクマンバージ型採泥器等で底泥表面の泥を採取する場合，河川水も混入するので，30分間程度静置させ，底泥と河川水とを分離する必要がある．また，採泥時の試料の調整方法は，採泥した適切な量を四分法でその500～1000gを清浄なポリビンまたは，ポリエチレン袋に入れて試験室に持ち帰るものとする．ただし，不撹乱試料を採取する場合，あるいは，柱状試料から分析用試料をとるときの採取量が少ない場合はこの限りではない．

なお，泥を空気にさらすと変化する可能性のある項目，例えば，遊離の硫化物，酸化還元電位などの分析を行う場合には，できる限り不撹乱の状態のままで試料を試験室に持ち帰り，分析する必要がある．

また，試験室に持ち帰る間の運搬中および，分析するまでの間は原則として4℃程度で保存するものとする．

3.7 底質分析方法

3.7.1 水分含量および有機物量に関する試験

水分含量，強熱減量，CODおよびBODの分析は適切な方法により行うものとする．

解　説

底泥の有機性汚濁の程度を表す最も簡便な指標は強熱減量であるが，水底に堆積している底泥による水中の溶存酸素の消費や，底泥からの有機性汚濁物質の溶出と最も関連の強い指標は泥のBODであるので，底泥のBOD

は有用な指標である．

BODの分析方法は〔参考16.4〕に掲げる．

3.7.2 有害物質等の試験

> 総水銀，アルキル水銀，カドミウム，鉛，総クロム，六価クロム，ヒ素，HCH（BHC），PCB，銅，亜鉛，鉄，マンガン，シアン化合物，硫化物の重金属等有害物質および，ニッケル，アンチモン等の有害物質の分析は適切な方法により行うものとする．

解　説

総水銀，アルキル水銀，カドミウム，鉛，総クロム，六価クロム，ヒ素，HCH（BHC），PCB，銅，亜鉛，鉄，マンガン，シアン化合物，硫化物は，そのほとんどが水質に係る環境基準のうちの人の健康に係わる環境基準に対応する項目である．これらの項目の試験方法は，環境庁水質保全局制定「底質調査法」によるものとする．

「底質調査法」は，採取した試料を予めろ紙を用いて吸引ろ過し，ろ紙上に残る固形物を分析試料とする．間隙水中の有害物質ができるだけ分析結果に含まれないようにした試験方法であることに注意しなければならない．

ニッケル，アンチモン等の有害物質の分析は，同様，「底質調査法」（環境庁）のカドミウムの測定方法に準じた前処理方法および分析方法によって測定する．

3.7.3 総窒素，総リンの試験

> 総窒素，総リンの分析は，適切な方法により行うものとする．

解　説

総窒素，総リンの分析は「底質調査法」（環境庁）により行う．

総窒素の分析方法は，いわゆるケルダール法による試験方法であるため，硝酸態窒素，亜硝酸態窒素は検出されない．底泥は通常の状態では嫌気性状態にあるため，硝酸態窒素および亜硝酸態窒素は存在しないとしてよいが，試料が長時間空気に曝しておくとアンモニウム態窒素の一部が酸化されて，亜硝酸態窒素へと変わる可能性があるので注意を要する．

3.7.4 その他の項目の試験

> その他の項目の試験方法は，適切な方法により行うものとする．

3.8 底泥溶出速度試験

3.8.1 底泥からの汚濁物質の溶出速度試験

3.8.1.1 解析方法

> 底泥から溶出するBOD，COD，窒素，リン等の溶出速度を評価するもので，室内実験の結果を修正StreeterとPhelpsの式を適用して算出するものとする．

解　説

実際の河川水中で生じている現象を試験室内での反応装置によって再現し，底泥に含まれるBOD，COD等の有機物や窒素，リン等の栄養塩類が河川水へどの程度の速度で回帰するのかを評価するものである．

河床堆積物を敷いた密閉型反応槽（V）に，一定流量（Q）を連続的に流入させた場合，反応槽でのBODの物質収支をとれば次のように表せる．

$$VdL/dt = LAQ - LQ + La - k_1LV - k_3LV \tag{16-2}$$
$$(流入)\ (流出)\ (溶出)\ (分解)\ (沈殿)$$
$$dL/dt = LA/T + La - L(1/T + k_1 + k_3) \tag{16-3}$$
$$T = V/Q\ ;\ 反応糟の水理学的滞留時間$$

反応糟内で，BODの濃度が一定となるような平衡状態では，$dL/dt = 0$ とみなせることから，式(16-3)より溶出速度 La が次のように表現できる．

$$La = L(1/T + k_1 + k_3) LA/T \tag{16-4}$$

一般に，溶出現象は溶解性の物質が対象となるので，沈殿係数 k_3 を無視できる．

$$La = L(1/T + k_1) LA/T \tag{16-5}$$

リンのように流入水の濃度を $La = 0$ とし，分解しない物質の場合には $k_1 = 0$ とすることができるので，式はさらに簡略化できる．

$$La = L(1/T) \tag{16-6}$$

3.8.1.2 調査の項目

> 河川等の有機性水質汚濁を検討する場合には，BOD，CODなどを，植物プランクトンの増殖による富栄養化を検討する場合には，窒素，リンを対象項目とするものとする．また，溶出速度に影響するDOレベル，塩化物イオン濃度，温度，底泥表面での流速なども測定項目とするものとする．

解　説

室内実験で注意すべきことは，実験条件が対象水域で生じている実際の現象を再現できるように設定されているかどうかである．このため，測定すべき項目は，検討すべき水質汚濁に関連したものとする．また，底泥からの汚濁物質の溶出速度は，底泥に含まれている汚濁物質の含有率に直接影響を受けるものの，底泥表面に接する水塊の流速，DOレベル，塩化物イオン濃度をはじめ，水温についても影響を受けるので，実験時にこれらの項目を測定するものとする．

3.8.1.3 調査の方法

> 河床堆積物を敷いた密閉型反応糟（V）に，一定流量（Q）を連続的に流入させ，反応糟内が完全混合となるようにして，反応糟からの流出水を定期的に採水し，流入水と流出水の汚濁物質濃度を測定して，底泥面積あたり，時間あたりの溶出量を算出するものとする．

解　説

底泥中の汚濁物質含有量が少ない場合には，底泥からの汚濁物質の溶出量が少なく，流入水と流出水との汚濁物質の濃度差が小さく，溶出速度を算定する際に大きな誤差を生むことになる．このような場合には，供給する流量を減らし，反応糟内での水理学的滞留時間を長くすることによって，誤差が小さくなるような濃度差を得るようにする．また，底泥中の含有率が高い場合には，逆に流量を多くして滞留時間を短くすればよい．

流入水の連続供給によって，反応糟内の汚濁物質が平衡状態に到達する時間は，水理学的滞留時間 T の概ね2〜3倍程度である．溶出速度の計算に用いるデータは，この流出水の濃度が一定に保たれた期間のデータ3個の平均を使用する．

3.8.2 底泥による溶存酸素消費速度試験

3.8.2.1 解析方法

> 底泥による溶存酸素の消費速度は，密閉型反応糟を使用して得られるDOの減少量を修正StreeterとPhelpsの式を適用して算出するものとする．

第3節 底質調査

解　説

　実際の河川水中で生じている現象を試験室内での反応装置によって再現し，底泥に含まれる有機物の分解に伴って水中の溶存酸素が消費される速度を評価するものである．河床堆積物を敷いた密閉型反応槽（V）に，溶存酸素を含む流量（Q）を連続的に流入させた場合，反応槽でのDOの物質収支をとれば次のように表せる．

$$VdC/dt = C_AQ - CQ - D_3V - k_1LV \tag{16-7}$$
$$\text{（流入）（流出）（溶出）（BODの分解）}$$

$$dC/dt = C_A/T - C/T - D_3 - k_1L \tag{16-8}$$

　　　$T = V/Q$；反応槽の水理学的滞留時間

　反応槽内の底泥によるDO消費速度が一定となるような平衡状態では，$dC/dt=0$ とみなせることから，式(16-2)よりDO消費速度 D_3 は次のように表現できる．

$$D_3 = C_A/T - C/T - k_1L = (C_A - C)/T - k_1L \tag{16-9}$$

　ここで，　C_A：流入水のDO濃度
　　　　　　C：流出水のDO濃度
　　　　　　k_1L：反応槽内でのBOD分解によるDO消費量

3.8.2.2　調査の項目

> 　河川水中のDOを消費するのは，底泥中の有機物であり，DO消費速度は，概ね有機物含有率に比例する．このため，底泥のBODと平衡状態での流入水および流出水のDO濃度を測定項目とするものとする．また，測定時の水温および流量についても測定するようにするものとする．

解　説

　底泥によるDOの消費速度は，底泥に含まれている有機牲汚濁物質の含有率に直接影響を受ける．乾泥あたりの有機物質量を BOD_{MUD}（mgO_2/g-dry Mud）として表すと，概ね，次式で表せる．

$$DO = 0.458 \times BOD_{MUD} - 1.83 \, (mg/m^2/d) \tag{16-10}$$

3.8.2.3　調査の方法

> 　河床堆積物を敷いた密閉型反応槽（V）に，一定流量（Q）を連続的に流入させ，反応槽内が完全混合となるようにして，反応槽からの流出水を定期的に採水し，流入水と流出水のDO濃度を測定して，底泥面積あたり，時間あたりのDO消費速度を算出するものとする．

解　説

　底泥中の有機物含有量が少ない場合には，底泥によるDO消費量が少なく，流入水と流出水とのDO濃度差が小さく，消費速度を算定する際に大きな誤差を生むことになる．このような場合には，供給する流量を減らし，反応槽内での水理学的滞留時間を長くすることによって，誤差が小さくなるような濃度差を得るようにする．また，底泥中の有機物含有量が多い場合には，逆に流量を多くして滞留時間を短くすればよい．

　Filloらの実験によれば，DO消費速度とDO濃度との間には，次のような関係があり，流出水のDO濃度を 2 mg/l 以下とならないように水理学的滞留時間を設定することが望ましい．

$$DO = K(1 - e^{-1.22 \times DO})$$

　ここで，　K：底泥の牲状によって決まる常数
　　　　　　DO：底泥直上水のDO濃度

　また，水温の影響もあるので，各季節別に想定される水温を設定して各々のDO消費量を求めることも必要である．

3.9 底泥溶出試験

3.9.1 溶出率の算定法

> 底泥による溶出率は次式によって求めるものとする．
>
> $$溶出率 = W_2/W_1$$
>
> ここに，
> 　　W_1：溶出試験に使用した分析試料中に含まれる被測定物質の量
> 　　W_2：溶出試験に使用した混合液の体積に相当する溶出水中に含まれる被測定物質の量
>
> なお，被測定物質によって高濃度に汚染されていると考えられる4地点以上の底泥について溶出率も求め，その平均値をもって当該水域における底泥の被測定物質による溶出率とするものとする．

解　説

　底泥の溶出試験は，当該水域の底泥しゅんせつの可否を定めるための試料とするために行うものである．溶出試験は底泥の採取位置，試料の種類などにより，バラツキの多い結果が得られる場合が多い．このため，高濃度で汚染されていると考えられている4地点以上のできるだけ多くの地点について溶出率を求めるのがよい．また，同一底泥試料でも2回以上の溶出試験を行って，その平均値をもって当該底泥試料の溶出率とするのが望ましい．

3.9.2 試験溶液

> 溶出試験においては，その中に含まれる底泥の乾燥固形分の質量と試験溶液の体積の比（g/ml）が3/100になるように湿泥を加えた水溶液を試験溶液として使用するものとする．

解　説

　試験溶液を調整するための水としては，一般的には蒸留水を用いるが，必要に応じて対象とする水域の水を用いた試験も行う．

3.9.3 溶出試験方法

> 試験溶液500ml以上を4時間以上連続して撹拌または，振動後放置し，その上澄水をろ紙（5種C）を用いてろ過後，ろ液中の被測定物質の含有量を定量するものとする．
>
> また，別に湿泥の一定量をとり，その湿泥中に含まれる被測定物質を定量するものとする．
>
> この双方により得られた被測定物質含有量を，乾泥単位質量あたりに換算するものとする．

解　説

　この試験は溶解性成分の測定を行うものであるが，堆積した底泥が再浮遊すると離沈降性の微細浮遊物質が水中に放出され，長時間にわたって沈殿しないで水中に残留することがあるので，これら浮遊物質として水中にとどまる汚濁物質を含めた全質量をも必要に応じて測定する．このためには，30分静置沈殿後の上澄液を分析する必要がある．

第4節　地下水水質調査

4.1　地下水水質調査の項目

> 地下水水質調査においては，必要に応じ次の調査を行うものとする．
> 1. 長期的な水質変化を調べるための調査
> 2. 地下水流動調査に伴う水質調査
> 3. その他個別的調査

解　説

地下水は，表流水とは異なり流動および，水の交換が非常に少なく，水質変化も一般的には非常に緩慢である．したがって，その水質調査も一般には長期的な観点にたって行う必要がある．

長期的な水質変化を調べるための調査は，表流水を対象とした基準地点における水質調査に相当するものであり，いわばベースライン的な地下水質の変化を把握するために行うものである．

地下水の流動は，多くの観測井の水位観測結果から，三次元的な広がりに関しては，地下水の水面勾配を求めて調べるのが一般的な方法であるが，この方法では定性的な把握しかできないので，観測井を利用して，地下水流向・流速計による直接観測，またはトレーサを流し，流速，流向などを調べることがある．また，地下水中の成分を測定することによって地下水の流動が解析できることもある．

なお，調査編第7章地下水調査を参照のこと．

個別的な調査には，特定の汚染源による地下水汚染状況の調査などがある．

4.2　長期的な水質変化を調べるための水質調査

4.2.1　調査地点の設定

> 長期的な水質変化を調べるための水質調査を行うにあたっては，対象とする地域においてその地域へ供給される地下水の代表的な水質が観測できる地点，主要な取水地点または，その近傍，地域内の人口密集地域または，その下流側と想定される地点，その地域から流出する地下水の代表的な水質が観測できる地点などに調査地点を設けるものとする．

解　説

調査地点は地形からの類推だけでなく，ある程度の予備調査を行った結果から調査地点を選定する．調査地点の数は，対象とする地域の規模，用水のうち地下水への依存の状況，地下水の存在携帯および賦存量，地域の開発の程度などによっても異なるが，少なくとも，その地域へ供給される地下水と流出する地下水のそれぞれの代表的な水質が観測できるような2地点を設けなければならない．

また，一般的には少なくとも $300\,km^2$ に1地点以上の密度を目安に調査地点を配置するとよい．

　　浅井戸（30m未満）においては，$25\,km^2$ 以下ぐらい
　　深井戸（30m以上）においては，$300\,km^2$ 以下ぐらい

この目的のための調査は，ほぼ永続的に行わなければ無意味であるため，観測井用地は永続的に使用できるものでなければならない．

4.2.2 深さ方向の調査位置

> 水質観測は原則として帯水層別に行うものとする．

解　説

地下水の水質は伏流水であるか，浅層地下水であるかなどによって大きく異なるので，帯水層ごとに別々の観測井を設置し，水質観測を行う．すべての帯水層について観測するのを原則とするが，地下水の取水状況，賦存量を考慮しておもな層に限ってもよい．

4.2.3 採水の方法

> 採水方法は，ポンプ式（真空式），水中ポンプ式，エアリフト式，真空エアリフト併用式などを状況に応じて使い分けるものとする．このとき，観測井内に長期間停滞している水を採水することがないようにしなければならない．

解　説

観測井の構造によっては，観測井内の水が測定しようとする地下水層の水と十分交換されず，長期間停滞している可能性がある．したがって，採水を行う前にポンプで観測井の水を汲み上げ，水位が回復するのを待って採水するとよい．採水で（エアリフトを使用した場合），また DO および低沸点での揮発性を有する物質の採水については，ポンプを用いた採水では物質を揮発させてしまう可能性があるため，観測井で使用できるような小型のバンドーン採水器を用いるなどの注意が必要である．

表 16-1　採水の方法

方　　法	性　　能
ポンプ式 真　空　式	揚程 10 m 以内
水中ポンプ式	観測井口 120 mm 以上必要
エアリフト式	観測井口 100 mm 程度以内水深 150 m 程度まで
併　用　式 （真空，エアリフト）	観測井口径 50 mm でかつ 20 m 程度の高揚程でも可．

4.2.4 調査測定項目

> 調査にあたっては，必要に応じて水位，水温，人の健康の保護に関する環境基準に定める項目，生活環境の保全に関する環境基準に定める項目，およびその他の項目の測定を行うものとする．

解　説

地下水の水質調査においては，汚濁の程度を表す指標のほか，いわゆる地質化学成分を測定することも重要であり，これらの水質項目の長期的な測定によって地下水の流動状況の変化などを探知できる場合もあろう．本文の「その他」に含まれる項目には TOC，IC，硫酸イオン，カリウム，銅，亜鉛，フェノール，総塩類濃度（または，蒸発残留物），塩素イオン，アンモニウム態窒素，鉄（Fe），マンガン（Mn），などがある．水質試験方法は本章第 2 節に記載した方法に準ずる．

4.2.5 調査測定回数

> 調査は，原則として春，夏，秋，冬の年 4 回行うものとする．

解　　説

地下水水質の時間的変化は，表流水の場合に比べてはるかに緩慢なので調査の頻度も少なくてよく，年4回を原則とする．ただし，状況に応じて増減することができる．

第5節　汚濁源および汚濁負荷量調査

5.1　汚濁負荷量調査

5.1.1　汚濁負荷量調査の目的と意義

> 河川，湖沼，ダム貯水池の水質管理では，流域の土地利用，水質対策防止対策の実施現況，および将来計画，河川等の水理，水質特性を勘案し，総合的に管理していかなければならない．そのためには，対象河川等の水質を左右する汚濁負荷量およびその原因である汚濁源についての調査を行わなければならない．

5.1.2　汚濁負荷量調査の進め方

> 汚濁負荷量調査は基礎調査，発生汚濁負荷量調査，排出汚濁負荷量調査，流達汚濁負荷量調査，流出汚濁負荷量調査に分けて行うものとする．また，併せて排出率，流達率，浄化残率，浄化率，流出率の把握も必要に応じて行うものとする．

解　　説

汚濁負荷量調査は，「河川の総合負荷量調査実施マニュアル（案）」に準じて行うものとする．

各汚濁負荷量および排出率の関係を模式的に示すと下図のようになる．

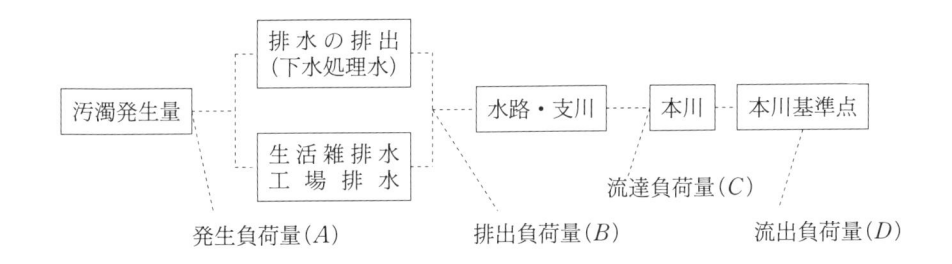

```
                    ┌─────────────┐
                    │  排水の排出  │
                    │ (下水処理水) │
                    └─────────────┘
┌──────────┐       ┌─────────────┐     ┌──────────┐   ┌──────┐   ┌───────────┐
│ 汚濁発生量 │──────│ 生活雑排水  │─────│水路・支川│───│ 本川 │───│ 本川基準点 │
└──────────┘       │  工場排水   │     └──────────┘   └──────┘   └───────────┘
                    └─────────────┘
   発生負荷量(A)        排出負荷量(B)       流達負荷量(C)        流出負荷量(D)
```

排出率 $=\dfrac{(B)}{(A)}$；値が0％に近づくほど，処理は行われており，100％に近づくほど，発生負荷量は未処理のまま放流されていることを意味している．

流達率 $=\dfrac{(C)}{(B)}$；水路，支川の本川までの長さ，流量および汚濁物質の種類により大きく変動する．

浄化残率 $=\dfrac{(D)}{(C)}$；河川の自浄作用を受けた後に残存する量の流達負荷量に対する割合．

浄化率 $=\dfrac{(C)-(D)}{(C)}$；流達負荷量に対する，河道内で浄化される量の割合．

流出率 $=\dfrac{(D)}{(B)}$；流出率は，排出負荷量が本川の基準点に到達する割合と定義している．このため次式より求まる．

$$流出率 ＝ 流達率 \times 浄化残率 ＝ \frac{(C)}{(B)} \times \frac{(D)}{(C)} ＝ \frac{(D)}{(B)}$$

5.1.3 算出すべき負荷量の種類

算出すべき負荷量は，BOD，COD，総窒素および総リンを原則とし，必要に応じて，追加項目を設けるものとする．

5.2 基礎調査

5.2.1 基礎調査の基本的考え方

流域の基礎調査は流域のもつ社会特性，河川特性および自然地理特性のうち，調査対象河川の水質汚濁に関係を持つ流域の特性を把握するものとする．

解　説

調査は既往の資料を収集して整理することが主体となるが，基礎調査の結果は各種の汚濁負荷量調査の基礎資料や汚濁負荷の流下流出機構など，汚濁解析の基礎資料となるため，信頼性の高い最新の資料による調査を行うことが必要である．

5.2.2 基礎調査の資料収集と区域別分類

基礎調査は，踏査および地方公共団体の資料により行うものとする．汚濁発生源は，河川，湖沼，貯水池，海域およびそれらに流入する河川または，その支川の流域別に，さらに，それらに流入する排水路（下水路を含む）については，集水区域別に分類し，整理するものとする．

5.2.3 基礎調査の項目

基礎調査では，必要に応じ次の資料を経年的に収集整理し保存するものとする．

1. 総面積，市街地面積，人口密度
2. 人口，世帯数，家屋数
3. 下水道整備状況の実態
4. 下水道利用人口および戸数（水洗化の有無を含む）
5. 浄化槽（単独，合併）利用人口および戸数
6. し尿処理場利用人口および戸数
7. 工場，事業場（衛生施設，商店，事務所などを含む）の業種（産業細分類別の整理を含む）と従業員数
8. 工場，事業場で使用されている用水量と，その内訳（河川水，地下水，伏流水など）
9. 工場，事業場で使用している原料および製品名，ならびにその数量
10. 工場，事業場での出荷量
11. 工場，事業場の排水量と排水水質
12. 工場，事業場が所有する排水処理設備と排水状況
13. 工場，事業場での，し尿処理状況と雑排水の排出先
14. 市街地面積（浸透域と不浸透面積）

15. 農地面積（水田，畑地）および使用肥料の種類と量
16. かんがい用水の取水先と排出先
17. かんがい排水の水質
18. 家畜の種類とその数および飼料の種類と量
19. 家畜排水の量と水質
20. 家畜排水の処理状況と排出先
21. 森林総面積とその種別面積
22. 養殖魚の種類と数および飼料の種類と量
23. 養殖魚の出荷先と出荷状況
24. 養殖のための取水量と排水量およびその水質
25. 降雨，風向，風速，日照，気温などの気象資料（特に降雨資料については，必要に応じて時間降雨資料も収集する）
26. その他必要な資料

解　説

　社会特性調査では，流域内の汚濁発生源の基礎資料となるもので，人口，産業構造，土地利用状況などを調査する．河川特性調査では，流域の特性，流量状況，河道状況，水質状況，治水，利水用施設状況などを調査する．自然地理特性調査では，流域の地形，表層地質の性状，植生状況，気象状況など，流域の自然地理環境を調査する．

　これらの資料収集で不十分なものは，補足調査を行って資料を補完する．なお，河川等水質の将来予測が多くの場合想定されるので，水質汚濁に係わる将来計画の資料および当該年度までの推移が明らかになる資料も収集，整理しておくことが望ましい．

5.3　発生および排出汚濁負荷量調査

5.3.1　基本的考え方

　発生および排出汚濁負荷量は点源負荷と面源負荷に分けて取り扱うものとする．点源負荷は晴天時，降雨時に関係なく負荷が同様に発生および排出されると考えるものとする．一方，面源負荷は発生負荷と排出負荷が等しいものとする．また，面源負荷は晴天時と雨天時には異なった機構で負荷の発生（排出）が起こるため，晴天時と雨天時の両方で調査を行わなければならない．

解　説

　ただし，都市域で合流式下水道が布設されている場合，面源負荷の一部が処理されるため，発生負荷と排出負荷が必ずしも等しくはならない．

5.3.2　点源負荷

　点源負荷は次の5種類の負荷に分けて，実測法により，代表値としての原単位を調査し，発生および排出汚濁負荷量を推定するものとする．
1. 生活排水からの汚濁負荷
2. 工場排水からの汚濁負荷
3. 事業場排水からの汚濁負荷
4. 畜産排水からの汚濁負荷

5. 観光排水からの汚濁負荷

解　説

　各発生源における発生負荷量は，汚水処理施設に流入前の負荷量を対象とし，排出負荷量は処理後の負荷を対象とする．これらの負荷量調査は実測によって求めることを原則とする．ただし，諸般の事情で，実測できない場合は基礎調査で行った汚濁発生源ごとの分類，整理結果ごとに，他流域で測定し，算定されている原単位を用いて算出する．また，排出負荷量の場合は，処理施設の浄化率，排水基準等を参考にすることができる．しかし，設置されている処理施設の処理方法，運転方法により排出される負荷量は異なることを念頭に置いておく必要がある．実測する場合，負荷発生および排出の時間的，季節的変動を十分考慮し，調査頻度を決定しなければならない．1日の調査は2時間ピッチの24時間調査を原則とする．調査の時期，回数は生活排水や工場排水など生活リズムや操業状態によって日変動がある場合には調査回数を排水状況を勘案して増減する必要がある．また年間負荷量を求める調査では，工場の業種によって季節的な操業を行っている場合もあるため，その操業状況の変化に合わせた調査を実施する．

1. 生活排水からの汚濁負荷

　人間の営みによって発生する負荷量のうち，生活排水からの汚濁負荷は，便所でのし尿，台所，風呂場，洗濯での雑排水を取り扱う．このような排水は各家庭だけでなく，学校，公共施設，工場，事業場からも発生している．各家庭から発生する負荷量は，直接下水処理施設に排出されるか，浄化槽を用いて敷地内処理をして排出される．敷地内処理して排出された処理水は排出負荷としてカウントされるので，処理施設への流入水が発生負荷となる．また，単独浄化槽のように，し尿のみを処理している場合，雑排水が未処理のまま排出される．このため事前に汚水処理方式を調べておき，採水や流量測定可能な場所を決めなければならない．また家庭からの排水は時間的変動の大きいことが特徴であるため，調査に必要な時間帯，調査間隔等に気をつける．

2. 工場排水からの汚濁負荷

　工場における発生汚濁負荷量は，排水処理施設において処理される前の汚濁負荷量であり，流域内のすべての工場における発生負荷量を算出するものとする．調査の基本は，全工場に対する実測とするが，不可能な場合は代表工場の実測値を用いた原単位法，または，既存資料による原単位法を用いる．発生汚濁負荷量の算出にはこれまで原単位法がよく用いられ，業種別発生原単位が数多く調査されて文献等に記載されている．しかし，個々の工場では生産方法の多様性，生産規模等により，同じ業種でも異なっていると考えられるため，全工場の発生負荷量は実測より求めることが最も正確な方法といえる．しかし費用，日数面や工場等への立ち入りの問題で全工場における調査が不可能な場合は，業種ごとに代表的な工場を選び，その調査結果から原単位を算出し，他工場に適用する方法を取る．

　5日間の流量変動が少ない場合や，流量が常に把握されている場合には，コンポジットサンプルを用いる方法をとることができる．企業秘密等の理由で敷地内調査を認めない工場，事業所に対しては，調査の目的と主旨を十分に説明し，河川法第77条および78条に従って対処することが望ましい．

3. 事業場（工場を除く）からの発生負荷

　調査対象流域内の工場以外の飲食店，レストラン，給食センター，大規模弁当製造業，ホテル，旅館，スーパーマーケット，市場等の飲食に関する事業所，さらには公民館，公営競技場が存在する．これらの施設からの発生負荷量も捉える必要がある．

　これらの事業場，施設からの排水は，時間的（季節，曜日，時刻）排水パターンが概ね決まっているので，パターンを事前に調査し把握し調査すること．

　現在，多くの事業所では大型合併処理浄化槽で汚水処理を行っているので，浄化槽の流入部と流出部を調べ発生負荷量と排出負荷量を同時に調査するとよい．

　排水量調査が困難な場合は，水道メータの時間変化を読み取り，処理施設の流入部と流出部での採水を行い各

第5節　汚濁源および汚濁負荷量調査

負荷量を算出する．

4. 畜産排水からの汚濁負荷

畜産排水としての汚濁負荷は，し尿によるものがほとんどであるが，飼育形態によっては肥料もその一部を占めると考えられる．我が国で飼育されている家畜，家禽としては牛（肉牛，乳牛），馬，豚，鶏がほとんどであり，本節では牛，馬，豚および鶏についての汚濁負荷を扱うものとする．

牛，馬の負荷発生個所は，畜舎内と畜舎外に分けられ，畜舎内の発生負荷の一部は処理され，一部は系外もしくは近隣農地へ移動している．畜舎外あるいは放牧での発生量は自然系の負荷量としてカウントされる．

このため，豚の場合も含め，畜舎に設置された溜ます（処理施設）からの負荷量が，水系からみた時の家畜負荷量の排出量として位置づけられる．鶏については，ほぼ全量が農地還元されているので，排出負荷量としての考慮は必要ない．しかし，大規模養鶏団地のように，施設の洗浄による発生・排出負荷量が無視できないような場合には調査の対象とする．

5. 観光排水からの汚濁負荷

観光排水からの汚濁負荷は季節的変動が大きく，祝祭日，曜日による変化も大きいことに注意して，調査する必要がある．

観光レクリエーションの旅行先における主要な汚濁発生源は，旅館，ホテル，休憩地，土産物屋，ドライブイン等である．また温泉のある観光地では，その水質と使用水量もあわせて調査する．

5.3.3　面源負荷

> 面源負荷は，次の6種類に分けて調査するものとする．
> 1. 農地からの汚濁負荷　　4. 養殖からの汚濁負荷
> 2. 市街地からの汚濁負荷　5. 降雨からの汚濁負荷
> 3. 山林からの汚濁負荷　　6. その他
>
> 原則として，実測によって求めた負荷量をもとに原単位を推定し，汚濁負荷量を算出するものとする．

解　説

面源負荷に関する発生（排出）負荷量調査は実測を原則とする．面源負荷は一般に降雨時にまとまって発生する傾向がある．また降雨状況（降雨状況，先行無降雨期間等），農地，市街地，山林の維持管理状況等により，発生負荷量は複雑に影響を受けることおよび原単位の調査が十分に行われていないため実測が必要である．また面源負荷は年間単位で調査する必要がある．

1. 農地からの汚濁負荷

農地からの汚濁負荷については，主要な利用形態である水田と畑地について調査を行う．

面的な排出システムをとる水田からの汚濁負荷は，その発生負荷量と排出負荷量が同じであると評価することができる．水田からの発生負荷量は播種あるいは田植えの時期から，収穫までの間の稲の成長過程に応じて行われる肥料と水管理の内容に関して，湛水期間あるいは非湛水期間で変動するので，発生負荷量を求める場合，年平均，月平均といった単位の取り方も注意が必要になる．

畑地から発生する負荷は地下浸透によるものと，降雨時に見られる表面流出によるものとがある．晴天時および小降雨時においては，表面流出による発生負荷量は無視できるので，暗渠排水路で計測できる地下侵透水を評価する．

2. 市街地からの汚濁負荷

市街地からの発生（排出）負荷量は，一般に降雨時の雨水によって掃流されるので，降雨時の調査を主体とする．

市街地からの発生負荷量は市街地内に存在する発生負荷量の調査と雨水の掃流能力，すなわち雨天時の降雨強度，流出負荷量，負荷流出係数を求めなくてはならない．

3．山林からの汚濁負荷

山林からの発生（排出）負荷流出量は，特にデータが少ないため，必要な調査を実施して評価する必要がある．

山地，原野からの発生汚濁負荷は，主として降雨時の表面流出による土壌等の浸食，流出によるものと，地下浸透したものが，地表に流出する時に地中の物質を溶脱することによるものと2とおりがある．

4．養殖からの汚濁負荷

養殖からの汚濁負荷量は，給餌養殖では，系外から直接，飼料の形で負荷量が供給されるものである．

養殖からの負荷量は，給餌飼料に含まれる汚濁物質の量と，漁獲により取り上げられた，魚体の総量と含まれる成分量の差により求めることができる．なお，給餌は季節的な変化があるので，調査しておくことが望ましい．

5．降雨からの汚濁負荷

降雨からの汚濁負荷量は，降雨水質と降雨量の積で求めることができる．なお，降雨の水質は地域で異なり，また，降水中の濃度も降雨量や雨の降り始めと終わりでは異なる．一般には，一降雨の初期には濃度が高く，末期には低い．したがって，降雨負荷量は，一雨ごとに降雨量と濃度を測り，負荷量を求めることが望ましい．

6．そ の 他

その他の負荷量には，起源が点源であっても，負荷の流出形態が，例えば，融雪時などのように，面源として取り扱うことが適切な場合，また地域やその他の汚濁源の特性からその他負荷量として必要な場合については，発生源の特性を考慮して適切な方法で求めるものとする．

5.4 流達および流出汚濁負荷量調査

5.4.1 基本的考え方

> 流達負荷量は，対象とする水域にその流域から到達する負荷量であり，河川および湖沼等について算出すべき負荷量であるが，流出負荷量は，湖沼等では概念的に当てはめられない．流達および流出負荷量は，晴天時および降雨時の両方で把握しなければならない．

解　　説

降雨による出水がある時の汚濁負荷量は，平常時とは非常に異なっている．一般に降雨流出の初期においては，流域あるいは河床などに堆積していた汚濁負荷が洗い出されてくるので，この時期の汚濁負荷量は非常に大きくなる．したがって，晴天時調査のみでは不十分であり，降雨による出水時の負荷量調査をも行わなければならない．また流入負荷量と水質の関係を見た場合，河川においては，その時点に流入してくる負荷量および流量によって水質は定まるが，湖沼や内湾に流入する河川についてはこの調査が特に必要となる．また，晴天時といえども流量によって負荷量が大きく変動するので，流量規模の違いによる調査を実施する必要がある．

5.4.2 観測測定地点の選定

> 測定地点は，流出汚濁負荷が当該水域（河川，湖沼（貯水池を含む），海域）へ流入する直前において測定できるよう定めるものとする．測定地点は，原則として次の要件を満足する位置に定めるものとする．
> 1. 流域すべての排水が排出される地点
> 2. 横断方向の混合が十分行われ，水質が均一であると認められる地点であること．

3. 流量観測，試料採取が容易に行われる地点であること．

解　説

　流出汚濁負荷は，当該水域が河川の場合にはそれに流入する支川，排水路による汚濁負荷である．これらの汚濁負荷量を測定するためには，対象とする流域からの排水のすべてが排出された後でなければならない．ただし，当該水域が感潮河川，海域の場合には測定地点は潮汐の干満による影響を受けるので，このような場合の測定地点では，潮汐の干満による影響を受けない地点まで移し，それより下流の汚濁負荷については別途測定するなどの方法をとる必要がある．自動流量観測を行っている場所で，自動採水器を用いて水質観測も併せて行えば，データの収集が比較的容易になる．また流量比で採水試料のコンポジットを行い，水質測定することも可能である．

5.4.3 採水位置と採水深度

　採水にあたっての横断方向の採水位置と数，深さ方向の採水深度とその数は，横断方向および深さ方向の水の混合状態を考慮して定めるものとする．

解　説

　流出汚濁負荷の測定地点としては，当該水域によって種々のケースがある．このため，各測定地点において，できるだけ精度が向上するような測定方法を選定するのが望まれる．河川の支流，排水路などの場合には，横断方向は流心のみ，水深方向も水深の2割のみの測定で十分な場合が多い．

5.4.4 観測測定回数

　晴天時の流量観測および採水は，24時間にわたって定間隔で行うものとする．その時間間隔は，原則として2時間とするものとする．雨天時は，流達あるいは流出する負荷量の経時変化がわかるような観測計画をたてるものとする．

解　説

　降雨時の水質は，前述のように流量の変化に応じて，特に流出の初期において急激に変化するので，その時間変化パターンが把握できるような時間間隔で観測測定する必要がある．時間間隔は，河川の規模によっても異なるが，流出の初期においては数十分程度の間隔とし，時間が経過するにつれて間隔を大きくすること．

　洪水時の流出負荷量は，短時間に流下するが，年間の総流出負荷量に占める割合は大きい．このため，年間の総流出負荷量を把握するためには，洪水時の河川汚濁負荷量調査が必要である．

　洪水時の負荷量の流出は，雨の降り始めに側溝等に堆積している汚濁物質を運び出すことにより高濃度の水が流出することが予測される．また，流域面積等が大きい場合には，降雨終了後も流量が平常に戻るまでにかなりの時間を要するため，1回の降雨調査に要する時間も長時間に及ぶことが考えられる．したがって，調査計画を綿密にたてておく必要がある．

5.5 排出率，流達率，浄化残率，浄化率，流出率

　汚濁負荷に関する係数は，原則として汚濁負荷量を実測することにより求めるものとする．
　特に，流達率，浄化残率，浄化率，流出率に関しては，晴天時と雨天時での負荷量調査に基づき算出するものとする．

解　説

　排出率に関しては，処理施設の計画緒言で流入水質と処理水質が決められていることが多いため，予め設定されていると考えることもできるが，処理施設が計画されたとおりに汚水を処理しているとは限らないため，実測

が望ましい．

第6節　水質汚濁予測調査

6.1　非感潮河川における水質汚濁予測調査

6.1.1　解析手法

> 非感潮河川における有機性汚濁の予測は，原則として Streeter と Phelps の式または，その修正式などにより行うものとする．

解　説

非感潮河川での有機性汚濁は，BODと溶存酸素の不足で表されるのが通常であるが，これらを指標とした汚濁予測には Streeter と Phelps の式（修正式）が利用できる．式の詳細については「水質汚濁」，「流域別下水道整備総合計画調査　指針と解説」等を参考のこと．

6.1.2　調査の項目

> 汚濁予測を行う場合には，現況の調査，将来の発生・流入負荷量調査，流況調査を行うものとする．

解　説

現況の調査には，後述の自浄作用調査，現況流入負荷量調査（第5節参照），水収支調査などが含まれる．また，必要に応じて，藻類の生産量の調査，河床底泥による溶存酸素消費量の調査などを行う必要がある．

6.1.3　調査区間の選定

> 調査区間は，原則として次の条件を有する区間を選定するものとする．
> 1. 流量観測地点が整備されており，調査区間の上流端および下流端で水位－流量曲線が作成されていること．
> 2. 調査区間内では流れの状況，特に河床勾配または，流速が大きく変動しないこと．
> 3. 調査区間の上下流端の測定地点では，横断方向の水質変化が一様であること．
> 4. 河川水の BOD が少なくとも $3\,\mathrm{mg}/l$ 以上あり，BOD の測定が誤差の範囲に入ってしまわないこと．
> 5. 調査区間で流入する汚濁源が比較的集約されており，そのすべての汚濁負荷量が実測できること．
> 6. 調査区間の長さは調査時点の流量で，流下時間が4時間以上かかる区間であること．

解　説

非感潮河川の自浄作用の調査は，上流から下流へ河川水が流下する間にその水中に含有する BOD，DO がどのように変化するかを追跡調査するものである．実際の調査では，調査区間の上流端のある時刻での水質と，その時刻より流下時間だけ経過した時刻での下流端の水質を比較して求めることになる．しかし，一般的には途中より新たな汚濁負荷が流入したり，支川の流入によって水質が希釈されたり，そのほかにも河床からの BODの付加，地下水の流入・流出による負荷の増減による影響があるので，これらについて十分調査し，その影響を考慮してやらなければならない．したがって，この調査では，調査区間での追跡調査とともに流入する負荷の正確な調査，流量収支の調査を行わなければならない．このため，本文のような条件をそなえた区間でなければ正

確な測定が難しくなる．

6.1.4 調査の時期

> 調査は，流量の比較的安定している平水時，低水時および渇水時に行うものとする．

解　説

　流量の多い時期は，水質が希釈されてBODの測定などに誤差を生じやすいこと，河床堆積物が洗掘されて水質が逆に悪化している場合があることなどの理由から観測に不適当なので，本文のように時期を定めたものである．降雨直後の流量の不安定な時期に調査するのも，ほぼ同様な理由から好ましくない．

6.1.5 現地調査の内容

> 現地調査においては，流下時間，支川および排水路からの流入量および流入水質を調査し，本川各測定地点における流量測定，採水および現地測定を行うものとする．

解　説

　流下時間の測定はある流量時（平水時，低水時または，渇水時）に予備調査として行い，その結果に基づいて流量－流速曲線を作成し，本調査時には，この流量－流速曲線を用いてその時点の流量に対応する流下時間を求めることができるようにしておくとよい．これは，本調査時に流下時間を求めることが，人力等，調査測定体制からいって不可能な場合があるためである．本調査時においては，調査区間のすべての支川排水路および本川測定点について流量観測（ただし，既設流量観測所がある地点は除く），採水および必要な現地調査を行う．

6.1.6 各測定地点での測定および採水時間

> 各支川，排水路および本川の各測定地点では，調査時点での流量をもとにして予備調査の結果から推定により各支川および排水路合流点にいたる流下時間，本川各測定点までの流下時間を求め，この時間を基準にして，その時間の前後に30分間隔で各2回，合計5回の流量観測，採水および現地測定を行うものとする．

解　説

　各支川，排水路および本川の各測定点における流量観測，採水および現地測定は流下時間からの1回のみでは不十分であり，流入負荷量の時間変化，流下時間の誤差などを考えて，前後合わせて回の流量観測，採水および現地測定を行う．

6.1.7 採水位置および深度

> 採水位置および深度については，本章2.3および本章2.4採水深度によるものとする．

6.1.8 調査測定項目

> 調査にあたっては，必要に応じ，流量，水温，BOD，COD，DO，溶解性BOD，脱酸素係数，撹拌による脱酸素係数，SS，総窒素，アンモニウム態窒素，亜硝酸態窒素，硝酸態窒素，総リン，溶解性総リン，オルトリン酸態リン，クロロフィルなどについて測定を行うものとする．

解　説

　調査項目には，水温，DO，BOD，CODの4項目を含めるようにする．特にDOについては精度の高い測定が要求されるので，原則として2本ないし3本の試料を取って分析する必要がある．脱酸素係数は5日間BODを最終BODに換算するために測定するものであり，全試料について測定する必要はないが，調査区間の上流端および下流端の測定点，および主要な支川，排水路については少なくとも1試料は，測定を行うものとする．

最終BODは脱酸素係数によって大きく異なるので，注意深く測定を行わなければならない．撹拌による脱酸素係数は河川水中のBODの減少と試験室内でのBODの減少とを比較するために必要なもので，本川の測定点において測定を行う．

CODはBODをチェックするために，SSおよび溶解性物質によるBODは沈殿によって減少するBODを求めるために測定するものである．総窒素，アンモニウム態窒素，亜硝酸態窒素，硝酸態窒素，総リン，溶解性総リン，オルトリン酸態リンは窒素化合物およびリン化合物の自浄作用と，富栄養化に及ぼす影響を調べるために測定するもので，主要な支川，排水路および本川の測定点から得られた試料について，少なくとも各1本について測定する．クロロフィルは，水中の藻類の光合成および呼吸量を知るために測定を行うもので，本川の主要な測定点について各数試料について測定を行う．

6.1.9 BOD減少係数などの決定

> 河川水中でのBOD減少係数は，原則として自浄作用の調査を行って，StreeterとPhelpsの式を用いて求めるものとする．

解　説

BOD減少係数は河川の状況，汚濁源の状況によって大きく変化するので，自浄作用の調査を行って定めるのが原則である．ただし，汚濁源の状況が変わればBOD減少係数も変化するので，必ずしも現況での実測値が将来に対しても通用できるわけではない．

汚濁負荷の減少を次のような1次減少反応式で近似した場合，その減少速度係数を自浄係数とよび，自浄係数を用いて解析する方法もある．

$$dC/dt = -KC \quad \text{または積分形で} \quad C = Co\,e^{-kt}$$

ただし，Cは濃度，Coは初期濃度，t時間，Kは減少速度係数（自浄係数）である．

河川については汚濁指標としてBODを用いるので，減少速度係数としてもBOD減少係数（k_r）を用いる．河川水中でのBODの減少は，生物学的な分解などBODの減少に応じて水中のDO（溶存酸素）を消費するも

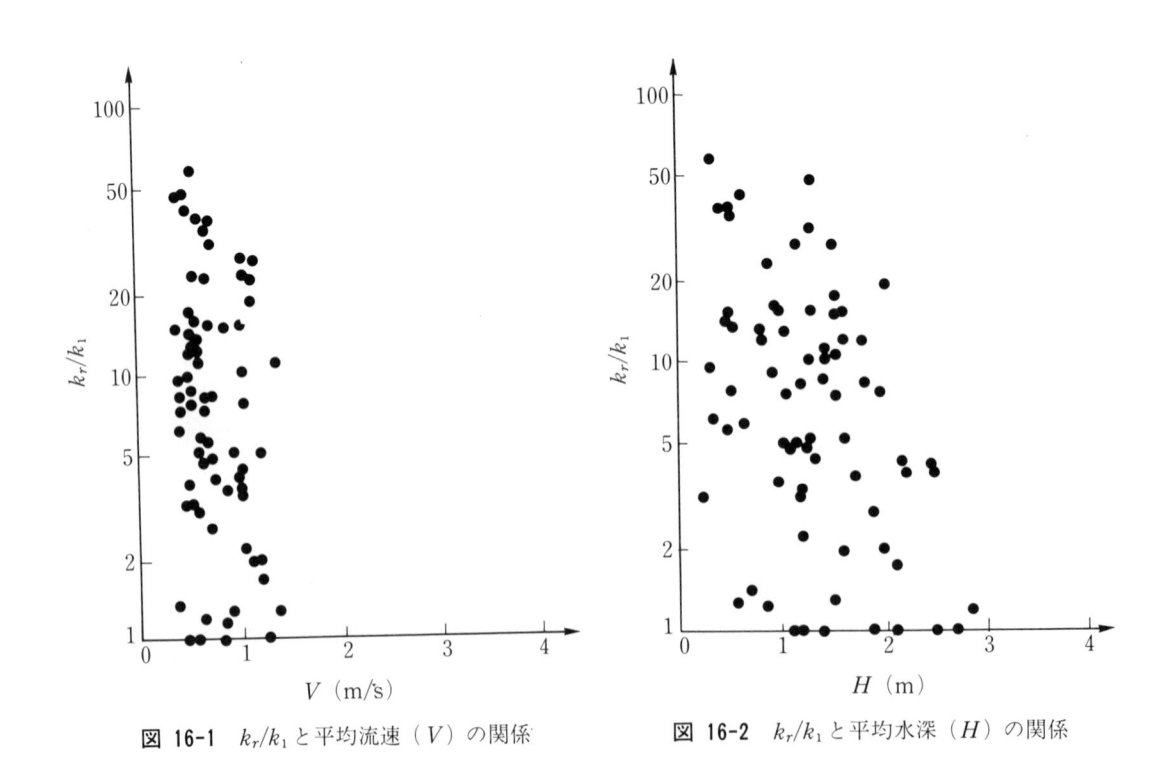

図 16-1 k_r/k_1と平均流速（V）の関係　　**図 16-2** k_r/k_1と平均水深（H）の関係

第6節　水質汚濁予測調査

のと，沈殿などDOを消費しないものとに分けられ，前者の減少係数を k_1（脱酸素係数），後者を k_3 と表すのが通例である．すなわち，$k_r = k_1 + k_3$ である．脱酸素係数 k_1 は試験室内で測定することができるが，k_r（または k_3）は実際河川で調査する以外の方法では測定は困難である．k_r は河川によって，また同一の河川においても流量，水温，汚濁源の種類によって大きく変わると考えられている．したがって，個々の河川において実測することを原則とする．

なお，建設省技術研究会での報告によれば k_r/k_1 と種々の因子との相関は図 16-1，16-2 のようであった．これらの図から k_r/k_1 と各因子との間の明らかな相関はみられず，k_r/k_1 と水深との間に若干の関連性が認められる程度であるが，いずれにしても k_1 に比べてはるかに大きい k_r が観測されることがある．一般には，試験室で測定した脱酸素係数 k_1 は 0.05〜0.3（1/day）程度（清浄な河川では小さいのが通常である）であるのに対し k_r は k_1 のオーダーから 10 に近い値も観測されている．

自浄作用調査を行った場合の BOD 減少係数 k_r の計算方法については「水質汚濁」等が参考になる．

6.2 感潮河川における水質汚濁予測調査

6.2.1 解析方法

> 感潮河川の汚濁解析にあたっては，タイダルプリズム法，混合係数を用いた方法，定常の拡散方程式の解析による方法，非定常の拡散方程式の数値計算による方法などから，必要とする汚濁予測の精度，利用できるデータなどに応じて適切な手法を選択するものとする．

解　説

感潮河川においては，潮汐による混合および拡散が大きな影響を持っており，これらの項を含めた計算式によらなければならないこと，さらに水理，水質条件が潮汐の周期によって変化する非定常の現象であることなどが非感潮部に比べると複雑である．ただし，非定常の問題については，潮汐の作用はほぼ周期的とみなすことができるので，周期の同一位相または，2 潮時平均水質を対象として考えれば，凝似定常的な問題としてとらえることができる．本文に定めた解析方法のうち，最初の 3 つの方法は，このように凝似定常と考えて解析する方法がある．概略の計算には凝似定常を仮定した計算方法でいるが，精密な計算は非定常拡散方程式の数値計算による．

これらの計算手法については「水質汚濁」等を参考のこと．

6.2.2 調査の項目

> 感潮河川における汚濁予測を行う場合には，必要に応じ計算に必要な諸係数を定め，計算精度をチェックするための現況および将来の発生負荷量，流入負荷量，流況の調査を行わなければならない．

解　説

感潮河川における調査，計算は，対象とする感潮河川の混合状況，すなわち強混合型，緩混合型，あるいは弱混合型かによってかなり異なるので，混合状況を十分把握していなければならない．いかなる混合型式に属するかは，一般には固有流量とタイダルプリズム（満潮時の感潮区間内水量と干潮時の水量との差）との比によって定まるとされており，この比が 0.7 以上のときは弱混合，0.2〜0.5 のときは緩混合，0.1 以下のときは強混合になるといわれている．

感潮河川は，非感潮部とは異なり，水質が潮汐によって時間的に変化するので，現況の調査においては 2 潮時の間 1 ないし 2 時間間隔で連続的に測定する．ただし，凝似定常を仮定する方法で概略的な計算のみを行う場合には，定期的な水質調査結果を利用してもよい．

感潮河川について汚濁計算を行うには，拡散係数をいかに定めるかが重要になるが，縦断方向の塩化物イオン分布が再現できるように拡散係数をトライアルで定めるか，公式または別途の実測で与えた拡散係数を実測の塩

第16章 水質・底質調査

化物イオン分布でチェックするという方式をとるため，塩化物イオン分布の調査が非常に重要である．

BODと溶存酸素の予測計算を行うには，非感潮河川の場合と同様k_r，k_1，k_2など（本章6.1.1解説参照）を定めなければならない．これら（主としてk_r）は，原則として，2潮時連続のBOD，DO観測結果から定める．この場合，感潮部への流入負荷量も同様な2潮時の調査によって完全に把握されていなければならない．底質の水質に対する影響，藻類の溶存酸素収支に及ぼす影響なども必要に応じて調査する．

なお，非定常拡散方程式の数値計算による場合には，不定流計算結果を入力条件として与える必要があるため，水質調査を行う当日に不定流計算が行えるだけの資料を収集しなければならない．

6.2.3 測定地点の設定

> 測定地点は原則として河口付近から感潮部の終端までの調査区間内について，流入支川，排水路等の数に応じて数地点以上設けるものとする．また，河川水の影響を受ける海域については，原則として3地点以上設けるものとする．さらに，調査区間で合流する支川，排水路，運河などがある場合には，必要に応じ合流点付近に測定点を設けるものとする．

解　説

感潮部で，流入支川，排水路の数が少ない場合には，感潮部での測定地点の数は比較的少なくてもよい（測定地点は最小地点は必要である）．しかし，大都市内の感潮河川のように，支川，排水路，運河などとの合流が多い調査区間では，測定地点はさらに増加させる必要がある．

また，これらの支川，排水路，運河などが本川と同様に潮汐の影響を受ける場合には，支川，排水路，運河などにおいても合流点付近に測定点を設けて，調査区間における水収支と物質収支を正確に把握することが必要である．感潮河川では海からの海水の流入があり，調査地点における流入海水の水質を把握する目的で2～3km間隔で3点以上の測定点を感潮河川の海への延長方向に設ける．

6.2.4 現地調査の内容

> 調査は，淡水と海水との混合状態の観測，測定時刻別の流域からの流入量および汚濁負荷量の調査，各測定地点（海域部を除く）での測定時刻別水位，流量（順流，逆流とも）の調査，採水および現地測定を行うものとし，海域部の測定地点では，採水と現地測定ならびに採泥を行うものとする．

解　説

淡水と海水との混合状態の観測は予備調査として行う．この観測は調査区間で淡水と海水との混合が強混合，緩混合，弱混合のいずれであるかを知るためと塩分遡上の上流端を知るため行うものである．この予備調査は，後から行う本調査とほぼ相似の潮汐の状態のときに行うのが望ましい．また，従来から行ってきた多くの調査，観測等によって淡水と海水の混合状態が既に判明しており，本調査に支障のない場合は省略してもよい．流域からの汚濁負荷量の調査は本章第5節に定めた方法により行う．汚濁負荷量の調査は本調査時に行うのが望ましいが，それが困難な場合には流域での生産活動が本調査時とほぼ同じ状態と認められる晴天時に行う．本調査は予備調査として行った潮汐の混合状態を基にして調査方法を定め，水位，流速，採水および現地測定を行う．採泥は感潮河川の調査日と異なる日を選んで行っても差し支えないが，採泥日は水質調査日にできるだけ近い日を選んで行うとよい．

6.2.5 各測定地点での測定および採水時刻

> 各測定地点では2潮時にわたり1ないし2時間間隔で採水および水位，流速等の現地観測を行うものとする．ただし，海域部の測定地点で調査が夜間で危険を伴う場合には，昼間の1潮時において数

回の採水および現地観測を行うのみでも差し支えないものとする．

解　説

　1日の潮汐は昼間と夜間とで異なるし，流域からの汚濁負荷量等も時刻により異なるので，2潮時または，25時間について各測定地点別の1ないし2時間ごとの採水および水位，流速等の現地観測を行う．流域からの汚濁負荷量についても同様である．海域部の測定地点での調査で危険を伴う場合には，昼間の1潮時のみについて行っても差し支えない．

　さらに，1隻または，2隻の大型船で測定地点間を巡回採水する方法をとってもよい．しかし，この場合にも1測定地点での採水回数は5回以上とする．

6.2.6　採水位置および深度

　採水は横断面の中央で行うほか，左岸または（および），右岸側の水質が明らかに異なる測定地点では，左岸側または（および）右岸側においても，横断方向に状況に応じて数点採水するものとする．水深方向では，淡水と海水との混合状態を考慮して，少なくとも3深度での採水が行えるよう採水深度を定めるものとする．強混合の感潮河川では，全水深について等間隔で採水深度を定めるが，緩混合および弱混合の感潮河川では，淡水域および淡水と海水との混合層については採水密度を高く，海水層については採水密度を低く定めるものとする．

解　説

　感潮河川では横断方向での拡散は十分に行われ難いので，横断方向では流心と左右岸合わせて最少でも3点，またはそれ以上の採水が必要となる場合が多い．水深方向でもその水質は大きく変化する．このため，予備調査を基にして採水深度を定める．採水位置は，各採水断面について水質等の濃度曲線図が無理なく画きうるよう定める必要がある．

6.2.7　底泥試料の採取

　底泥試料は，各採水地点および特に堆積の著しい地点から当該感潮部を代表するような地点を選び，表層部の底泥を採取するものとする．

解　説

　底泥の調査は，底泥による酸素消費および，底泥からの有機物や栄養塩の溶出量を測定するための試料を採取するものである．

6.2.8　調査測定項目

　調査にあたっては，必要に応じ気温，水温，塩化物イオン，DO，BOD，溶解性BOD，COD，溶解性COD，脱酸素係数，総窒素，溶解性総窒素，アンモニウム態窒素，亜硝酸態窒素，硝酸態窒素，総リン，溶解性総リン，オルトリン酸態リン，クロロフィルなどについて観測を行うものとする．また，底泥については，水分，強熱源量，BOD，COD，総窒素，総リンなどについて必要に応じ測定するものとする．

解　説

　調査項目には，水温，塩化物イオン，DO，BOD，CODの5項目を含めること．溶解性BOD，溶解性CODについてもでき得る限り測定を行うものとする．脱酸素係数は5日間BODを最終BODに換算するために測定するものであり，各測定地点について少なくとも1ないし2試料について測定を行う必要がある．最終BODは脱酸素係数によって大きく異なるので，注意深く測定を行わなければならない．

CODおよび溶解性CODは，海域との関係を把握するためと，BOD測定値をチェックするために行うものである．感潮河川では，SSが沈殿し，これによってBODおよびCODの値が減少する可能性が大きいので，溶解性BOD，溶解性CODについても測定する．総窒素，アンモニウム態窒素，亜硝酸態窒素，硝酸態窒素は窒素化合物の硝化の影響を調べるため測定するものであり，クロロフィルおよび栄養塩は富栄養化の影響を調べるために行うものである．また底泥の調査は底泥による酸素消費，底泥からの有機物，栄養塩の溶出量は個々の底泥ごとに別途実験を行って試験室で測定することが望ましいが，底泥の個々の成分量がわかれば土木研究所で行ってきた調査結果から概略値を知ることができる．

6.3 湖沼，貯水池における水質汚濁予測調査

6.3.1 解析方法

> 湖沼や貯水池の汚濁解析は，水質予測モデルを対象とする水質のデータの状況，当該水域の地形・地質・流況・汚濁状況をモデルによって得ようとする結果の程度等によって，適切な手法を選択するものとする．

解　説

湖沼，貯水池の水質問題には以下のようなものがある．
1. 冷水現象
2. 濁水の長期化現象
3. 富栄養化現象

このため，当該水域の水質課題を明確にしたうえで，水質現象を解析する水質モデルを選択する．

水質モデルについては，「貯水池の冷濁水ならびに富栄養化現象の数値解析モデル（その1），（その2）」，「流域別下水道整備総合計画調査　指針と解説」等が参考となる．

6.3.2 調査の項目

> 汚濁予測を行う場合には，必要に応じ湖沼，貯水池における汚濁物質の挙動および収支を明らかにするための現況の調査と，将来の発生，流入負荷量調査および水収支の調査を行わなければならない．湖沼，貯水池で特に富栄養化が問題となる場合には，現況の調査で生物調査も行うものとする．

解　説

湖沼，貯水池における水質汚濁予測のための調査は，流域で発生した汚濁物質が，河川，排水路を通じて流入し，湖沼，貯水池で滞留し，さらに，河川から流出していく間に，湖沼，貯水池の水質のいかなる影響をもたらし，いかなる水質の流出水として流出河川に出ていくかを予測することを目的として行うものである．

生物調査に関しては，調査編第18章河川環境調査を参照のこと．

6.3.3 測定地点の設定

> 測定地点は，必要に応じ河川，排水路など湖沼，貯水池への流入負荷量を観測できる位置，湖沼，貯水池から河川への流出負荷量を観測できる位置，ならびに湖沼，貯水池で水質の変化をきたしやすい地点および湖沼，貯水池の水質を代表する地点に設けるものとする．

解　説

この調査では，湖沼，貯水池への水収支および，汚濁負荷量収支をできるだけ正確に求める必要があり，この点を十分に考慮して調査計画を樹立する必要がある．また，湖沼，貯水池内の測定地点では，流域からの流入量および流入汚濁負荷量が比較的小さい場合には，湖沼，貯水池の形状，水深などによっても異なるが，湖沼，貯水池内での測定地点数は少なくてもよい．しかし流域からの流入流量および流入負荷量が比較的大きい場合に

第6節　水質汚濁予測調査

は，湖沼，貯水池内では水質の濃度差が生じやすいので，このような場合には測定地点を増加させる必要がある．この際の測定地点数は，水質の等濃度曲線が無理なく作成できる数であることが必要である．

6.3.4　調査の時期

> 年間の流入負荷量および，水域の水質変動特性を把握するため，平常時および洪水時をも含め，調査を行うものとする．

解　説

閉鎖性水域の汚濁解析は，水域内ばかりでなく，流入負荷量の年間を通した把握が必要である．そのため，調査は平常時ばかりでなく，洪水時をも対象とした調査を行うものとする．

6.3.5　現地調査の内容

> 現地調査は，湖沼，貯水池内に適切に配置した測定地点での水質調査流域からの流入流量および汚濁負荷流入量の調査，当該水域からの流出流量および流出汚濁負荷量の調査，ならびに当該水域内の風向，風速，水位，拡散状況，降雨量，降雨試料の水質，底質等の調査を行うものとする．

解　説

流域からの流入量および汚濁負荷量の調査は湖沼，貯水池内の調査と同時に実施することが望ましいが，これが困難な場合には湖沼，貯水池内の調査日とほぼ同じ状態と考えられる日を選定して行う必要がある．調査方法については本章5.5流入汚濁負荷量調査に準じて行うものとする．湖沼，貯水池からの流出流量，流出汚濁負荷量については，湖沼，貯水池内の調査と同時に行う必要がある．ただし，湖沼，貯水池からの流出流量の測定は，調査日からさかのぼって，少なくとも1週間，できれば4週間程度の資料を収集することが望ましい．

湖沼，貯水池内の風向，風速，水位は，代表地点についても調査日からさかのぼって少なくとも1週間，できれば4週間程度の資料を収集する必要がある．湖沼，貯水池内での観測が困難な場合で，その資料が，湖沼，貯水池内のものと相似であると認めて差し支えない場合には，流域内の観測を用いてもよい．

降雨量および降雨資料についても同様である．湖沼，貯水池内の採泥は，湖沼，貯水池内の水質調査日と異なる日を選んで行って差し支えないが，採泥日は水質調査日にできるだけ近い日を選んで行う必要がある．

また，拡散状況の調査についても水質調査日にできるだけ近い流況，風向，風速の日を選んで行うこと．なお，この調査によって求められる拡散係数は，平面的な拡散が求められるのみで，その信頼度としてはオーダーを知るものと考えるべきである．

6.3.6　各測定地点での測定および採水頻度

> 各測定地点での測定は，平常時においては1日1回，洪水時においては流量が増大を始めてから洪水前の状態に戻る間に負荷の変動状況が把握できる間隔で採水および現地観測を行うものとする．

解　説

閉鎖性水域の汚濁現象は長いスパンで起きることから，1回あたりの調査回数を増すよりも，年間を通じて調査することが必要である．

測定および，採水頻度の詳細は「ダム貯水池水質調査要領」「堰水質調査要領」が参考になる．

滞留時間の大きい湖沼，貯水池の洪水時の調査では，洪水の影響が小さいことから，測定頻度を減らすことができる．

6.3.7　採　水　深　度

> 湖沼，貯水池の採水深度は，水質現象に応じて適切な採水深度で行うものとする．

解　説

第16章 水質・底質調査

湖沼，貯水池の採水深度は，水質現象に応じて「ダム貯水池水質調査要領」，「堰水質調査要領」に従うものとする．また，流入河川の採水については，本章2.3採水位置および，本章2.4採水深度によるものとする．

湖沼，貯水池内での採水深度は平面的にそろえるようにするのが望ましい．このため，表層から50cm，2.5m，5mのように，平面的な濃度分布曲線が画けるように採水深度を定める．この場合にも，1測定地点あたりの採水試料数は，特異な地点（特に水深の浅い地点など）を除いて少なくとも3深度での採水が必要である．

さらに，代表地点1個所について，深度別の水温，DOの変化を詳細に知るため，深さ1mごとの測定を行うことが望ましい．

6.3.8 降雨試料の採取

> 降雨試料は，各1降雨の雨水を，清潔なビニールシート等により集め，降雨後直ちに成分の測定を行うものとする．

解　説

水面積が大きな湖沼や貯水池では，降雨による負荷の影響が無視できない場合があることから，必要に応じて調査するものとする．

6.3.9 底泥試料の採取

> 底泥試料は，各採水地点および，特に堆積の著しい地点を選んで，表層部の底泥を採取したものとする．

解　説

底泥の調査は，底泥による酸素消費および，底泥からの有機物や栄養塩の溶出量を測定するための試料を採取するものである．

6.3.10 調査測定項目

> 水質および底質の測定項目は，湖沼，貯水池の水質現象に応じて適切な項目を選択するものとする．
>
> 降雨試料については，総リン，オルトリン酸態リン，総窒素，アンモニウム態窒素，亜硝酸態窒素，硝酸態窒素，CODなどの項目について測定するものとする．

解　説

湖沼，貯水池の場合の水質調査項目は，水質現象に応じて「ダム貯水池水質調査要領」，「堰水質調査要領」の中から適切な項目について測定するものとする．水質項目は大別すれば有機物，栄養塩類（リン，窒素）および湖内の生物生産量と生物呼吸量に関係する諸項目であり，これらの水質成分を水生生物環境との関係で解析を行っていかなければならない．このため分析検体数が増加し，採水から分析までの間で許容されている時間の範囲内での分析が終了しない恐れが出てくるので，分析能力を考えてその分析の一部を省略してもよい．また，計算精度を多少落としても差し支えない場合には，調査目的などを考慮して，測定項目，測定検体数を減らしてよい．

雨水の水質分析は，栄養塩類について測定を行うものである．雨水中に含有される栄養塩類は，季節，場所などによって異なり，最近の大気汚染により，雨水中に含まれる物質も増加の一途をたどっていることが知られている．底質の分析は底泥による酸素消費，底泥からの有機物，栄養塩類の溶出量を知るために行うものである．底泥による酸素消費，底泥からの有機物，栄養塩類の溶出量は，個々の底泥ごとに別途実験を行って試験室で測定することが望ましい．底泥の個々の成分量がわかれば，概略値を知ることができる．底泥中に含有する有機物，栄養塩類の含有量は，季節によって異なるので，少なくとも年間2回は測定する必要がある．

第6節　水質汚濁予測調査

6.3.11　藻類増殖，沈降，分解，底泥溶出調査

水質予測モデルの定数の推定のため，藻類の増殖速度実験，懸濁物質の沈降速度，有機物の分解速度および底泥溶出量調査を行うものとする．

解　説

水質予測モデルの中で用いられる係数や定数の数は多いが，特に，藻類の増殖速度，および懸濁物質の沈降，分解速度，ならびに底泥からの溶出速度は重要な項目である．現地の状況に応じた適切な調査方法を選定することが必要である．これについては，例えば「湖沼環境調査指針」が参考になる．

6.4　海域における水質汚濁予測調査

6.4.1　解析方法

海域での汚濁予測にあたっては，内湾などの閉鎖性水域では水質モデルによるものとする．局所的な解析では，拡散方程式の解析または数値計算によるものとする．

解　説

内湾の汚濁は富栄養化現象が問題となるため，本章 6.3 湖沼，貯水池における水質汚濁予測調査の予測モデルを適用するものとする．海域への汚濁物質の放流の影響や河口部での河川からの流入汚濁物質の挙動を調べる場合，主として拡散による汚濁物質の広がりを考慮した局所的解析が必要となる．一定方向の海流が卓越するような場合や，潮流が卓越する場合であっても概略の計算を行えばよい時には，拡散方程式の解析解等を用いることもできる．解析解の代表的なものには，ヨゼフ・センドナーの方法，ブルックスの方法などがあるが，解析解は，種々の仮定を設けて拡散方程式を解析的に解けるような形にしてあるので，対象とする海域の状況がそれぞれの仮定に最も近いものを選ぶ必要がある．

周期的な潮流が卓越する場合には，拡散方程式の数値計算による．海域での汚濁解析法は「水質汚濁」等が参考になる．

6.4.2　調査の項目

調査の項目は本章 6.2.2 調査の項目によるものとする．

6.4.3　測定地点の設定

測定地点は，必要に応じ河川，排水路，運河など海域への流入負荷量を観測できる位置，対象海域が湾の場合には，湾口から外海にかけて湾からの流出負荷を観測できる位置とその影響を受ける外海域，ならびに対象海域内において水質の変化をきたしやすい地点，および対象海域内の水質を代表する地点に設けるものとする．

解　説

この調査では，汚濁負荷量収支をできるだけ正確に求める必要がある．この点を十分に考慮して調査計画を樹立する必要がある．海域内の測定地点では，流域からの流入流量および流入汚濁負荷量，潮汐流，恒流，吹送流などによってその水質は，位置的にも，時間的にも大きく変動するので，これらを十分考慮し，水質の等濃度曲線が無理なく作成できるよう地点を選定することが望ましい．湾などの閉鎖性海域では，感潮河川の場合と同様に外海域から湾口を通じて閉鎖性海域に流入する水質を正確に把握する必要があり，このため，湾口部のほか，湾口から外海域への延長方向について 3～5 km 間隔で，少なくとも 3 点の測定地点を設ける必要がある．

6.4.4　現地調査の内容

> 現地調査では，必要に応じ淡水と海水との混合状態，測定時刻別の各河川，排水路，運河などからの流入流量および流入汚濁負荷量，海域各地点の時刻別流向，流速，水位，風向，風速などの調査ならびに採泥を行うものとする．

解　説

　淡水と海水と混合状態の観測は予測調査として行う．この観測は調査対象区域内での淡水と海水との混合または，成層状態を調べるために行うものであり，塩化物イオンをおもな指標として調査する．この予測調査は，後から行う本調査とほぼ相似の潮汐の状態のときに行うのが望ましい．また，従来から行ってきた多くの調査，観測等によって，淡水と海水との混合状態が既に判明しており，本調査に支障がない場合は省略してよい．各河川，排水路，運河などからの流入流量および汚濁負荷量の調査は，海域の調査を行う日に同時に実施することが望ましいが，これが困難な場合には，海域内の調査日とほぼ同じ状態と考えられる日を選定して行うものとする．調査方法については，本章第5節の流入汚濁負荷量に準じて行う．閉鎖性海域（湾）の場合，湾口および外海域の調査は湾内の調査と同時に行う．海域内の流向，流速調査は，水質調査日のみならず，調査日よりさかのぼって少なくとも1週間の調査が必要である．

　風向，風速調査についても同様である．採泥は，海域の調査日と異なる日を選んで行って差し支えないが，採泥日は水質調査日にできるだけ近い日を選んで行う．

6.4.5　各測定地点での測定および採水時刻

> 各測定地点での測定および採水時刻は，潮の状況に応じて，状況が把握できる時間と回数を設定するものとする．

解　説

　各測定地点での測定および採水時刻は，海域は本章6.2.5を参考に設定する．また，内湾のような閉鎖性水域については，本章6.3.6を参考に設定する．

6.4.6　海域の採水深度

> 海域の採水は，表層から50cmのほか，淡水と海水との混合状態を考慮して，少なくとも3深度での採水が行えるよう採水深度を定めるものとする．成層していない海域では全水深について等間隔で採水深度を定めるが，成層している海域では淡水層および，淡水と海水との混合層については採水密度を高く，海水層については採水密度を低く定めるものとする．

解　説

　流入河川の採水については，本章2.3採水位置および，本章2.4採水深度によるものとする．

　海域の水質調査では，淡水と海水との混合状態によって，その水質は大きく変化する．このため，予測調査によって淡水と海水との混合状態を正確に把握して，その結果を基にして採水深度を定める．採水深度は表層50cmのほか，水深別の水質等濃度曲線図が無理なく画けるように定めることが望ましい．また代表地点1個所については，水温，DOについてできる限り1mごとの観測を行えるよう配慮するのが望ましい．

6.4.7　底泥試料の採取

> 底泥試料は，各採水地点および特に堆積の著しい地点を選んで，表層部の底泥を採取するものとする．

解　説

底泥の調査は，底泥による酸素消費および，底泥からの有機物や栄養塩の溶出量を測定するための試料を採取するものである．

6.4.8 調査測定項目

> 調査にあたっては，必要に応じ，水の試料については，気温，水温，透明度，塩化物イオン，pH，COD，溶解性COD，総リン，溶解性総リン，オルトリン酸態リン，総窒素，溶解性総窒素，アンモニウム態窒素，亜硝酸態窒素，硝酸態窒素，SS，濁度など，底質試料については水分，強熱減量，BOD，COD，総リン，総窒素などの項目の測定を行うものとする．

解　説

海域，特に富栄養化が問題になる閉鎖性海域の場合の水質調査では，有機物，栄養塩類（リン，窒素）さらに必要に応じて，生物生産量と呼吸量の調査を行う．ただし，水質分析の場合に分析検体数が増加し，採水から分析までの間で許容されている時間の範囲内での分析が終了しない恐れが出てくるので，分析能力を考えて，その分析の一部を省略してもよい．

また，計算精度を多少落としても差し支えない場合には，調査目的などを考慮して測定項目，測定検体数を減らしてもよい．底泥による調査は酸素消費，底泥からの有機物，栄養塩類の溶出量を知るために行うものである．底泥による酸素消費，底泥からの有機物，栄養塩類の溶出量は個々の底泥ごとに別途実験を行って試験室で測定することが望ましい．

底泥中に含有する有機物，栄養塩類の含有量は，季節により異なるので，最少限年間2回は測定する必要がある．

第7節　水質事故時の水質調査

7.1　水質事故時の調査内容

> 水質事故が発生した場合には，水質調査として緊急調査と事後調査を行うものとする．

解　説

緊急調査とは，水質事故が発生した時の調査で，迅速にしかも効果的な対応が現場でとれるよう，精度の高いものよりも原因物質を迅速に特定できるポータブルタイプの現場で行う簡易分析機材を用いる測定調査である．

事後調査とは，事故原因の解明，被害の規模などを正確に把握するために，必要な保存処理を行った試料を精密分析機器を用いて行う測定調査である．これらの水質分析のほかに，斃死魚等の数量や種類，死亡原因調査も実施する．

水質事故時の水質調査内容をはじめとして水質事故対策についての調査は，「水質事故対策技術」が参考となる．

7.2　調　査　個　所

> 調査個所は，油膜，魚の浮上などが発生している地点周辺とその上・下流および原因物質を流入させていると考えられる支川ないしは排水路とするものとする．

解　説

水質事故の確認は，魚の浮上，油膜の厚さと広がり等が発生している個所とその上流部とする．原因物質が油のように目視で確認できる場合には，油膜の存在を確認しながら上流部へと調査範囲を広げる．シアン化合物の

7.3 水質分析項目

> 水質分析項目は，シアン，六価クロム，重金属，農薬などの有害物質や危険物，および DO, pH その他の一般項目とするものとする．

解　説

水質事故時の水質項目は，上記のとおりであるが，各水域ごとの水質事故発生に関する既往のデータを参考にして，頻度の高い物質を優先させる．

水質分析項目のほか，水質事故の原因物となる項目として，必要に応じて酸，アルカリの種類，油膜ではその種類などヒアリングや油膜の追跡などにより調査を行うものとする．また，水質事故時には，潜在的危険物を整理し，対応することが必要である．

7.4 測定方法

> 測定方法は，原則として緊急調査では，簡易分析法，事後調査では精密機器分析法（公定法）によるものとする．

第8節　酸性雨調査

8.1 酸性雨調査

> 酸性雨調査では，次の項目について調査を行うものとする．
> 1. 酸性雨（雪）調査
> 2. 河川水質調査
> 3. 土壌 pH 調査

解　説

酸性雨は，ヨーロッパや北米において森林や湖沼への影響が顕在化してきており，地球規模の環境問題の1つに取り上げられてきている．ヨーロッパや北米においては，酸性の雨や霧によると思われる森林の衰退，湖沼の酸性化と魚の死滅，金属の腐食や大理石の建造物，彫刻等の崩壊などが大きな問題となっており，その被害は年々深刻さを増している．

我が国においては，現時点で欧米にみられるような酸性雨による生態系等への被害は顕在化していないものの，全国の多くの地点で，年平均値で pH 4 台の降雨および欧米並みの酸性降下物が観測されている．

酸性雨調査では本文にあげた調査を行うとともに，また，必要に応じ河川流域の土壌の緩衝能の観測，河川流域の生態系や河川コンクリート構造物の観測等の調査も実施するものとする．

なお，調査の詳細については「酸性雨等調査マニュアル（案）」を参考することとする．

8.2 調査地点と調査方法

8.2.1 調査地点

> 調査地点は，原則として降水量調査を行う地点とするものとする．

解　説

　酸性雨（雪）調査のための採雨装置の設置場所は，酸性雨の解析に際して雨量，日射量，風向，風速等の気象観測結果が参考となることから，原則として気象資料が連続して得られている場所とする．また，採取された雨水試料は時間とともに変質してくるので，原則として一雨ごとに回収し，水質分析に供することができることが必要であるため，採雨装置の点検・保守や雨水試料の回収が容易な場所とする．

8.2.2 採取方法

> 調査機器には次に示す装置がある．目的に応じて適宜，選択するものとする．
> 1. 雨水自動採取装置
> 2. 簡易採取装置（ろ過式採取装置）
> 3. 簡易採取装置（加温式採取装置）

解　説

　採取方法は目的に応じて本文にあげた装置を用いる．雨水自動採取装置は，降雨開始とともに蓋が開いて雨水の採取が開始され，降雨終了とともに蓋が閉じる構造のものであり，これには雨滴を感知する感雨器（センサ）が用いられている．簡易採取装置（ろ過式採取装置）は，一雨ごとに採取できない条件下で長期的にモニタリングを実施するために考案された装置である．

　なお，山間部等で，自動採取装置の設置が困難な場合は簡易採取装置（ろ過式採取装置）を設置することとなるが，この場合は，ろ過式採取装置と合わせて，加温式採取装置を設置することが有効である．

8.2.3 酸性雨（雪）調査の調査・分析項目

> 調査および分析項目は，降水量，水温，pH，導電率，pH 4.3 アルカリ度（4.3 Bx）のほか，必要に応じて個別のイオンを対象とするものとする．

解　説

　酸性雨の測定においては，本文にあげた5項目について調査を行う．なお，目的により必要な分析項目が異なる場合がある．例えば，単に雨水の酸性度だけに限定する場合にはpHを測定すれば十分であるが，酸性雨による森林や湖沼への影響を明らかにするためには，酸性化をもたらす原因物質や栄養塩類等についても分析する必要がある．この場合，必要に応じて硫酸イオン（SO_4^{2-}），硝酸イオン（NO_3^-），塩化物イオン（Cl^-），アンモニウムイオン（NH_4^+），カルシウムイオン（Ca^{2+}），ナトリウムイオン（Na^+），カリウムイオン（K^+），マグネシウムイオン（Mg^{2+}）等の個別のイオンを適宜分析する．

8.3 河川水質調査

8.3.1 調査地点の設定

> 酸性雨の観測を実施する流域においては，その酸性雨調査地点の中から主要な地点を選定し，その近傍の河川・ダム貯水池の水質の観測を実施するものとする．

解　説
水質調査地点は，可能な限り人為汚濁源や温泉等の汚濁源がない場所を選定する．

原則として，地点設定においては，流域の集水特性を考慮して，河川流域の下流端，ダム貯水池のダムサイトまたは湖心付近，主要な水位・流量観測所を考慮して設定する．

8.3.2　調査分析項目

> 調査・分析項目は，河川流量，水温，pH，導電率とするものとする．また，必要に応じて個別のイオンを適宜分析するものとする．

解　説
水質調査・分析項目は，水域の酸性化を検討する項目として本文にあげたが，必要に応じて，その他 pH 4.3 アルカリ度（4.3 Bx），硫酸イオン（SO_4^{2-}），硝酸イオン（NO_3^-），塩化物イオン（Cl^-），カルシウムイオン（Ca^{2+}），ナトリウムイオン（Na^+），カリウムイオン（K^+），マグネシウムイオン（Mg^{2+}），アルミニウムイオン（Al^{3+}）等について分析を行う．

なお，8.3.3 酸性雨の分析項目のうち，アンモニウムイオン（NH_4^+）は，河川流水中において比較的迅速に硝酸イオンに酸化されやすいことから，河川水質の分析項目から除外し，また，土壌の酸緩衝能の消失や植物被害の出現の指標となるアルミニウムイオン（Al^{3+}）と，河川水中の酸中和能の指標であるアルカリ度を定めた．

8.4　河川流域の土壌 pH の観測

> 河川流域の土壌の pH について，同一の調査地点で長期的にモニタリングするものとする．

解　説
河川流域の土壌 pH の観測は，原則として河川水質調査地点上流域の 2～3 定点を定め，調査時期・頻度は，毎年 1 回（梅雨明け直後），採取深度は，地表面下 10～20 cm で行う．

なお，土壌の pH 値が低くなり，酸性化が認められる場合は，河川流域の土壌が酸性雨に対する抵抗性が弱いと推定され，その抵抗性を把握するために，必要に応じて土壌緩衝能の測定を行う．

また，酸性雨により，流域の樹林や河川コンクリート構造物に被害が及ぶ可能性が考えられる場合には，流域内の生態系や構造物の状況について，注意深く，継続的にモニタリングを行い，その状況の変化と酸性雨の因果関係を調査する必要がある．

〔参考 16.4〕泥の BOD 試験

> 1．器具，装置
> (1) マグネチックスターラ：希釈用メスシリンダの撹拌に用いるものとフランビンを撹拌するものがある．フランビンの撹拌に用いるものは，フラン期間中にモーターの熱がフランビンに伝わらないよう，放熱効率のよいものを用い，また，フランビンとスターラの間に断熱材を入れるのがよい．
> (2) 20°C の恒温室
> 2．試　薬
> (1) 水の BOD 試験の試薬に同じ
> 3．試験操作
> (1) よく試料をかき混ぜた後，湿泥の適量[注1]（最大 1 g）を天秤で図りとる．秤量中に試量が乾

燥して水分が変化しないように，秤量操作を素早く行う必要がある．
(2) 秤量した試料を蒸留水いで洗い落としながら磁皿に移し，ガラス棒でできるだけ微粒子にする．
(3) 希釈水[注2]で1 l メスシリンダに洗い移し約 200 ml にし，スターラで約10分撹拌する．
(4) 希釈水で1 l にし，さらに，5分間撹拌した後，撹拌しながらサイフォンを用いてフランビン2本（うち1本には予めスターラ用回転子を入れて置く）に検水をとる．この場合，土粒子が均一に浮遊しているよう，撹拌は十分強く行っていなければならない．また，サイフォンの先端がメスシリンダ内の水深の約1/2の深さの位置になるよう，採水が進むにつれてサイフォンをさげて採水するのがよい．
(5) シリンダに残っている検水を，同様にスターラで撹拌しながら，残りが 500 ml になるまで捨てる．ついで，希釈水を加えて再び1 l として2倍希釈水を作る．以下同様な操作を繰り返して数段階の希釈検水を作って測定する．
(6) 検水を取った2組のフランビンのうち，回転子を入れないほうの溶存酸素は直ちに測定する．回転子を入れたほうは 20℃の恒温室の中でスターラで撹拌[注3]しながらフランし，日後に溶存酸素を測定する．
(7) 別に BOD の試験に用いるのと同一の試料について水分含量率の試験を行い，乾燥試料の湿試料に対する重量百分率を求める．

4．計　算
(1) 5日間の酸素消費量が，当初の溶存酸素の 40～70 % の範囲にあるものを採用し，次式で計算する．

$$\text{泥の BOD (mgO}_2/1\text{g 乾泥)} = \frac{F \times O}{D \times W}$$

　　　　F：希釈倍数
　　　　O：希釈検水の5日間酸素消費量[注3]（O_2mg）
　　　　D：試料の水分含量率（%）
　　　　W：試料の湿重量（g）

注）1．試料の適量とは，試料を希釈水にとかして希釈検水を作った場合，その希釈検水の5日間の酸素消費量が最初の溶存酸素の 40～70 % になるような量であるが，泥の BOD の予測は非常に困難なので，実験操作上問題の起きないだけの量を取り，幅広い希釈系列を調整して測定するほうがよい．しかし，あまり高い濃度のものではスターラによる撹拌では均一に浮遊させることができなくなるので，最大限1g 程度とする．
　　　2．希釈水としては，植種希釈水を用いることが望ましい．
　　　3．植種希釈水を用いた場合には，植種水の酸素消費量を補正した値を用いる．
　　　4．固型物の沈殿が起こらない最小の流速で撹拌する．

参考文献

1) 水文観測業務規程
2) 改訂　ダム貯水池調査要領　建設省河川局開発課（監修），（財）ダム水源地環境整備センター（平成8年1月）

3) 多目的堰水質調査要領　（財）国土開発技術研究センター
4) 河川水質試験方法（案）　建設省建設技術協議会　技術管理部会水質連絡会（編）
5) 湖沼環境調査指針　（社）日本水質汚濁研究協会編，公害対策技術同友会
6) 底質調査法　環境庁水質保全局制定
7) 地下水調査および観測指針（案）　建設省河川局（監修），山海堂
8) 河川の総合負荷量調査実施マニュアル（案）　建設省土木研究所，1989
9) 水質汚濁　現象と防止対策：杉本，技報堂
10) 流域別下水道整備総合計画　指針と解説　（社）日本下水道協会
11) 例えば昭和48年度河川事業調査報告書　建設省　土木研究所など
12) 貯水池の冷濁水ならびに富栄養化現象の数値解析モデル（その1），（その2）建設省土木研究所，昭和62年3月
13) 水質事故対策技術　建設省建設技術協議会　技術管理部会水質連絡会（編），技報堂，1995

第 17 章
土質地質調査

第17章 土質地質調査

第1節 総　　　説

1.1　総　　　説

> 本章は，河川等に関する土質調査および地質調査の標準的手法を定めるものである．

解　説

　一般に土および岩の性質は極めて複雑で変化に富むので，それに対応して，調査にも各種の方法がとられる．したがって，本基準の適用にあたっても，特に地形，気象，土質，地質などの条件を十分に検討し，本来の調査目的を十分に理解して，柔軟な対応をとることが必要である．

1.2　調査の手順

1.2.1　調査の手順

> 土質調査および地質調査は，原則として次の順序で行うものとする．
> 1．予備調査
> 2．現地踏査
> 3．本調査

1.2.2　予 備 調 査

> 予備調査においては，既存のデータの収集を行い，調査対象地域の概括的な把握を行うものとする．

解　説

　予備調査においては，必要に応じ次のような既存のデータを収集する．
1．土質調査資料
2．地質調査資料
3．地形図と空中写真
4．災害記録
5．水文資料
6．その他の気象記録

　なお，このうち，地形図と空中写真に関しては，調査地の現況だけでなく河川周辺の旧地形を判読するためのものとして，近年の地形図，空中写真，あるいは治水地形分類図を用いることができる．また，明治年間以降の旧版地形図，昭和22～23年の米軍撮影の空中写真を入手して参考にすることができる．さらに，必要に応じて新規に空中写真撮影を行うことを検討する．

　また，河川に沿った土質的弱点や問題点を知るために，災害記録，漏水履歴あるいは河川改修結果の資料を調

第17章 土質地質調査

べることが重要である．

1.2.3 現地調査

> 現地踏査においては，予備調査資料に基づき，現地において調査対象地域の状況を把握すると同時に，試料の採取やサウンディングなどを行うものとする．

解　説

　現地においては，崖錐，扇状地，地すべり崩壊，断層および破砕帯，段丘，砂丘，湿地，天井川などの地形のほか，岩質，地質構造，地下水などの事項について観察し土質，地形的な状況を把握する．

　なお，工事の計画に際し，各種の代替案の比較検討においては単に事業費の比較に止まらず，広範囲な要素の比較が行われるようになるので，必要に応じ2次，3次の現地踏査を行うこと．

1.2.4 本調査

> 本調査においては，現場試験として支持力試験，透水試験，室内試験としてせん断試験，圧密試験などを行い，必要となるデータを収集するものとする．

解　説

　本調査の要領については，次節以降の堤防の土質調査，河川構造物のための調査，ダムの地質調査などを参照のこと．

　本調査に適用される調査，試験はそれぞれ適用限界があり，試験の精度も一様でなく，データのちらばりがあるので，目的を十分に理解し調査方法，調査頻度を決定し，データの処理方法を考えなければならない．

　試験の項目については構造物などの設計計算法を検討することにより，それが必要とするものを比較的容易に決めることができる．試験測定値個数の決定には合理的な根拠がなく，一般論として基準を与えることができないが，地形の変化の複雑さ，測定値のちらばりの程度，解析法の確実さ，測定値が解析結果に与える影響の大小，構造物の万一の破損の与える影響など多くの要因を統合的に判断して決めなければならない．本基準では各々いままでに行われた実例を参考にして，マクロに与えられた数を示している．

　なお，土質，地質の問題の解決のために次にあげるような調査が考えられるが，特殊な現場条件からこれ以外にも調査を行う必要があることがある．

　また，調査には，新堤計画に伴う調査のほかに既設堤あるいは既設構造物の調査がある．

1. 土取場の材料が，堤体の盛土に適するかどうかを判断し，締固めなど盛土の施工性についての指針を得ることを目的とする調査．
2. 堤体の基礎地盤の圧密沈下や，強度増に関する資料を得るための調査．
3. 構造物の基礎の設計を行うための地盤支持力や杭の支持力を得るための調査．
4. 堤体の盛土や土取場の切取りのり面のすべりに対する安定性を評価するための調査．
5. 土工計画をたてるうえでのトラフィカビリティなどに関する調査．
6. 堤体，構造物下の地盤の透水性に関する試験調査．
7. 大規模構造物を造ることによって起こる周辺地盤の安定性に及ぼす影響の調査．
8. 工事残土の処理ならびに工事のあと地の保全回復の手段に関する調査．
9. 大規模構造物の基礎となる岩盤の弱点の存在の有無を確認するための詳細な調査．
10. ダムの保水性を評価するための周辺地盤の透水係数の計測を行うための調査．
11. ダム建設における骨材など大量の材料の確保と準備の可能性の検討を行うための調査．

第2節　河川堤防の土質調査

2.1　河川堤防の土質調査の方針

> 河川堤防の調査は，原則として，次の調査を計画線に沿って行うものとする．
> 1. 予備調査および現地踏査
> 2. 本調査（第1次）
> 3. 軟弱地盤調査または透水性調査を主とした本調査（第2次）

解　説

　河川堤防を築造する際に問題となる地盤は軟弱地盤と透水性地盤の2つの地盤である．

　軟弱地盤上に堤防を築造する場合，軟弱層の強度が小さいときにはすべり破壊によって築造時に堤防は破壊を生ずる．また軟弱層になんらかの対策工法を加えて堤防を築造することができても，堤防の重さによる軟弱層の圧密沈下によって堤防に築造後沈下が生ずる．したがって，軟弱地盤上に堤防を築造する際には，軟弱地盤の土質，深さ方向の強度変化，層厚，広がりなどについて必要な調査を実施し，その調査結果に基づいて，すべりおよび沈下の問題を考慮に入れた，設計，施工計画をたてることが必要となる．

　透水性地盤に堤防を築造した場合には，洪水時のような異常な河川水位の上昇によって透水性地盤を通じて堤内地の水位が上昇したり，湧水したりして堤内地に悪影響を及ぼすことがあるので，透水地盤についても必要な調査を実施してその対策を検討する必要がある．

　軟弱地盤および透水性地盤以外の地盤では，特に堤防築造にあたって問題になることが少ないので，計画線の地盤が軟弱地盤および透水性地盤でないことが予備調査および現地踏査の結果判明した場合には，本調査は省略してよい．

　また，地下水位以下に分布する緩い砂層は，地震時に液状化して堤防の支持力が失われることがあるので，軟弱地盤の1つとして着目しなければらない．

　なお，本調査（第1次）において軟弱地盤，または透水性地盤の存在が判明した場合には，引き続き軟弱地盤調査，または，透水性地盤調査をそれぞれ実施する．

2.2　予備調査および現地踏査

> 　予備調査においては，計画線に沿った近隣の既往の土地調査資料ならびに地質調査資料を重点的に収集し，現在の地形図や空中写真，治水地形分類図あるいは旧版地形図，古い空中写真，災害記録や河川改修等工事記録を収集するものとする．
>
> 　現地踏査においては，計画線の位置ならびに付近一帯の地盤の表層の状況，特に地形，地質，土質，地下水，湧水，土地利用，家屋の連たん，植物の生長状況等を調査するものとする．
>
> 　既設堤防については，堤防1連区間内における高水敷の有無，堤内地盤高，構造物の位置とその周辺の状況，変状など等にも着目した調査を行うものとする．

解　説

　地盤調査において特に注意すべき地盤は，本章2.1の解説のとおり軟弱地盤と透水性地盤であり，このような地盤の調査は他の地盤に比べて，より精密な調査を行う必要がある．したがって，予備調査および現地踏査の段階からこの点に留意して調査を進めることが必要である．

第17章　土質地質調査

　予備調査では計画線に沿った近隣の既往の土質地質資料ならびに地質調査資料を収集し，その資料に基づいて概略の土質柱状図が描けることが望ましい．また地形図，空中写真および工事記録，災害記録等も地盤の状況を知るうえで役立つ資料となるので，併せて収集すること．さらに，この予備調査に基づき計画線の位置および付近一帯の地盤の状況を現地踏査によって確認するものとする．既設堤防については，上記の諸情報を総合的に判断して，相対的に安全度の低い個所の抽出に努めることが重要である．

　現地踏査では特に次に示すような地域に軟弱地盤および透水性地盤が存在することが多いので，その地形，地質，土質，地下水，湧水，植物の生長状況などにも注意して調査を実施するとよい．

1. 軟弱地盤の場合
   (1) 平坦な湿地帯，湿田地帯
   (2) 台地や山地に平坦な水田が入り込んでいる地域
   (3) 自然堤防や海岸，砂丘の後背地域
   (4) 既往の土質調査資料などから軟弱地盤の存在が知られている地域
2. 透水地盤の場合
   (1) 河川の付近で，扇状地域，自然堤防地域，三角州地域などの名称でよばれている地域
   (2) 旧河道の締切り個所
   (3) 洪水時の河川の水位の上昇により，堤内地に湧水または地下水位の上昇が認められる個所
   (4) 既往の土質調査資料から透水地盤（砂礫層，粗砂層）の存在が認めれている地域
3. そ の 他
   (1) 既往の災害調査資料から地震時に砂の液状化が起こったことが報告されている地域

2.3　本調査（第1次）

2.3.1　本調査（第1次）

> 　本調査（第1次）においては，必要に応じ，ボーリング調査およびサウンディング試験を次のように行うものとする．
>
> 　1．ボーリング
>
> 　ボーリングは，堤防の計画線に沿って200mに1個所の間隔で実施するものとする．ボーリングの深さは，計画堤防高の3倍程度を標準にするものとする．ボーリングでは，地層構成を確認し，標準貫入試験に従ってN値を求めるとともに，採取した試料により土の判別のための試験を実施するものとする．
>
> 　2．サウンディング試験
>
> 　サウンディング試験は，表層部の比較的軟らかい層を対象として，オランダ式二重管コーン貫入試験またはスウェーデン式サウンディング試験により，堤防の計画線に沿って50～100mに1個所程度の間隔で実施するものとする．
>
> 　3．結果のまとめ
>
> 　ボーリング調査結果およびサウンディング試験結果はあわせて，原則として計画線に沿って1/100の縮尺の土質縦断図に記入するものとする．

解　説

　本調査は，概略（第1次）調査と詳細（第2次）調査からなるが，調査の標準的な位置と頻度を**表17-1**に示す．

第 2 節　河川堤防の土質調査

表 17-1　本調査の標準的な位置と頻度

調査段階 調査の種類	概　略　調　査	詳　細　調　査	
		軟 弱 地 盤 調 査	透 水 性 地 盤 調 査
ボーリング	計画線に沿って 　　1 個所/200 m 深度：堤防高の 3 倍 N 値，透水性の確認 攪乱資料採取が主体	計画線に沿って 　　1 個所/100 m 深度：堤防の沈下が安定に影響を及ぼすと判断される軟弱層の深さまで 不攪乱資料採取が主体	計画線に沿って 　　1 横断/100 m 横断方向 　表のり尻 1 個所 　裏のり尻 1 個所 深度：連続した不透水層までまたは 　　20 m まで 資料採取，現場浸透試験が主体
サウンディング試験	計画線に沿って 　　1 個所/50-100 m	計画線に沿って 　　1 個所/20-50 m 横断方向で堤防の大きさや地盤の広がりに応じ， 数個所/1 横断 深度：堤防の沈下や安定に影響を及ぼすと判断される軟弱層の深さまで	計画線に沿って 　　1 横断/100 m 横断方向 　　1 個所/20-50 m
資料採取		計画線に沿って 　　1 個所/100 m 規模の小さな軟弱地盤の場合は 　代表点で 1 個所 深度方向 　1 個/2 m または土層の変化が著しい場合は 　1 個/土層	計画線に沿って 　　1 横断/100 m 横断方向 　表のり尻 1 個所 　裏のり尻 1 個所 深度方向 　1 個/2 m または土層の変化が著しい場合 　1 個/土層
現場浸透試験	ボーリング 　1 孔に 1 個所		計画線に沿って 　　1 横断/100 m 横断方向 　表のり尻 1 個所 　裏のり尻 1 個所 深度方向 　1 個/土層
土質試験		深度方向 　1 個/2 m または土層の変化が著しい場合 　1 個/土層	深度方向 　1 個/2 m または土層の変化が著しい場合 　1 個/土層

第17章 土質地質調査

地盤調査としての本調査（第1次）は，地盤を構成している土質の種類，層厚，深さ方向の強度変化，支持層の深度ならびにその概略の強度などを調べるために行うもので，ボーリングおよびサウンディング試験を実施する．本調査（第1次）はボーリングを主体として行うが，予備調査などの結果から，地盤の構成が概ねわかっている場合および，表層部の比較的軟らかい層を対象として試験する場合は，ボーリングの代わりにサウンディングを行ってもよい．また，既往の土質調査資料がある個所では，ボーリング調査を省略して既往の土質調査資料を利用してもよい．

ボーリング調査結果およびサウンディング試験結果はそれぞれ「地盤調査法」（地盤工学会）の各試験にならって整理するとともに，地盤の土質，層厚，深さ方向の強度変化，支持層の深度がわかるように1/100の縮尺の土質縦断図に記入する．

なお，ボーリングについては本章第6節を，サウンディング，標準貫入試験については本章第7節を，土の判別分類のための試験については本章第9節を参照のこと．

2.3.2 軟弱地盤の判定

> 本調査（第1次）の結果が次のいずれかに該当する地盤に対しては，軟弱地盤調査を実施するものとする．
> 1. 粘土地盤の場合
>   (1) 標準貫入試験による N 値が3以下の地盤
>   (2) オランダ式二重管コーン貫入値が $3\,\mathrm{kgf/cm^2}$ 以下の地盤
>   (3) スウェーデン式サウンディング試験において $100\,\mathrm{kg}$ 以下の荷重で沈下する地盤
>   (4) 一軸圧縮強さ qu が $0.6\,\mathrm{kgf/cm^2}$ 以下の地盤
>   (5) 自然含水比が40％以上の沖積粘土の地盤
> 2. 有機質土の地盤の場合
> 3. 砂地盤の場合
>   (1) 標準貫入試験による N 値が10以下の地盤
>   (2) 粒径のそろった砂の地盤

解　説

軟弱地盤調査を行う必要のある地盤の中には，高含水比の沖積粘土や有機質土の軟弱な地盤のほかに，地震などによって流動化し支持力を失う恐れがある緩い砂の地盤も含む．

軟弱地盤調査については本章2.4を参照のこと．

2.3.3 透水性地盤の判定

> 本調査（第1次）の結果が次のいずれかに該当する地盤に対しては，透水性地盤調査を実施するものとする．
> 1. 表層が砂礫または砂の地盤
> 2. 不透水性の薄い表層の下に，連続した砂礫層または砂層が存在する地盤

解　説

本調査（第1次）では，現場透水試験ならびに室内の透水試験は行わないので，ボーリング調査および既往の土質調査資料から地盤に砂礫または砂の層の存在が認められた場合に，透水性地盤と判定して透水性地盤調査を実施するものとした．

透水性地盤調査については本章2.5透水性地盤調査を参照のこと．

2.4 軟弱地盤調査

2.4.1 軟弱地盤調査の方針

軟弱地盤調査においては，本調査（第2次）として次に示す調査を実施するものとする．
1. サウンディング試験
2. 試料採取
3. 土質試験
4. データ整理

解　説

本調査（第1次）で軟弱地盤の存在ならびにその地盤の概況および規模が判明しているので，その結果に基づき軟弱地盤調査を実施する．

軟弱地盤調査は，本調査（第1次）よりもさらに詳細な調査試験を行い，軟弱層の土質，強度，圧密特性，広がり，支持層の厚さなどを明らかにし，河川堤防築造の計画，設計，施工に必要な資料を得る目的で行う．調査はサウンディング試験，試料採取，土質試験調査結果のまとめの順序で実施する．

2.4.2 サウンディング試験

サウンディング試験は，比較的軟らかい土層においてはオランダ式二重管コーン貫入試験あるいはスウェーデン式サウンディング試験を用いるものとする．堤防計画線に沿って50〜100mに1個所の間隔で実施するものとする．なお，やや厚い砂層が分布あるいは挟在するところでは貫入能力の大きな動的貫入試験を行うものとする．

地層の強度，透水性（排水能力）を同時に測定できるサウンディングとしては，多成分（3成分）コーン貫入試験がある．

1. 地盤の状況に応じたサウンディング試験
   (1) 粘土地盤の場合

   サウンディング試験として，オランダ式二重管コーン貫入試験，スウェーデン式貫入試験およびベーン試験のいずれかを行うものとする．

   粘土層の中に砂層あるいは砂質土層が挟在し，地盤の排水条件が問題となる場合にはコーン貫入抵抗，貫入時発生間隙水圧，摩擦抵抗を測定できる多成分コーン貫入試験を行うものとする．

   (2) 乱さない試料採取が困難な泥炭地などの軟弱土の場合

   サウンディング試験として，ベーン試験またはオランダ式二重管コーン貫入試験を行うものとする．

   (3) 緩い砂地盤の場合

   サウンディング試験として，標準貫入試験またはスウェーデン式貫入試験を行うものとする．

   (4) やや厚いあるいは締まった砂層が分布あるいは挟在する場合

   おもな動的貫入試験には，オートマチックラムサウンディング試験がある．

2. 試験の方法

試験は，本章第7節の規定に従って実施するものとする．

第17章　土質地質調査

> 3．試験の位置
>
> 　粘土地盤および泥炭地などの軟弱地盤の場合は，計画線に沿って50～100m間隔に1個所の割合で試験を実施するものとする．
>
> 　また，横断方向の補足調査では，横断方向に数点，試験間隔を決めて試験を実施するものとする．緩い砂地盤の場合には，規模が小さい時は代表地点1個所で試験を実施するものとする．
>
> 4．試験深さ
>
> 　本調査（第1次）の結果から堤防の沈下ならびに安定に影響を及ぼすと判断される軟弱層の深さまでとするものとする．

解　説

　まず，ボーリング調査において掘削と平行してほとんどの場合に行われる標準貫入試験は，代表的サウンディングであり，打撃貫入による土の強度情報を得るとともに採取試料から土質を確認できるという極めて有用なサウンディングであるともいえる．

　一般に，軟弱地盤のサウンディング試験は，軟弱層の深さ，層厚，広がりなどについての予察的把握する場合と，特定の区域を詳細に調べることを目的として行う場合がある．このサウンディング試験結果から軟弱層の土質，強度，圧密特性を知るための室内試験の試料採取位置をから明らかにする．

　軟弱な粘土地盤では，静的サウンディングとしては，ポータブルコーン貫入試験，オランダ式二重管コーン貫入試験，およびスウェーデン式サウンディング試験が広く用いられる．緩い砂地盤ではこれらのサウンディングを行うことができるが，締まった砂地盤では動的サウンディングが有効であり，代表的なものとして連続的自動打撃貫入を行うオートマチックラムサウンディング試験がある．

　近年は，コーン貫入抵抗，貫入時発生間隙水圧，摩擦抵抗を測定できる多成分（3成分）コーン貫入試験が開発されてきた．これらの測定値から地盤の強度の把握，圧密層中の排水層の評価，砂と粘土の中間土の評価等が可能となってきた．

　試験の位置は粘土地盤および泥炭地などの軟弱土の場合，オランダ式二重管コーン貫入試験機（2t型と10t型があるが特に2t型のもの），スウェーデン式サウンディング試験機の持運びが比較的簡単で，短期間に多くの試験ができることから，堤防計画線に沿った地盤調査では50～100mに1個所の間隔とした．また，横断方向の補足調査では，堤防計画線で試験を実施した地点で，横断方向に堤防の規模ならびに軟弱地盤の規模に応じて数点，間隔を決めて試験を実施する．横断方向に試験する範囲は少なくとも軟弱層の深さの2倍以上とする．緩い砂の地盤は本調査（第1次）の場合と同じ方法で，間隔を決めて50～100m間隔に1個所の割合で試験を実施する．

2.4.3　試料採取

> 　軟弱地盤の試料採取は，本章2.4.2サウンディング試験の結果を利用して本章第6節土のボーリングおよびサンプリングに定めるところにより実施するものとする．
>
> 1．試料採取の方法
>
> 　軟弱な粘土地盤の場合には，原則として固定ピストン式シンウォールサンプラを用いて試料を採取するものとする．軟弱粘土を連続的に採取する場合は，上記の採取法を繰り返して採取するものとする．緩い砂の採取には，ツイストサンプラ，トリプル（三重管）サンプラ等のサンドサンプラを用いるものとする．
>
> 2．試料採取の位置
>
> 　試料採取は，軟弱地盤の規模が小さい場合には，サウンディング試験の結果より最も軟弱な地点を

第 2 節　河川堤防の土質調査

1 個所選定し，規模が大きい場合には，堤防計画に沿って 100 m 間隔で試料を採取するものとする．
　緩い砂地盤では，規模に応じて地区 1 個所または，500 m 間隔に 1 個所の割合で採取するものとする．

　3．試料採取の深さ

　試料採取の深さは，本調査（第 1 次）およびサウンディング試験の結果から，堤防へ影響を及ぼさないと考えられる軟弱層の厚さまでとするものとする．なお，軟弱粘土の場合は，$N<4～5$ を試料採取が可能な硬さの範囲と考えてもよいものとする．

　シンウォールサンプラによる試料は，深さ方向に 2 m ごとに採取し，さらに土層の変わるたびに採取するものとする．

　緩い砂地盤の場合には，$N=15$ 以下を試料採取の対象範囲とするものとする．

解　　説

　軟弱な粘土地盤の乱さない連続試料を採取するにはフォイルサンプラが最適であるが，試料の採取後に試料の膨張を生じやすく，土層観察には最も適しているが，力学試験の試料としては固定ピストン式シンウォールサンプラにより試料を採取するほうがよい．

　緩い砂地盤はサンドサンプラにより乱さない試料を採取する．

　北海道における泥炭性土は，ヘドロ状のものを除いて，ほとんどシンウォールサンプラによる乱さない試料の採取が可能であるが，地表面下約 50 cm までの間は，現生植物の根，未分解の構成植物，乾燥履歴のある繊維分を切断するときに採取試料の変形量を大きくするから，ブロックサンプリングによるのがよい．

　採取位置は本調査（第 1 次）およびサウンディング試験の結果を基にして，軟弱層の深さ，層厚，強度などについて検討を加え軟弱層の規模が小さい場合には，その地区ごとに最も軟弱であると思われる地点を 1 個所選定して試料を採取する．規模の大きい場合は，本調査（第 1 次）の結果をも考慮して試料を採取する．

　軟弱地盤で試料採取を必要とする最大深度は，一般には上載荷重によって下層土の圧密沈下が無視できないと判断される深度までをいうが，試料採取の時点でこの深度を予測することが困難な場合には，本調査（第 1 次）の貫入試験から $N<4～5$ 範囲を一般の場合の限界深度と考えてよい．

　また緩い砂の地盤では $N=15$ 以上を試料採取の限界深度と考えることにする．

　試料採取の際に注意すべき点は，採取した試料の運搬方法である．試料運搬の方法が悪いと，せっかく乱さない試料を採取しても，運搬中に試料が乱さない試験結果に大きな影響を与えることとなるので，試料は細心の注意を払って運ぶことが大切である．

2.4.4　土質試験

　採取した試料については，必要に応じて次に示す試験を地盤の状況に応じて本章第 9 節に従って実施するものとする．

　1．粘土の場合

　(1)粒度試験，(2)自然含水量試験，(3)比重試験，(4)単位体積重量（土の密度），(5)コンシステンシー試験，(6)一軸圧縮試験，(7)圧密試験，(8)三軸圧縮試験，(9)その他の試験

　2．乱さない試料の採取困難な泥炭などの場合

　(1)自然含水量試験，(2)比重試験，(3)圧密試験，(4)強熱減量試験，(5)その他の試験

　3．緩い砂の場合

　(1)粒度試験，(2)比重試験，(3)自然含水量試験，(4)その他の試験

第17章　土質地質調査

> これらの試験は，深さ方向に1.0～2.0mごとに実施し，土層の変化している場合には，その土質ごとに試験を実施するものとする．

解　説

　ここで実施する土質試験は軟弱層の土質，強度，圧密特性などについて試験し，堤防の安定ならびに沈下について検討する際に必要な資料を得るために行うもので，地盤によって試験する項目が異なっている．粘土の場合には軟弱層の土質，強度，圧密特性などを調べる試験を行うことができるが，泥炭などの場合にはコンシステンシー試験，強度試験を行うことが困難なため，自然含水量試験，比重試験，圧密試験のほかに強熱減量試験による有機物含有量を調べる試験などを行う．したがって，泥炭地盤の強度等については原位置試験の結果，ならびに過去の施工例を基にしてその強度ならびに沈下を推定する．

　地震などの振動による緩い砂地盤の流動地を判定する際には，砂地盤の N 値，砂の粒度および比重が問題となるため，採取した試料について粒度真剣と比重試験を実施する．

　試験は1.0～2.0mの間隔で本文に定める試験を実施することを原則とするが，採取した試料の量が不足し，本文に定める試験を全部行うことが困難な場合には，層の均一性ならびに採取した量を考慮し，土質の状態に応じて試験項目を減らしたり試験間隔を変えてもよい．

2.4.5　データ整理

> 　試料採取，サウンディング試験および室内試験の結果を利用して，計画線に沿って軟弱地盤の土質，層厚，深さ方向の強度変化などがわかるように1/100の縮尺の土質縦断図を作成するものとする．
>
> 　横断方向についても同様な土質横断図を作成するものとする．
>
> 　また，土質試験の結果は，深さ方向の自然含水比，比重，単位体積重量（土の密度），一軸圧縮強さ，先行圧密荷重，圧密係数，粘着力などの変化がわかるように整理し図示するものとする．

解　説

　ボーリング試験結果，サウンディング試験結果および土質試験結果は「地盤調査法」（地盤工学会），「土質試験の方法と解説」（土質工学会）にならってまとめ，整理するものとする．

　個々の試験の結果が整理されたならば，それらの試験結果に基づいて試験位置を平面図にプロットし，計画線に沿って軟弱地盤の土質，層厚，深さ方向の強度などがわかるように1/100の縮尺の土質縦断図ならび土質横断図を作成する．

2.5　透水性地盤調査

2.5.1　透水性地盤調査の方針

> 　透水性地盤においては，本調査（第2次）として次に示す調査を実施するものとする．
> 1. 試料採取
> 2. 原位置試験
> 3. 土質試験
> 4. データ整理
>
> 　なお，洪水時の地盤漏水ならびに浸透水の堤体の安全性に及ぼす影響などを調べる場合には，必要に応じて本章2.7.6に従って浸透流解析を実施するものとする．また，漏水地盤で対策工法が必要と考えられる地盤では，必要に応じて現地で試験施工を実施するものとする．

解　説

　ここで実施する透水性地盤調査は，本調査（第1次）で透水性地盤の概略の位置ならびに広がりが判明しているので，その調査結果に基づき，透水性地盤のより詳細な調査を行い，土質，透水層の厚さ，広がり，透水性などを明らかにすることを目的として行うものである．

　試験の順序は試料採取，原位置試験，土質試験，試験施工，調査結果のまとめの順序で実施する．

　なお，透水性地盤の調査が終わり，地盤の状況が明らかになった段階で，引き続き洪水時の地盤漏水とその対策ならびに浸透水の堤体の安定性に及ぼす影響などについて調べる必要が生じた場合には，必要に応じて浸透流解析あるいは試験施工を行うものとする．

2.5.2　試料採取

> 　透水性地盤の試料採取は，地盤の透水性を評価するために行うもので，乱した試料で全体状況を把握するものとする．さらに，詳細な試験を行うため乱さない試料を採取する場合もある．
>
> 　砂の乱さない試料採取のもう1つの目的は，地震時に液状化しやすい砂の液状化強度等を求める試験の試料の採取である．
>
> 　1. 試料採取の方法
>
> 　通常は，ボーリングに併用する標準貫入試験により乱した試料を採取するものとする．必要に応じてサンドサンプラにより乱さない試料を採取するものとする．
>
> 　2. 試料採取の位置
>
> 　透水性地盤の分布地域の堤防計画線の方向で100mに1個所，横断方向には表・裏各のり尻部1個所づつを標準とするものとする．
>
> 　3. 試料採取の深さ
>
> 　試料採取の最大深さは，透水性地盤では，原則として不透水性地盤までとするものとするが，透水層が厚い場合は，地表面より10〜15mとするものとする．また，原則として2mごとに土層を代表する試料を採取するものとする．

解　説

　透水地盤の試料採取にあたっては，その地盤が砂礫，粗砂および緩い砂で構成されていることが多いため，一般には乱さない試料を採取することが困難な場合が多い．したがって，ここではボーリングによって乱した試料を採取する．試料採取は本調査（第1次）および既往の土質調査資料から，透水性地盤で最も透水しやすい地点および透水性地盤を代表する地点で行うものとする．

　試料採取深さの限度は，原則として不透水性地盤までとすべきであるが，透水層が厚い場合は河川堤防において漏水が問題となる地盤の厚さは地表面から10m程度であることから，ここからは10〜15mとした．

2.5.3　原位置試験

> 　透水性地盤の原位置試験においては，必要に応じて次に示す試験を実施するものとする．
>
> 　1. サウンディング試験
>
> 　表層の不透水層の厚さを調べる目的で，本章2.5.2に定める調査個所において，横断方向に，20〜50m間隔で本章第7節に定めるところによりサウンディング試験を実施するものとする．
>
> 　2. 現場透水試験
>
> 　本章2.5.2に定めた調査地点において，注入法による現場透水試験を透水性地盤を構成している土層ごとに実施するものとする．

第17章　土質地質調査

> また，必要に応じて透水性地盤を代表する個所において揚水試験を実施するものとする．
> 　3．地下水変動調査
> 　必要に応じ，本調査に用いたボーリング孔，隣接地の民家の井戸，新たに設置した観測井などを利用して，地下水変動調査を実施するものとする．調査を行う場合，観測地点としては，地下水の等水位曲線が描ける程度の数を選定するものとする．

解　説

　サウンディング試験は，表層の厚さを調べる目的でサウンディング試験に定めるオランダ式二重管コーン貫入試験またはスウェーデン式サウンディング試験を実施する．

　現場透水試験は，透水性地盤調査の中で地盤の特性を知るうえに重要な試験であり，試験するにあたっては，外的条件および試験方法によって得られた観測値に誤差を生じる場合もあるので，地盤構成などを十分把握し，綿密な試験計画をたてることが必要である．

　注入法による現場透水試験は本調査に用いたボーリング孔などを利用して行う．試験は操作が比較的容易で，しかも短時間にできることから，堤防計画線に沿って縦断，横断ならびに深さ方向に必要に応じ数多く実施するのがよい．透水性地盤を構成している土層が複雑な場合には，各層ごとに現場透水試験を実施する必要がある．

　注入法による現場透水試験はボーリング孔先端付近の透水実験であるため，地盤全体の透水性を特に調べる必要があると認められた場合には透水地盤を代表する個所において揚水試験を実施する必要がある．

　地下水変動調査は，堤防計画線付近の透水性地盤の地下水の変動を調べる目的で行うもので，広域の地盤調査となるため，精度も高いデータを得るためには測地点を可能な限り多く設ける必要がある．観測は自記による方法によって行うものとする．

2.5.4　土　質　試　験

> 　土質試験においては，採取した試料について本章第9節土の室内試験により，次の試験を実施するものとする．
> 　1．比重試験　2．粒度試験　3．自然含水量試験　4．透水試験
> 　透水試験は，原則として現場の密度に近い状態に突き固めて行うものとする．また，上記の各試験は，原則として深さ方向に2.0mごとに実施するものとする．

解　説

　透水性地盤調査の土質試験は，表層ならびに透水性地盤の土質，土の透水性を試験するために行うもので，深さ方向に2.0mごとに試験することを原則とするが，地盤が比較的均一な場合および試料の量が不足する場合には試験の深さの間隔を変えてもよい．ただし，地盤の土層が変化している場合は，その土層ごとに試験を実施する必要がある．

　透水試験は現場の土層の密度に近い状態に突き固めて試験することを原則とするが，現場の土の密度が求まっていない場合には，自然含水比の状態で突固め回数を変えて2〜3種類の密度の異なる試料を作って透水試験を実施してもよい．この場合，密のもの，中位のもの，緩いものの3種類の試料を作り試験すること．

　土のせん断試験は，乱さない試料を採取して行うか，突固め試験と現場転圧試験の関係から密度を決めて行う必要がある．

2.5.5　試　験　施　工

> 　漏水対策が必要であると考えられる地盤では，必要に応じて現場で試験施工を行って対策工法の効果を検討するものとする．
> 　対策工法の効果の判定は，対策工法の施工前および施工後に地下水変動調査を実施し，両者の比較

第 2 節　河川堤防の土質調査

により行うものとする．

解　　説

　現場で実施する試験施工は，試料採取，原位置試験および室内試験の効果から，透水性地盤の状況が判明し，漏水対策が必要であると考えられた地盤で，漏水地盤対策工法の施工性ならびに効果を確認するために行うもので，試験の規模，方法は透水性地盤の状況ならびに対策工法を考慮して決定する．

　対策工法の効果を判定するための調査で特に注意すべき点は，施工前の地下水の変動調査を十分行っておくことである．そのため，地下水の変動調査の観測点は，試験施工を行う場所に限らず，周辺地盤の地下水の変動調査をあわせて行い，対策工法の施工後の地下水の変動と対比できるようにする．

　地下水の変動調査は，本章 2.5.3 原位置試験に従って実施する．

2.5.6　データ整理

　試料採取，原位置試験および土質試験の調査結果は，原則として表層および透水層の位置，厚さ，広がり，透水性などのわかる 1/100 の縮尺の土質縦断図に整理するものとする．

　また，地下水変動調査の結果については，原則としてその観測地点と水頭を 1/1 000 の平面図に記入し，地下水の等水位曲線を求めるものとする．各観測地点の水位時間曲線も合わせて整理してそれを図示するものとする．

解　　説

　ボーリング調査，原位置試験の結果，土質試験の結果は「地盤調査法」（地盤工学会），「土質試験の方法と解説」（土質工学会）に従って個々にまとめる．この資料に基づいて 1/100 の縮尺の土質縦断図を作成する．

　また，地下水変動調査の結果により，個々の観測地点で水位〜時間曲線を求める．

　なお，河川の水位の変化および気象の状況も合わせて記入し，天候および河川水位と観測地点の水位との関係がわかるように整理しておくとよい．

　この観測地点の水頭変化を基にして等水位曲線を求め，これを図示する．試験施工の地下水変動調査においても同様にして整理し，これを図示する．

2.6　堤体材料選定のための調査

2.6.1　堤体材料選定のための調査の方針

　堤体材料選定のための調査においては，必要に応じて次に示す調査を実施するものとする．
　1．予備調査および現地踏査
　2．本調査
　　(1) 試料採取
　　(2) 原位置試験
　3．データ整理
　なお，特に重要な工事に際しては，本章 7.5 現場転圧試験を実施しなれればならない．

解　　説

　河川堤防は一般に道路盛土に比べての勾配が緩いことから，強度不足によるのりすべりを起こす例は少ないが，異常な降雨や洪水時の浸透水の影響などによりのりすべりを起こした例が過去の災害例などにあるので，堤体材料を選定する際には，必要に応じ予備調査，現場踏査および本調査を行って堤体の安定性について検討を加えるものとする．

強度の小さい軟弱な粘性土，透水性の大きい砂または砂質土および軟岩などは，一般に河川堤防の堤体材料として適当ではないが，やむをえず使用する場合もある．したがって，これらの材料については特に注意して調査を行うものとする．

また，特に重要な工事に際しては，現場締固め試験を実施する．

2.6.2 予備調査および現地調査

> 堤体材料選定のための予備調査ならびに現地踏査は，次に示す項目について重点的に調査を実施するものとする．
> 1. 土取場予定地の地形，地質および土質などに関する資料の収集
> 2. 土取場予定地の露頭調査および簡単な原位置貫入試験
> 3. 運搬経路および運搬距離のための現地調査
> 4. 工事用道路の適否を判定するための現地踏査

解　説

予備調査は，本章1.2.2予備調査を参照するほか，特に，土取場予定地付近の地形，地質，および土質に関する資料を重点的に収集し，現地踏査のための資料とする．

現地踏査では，土取場予定地の露頭調査および携帯式コーン貫入試験機で簡単な原位置貫入試験を行って，堤体材料の選定のための資料とする．

また，現地踏査では運搬経路の確認を行い，材料運搬に支障となるものはないか，また，工事用道路を取り付ける必要があるかなどについて検討を加える．

2.6.3 本調査

> 堤体材料選定のための本調査は，本章2.3本調査（第1次）に定めるところに従い，次に示す調査を重点的に実施するものとする．
> 1. 試料採取
> 　土取場予定地の試料を，オーガーボーリング，機械ボーリング，手掘などにより各土層から少なくとも1個以上採取するものとする．
> 2. 原位置試験
> 　土取場予定地が土である場合は，本章7.1.5により静的コーン貫入試験を，軟岩の場合には，本章5.3.2により弾性波探査を実施するものとする．
> 　掘削土量が特に多い場合は，原則として試験施工を実施するものとする．また，必要に応じてツボ掘りまたは，密度の測定を行って，現場密度および自然含水比を求めるものとする．
> 3. 土質試験
> 　採取した試料は，必要に応じ次の試験を本章第9節により実施するものとする．
> 　(1)比重試験，(2)粒度試験，(3)自然含水量試験，(4)コンシステンシー試験，(5)突固め試験，(6)透水試験，(7)せん断試験，(8)室内の静的コーン貫入試験

解　説

堤体材料選定のための本調査は，本章1.2.4本調査を参照するほか，特に材料の良否，施工機械の施工性，締固めの難易および完成した堤防の安定性などについて検討する資料を得るために実施するものである．

試料採取はオーガーボーリング，機械ボーリング，手掘りなどにより乱した試料を1種類の土層から少なくとも1個以上採取するのを原則とするが，均一な土層であっても掘削範囲が広い場合には500 m²に1個の割合で

試料を採取するものとする．

1種類の試料につき必要な採取試料の質量は，試験項目および方法によって異なるが，標準的な質量を示すと次のようになる．

1. 土の分類のための試験　　　　必要量約1kg程度
2. 土の密度測定　　　　　　　　必要量0.3～1kg
3. 土の突固め試験および室内の静的円錐貫入試験
　　　　　　　　　　　　　　　　必要量10～50kg
4. 土の透水試験　　　　　　　　必要量10～20kg
5. 土のせん断試験　　　　　　　必要量10～20kg

土のせん断試験は，乱さない試料を採取して行うか，突固め試験と現場転圧試験の関係から密度を決めて行う必要がある．

原位置試験は土の場合，本章7.1.4に定める静的円錐貫入試験を実施するが，これは土取場予定地における搬入機械の走行性を検討するためのものである．試験は晴天時の場合と雨天時の場合に分けて行うことが望ましい．

土取場予定地が軟岩である場合には掘削の難易を判定するために，本章5.3.2に定めるところにより弾性波探査を実施する．

掘削土量の多い場合の試験施工は施工機械の選定，施工方法，施工時期などについて検討するためのもので，施工機械，施工方法などを変えて実施する．

現場密度および自然含水比の測定は，現場の土層の状態を知るうえにも役立つ資料を得ると同時に，現場転圧試験と併用して掘削土の土量変化率を求めるうえにも役立つ．

土質試験は，1.～5.までの試験のほかに，透水性が問題となる材料では透水試験を，強度が問題となる材料ではせん断試験をそれぞれ実施する必要がある．

また，高含水比の粘土性または火山灰土などではトラフィカビリティが問題となる．

この場合は，含水比を調整した堤体材料をモールドに突き固めて静的円錐貫入試験を実施し，含水比とコーン指数の関係を求めるとよい．

2.6.4　データ整理

> 予備調査，現地踏査および本調査の結果は，土取場予定地の土量計算ができる精度の地形図に整理するものとする．
>
> また，現位置試験ならびに土質試験結果により，原則として1/100の縮尺の土質横断図を作成するものとする．さらに，土質試験および原位置試験の結果は，それぞれの土質について整理するものとする．また，必要に応じ1/1 000の縮尺の地図に土取場の位置および運搬経路を図示するものとする．

解　説

ボーリング調査，原位置試験の結果および土質試験の結果は，「地盤調査法」（地盤工学会），「土質試験の方法と解説」（土質工学会）に従ってまとめるものとする．これらの結果を基にして本文に示した地形図，土質横断図ならびに運搬経路図を作成する．

2.7　既設堤防の調査

2.7.1　既設堤防の調査の方針

> 既設堤防の土質調査として，必要に応じ次の調査を実施するものとする．

第17章　土質地質調査

1. 堤防弱点個所抽出のための調査
2. 堤体漏水調査
3. 堤防地盤漏水調査
4. 軟弱地盤調査

解　説

　堤防弱点個所の抽出のための調査は顕在化していない弱点個所を調べるもので，堤体土構造の判定と地盤の土質との関係が重点になる．

　また，既設堤防については高水敷の有無，堤内地盤高，漏水等の履歴，構造物とその周辺の変状等にも着目し，総合的判断をする必要がある．

　漏水調査は，堤体漏水であるか地盤漏水であるかの判断が必要であり，漏水対策工法検討のための調査である．

　既設堤防における軟弱地盤調査は，堤防の嵩上げ，腹付け等の拡築を行う場合に実施する調査である．
〈堤防設計法の最終方針と整合を図る必要がある〉

2.7.2　堤防弱点個所抽出のための調査

　既設堤防の弱点となる個所を抽出して強化するため，堤防の築堤・被災の履歴，堤体と地盤の土質，高水敷の有無，堤内地地盤高，旧地形，構造物とその周辺の変状等を調べるものとする．

　堤防のり面の変状等を観察するとともに，必要に応じて浸透流解析により降雨や河川水による堤体内水位の上昇の大小を判定するものとする．

解　説

　既設の堤防の漏水履歴，のり崩壊履歴，堤防断面形状，堤体土質とその構造，旧地形との関係等を調べる．

　堤防の表・裏の土質の組合せ，高水敷の有無，堤内地地盤高，構造物とその周辺の変状，堤体表面の被覆状況，地盤の透水層の堤体下での行き止まり型の有無，堤防のり面の不陸や植生の異常等を観察するとともに，必要に応じて浸透流解析により堤防裏のり部における浸潤面の上昇を判定する．

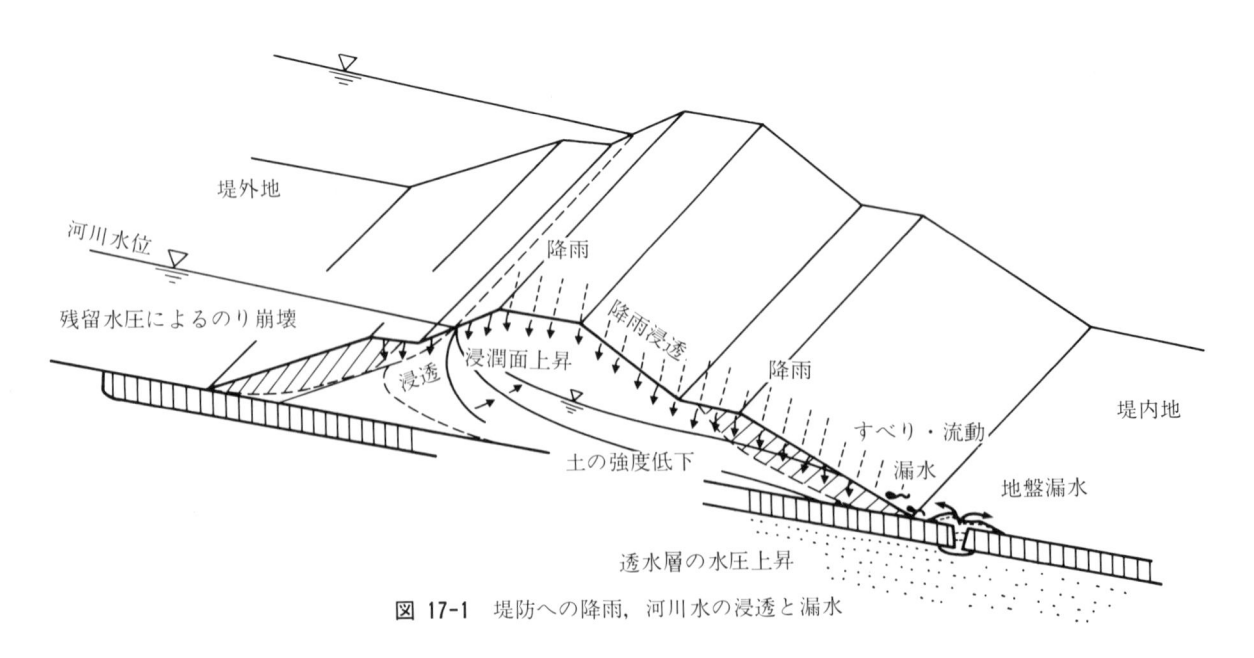

図 17-1　堤防への降雨，河川水の浸透と漏水

2.7.3 堤体漏水調査

既設堤防の堤体から漏水が生じた場合には，必要に応じて次の調査を実施するものとする．
1. 堤体土質に関する資料調査および既往の被害に関する資料調査ならびに聞き込み調査
2. 試料採取および室内土質試験

試料は，対象断面の天端，のり面中央付近およびのり尻付近の2～3地点について深度1～2m程度の位置から採取するものとする．室内土質試験は，本章2.5.4によるものとする．

3. 原位置試験

原位置試験として，現場透水試験および現地地下水変動調査を本章2.5.3により行うものとする．

4. 浸透流解析

降雨や河川水の地盤と堤体への浸透状態を検討するため必要に応じて数値解析を行うものとする．

解　説

出水期に裏のり尻からの漏水，裏のり面からのはらみ出し，陥没，崩壊などの被害を生じる堤防では，堤体を浸透する漏水があると考えられる．この場合には，堤体の断面形状と透水性を調査し，河川水位の上昇に伴う堤体中への浸透水の性状を把握することが必要である．このために，築堤時の資料などをできるだけ利用するのがよい．堤体材料の透水性は漏水現象において最も重要な因子であるが，透水試験結果がない場合，材料の粒度試験結果から透水係数の大略を次式によって推定することができる．

　ハーゼンの式　　$K = (100 \sim 150) D_{10}^2$

　　　ここに，K：透水係数(cm/s)，D_{10}：有効径（cm）

によるか，あるいはクレーガーの提案値（**表 17-2**）によることができる．

前者の式は，緩い，かなり粒径が均一な砂についてのみ適用されるものであり，後者は粒度配合のよい土にも適用できるものである．これらは標準貫入試験による乱した試料の粒度試験結果から判定できるものである．

表 17-2　クレーガーによる D_{20} と透水係数

D_{20}(mm)	k(cm/sec)	土質分類	D_{20}(mm)	k(cm/sec)	土質分類
0.005	3.00×10^{-6}	粗粒粘土	0.18	6.85×10^{-3}	微粒砂
0.01	1.05×10^{-5}	細粒シルト	0.20	3.90×10^{-3}	
			0.25	1.40×10^{-2}	
0.02	4.00×10^{-5}	粗砂シルト	0.3	2.20×10^{-2}	中粒砂
0.03	8.50×10^{-5}		0.35	3.20×10^{-2}	
0.04	1.75×10^{-4}		0.4	4.50×10^{-2}	
0.05	2.80×10^{-4}		0.45	5.80×10^{-2}	
			0.5	7.50×10^{-2}	
0.06	4.60×10^{-4}	極微粒砂	0.6	1.10×10^{-1}	粗粒砂
0.07	6.50×10^{-4}		0.7	1.6×10^{-1}	
0.08	9.00×10^{-4}		0.8	2.15×10^{-1}	
0.09	1.40×10^{-3}		0.9	2.8×10^{-1}	
0.10	1.75×10^{-3}		1.0	3.60×10^{-1}	
0.12	2.6×10^{-3}	微粒砂			
0.14	3.8×10^{-3}		2.0	1.80	砂礫
0.16	5.1×10^{-3}				

第17章 土質地質調査

　堤体の透水性を原位置で調べるためには現場での透水試験を行うが，堤体は一般に不飽和状態にあるため透水試験法はボーリング孔における定量注水に対する平衡水位を求める方法が行われる．

　しかし，既設堤防の土質構成は複雑であり，その詳細は把握しがたいので，現場における透水試験を少数点で行うよりも，比較的多数の粒度試験結果から透水係数を推定するほうが妥当な場合が多い．

　堤体形状が簡単な場合，堤体の透水係数や河川水位条件がわかれば簡単な計算または図解法によって堤体中の浸透流の性状の概略を求めることができるが，想定される被害が大きい場合や重要な位置においては，河川水位，堤体内水位等の関係を現地観測によって調査する必要がある．

　現地観測で問題となる漏水の状態を確認するには，相当程度の出水を待たねばならないが，このような出水時の観測をあまり期待できない場合や事前に対策工法の効果を検討するためには浸透流解析を行い，浸透，漏水，対策工の効果を数値解析で明らかにする必要がある．

2.7.4　堤防地盤漏水調査

> 　既設堤防の基礎地盤から漏水が生じた場合には，必要に応じ本章2.7.2に定める調査と同様の調査を行うものとする．この場合，透水層の厚さとともに堤内地盤に分布する不透水～難透水性の表層土の有無とその厚さの確認も行うものとする．

解　説

　基礎地盤からの漏水は，地盤の透水層の存在が基本であるが，堤内地表層を覆う不透水層により透水層の水圧が被圧状態となり，圧力が上昇するにつれて被覆層が破れて激しい漏水と砂の噴出を生じることがある．この水圧は観測井において観測されることが望ましいが，地盤と堤体の適切なモデルにおける浸透流解析によって漏水発生の予測を行うことができる．

　このような地盤条件のもとでのクイックサンド，パイピング等の漏水～地盤破壊が生じる場合には漏水対策工法の選択を含めた総合的検討を行う必要がある．

2.7.5　軟弱地盤調査

> 　軟弱地盤調査は，既設堤防について過大な沈下やすべり破壊などの被害を実際に生じた場合や，堤防の嵩上げ，地震などにより沈下やすべりが問題となることが予想される場合に，次の調査を実施するものする．
> 1．堤防基礎地盤土質に関する資料調査および既往の堤防沈下に関する資料調査
> 2．試料採取
> 　軟弱地盤からの試料採取は，本章2.4.3により行うが，試料は堤体下の地盤および堤体をはずれた地盤から採取するものとする．
> 3．室内土質試験
> 　室内土質試験は，本章2.4.4により行うものとする．
> 4．原位置試験
> 　原位置試験は，本章2.4.2により行うものとする．

解　説

　ここに記した軟弱地盤としては，含水比が高く支持力の小さい粘性地盤と，地下水位が高く緩い砂質地盤とがあり，軟弱地盤としての問題点も異なる．すなわち，前者では常時の沈下およびすべりが，後者では地震時の沈下およびすべりが問題となる．

　1．軟弱粘性地盤

第2節　河川堤防の土質調査

本調査の各項目の実施要領は本章2.4に定めるとおりである．ただし，圧密特性やせん断特性のような土質特性は，盛土をはずれた原地盤と盛土荷重による圧密を受けた盛土下の領域とでは大きく異なるため，試料採取は，天端直下，のり肩下，のり面中央下，盛土外の原地盤の4個所を基準とする．

盛土外のごく浅い所の土層を除いて，地盤の試料採取はいずれも地表あるいは堤体上に据えたボーリング機械による掘削孔からの採取するものである．

2. 軟弱砂質地盤

この場合も，本章2.4に定めるところによる．

2.7.6 浸透流解析

> 浸透流解析は，堤体あるいは堤防地盤の漏水の調査，検討の手段として，必要に応じて行うものとする．

解　　説

既設堤防における漏水現象の発生機構を検証するとともに対策工法の効果を確認するための解析である．有限要素法（FEM）による断面二次元飽和・不飽和非定常浸透流解析が広く行われているが，矢板や堰を迂回する流れ等を扱う場合等では，必要に応じて平面二次元もしくは準三次元の解析も併せて行われる．解析には堤体および地盤の土質構造の適切なモデル化，土質物性値の設定，初期地下水位，初期飽和度，堤内地地下水位の遠方境界条件の設定，降雨・河川水位の外力設定等，解析結果に大きな影響を与える重要な事項である．

2.8　地　盤　沈　下

2.8.1　調　査　方　法

> 地盤沈下地帯における地盤沈下状況の観測では，堤防上に設置した水準点による水準測量と，沈下計による沈下量観測および観測井における地下水位測定を行うものとする．

解　　説

地盤沈下の対策には沈下状況の正確な把握がなによりも重要であり，そのために沈下量の継続観測が必要である．また地盤沈下の原因には帯水層の水圧ポテンシャルの低下が考えられるので，その挙動を沈下観測と同時に明らかにしておかなくてはならない．地下水調査については第7章を参照のこと．

2.8.2　調　査　方　法

2.8.2.1　測定点の配置

> 測定点は，原則として次のとおり配置するものとする．
> 水準点：堤防上1kmおき
> 沈下計：各河川において沈下量が最も大きいと予想される地点
> 観測井：沈下計と同一個所のほか，地盤状況に応じて沈下に関与すると考えられる帯水層の地下水位が測定できるような個所

解　　説

地下水の帯水層が2つ以上の独立した層からなる場合にはそれぞれの帯水層の地下水位（間隙水圧）が測定できるような観測井を設ける．

特に地盤沈下が問題になる地域では水準点の間隔を200m程度まで縮小したり，堤内地などにも設置することが望ましい．

2.8.2.2 観測施設の構造

> 観測施設の構造は，原則として次のとおりとする．
> 　水準点：堤防天端に設置するものとし，地中に十分深く埋め込まれた石またはコンクリート製の柱状のもので，その上部に真ちゅう製の標点を付けたものとする．
> 　沈下計：二重管式基準鉄管を用いたものとし，鉄管下端は地盤沈下を生じない地層にまで到達させておくものとする．沈下は自記記録装置に記録するものとする．
> 　観測井：フロートと自記記録装置により地下水位が測定できる構造のものとする．

2.8.3 観測の頻度

> 観測の頻度は，原則として水準測量においては 1〜3 カ月に 1 度ずつ定められた日に定期的に実施するものとし，沈下計による沈下量，観測井における河川水位調査においては，自記記録装置により，継続的に観測するものとする．

解　　説

水準点は自動車その他のために損傷を受けたり変位したりしないよう構造，配置に留意し，水準測量は一定期間ごとに行う．沈下速度の変化を明らかにするためには一定時間間隔ごとの継続観測が必要である．

第3節　河川構造物のための調査

3.1　河川構造物を新設するための地盤調査

3.1.1　河川構造物を新設するための調査の方針

> 河川構造物を新設するための地盤調査は，予備調査と本調査に分けて行うものとする．
> 　地盤調査は，河川構造物の計画，設計，施工のためなどの目的に応じ，また構造物の種類，規模，機能，重要度に応じて行うものとする．

解　　説

本節では河川構造物として，堰，水門，樋門（樋管も含めてここでは樋門と称する）などを対象としている．

一般に河川構造物を新設する場合，建設地点の選定あるいは概略設計などのように計画のために行われる調査と，実施のための詳細な調査とが行われる．前者が予備調査で，後者が本調査である．調査をこのように分けて行うのは，調査を効果的かつ能率的に行うためである．

地盤調査にあたっては，構造物の計画，基礎の形式選定，設計条件の決定のためのみならず，施工中の仮設構造物などの設計，施工管理のため，あるいは将来の構造物の維持管理まで対象として，必要な資料を得る必要がある．

地盤調査の範囲，精度は対象とする構造物，その構造物の規模，機能，重要度などによって異なるので，当該地盤と構造物の組合せを考えて最も適切なものを選ぶ必要がある．例えば構造物の平面寸法が大きい場合にはボーリングの調査本数を増す必要がある．また，堰などで上部構造の変位が制限されている場合，基礎の水平変位を詳しく求める必要があるので，詳細な地盤調査のほか載荷試験を行う必要が大きくなる．また，杭基礎などで，杭本数が極めて多い場合，経済性を追求するためにも載荷試験が行われることが多い．

3.1.2　予備調査

> 予備調査においては，必要に応じ次の調査を行うものとする．

第3節　河川構造物のための調査

> 1．既往の旧地形図あるいは地質資料の調査
> 2．既存構造物の事例調査
> 3．地表地質調査
> 4．ボーリングによる調査

解　説

　予備調査は，河川構造物の建設地点の地盤を構成する地層について，総括的な性状を知るために行うものであり，予備調査の結果によって，建設地点，構造物の基礎形式，概略の寸法，本調査の方針など計画の基本が決まる場合が多いので，必要な事項を漏れなく調査することが必要である．

1. 既往の旧地形図，地質資料の調査：調査区域付近の旧地形図から旧河道筋との位置関係や既往ボーリング調査資料から概略の地質状況を把握する．
2. 既存構造物の調査

　　調査区域の近傍に構造物がある場合には，その構造物の基礎形式，その構造物の沈下や傾斜などの変状の有無を調査することによって，大略の地層の構成を推定することができるほか，基礎形式の選定の際参考となる．また，構造物の施工の関係者から施工時の状況に関する資料を収集すること．
3. 地表地質調査

　　地表地質調査では，現地の地形や地表に状況について土質・地質等の地学的知識をもとに調査をする．
4. ボーリング，テストピットなどによる調査

　　予備調査の結果から推定された土質状況を採取試料等から確認するために行うもので，実際には本調査のパイロットあるいは一部として行われることが多い．ボーリングに際しては土質とその力学特性を把握するために標準貫入試験を併用する．

3.1.3　本　調　査

> 本調査は，次のとおり行うものとする．
>
> 1．調査地点
>
> 　調査地点は，構造物の位置とし，原則として構造的に独立した基礎1基ごとに調査を行うものとする．ただし，幅5m以下程度の1連からなる樋門・樋管においては，管軸に沿う2〜3地点の調査で代表することができるものとする．
>
> 　また，既設構造物による障害などで実施が困難な場合には，最寄りの位置で行うことができるものとする．
>
> 2．調査する深さ
>
> 　調査する深さは，一般に支持力，すべり，圧密，透水，施工などに影響する範囲とするものとする．
>
> 3．データ整理
>
> 　調査結果の報告ならびに表示は，原則として地盤工学会制定の方法およびデータシートによるものとする．

解　説

　本調査は，河川構造物の建設地点の基礎地盤の構成，性質，地下水の状況などを知るために行うもので，本調査に関係する土の諸性質には一般に土質試験で求められる粒度，土の単位体積重量，土粒子の比重，含水比，間隙比，液性限界，塑性限界，粘着力，内部摩擦角，圧密定数，透水係数および地盤反力係数などがあげられる．

第17章 土質地質調査

これらの試験方法は地盤工学会基準（案）（JFS）によるものとする．

1. 調査地点を構造物の位置としたのは，調査地点と建設地点が少し異なっても，地盤の構成，支持層の状況などが変わることがあるからである．もし，予備調査の段階での位置と本調査の段階での位置とがずれている場合には，ボーリングを再度行う必要がある．調査を原則として基礎1基ごとに行うこととしたのは，施工段階での無用の手戻りを避けるためである．基礎の平面寸法が大きい場合には必要に応じボーリングの本数を増すこと．なお，底面幅が5m以下程度の樋門・樋管の場合は，表のり尻付近および裏のり尻付近の2個所，あるいはこれに天端下を加えた3個所のボーリングを行えば十分である．

　ボーリング孔は，調査後確実に埋め戻しておく必要がある．例えば，ケーソン施工の際に，空気漏れなどのトラブルが生じることがあるからである．

2. 調査すべき深さは，直接基礎，ケーソン基礎，杭基礎など，支持力，すべり，沈下，透水等に影響する範囲について行わなければならない．

　直接基礎のような浅い基礎の場合，基礎底面より基礎の最小幅の1.5倍の範囲を調査すれば支持力に対しては十分であると考えてよい．また，圧密沈下を生じる恐れのある粘土層が存在する場合には基礎の最小幅の1.5～3.0倍の深さの範囲を調査すればよい．

　杭基礎，ケーソン基礎のような深い基礎の場合には，まず支持層と考えられる層の位置とその厚さを確認する必要がある．支持層の層厚が薄い場合でその下層に粘土層がある時，粘土層の先行圧密荷重を調査しておく必要がある．支持層が薄い場合には，特に入念にボーリングを行い，また標準貫入試験を行う場合には試験の間隔を小さくし，層厚を正確に把握する必要がある．

　深い基礎では，水平荷重に対しては地表面付近の地盤が卓越して抵抗するから，その地盤反力係数を詳しく調査する必要があるが，その調査深度の目安は根入れ長さの1/3としてよい．

　軟弱地盤上で，盛土または水圧などによって大きな偏載荷重を受ける深い基礎では，偏載荷重の影響によって根入れ長さの大部分にわたって水平方向の作用力を受ける恐れがあるので，このような場合，通常の深い基礎の場合と異なって，地表面より支持層までの軟弱地盤のせん断定数を詳しく調査する必要がある．このような地盤では，盛土荷重による根入れ層の圧密沈下が生じる恐れがあるので，圧密沈下による底面下の空洞発生やネガティブ・スキン・フリクションに対する検討のための資料を得る必要がある．

3.1.4　地盤調査の調査事項

地盤調査では，新設する構造物の種類に応じ原則として次の事項を求めるものとする．

1. 堰，水門の場合
   (1) 地盤支持力
   (2) 土圧，間隙水圧
   (3) 地盤反力係数
   (4) 圧密沈下に関する資料
   (5) 施工のための土の諸性質
   (6) 透水性ないし浸透経路長に関する性質

2. 樋管，樋門の場合
   (7) 地盤支持力
   (8) 土圧，間隙水圧
   (9) 圧密沈下に関する資料
   (10) 施工のための土の諸性質
   (11) 透水性ないし浸透経路長に関する性質

第3節　河川構造物のための調査

解　説
　堰および水門の基礎は，一般に支持層に支持されるが，樋管，樋門の基礎は必ずしも支持層に支持されず摩擦杭で設計されることがある．また，樋管，樋門の場合，基礎は水平力を考慮しないで設計されることがある．このように構造物の種類，規模，重要度などによって求めるべき諸定数とその精度が異なるので，調査にあたって予め構造物の設計方針をたてておく必要がある．

　いずれの構造物においても支持杭基礎の場合は底面直下の空洞発生の可能性が大きく，また，支持杭と摩擦杭あるいは直接基礎の別を問わず，構造物の下方および側面の止水矢板の設計のためには周辺土層の粒度組成，透水性を調べておく必要がある．

3.1.5　支持力調査

> 　支持力調査は，原則として土質調査および土質試験の結果から求めるものとする．
> 　杭基礎とする場合，必要に応じて杭の載荷試験を行うものとする．杭の載荷試験の方法は，地盤工学会基準（案）の「杭の鉛直載荷試験方法」（JSF T 21）および「杭の水平載荷試験方法」（JSF T 32）によるものとする．

解　説
　支持力は，土質調査および土質試験の結果から求めることができるが，構造物の規模が大きい場合，地盤が複雑な場合などでは載荷試験を行うことにより経済的な設計を行うことができる場合がある．

　地盤調査の際，ボーリングに標準貫入試験が併用され，土の強度情報としての N 値が求められ，これを用いて計算により支持力が算出できるが，玉石の混じる地盤や，層構成の複雑な地盤では計算による支持力値には不確実さがあるので N 値，摩擦係数等の設定に十分考慮を必要とする．

3.1.6　土圧，間隙水圧調査

> 　土圧，間隙水圧調査では，土圧に影響する地盤の構成と，次の土の諸性質および間隙水圧を求めるものとする．
> 　1．粘着力，内部摩擦角
> 　2．土の密度
> 　3．含水比
> なお，間隙水圧は原則としてボーリング孔を利用して求めるものとする．

3.1.7　地盤反力係数，杭のばね定数

> 　地盤反力係数，杭のばね定数は，原則として載荷試験によって荷重と変位との関係から求めるものとする．ただし，土質試験の結果または類似地盤における載荷試験の結果から地盤反力係数，杭のばね定数が求められる場合はこの限りでない．
> 　地盤反力係数を求める試験方法は，地盤工学会基準（案）「地盤の平板載荷試験方法」（JSF 1521）によるものとする．また，杭のばね定数を求める試験は方法は，地盤工学会基準（案）「杭の鉛直載荷試験方法」（JSF T 21）および「杭の水平載荷試験方法」（JSF T 32）によるものとする．なお，地盤反力係数は，ボーリング孔内での水平あるいは鉛直載荷試験，標準貫入試験もしくは土質試験の結果から求めてもよいものとする．

解　説
　地盤反力係数は，ケーソンおよび杭基礎の水平力に対する設計計算に必要な基礎的な定数である．地盤反力係

数は，土質調査と土質試験の結果から求めることができるが，原位置における載荷試験より求めることを原則とした．載荷試験を行わない場合，杭の場合には，類似地盤の載荷試験の結果を参考とするのが望ましい．

　土質試験および土質調査の結果から地盤反力係数を推定する場合，道路橋下部構造設計指針，ケーソンの基礎編で提案している方法が参考になる．

3.1.8　圧密沈下に関する調査

> 圧密沈下に関する試料調査では，圧密に影響する地盤構成，次の土の諸性質ならびに間隙水圧を求めるものとする．
> 1.　土の単位体積重量
> 2.　圧密指数，圧密係数，先行荷重，間隙比
> 3.　圧密層の深さ，厚さ

解　　説

　圧密沈下に関する調査では，沈下量とその時間的変化とを調べる．

　支持層に根入れされた構造物の場合，根入れ層が圧密沈下する時杭に対する負の周囲摩擦力および抜け上がりによる空洞発生が発生することがあるので，設計において考慮する必要がある．また，樋管，樋門などで支持力層に根入れしてない場合，圧密による堤体の沈下量，構造物の沈下量および不同沈下量の推定は重要な課題である．

3.1.9　その他の調査

> 基礎形式の選定などのため，必要に応じて次の調査を行うものとする．
> 1.　近接構造物調査
> 2.　施工条件調査
> 3.　腐食調査
> 4.　その他

解　　説

　その他の調査は，基礎形式の選定や施工機械の選定などのために必要な項目を調査するものである．

3.2　既設構造物診断のための調査

3.2.1　方　　針

> 堰，水門，樋門・樋管等は，既設構造物においては構造物自体とその周辺が堤防の弱点とならないように，調査・診断を行うものとする．

解　　説

　構造物と土とは変形特性や透水性に関して異なる材料であるため，構造物自体とともにその周辺も浸透水，漏水等の水みちになりやすい．したがって構造物の構造諸元，基礎形式，地盤土質等の情報とともに，構造物と周辺堤体との間に変状が生じていないかを観察・診断することが重要である．すなわち継手，接続部の開きや止水板の損傷，堤体の沈下に伴う抜け上がり，空洞形成，漏水の有無等について継続的な点検を行わなければならない．

3.2.2　調査方法

> 既設構造物の調査・診断の方法は，資料調査，現地観察，および必要に応じてボーリングあるいは水圧応答測定試験（連通試験）を行うものとする．

第3節　河川構造物のための調査

解　説

　既設構造物の調査は，まず構造物（施設）台帳および破堤・漏水等の被災履歴を記録した資料の調査を行い，構造物ごとの変状の生じやすい条件，すなわち支持杭基礎の場合の抜け上がりと空洞形成，直接基礎や摩擦杭基礎の場合の不同沈下と函体亀裂，あるいは古い構造物に生じやすい材質劣化等に着目する．

　次に現地で構造物の内外と周辺を観察して変状の有無とその程度を把握することが重要な調査である．

　空洞形成や著しい沈下，止水構造の損傷が認められる個所においては，構造物底版の削孔あるいは構造物側壁面に沿って掘削したボーリングによって空洞の確認をし，調査孔への注水による孔間の水圧応答の測定等から構造物に沿った水みちがあるか否かを確認する．変状の著しい個所については改築あるいは補修の必要度を判定する．

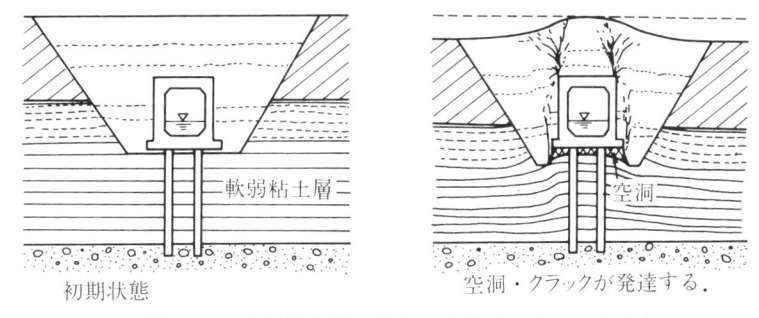

図 17-2　支持杭基礎の場合の抜け上がりと空洞形成

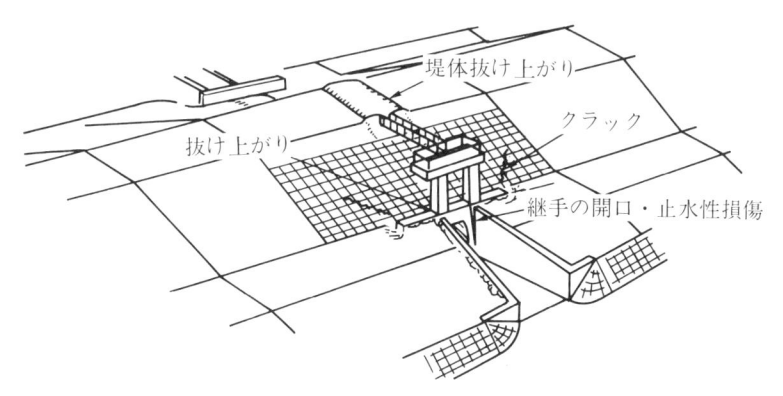

図 17-3　既設構造物周辺の変状

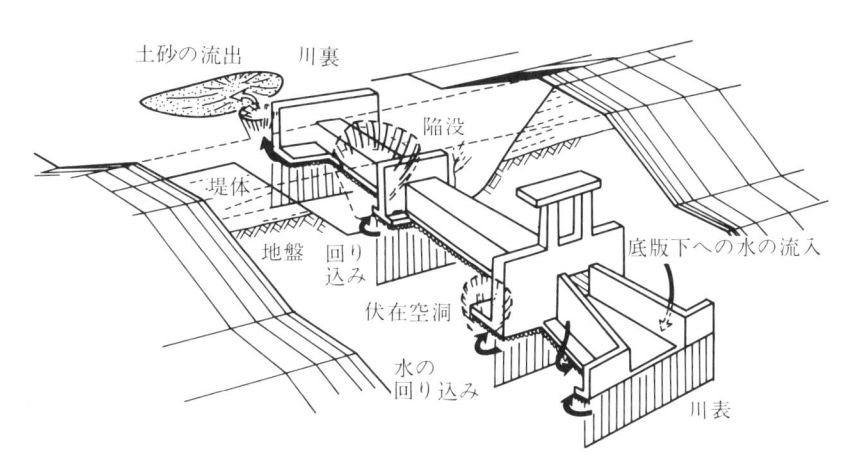

図 17-4　樋管周辺の変状と被災現象概念図

第17章　土質地質調査

第4節　ダムの地質調査

4.1　ダムの地質調査の方針

> ダムの地質調査では，必要に応じて次の調査を行うものとする．
> 1. 概査
> 2. 設計調査
> 3. 材料調査
> 4. 細部調査
> 5. 完成後の調査

解　説

1. 概査は，1つの水系にダム建設計画がたてられ，既存資料および地形上の判断から1ないし数個所の候補地点が選定された場合に，おおよその高さ，型式および工事の難易を判定し，ダム建設の可能性あるいは優劣について判断するために必要な地質情報を求めるための予備的な調査試験である．例えば貯水池周辺の地すべり調査，第四紀断層調査，ダムサイトの概略調査等がある．

2. 設計調査は，おおよそダム建設の可能性があると判断された地点について，ダムの高さ，型式規模，位置および中心線などを選定し，ダムの設計およびダム建設に付随する工事に必要な地質情報を求めるための調査試験である．概査で抽出された貯水池およびダムサイトにおける問題点の解析のため，ボーリングや調査横坑を主体とした調査試験を行う．

3. 材料調査は，想定されるダムの型式，規模に応じて必要とされるダム堤体の材料について，使用可能な質のものが十分な量だけ確保できるかどうか，より経済的に，かつ周辺環境に対して極力悪影響を少なくして取得できるかどうかなどの検討のために必要な地質情報を得るための調査試験である．

4. 細部調査は，設計調査によって設計に必要な地質情報が得られて，設計がなされた後の段階において，設計の細部の詰め，施工時や完成後の維持管理に必要な条件について行う調査である．

5. 完成後の調査は，ダムの完成後に，保安などの必要が生じた場合に新規に行う調査である．

4.2　概　　　査

4.2.1　調査範囲

> 概査は，設計調査に移行しうるか否か判断しうる地質資料が得られる範囲とするものとする．

解　説

1. 地質図の作成範囲は**図17-5**に示すように，想定される貯水池全域を含み，ダム中心線より上流側およびダム敷では想定される満水面よりそれぞれ山側へ300～500 m，下流側へは貯水池上流端までの距離の約半分について川の中心線よりそれぞれ山側へ300～500 mにわたる範囲を原則とし，他流域への漏水の危険性がある場合，材料調査を兼ねる場合，付近に大きな地質構造線が存在すると想定される場合等については，必要な範囲まで拡大して実施する．

2. 物理探査（弾性波探査など）を実施する場合は，測線がそれぞれ想定されるダムの基礎面の外側へ少なくとも200 mは延長するように配置する．

3. 調査横坑やボーリングを実施する場合は，想定されるダムの基礎面付近に集中して配置するが，地質構造

第 4 節　ダムの地質調査

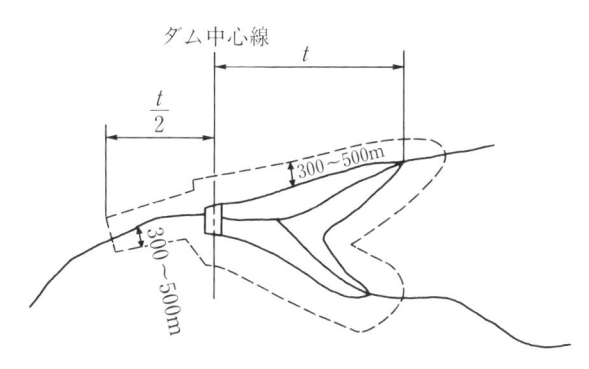

図 17-5　概査における調査範囲

の配置や，地すべりの判定のためには必要な範囲にまで広げて実施する．

4.2.2　地形図と空中写真

> 概査においては，原則として 1/5 000 航測図化地形図を平面図として使用し，必要に応じてダムサイト周辺について 1/500～1/1 000 実測平面図を使用するものとする．また，第四紀断層および地すべり地形の判読には，1/8 000～1/40 000 空中写真を用いるものとする．ダムサイト周辺については，想定ダム中心を含めて 1～3 本の 1/500～1/1 000 実測横断図を作成し，必要に応じて横断図と同縮尺の河床実測縦断図を作成するものとする．

解　説

1. 地質調査の正確さを左右するものは，地形図の精度であるので，地形図作成には細心の注意を払って正確を期す必要がある．地形図の作成範囲は本章 4.2.1 に定める範囲とし，1/5 000 以下の小縮尺の地形図は使用しないものとする．もちろん 1/50 000 地形図などの写真拡大図をもって 1/5 000 地形図に代えて使用してはならない．
2. 実測横断図については満水面標高より 100 m 以上の標高まで，あるいは，想定ダム天端より山側へ 200 m 以上延長するものとし，その範囲内の測線上に地形上の鞍部がある場合には，鞍部の最低標高地点よりさらに山側へ 100 m 以上延長する．概査のごく初期の段階に限って弾性波探査測線やボーリング位置認定のためのレベル測量に基づく概略横断図あるいは航測地形図に基づいて作成された横断図によって実測横断図に代えてもよいが，遅くとも概査の最終段階までには実測横断図を作成するものとする．縦断図についても横断図に準ずる．
3. 貯水池周辺に地すべり地形が存在する場合には，ダムサイトに準じて実測横断図を作成する．

4.2.3　貯水池周辺の調査

> 貯水池周辺の第四紀断層の調査，地すべり調査は，文献調査，空中写真判読，地表地質踏査等によって行うものとする．

解　説

1. 第四紀断層の調査は，第四紀断層がダム近傍に存在するかどうかの可能性を調査する 1 次調査と第四紀断層または，その疑いのあるものに対してその位置，規模および活動性を明らかにするための 2 次調査に大別される．

   1 次調査は，文献調査，空中写真，地形図の判読により行うものとする．

   2 次調査は，第四紀断層またはその疑いのあるものについて 1 次調査の結果に加えて，地表地質踏査，物

第17章　土質地質調査

理探査，ボーリング・トレンチング，横坑等による調査を必要に応じて選択実施するものとする．

2. 貯水池周辺に地すべり地形が存在する場合には，ダムの湛水によって湛水地すべりが発生する可能性もあり，その発生位置，規模によってはダムに重大な影響を与えることから，十分に調査する必要がある．

地すべりの調査は，広域的に地すべりの分布を把握し，地すべりの滑動のしやすさを評価する概査と概査で抽出された個々の地すべりの対策を検討するための基礎となる精査に大別される．

概査は，文献調査，空中写真，地形図の判読および地表地質踏査によって地すべり地形や不安定斜面を抽出し，その分布状況，ダム湛水との係わりを検討し精査が必要な個所を選定するものである．

精査は，地すべり地およびその周辺について 1/200～1/1 000 程度の地形図を作成するとともに，必要に応じてボーリング調査，移動量調査により，すべり面，地下水位の把握を行うものである．

4.2.4　ダムサイトの調査

> ダムサイト選定のための調査は文献調査，地表地質踏査，弾性波探査，ボーリング等によって行うものとする．また，必要に応じて，横坑調査を行うものとする．

解　説

1. ダム計画の可能性を判断する段階で，地質的条件を知る方法の基本となるものは地表地質踏査であり，岩質および地質構造の判定は，ダムに精通した地質専門家の綿密な踏査におうところが多い．地表地質踏査に先立って，既存資料および，空中写真の判読から予備的情報を得た後に本章 5.2 地表地質踏査に定める調査を行い地質平面図および横断図（場合によっては縦断図も）を作成する．縮尺は本章 4.2.2 に定めるところによる．

2. 弾性波探査は，ダムサイトにおける堅岩線の分布，大規模な断層，変質帯等の有無を概略的に知るうえで効果的であり，少なくとも想定ダム軸において実施するものとする．また，河床，左右岸のダム天端付近にも上下流の測線を配置することが望ましい．

3. ボーリングは本章 5.4 に定める方法で実施するものとするが，概査段階の調査方法として極めて有効な方法である．ボーリング調査にあたっては，ダムの築造に重大な影響を及ぼすような地質的欠陥がないことを確認するため，ダムの基礎となる河床部および，左右岸の岩盤状況を確実に判断できるように，その孔配置を計画する必要がある．深さは少なくともダム高以上とする．ボーリングを実施する場合には，岩盤部では原則としてルジオンテストを行う．

4. 横坑による調査はボーリング等に比べ，地山の内部の岩盤状況を直接目で確認できるため，地質調査の精度を高める必要がある場合に実施することが有効である．実施する時期は，ルジオンテストへの影響を避けるためにボーリングを先行させ，ルジオンテストの終了後に横坑を掘削するものとする．特に，基礎岩盤の透水性を調べる目的で，ルジオンテストに重点を置くボーリングの場合には，既設調査杭から少なくとも 20 m 程度は離した位置に配置すべきである．

5. ダムに湛水したとき，堤体と地山の安定を損なう過度の流速と揚圧力をもつ浸透流を発生させないためには，概査段階で地下水位を捉えておくことが重要である．地下水調査は，一般にはボーリングを用いて調査され，ボーリング掘進中の湧水と逸水を深度，量，地下水位で記録すべきである．また，湧水が多い場合にはその水圧（水頭）を，経時変化が認められる場合は，時間の経過も記録すべきである．

4.2.5　データ整理

> 概査から設計調査へ移行する段階では，実施したすべての地質調査の成果を整理して記録し，ダム建設の可能性について判断し得るように貯水池周辺の状況を含む総括的な地質概査報告書としてとりまとめるものとする．

第4節　ダムの地質調査

解　説

地質概査報告書では，すべての調査成果を総括的に解析し，地質状況の概要と問題点および想定されるダム建設計画の可能性についての判断と，今後検討を要する事項をとりまとめておくとよい．

4.3　設　計　調　査

4.3.1　調　査　範　囲

> 設計調査の範囲は，ダム建設のための具体的な設計，施工計画を行い得る資料が得られる範囲とするものとする．

解　説

設計調査ではダムの規模，型式，地質条件などにより調査の主眼点がやや異なり，数量も一定ではないから，調査範囲を厳密に定めることはできない．一応の原則として，図 17-6(a), (b)に示すように，ダムサイトに関しては，平面的には最終的に決められたダム中心線から，下流側はダム敷からダム高相当分の長さ，上流側はダム高の 1/2 以上の長さ，深さはダム基礎からダム高以上がそれぞれ既知の地質条件となるように範囲を設定する．ダム基礎に近接して大規模な地質構造線や異なる岩質の境界（不連続面）が存在すると推定される場合などは必要に応じこれより外側まで調査するものとし，工事や湛水によって発生することが予測される地すべりあるいは崩壊予想個所および仮設備関連個所についても，調査しておく必要がある．

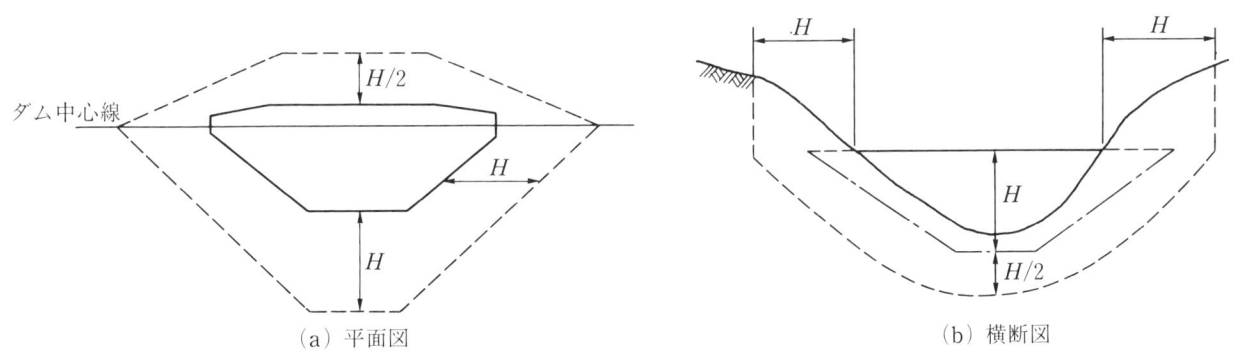

図 17-6　設計調査における調査範囲
(a) 平面図　(b) 横断図

4.3.2　地　形　図

> ダムサイトの設計調査において使用する地形図は，原則として 1/500 実測地形図を用いるものとする．また，貯水池周辺の地すべり等の精査には，1/200～1/1 000 実測地形図を用いるものとする．

解　説

1. 設計調査段階では地形図の精度が設計や地質調査の信頼度に大きく関係し，ひいては工事費の算定にも関係してくるので，正確な実測に基づく 1/500 地形平面図を作成し，基図とする必要がある．ダム高の高いフィルダムや広域の止水計画に利用する場合には使用上の便利さを考慮して 1/1 000 実測地形図に代えてもよい．

2. ダムサイトにおいてはグリッド方式による地質調査の基礎になる立体格子状の調査網（以下グリッドとよぶ）を設定する．グリッドの選定方法は，ダム中心線あるいはそれに近接した直線を 1 つの基準線（X 軸）とし，基準線（X 軸）と河心において直交する直線を第 2 の基準線（Y 軸）とし，交点を基準点（O）とする．

基準点を任意の標高に定め基準点を通り X 軸，Y 軸にそれぞれ直交する直線を第 3 の基準点（Z 軸）と

第17章 土質地質調査

する．X，Y，Z軸のうちそれぞれ2つの軸を含む3つの平面（基準面）を想定し，それぞれの基準面に平行で一定間隔の平面によって構成される格子を想定すれば，それがグリッドである．グリッドを地形平面図上に投影したものを平面グリッドとよぶ．グリッドの一定間隔は任意であるが，20〜40mが多く，10の倍数で設定するのが便利である．

3. ダムサイト周辺の縦横断面図はグリッドによって作成する．そのため，山腹斜面部の調査計画には，Z軸（標高差）に重点を置くべきである．
4. 概査の段階でダム設計施工に関連が深いと考えられる地すべり地形，崩壊地，がい錘，段丘などが予測されていれば，測量の段階で調査検討する必要がある．

4.3.3 設計調査の方法

> 設計調査では，岩盤内部を直接判定できるボーリング，調査横坑を主体として行うものとする．

解　説

1. 設計調査ではダムの高さ，規模，型式，中心線の位置などを測定し，ダムの安定上重要な弱層の形態を把握し設計に必要な基礎岩盤の強度，変形係数，弾性係数，透水係数（ルジオン値）などを計測値より決定し，岩盤掘削線，グラウチングラインの延長および深さを決定しうるだけの調査を行わなければならない．また，施工や維持管理施設に関連する地質情報も得なければならない．そのための地質調査および，試験の方法や数量はダムの規模，型式および地質条件あるいは概査段階における調査内容などによってそれぞれ異なるので，調査の中間および最終段階において設計専門家と協議するとよい．

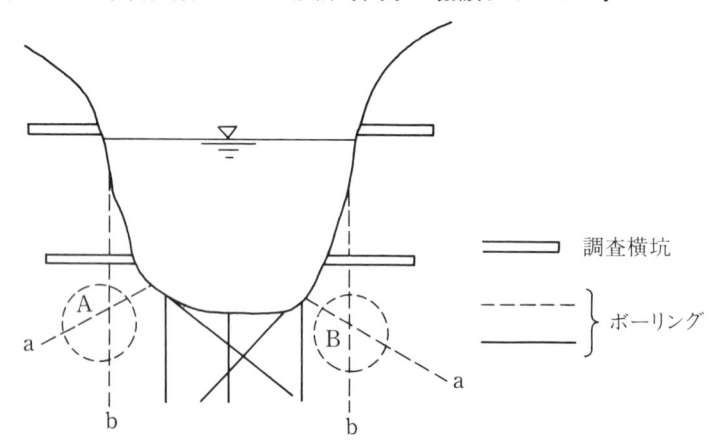

図 17-7 調査横坑とボーリングの配置例

2. 地表地質踏査は場合によっては露頭測量によってチェックするなど詳細に行い，1/500地質平面図，1/500地質横断図，1/500地質縦断図を作成する．本章4.3.2地形図 解説1.のように1/1000地形平面図を使用する場合には，1/1000地質平面図を作成することがある．地質図の作成にあたってはボーリング，調査横坑による調査結果を参照する．
3. 調査精度の偏りをなくし，地質調査上の重大な見落としをなくすためにボーリングおよび調査横坑はグリッド方式によって実施することを原則とする．この場合，最初の段階では，ボーリングや調査横坑の位置を粗い間隔で配置して，地質状況あるいは設計の必要上，より詳細な地質情報を得たい個所についてグリッドの間隔を詰めていくいわゆる内挿法をとるべきである．
4. それぞれの調査方法は，最も有効な場所で実施し，相互に補完し合うようにして地質情報の信頼度を高めるようにしなければならない．例えば，主として山腹部には調査横坑，河床部にはボーリングを実施するが山腹部の下部（図17-7のAおよびBの部分）は調査上の盲点になりやすい．そこで山腹と河床部の境から山側へ斜ボーリング(a)をやるか，山腹から垂直ボーリング(b)を行う必要がある．

第4節　ダムの地質調査

グリッドの同一線上でボーリングと調査横坑を重ねて，あるいは非常に近接して実施すると，ボーリングからのルジオンテストが不正確になるので，ボーリングを先行させるか，少なくとも 20 m 程度は離して実施しなければならない．

調査横坑の坑口と坑口を結ぶトレンチングを実施すると地質構造の判定が容易になる場合が多い．

また，弾性波探査の測線の交点にボーリングを実施すると弾性波探査の解析精度が非常によくなる．

5. ダムの基礎岩盤の地質調査にあたっては，ダムの型式によって種々の留意点がある．その一例を示せば以下のとおりである．

　　全型式共通……均質で堅硬な基礎地盤
　　　　　　　　大規模な断層の有無
　　　　　　　　ダム天端までの支持地盤の高まり
　　重力ダム………河床部，堤趾部の岩盤状況
　　　　　　　　水平断層の有無
　　アーチダム……着岩部に堅硬な岩盤が必要
　　　　　　　　下流のショルダーの厚み
　　　　　　　　鉛直，上下流方向に連続する断層の有無
　　フィルダム……コア敷の岩盤状況
　　　　　　　　不同沈下を起こすような規模の断層の有無

4.3.4　岩級区分

> 設計調査においては，得られた情報を集大成し，ダムの設計に必要な地質情報の評価を行うために基礎岩盤の岩級区分を行うものとする．

解　説

岩級区分は，岩片の硬軟，あるいは風化の程度，割れ目の頻度，割れ目の状態および，夾在物の種類に基づいて岩盤を分類し，その良否を評価するものであり，地質調査と原位置試験および設計値の決定を結ぶ重要な作業であって，本章 4.3.10 に定める総合解析の主要な内容を占めるものである．

岩級区分の結果は地質断面図（水平，横断，縦断）に表示し，ダム軸の選定，掘削線の決定に用いる．また，原位置試験の個所も岩級区分に基づいて選定される．

岩級区分は，ボーリングコアや横坑における岩盤状況の肉眼観察，ハンマーの打診などによって行われるが，補足的な判断材料として，調査横坑間の弾性波探査の結果あるいは地表弾性波伝播速度と岩片の伝播速度との比（岩盤亀裂係数），RQD などが用いられる．

岩級区分の方法は，岩盤の地質工学的性質を最もよく表現できるようにサイトごとに工夫することが望ましい．

硬岩を対象に作成された岩級区分の例を**表 17-3** および**表 17-4** に示す．なお，一軸圧縮強度が 100〜200 kgf/cm² {9.81〜19.6 N/mm²} 程度以下のいわゆる軟岩には，これらの岩級区分法は適用し難い場合があるため，軟岩においては，特に岩の硬さに着目した岩級区分を行う必要がある．岩片の硬さを精度よく求めるためには，シュミットハンマー試験，針貫入試験等の簡易な原位置試験や点載荷試験，一軸圧縮試験等の室内試験を行うことが有効である．なお，これらの試験は，岩盤の含水状態により測定値が大きく変化したり，岩質によっては測定値がばらつくことがあるので，試験にあたっては，測定条件や適用する岩質に十分な注意を払って行うものとする．

4.3.5　室内試験

> 設計調査においては，本章第 10 節により岩石の室内試験を行うものとする．

第17章 土質地質調査

表17-3 岩級区分の例（A）

(a) 下筌ダム（花崗岩・安山岩の例）			(b) 裾花断面（凝灰角礫岩の例）		
区分要素	細区分	内　　容	区分要素	細区分	内　　容
岩塊の硬さ	A	堅　硬 注1)	硬さ	A	堅　硬
	B	一部堅硬，一部軟質 注2)		B	中程度あるいは軟硬が入り混じる
		全体にやや軟質			
	C	軟　質 注3)		C	軟　質
割れ目の間隔	I	50 cm 以上	割れ目の間隔 注4)	I	50 cm 以上
	II	50〜15 cm		II	50〜15 cm
	III	15 cm 以下		III	15 cm 以下
割れ目の状態	a	密着	角礫の量比 注5)	a	50％以上
	b	開口状		b	50〜20％
	c	粘土をはさむ		c	20％以下

注）1. ハンマーで火花が出る程度
　　2. ハンマーで強打して1回で割れる程度
　　3. ハンマーで崩せる程度
　　4. ここでの数値は一例であり，現場条件で異なる．
　　5. 概算1m²中の面積比

岩　盤　の　評　価

評価区分	評　価	細区分の組合せ
〔A〕	良　好	AIa　AIb　BIa　BIb
〔B〕	やや良好	AIIc　AIIa　AIIb　BIc　BIIa　BIIb　CIa
〔C〕	やや良好	AIIc　CIb　CIc　CIIa　CIIb
〔D〕	不　良	残りの組合せ

表17-4 岩級区分の例（B）

記号		特　　徴
A		極めて新鮮な岩石で造岩鉱物は風化変質を受けていない．節理はほとんどなく，あっても密着している．色は岩石によって異なるが，岩質は極めて堅硬である．
B		造岩鉱物注，雲母・長石類および，その他の有色鉱物の一部は風化して多少褐色を呈する．節理はあるが密着していて，その間に褐色の泥または，粘土を含まないもの．
C	C_H	堅硬度，新鮮度はBとC_Mとも中間のもの．
	C_M	かなり風化し，節理と節理に囲まれた岩塊の内部は比較的新鮮であっても，表面は褐色または暗緑黒色に風化し，造岩鉱物も石英を除き，長石類その他の有色鉱物は赤褐色を帯びる．節理の間には泥または粘土を含んでいるか，あるいは多少の空隙を有し水滴が落下する．岩塊自体は硬い場合もある．
	C_L	C_Mより風化の程度のはなはだしいもの．
D		著しく風化し，全体として褐色を呈し，ハンマーでたたけば容易に崩れる．さらに，風化したものでは，岩石は砂状に破壊されて，一部土壌化している．節理はむしろ不明瞭であるが，時には，岩塊の性質は堅硬であっても，堅岩と堅岩の間に大きな開口節理の発達するものを含まれる．

解　説

　サンプリングを行う場合にはサンプルができる限り岩盤の性質を代表するよう偏りのないサンプリングを行うように注意すべきである．

　基礎岩盤の強度や変形特性の目安を得るためには普通一軸圧縮試験が行われるが，軟岩の場合には三軸圧縮試験を行うことがある．

　さらに，粘土の検定にはX線回折による試験が普通で，電子顕微鏡による判定や示差熱分析が行われることがある．

　このほか，必要に応じて物理試験や含有鉱物分析が行われることがある．

　各種試験方法は本章第10節岩石の室内試験による．

4.3.6　原位置せん断試験・原位置変形試験

> ダムの設計に必要となる基礎地盤のせん断強度，変形係数，弾性係数の値は，原則として原位置試験によって求めるものとする．

解　説

1. ダム基礎地盤のせん断強度，変形係数，弾性係数の設計値を決めるためには，ごく小規模のダムで十分余裕をもった値を採用しても設計上支障をきたさない場合を除き，原位置試験を行ってその値を求めるものとする．試験個所は，ダムの基礎地盤となる代表的な岩級区分の地点で行うものとする．この場合，試験個所の清掃整形後に改めて岩級区分を行い，再評価したうえで試験を行うようにする．特に，区分の要素（例えば割れ目の頻度）の共通性に注意するべきである．
2. 試験の具体的な方法については本章8.1および8.2によるものとする．

4.3.7　透水試験

> ダムの基礎地盤の透水性は，ルジオンテストまたはこれにかわる適切な方法を用いて把握するものとする．

解　説

　基礎地盤の透水性は，基礎地盤のしゃ水方法，しゃ水の範囲を決定するため，事前に十分把握しておかなければならない．ボーリングを実施した場合には必ずルジオンテストを行い各ステージごと（5mとすることが多い）のルジオン値を求める．ルジオンテストの方法は本章8.3ルジオンテストに定める．また，未固結な地盤等でルジオンテストによって正確な透水性を求めることが難しい場合にはピット法等の適切な方法によってその透水性を求めるものとする．

4.3.8　貯水池周辺調査

> 貯水池周辺についても，必要に応じて詳細な地質調査を行うものとする．

解　説

1. 概査段階で，貯水池周辺で湛水後貯水池へ崩落する恐れがある地すべりや大崩壊が予測されれば，災害を未然に防止するために設計調査段階で概査より詳しい地質調査を行う．調査方法は空中写真(1/8 000程度)詳細判読，地表地質踏査（1/200〜1/1 000地質図作成），ボーリング，弾性波探査を主とし，必要に応じて調査横坑でさらに確認する．
2. ダム建設のために大規模な付替道路を建設する必要がある場合には，掘削，盛土などによって新たに災害を生じたり，道路の維持管理に支障を生じたりしないように地質情報を得ておく必要がある．方法は上記地すべりなどの調査に準ずる．

4.3.9 仮設備計画個所調査

> 仮設備計画個所について，地質調査を行うものとする．

ダム建設に伴う仮設備計画に対しては，それぞれ次の地質調査を行って，建設途中で事故を生じないようにする．

1. 上・下流仮締切基礎に対してはボーリング
2. ケーブルクレーン塔，走行路基礎および掘削斜面については地表地質踏査，ボーリング
3. 各種プラント基礎および山側斜面に対しては地表地質踏査，ボーリング
4. 工事用道路掘削斜面および橋梁基礎については，地表踏査，ボーリング

これらの調査は，ダムサイトの地表踏査の際に予め範囲を広げて地質図を作成しておくことが望ましい．

4.3.10 総合解析

> 設計調査が終了した段階では，実施したすべての地質調査および試験の成果を整理し，得られた地質情報について総合解析を行って，設計，施工，維持管理に対して基本資料となるべき報告書を作成するものとする．

解　説

1. ダムの設計のために行われる種々の地質調査および試験は，それぞれの方法によって得られる地質情報の性質が異なる．そこで，それらを集大成し，相互に関連づけて，地質条件の最終結論をまとめる．地質技術者のみならず，設計技術者の所見も加えて，基礎岩盤の工学的性質を明らかにし，ダム本体の設計，施工のみでなく，ダム建設に関連する種々の条件に対処しえるように準備をしておく必要がある．総合解析において特に必要な事項には次のようなものがある．また，さらに検討の余地のある問題点についても明記する必要がある．
   (1) ダムサイトおよび貯水池の地質構造の概要（地質図，岩級区分図，ルジオンマップ）
   (2) ダムの安定上問題になる地質状況
   (3) 岩級区分の判定基準
   (4) 岩盤の諸試験の結果
   (5) 柱状図，コア写真等

2. グリッド方式によって，偏りが少ないようにボーリング，調査横坑が配置されて，必要な範囲の基礎岩盤の調査がなされれば，岩級区分を実施し，それに基づいて，原位置岩盤試験（強度，変形性）がなされる．それによって計測された岩盤の強度や変形性が，それぞれ岩盤区分されたランクの岩盤の工学的性質であるという前提で，その広がりをマクロに見ていく必要がある．地形，断層破砕帯および風化などの影響を考慮しながら，地質学的判断に基づいてある工学的性質をもつと評価された岩盤の分布を推定する．この一連の過程の結果がダム基礎岩盤の岩盤評価である．記録表現は，各グリッドによる 1/500 水平断面図に表示すると設計との関連が最もつけやすい．

3. ダムの設計をするために重要な点は，全体の岩盤評価およびダムの安定上重要な問題となる弱層，変質帯，堅岩線，地下水位，深層風化，緩み等である．このことについては設計技術者と十分協議して把握をしておかなければならない．この弱層の例として，ダム基礎面あるいは下流直下に存在する大断層（特に緩い角度で下流上がりの断層はコンクリートダムにとって最もすべりやすい弱層になる．ブロック幅の1/3以上であると処理が困難で特殊な基礎処理工を必要とし，ブロック幅に近くなると安全性について疑問が生じてくる）．水平あるいは低角度で岩盤に存在する厚さ1m以上の未固結層，風化部あるいは破砕部，砂利のような非常に透水性の高い地層，火山灰あるいは軽石層のような透水性があり固結度の低い軽量の地層，頻度の高いシーム群およびはく離性の強い片理・節理の集中などがあり，このほか，ダムサイトによって異な

第4節　ダムの地質調査

る種々の例がある．また，これら弱層の評価はダムの型式および規模とも関連するので，この点についても設計技術者の意見を十分用いるべきである．

4. ダムの基礎岩盤がどの程度耐荷力あるいはしゃ水性を必要とするかは，ダムの型式，上・下流側あるいは満水面からの深さなどによって異なる．ダムの安定を確保するための支持岩盤の深さおよび広がりを認定するには，地質技術者と設計技術者の十分な協力と討議により，設計上の要請を十分のみ込んで堅岩線を決定すべきである．

4.4 材 料 調 査

4.4.1 材料調査の内容

> ダム材料の調査では，調査の進捗と必要性に応じ，次の調査を行うものとする．
> 1. 資料調査
> 2. 現地踏査
> 3. 採取地決定のための調査
> 4. 設計，施工計画のための調査

解　　説

ダム材料は，ダム基礎の地質とともに，ダムの型式，規模の決定，設計，施工計画に与える影響が大きいので，経済的で安全性の高いダムを計画築造するためには，ダム材料の十分な調査と試験が必要である．また，材料の使用量が非常に多いので，予め調査を十分に行って所要の品質の材料が工事中支障なく供給されることを確かめておくことが必要である．

材料調査はダムサイトの選定と同時に行われる予備的な調査からダムの最終的な設計，施工計画にいたるまで，本文に示した数段階にわたって実施される．

1. 資 料 調 査

ダムサイトの選定と同時に，既存の地形図，地質図，空中写真および航空測量図等，計画地点付近の地形，地質を示す資料を整理し，運搬条件を考慮して材料の採取候補地点を数個所選定する．この際，材料採取に伴う補償物件の実情，鉱業権，鉄道，道路等の他事業との関連についても把握するように努める．

2. 現 地 踏 査

資料調査の結果，材料採取候補地点として選定された個所について現地踏査を行うほか，必要に応じて物理探査，ボーリング，トレンチあるいは材料試験等による地形，地質および材料調査を行い，採取可能材料の質および量について概括的に把握する．

調査は，資料調査の結果に従い，経済性，環境条件を考慮して最も適切と思われる採取場候補地点から順次行う．調査の範囲は材料の必要採取量が十分確保できる範囲とする．なお，施工に必要となる材料の量は，不良土の除去その他を考慮し，実際必要の1.5〜2.0倍程度であると考え，踏査の後，改めて採取候補地点を限定し，採取条件，採取方法，運搬距離，運搬経路等についても検討を加える．

調査データは，縮尺 1/5 000 程度の地質図，地質断面図に整理する．

3. 採取地決定のための調査

資料調査，現地調査の結果，ダム材料として使用可能と判定された材料採取場候補地点について，さらに詳細な地質調査，材料試験を実施し，使用する材料の採取場を決定する．

調査の規模は採取予定地の地形，採取量ならびにダム全体の工事行程を勘案して計画するものとし，予定地が数個所あって，そのうちから選定を行う場合は経済性，環境を考慮して最も有望な地点から調査を行うのが望ましい．調査は採取可能量を計算できる精度の地形図を用い，地質精査，物理探査，ボーリング，調査坑，トレン

第17章　土質地質調査

チ等を行い地質図，地質断面図を作成する．また，現地より採取した試料により，室内試験を実施し，材料の性質を把握する．

4．設計，施工計画のための調査

前項までの調査で選定された材料採取地点の材料について詳細な室内試験，現場試験を行い，材料の性質をよく把握して，粒度，配合，含水比，単位体積重量，強度，透水係数等の設計条件を決定するとともに，使用材料としての適否の判断基準を作成する．このほか，材料の採取方法，運搬路の決定および維持，規格外品等の廃棄物の処理，濁水の処理，材料採取後ののり面の安定等について検討する．

4.4.2　コンクリート骨材の調査

> コンクリート用骨材の調査では，清浄，堅硬，耐久的で，適当な粒度と適当な粒形を持ち，有機不純物等を含まない骨材の採取場を選定するため，本章4.4.1に定める調査を行うものとする．

解　説

1．コンクリート骨材で注意すべき事項

コンクリート用骨材は河床，河岸段丘等の河川砂礫（山砂利層，山砂層を含む）を用いる場合と原石を破砕して用いる場合がある．

材料を選定する際に，岩質的に極端に鋭角または偏平に割れるもの，潜在ひび割れの多いもの，吸水して膨張するもの，風化のはなはだしいもの，粗しょうなもの，黄鉄鉱，黄銅鉱等の不純物の混じったものを含むものは問題があり，特に注意を要する．また，ある種のシリカ鉱物（微細な石英・玉髄・オパール・クリストバライト・トリディマイト）・火山ガラスのようにアルカリシリカ反応を起こす鉱物やモンモリロナイトのように凝結を早め，ワーカビリティーを低下させるものや濁沸石（ローモンタイト）のように場合によってはコンクリートの耐久性を損なう可能性のある鉱物もある．なお，骨材の性質を判定する際の基準は，土木学会のコンクリート標準示方書（ダム編）に準拠する．

2．コンクリート骨材の調査

骨材採取候補地の調査範囲は，状況にもよるができるだけ広範囲とし，最終的な採取地は経済性，環境を考慮しつつできるだけダムサイトに近い所より選定する．小規模なダムでは，市販の砂利，砕石を使用するほうが有利な場合があり，また，砂防ダムの堆積土砂が利用できる場合もあるので，あわせて検討する必要がある．

河川砂礫の場合には，構成礫の岩質，粒度，形状，風化の程度，砂・シルト・粘土含有量，有機物含有量，堆積状況等に注意して調査する．

原石山の場合には岩質・岩相，表土層の厚さ，岩石の風化の程度と厚さ，変質の度合い，多孔性，硬さ，割れ目の間隔等について調査する．

河川砂礫，原石のいずれを用いる場合にも，賦存量を把握しておく必要がある．一般に賦存量の目安は，必要量の2倍程度がとられている．

3．コンクリート骨材の試験

材料の性質を把握するために，採取量，採取面積に応じ材料の試験を行う．

試験としては，細骨材，粗骨材について，コンクリート用骨材試験（比重および吸水量試験，すり減り試験，安定性試験等）を行う．

さらに，砕石の場合はクラッシャーに試験的にかけて岩の割れ方や岩片の形状を調べる．

骨材のアルカリシリカ反応性の試験は，JIS A 5308「レディーミクストコンクリート」附属書7,8に，反応性骨材を使用せざるをえない場合の抑制対策は，同附属書6に記載されている．なお，通常のダムコンクリートの配合は，抑制対策のうち，アルカリ骨材反応抑制効果を持つ混合セメントによる対策またはコンクリートのアルカリ総量の規制が自然ととられる範囲のものとなっている．

また，骨材中にモンモリロナイト族鉱物の存在が認められるときには，コンシステンシーの経時変化試験，凝

第4節　ダムの地質調査

結試験を行う必要がある．

4.4.3　透水性材料（ロック材）の調査

> 透水性材料の調査では，堅硬かつ耐久的で，所要のせん断強さと排水性を有し，水および気象作用に対する耐久性が大きい材料の採取場を選定するため，本章 4.4.1 に定める調査を行うものとする．

解　説

透水性材料としては，河床，河岸段丘から得られる玉石の多い粗粒の砂礫材料，原石を破砕して用いるロック材料，基礎掘削ずりなどが用いられる．

材料を選定する場合，岩質的に良質の材料が望ましいが，施工中に破砕されて細粒化する材料や風化の恐れのある材料でも，設計値の選定およびゾーンの配置に際し，材料の性質をよく把握すれば盛立材料として使用することができる．

ロック材料は，盛立後の沈下を極力抑制するため，大小塊が適当に混じった粒度のよいものが望ましい．我が国のフィルダムのロック材料の粒度曲線を図 17-8 に示す．

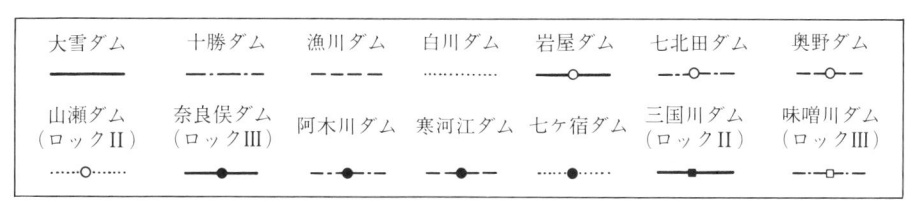

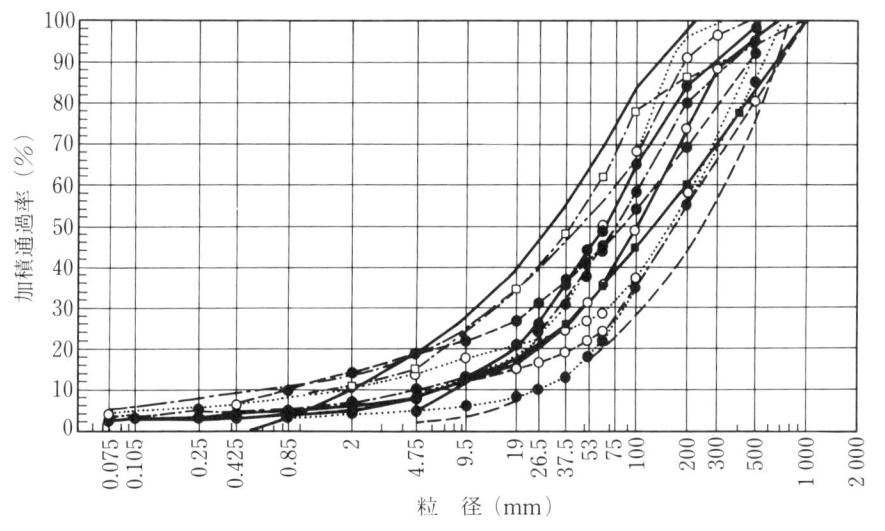

図 17-8　ロック材料粒度曲線

透水性材料は，他の材料と比べてダム堤体に占める比重が大きいため，材質とともに運搬条件や採取条件なども重要視され，一般に運搬距離はフィルダム建設のコストに大きく影響するので，資料調査および現地踏査にあたって，この点を考慮する必要がある．また表土の厚さ，運搬道路の位置，採取方法などについても考慮する必要がある．

材料選定のための材料試験では，粒度，比重，吸水率，耐久性，圧縮強度，密度およびせん断強さを検討することが望ましい．

設計，施工計画のための材料試験は，上記の試験をさらに詳細に実施するとともに，材料の採取，盛立方法を規定し，試験発破等も含めて大型試験，現地試験などを行い，密度，せん断強さなどを検討するものである．ま

第17章 土質地質調査

た，細粒分の多い材料は透水性についても検討する．

　風化岩の軟岩など耐久性に問題のある材料は，浸水乾燥，凍結融解の繰返し試験によって検討することが望ましい．

　一般に透水性材料は，粒径が大きいことと重機械施工により細粒化する傾向があることを考慮して，試験盛土を行い，密度を検討することが望ましい．

　材料の採取方法，規格外品等の廃棄物の処理，濁水の処理，材料採取後ののり面の安定などについても検討しておくとよい．

4.4.4 半透水性材料（フィルタ材料，トランジション材料）の調査

> 半透水性材料の調査では，堅硬で，所要のせん断強さを有し，有機物などの有害物を含まないもので，かつしゃ水層と透水層のトランジションとして目的に応じた粒度分布と適度な透水性を有する材料の採取場を選定するため，本章4.4.1に定める調査を行うものとする．特にフィルタ層として用いる場合は，しゃ水層の細粒子の流出を防ぎ，かつ，浸透した水を流下させる適度な排水性を有するものでなければならない．

解　説

　半透水性材料には，河床，河岸段丘から得られる比較的細粒の砂礫材料，原石を破砕して得られる細粒のロック材料および掘削ずりなどが用いられる．

　砂礫材料は，一般に材質が堅硬であり，締固め施工が容易であるうえ，締固め後の密度が土質材料やロック材料に比べて一般的に大きいので，経済的に採取できる場合は極力利用すべきであるが，材質や粒度が不安定な場合があるので，資料調査および現地踏査では十分留意して調査する．

　また，掘削ずり，細粒ロック材料を用いる場合は，重機による締固め施工の際，破砕されて細粒分が増加し，

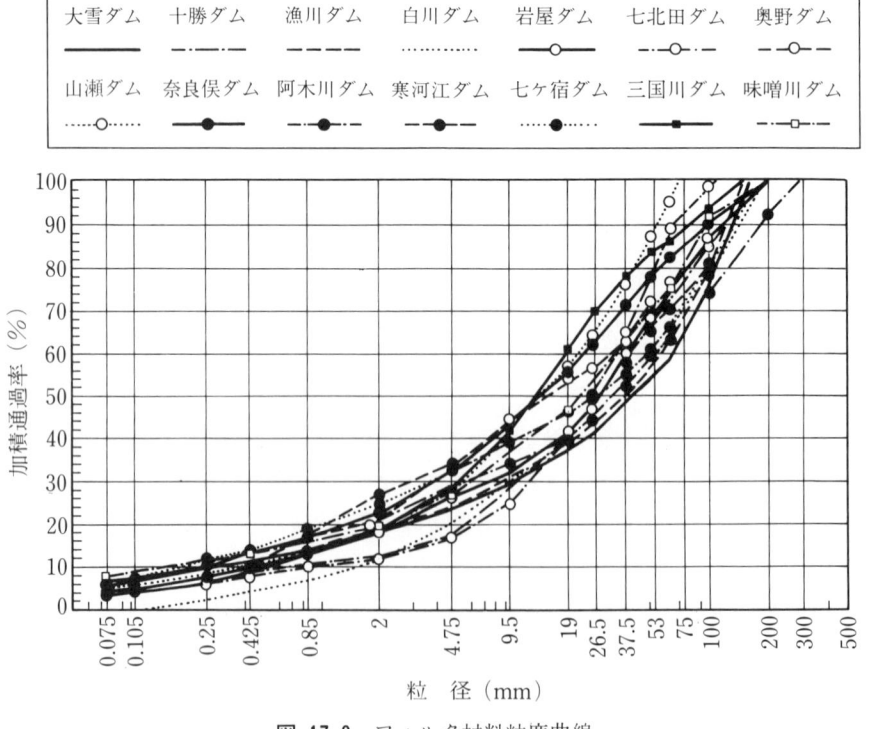

図 17-9 フィルタ材料粒度曲線

所要の粒度，適度な透水性が得られない恐れがあるので，この点にも十分留意して調査する．

材料選定のための材料試験は，粒度，比重，吸水率，締固めまたは密度，透水性およびせん断強さなどについて行う．

設計，施工計画のための調査は上の試験をさらに重点的に行うとともに，実際の採取方法を規定し，できるだけ似た条件の採取方法でサンプリングし，密度の現地試験を行って，締固め前後の粒度変化を調べることが望ましい．

我が国のフィルダムのフィルタ材料の粒度曲線を図17-9に示す．

4.4.5　土質材料（コア材）の調査

> 土質材料の調査では，所要のしゃ水性とせん断強さを有し，圧縮量が少なく，かつ締固め施工が容易で，有機物の有害量を含まない土質材料の採取場を選定するため，本章4.4.1に定める調査を行うものとする．

解　説

資料調査および現地調査では，土質材料には，風化岩，風化残留土（立腐れ残留土），崖錘堆積物および河岸段丘土などを用いるが，一般には風化残留土または崖錘堆積物を用いる例が多いこと，このうち風化残留土は，母岩の質にもよるが，重機械施工を前提とする場合，しばしば極めて優透な材料源となること，崖錘堆積物は，最も一般的な土質材料であり，量的には相当量存在することが多いが，含水比，粒度などの質的な面からしばしば適当でない場合があることなどを考慮して調査を行うものする．

なお，土質材料は単体で所要の性質が得られない場合に，2種以上の材料を混合して用いる場合があるので，この点にも留意して調査する．

我が国のフィルダムのコア材料の粒度曲線を図17-10に示す．

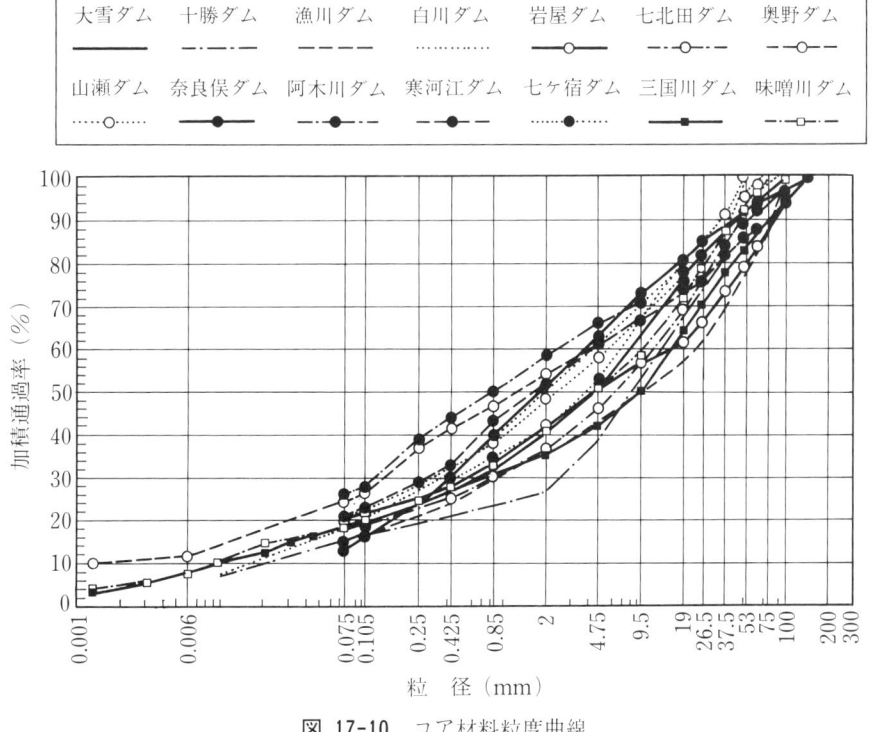

図 17-10　コア材料粒度曲線

第17章 土質地質調査

表17-5 土の統一分類法

主　要　区　分　（野外分類手順）						分類記号	代　表　的　名　称
粗粒土 74μふるい残留量が50％より多い	礫 4.76mm ふるい残留量が粗粒分の50％以上	きれいな礫	粒径分布が広く，各中間の粒径も十分そろっている			GW	粒径分布のよい礫 礫―砂混合土 細粒分はほとんどまたは全然なし
			中間粒径が欠け，ある粒径のものが多い			GP	粒径分布の悪い礫 礫―砂混合土 細粒分はほとんどまたは全然なし
		細粒分を含む礫	塑性のない細粒 （分類手順はMLを見よ）			GM	シルト質礫 礫―砂―シルト混合土
			塑性のある細粒は （分類手順はCLを見よ）			GC	粘土質礫 礫―砂―粘土混合土
	砂 4.76mm ふるい通過量が粗粒分の50％以上	きれいな礫	粒径分布が広く，各中間の粒径も十分そろっている			SW	粒径分布のよい礫 礫質砂 細粒分はほとんどまたは全然なし
			中間粒径が欠け，あるい粒径のものが多い			SP	粒径分布の悪い礫 礫砂質 細粒分はほとんどまたは全然なし
		細粒分を含む礫	塑性のない細粒 （分類手順はMLを見よ）			SM	シルト質砂，砂―シルト混合土
			塑性のある細粒 （分類手順はCLを見よ）			SC	粘土質砂，砂―粘土混合土
細粒土 74μふるい通過量が50％以上			乾燥強さ（砕くときの特性）	ダイレータンシー（振動に対する反応）	タフネス塑性限界（近くのコンシステンシー）		
	シルトおよび粘土 LL≦50		なし～小	遠い～遅い	なし	ML	無気質シルト，極細砂，岩粉，シルト質または粘土質細砂
			中～大	なし～ごく遅い	中	CL	塑性が低くないしは中ぐらいの無気質粘土，礫質粘土，砂質粘土，シルト質粘土，粘りけの少ない粘土
			中～大	遅い	小	OL	塑性の低い有機質シルトおよび有機質シルト粘土
	シルトおよび粘土 LL>50		小～中	遅い～なし	小～中	MH	無気質シルト，雲母質またはけいそう質細砂またはシルト，弾性のあるシルト
			大～ごく大	なし	大	CH	塑性の高い無気質粘土 粘性の高い粘土
			中～大	なし～ごく遅い	小～中	OH	塑性の中ぐらいないし高い有機質粘土
高　有　機　質　土			色，におい，スポンジ感触，繊維質の粘土組成により，容易に識別できる．			PT	泥炭，黒泥，その他の高有機質土

第4節　ダムの地質調査

表 17-6　土質材料の性質としての適性度

("Earth Manual" Bureau of Reclamation　First Edition-Revised 1968, pp 22-23)

分類記号	重要な性質				材料の適性度				
	転圧後の透水性	転圧後飽和時のせん断強さの程度	転圧後飽和時の圧縮性	盛立材料としての作業柱	堤体			基礎	
					均一型ダム	しゃ水ゾーン	透水ゾーン	浸透流を重視	浸透流を無視
GW	透水性	優	ほとんどない	優	—	—	1	—	1
GP	非常に透水性	良	ほとんどない	良	—	—	2	—	3
GM	半透水性—不透水性	良	ほとんどない	良	2	4	—	1	4
GC	不透水性	良—可	極小	良	1	1	—	2	6
SW	透水性	優	ほとんどない	優	—	—	3*	—	2
SP	透水性	良	極小	可	—	—	4*	—	5
SM	半透水性—不透水性	良	小	可	4	5	—	3	7
SC	不透水性	良—可	小	良	3	2	—	4	3
ML	半透水性—不透水性	可	中	可	6	6	—	6	9
CL	不透水性	可	中	良—可	5	4	—	5	10
OL	半透水性—不透水性	不可	中	可	8	8	—	7	11
MH	半透水性—不透水性	可—不可	大	不可	9	9	—	8	12
CH	不透水性	不可	大	不可	7	7	—	9	13
OH	不透水性	不可	大	不可	10	10	—	10	14
PT	—	—	—	—	—	—	—	—	—

注）＊砂利の含有の多いもの
　　「材料の適性度」欄の数字"1"は最も適性度が高く，数字が高いほど適性度の低いことを示す．

資料調査および現地調査では概略的に土質材料について粒度，液性限界，塑性限界を調べ，表 17-5 に示す「土の統一分類法」により，表 17-6 に示す適性度を判定する．

なお，日本統一分類法による場合も表 17-6 を準用して適性度を判定する．

材料選定のための調査では，粒度，液性限界，塑性限界，比重，自然含水比，締固め特性，透水性，せん断強度および圧密特性などの試験を行う．特に，自然含水比，締固め特性は安定性，施工性を判定するうえで重要である．

また，調査の進行に伴い，必要に応じて吸水膨張，有機物含有量，水溶性成分含有量などの試験を実施する．材料試験項目を表 17-7 に示す．

設計，施工計画のための調査では，前項の試験をさらに詳細に行うとともに，必要に応じて大型供試体による粗粒分を含んだ突固め試験，透水試験，せん断試験などを行い，設計粒度，最適含水比，設計密度，透水係数，間隙圧などを求める．

また，現場転圧試験を行って，撒き出し厚さ，転圧回数，施工含水比，密度，透水係数などの設計，施工計画のための材料条件を求める．

4.5　細 部 調 査

4.5.1　細部調査の方針

細部調査は，設計および施工計画上の必要に応じ随時実施するものとする．

解　説

第17章　土質地質調査

表17-7　材料試験項目一覧表

区分 試験項目	計画調査 必ず	計画調査 必要に応じ	JIS規格	備考
比重	○		JIS A 1202	
含有量	○		JIS A 1203	
粒度	○		JIS A 1204	
液性限界	○		JIS A 1205	
塑性限界	○		JIS A 1206	
収縮限界			JIS A 1209	
単位体積重量	○		地盤工学会	地盤工学会「土質試験法」参照
締固め	○		JIS A 1210	
透水	○		JIS A 1218	
圧密	○		JIS A 1217	
せん断	○		地盤工学会	
水溶性成分含有量		○	地盤工学会	
有機物含有量		○	地盤工学会	
吸水膨張		○		
耐摩擦性（岩石）		○		
耐久性（岩石）		○		
吸水率（岩石）		○		
圧縮強さ（岩石）		○		

　細部調査は設計調査の補足のためおよび掘削面の調査として行うものである．設計調査の補足として細部調査は，調査横坑，ボーリングあるいは原位置試験によることが多く，また施工中に行うこともある．また掘削面の断層，割れ目の状況の調査はグラウト計画の変更や完成後の漏水対策工などに有益であるばかりでなく，他の新規ダム計画の調査および設計にも非常に有益であるから，必ず実施し，資料として保存する必要がある．

4.6　完成後の調査

4.6.1　完成後の調査の方針

> 　ダムが建設された後で，ダムの安全性の確認を行うため，必要に応じ，調査を実施するものとする．

解　説

　完成後の調査では，基礎岩盤の直接の調査ができないばかりか，湛水している場合には上流側水面下の調査は不可能であるし，下流側でも慎重な方法をとる必要がある．このようなことから，建設当時の調査および，試験の資料を十分に検討し，目的に合う調査をしなければならない．

　安全性の確認では，異常漏水に対する調査および処理がある．多量の漏水や，パイピングの疑いのある漏水の場合には，下流側に広範囲にボーリング網を配置し，透水量，透水経路，透水速度，地下水変動などを計測し，水のにごりの調査を合わせて，ダムの満水面変動や降水量の変化と照合して解析，検討を行う必要がある．貯水池に地すべりが発生した場合には，地すべりの専門家と十分協議のうえ，地すべりの調査方法（本編第10章参照）を用いて調査する．大地震の直後には，ダム本体の損傷の調査とともに，基礎岩盤の変状，漏水量の変化，漏水のにごりなどを直ちに調査する必要がある．

　ダムの完成後に地質調査を必要とするような場合には，地質技術者のみでなく，既設ダムの調査，設計，施工

第4節　ダムの地質調査

4.6.2　データ整理

> ダム完成後の地質調査結果は，建設前の調査結果およびその後の変化と対比検討し，総合的な解析を行って整理するものとする．

解　説

地質調査のデータ整理は設計調査に準ずるが，既存資料を十分参考にしたものでなくてはならない．特に，建設前と現在までの変化に重点を置き，ダムの地質的問題に経験の深い地質技術者と結果を整理する必要がある．

4.7　資料の保存

> 地質調査および試験で得られた資料は，それぞれ後日必要な場合に検討しあるいは参考にできるように整理して保存するものとする．

解　説

地質調査や試験の資料は，後日ダムの補修や嵩上げ計画に対して非常に貴重な資料となる．例えば本章4.6完成後の調査において定めるように，完成して湛水しているダム周辺の地質調査は非常に大きな制約を受けることが多いので，建設前の調査，試験の資料が貴重なものとなる．さらに，これらの資料は，単に，建設されたダムの記録であるばかりでなく，新規に計画されるダムの参考資料としても有益である．

保存を必要とする資料とその保存期間を以下に示すが，それぞれのダムの状況に応じて，保管期間を延長することが必要な場合もある．

1. ダムの完成時まで　　ボーリングコア，材料試験試料標本
2. ダム完成後5～10年間

1/5 000 および 1/500 など地形図原図，空中写真，湛水池周辺地すべり崩壊調査資料，土質試験・透水試験・現位置試験データカード，ボーリング日報，ボーリングコアカラー写真，その他調査試験の直接記録

3. 永久保存

　　地質概査報告書（地質図，ボーリング柱状図など）　　　　基礎岩盤掘削面図
　　設計調査報告書（総合解析成果全部）　　　　　　　　　　基礎岩盤岩石標本
　　細部調査，特殊な調査資料　　　　　　　　　　　　　　　その他必要と判断される資料

永久保存資料が原図のままでは非常に多量となる場合には，リストを作成し，マイクロフィルム化して保存してよいが，多色表現の地質図類は，ダム管理事務所，技術試験のセンター，地方庁の担当課など保管する場所それぞれにおいて責任者を定めて保管することが望ましい．

4.8　アースダムの基礎地盤土質調査

4.8.1　予備調査

1. 調査範囲　個々のダムサイト候補地周辺または，これらをつらねた範囲とし，個々のダムサイト候補地の調査範囲は，本章4.8.2に準じて決めるものとする．
2. 調査個所　ダム中心線および中心線上の堤高最高地点を通って，これにほぼ直交する線（上下流方向線）の2本の線上で土質調査を実施するものとする．
3. 調査項目と調査数　表17-8を標準とするものとする．

　　サウンディングは，スウェーデン式サウンディングまたは，オランダ式二重管コーン貫入試験とするものとする．調査法は，本章第6節および第7節によるものとする．

第17章　土質地質調査

表17-8　予備調査の項目と調査数

	ダ ム 中 心 線 上	上下流方向線上
ボーリング	左右両側捕獲2点とダム中央の計5点	上下流側各2点の計4点
サウンディング	ボーリング孔とボーリング孔の中間位置において少なくとも各1点	
標準貫入試験	各ボーリング孔において実施する	
乱さない資料の採取	各ボーリング孔により採取する	

4. 調査深さ　堅固な不透水性地盤または岩盤に達するまでとする．
5. 土質試験　本章4.8.2によるものとする．
6. 原位置試験　本章4.8.2によるものとする．

解　説

　アースダムは岩盤の上だけでなく，土質地盤の上に築造される場合があるので，その際の土質調査について規定したものである．個々のダムの調査範囲は実施設計の場合と同じに考えてよいが，調査点数は予備調査のほうが少ない．なお，ここに規定した調査を実施する以前に物理探査等の調査は行われているのが普通であるから，それらの結果とこの予備調査を比較対照して総合的判断をする．

4.8.2　設 計 調 査

1. 調査範囲：堤敷の外側へ一定距離だけ離れた線で囲まれた範囲を基準とし，この距離はダムの高さに応じて表17-9のとおりとするものとする．

表17-9　ダムの高さと調査範囲

ダムの高さ (m)	堤敷から外側への距離 (m)
30以下	100
30〜60	200
60以下	500

2. 調査個所：ダム中心線とこれに平行な線およびこれらに直交する線を引いて調査範囲を格子状に分割し，これらの線上または格子点上で調査を実施するものとする．格子点の間隔は30〜50mを標準とするものとする．
3. 調査項目と調査数　表17-10を標準とする．

表17-10　調査項目と調査数

調 査 項 目	調　　査　　数
ボーリング	全格子点数の70％以上の点
サウンディング	ボーリング孔とボーリング孔の中間位置において少なくとも1点
標準貫入試験	各ボーリング孔において各土層ごと
乱さない資料の採取	各ボーリング孔より採取

　サウンディングは，オランダ式二重管コーン貫入試験を原則とするが，スウェーデン式サウン

第5節 地 質 調 査

ディングによってよい．調査法は本章第6節土のボーリングおよびサンプリング，本章7.1サウンディングによるものとする．

4. 調査深さ　堅固な不透性地盤または，岩盤が深さ方向に連続していることが確認されるまでとするものとする

5. 土質試験　表17-11を標準とするものとする．

表17-11 試験の種類と試験数

試験の種類	調　査　数
試験の種類	すべてのボーリング孔に対して各土層ごとに少なくとも1点
判別分類の試験	上下流側において各土層ごとに強度定数を少なくとも4点
圧密試験	堤体中央および上下流のり先付近において各土層ごとに少なくとも1点
透水試験	各土層ごとに少なくとも4点

試験法は，本章9.1土の判別分類のための試験，9.2土の力学的性質を求める試験による．

6. 原位置試験：必要に応じて少なくとも3個所以上の地点で現場透水試験を行う．試験法は本章7.3現場透水試験による．

解　　説

　調査範囲は堤敷の外側一定距離の範囲内であるが，ここでは貯水池，付属構造物などのための調査についてはふれていないので，別の関連規定を参照することが必要である．ダムの取付部の厚さが薄い場合など特殊な条件がある場合には，ここに定めた調査範囲外の地点において，また規定以上の点数の調査を行う必要がある．

　調査個所を決める基準として直交線群を引いて，格子状の点で調査を実施するが，実施設計調査の地点が予備調査の調査点に近く，かつその得られた試料が信頼できるるものであれば，その地点の調査を省略してもよい．

　ダム中心線に平行な基準線は，堤敷内に少なくとも5本（ダム中心線，上下流各の各面下および両のり先付近），上下流側堤敷外各1本の計7本程度が望ましい．これに直交する基準線は，ダム最高地点を通るものを含めて少なくとも3本は必要である．ボーリングは，すべての格子点において実施する必要はないが，規定数の土質試験が実施できるようサンプリング個所を決め，それまでの調査結果をも合わせてボーリング位置を選定する．

　サウンディングとしてオランダ式二重管コーン貫入試験に重点を置いたのは，スウェーデン式サウンディングに比較して貫入力が大きく，得られる結果と土の強度の間の関係がよりわかりやすいからである．

第5節　地　質　調　査

5.1　地質調査の方針

地質調査は，必要に応じ次の調査を行うものとする．
1. 予備調査
2. 地表地質踏査

3. 物理探査
4. 調査坑による調査
5. ボーリング調査

5.2 予備調査および地表地質踏査

> 予備調査は，既存の資料や地形図の解析，空中写真判読などを行うものとし，その結果に基づいて地表地質踏査を行うものとする．地表地質踏査は，露頭の少ない場合や，特に高い精度の調査を行う必要のある場合には，トレンチやピットを掘って調査するものとする．
>
> また，調査結果は，以後の諸調査の立案や他の調査法による調査結果の解析の基礎データとして利用できるようにまとめておくものとする．

解　説

地表地質踏査は全体の地質を把握し，以後の諸調査の立案や他の調査法による地質解釈に欠くことのできない重要な作業である．作業は，渓流や河床，人工のり面などの露頭（地山の露出部）や軽石などを調査し，地質構造や岩質，断層，亀裂，風化，変質などを調べ，土木地質的な問題を中心とした地質学的解析を行って地質平面図，地質断面図およびその説明書などを作るものである．

踏査結果は他の方法による調査が進むにつれて検討を加え，段階的により精度の高いものに修正する．

1. 調査項目

一般的なものとしては，岩の地質分類に定める岩種，産状（立体的な分布状態），成因，地質構造，地質時代などがあり，また土木地質的には特に次の項目に注意する．すなわち，断層，破砕帯，層理，片理，亀裂，風化，変質，不整合，未固結堆積物（沖積層，段丘砂礫層，扇状地堆積物，崖錐，火山灰，火山泥流等），透水性，地すべり，山崩れ，土石流などである．

2. 特に注意を要する事項

調査にあたっては，特に次の事項に注意する．
(1) 岩石，地層の連続性および方向性
(2) 岩石，地層の新旧関係と接触状況
(3) 岩質特に軟弱岩や未固結物の分布，厚さ，硬さの程度
(4) 断層，不整合，層理，片理など不連続面の位置，規模，破砕や風化の程度，連続性，方向性，頻度
(5) 亀裂，シームなどの方向性，頻度，開口性，性状，夾在物質，
(6) 岩石，地層の風化および変質
(7) 透水性，地下水位，湧水

5.3 物理探査

5.3.1 物理探査法

> 物理探査は，一般に弾性波探査または電気探査により行い，必要に応じて他の探査手法を用いるものとする．

解　説

物理探査法には弾性波探査や電気探査のほかに重力探査や磁気探査等があるが，土木地質の分野では一般に弾性波探査と電気探査を用い，その他の物理探査手法は，原則として弾性波探査や電気探査では十分な探査精度，探査深度，必要とする物性等が得られない場合等に適宜用いる．

第5節 地 質 調 査

弾性波探査は，大きな地質構造，岩質，断層，風化層，地すべり等の調査に，電気探査は，表土や砂礫層等の未固結堆積物の調査や地下水の調査に適する．

5.3.2 弾性波探査

> 弾性波探査は，屈折法によるものとする．調査にあたっては，調査の目的，調査の段階，地形および地質条件などによって最も適する測線配置，起振点間隔および受振点間隔を定めるものとする．

解　　説

弾性波探査は，岩石や地層の動弾性的性質や重なり方によって，弾性波の伝播速度や伝播経路が異なることを利用して地質調査を行う方法である．弾性波探査にはいろいろな方法があるが，土木地質分野で最もよく用いられているのは屈折法である．なお，反射法や直接波法も目的によっては実施される場合がある．

弾性波探査によって岩石や地層の硬さ，固結の程度，亀裂破砕，変質，風化の程度などが推定できる．また，岩石や地層の境界の位置や厚さ，断層，破砕帯，軟弱層などの位置，幅，厚さなどがわかる．

屈折法による弾性波探査の概要は次のとおりである．

1. 測 線 配 置

測線は直線状に配置する．ダムの調査では，測線を格子状に設置する場合が多いが，通常の調査では1～3本の主測線と数本の副測線からなる．副測線は地形上谷や凹地，断層，破砕帯，厚い表層堆積物，地層の境界，主測線の解析が困難な地点などで，主測線に交差あるいは平行して設けられる．なお，地形の凹凸による解析誤差を少なくするためにできるだけ起伏の小さい所を選ぶべきであり，また，地層や断層，特に異方性の強い岩石等では方向によって弾性波の速度が異なるので，予め地表地質踏査をよく行っておいて，これらを考慮して測線配置をしなければならない．測線長は対象とする深度の5～10倍程度とする．

2. 起振点間隔

起振点間隔は30m程度とするが，急峻な地形，断層，厚い風化層や未固結堆積物など地形や地質に問題があり，特に表層の地質を知りたい場合には20m程度とする．

起振は発破によって行う．通常は土発破で行うが，起振点間隔が100mを超える場合には渓流や谷川の中で行う水中発破や，2～3mのオーガーやボーリング孔で行う孔中発破を用い振動が遠くまで達するようにする．

3. 受振点間隔

受振点間隔は5mを標準とする．間隔を広げれば精度が落ち，断層などの検出が困難となる．また，低速度層の場合を除いて3m以下に間隔を狭めても測定機の精度が追随できない．

起振点間隔は30m程度とするが，急峻な地形，断層，厚い風化層や未固結堆積物など地形や地質に問題があり，特に表層の地質を知りたい場合には20m程度とする．

4. データ整理

調査の結果は次のように整理する．

(1) 報告書

地表地質踏査，ボーリング調査結果などを含めて総合的に解析して，測定および解析上の問題点を明記し，その後の調査に指針を与えるものである．

(2) 測線配置図，走時曲線図（ハギトリ線を含む），地質断面図（速度層断面図）

縮尺は1/200～1/1 000程度とする．

(3) 測定原記録またはその鮮明なコピー

5.3.3 電 気 探 査

> 電気探査は，調査の目的，調査の段階，地形および地質条件などによって最も適する探査法，測線配置，測点位置，電極間隔を決定して行うものとする．

第17章　土質地質調査

解　説

電気探査法は，電気抵抗や自然電位が岩石や地層によって異なることを用いて，地質や地質構造を解析するものであり，さまざまな方法がある．使用実績が多いのは比抵抗法であり，主として未固結堆積層の厚さや成層状態，地下水探査，地すべり，比較的簡単な地質構造などの調査に適する．

比抵抗法の概要は次のとおりである．

1．測線配置

地形の起伏が大きい場合には解析が困難となるので，一般に測線は地形的に平坦な所を選んで配置する．

2．測点配置

測点は測線上に配置する．測点間隔は，5～50mで，地質，調査深度，測線長によって決める．

3．電極問題

電極間隔，測定範囲は地質や調査深度などによって決める．

垂直探査の場合の電極間隔は，0.5，1.0，1.5，2，3，4，6，8，10，13，16，20m以後5m間隔とする．

水平探査の場合は任意で，同じ測線上で3種類くらいに変えて測定する．

4．データ整理

調査の結果は次のように整理する．

(1) 報告書

　　地表地質踏査やボーリング調査結果などを含めて総合的に解析して，測定および解析上の問題点を明記し，その後の調査に指針を与えるものである

(2) 測線配置図

(3) $\rho \sim a$ 曲線比抵抗断面図

5.3.4　その他の物理探査

> その他の物理探査手法は，調査の目的，調査の段階，地形および地質条件等によって最も適する測線配置，測点配置等を決定して行うものとする．

解　説

弾性波探査や電気探査では必要な情報を十分に得られない場合，その他の物理探査法を用いて探査を行う．その他の物理探査手法としては，空中または地表から探査する手法として電磁探査，磁気探査，重力探査，放射能探査，地温探査，リモートセンシング等，また，ボーリング孔等を用いるものとして弾性波や比抵抗，電磁波等を用いた各種のジオトモグラフィー等がある．これらの手法は弾性波探査や電気探査に比べ土木分野への利用例が少ないので，適用にあたっては，各探査手法の探査特性を比較検討するとともに探査目的や必要な情報とその精度等を明確に決定し，最も適した手法および測定条件を採用する．

5.3.5　物理探査結果の確認

> 物理探査の結果は，原則としてボーリングその他の方法によって確認しなければならない．

解　説

岩石や地層の物理的な性質は地層区分とは1対1の対応関係になく，探査精度が十分でないことから，物理探査の結果はボーリング等で確認する必要がある．

5.4　ボーリング調査

> 地質調査におけるボーリング調査は，原則としてロータリ式によりコアを採取して行うものとする．ボーリング孔の配置や深度は，地表地質踏査や物理探査の結果を考慮し，調査の目的に応じて決

第5節 地 質 調 査

解　説

　地質調査の精度を高め，岩種，硬さ，風化・変質の程度，断層，破砕帯，亀裂の多少を調査し，室内試験用供試体を採取し，あるいは，諸種の孔内試験を行うために，また，地表地質踏査や物理探査などを組み合わせて岩石や地層の空間的広がりを確認するためにボーリング調査を行う．

　地質調査用のボーリングは，原則として，孔径66mmとし，ロータリ式により，ダイヤモンドクラウンでダブルコアチューブを用いてコアを採取する．しかし破砕帯や亀裂の多い地質，粘土分の少ない軟質な部分を含む地質等では上記の方法によっても良質のコアが得られない場合があるので，そのような場合には，コア採取率を上げるために，ビニル等からなるチューブが組み込まれた特殊なダブルコアチューブによるボーリング，循環水に界面活性剤を用いたボーリング，大口径ボーリング等を採用するのが望ましい．

　ボーリング調査の結果は作業日報および所定の様式の柱状図として整理する．また採取したコアは整理して工事が終了するまですべて保存しておく．

5.5　調　査　坑

> 　調査坑による調査は，横坑を主体とし，必要に応じて斜坑や立坑を掘削して行うものとする．調査坑の種類や位置，深度などは，調査目的，調査段階，地形および地質条件によって決定するものとする．

解　説

　調査坑による調査は地質調査の精度を高め，地質状態を肉眼で観察，確認し，あるいは諸種の現場試験を行うために実施する．

　調査坑による調査は，地表地質踏査や若干のボーリング調査によって地質構造を把握して行うが，その計画や実施には事前の調査結果をよく検討し地質技術者と協議することが望ましい．

　横坑は斜面から水平に掘るものでダムサイトの調査などによく行われている．

　立坑は河床や広い平地で垂直方向の地質を調べるために行うものであるが，一般にあまり深く掘ることは困難である．特に地下水位以下では，排水対策を考えておく必要がある．

　調査結果は図17-11(a),(b)に示すように，縮尺1/100～1/200程度の展開図として表すが，岩石の種類，硬

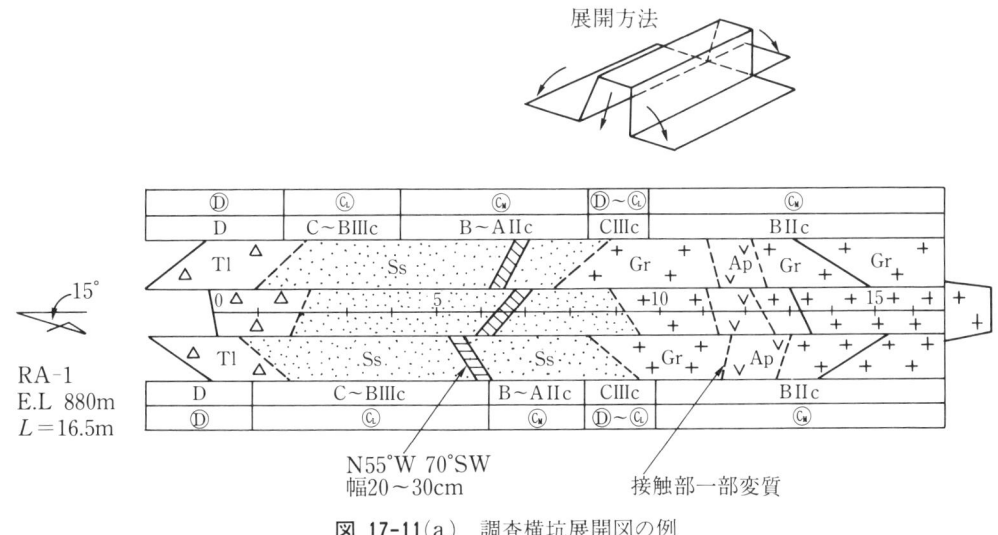

図17-11(a)　調査横坑展開図の例

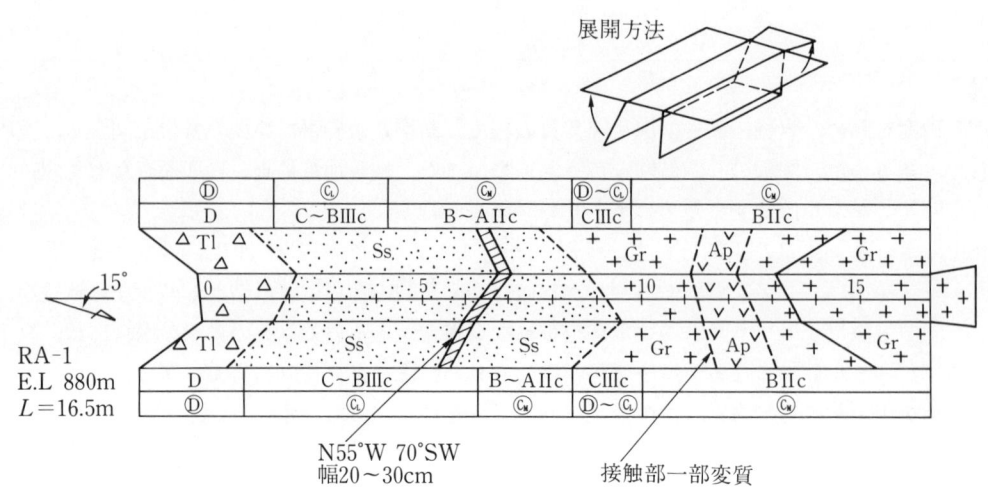

図 17-11(b) 調査横坑展開図の例

さ，亀裂，風化・変質の程度，断層や破砕帯，湧・漏水，崖錐，河床砂礫等の未固結堆積物の厚さなどを表示する．

第6節 土のボーリングおよびサンプリング

6.1 ボーリング

6.1.1 ボーリング調査の方法

ボーリング調査は，その調査の目的，内容および現地の状況などを把握したうえで，対象土による効率，土質や土層の変化を見分ける能力および，孔内の土の乱れに及ぼす影響等を十分考慮し，原則として表 17-12 に示す方法によるものとする．

表 17-12

目　　的	方　　法	備　　考
すべての場合	ロータリボーリング （$\phi=86 \sim 116\,mm$）	
浅層(5〜10m)および地下水位以上のボーリング	オーガーボーリング （$\phi=86 \sim 116\,mm$）	崩壊性土層，岩，砂礫地下水以下の砂層，固結した粘土には不向き

解　説

ボーリングの目的は対象とする土層の状態，特に土層の硬軟の程度を調べるとともに，試料土を採取するために行う．また，ボーリングは，このほかに標準貫入試験や孔内載荷試験のような原位置試験や，間隙水圧計等の埋設のためにも行われることがある．

ボーリングは通常試料の採取を伴う標準貫入試験も併用する．また，乱さない試料の採取を伴う場合は，ボーリング方法による試料の乱れに及ぼす影響に留意しなければならない．

オーガーボーリングは水を使用しないので，土の分類，自然含水比の測定および地下水位の測定に適しており，孔底を乱すことが最も少ない．ただし，地下水位以下の飽和した砂の中では掘削がほとんど不可能となる．

人力による方法と機械による方法があるが，人力による場合は大体5m程度が限度であるとされている．

第6節　土のボーリングおよびサンプリング

　ロータリボーリングは，通常泥水を用いるが，土質調査の分野でほとんどの土質に適応でき，最もよく使用されている方法で，孔壁の安定性があり，孔底の乱れも比較的少ない．ハンドフィード方式とオイルフィード方式があるが，土のボーリングにおいては，従来ほとんどハンドフィード方式を用いてきた．この場合土層の変化をレバーの感覚によって知ることができる長所があったが，最近は機械の機能性および能力の面からオイルフィード式のボーリング機械が多く用いられるようになってきた．

　試掘孔は，土取り場や重要な構造物基礎の詳細調査のために設けられることがあるが，サンプリングの手段としての面が強い．

　ボーリングの方法については「地盤調査法」（地盤工学会）などを参照のこと．

6.1.2　ボーリング調査

> ボーリングは，次のように行うものとする．
> 1. 地下水位以上の土層にあっては，無水掘りとするものとする．
> 2. 地下水位以下の土層にあっては，泥水循環のロータリボーリングとするものとする．
> 3. 現場透水試験および地下水位の測定は，オーガーボーリング，清水を使うロータリボーリングあるいは泥水使用後に清水にて十分洗浄したボーリング孔で行うものとする．
> 4. ケーシングは，回転圧入させ，乱さない試料を採取する際の予定地点の10〜20cm手前で止めるものとする．
> 5. 乱さない試料の採取や原位置試験を行う場合には，特に孔底および孔壁を乱さないようにするとともに，スライムが沈積しないように孔底をよく清掃するものとする．

解　説

　ボーリングに際しては，特に各土層の変わり目や地下水位の確認，測定が重要な要素である．ところが，泥水を用いて掘削した場合，孔底や孔壁より自由な地下水の流入を妨げる結果となり真の地下水位の確認が困難となる．したがって，地下水位を確認するまでは可能な限り無水掘とするのが望ましい．ただし，礫質地盤などで無水掘りが困難な場合には，掘進終了後清水で孔壁を洗浄し水位の落着きを見て地下水位の測定を行うのがよい．

　土質調査におけるボーリングが具備すべき条件は次のとおりである．
1. 原位置土の状態と性質に変化を与えず，孔底下または孔壁地盤を乱さず，含水量や透水性に変化を与えないこと．
2. 孔底に切りくずや崩壊土を溜めないこと．
3. 所要の孔径があり，径が保たれていること．

これらの条件を満足させるためには孔壁の保護と孔内および孔底の清掃が重要な作業となり，これらの作業の良否が，ボーリング技術の評価，ひいては土質調査結果の評価に大きな影響を及ぼすことになる．

6.1.3　データ整理

> 現地作業の終了後，その結果をまとめ土層図として整理するものとする．

解　説

　土層図には土質状況とその硬軟，色などのほか，原位置試験の位置と試験結果，試料採取の位置，地下水位などを正確に記入する．また，掘進時の漏水，湧水，崩壊の有無，掘進の難易なども極力詳細に記入しておく．なお，結果の整理を正確に行うには，現場における日々の作業記録を詳細確実にまとめておくことが大切である．記録には，書き落としのないように，予め必要事項を書き込めるようにしたボーリング野帳を準備しておくと便利である（「土質試験の方法と解説」（地盤工学会）参照）．また，カラー写真による撮影も土質を概略把握するうえに役立つ．

6.2 サンプリング

6.2.1 サンプリングの方法

サンプリングは，調査目的や土質および試料の乱の程度を考慮し，原則として表17-13～表17-15

表17-13 コアリングによる試料採取方法

	試験採取方法	掘削方法	採取方式と特徴	適用土質	関連規格
コアボーリング（コアリング）	シングルコアチューブ	ロータリボーリング	無水掘りで管内に土を焼付け　土は乱れる	ほとんどの土	
	ダブルコアチューブ	ロータリボーリング	コアバレルを付け試料落下防止　土は乱れる		
	コアパックサンプラ（三重管式）	ロータリボーリング	試料（コア）採取率が高い　普及している．	すべての土，岩に適用	
	コアパックサンプラ（四重管式）	ロータリボーリング	乱れの少ない試料採取のための特殊方式	ほとんどすべての土，岩に適用	

表17-14 試料採取方法

	試験採取方法	掘削方法	採取方式と特徴	適用土質	関連規格
乱した試料のサンプリング	標準貫入試験用サンプラ	ロータリボーリング	打撃貫入で緊密度を測定できる	締まった砂礫岩塊を除いた土	JIS A 1219
	ポストホールオーガー	オーガーボーリング	予備的調査で浅層土の採取ができる	砂礫を除きほとんどの土質	JIS A 1212
	試掘孔	人力	深さ数mまで可能	ほとんどの土	
乱さない試料のサンプリング	固定ピストン式シンウォールサンプラ	ロータリボーリング	最も普及している　信頼度が高い	N値4以下程度の軟弱粘性土	JSF 1221
	追切りサンプラ	ロータリボーリング	引き上げ時の試料下端の真空を除去	N値4以下程度の軟弱粘性土	
	水圧式サンプラ	ロータリボーリング	水圧で圧入する　我が国の例少ない	N値4以下程度の軟弱粘性土	
	コンポジットサンプラ	ロータリボーリング	二重管式で刃先が厚くサンプルチューブは短く分断されている	N値4以下程度の軟弱粘性土	
	デニソン型サンプラ（ロータリ二重管サンプラ）	ロータリボーリング	二重管式オープンドライブサンプラ　比較的普及	N値30以下のやや硬い粘性土	JSF 1222
	試掘坑（ブロックサンプリング）	人力	地表から土塊を切出す　試料膨潤に注意	ほとんどの土質	JSF 1231
	フォイルサンプラ	チェーンブロックによる人力圧入	連続試料採取が可能　薄層を確認できる　密な砂があると困難　大きな反力が必要	N値2以下程度の軟弱粘性土の連続的採取	

に示す方法によって行うものとする．

表 17-15 砂の試料採取方法

	試験採取方法	掘削方法	採取方式と特徴	適用土質	関連規格
砂の乱さない試料サンプリング	ツイストサンプラ	ロータリボーリング	密閉式脱落防止機構付き	砂，砂質土	
	三重管サンプラ サンプルテイナー内臓型	ロータリボーリング	カッティングエッジによる回転を併用して圧入	砂，砂質土	
	凍結法	凍結引抜き	地盤を凍結し凍結管ごと引き抜き採取	細粒分10％以下の砂	

解　説

試料は乱れた試料と乱した試料に分けて取り扱う．乱した試料の採取は，土層図を作ることと，土の肉眼鑑定，乱した土についての土質試験のために行う．乱さない試料の採取は，自然状態における土の性質および状態を実験室において試験するために行う．

試料採取の過程は土質試験の結果とともに非常に重要なことである．

試料採取において重要なことは，
1. 試料が採取中にサンプラの外管等とともに回転しないこと
2. 試料が採取中に応力開放を受けて膨張しないこと
3. サンプラの内管と試料の摩擦が最小であること
4. 試料が引き上げ途中に落下しないこと
5. ボーリング孔内の泥水が極力試料に回り込まないこと
6. 試料採取中にサンプラが回転ぶれしないこと

試料採取しようとする地盤土質には軟弱な粘土から硬い粘土まで，緩い砂から密な砂あるいは砂礫のような粗粒土まである．

新堤の築造，既設堤の断面拡大等に際しては堤防の安定や沈下に関する検討のために軟弱粘土の乱さない試料のサンプリングが必要になる．また，砂地盤の地震時の液状化に関する検討では緩い砂の乱さない試料採取が必要である．一方，透水性地盤の漏水問題の検討の場合は，必ずしも砂の乱さない試料を採取しなくても，乱した試料による粒度試験の結果から幅広い地盤の透水性の把握が可能である．

試料採取の方法については，コアリングとして行われるものと，粘性土を主対象とした乱した試料および乱さない試料のサンプリングおよび砂サンプリングの3種に分けて表示した．採取法の詳細は地盤工学会編「地盤調査法」を参照のこと．

6.2.2 サンプリング

乱さない試料の採取には，細心の注意を払い，土の強度が低下しないように行うものとする．そのため，採取目的や土質に適応した信頼できるサンプラを使用するとともに，採取作業を入念にして，サンプラに衝撃や振動を与え，含水量の変化を生ぜしめ，あるいは，温度の湿度の変化を与えることなどのないようにするものとする．

サンプリングは，原則として次のように行うものとする．
1. サンプラの押込みは，短時間に等速度で連続的に行うものとする．
2. サンプラの引上げは，回転させずにそのまま静かに引き上げるものとする．

第17章　土質地質調査

> 3．試料の採取位置は，調査目的によるが，一般的には，乱した試料については土層の変化するごとに1点，同一土層の連続する場合には2mごと，乱さない試料については土層の変化するごとに1点，同一土層の連続する場合には5mごとに採取するものとする．

解　説

試料の採取位置は通常土層の均一性に基づいて決定される．既存の調査資料から，その場所の土質がかなり均一であることが明らかにされれば，わずかな試料でも十分な場合がある．

6.2.3　データ整理

> 乱した試料は，試料ビンあるいは試料袋に入れ，年月日，天候，場所，深さ，色など所要事項をビンあるいは袋に明示するとともに，野帳にも記録しておくものとする．
>
> サンプリングチューブに採取した乱さない試料は，端部の乱されたとみなされる部分を削り取り，両端をパラフィンで密封し，直射日光，強い衝撃や振動などを与えないようにして実験室に運ぶものとする．削り取った土については，標本ビンに入れ，所要の事項を記入するとともに，野帳にも記録しておくものとする．
>
> 乱さない試料の貯蔵に際しては，含水量の損失，振動による乱れを生じないようにするものとする．試料は，恒温室に保存し，温度の大きな変化を与えないようにしなければならない．また，サンプル保存室の温度を氷点下にさげてはならない．
>
> 砂の採取試料は採取後，間隙の水の自然脱水を待って凍結保存し，衝撃を防ぐ容器に入れて運搬するものとする．

第7節　土の現場試験

7.1　サウンディング

7.1.1　サウンディングの方法

> サウンディングは，地盤の土層の性状を探査するために行うものとし，求める値に応じ原則として表17-16に示す方法によるものとする．

表17-16　サウンディングの方法

求　め　る　値	適　用　土　質	サウンディングの方法	関　連　規　格　等
N 値	大礫以外のほとんどの土	標準貫入試験	JIS A 1219「土の標準貫入試験方法」
P_d または10cmの貫入に要する打撃回数	大礫，密な砂礫以外の土	動的コーン貫入試験	JIS S 0901-1968「動的円すい貫入試験法」
Nd 値　$Nd=N$	大礫以外のほとんどの土	オートマチックラムサウンディング	SGI Standard による
コーン支持力　q_c(kg/cm²)	ごく軟弱な粘土，ピート質土	静的コーン貫入試験	JSF 1431「静的円すい貫入試験方法」

第7節　土の現場試験

100 kg 以下の載荷による沈下量 W_{sw} 100 kg 載荷 1 m 貫入あたりの回転数 N_{sw}	大礫，密な砂礫以外の土	スウェーデン式サウンディング試験	JIS A 1221「スェーデン式サウンディング試験法」
せん断強さ (kg/cm²)	軟弱な粘土，シルト，ピート質土	ベーン試験	JSF 1411「原位置ベーン試験方法」
コーン支持力 q_c (kg/cm²)	大礫以外のほとんどの土	オランダ式二重管コーン貫入試験	JIS A 1220「オランダ式二重管コーン貫入試験法」
周面摩擦力…… fc (kg/cm²)	粘土，シルト，砂	多成分コーン貫入試験	
貫入時発生間隙水圧およびその消散	粘土，シルト，砂	多成分コーン貫入試験	

解　　説

　サウンディングはコーン貫入試験やスウェーデン式サウンディング試験に代表されるように，地盤の強度，支持層の深さを簡便に調べる方法として発達してきた．一方，ボーリングの孔内で掘削と並行してほとんどの場合行われる標準貫入試験は独自の用いられかたではあるが，サンプラであるとともに地盤の強度情報を与える実用性が特徴となっている．

　近年は，土の摩擦力あるいはコーン貫入時の発生間隙水圧とその消散速度から土層の排水性を測る試験法が発達してきた．

7.1.2　標準貫入試験

　標準貫入試験は，深さ1mごとに行うことを標準とするものとする．地層の構成が既知の場合には，地層ごとに実施することがあり，試料の採取の目的で任意の深度で行うこともある．調査の必要精度によっては2mごとに行うこともある．

　標準貫入試験は，土の強度の指標となるN値が得られるとともに，試験深度ごとの土の試料が採取され土を直接観察でき，必要に応じて土質試験の試料とすることができる．

解　　説

　標準貫入試験で求められるN値は他のサウンディング測定値と関係づけられたり，土質試験により求められる強度定数，例えば土の粘着力，砂の内部摩擦角等との関係が示されており，土に係わる設計においては極めて重要な指標となっている．各種の土性値や他の試験による指数，設計定数との関係等については「地盤調査法」（地盤工学会）を参照のこと．

　一方，深さが増加すると，打撃効率が減少するなど深い所でのN値の信頼度はまだ十分明らかにされていない．「道路橋下部構造設計指針，くい基礎の設計篇」では，ロッドの長さによる修正を次式のように与えている．

$$N' = N\left(1 - \frac{X}{200}\right)$$

　　　N'：修正N値　　N：実測N値
　　　X：ロッドの長さ (m)

　地下水面以下の極微細砂，シルト質砂の場合には，透水性が低いため，測定値が過大になる．前記「くい基礎の設計篇」では，次のような修正法を提案している．

表17-17 おもなサウンディング方法の細目一覧

方式	名称	先端	ロッド	せん孔	連続性	測定すべき量	測定値から求められるもの	適応土質	有効(可能)深さ	調査法の性格	備考
チューブ形貫入	標準貫入試験	レイモンドサンプラ 内径35mm 外径51mm 全長81mm	単管 ボーリング用ロッド φ40.5mm φ42.0mm	測定深さまでのボーリングが必要	測定は不連続、深さ方向の最小測定間隔は50cm	63.5kgのハンマーを75cm自由落下させ、30cm打ち込むのに要する打撃回数を求め、これをN値とする.	砂の相対密度 砂の内部摩擦角(ϕ) 砂地盤の沈下に対する許容支持力 粘土のコンシステンシー 粘土の一軸圧縮強さ(q_u)または粘着力(C) 粘土地盤の破壊に対する許容支持力	玉石を除くあらゆる土、ただし極めて軟弱な粘土ビート質土では$N=0$となり明確な判定ができない	40m(70m)	すべての意味でのテストボーリング、支持層の深さおよび支持力の判定、特に砂層の密度、強度変化の測定に適す. 粘土の場合中以上硬質粘土に適性あり	JIS A 1219 (1961)参照
コーン形動貫入	動的コーン貫入試験(鉄研式)	90°コーン 断面積はレイモンドサンプラに同じ	ボーリング用ロッド(単管) φ40.5mm	不要	連続	標準貫入試験斗全く同様で打率回数をN_dとする	標準貫入試験のN値に換算する. $N_d ≒ 1 \sim 2N$	同 上	15m (30m)	標準貫入試験の補間法として有効、迅速	同類試験法は非常に多いが標準方法は決まっていない
		90°コーン 面積15.9cm²	(単管) φ32mm	不要	連続	63.5kgのハンマーを50cm自由落下させ20cm打ち込むのに要する打撃回数N_d	標準貫入試験のN値に換算する $N_d ≒ N$	同 上	15m (30cm)	同 上	SGI Standard に準じている
静貫入	ポータブルコーン貫入試験	30°コーン 面積15.9cm²	単管(φ16mm)および二重管	不要	連続	コーンを人力により圧入するときの面積あたりの抵抗値(コーン支持力) q_c(kgf/cm²)	粘土の一軸圧縮強さ $q_c = 5 q_u$ 粘土の粘着力 $q_c = 10 C$	ごく軟弱な粘土、ビート質土	5m (10m)	軟弱な粘性土の粘着力測定専用(簡易試験極めて迅速)の改良型	米国水路局(WES)の Trafficability Tester
	オランダ式二重管コーン貫入試験	60°コーン 面積10cm² (フリクションスリーブ付きあり)	二重管 外管 φ36mm	不要	連続	q_c(kgf/cm²)および局部周面摩擦fg(kgf/cm²)(ただしfgはフリクションスリーブコーンによる)	粘土の粘着力 $q_c = 14 \sim 17 C$ 標準貫入試験のN値に換算 $q_c = 4N$(細砂)	玉石を除くあらゆる土	2t用: 20(40m) 10t用: 30(50m)	粘性土の粘着力測定、規定の砂礫層の支持能力判定	JIS A 1220 (1976)参照
	多成分コーン貫入試験	60°コーン 面積10cm² (フリクションスリーブ付き)	二重管 外管 φ36mm	不要	連続	q_c(kgf/cm²)、局部周面摩擦fs(kgf/cm²)および発生間隙水圧u(kgf/cm²)	粘土の粘着力 $q_c = 14 \sim 17 C$ 標準貫入試験のN値に換算 $q_c = 4N$(細砂) 土の周面摩擦力、地層の透水性あるいは圧密係数	玉石を除くあらゆる土	4t用: 30(40m)	粘性土の粘着力規定砂礫層の支持力判定 粘土層中の排水層の判別	
	スウェーデン式サウンディング	スクリューポイント φmax=33mm	単管 φ19mm	不要	連続	①5,15,25,50,75,100kg載荷による沈下量(W_{sw}) ②100kg載荷による1mあたりの半回転数をN_{sw}とする	標準貫入試験のN値に換算非常に多くの実験式が提案されている	玉石を除くあらゆる土、礫は困難	15m (30m)	標準貫入試験の補助法として有効	JIS A 1221 (1976)参照
ベーン	簡易ベーン試験	ベーン $D=5$cm $H=10$cm (標準)	単管 φ16mm	不要	測定は不連続	緩速なる回転モーメントによりせん断する際の最大抵抗モーメントMmax を求める	軟らかい粘性土のせん断強さ(τ) $$\tau = \frac{M \max}{\pi \left[\frac{D^2 H}{2} + \frac{D^3}{6}\right]}$$	軟弱な粘土、シルト、ビート質土	5m (10m)	軟弱な粘性土のせん断強さ測定専用(簡易試験迅速)	「現地せん断試験」ともいわれる
	ベーン試験	ベーン $H=2D$(標準) $D=5 \sim 10$cm 各種	回転ロッドはボーリング用ロッドシャフト φ16mm	測定深さまでボーリングが必要	測定は不適正	同 上		同上	15m (30m)	軟弱な粘性土のせん断強さの精密測定専用	同 上 回転モーメントの測定機構は非常に多く、それぞれ特徴がある

(注) 1. 本表には路床、路盤試験法に属する表層試験(C.B.R., K値, I値, D値)を除いてある.
　　 2. ボーリング孔を利用しない単管測定方式では深さが大になればロッドのスキンフリクションの修正を必要とする.

$$N'=15+\frac{1}{2}(N-15)$$

N'：修正 N 値　　N：実測 N 値

7.1.3 動的コーン貫入試験

> 動的コーン貫入試験は，標準貫入試験と同様に先端コーンをロッドを通して地中に打撃貫入させるもので，1回の貫入深さが比較的大きい場合は P_d を測定し，それ以外の場合は10 cmの貫入に要する打撃回数を測定するものとする．
>
> ただし，
>
> $$P_d = (n+1 \text{回のときの貫入深さ}) - (n-1 \text{回のときの貫入深さ})$$
>
> である．
>
> 試験は，ロッドの継手を遊びがないように連結することに留意して行うものとする．

解　説

この試験は「鉄研式」と称されているもので，標準貫入試験と同じハンマーと落下高さでロッド先端のコーンの貫入を N 値と同様に数えるものである．主として土工調査および施工管理に用いられることが多く，操作は簡単である．しかし，貫入量が大きくなると，ロッドの周面摩擦などの影響が現れ，正確な貫入抵抗を求めることが困難である．近年の使用例は少ない．

7.1.4 オートマチックラムサウンディング試験

> 標準貫入試験とほぼ同等の打撃貫入により地盤状況を把握する場合，オートマチックラムサウンディング試験によることができるものとする．ラムサウンディング試験は，標準貫入試験と同じハンマーを50 cm自由落下させて先端コーンを20 cm打ち込むのに要する打撃回数を Nd 値として求めるもので，連続的な自動貫入ができるものとする．Nd 値はほぼ N 値に等しいものとする．

解　説

S. G. I. Standardに準じた試験法で，テストボーリング，支持層の深さおよび支持力の判定，特に砂層の密度，強度変化の測定に適している．ただし，極めて軟弱な粘土や泥炭層等では Nd 値が0となり，土層内の変化を判別できない．

7.1.5 静的コーン貫入試験

> 静的コーン貫入試験は，角度30°，断面積10 cm²のコーンを貫入速度1 cm/sで押し込み，貫入深さ10 cmごとにコーン支持力を測定するものとする．このような人力で押し込む試験方法をポータブルコーンとよび，電気式静的コーンもある．油圧力やレバーブロックで押し込むオランダ式二重管コーン貫入試験もある．
>
> 貫入試験では，次の点に留意して行うものとする．
> 1. 押込みは垂直に行い，ハンドルの左回しは避けるものとする．
> 2. コーンが石塊や礫などの上を押す場合は，貫入抵抗が急激に大きくなるので場所を変更するものとする．

解　説

この試験は軟弱地盤の調査に最適であり，粘性土のおおよその粘着力および軟弱層の深さを迅速に測定することができるある．試験後の機構は非常に簡単で軽量であるが，人力押込みのため貫入能力に限度があり，コーン

第17章　土質地質調査

支持力が15～18 kg/cm²以上の土層に対しては適用できない．貫入能力の大きな試験機として

- ・油圧力で押し込む　　　　10 t 型オランダ式二重管式コーン貫入試験
- ・レバーブロックで押し込む　2 t 型オランダ式二重管式コーン貫入試験
- ・油圧力で押し込む　　　　4 t 型多成分コーン貫入試験機

等がある．

7.1.6　スウェーデン式サウンディング試験

> スウェーデン式サウンディング試験は，下端にスクリューポイントをつけたロッドに順次荷重をかけて貫入させ，100 kg での貫入が止まったら，ロッドを回転し，1 m 貫入あたりの半回転数を半回転数が 50 回以上であれば測定を止めるものとする．
>
> なお，試験は次の点に留意して行うものとする．
> 1. 載荷用クランプに錘を載せるとき，衝撃を与えないようにするものとする．
> 2. 試験中スクリューポイントの抵抗などにより，土質を推定できる場合には，土質名とその深さを記録するものとする．

解　説

この試験は標準貫入試験などに比べれば装置も軽く，操作も簡単であり，ボーリングによる精密調査に際しての補助手段としてよく用いられる．W_{sw} および N_{sw} を使って土の強さを推定する式があるが，これはあくまで概略の傾向を示すものと解釈され，そのままの値を設計計算に使用すべきではない．

7.1.7　現場ベーンせん断試験

> 現場ベーンせん断試験は，ロッドから張り出した 4 枚の縦の羽をロッドを軸に回転し，円筒形のせん断面ができるときのトルクから土のせん強度を求めるものとする．土質が，試料として採取することが困難な場合等に用いるものとする．

解　説

現場ベーンせん断試験におけるロッドの回転速度は 6°/min である．ロッドに土の周面摩擦が働くのを防ぐため，ボーリング孔を利用する場合がある．

7.1.8　オランダ式二重管コーン貫入試験

> オランダ式二重管コーン貫入試験は，次の点に留意して行うものとする．
> 1. 荷重計の感量は，容量の 1/100 以下とするものとする．
> 2. マントルコーンは，調査 1 回ごとに分解掃除するものとする．
> 3. 貫入抵抗が著しく変化し，土質の変化が明らかであったと思われる時，あるいは軟弱粘土中に存在するサンドシーム等については，その深さと状況について記録するものとする．

解　説

この試験は標準貫入試験による先行調査の後で，その補完あるいは精密調査に利用される例が段々多くなってきた．したがって，調査地域の地盤の特色が明確な形で捉えられ，その後の調査をむだなく的確に進めることができるので非常に効果的である．

7.1.9　多成分（3 成分）コーン貫入試験

> 先端コーン支持力とスリーブにおける周面摩擦に加えてコーン貫入時の発生間隙水圧を測定する場

合は，3成分コーン貫入試験（またはピエゾコーン貫入試験ともいう）を行うものとする．

解　説

先端のコーン支持力とスリーブ周辺摩擦力を求めるほかに貫入時に発生する間隙水圧を測定することにより，地盤の土質の分類，地盤の強度，圧密係数（透水性，排水条件による）の評価に非常に重要な情報が得られる．

7.2 載荷試験

7.2.1 載荷試験の方法

載荷試験は，求める値に応じ原則として表17-18に示す方法によるものとする．

表17-18　載荷試験の方法

求める値	載荷試験の方法	基　準
鉛直および水平方向の地盤反力係数，極限支持力または降伏支持力	地盤の平板載荷試験	JSF 1521 1993「地盤の平板載荷試験方法」
単杭の鉛直極限荷重または降伏荷重，杭頭の鉛直ばね定数	杭の鉛直載荷試験	JSF 1811 1993「杭の鉛直載荷試験方法」
単杭の水平降伏荷重または杭頭の水平ばね定数	杭の水平載荷試験	JSF 1831 1993「杭の水平載荷試験方法」
ボーリング孔内地盤変形係数	ボーリング孔内載荷試験	JSF 1421 1994「孔内水平載荷試験方法」

7.2.2 地盤の平板載荷試験

地盤の平板載荷試験は，構造物の設置状態とできるだけ同じ状態の試験地盤を選定して行うものとする．

試験は，次のように行うものとする．
1. 荷重は，計画最大荷重を5～8段階ずつ等分に載荷するものとする．
2. 荷重保持時間は，30分程度の一定時間とするものとする．
3. 各荷重に対する沈下量の測定は，原則として0分，1分，2分，5分および以後5分経過ごとに行うものとする．

解　説

小規模な載荷板による試験の場合と，実際の基礎スラブ施工の場合とでは，接地圧が同一でも下方に圧縮性の地盤や軟弱な粘土層等がある場合には，沈下量に大きな差異が生ずる場合があるので，このような恐れのある場合には必要に応じ下層の許容支持力などを土質試験を行って別途解析する必要がある．

7.2.3 杭の鉛直載荷試験

杭の鉛直載荷試験は，杭の支持力と沈下量の資料を得ること，あるいは設計支持力の妥当性を確認することを目的とするものとする．
1. 計画最大荷重は，推定した極限支持力以上，または設計荷重に安全率を乗じた値以上とするものとする．

第17章 土質地質調査

> 2. 載荷荷重段階は，8段階以上とし，4サイクル以上の繰り返しを行うものとする．
> 3. 各荷重段階において30分以上の測定を行うものとする．
> 4. 変位測定の間隔は，0分，1分，2分，5分，10分，15分，30分を標準とするものとする．
>
> 試験の結果をもとに，鉛直支持力に関して第1限界荷重，第2限界荷重および杭頭の鉛直ばね定数を求めるものとする．

解　説

　基礎の一部として使用される杭の状態と試験杭との間には多くの差異があるのが普通であり，また，短い時間のうちに長期間の杭の挙動を見出すのは困難な場合もある．したがって，試験の計画や実施はできるだけ現実に近い形をとるように心掛ける必要がある．

7.2.4　杭の水平載荷試験

> 杭の水平載荷試験は，杭の水平抵抗に関する各種の資料を得ることを目的とするものとする．
> 1. 試験最大荷重および最大変位は試験の目的，試験杭の種類や変形特性を考慮して決めるものとする．
> 2. 載荷方法は目的に応じて正負交番載荷あるいは一方向載荷とするものとする．
> 3. 交番載荷の場合の荷重段階は8段階以上とし，荷重保持時間は約2分とするものとする．
> 4. 交番載荷の場合の変位測定の間隔は，0分，約2分とするものとする．一方向載荷の場合は，0分，約2分，4分，8分，約14分とするものとする．
>
> 試験の結果から，杭頭部の荷重－変位曲線および荷重－時間曲線を図示し，荷重と杭頭傾斜角の関係も図示するものとする．多サイクル載荷試験では，荷重－弾性戻り曲線，荷重－残留変位量曲線も作成するものとする．

解　説

　試験杭の周辺は地表面に乱れがなく，原則として水平な地盤であるものとする．また，試験杭の変形に影響すると思われる範囲内に構造物，盛土，反力杭等がないことが必要である．
　試験杭は，打設時の地盤の乱れの強度回復を含め，十分な養生をしなければならない．

7.2.5　ボーリング孔内載荷試験

> ボーリング孔内載荷試験は，原地盤において比較的乱れの少ない状態で地盤の強度，変形特性を測定するために行うものとする．
> 1. 加圧段階は，最大荷重の1/10～1/20とし，各圧力段階を1～2分間一定に保つものとする．
> 2. 加圧による変形量を加圧の瞬間から15秒，30秒，1分，2分において読むものとする．
> 3. 繰り返し載荷を行う場合は同様に加圧し，最大圧力までの範囲で数回，所定の圧力まで除荷し，再載荷するものとする．
> 4. 測定に先立ち，測定管を大気中で自由膨張させゴム反力を求めておくものとする．
>
> 試験結果から，圧力に対するボーリング孔径およびクリープ変形量の関係を図示し，降伏圧またはクリープ圧，限界圧力，ボーリング孔K値を求めるものとする．
> これらを用いて基礎の沈下変形，支持力，杭の横方向K値等の計算を行うものとする．

解　説

　孔内での載荷試験は1930年代のケーグラーの考案した孔壁載荷装置を原案とし，その後土研式ゴムチューブ

法，プレシオメータおよびL.L.T.が開発されてきた．現在は後2者が使用されている．

載荷試験区間の孔を試験器自体が掘削するセルフボーリング型孔内載荷試験装置も開発されている．

L.L.T.は測定管が単一のゴム管よりなる1室型とよばれるのに対し，プレシオメータ法は3室に分離される3室型とよばれる．両者の比較実験によると変形特性に関しては同一の結果を与えるが，変形量の大きな段階では極限圧について差があるという場合もある．

7.3 現場で透水係数を求める試験

現場で地盤の透水係数を求めるため必要に応じて次の試験を行うものとする．

1. 定常状態での揚水試験

揚水井戸を中心にした数10 m～数100 mの範囲の帯水層の状況を調べる場合に行うものとする．

揚水井戸を通る1方向あるいは直交する2方向の測線上に複数の観測井を設けるものとする．揚水には，水中ポンプを用い，揚水量の測定は堰によるものとする．揚水量に対する揚水井戸の水位が平衡状態に達した時の観測井の水位を測定するものとする．観測井水位から標準曲線を用いて透水量係数，透水係数および貯留係数を求めるものとする．

2. 回復法による揚水試験

揚水井戸水位が平衡に達してから揚水を停止し，揚水井戸の水位の回復を測定し，回復法の式から透水量係数，透水係数を求めるものとする．

3. 定水位注水法

地下水位より上の地盤の透水係数を求める場合に適用するものとする．地下水位より上のある深度の透水係数を求める時は，ボーリング孔による注水試験を，また浅層部あるいは地層全体の平均的な透水性を求める時は，浅い試験孔による注水試験を行うものとする．

4. 現場単孔式透水試験（ピエゾメータ法）

試験区間の近傍の帯水層の透水性を調べる方法で，個所ごとの透水性の評価ができる．

ボーリング調査途上で孔底にケーシングを打ち込み，ケーシング下端から帯水層に素堀区間を設け，一時的な注水（注水法）あるいは揚水（回復法）を行って変化した孔内水位が元の水位に復元する過程を経時的に測定するものとする．

時間と残留水位差の関係から透水係数を算出するものとする．

解　説

地盤の透水係数は現場において揚水試験あるいは透水試験によって求められる．

揚水試験は，ポンプ等を用いて井戸から持続的に揚水し，井水位の低下を測定するものものである．一般に揚水井から距離を変えて複数の水位観測井を設けるので，多孔式揚水試験とよばれる．一方，透水試験とよばれる試験は，単一の孔で一時的な注水あるいは揚水により上昇あるは低下した水位が初期水位に回復する過程を測定するものである．

揚水試験によれば，帯水層の厚さと広がり全体を反映した透水係数が求められるが，単孔透水試験では井戸底下の試験区間近傍の土層の状態を反映した透水係数が求められる（地盤工学会基準（案）JSF 1314-1993「ボーリング孔を利用した透水試験方法」，JSF 1315-1993「揚水試験方法」および「地下水調査および観測指針（案）」（建設省河川局監修（財）国土開発技術研究センター発行を参照のこと）．

7.4 現場における土の密度試験

> 現場における土の密度試験は，土質に応じた試験法により行うものとする．試験法の選択は原則として次に定めるところによるものとする．
>
> 　砂置換法は，ジャー式装置を使用したゆる詰め法では最大粒径5.0cm以下の，また突砂法では最大粒径15cm以下の膨張性粘土を除いた土に適用するものとする．
>
> 　コアカッター法は，カッターの圧入に障害となる粗粒分を含まない粘性土に適用する．カッターには，内径75mm，内厚1〜2mmのシンウォールチューブを利用し，チューブの先端は内径74mm程度にしぼり，長さは150mmの土が採取できるものとする．
>
> 　RI測定法（γ線密度計による方法）（JSF 1614）は測定が迅速であるという特徴がある．施工管理等で地表面近くの密度を測定する時は表面型を，地盤の深い部分を測定する時は挿入型を用いるものとする．
>
> 　土の塊りを取り出して測定する方法は，十分な粘着性を有し，成形可能な粘性土に適用するものとする．不規則な形の土塊にはパラフィンを用いて体積を求めるものとする．

解　説

　土の密度試験方法には各種のものがあるが，日本工業規格（JIS）および地盤工学会基準（案）（JSF）に次の方法が規定されている．

　　砂置換法による土の密度試験方法（JIS A 1214-1990）
　　突き砂による土の密度試験方法（JSF 1614-1993）
　　コアカッターによる土の密度試験方法（JSF 1611-1993）
　　RI計器による土の密度試験方法（JSF 1613-1993）
　　ブロックサンプリングによる土の乱さない試料の採取方法（JSF 1231-1993）

砂置換法は，土質に対する適応の広さ，測定値のよさ，操作の容易さなどから，標準的な方法とみなしうる．最大粒径が50mm以上となると適用できないので，装置が簡単な突砂法が利用される．この際の問題点は，砂の密度を一定にするため，砂の粒径，均一性，丸味，乾燥状態に応じて突数を規定す必要があることである．

　コアカッター法は，細粒土を対象とする最も簡便な方法であるが，用具，圧入方法などを誤ると誤差が著しく大きくなるので十分注意を必要とする．

　RI計器による方法は，他の方法（例えば砂置換法）による値との比較を十分行っておくことにより信頼度が高くなる．多数の測定を迅速に行う場合に有利である．

　ブロックサンプリングは粘性土，細粒分を含む砂質土等で適用できるが，周辺の掘り起こしの範囲が大きくなる．

7.5 現場転圧試験

> 現場転圧試験に先立って，次の試験を実施するものとする．
> 　1．粒度試験　2．液性塑性限界試験　3．土粒子の比重試験　4．礫の吸水量試験
> 　5．突固め試験　6．土の含水量試験　7．透水試験

　掘削から転圧に至るまでに破砕され，粒度が変化する風化岩や固結粘土のような材料は，施工過程ごとに，粒度試験，強度試験（コーン貫入試験など），透水試験を必要に応じて行うものとする．

　土の締固め試験においては，タイピング系ローラ転圧の場合はウォークアウトしているかどうか，

タイヤローラの場合はわだちの状態やスリッピングを起こしているかどうかなどを主として肉眼観察するものとする．

解　説

盛土材料として設計施工上問題のある材料は，高含水比の粘性土および火山灰土，礫混じり土，軟岩などであり，施工法ばかりでなく設計数値についても検討できるように計画する．

試験土には工事区間の代表的な土を選ぶ．数種の土が混合して掘削される場合は，混合土を使用するほうがよい．

転圧機械には，一般に不透水性の粘性土材料にはタンピング系のローラまたは，タイヤローラ，透水性の砂質材料にはタイヤローラまたは振動ローラ，地山との接着部にはタンパまたはランマなどが使用でき，また，ブルトーザを使用できるので，それぞれの材料について機種を選定する．

高含水比粘性土および特殊土の場合は，盛土内部の間隙水圧，土圧，沈下量を測定する．また，基礎地盤が軟弱である場合は，原地盤の沈下量，間隙水圧などを測定する．

調査結果は，各試験ごとにまとめて深さ方向の変化と時間的変化との関係がわかるように図示する．

7.6　現場せん断試験

7.6.1　現場せん断試験

現場せん断試験は，本章9.2.4一面せん断試験に準じて行うものとする．

解　説

現場せん断試験は，乱さない材料が採取しにくい場合や含有礫分の取扱いに困るときに実施する．

現場せん断試験は供試体の乱れが少ないという一般的な利点があるうえに，礫分を含んだままの状態のせん断強さを知り得る利点がある．他方欠点は，試験装置の運搬組立に加えて礫含有の土などのように比較的せん断強さが大きい場合には，大きい力を必要とし，装置も大がかりとなって手間と経費を相当に要することである．

7.6.2　現場せん断試験の方法

供試体は，角型のせん断箱を置き，これに沿って土を削り込みながらせん断箱を押し込んで作成するものとする．垂直圧は荷重を直接載荷するか，アンカーを利用してジャッキで加えるものとする．水平せん断力は，ピットの側壁などを利用してジャッキで加えるものとする．せん断箱は，一般に$20 \times 20\,\mathrm{cm}$，高さ$10\,\mathrm{cm}$の鉄製のものを用いるものとする．

第8節　岩盤の原位置試験

8.1　変　形　試　験

8.1.1　変　形　試　験

変形試験は，ダム基礎地盤を代表する地質，岩級区分の地点で行うものとする．

解　説

変形試験は，岩盤の変形性や支持力を求めるために行う．

変形試験の方法には，ジャッキ法のほか，ラジアルジャッキ法，スリット法，孔内変形試験法などがあるが，

試験法が比較的手軽で対象範囲が広いことなどからジャッキ法によることが多い．

変形試験はダムの基礎地盤を代表する地質，岩級区分の地点で実施する．試験の結果の信頼性を高めるため，試験は，同一地質，岩級の所で少なくとも3個所以上の試験を行う．なお，少数の試験から全体の地質を代表させるので試験位置の選定は慎重でなければならない．また，試験面の詳細な観察によって試験面の岩級区分を再度確認することが必要である．

8.1.2 変形試験の方法
8.1.2.1 加圧板

> 加圧板は，直径30cm以上のもので，十分な剛性（剛体板の場合）またはたわみ性（ダイヤフラムの場合）を有するものを使用するものとする．

解 説

載荷板は直径30～50cm程度の剛体円盤（等歪）を使うことが多いが，80cm程度のダイヤフラム（等荷重）を使用する場合もある．

8.1.2.2 載荷の方法

> 変形試験の最大荷重は，ダムからの荷重によって基礎地盤内に生ずる応力の大きさを考慮して決定するものとする．また，各応力レベルでの変形係数，弾性係数を求めるため，載荷形態は，階段状の繰返し荷重によるものとする．

解 説

最大荷重の大きさは，岩盤中に生ずる設計応力の1.0～1.5倍を標準とし，この荷重で3段階程度にの繰返し載荷を3～5回行い，各応力レベルでの変形係数，弾性係数を求めることとし，荷重速度は，載荷パターンと全体に要する時間を考慮して，原則として1～10 kgf/cm²/min ｛0.098～0.981 N/mm²/min｝とする．載荷方式の例を示すと図17-12のとおりである．

8.1.2.3 変位の測定

> 変位の測定は，載荷板から十分離れた所に固定点をとり，この点を基準として行うものとする．

解 説

1. 変位測定時の不動の基準とする固定点は，基準ばりで設定するものとし，はりはたわみにくいものを使用するとともに基準ばりを支持する部位は，加圧による岩盤変形の影響を受けない位置に設定しなければならない．
2. 変位の測定は，連続的に行うことが望ましい．これが困難な場合は，少なくとも最小荷重の1/5の増分ごとに測定を行うものとする．

8.1.3 変形係数・弾性係数

> 試験結果は，荷重－変位曲線として整理し，これによって岩盤の変形係数・弾性係数を求めるものとする．

解 説

荷重～変位曲線から，諸係数は次のように求める．

$$E_t, E_s, D = \frac{1-\nu^2}{2a} \cdot \frac{\Delta F}{\Delta \delta} \quad (剛体円板)$$

第8節　岩盤の原位置試験

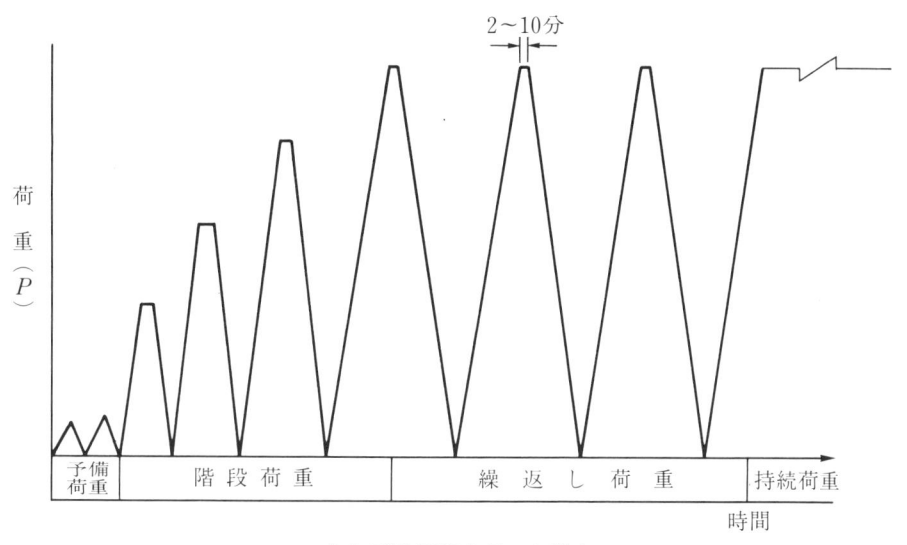

(a) 剛体円板を用いた場合

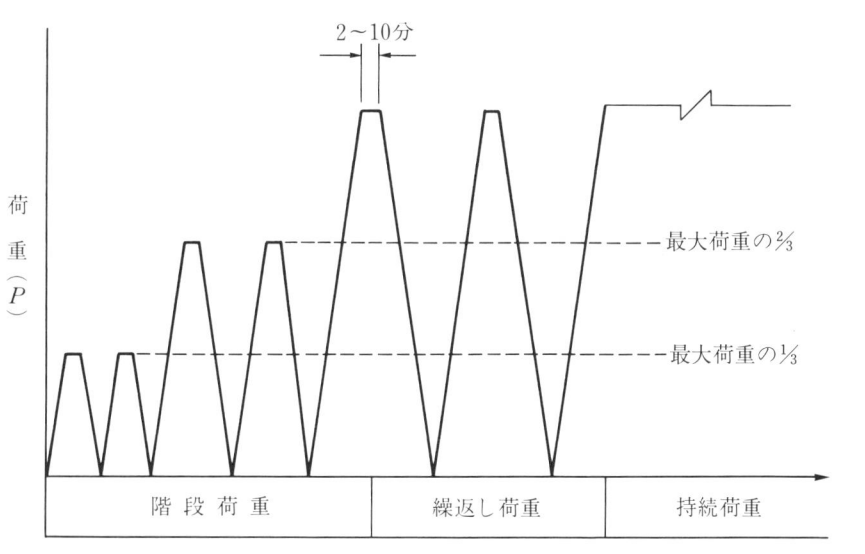

(b) ダイヤフラムを用いた場合

図 17-12　ジャッキテストにおける載荷方式の例

$$E_t, E_s, D = 2(r_1 - r_2) \cdot (1 - \nu^2) \cdot \frac{\Delta P}{\Delta \delta} \quad (ダイヤフラム)$$

ただし，　E_t：接線弾性係数　ループの直線部分の勾配
　　　　　E_s：割線弾性係数　ループの始点と終点の勾配
　　　　　D：変形係数　包絡線の勾配
　　　　　ν：ポアソン比　普通の岩盤では 0.2 とする．
　　　　　a：剛板の半径（cm）
　r_1, r_2：ダイヤフラムの外，内半径（cm）
　　　　　ΔF：荷重の増分（kgf）｛N｝
　　　　　ΔP：圧力の増分（kgf/cm²）｛N/cm²｝
　　　　　$\Delta \delta$：変位の増分（cm）

8.2 せん断試験

8.2.1 せん断試験

> せん断試験は，ダム基礎地盤を代表する地質，岩級区分の地点で行うものとする．

解　説

　岩盤のせん断強度を求めるためにせん断試験を行う．せん断試験は岩盤に直接せん断力を働かせてそのせん断強度を求めるものである．

　ブロックシャ法はきれいに清掃した岩盤上にコンクリートブロックを打設し，接触面直下の岩盤をせん断するものであり，ロックシャ法は岩盤を直接ブロック状に切り出し，整形するために周囲をコンクリートライニングすることによりブロック底部でせん断するものである．

　せん断試験はダムの基礎地盤を代表する地質，岩級区分の地点で実施する．試験の結果の信頼性を高めるため，試験は，同一地質，岩級の所で少なくとも4個以上選んで1組の試験を行う．なお，少数の試験から全体の地質を代表させるので試験位置の選定は慎重でなければならない．また，試験面の詳細な観察によって試験面の岩級区分を再度確認することが必要である．

8.2.2 せん断試験の方法

8.2.2.1 供試体のブロックの大きさ

> 供試体ブロックの大きさは，せん断面で原則として60cm×60cm以上とれるようにするものとする．

解　説

　供試体の大きさは割れ目の幅や数から定めるべきであるが，一般にせん断面が$0.36\,\mathrm{m}^2$程度になるように60cm×60cm程度とするが，割れ目の影響を特に考慮する場合には，これより大きくすることがある．なお，ロックせん断用の供試体は，厳密に60cm×60cmの寸法で切出すことは不可能であり，また，ブロックせん断試験の場合にも，せん断面が必ずしも供試体底面積と一致しないので，せん断後にせん断面寸法を測定し，補正する必要がある．

8.2.2.2 載荷の方法

> 供試体に載荷する荷重は，供試体に回転変位を与えないように想定せん断面の中心に作用させるものとする．

解　説

　載荷は，各ブロックにそれぞれ異なった一定の垂直荷重をかけ，想定せん断面には15〜30度程度の傾斜荷重をかけてせん断するものとする．傾斜荷重は段階的に行うが，載荷速度は原則として$0.2〜0.5\,\mathrm{kgf/cm^2/min}$ $\{0.020〜0.049\,\mathrm{N/mm^2/min}\}$とする．

8.2.2.3 変位の測定

> 垂直方向および水平方向とも各々ブロック上にダイヤルゲージを配置し，測定するものとする．

解　説

　ダイヤルゲージは読み取り精度1/100mm以上のものとし，せん断応力が$2.5\,\mathrm{kgf/cm^2}$ $\{0.245\,\mathrm{N/mm^2}\}$程度増加するごとに計測する．

　垂直方向の変位は変形性を試験するほかにブロック回転や浮上がりをチェックするものである．

8.2.2.4 データ整理

> 試験により破壊点や浮上がり点を求め，純せん断強度定数や内部摩擦係数を求めるものとする．

解　説

水平荷重がそれ以上上がらない点を破壊点とする．

また，垂直方向の変位で沈下から浮上がりに代わる点があり，この点を浮上がり点といって強度的に破壊点とすることもある．

破壊点や浮上がり点などを基に，次式を用いて純せん断強度定数 τ_0 や内部摩擦係数 f を求める．

$$\tau = \tau_0 + \sigma f$$

　　　　τ：せん断強度
　　　　τ_0：純せん断強度
　　　　f：$\tan \phi$　内部摩擦係数（ϕ：内部摩擦角）
　　　　σ：垂直応力

8.3　透　水　試　験

8.3.1　透水試験の方法

> 透水試験は，おもにルジオンテストを用い試験するものとする．また，試験にあたっては，孔壁をボーリングによって傷めることのないようにかつ岩盤を破壊しないように各試験ごとの注入圧力は段階的にあげるものとし，注入量が著しく増大する場合には限界圧力を確認して試験を終了するものとする．

解　説

岩盤の透水性を評価し，しゃ水の計画，施工および効果の判定のための試験はおもにルジオンテストで行う．

ルジオンテストはボーリング孔に水を注入し，注入圧力と注入量の関係より岩盤の透水性を評価するものである．

ボーリング孔の孔径は原則として 66 mm で，所定の試験区間（5 m 程度）の上部（シングルパッカー方式の場合）または上，下部（ダブルパッカー方式の場合）にパッカーをかけて試験する．シングルパッカー方式は試験ごとにボーリングを行うので工程が複雑となるが，パッカーからの漏水による誤差が少ないので原則としてシングルパッカー方式を用いる．

なお，試験に際して注意すべき事項は次のとおりである．

1. 地表に近すぎたり既存の横坑などに水が漏洩しないよう試験地点をよく検討する．
2. ボーリングは清水掘りとし測定に先立って孔壁をよく洗浄しなければならない．
3. パッカー部からの漏水がないように入念にセットする．パッカーの利き具合いをチェックするために，孔内水の測定を行うことが望ましい．パッカー部の岩盤が悪い場合にはセメンテーションを行うこともある．
4. ポンプは地質状況を考慮し，適正な吐出圧力（吐出圧力の調整が容易で脈動の小さいもの）および吐出容量を有するものを使用するものとする．
5. 注入量が一定になるように十分時間をかけてテストする．
6. 注入圧は低圧から段階的にあげ，注入圧〜注入量の関係に注意して岩盤を破壊しないよう配慮しなければならない．また，最大注入圧力は地質状況，上載荷重を考慮して適当な値を用いるものとする．
7. 地下水の有無およびその位置，湧水の有無およびその圧力や量などを柱状図と一緒に明記する．
8. ボーリング孔径，セメンテーションの有無を明記する．
9. ルジオン値は地下水位による修正の有無や，換算ルジオン値かどうかを明示する．

8.3.2 データ整理

> 注入圧力を段階的にあげ，注入圧－注入量曲線を描きながら岩盤が破壊しないよう注入量を増加してルジオン値を求めるものとする．
>
> 注入量が異常に増大する場合は，限界圧力を正確に求めるとともに，ルジオン値を図式的に求めるものとする．

解　説

　試験は注入圧～注入量曲線（$P-Q$ 曲線）を描きながら行う．$P-Q$ 曲線において注入量が急に増大する場合には急増点での注入圧力を限界圧力として求め，換算ルジオン値を図 17-13 のように図式的に求める．

　限界圧力が $10\,\mathrm{kgf/cm^2}$ $\{0.981\,\mathrm{N/mm^2}\}$ またはそれ以上の場合には，注入圧力と注入量の関係が直線関係であることを確認のうえ，注入圧力 $10\,\mathrm{kgf/cm^2}$ $\{0.981\,\mathrm{N/mm^2}\}$ の時の注入量をルジオン値とする．

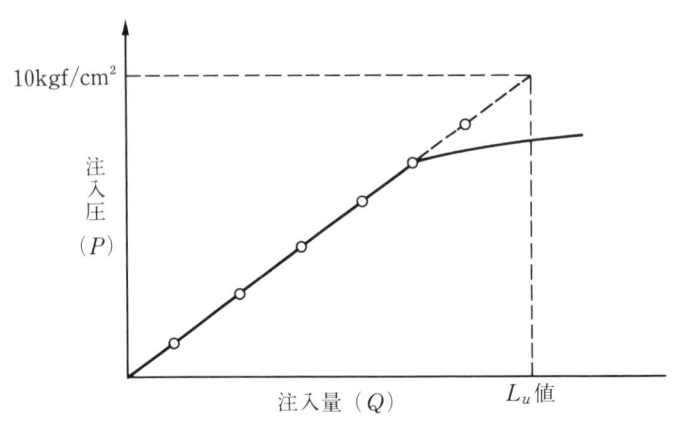

図 17-13　注入圧～注入量曲線

8.4　グラウチングテスト

> グラウチングによる基礎岩盤の改良特性に関する資料を得るため，必要に応じ現地においてグラウチングテストを実施するものとする．グラウチングテストは，中央内挿法で実施し，岩盤変位測定装置による変位計測も併せて行うものとする．

解　説

　地質が一様でないことと，まだグラウチング機構が十分解明されていないことから，グラウチングを行う場合には必要に応じてグラウチングテストを行う．グラウチングテストではグラウチングによる改良の見通し，グラウト材料，グラウト孔のパターンおよび孔間隔，注入圧力，施工法などを検討する．

　グラウト効果の判定はルジオンテストによって行う．

　グラウト孔のパターンは次の 3 種が主として考えられる．

　注入圧力については，注入圧力をあげれば注入量が多くなり注入範囲も広がるが，それによって岩盤の局部的て破壊や浮上がりが生ずるので注意しなければならない．

8.5　ボーリング孔内試験

> 基礎岩盤の力学的特性，地下水の流動特性等を求める必要がある場合には，必要に応じてボーリング孔を利用した孔内試験を行うものとする．

第8節　岩盤の原位置試験

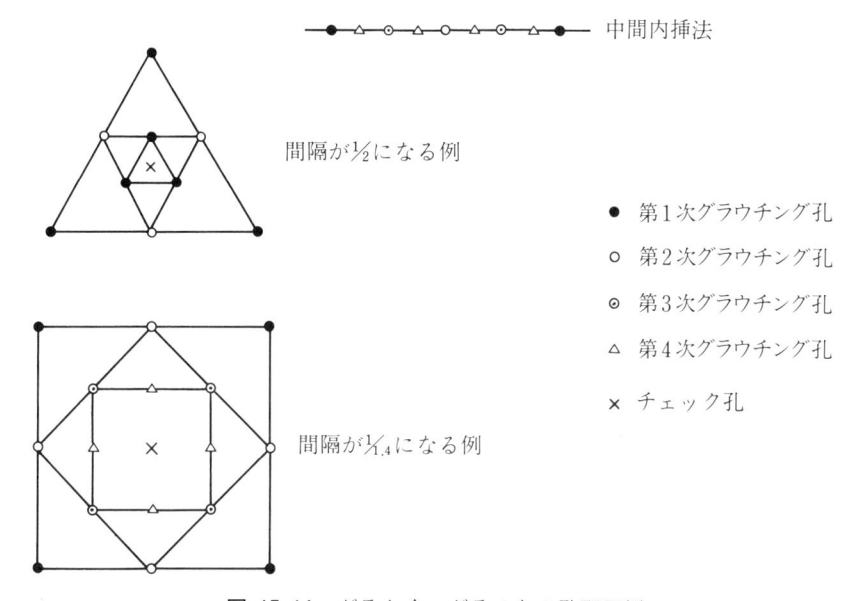

図 17-14　グラウチングテストの孔配置例

解　説

ボーリング孔を用いるおもな試験等の概要は次のとおりである．

1．ボアホールテレビ観察

ボーリング孔内にテレビカメラを入れ，孔壁を観察するものである．テレビカメラには，スポット画像タイプと展開画像タイプとがある．一般にスポット画像タイプは細部およびリアルタイムなものの動きの観察に適している．展開画像タイプでは孔内全周が観察でき，地層面，亀裂面などの走行傾斜，開口度が簡単に測定できる．

2．電気検層

地盤の比抵抗や自然電位を測定することにより，地層の厚さ，帯水層，難透水層，孔隙率，飽和度等が求められる．電気検層は原理上地下水位以下の部分でのみ適用できる．また，ケーシング挿入部分では正確な値が得られない．

3．密度検層

γ線のコンプトン錯乱が密度に逆比例することを利用したもので，岩石や地層の現場密度を測定することができる．

密度検層は他の検層法と違ってケーシングの使用が可能だが，アイソトープの取扱いには十分な注意が必要である．

4．速度検層

速度検層はP波やS波等の弾性波伝播速度を求め，地盤の物理的性質を調査する手法である．弾性波速度から動ポアソン比，動弾性係数等の動弾性定数を算出できるほか，波形記録から地盤中における弾性波の減衰特性を知ることができる．

5．その他の検層法

キャリパー検層，温度検層，中性子検層，JFT（透水試験法）等がある．

6．孔内載荷試験

力学定数等を知りたい場合には，本章7.2.5に示す各種孔内載荷試験がある．

第9節 土の室内試験

9.1 土の判別分類のための試験

9.1.1 試験の方法

土を判別分類するためには，材料の観察と次の試験を実施するものとする．

表17-19 土を判別分類するための試験方法

求 め る 値	試 験 法	試 験 法 の 規 格
細粒分（74μ 以下）の割合 細粒分（74μ 以上）の割合 砂分（74～20 mm）の割合 礫分（20～25 mm）の割合 均等係数 Uc 曲率係数 $U'c$	粒 度 試 験	JIS A 1204 JSF T 131 「土の粒度試験方法」 JSF T 22-71 「土の細粒分含有率試験方法」
液性限界 LL 塑性限界 PL 塑性指数 PI	液性限界試験 塑性限界試験	JIS A 1205 JSF T 141 「土の液性限界・塑性限界試験方法」

このほかシルトと粘土の判別には次の試験などが利用できるものとする．

ダイレイタンシー現象	ダイレイタンシー試験	基準化されていない 「土質試験の方法と解説」参照
乾燥強さ	乾燥強さ試験	基準化されていない　同上参照

解　説

　土は粒度およびコンシステンシー（液性限界，塑性限界により示される土の特性）に応じて分類される．

　ふるい分けによる粒度試験の結果は，土を粗粒土か細粒土に大分類する際，粗粒土をさらに分類する場合，さらに細粒土の分類に用いる．土が粗粒土か細粒土のどちらであるかを知ればよい場合には細粒分（74μ 以下の粒子）または粗粒分（74μ 以上の粒子）の割合だけがわかればよいので，そのための試験（土の細粒分含有率試験）を実施すればよい．

　また，シルトと粘土の含有状況に係わる粘性土の挙動特性を簡便に見分けるためには，ダイレイタンシーの程度，乾燥強さの試験等の簡易判別法がある．ダイレイタンシー試験および乾燥強さ試験の方法と結果の判定については 本章 9.1.2 および本章 9.1.3 に規定する．

9.1.2 ダイレイタンシー試験

ダイレイタンシー試験は，次の順序で行うものとする．

　15 mm 立方の土塊1つ分の試料に，必要に応じ水を加え，ねばつかない程度に軟らかくこねる．それを一方の手のひらにのせ，表面をへらなどでスムーズにし，水平に振動し，自由水が表面に出てこない場合は，試料をのせている手を他方の手に数回強く打ち付けることにより，自由水が表面に出てくるかどうかを観察するものとする．次に，その手のひらをすぼめ，表面の自由水が試料中に消えるかどうか観察するものとする．なお，試料表面の自由水は，試料表面の光沢で判断できる．

　試験の結果の判定は，表 17-20 により行うものとする．

第9節　土の室内試験

表17-20　ダイレイタンシー現象の判定

試　験　の　結　果	ダイレイタンシー現象の程度
振動中に水が現れ，次に手のひらをすぼめると速やかに水が消える．	顕　　著
試料をのせた手を他方の手に数回強く打ち付けることにより，かすかに水が現れ，次に，手のひらをすぼめると表面水がわずかに変化する．	わ ず か
試料をのせた手を他方に数回強く打ち付けても，水が現れず，手のひらをすぼめても表面水に変化がない．	な　　い

9.1.3　乾燥強さ試験

乾燥強さ試験では，長さ3cmで1cm角の角柱を作り，十分空気乾燥させた後，その強さを調べるものとする．

試験の結果の判定は，表17-21により行うものする．

表17-21　乾燥強さの判定

試　験　の　結　果	乾燥強さの程度
指圧により圧砕できる	極めて低い
指圧では圧砕しにくくても簡単に折れる	低　　い
指圧では圧砕できないが，比較的容易に折れる	中　　位
指圧では圧砕できず，折るときの抵抗も大きい	高　　い

9.2　土の力学的性質を求める試験

9.2.1　材料としての試験

土を材料として用いるにあたって，その力学的性質を調べるために実施する試験は，求める値に応じ原則として表17-22に示す方法によるものとする．

表17-22　力学的性質を調べるための試験方法

求める性質	土の種類	試　　　　験	試験方法の規格
せん断強さ	砂　質　土	一面せん断試験 または 三軸圧縮試験 （圧密排水せん断）	（地盤工学会編 「土質試験の方法と解説」 　第7編第6章，第12章） JSF T 524 「土の圧密排水三軸圧縮試験」
	粘　性　土	一軸圧縮試験 または 三軸圧縮試験 （非圧密非排水せん断）	JIS A 1216　JSF T 511 「土の一軸圧縮試験方法」 JSF T 521 「土の非圧密非排水三軸圧縮試験方法」

第17章　土質地質調査

透水係数	砂質土	定水位透水試験	JIS A 1218　JSF T 311「土の透水試験方法」
	粘性土	変水位透水試験または圧密試験	JIS A 1217　JSF T 411「土の圧密試験方法」
締固め特性		締固め試験	JIS A 1210　JSF T 711「突固めによる土の締固め試験方法」

解　説

　盛土の設計に必要なせん断特性と透水性および施工に際して必要となる締固め特性の土質諸定数を求めるための試験法を定めたものである．

　通常の河川堤防の設計にあたっては，必ずしも常にせん断強度試験を実施する必要はないが，高水時の堤体浸透が問題になる条件の堤防，特殊な形状や構造の堤防，良質でない材料を用いる堤防などで安定計算を必要とする場合にはここにあげたせん断試験を実施する．

　地盤の土のせん断試験としては三軸圧縮試験が望ましいが，粘土分が多く飽和している場合には一軸圧縮試験から求めてもよい．砂の場合は乱さない試料はサンドサンプラにより採取しなければならないので，必要性によっては，N値等他の原位置の試験強度から強度を推定してもよい．粘土分が多く飽和している場合には一軸圧縮試験によることもできる．

　堤体土質の場合は，一般に不飽和状態にあり，問題となる浸透の進行する状態では飽和度が上昇しているので，設計あるいは安定検討に際しての強度設定には，堤体材料の粒度，透水性，締固め度等の状況に応じて試験方法および採用値を十分に検討しなければならない．

9.2.2　原地盤の土の試験

　原地盤の粘性土について，その力学的性質を調べるための試験は乱さない試料を採取し，原則として表17-23に示す方法によるものとする．

表17-23　原地盤の粘性土の性質を調べるための試験方法

求める性質	適　用	試　験　方　法	試　験　法　の　規　格
せん断強さ	切取り面の安定	三軸圧縮試験（圧密排水せん断または間隙水圧測定を伴う圧密非排水せん断）	JSF T 524「土の圧密排水三軸圧縮試験」JSF T 523「土の圧密非排水三軸圧縮試験」
	盛土基礎の施工直後の安定	一軸圧縮試験	JIS A 1216「土の一軸圧縮試験方法」
	盛土基礎の長期の安定	三軸圧縮試験（圧密非排水せん断）	JSF T 523「土の圧密非排水三軸圧縮試験」
圧密特性	盛土施工後の沈下	圧密試験	JIS A 1217「土の圧密試験方法」

　原地盤の砂について，その力学的性質を調べるための試験は乱さない試料を採取し，原則として表17-24に示す方法によるものとする．

第9節 土の室内試験

表17-24 原地盤の砂の性質を調べるための試験方法

求める性質	適　用	試　験　方　法	試験法の規格
せん断強さ	堤防の安定	三軸圧縮試験 （圧密排水せん断）	JSF T 524 「土の圧密排水三軸圧縮試験」
液状化強度	地震時液状化	繰返し非排水三軸試験 （応力制御型試験）	JSF T 524　「地盤材料の変形特性を求めるための繰り返し三軸試験方法」に準ずる

解　説

本文には原地盤から乱さない試料を採取して実施する力学試験について定めたものである．

施工直後の安定問題の検討は一軸圧縮試験を用いることができるが，砂分の多い場合あるいは塑性の低い粘土では過大な値となることがあるので非圧密非排水三軸圧縮試験を実施するのがよい．

砂質の土ではサンドサンプラにより乱さない試料を採取して圧密排水三軸圧縮試験を行うこともできるが，一般には現位置試験（標準貫入試験）などからその力学的性質を推定することができる．ただし，地震時の砂の液状化を検討するため砂層の液状化強度を求める場合などは砂の乱さない試料を採取するものとする．

9.2.3　供試体の作成

供試体は，施工時に想定される含水比と密度になるように作成するものとする．

解　説

土の力学的性質はその密度，含水比，飽和度，応力履歴などによって異なるものであるから，現実の土の状態と同一条件のもとで試験を行って得られた結果を設計などに反映させる必要がある．

9.2.4　一面せん断試験

一面せん断試験は，同一条件の試料に対して4個の供試体について垂直荷重を変えて行うものとする．

垂直荷重は，構造物において想定される最大荷重の1.2倍以下の範囲内で任意の異なる大きさに設定するものとする．

また，せん断速度は，原則として歪制御の場合は1mm/min，応力制御の場合は$0.2\,\mathrm{kgf/cm^2/min}$とするものとする．

解　説

一面せん断試験における垂直荷重圧は，実際の土中応力状態と同一条件となるようにするべきであるが，現実にはこれは不可能であるので，その土層内で予想される最大荷重の1.2倍以下の範囲の荷重を設定することとする．「想定される最大荷重」は概算で求めればよく，正確な計算を必要としない．せん断試験の垂直荷重または拘束圧は，この最大荷重と最小荷重の間をできるだけ等分するように，その大きさを設定するのがよい．構造物基礎の場合の試験条件として最大荷重の1.2倍以下としているのは，荷重の計算が概算であることや，土質試験の時点で構造物の規模が必ずしも確定していないことが考えられるためである．

9.2.5　三軸圧縮試験

三軸圧縮試験は，同一条件の試料に対して4個の供試体について拘束圧を変えて試験を行うものとする．

第17章　土質地質調査

　拘束圧は，原則として切取り面の安定の場合には切取り前の最大荷重（土かぶり圧）以下の範囲内で任意の異なる大きさに設定するものとし，その他の場合には構造物において想定される最大荷重の1.2倍以下の範囲内で任意の異なる大きさに設定するものとする．

解　　説

本章9.2.4 一面せん断試験の解説を参照のこと．

9.2.6　圧密試験

　圧密試験は，地盤で想定される最大荷重より大きく，かつこれに最も近い荷重まで行うものとする．

　なお，掘削した後に埋戻しあるいは構造物の築造を行う場合には，まず掘削前の土かぶり荷重よりも大きくかつこれに最も近い荷重段階まで圧密した後，除荷を行って掘削後の最大荷重より小さくかつこれに最も近い荷重段階まで荷重を下げ，さらに通常の場合に準じた荷重まで再圧密を行うものとする．

解　　説

　圧密試験は試験法に定められている圧密荷重すべてに対して試験をする必要はない．また，掘削後の再載荷のような場合にはそれに応じた試験を実施しておかなければならない．本文ではこれらの場合の圧密荷重の選定の考え方を定めた．

9.2.7　締固め試験

　締固め試験として適用するものは，原則として JIS A 1210 に規定する試験方法のうち次のとおりとする．
　1．通常の締固めを想定した場合
　　　粒子が砕けやすい土，水となじみにくい土　　　　　　　　　A－b
　　　高含水粘性土の締固めの性状試験　　　　　　　　　　　　　A－c
　　　粘性土のトラフィカビリティ判定のためのコーン指数測定　　B－c
　　　その他の場合　　　　　　　　　　　　　　　　　　　　　　A－a
　2．重締固めを想定した場合
　　　粒子が砕けやすい土，水なじみにくい土　　　　　　　　　　C－b
　　　高含水粘性土の締固め性状試験　　　　　　　　　　　　　　C－c
　　　その他の場合　　　　　　　　　　　　　　　　　　　　　　C－a

9.2.8　コアの含有物試験

　コアの含有物試験は，試料中に含まれる化石等について，その種類出現頻度などを調査するものとする．

解　　説

　コアの含有物試験は地層の地質時代が不明なとき，あるいは地層特に新しい地層の連続性の追求や対比を行うために実施される．

　ボーリング，サンプリングによるコアばかりでなく，地質踏査の際に採集された化石についても同様に行う．

　第三紀以前の古い地層の対比等は貝化石が最も一般的で有効であるが，第四紀層（沖積層，洪積層）では貝化石が現生種と同一であることが多いために有孔虫，珪藻，花粉等について種類や出現頻度を鑑定し，地層の対比

や堆積環境の推定を行う．また，地層の絶対年代を決定するために，地層中に含まれる貝片や植物片等の放射性同位元素（^{14}C 等）量を測定することがある．

第10節　岩石の室内試験

10.1　物　理　試　験

岩石の物理的性質を求める場合には，求める値に応じて適切な試験を行うものとする．

解　説

試験方法の代表的なものを**表 17-25** に示す．

表 17-25　岩石の物理的性質を求めるための試験方法

求める値	試験方法	試験法の規格
自然状態，強制乾燥状態 強制浸潤状態の密度	密度試験	KDK　S　0501
吸水率および有効間隙量	吸水率および有効間隙率試験	KDK　S　0501
静弾性係数，静ポアソン比	静弾性係数試験	KDK　S　0503
動弾性係数，動ポアソン比	動弾性係数試験	KDK　S　0503

10.2　岩石の力学試験

岩石の力学的性質を求める場合には，岩石供試体により求める性質に応じて適切な試験を行うものとする．

解　説

試験方法の代表的なものを**表 17-26** に示す．

表 17-26　岩石の力学的性質を求めるための試験方法

求める性質	試験方法	試験方法の規格
せん断強さ	一軸圧縮試験 三軸圧縮試験 直接せん断試験	KDK　S　0502 KDK　岩石の三軸圧縮試験方法 KDK　岩石の直接せん断試験方法
引張強さ	引張試験	KDK　引張試験方法

10.3　化学的性質を求める試験

岩石の化学的性質を求める場合には求める性質に応じた試験を行うものとする．

解　説

岩石の化学的性質を求める必要がある場合には，その目的に応じて，強熱減量試験，X線分析，化学分析，示差熱分析，有機物含有量試験等の試験を行う．試験方法については第4編（施工編）第1章材料試験を参照の

こと．

10.4 耐久性試験

> 岩石の耐久性を求める場合には，必要に応じて凍結融解試験，スレーキング試験等を行うものとする．

解　説

ダムの堤体材料や掘削のり面には力学的な性質のほかに耐久性が要求される．

硬岩の耐久性を求める代表的な方法である凍結融解試験は，岩石試料の内部まで凍結融解が繰り返される条件下での試験前と試験中のある時期の各種物理量の測定値の変化を耐久性判定の目安とするものであり，軟岩の耐久性を求める代表的な方法であるスレーキング試験は，乾燥させた岩石供試体の水浸によって生じる形状変化および吸水量からスレーキングの性質の目安を求めるものである（参考；JIS A 6204「コンクリート用化学混和剤，附属書2，コンクリートの凍結融解試験方法」，土木学会「軟岩の調査・試験指針（案）」）．

第11節　土　の　分　類

11.1　土　の　分　類

> 土の分類は原則として表17-27，17-28および表17-29によって行い，分類名または，記号により表示するものとする．

表17-27　土の分類基準と分類名

土質材料（75mm以下の地盤材料）
- 粗粒土：粗粒分（75μm以上の材料）が50％より多い．
  - 礫粒土G：粗粒分のうち礫分（2.0～75mmの材料）が50％より多い．
  - 砂粒土S：粗粒分のうち砂分（75μm～2.0mmの材料）が50％以上．
- 細粒土F：細粒分（75μm以下の材料）50％以上．
- 高有機質土 {Pt}：大部分の材料が有機質材料．

第11節 土の分類

表 17-28

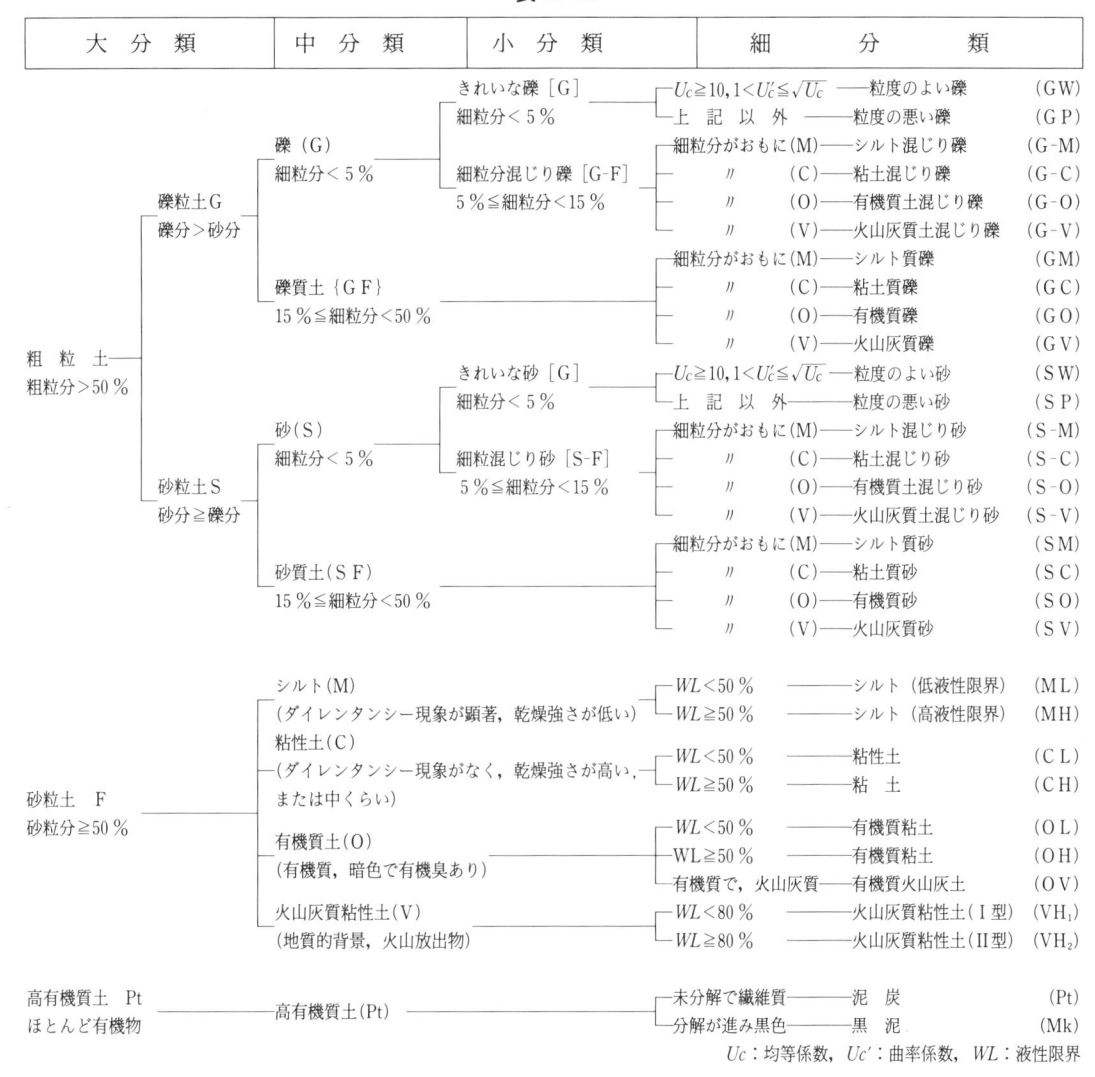

大分類	中分類	小分類	細分類	
粗粒土 粗粒分>50%	礫粒土 G 礫分>砂分	礫 (G) 細粒分<5%	きれいな礫 [G] 細粒分<5%	$U_c≧10, 1<U_c'≦\sqrt{U_c}$ ── 粒度のよい礫 (GW) 上記以外 ── 粒度の悪い礫 (GP)
			細粒分混じり礫 [G-F] 5%≦細粒分<15%	細粒分がおもに (M) ── シルト混じり礫 (G-M) 〃 (C) ── 粘土混じり礫 (G-C) 〃 (O) ── 有機質土混じり礫 (G-O) 〃 (V) ── 火山灰質土混じり礫 (G-V)
		礫質土 {GF} 15%≦細粒分<50%		細粒分がおもに (M) ── シルト質礫 (GM) 〃 (C) ── 粘土質礫 (GC) 〃 (O) ── 有機質礫 (GO) 〃 (V) ── 火山灰質礫 (GV)
	砂粒土 S 砂分≧礫分	砂 (S) 細粒分<5%	きれいな砂 [G] 細粒分<5%	$U_c≧10, 1<U_c'≦\sqrt{U_c}$ ── 粒度のよい砂 (SW) 上記以外 ── 粒度の悪い砂 (SP)
			細粒混じり砂 [S-F] 5%≦細粒分<15%	細粒分がおもに (M) ── シルト混じり砂 (S-M) 〃 (C) ── 粘土混じり砂 (S-C) 〃 (O) ── 有機質土混じり砂 (S-O) 〃 (V) ── 火山灰質土混じり砂 (S-V)
		砂質土 (SF) 15%≦細粒分<50%		細粒分がおもに (M) ── シルト質砂 (SM) 〃 (C) ── 粘土質砂 (SC) 〃 (O) ── 有機質砂 (SO) 〃 (V) ── 火山灰質砂 (SV)
砂粒土 F 砂粒分≧50%	シルト (M) (ダイレンタンシー現象が顕著, 乾燥強さが低い)			$W_L<50\%$ ── シルト (低液性限界) (ML) $W_L≧50\%$ ── シルト (高液性限界) (MH)
	粘性土 (C) (ダイレンタンシー現象がなく, 乾燥強さが高い, または中くらい)			$W_L<50\%$ ── 粘性土 (CL) $W_L≧50\%$ ── 粘土 (CH)
	有機質土 (O) (有機質, 暗色で有機臭あり)			$W_L<50\%$ ── 有機質粘土 (OL) $W_L≧50\%$ ── 有機質粘土 (OH) 有機質で, 火山灰質 ── 有機質火山灰土 (OV)
	火山灰質粘性土 (V) (地質的背景, 火山放出物)			$W_L<80\%$ ── 火山灰質粘性土 (I型) (VH$_1$) $W_L≧80\%$ ── 火山灰質粘性土 (II型) (VH$_2$)
高有機質土 Pt ほとんど有機物	高有機質土 (Pt)			未分解で繊維質 ── 泥炭 (Pt) 分解が進み黒色 ── 黒泥 (Mk)

U_c:均等係数, U_c':曲率係数, W_L:液性限界

表 17-29 礫および砂の粒径の表現

土質名		定義または説明
礫	粗礫	ほとんどの粒子が 20〜75 mm の場合
	中礫	ほとんどの粒子が 5〜20 mm の場合
	細礫	ほとんどの粒子が 2〜5 mm の場合
	砂礫	かなりの砂分を含む礫
砂	礫混じり砂	礫分を含む砂
	粗砂	ほとんどの粒子が 0.42〜2.0 mm の場合
	細砂	ほとんどの粒子が 74μ〜0.42 mm の場合

第17章 土質地質調査

解　説

　土の分類は地盤工学会基準「土の工学的分類方法（日本統一土質分類法）」(JSF M 111-1990) に基づくものとする．

　土を大まかに分類する場合には，**表17-27**によることとし，土質試験結果に基づいて土質柱状図，土性図等を作成する場合には，**表17-28**の分類名を用いる．

　さらに，特別な目的のために細分類する必要のある時は，表17-28の分類を用いることができる．

　礫および砂についてはその粒径に応じ**表17-29**のように表現することができる．

　特殊な土でその俗称により表現することが適当と考えられる時は，土質分類名としてこれらの特殊土の名称を用いてもよい．埋立地などで塵芥，建設資材の廃材などから成り立っている地盤については「廃棄物」{W}

　分類された土の土質材料としての性質と材料としての一般的適性度については，表17-6を参照のこと．
と表現する．

11.2　分類結果の表示

　分類結果は，適切な図式記号または彩色により土質柱状図，土性図などに表示するものとする．

表17-30　分類結果の表示(例)
〔地質コード〕

区分	分類名	コード
土質材料	礫 (G)	100
	礫質土 (GF)	200
	砂 (S)	300
	砂質土 (SF)	400
	シルト (M)	500
	粘性土 (C)	600
	有機質土 (O)	700
	火山灰質粘性土 (V)	800
	高有機質土（腐植土）(Pt)	900

第1分類

区分	分類名	コード
補助記号	砂質 (S)	10
	シルト質 (M)	20
	粘土質 (C)	30
	有機質 (O)	40
	火山灰質 (V)	50
	玉石混じり (-B)	1
	砂利・礫混じり (-G)	2
	砂混じり (-S)	3
	シルト混じり (-M)	4
	粘土混じり (-C)	5
	有機質土混じり (-O)	6
	火山灰混じり (-V)	7
	貝殻混じり (-Sh)	8

第2分類

区分	分類名	コード
岩石材料（岩盤）	硬岩 (HR)	091
	中硬岩 (MR)	092
	軟岩, 風化岩 (WR)	093
	玉石 (B)	094
特殊土材料	浮石(軽石) (Pm)	010
	シラス (Si)	020
	スコリア (Sc)	030
	火山灰 (VA)	040
	ローム (Lm)	050
	黒ぼく (Kb)	060
	マサ (WG)	070
	表土 (SF)	000
	埋土 (FI)	001
	廃棄土 (W)	002

第3分類

解　説

　柱状図および土性図は土質試験結果に基づいて作成されるものであり，土質に関する判断のための最も重要な基礎資料であるから本章11.1本文に定めた細分類の土質名を記入し，図式記号または彩色で表現する．

　図式記号は主として柱状図に，彩色は主として土性図に利用する．

参考文献

1) 地盤調査法　地盤工学会編　平成7年　月
2) 土質試験の方法と解説　土質工学会編　平成2年3月
3) 地下水調査および観測指針（案）　建設省河川局監修(財)国土開発技術研究センター編集・発行1993年3月
4) 河川土工マニュアル　(財)国土開発技術研究センター発行　1993年6月
5) ダム基礎岩盤グラウチングの施工基準　土木学会　S47年

第 18 章
河川環境調査

第18章　河川環境調査

第1節　総　　説

> 本章は，生態系を調査することによって，河川に係わる環境を把握するための標準的な手法を定めるものである．

解　説

河川環境は非生物要素（基質・水質・水理的諸要素）と生物要素から構成され，生物要素を構成する生物群は細菌類から哺乳類に至るさまざまな生物階層の生物群がある．

また，河川の空間を大別すると，陸域と水域に区分される．

陸上の生物群と水域の生物群はそれぞれ生態的特性を有し，かつ非生物要素によって複雑な生物群集を形成する．

本調査においては河川域に生息するそれらの生物群の種類構成（ある地域に有機的に係わりあって生活する生物種の構成）・分布・現存量（ある地域に現に存在して生きている生物の量をさし，普通単位空間あたりにして表示する）等の実態を把握し，河川環境の管理と保全のための情報を得ることを目的とする．

ここでは，水域および周辺の次の生物群を対象とする．

生物調査においては，それぞれの生物群の実態把握が可能な調査計画，調査方法，試料採取，試料の調製・固定（保存），種の同定整理・とりまとめ等が必要である．

なお詳細については河川域の特性を考慮して各生物群調査目的に応じ第2節にあげた調査法等を参照して策定することが望ましい．

調査項目	水生生物	陸生生物
植物調査	水生植物(大型)	陸上植物(シダ植物以上の植物)
動植物プランクトン調査	植物プランクトン(藻類) 動物プランクトン 　原生動物 　　微小後生動物(輪虫類・甲殻類等)	
底生生物調査	マクロベントス ミクロベントス	
魚類調査	ネクトン	
陸上昆虫調査	魚類	陸上昆虫類
両生類・爬虫類・哺乳類調査	両生類	爬虫類・両生類・哺乳類
鳥類調査		鳥類

第2節 生 物 調 査

2.1 植 物 調 査

2.1.1 調査概要

> 植物調査では，陸域および水域における維管束植物を対象とするものとする．
> 調査対象範囲は，調査対象水域およびその周辺とするものとする．

解　説

植物調査で対象とする維管束植物とは，シダ類以上の高等植物のことである．

植物調査は調査対象域の植生分布，植物の種類構成・分布・現在量を調査することによって対象域の環境の実態を把握するものとする．

ある地域を覆って生活をしている植物集団を植生といい，植物群落とよぶ場合はより具体的な場合に用いられる．例えば木本群落，草本群落などのように，植生に単位性を持たせている時に用いる．

植生はその成立している土地・底質・水質等によって，構成植物の種類が違うだけでなく，同一種類の植物からなる集団でも形態や生活がかなり違うもので，一見したところ一様であっても詳しく観察すると部分的には著しい差が認められることがある．このような部分的な差の生ずる原因は環境が部分的に異なるためと，植生の発達過程が違うためである．

2.1.2 調査構成

> 調査は調査計画を立案し実施するものとし，その内容は事前調査・現地調査を主とし，室内分析で補い，整理とりまとめをもって構成するものとする．

解　説

本調査の手順は下図に示すとおりである．

```
┌─────────────────────────────────┐
│ 事前調査（文献調査・聞き取り調査）         │
│  ・植物相，植生分布等の状況の把握         │
│  ・概略植物生図の作成                │
│  ・水域周辺の状況の把握              │
└─────────────────────────────────┘
              ↓
┌─────────────────────────────────┐
│ 現地調査計画の策定                  │
│  ・現地調査                      │
│  ・調査ルートの設定                 │
│  ・調査時期および調査回数の設定         │
└─────────────────────────────────┘
              ↓
┌─────────────────────────────────┐
│ 現地調査                        │
│  ・植生分布調査                   │
│  ・植物相（フロラ）調査              │
│  ・群落組成調査                   │
│  ・特定種等の現地確認               │
└─────────────────────────────────┘
              ↓
┌─────────────────────────────────┐
│ 室内分析                        │
│  ・同定（同定が困難な種等）            │
│  ・標本の作製および保存              │
└─────────────────────────────────┘
```

第2節 生物調査

```
┌─────────────────────────┐
│ 調査成果のとりまとめ           │
│  ・事前調査結果のとりまとめ     │
│  ・現地調査結果のとりまとめ     │
│  ・考察                    │
└─────────────────────────┘
```

2.1.3 事前調査

> 事前調査においては，次の調査を行うものとする．
> 1. 文献調査
> 2. 聞き取り調査

解　説

現地調査を行う前に，文献および聞き取り調査により，既存植生調査結果，水域およびその周辺の植物相の概要，水域およびその周辺内での特定種等の有無，水域およびその周辺の状況などについて把握しておく．

2.1.4 現地調査計画

> 調査にあたっては，現地調査計画を作成するものとする．

解　説

1. 文献・聞き取り調査の成果を踏まえ，調査対象範囲の現地踏査を行った後，十分な成果が得られるように，踏査ルート，調査時期の設定等を行い，現地調査計画を策定する．
2. 水域およびその周辺における植物相，植生分布等の状況を把握するため，植生分布調査，植物相（フロラ）調査，群落組成調査を実施する．
3. 植生分布調査および植物相調査のための踏査ルートは，事前調査結果に基づき，水域周辺の地形，概略植生区分図，特定種の分布状況，その他既往調査結果等を勘案して設定する．
4. 植物調査は，春から秋の植物の確認しやすい時期に実施する．

2.1.5 現地調査

> 現地調査は現地調査計画に従って行うものとするが，河川環境の特性および調査目的に配慮して，的確に実態を把握できるように調査方法を選定して実施するものとする．

解　説

1. 調査方法の概要

現地調査には，植生分布調査，植物相調査および群落組成調査がある．

植生分布調査および植物相調査は踏査により実施する．

群落組成調査は，コドラート法により実施する．また，群落組成調査により確認された種は，植物相調査の結果に反映させる．

2. 各調査の特徴

植生分布調査

植生の平面的分布を把握する調査で，植生区分図を作成する．

植物相調査

生育する植物のリストを作成する．

群落組成調査

群落における植物の存在状況を把握する．

3. 植生図作成調査

事前に作成した概略植生区分図を持って現地に行き，水域周辺の見通しのよい場所から眺望するとともに，随時調査対象範囲内を踏査し，現況の植生分布と照合して植生区分図を作成する．群落の区分は，相観および優占種によって行う．

植物社会学的な群落の区分については別途の調査法を参考にする．

また，代表的な群落を含む水際（水生植物がある場合は水域を含む）からの植生配分模式図を作成する．

4. 植物相（フロラ）調査

調査対象範囲内を踏査し，出現する種を目視（木本は必要に応じ双眼鏡を使う）により確認し，種名と出現状況を調査票に記録する．調査対象種は，野生種・帰化種・特定種・植林樹種とし，公園・耕作地などに植栽されている種は目的に応じて対象とする．なお，現地で同定の困難な植物については，採集し，後日詳細に調べる．また，当該地域で初めて確認された植物も採集する．ただし，特定種等は採集せず，写真などを撮影し後日専門家が確認できるように確認位置を記録する．

5. 群落組成調査

群落組成調査は，コドラートを設置し，ブロン－ブランケの方法によりコドラート内の各植物の被度・群度・階層などを記録することにより行う．

植生分布調査で区分した群落については，1地点以上で群落組成調査を実施する．

コドラートを設置する個所は，対象とする群落をよく観察して，その群落が典型的に発達している区域の中からできるだけ均質な場所を選定する．

群落の経年的な推移を把握するため，継続的に同じ地点で調査できるようコドラートの範囲を図上に記録する．

群落組成調査の実施上の留意点を，以下に示す．

(1) 調査対象の選択

調査対象地域を相観して，特徴的な植物の種の組合わせから均質ないくつかの地域に植生区分し，それぞれの区域中に群落の広がりの中で最もよく発達している所をサンプリングする．

相観とは，植物の生活形を主とした外観や，ある場所に生育している植物の全体としての姿・形をとらえることをいう．

植物群落は，調査対象地域に1つの群落のみが発達しているとは限らず，多くの場合いろいろの群落がいくつも成立しているのが普通である．したがって，一般にはこの対象とする植生や地域の中からいくつかのコドラートを取り出し，それを対象地域の代表とする方法がとられる．

ただし，どのくらいの大きさの調査区をいくつくらい，どこに取ればその地域や群落を正しく代表させることができるかが問題である．そのため調査地域をできるだけ踏査し，また，航空写真を用いる等により全植生を大づかみに調べる．この初めの全域踏査によって，そこに絶えず繰り返し見られる特徴的な植物の種の組合せと相観とから群落の数やそれぞれの群落の広がりを把握する．コドラートは，それぞれの群落の中で最も発達している所を選び，異なった群落との移行帯は避けたほうがよい．

図 18-1 コドラートの取り方（○良い例，×悪い例）

(2) コドラートの面積

設置するコドラートの面積は，対象とする群落により異なる．調査する面積が広いほど出現する種類数は多くなるが，やがて一定の値に近づく．この面積増大に伴う出現種類数の増加状態を示す曲線を種数－面積曲線という．コドラートの最小面積は，種数－面積曲線の変曲点から求めることが望ましいが，経験上，次のようなおおよその目安がある．

第2節　生　物　調　査

・高木林（亜高木層を含む）	150〜500 m²	・シバ草原（低茎草原）	10〜25 m²
・低木林（4 m 以下下層は草本相のみ）	50〜200 m²	・その他草原（低茎草原）	1〜10 m²
・ススキ草原（高茎草原）	25〜100 m²	・耕地雑草群落	25〜100 m²

　また，概略的な決め方として，群落の優占種の高さを一辺とした正方形とする方法があり，この方法は種類数の多い複雑な群落でなければ適用できる．

(3) 生育種類の調査

　コドラート内に生育する植物のすべての種類を記録する．

　なお，現地で同定の困難な植物，当該地域で初めて確認された植物，特定種等の取扱いについては，植物相調査の場合と同様である．

(4) 被度・群度の調査

　ブロン－ブランケの方法により，コドラート内に生育している各植物種の被度・群度を記録する．

〈被度〉

5：被度がコドラート面積の3/4以上を占めているもの

4：被度がコドラート面積の1/2〜3/4を占めているもの

3：被度がコドラート面積の1/4〜1/2を占めているもの

2：個体数が極めて多いか，または少なくとも被度が1/10〜1/4をしめているもの

1：個体数は多いが被度が1/20以下，または，被度が1/10以下で個体数が少ないもの

＋：個体数が少なく，被度も少ないもの

r：極めてまれに最低被度で出現するもの（＋記号にまとめられることも多い）

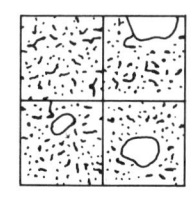

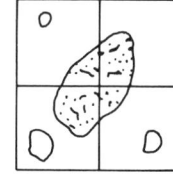

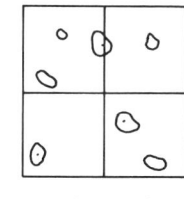

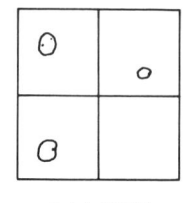

被度5（3/4以上）　　4（1/2〜3/4）　　3（1/4〜1/2）　　2（1/10〜1/4）　　1（1/10以下）

〈群度〉

5：コドラート内にカーペット状に一面に生育しているもの

4：大きなまだら状，または，カーペット状のあちこちに穴があいているような状態のもの

3：小群のまだら状のもの

2：小群をなしているもの

1：単独で生えているもの

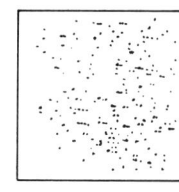

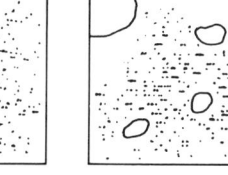

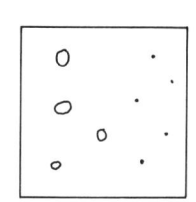

群度5　カーペット状　　4　カーペットに穴がある状態　　3　まだら状　　2　小群状　　1　単独で生育

(5) 層別調査

　森林のような多層植生では，まず群落を層別に調査することにより，調査精度を高めることができる．

　基本的な階層は次のとおりである．

　　　高木層　　（亜高木層　を含む）

低木層　　　　草本層

植物群落は，単純な構造をなすものもあるが，一般にはいろいろな植物が共存して多層社会を形成している．

これらの階層区分に際しては，予め高木層は何m以上と決めておく場合もあるが，本来森林というものは，多様な立地条件を反映し，各層の高さが一定しないのが普通であり，調査に際して具体的な植物群落について層分けするほうがその群落の実態を把握するうえで有効ではないかと考えられる．層分けの一般的な目安としてラウンキエの生活型を基準とすると，高木層は8m以上，亜高木層は2m以上8mまで，低木層は2mまで，草本層は1〜0.5m以下となる．ツル植物と着生植物は，その高さによって各階層に入れる場合と，ツル植物と着生植物として別に扱う場合とがある．

図 18-2　森林の階層模式

高木層（B_1）
亜高木層（B_2）
低木層（S）
草木層（K）
コケ層（M）

6. 生活力（活力度）

調査区内である種の生活力を表すもので4階級に分けて表現する．

活力度の判定はなかなか難しい場合もあり，実際の野外調査では特に生活力が弱い種についてのみ使用される．

生活力は，次の符号または数字（1〜4）を用い，記入は例えば，被度，群度の右肩に〈+°〉のように付記する．

- ●● 1．よく発達し種の生活環（産まれてから死ぬまでのサイクル）を完全に繰り返す植物
- ● 2．発達はあまりよくないがそこで繁殖可能な植物，または生育するがそこで完全な生活環を規則的に繰り返せない植物
- ○ 3．栄養生殖によってやっと生育していて完全な生活環を繰り返さない植物
- ○○ 4．偶然発育してもそこで繁殖できない植物

7. 現在量調査

木本・草本の現在量調査は別途の調査法を参考にして行うものとする．

8. 特定種等の現地確認

特定種等については，現地調査時（植生分布調査，植物相調査，群落組成調査）に随時確認するようにする．

ここで特定種等とは次に示す種をさすものとする．

- 国・都道府県・市町村指定の天然記念物
- 「絶滅のおそれのある野生動物の種の保存に関する法律」の国内希少野生動植物種の指定種

第2節 生 物 調 査

- 「自然公園法」による指定植物
- 環境庁編（1976）「緑の国勢調査報告書」における「すぐれた自然の調査」対象種
- 環境庁編（1980）第2回自然環境保全基礎調査（緑の国勢調査）特定植物群落調査報告書
  「日本の重要な植物群落」における特定植物群落
- 我が国における保護上重要な植物種および植物群落の研究委員会植物種分科会（1989）
  「我が国における保護上重要な植物種の現状」掲載種
- 環境庁編（1988）第3回自然環境保全調査（緑の国勢調査）特定植物群落調査報告書（追加調査，追跡調査）「日本の重要な植物群落Ⅱ」における特定植物群落
- その他，地方において特筆すべき文献掲載種

  特定種等が確認された時には，その位置を地図上に記入し，写真撮影を行い，確認時の状況を記録する．

9. 現地調査時の記録

コドラートにおけるその他の調査として，調査地番，海抜高度，方位と傾斜角，調査面積の大きさ，全植被度，樹齢と樹高，人為的影響の種類と頻度，調査地に隣接する植物群落，土壌型や土壌の種類，生活型，生育型，生育状態等について調査し記録する．

その他の調査のうち次の(1)～(8)については，まず第1に野帳に記録する必要がある．さらに，(9)～(11)に示した項目についても必要に応じ調査を行う．

(1) 調査月日
(2) 調査地

  いつでも調査地が発見できるように詳しく記す．県・郡・市・町・村・字，山，耕地などの名を記すほか，付近略図を記す．

(3) 海抜高度　　　高度計または地図による．
(4) 方位と傾斜角　斜面の場合に測定する．
(5) 調査面積の大きさ　（m×m）
(6) 全植被度

  調査区を覆っている全植生の被度を判定する（％）．多層の群落では各階層についてそれぞれの植被度を判定する．

(7) 森林調査の場合

  可能な範囲で樹齢，樹高を判定する．

(8) 調査地に隣接する植物群落

  調査地の模式図を描き，必要に応じ隣接地の構造をそれに含める．

(9) 環境調査

  照度計による階層ごとの相対照度を測定したり，林内の垂直気温，地温を測ったり，また，風の影響，含気塩分，亜硫酸ガス等の定量を行う．

(10) 土壌型や土壌の種類

  土壌の種類（砂，粘土，礫混じり等）を記入するほか必要に応じ含水量，通気性，土壌の理化学的試験等を行う．

(11) 生活形の分類

  植物の形がなんらかの基準によって具体的方法で類型化されたとき，これを生活形という．分類学の単位が種であるように，生態学では生活形が1つの基本として重要視されている．

  生活形の分類は多くの学者によってされてはいるが，類型化の基準が確立されているうえに実用的価値がかなりあって広く用いられているのはラウンキエの生活形である．分類の基準は冬の寒い時，あるいは熱帯地方の乾燥期など植物にとって生活条件の非常に悪い時期を経過する時の芽の位置によったものである．

第18章　河川環境調査

〔参考18.1〕　植生区分の例

1. 植生区分の例 1-1
    1 自然植生
        A．木本群落
            1　アカガシ―ラカシ群落
            2　アカマツ群落
            3　アキグミ群落
            4　アセビ群落
            5　アラカシ群落
            6　イチイガシ群落
            7　イヌコリヤナギ群落
            8　イヌブナ群落
            9　イヌブナ―ブナ群落
            10　イロハモミジ―ケヤキ群落
            11　ウコンウツギ群落
            12　ウラジロガシ群落
            13　ウラジロモミ群落
            14　エゾマツ群落
            15　オオシラビソ群落
            16　オオバヤナギ―ドロノキ群落
            17　オノエヤナギ群落
            18　オヒョウ群落
            19　ガクアジサイ群落
            20　カゴノキ群落
            21　キシツツジ群落
            22　クロベ群落
            23　コゴメヤナギ群落
            24　コジイ群落
            25　コメツツジ群落
            26　サワグルミ群落
            27　サワラ群落
            28　シオジ群落
            29　シキミ―アカガシ群落
            30　シキミ―モミ群落
            31　ジャヤナギ―アカメヤナギ群落
            32　シラカシ群落
            33　シラキ―ブナ群落
            34　シラビソ群落
            35　シラビソ―トウヒ群落
            36　シラビソ―オオシラビソ群落
            37　シリブカガシ群落
            38　シロヤナギ群落
            39　シロヤナギ―コゴメヤナギ群落
            40　スギ群落
            41　スダジイ群落
            42　ダケカンバ群落
            43　タチヤナギ群落
            44　タブノキ群落
            45　チョウジコメツツジ群落
            46　ツガ群落
            47　ツガザクラ群落
            48　ツクシドウダン群落
            49　ツクバネガシ―シラカシ群落
            50　トウヒ群落
            51　トガサワラ群落
            52　トドマツ群落
            53　ドロノキ群落
            54　ネコヤナギ群落
            55　ハイノキ群落
            56　ハイマツ群落
            57　ハコネコメツツジ群落
            58　ハシドイ群落
            59　ハシドイ―ヤチダモ群落
            60　ハルニレ群落
            61　ハンノキ群落
            62　ヒノキ群落
            63　ヒロハカツラ群落
            64　フサザクラ群落
            65　ブナ群落
            66　ホソバタブ群落
            67　ホルトノキ群落
            68　マルバマンサク―ブナ群落
            69　ミズナラ群落
            70　ミヤマシキミ―アカガシ群落
            71　ミヤマハンノキ群落
            72　モミ群落
            73　ヤチヤナギ群落
            74　ヤハズハンノキ群落
            75　ヤマグルマ群落
            76　ヤマボウシ―ブナ群落
            77　ユズリハ―ヤマグルマ群落
            78　リョウブ群落

第2節 生物調査

B．草本群落

- 79 アオウキクサ群落
- 80 アカウキクサ群落
- 81 アカソ―オオヨモギ群落
- 82 イトイヌハナノヒゲ群落
- 83 イヌノハナヒゲ群落
- 84 イワイチョウ群落
- 85 イワイチョウ―ショウジョウスゲ群落
- 86 イワイチョウ―ヌマガヤ群落
- 87 イワオウギ群落
- 88 イワタバコ群落
- 89 ウキヤガラ―マコモ群落
- 90 ウチワダイモンジソウ―イワタバコ群落
- 91 オオイヌノハナヒゲ群落
- 92 オオイヌノハナヒゲ―ヤチスゲ群落
- 93 オオカサスゲ群落
- 94 オオバセンキュウ―オニナルコスゲ群落
- 95 オオバセンキュウ―タネツケバナ群落
- 96 オオバタネツケバナ群落
- 97 オオヨモギ―オオイタドリ群落
- 98 オギ群落
- 99 オギ―ヨシ群落
- 100 オニシモツケ―オオヨモギ群落
- 101 カガブタ―ヒシ群落
- 102 カサスゲ群落
- 103 キダチミズゴケ群落
- 104 クロトウヒレン―ミヤマシシウド群落
- 105 クロバナヒキオコシ―オオイタドリ群落
- 106 クロバナヒキオコシ―オオヨモギ群落
- 107 クロユリ―ウサギギク群落
- 108 ケイビラン群落
- 109 コウキクサ群落
- 110 サンカクイ―コガマ群落
- 111 サンショウモ群落
- 112 シコクギボウシ　ウバナケニンジン群落
- 113 シコクフウロ―ショウジョウスゲ群落
- 114 シナノキンバイ―ミヤマキンボウゲ群落
- 115 シラタマホシクサ群落
- 116 セキショウ群落
- 117 セキショウモ―スギナモ群落
- 118 セリ―クサヨシ群落
- 119 タカチホガラシ―ツルネコノメソウ群落
- 120 ダケスゲ群落
- 121 タヌキモ群落
- 122 タヌキラン群落
- 123 チゴザサ―アゼスゲ群落
- 124 チシマアザミ―オオイタドリ群落
- 125 チャミズゴケ群落
- 126 チョウジギク―タヌキラン群落
- 127 ツルコケモモ群落
- 128 ツルデンダ―イワユキノシタ群落
- 129 ツルヨシ群落
- 130 ナエバキスミレ群落
- 131 ヌマガヤ群落
- 132 ヌマハコベ―タネツケバナ群落
- 133 ノハナショウブ―ヌマガヤ群落
- 134 ハナムグラ―オギ群落
- 135 ヒゲノカリヤス―ミヤマヘビノネゴザ群落
- 136 ヒメウキクサ群落
- 137 ヒメレンゲ―ナルコスゲ群落
- 138 ヒライ―カモノハシ群落
- 139 ヒルムシロ群落
- 140 フキユキノシタ群落
- 141 ホシクサ―コイヌノハナヒゲ群落
- 142 ホソバオゼヌマスゲ―クロバナロウゲ群落
- 143 ホソバノヨツムグラ群落
- 144 ホロムイイチゴ群落
- 145 ホロムイスゲ―ヌマガヤ群落
- 146 ホロムイソウ群落
- 147 マアザミ―チゴザサ群落
- 148 ミズギク―ヌマガヤ群落
- 149 ミツデウラボシ―イワタバコ群落
- 150 ミヤマイ群落
- 151 ミヤマイヌノハナヒゲ群落
- 152 ミヤマキタアザミ―トウゲブキ群落
- 153 ミヤマシシウド―オオイタドリ群落
- 154 ミヤマシラスゲ―アイバソウ群落
- 155 ミヤマドジョウツナギ―オクヤマワラビ群落
- 156 ミヤマヒゴタイ―ミヤマシシウド群落
- 157 ミヤマホタルイ群落
- 158 ミヤマミズゴケ群落
- 159 ムラサキミミカキグサ―シロイヌノハナヒゲ群落
- 160 ヤチカワズスゲ群落
- 161 ユキイヌノヒゲ群落
- 162 ヨシ群落
- 163 ヨシ―ヤマアゼスゲ群落
- 164 リョウキンカ―ミズバショウ群落
- 165 ワタスゲ群落

第18章 河川環境調査

2. 植生区分の例 1-2

Ⅱ 代表植生

A. 木本群落

166 アカマツ群落
167 アカメガシワ群落
168 イヌシデ―コナラ群落
169 イワシデ群落
170 ウラジロヨウラク群落
171 エノキ群落
172 オオバツツジ群落
173 オオバヤシャブシ群落
174 クヌギ―コナラ群落
175 クマシデ群落
176 クリ―コナラ群落
177 クリ―ミズナラ群落
178 ケヤキ群落
179 コナラ群落
180 コナラ―ミズナラ群落
181 シラカンバ群落
182 ズミ群落
183 センダン群落
184 タニウツギ群落
185 タラノキ群落
186 チシマザサ群落
187 ツクシヤブウツギ群落
188 ニシキウツギ群落
189 ノイバラ群落
190 ノグルミ―コナラ群落
191 ノリウツギ群落
192 ハンノキ群落
193 ミズナラ群落
194 ミヤマカワラハンノキ群落
195 ミヤマナラ群落
196 ミヤママタタビ群落
197 ミヤマヤシャブシ群落
198 ムクノキ―エノキ群落
199 ヤシャブシ群落
200 ヤマハンノキ群落
201 ヤマブドウ群落
202 ヤマヤナギ群落

B. 草本群落

203 アオテンツキ群落
204 アキノウナギツカミ―ヤナギタデ群落
205 アキノエノコログサ―コセンダングサ群落
206 アキノノゲシ―カナムグラ群落
207 アズマギク―シバ群落
208 アズマネザサ―ススキ群落
209 アゼガヤツリ―カワラスガナ群落
210 アゼトウガラシ群落
211 アゼナ群落
212 イヌビエ群落
213 ウリカワ―コナギ群落
214 オオクサキビ―アメリカセンダングサ群落
215 オオクサキビ―ヤナギタデ群落
216 オオバコ群落
217 カジイチゴ群落
218 カズノコグサ―カワジサ群落
219 カゼクサ―ズオバコ群落
220 カナムグラ―ヤブガラシ群落
221 カモジグサ―ギシギシ群落
222 カヤツリグサ―ザクロソウ群落
223 カラスビシャク―ニシキソウ群落
224 カラメドハギ―カラワケツメイ群落
225 カワラスゲ―オオバコ群落
226 カワラハハコ―ヨモギ群落
227 カワラヨモギ―カワラサイコ群落
228 クサイ―ハイミチヤナギ群落
229 クサイ―ミノボロスゲ群落
230 クズ群落
231 クズ―カナムグラ群落
232 クロイヌノヒゲ群落
233 ゲンノショウコ―シバ群落
234 コアカザ―オオオナモミ群落
235 コウキヤガラ群落
236 コシガキク―ハイミチヤナギ群落
237 コナギ群落
238 コバノニシキソウ―ネズミノオ群落
239 コミカンソウ―ウリカワ群落
240 サジオモダカ群落
241 シバ群落
242 シバスゲ群落
243 シロザ群落
244 スイカズラ―ヘクソカズラ群落
245 ススキ群落
246 スズメノテッポウ群落
247 スズメノテッポウ―タガラシ群落
248 スズラン―ススキ群落
249 セイヨウタンポポ―オオバコ群落
250 タウコギ群落
251 タマガヤツリ―イヌビエ群落
252 チカラシバ―ヨモギ群落

第2節 生物調査

253	ツクシメナモミ群落
254	ツボクサ―シバ群落
255	ツユクサ群落
256	トキンソウ―ウリクサ群落
257	トダシバ―シバ群落
258	トダシバ―ススキ群落
259	ナガバギシギシ―ギシギシ群落
260	ナギナタコウジュ―ハチジョウナ群落
261	ニオイオタチツスボスミレ―シバ群落
262	ネザサ―ススキ群落
263	ノコンギク―タイアザミ群落
264	ノハナショウブ―ススキ群落
265	ノミノフスマ―ケキツネノボタン群落
266	ハイニシキソウ―フタシベネズミノオ群落
267	ハナウド群落
268	ヒメスゲ―ススキ群落
269	フジアカショウマ―シモツケソウ群落
270	ヘラオモダカ群落
271	ホクチアザミ―ススキ群落
272	マルバヤハズソウ―カワラノギク群落
273	マルミスブター―コナギ群落
274	ミシマサイコ―ススキ群落
275	ミゾカクシ―オオジシバリ群落
276	ミソソバ群落
277	ミチヤナギ群落
278	ミヤマヒナホシクサ群落
279	メガルカヤ―ススキ群落
280	ヤマダイコン群落
281	ユウガギク―ヨモギ群落
282	ヨモギ群落

Ⅲ. 植林

283	アカマツ群落
284	クロマツ群落
285	カラマツ群落
286	クヌギ群落
287	コナラ群落
288	サワラ群落
289	スギ群落
290	スギ―ヒノキ群落
291	トドマツ群落
292	ヒノキ群落
293	モウソウチク群落
294	ハチク群落
295	ホウライチク群落

Ⅳ. その他

296	果樹園
297	苗圃
298	植栽樹群
299	サクラ群落
300	人工草地（シバ・コウライシバ）
301	人工草地（牧草地）
302	人工草地（その他）
303	水田
304	畑
305	住宅地
306	人工構造物・コンクリート裸地
307	造成地・人工裸地
308	自然裸地
309	開放水域

3. 植生区分の例2

群落の区分

分類	基本分類	基本分類の内容	群落の区分（例）
河辺植生域	沈水植物群落	沈水植物が優占的に生育する領域	フサモ群落，オオカナダモ群落，クロモ群落，エビモ群落等
	浮葉植物群落	浮葉植物が優占的に生育する領域	ヒシ群落，ヒツジグサ群落，アサザ群落等
	塩沼植物群落	塩沼地に特有な植物が優占的に生育する領域	シオクグ群落，フクド群落等
	砂丘植物群落	砂丘に特有な植物が優占的に生育する領域	ハナヒルガオ群落，コウボウムギ群落，コウボウシバ群落，ケカモノハシ群落等
	1年生草本群落	広葉（双子葉植物）の1年生草本（あるいは2年生草木）が優占的に生育する（多年生草本をほとんど含まない）領域	ヤナギタデ群落，メマツヨイグサ群落，カナムグラ群落，シロザ群落，アレチウリ群落，オオブタクサ群落，アメリカセンダングサ群落等

	多年生広葉草原		双子葉植物の多年生草木が優占的に生育する領域	ヨモギ群落，セイタカアワダチソウ群落，カワラヨモギ群落，カワラハハコ群落，ヤブガラシ群落，シロツメクサ群落等
	イネ科草原	ヨシ群落	ヨシが優占的に生育する領域	ヨシ群落
		ツルヨシ群落	ツルヨシが優占的に生育する領域	ツルヨシ群落
		オギ群落	オギが優占的に生育する領域	オギ群落
		その他のイネ科草原(＊)	イネ科草木(ヨシ，オギ，ツルヨシ以外)が優占的に生育する領域	ススキ群落，チガヤ群落，クサヨシ群落，ヤマアワ群落等
	ヤナギ低木林		調査時の樹高が約4m以下のヤナギ類が優占的に生育する領域	ネコヤナギ群落，カワヤナギ群落，タチヤナギ群落，コゴメヤナギ群落，アカメヤナギ群落，シロヤナギ群落等
	ヤナギ高木林		調査時の樹高が約4m以上のヤナギ類が優占的に生育する領域	
	その他の低木林		ヤナギ類以外の低木(調査時の樹高が4m以下)が優占的に生育する領域	ヌルデ群落，アキグミ群落，アズマネザサ群落，カワラハンノキ群落，キシツツジ群落，サツキ群落等
	落葉広葉樹林		落葉広葉樹(調査時の樹高が4m以上)が優占的に生育する領域	ハンノキ群落，ハリエンジュ群落，ケヤキ群落，オニグルミ群落，クヌギ群落等
	落葉針葉樹林		落葉針葉樹(調査時の樹高が4m以上)が優占的に生育する領域	カラマツ群落等
	常緑広葉樹林		常緑広葉樹(調査時の樹高が4m以上)が優占的に生息する領域	タブノキ群落，アラカシ群落，シラカシ群落，スダジイ群落，カゴノキ群落，コジイ群落等
	常緑針葉樹林		常緑針葉樹(調査時の樹高が4m以上)が優占的に生息する領域	モミ群落，ツガ群落，カヤ群落，サワラ群落等
造林地	植林地(竹林)		タケ類が植栽されている領域	竹林(モウソウチク，マダケ，ハチク)等
	植林地(スギ・ヒノキ)		スギ・ヒノキ類が植栽されている領域	スギ林，ヒノキ林等
	植林地(その他)		その他の樹木(アカマツ，クロマツなど)が植林されている領域	アカマツ林，クロマツ林，サクラ林等
耕作地	果樹園		果樹園として利用されている領域(クワ畑含む)	果樹園，クワ畑等
	畑		「水田」「果樹園」に含まれない耕作地の領域	畑地，茶畑等
	水田		水田として耕作されている領域	水田
人工草地	人工草地		採草，火入れ，刈り取り等が行われている草地の領域(グラウンド，公園，ゴルフ場などの芝地は除く)	牧草地，人工草地，芝地等
施設地等	グラウンドなど		グラウンド，公園，ゴルフ場などの施設が占有する領域(造成中の裸地含む)	人工裸地，ゴルフ場，グラウンド，公園等
	人工構造物		人工的な構造物が占有する領域	コンクリート構造物，建造物
自然裸地	自然裸地		植皮で覆われていない領域(利用目的で裸地化された領域を除く)	自然裸地(干潟，砂礫地など)
水面	開放水面		沈水植物群落，浮葉植物群落除く水面	開放水面

「＊」「その他のイネ科草原」には，便宜上，カヤツリグサ科の植物の優占する群落も含める．

2.1.6 室内分析

種の名称が現地でわからない（同定が困難な）植物は採取し，標本を作成したのち室内分析に供し，同定の困難な場合には，学識経験者に同定を依頼する処置をとり，完全な種リストを作成するものとする．

2.1.7 整理・とりまとめ

対象地域の植生および生育種等の実態を把握しえるよう整理とりまとめを行うものとする．

解　説

1. 現地調査概要

実施した植物調査のうち，植生分布調査の調査実施日，植物相調査について調査地点の位置（距離標，左右岸の別），調査実施日を，組成調査について調査地点の位置（距離標，左右岸の別），コドラート面積，群落名，調査実施日，調査担当者，同定に用いた参考文献，助言・指導を受けた学識経験者等を整理する．

2. 現地調査対象範囲位置

植生分布調査区間の範囲，コドラートによる組成調査，植物相調査を実施した地点について，水系全体での位置関係の把握ができるように，目印となる主要な堰・橋梁等を記入した流域概要図に各調査の位置を整理する．

3. 植生図および植生配分模式図

調査対象河川区間全体の群落の分布を整理して，現存植生図および植生配分模式図を作成する．

4. 植物種リスト

調査ごとに確認された植物種について分類体系順に整理する．

5. 経年出現状況

文献調査と，今回の現地調査で出現が確認された植物種を整理する．

6. 特定種等

事前調査および現地調査で確認された植物の特定種等について，確認状況等を整理する．

7. 植生断面図

代表的な植物群落について植生断面図を作成し，群落ごとに出現種を記録する．

8. 植物と河川環境との係わりについての考察

調査全体を通じて得られた成果をもとに，必要に応じて以下の内容に整理，考察する．

(1) 現地調査により確認された種・群落と現地調査地点の環境を，適宜分類，グルーピングするなどし，両者の係わりを整理する．

(2) 調査対象区間全体について，河川環境と植物種・群落との関係を適当な区間ごとに区分して考察する．

2.2 動植物プランクトン調査

2.2.1 調査概要

動・植物プランクトン調査の対象は，原生動物，微小後生動物，微小藻類など水中に浮遊する生物群とするものとする．

調査対象範囲は，調査対象水域とするものとする．

解　説

本調査において対象とする動・植物プランクトンは原生動物，微小後生動物，微小藻類など極めて幅広い分類群を含んでいる．調査対象水域における生息状態（群集構成・現存量・時間変動など）を知ることによって水域の栄養塩類の量的状態（富栄養化状態），水域内の生物生産力などを解明するための基礎的資料を得ることがで

きる．生物群集，現存量等の時間的追跡を行えばその発生機構を解明したり，水環境に関する指標作成の資料とすることも可能である．

2.2.2 調査構成

> 調査は，調査計画を立案し実施するものとし，その内容は，事前調査，現地調査を主とし，それらの結果について分析・整理・とりまとめをもって構成するものとする．

解　説

本調査の手順は，下図に示すとおりである．

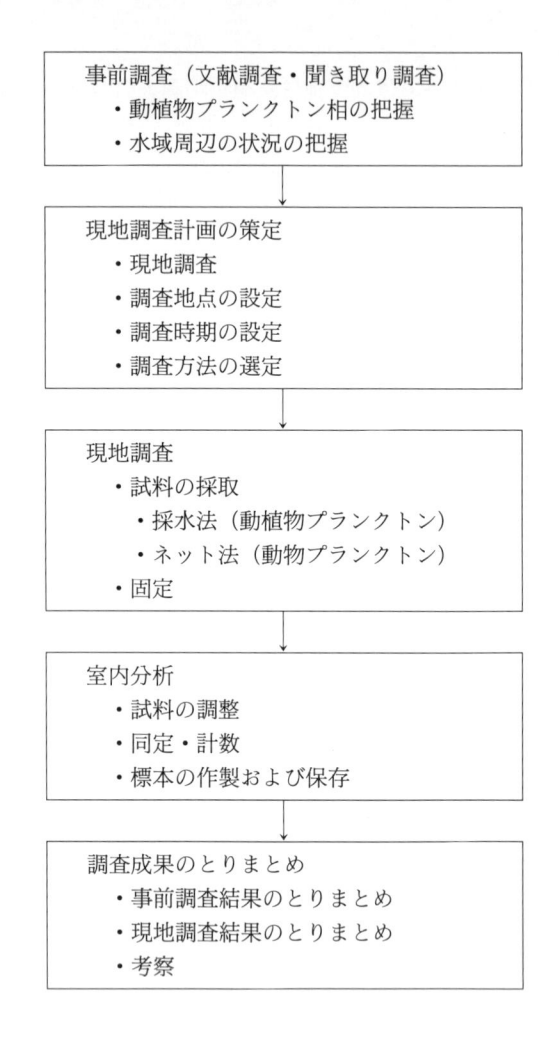

```
┌─────────────────────────────┐
│ 事前調査（文献調査・聞き取り調査）│
│  ・動植物プランクトン相の把握    │
│  ・水域周辺の状況の把握         │
└─────────────────────────────┘
              ↓
┌─────────────────────────────┐
│ 現地調査計画の策定              │
│  ・現地調査                    │
│  ・調査地点の設定              │
│  ・調査時期の設定              │
│  ・調査方法の選定              │
└─────────────────────────────┘
              ↓
┌─────────────────────────────┐
│ 現地調査                       │
│  ・試料の採取                  │
│    ・採水法（動植物プランクトン）│
│    ・ネット法（動物プランクトン）│
│  ・固定                       │
└─────────────────────────────┘
              ↓
┌─────────────────────────────┐
│ 室内分析                       │
│  ・試料の調整                  │
│  ・同定・計数                  │
│  ・標本の作製および保存         │
└─────────────────────────────┘
              ↓
┌─────────────────────────────┐
│ 調査成果のとりまとめ            │
│  ・事前調査結果のとりまとめ     │
│  ・現地調査結果のとりまとめ     │
│  ・考察                       │
└─────────────────────────────┘
```

2.2.3 事前調査

> 事前調査においては，次の調査を行うものとする．
> 1. 文献調査
> 2. 聞き取り調査

解　説

現地調査を行う前に文献および聞き取り調査により，調査対象水域の動植物プランクトン相，各種の出現時期などについて把握しておく．なお，調査対象水域の形状，水質についての情報をも収集する．

第2節　生　物　調　査

2.2.4　現地調査計画

> 調査にあたっては，現地調査計画を作成するものとする．

解　説

1. 文献・聞き取り調査の成果を踏まえ，調査対象水域について現地踏査を行った後，水域特性を考慮し十分な成果が得られるように調査地点，調査時期，調査方法の選定を行い現地調査計画を策定する．
2. 調査地点の設定に先立ち，予め調査対象水域の貯水量・水深，水質流入河川の位置・流量・水質等の資料と，平面図・航空写真，既往調査結果資料等を利用し，水域の環境特性を記入した平面図等を作成して参考とする．調査地点の設定にあたっては水域の形態を考慮して湖肢・湾入部・湖心部，汚濁した水が流入すると考えられる沿岸部などに調査地点を設定することが望ましい．また調査地点は一度設定したら調査が終了するまで基本的に変更してはならない．
3. 調査時期・回数：原則からすれば回数は多いほうがよいが湖沼・ダム貯水池などにおいては水理状態を十分考慮して回数を決定しなければならない．調査回数としては最低年2回（夏・冬期）行うのが望ましく，一般には2カ月に1回から3カ月に1回程度が最も多く行われている．

2.2.5　現 地 調 査

> 現地調査は，現地調査計画に従って行うものとするが，河川環境の特性および調査目的に配慮して適確に実態を把握できるように調査方法を選定して実施するものとする．

解　説

1. 調査方法の概要

現地調査では採水法・ネット法による試料の採取ならびに試料の固定を行う．
採水法による試料の採取にはバンドーン式採水器等を，ネット法による試料の採取には定性・定量用プランクトンネット等を用いる．

2. 試料・採取方法

定量的採取は一般的に用いられる方法であり，現存量と群集構成の把握を目的として行う．
定性的採取は，群集構成の把握のみを目的に行うものであり，簡易的な把握に用いる．

(1) 定量的採取法（現存量調査用）

① プランクトンネットを使用しない方法（採水法）

北原式採水器，エクマン式採水器，バンドーン式採水器などの採水器を使用するか，あるいはウィングポンプなどを使用して所定の深度から採取する．富栄養化の進んだ水域では，50～100 ml の試料で間にあうが，一般の場合は500～1 000 ml 程度，貧栄養状態の水域では10 l 以上の試料が必要となる場合がある．このような場合にはバンドーン式採水器あるいはウィングポンプを用いるとよい．

定量的採取の場合，プランクトンネットの網目を抜けるような微小な植物プランクトン（ナノプランクトンとよぶ）が多いと思われる場合には，ネットによる採取よりも採水器によって採取するほうが望ましい．

② プランクトンネットを使用する方法（主として動物プランクトン向き）

定量用ネット（NXX 13：網目長径 94 μm）を使用する．ネットを使用する場合にはろ過水量を明確にし得るような配慮が必要である（開口面積×曳ネット距離，ろ水計から算出する）．ネットを引く速度は0.5 m/s 程度が適当であり，できるだけ一定にする．ある一定の層のプランクトンを，あるいは特に動物プランクトンの垂直分布状態を調査しようとする場合には所定の網目の定量用開閉式プランクトンネットを使用する．層別採取を行う場合次の注意が必要である．

イ．ネットの引上げ速度はできるだけ一定(0.5 m/s) とする．

ロ．ネットの最大口径部が十分開いていることを確かめてから沈める．

ハ．試料を容器に移す前にネットの洗浄は特に念入りに行い，ネットの中へ生物が残らぬように注意する．そのために次の層の採取を行う前に，再度，ネットの口の付近まで水中へ下げた後に引き上げ，ネット試料溜中にプランクトンが入っていないことを確かめる．

ニ．垂直状態の現存量を調べる場合には，少なくとも透明度の1～2倍，それ以上を採取する必要がある．

　対象水域の特性によって，各層にわたって詳細に採取する必要があるときの各層採取順序は 5m → 0m, 10m → 5m, 15m → 10m, 20m → 15m, 25m → 20m, 30m → 25m のようにする．

(2) 定性的採取方法（群集構成，出現頻度，分布用）

① プランクトンネットを使用しない方法（採水法）

　富栄養化の進んだ湖沼，ダム貯水池などでは湖沼水，ダム貯水池水 1l～500ml を容器に入れ，試料としてもよい．なお，採水にあたっては次の事項に注意する．

イ．プランクトンネットを使用する場合には採取が終わったたびごとにその場でネットを水中に口の付近まで沈め上下左右に振って十分に洗い，水上に持ち上げて水を切る．この操作を3回以上繰り返す．洗浄を怠ると，次の地点での採取試料中にその前の地点の試料が混入する恐れがある．

ロ．使用する定性採取用プランクトンネットの大きさは浅い水域では口径20cm，長さ40cmぐらいのものを，大きな湖沼，ダム貯水池などでは口径30cm，長さ100cm程度のものを用いるとよい．

ハ．大きな湖沼，ダム貯水池においては沿岸部と中心部とで種類組成や現存量が異なる．また昼夜間によって深度の変化するものもあるので，各地点においてプランクトンネットの水平びきと垂直びき（底から表面まで）採取を併用することが望ましい．

② プランクトンネットを使用する方法

　プランクトンネットを使用する．微小植物プランクトンを採取する場合には，日本規格 NXXX 25（網目長径 40μm）を用いて作られているものを使用し，動物プランクトンを採取する場合には日本規格 NXX 13 を用いて作られているものを使用する．水草群落の間を引くときには柄付きのネットの口に粗い網を付け水平に引き水草の切れはしなどが入らないように工夫するとよい．このような場合には付着性のものも混入してくるので解析時には十分注意が必要である．垂直採取を行う場合には，プランクトンネットを所定の深度まで沈め 0.5m/s 程度の速度で引き上げるが，水深が浅い場合，あるいは1回引いただけでは十分な試料が採取しえない場合などでは各回ごとにプランクトンネットを水上に引き上げネット内にたまった水を切った後再度沈め，このような操作を数回繰り返す．なお，ネットの口径および採取回数を参考のため記録しておくとよい．

　なお，プランクトンネットの網目は日本規格（ナイロン）をもって表現したが，同等の目，織り方のものならばほかのものでもよい．

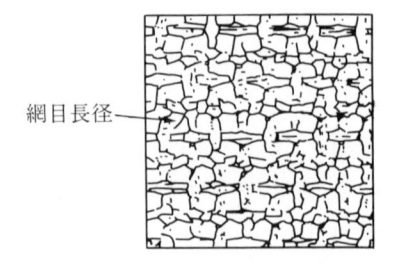

プランクトンネットの網目の拡大図(NXX13)

3. 試料の保存（固定）

動植物プランクトンの固定には，一般にホルマリンを用いる．なお，動物プランクトンの場合にはアルコール

を用いてもよいが植物プランクトンの場合には脱色するので用いてはならない．なお，植物プランクトンの場合，淡水赤潮の発生が考えられる試料の場合には，グルタールアルデヒドを用いることが望ましい．

(1) ホルマリン

　　ホルマリンによって固定する場合には，その添加量は試料が約5％の濃度になるようにする（市販のホルマリンは約35％のホルムアルデヒド溶液である）．なお，重炭酸ソーダの濃溶液で中和し中性のものを使用するとよい（この場合，下部に沈殿したものは使用しない）．

(2) グルタールアルデヒド

　　グルタールアルデヒドは本来電子顕微鏡試料の固定用として知られていたもので，固定力はホルマリンほど強力ではないが，浸透力があり，鞭毛藻などもうまく固定できる．市販されているグルタールアルデヒドには25％から75％にいたる各種の水溶液があるが，25％1級のグルタールアルデヒドでよい．

(3) アルコール

　　アルコールを単独で用いることはごくまれである．単独で用いる場合には水2：90％アルコール1の割合で用いる．なお，アルコールは植物性検体の色素を抽出して無色にしてしまうことがあり，またスチロールに害を与え破損することがあるので避けたほうがよい．

2.2.6 室内分析

> 採取した試料は，放置沈殿・遠心沈殿等により調整し，顕微鏡を用いて種の同定を行うものとする．種の同定・計数は，植物プランクトンと動物プランクトンとで別々に行うものとする．また，調査地点・調査期日，試料採取・調査者別に標本を作成するものとする．

解　説

1. 試料の調整

採取した試料は，通常濃縮処理を行うが，富栄養化が進んでいるダム貯水池等で動植物プランクトンの現存量が多い場合には，直接採水した試料の一定量をとって同定することも可能である．

試料の濃縮方法としては，放置沈殿法と遠心沈殿法とがある．なお，アオコ等沈殿しにくいものについては，採水した試料を直接検鏡する必要がある．

(1) 放置沈殿法

　　採取した試料をメスシリンダ，あるいは円錐形容器に入れ，試料100 mlあたり1 mlの割合で市販ホルマリンを添加し（ルゴール液5滴／試料100 mlを加えてもよい），一昼夜放置後上澄液を取り去り，最後の5～10 mlを検討試料とする．

(2) 遠心沈殿法

　　遠心分離器にかけても細胞が破壊されないものについて用いる．放置沈殿法に比べて短時間で濃縮できるメリットがある．

　　容量50～250 mlの沈殿管を備えた電動式遠心分離器を用いて，3 000 rpmで15分間遠心した後，上澄液をピペット等で静かに取り去る．このような作業を数回繰り返し，母試料を段階的に濃縮していく．

　　100 ml以上の沈殿管を用いるときには，停止後沈殿したものが巻き上がる恐れがあるので，沈殿管相互のバランスに細心の注意を払う．

2. 種の同定

試料中に出現するさまざまの種の同定に際しては生物群によって同定する場合の基準が異なる．したがって，単に全体的形状・大きさだけで安易に図鑑類に記載されている図・写真と照合して同定してはならない．

また各生物群の同定作業の場合標準図書・図鑑等があるのでそれらのうちに該当する種の記載文を完読し種の特徴を把握したうえで作業を行う．また同定が困難な場合，標本（プレパラート標本）と個体の全体写真・個体の部分的写真等を撮影したものを併せて専門家に同定を依頼することが望ましい．

第18章 河川環境調査

3. 試料の定量・定性方法

定量：生物群によって定量方法あるいは表現方法は異なるが，一般に単位面積あるいは容積あたりの個体数，あるいは細胞数をもって表す場合が多い．また，目的によってはその生物の個々の面積あるいは全体の容積をもって表すこともある．

定性：試料中に出現するさまざまな生物の種類を同定することは微小生物調査の結果の信頼性を左右し，その評価を左右する重要な作業である．しかしながら，この作業は専門教育を受けたそのうえに，かなりの経験を必要とする．分類の特徴を表にした検索表，各種の原記載文を使用して同定するが特に非肉眼的生物の場合困難が多いので，専門家に同定を依頼するのがよい．なお，特定の生物群の場合，さらに試料の調整が必要で，かなり時間がかかることを承知する必要がある．生物学的水質判定を行うべき場合この作業が最も重要となる．

(1) 定量

① プランクトンの個体数および細胞数

採取した試料あるいは遠心沈殿，放置沈殿によって濃縮した試料のいずれかを使用する．この場合濃縮した試料をよく振盪し，その一定量をとり，顕微鏡下で各種ごとに個体数，または細胞数を計測する．計数のための顕微鏡の倍率は200～400倍が適当である（動物性プランクトンの場合は50～100倍）．なお計数を行う場合接眼レンズ網目マイクロメータを入れるか，あるいは界線入りスライドグラスを用い一定面積の視野中のプランクトン数を計数すると便利である．個体数あるいは細胞数と試料の濃縮度合いとに応じて，次のいずれかの方法により計算する．

ⅰ) 母試料に生物が多い場合

生物が著しく多く試料をそのまま計数した場合には $0.05\,\mathrm{m}l$ を採取しスライドグラス上に取り，カバーグラスでおおい，検鏡し，全生物を類別してその数を求める．同様な操作を4～5回繰り返し式 (18-1) によって試料 $1\,\mathrm{m}l$ 中の生物数（N/ml）を算出する．

$$\mathrm{N/m}l = \frac{(a_1 + a_2 + \cdots\cdots + a_n) \times 20}{n} \qquad (18\text{-}1)$$

　　n：回数
　$a_1, a_2\cdots\cdots, a_n$：各回の $0.05\,\mathrm{m}l$ 中の数

ⅱ) 母試料中に生物が少ない場合

母試料から一定量に濃縮したものをよく振り混ぜ，その $0.05\,\mathrm{m}l$ をスライドグラス上に取り，カバーグラスでおおった後検鏡し，全生物を類別してその数を求める．同様な操作を繰り返し，式 (18-2) によって試料 $1\,l$ 中の生物数（N/l）を算出する．

$$\mathrm{N}/l = \frac{(a_1 + a_2 + \cdots\cdots + a_n) \times 20\,000}{nC} \qquad (18\text{-}2)$$

　　n：回数
　$a_1, a_2\cdots\cdots, a_n$：各回の $0.05\,\mathrm{m}l$ 中の数
　　C：試料 ml/濃縮試料 ml

② プランクトンの全容積測定法（必要に応じて行う）

ホルマリン固定をした試料を目盛付き遠心沈殿管へ移し，24時間静置して沈殿量を読み取る．この方法は粗容積を知る方法として，従来から最も広く用いられてきたが，量が少ない時や，大形で個体間に間隙を生ずるものが多い試料では正確な値を得難いので，比較的正確な値を得る方法を記述する．

ⅰ) 容積測定法

ある所定の濃縮が行われた試料から $25\,\mathrm{m}l$ を細先目盛付き沈殿管に取り，24時間静置後に沈殿量（ml）を読む．同様な操作を通常数本 (n) について行い式(18-3)によって試料 $10\,l$ 中の生物量（ml）を算定する．

$$\text{生物量 (m}l/10 l) = \frac{(a_1+a_2+\cdots\cdots+a_n)\times 400}{nC} \tag{18-3}$$

$a_1, a_2\cdots\cdots, a_n$：それぞれの各回の検体 25 m$l$ 中の沈殿量（ml）
C：濃縮倍率
n：回数

ii）排水量測定法

全生物量をその排水量から算定する方法である．試料 50 ml をメスフラスコ 50 ml に取り，これをピュレット 50 ml の上部に置いてあるロートの篩絹（XX 13，または WX 13）上にあけ全量をろ過する．約 1 分間経過後ろ水量（ml）を読む．同様の操作を通常数回（n）繰り返してそれぞれのろ水量（ml）を求め，式(18-4)によって試料 10 l 中の排水量（ml）を算定する．本試験は予め空試験を行っておかねばならない．

$$\text{排水量 (m}l/10\ l) = \left[A - \frac{(a_1+a_2+\cdots\cdots+a_n)}{n}\right] \times 200 \tag{18-4}$$

$a_1, a_2\cdots\cdots, a_n$：それぞれ各回の検体 50 m$l$ の測定ろ水量（ml）
A：空試験における測定ろ水量（ml）

なお，ピュレットは予め下部に空気が残らないように注意して下部の目盛まで蒸留水を入れておく．

(2) 定　性

定性の場合には，対象とした試料の中に出現する原種名を列記することでもその目的を達するが，おおざっぱに群集構成状態を把握しようとするためにある程度の量的表現を必要とする場合がある．その場合次のいずれかを基準とする．

① 100 倍程度の顕微鏡を用い 10〜20 視野をみて判定する．
② 次のような段階に分ける．

　　　　（　＋　）または（rr）：極めてわずか： 2％以下
　　　　（　＋＋　）または（r）：わ　ず　か： 8％
　　　　（＋　＋　＋）または（+）：中　　　位：15％
　　　　（＋＋＋＋）または（c）：多　　い：30％
　　　　（＋＋＋＋＋）または（cc）：大 変 多 い：45％

③ 上記の判定基準のほかに Sramek-Husek の標準もある．この場合は 100 倍，カバーグラス 18×18 mm を使う場合の視野内の平均個体数を基準とする．

表現＼生物	繊毛虫類	鞭毛虫類
極めてわずか 1(　＋　)	0.1 以下	1 以上
わ　ず　か 2(　＋＋　)	0.1〜0.2	1〜2
中　　位 3(＋＋＋)	0.3〜1	3〜10
多　　い 4(＋＋＋＋)	1〜5	10〜50
すこぶる多い 5(＋＋＋＋＋)	5 以下	50 以上

4．プランクトンの容積測定

プランクトンの種類によって細胞の大きさは著しく異なる．したがって，細胞数や個体数を計算しても，その値は必ずしも実質的な現存量を示すことにはならない．例えば径 20 μ（1 μ=1/1 000 mm）のツヅミモの体積は 2 μ のクロレラの体積の 2 000 倍である．つまり，ツヅミモ 1 個はクロレラ 2 000 個に相当する．プランクトンの体積を測定するには，体積（y）と体長（x）との間に $y=Kx^3$ の関係式を考え，それぞれの種類について K の

値を決定し，体長から体積を測定する．K を決定するには，それぞれの１種類の個体について，背面および側面図を作成し，これを基にして区分求積法により相対的な体積を求め，図における体長の３乗で除してその値を得る．

2.2.7 整理・とりまとめ

> 調査結果をその目的のために解析しうるように整理するものとする．その内容は群集構成・現存量・優占種等を主とするものとする．

解　説

1. 現地調査概要

現地調査地点の概要（地点名・河口からの距離，標高，地点の特徴）と調査実施日時および調査水深，採水量，調査担当者，参考とした文献，助言・指導をうけた学識経験者等を整理する．

2. 現地調査位置

現地調査地点の水系全体における位置関係が把握できるように，目印となる主要な堰，橋梁等を記入した流域概要図に各調査地点の位置を整理する．

3. 群集構成

各試料中に出現した生物を分類群ごとに属・種を列記する．またこの場合には定性・定量法で得られた結果を利用する．なお，生物名は学名を用いできるだけ種名まで記載することが望ましい．

4. 現存量

各試料中に出現した生物の属種について単位容積あたりの個体数あるいは細胞数を表にする．なお，特別の場合には細胞容積をもって表現することもある．

5. 優占種

群集構成状態と定量結果を総括し，最も現存量（一般には個体数または細胞数）の大きい属種を優占種とする．また現存量が同一またはほぼ同じ場合には優占種が複数となることもありうる．

6. 群集構成・現存量・優占種の経年変化

単年または数年間を通して調査された結果を調査期日別に整理し，群集構成・現存量，優占種の変化を把握し，水環境・水質状況の変化を知る資料として用いる．

7. 群集構成・現存量・優占種の鉛直分布・経年変化

単年または数年間を通して調査された結果を鉛直分布の経年変化を明確にしえるように整理し，湖内の水理状況の変化を検証する資料とする．

8. 動植物プランクトンと水域との係わりについての考察

調査全体を通じて得られた成果をもとに，以下の内容について整理・考察を行う．

(1) 現地調査により確認された動植物プランクトンと現地調査地点の環境を適宜分類・グルーピングを行うなどとして，両者の係わりを整理する．

(2) 富栄養化度の判定と富栄養化現象

　　プランクトン群集，または優占種を用いてその水域がどの程度の富栄養階級にあるかを指標することができる．また群集・優占種の経年的変化を追跡することによって，その水域がどのような時間的経緯を経て富栄養化してきたのか，また鉛直分布状態を追跡することでその水域の鉛直方向の水理特性と経年的変化を把握することができる．

　　また優占種の経年的変化を追跡することによって「水の華」「淡水赤潮」などの生物異常増殖現象の原因種を確定したり，また発生予測や水質保全計画の立案情報としても役立てることができる．

(3) 水環境の保全・創造のための参考事項

　　動植物プランクトンは富栄養レベルの水域においては水理的条件・水温等によって異常増殖現象を発現

し，透明度の低下，さまざまな水系の機能変化を惹起する．特にレクリエーション価値への影響，用水への影響，内水面漁業への影響など実社会に多大な影響を与える．

したがって，動植物プランクトンの挙動については十分な調査を行う必要がある．

また美しい・うるおいのある水域を保全・創造するためにも群集構成状態や優占種の挙動に注目することが重要である．

2.3 底生生物調査

2.3.1 調査概要

> 底生生物調査の対象は，底泥の表面あるいは底泥中・底部石礫の表・下面に生息するさまざまな生物群，水域内の杭・木片・水草等に付着する生物群とし，肉眼的底生生物（マクロベントス）と非肉眼的底生生物（ミクロベントス）に区分するものとする．
>
> 調査対象範囲は，調査対象水域とするものとする．

解　説

本調査は原則として肉眼的底生生物（マクロベントス）および，非肉眼的底生生物（ミクロベントス）の2つに区別して調査するが，また河川下流域（感潮域を含む），ダム貯水池，自然湖沼などの水域においては水草・杭・木片等の表面に付着するもの，あるいは人工的付着装置に付したものをも対象とする．本調査結果からその水域の水質汚濁状況，河川浄化状態等を知ることができる．

2.3.2 調査構成

> 調査は，調査計画を立案し実施するものとし，その内容は，事前調査・現地調査を主とし，それらの結果についての分析・整理・とりまとめをもって構成するものとする．

解　説

本調査の手順は，下図に示すとおりである．

```
┌─────────────────────────────┐
│ 事前調査（文献調査・聞き取り調査） │
│ ・底生生物の生息状況の把握       │
│ ・調査水域周辺の状況の把握       │
└─────────────────────────────┘
              ↓
┌─────────────────────────────┐
│ 現地調査計画の策定              │
│ ・現地調査                     │
│ ・調査地点の設定                │
│ ・調査時期の設定                │
│ ・調査方法の選定                │
└─────────────────────────────┘
              ↓
┌─────────────────────────────┐
│ 現地調査                       │
│ ・採集                         │
│ ・河川（感潮域を含む）ダム貯水池・自然湖沼（定量・定性） │
│ ・固定                         │
└─────────────────────────────┘
              ↓
┌─────────────────────────────┐
│ 室内分析                       │
│ ・ソーティング（肉眼的底生生物） │
│ ・同定・計数                   │
└─────────────────────────────┘
```

```
┌─────────────────────────────────┐
│ ・湿重量の測定                    │
│ ・標本の作製および保存            │
│ ・現地調査結果の整理              │
└─────────────────────────────────┘
                ↓
┌─────────────────────────────────┐
│ 調査成果のとりまとめ              │
│  ・事前調査結果のとりまとめ       │
│  ・現地調査結果のとりまとめ       │
│  ・考察                          │
└─────────────────────────────────┘
```

2.3.3 事前調査

事前調査においては，次の調査を行うものとする．
・文献調査
・聞き取り調査

解　説

現地調査を行う前に文献および聞き取り調査により調査対象水域あるいは河川区間の底生生物相，各種の出現時期，分布状況，特定種の分布状況，調査対象水域あるいは河川区間およびその周辺状況などについて把握しておく．

2.3.4 現地調査計画

調査にあたって，現地調査計画を作成するものとする．

解　説

事前調査結果に基づいて水域あるいは河川区間の現地踏査を行った後，十分な成果が得られるような調査地点，調査時期，調査方法の選定を行い現地調査計画を策定する．

2.3.5 現地調査

現地調査は，現地調査計画に従って行うものとするが，河川環境の特性および，調査目的に配慮して的確に実態を把握できるように調査方法を選定して実施するものとする．

解　説

1. 調査方法の概要

底生生物相の把握には水域特性（河川，湖沼，ダム貯水池，感潮域）および，対象とする生物群の生活様式によっての試料採取方法を考慮しなければならない．また，定量採集だけでなく，さまざまな地点で補完的に定性採取をも行うことが望ましい．

2. 河川（淡水域）における調査法

各調査地点ごとに肉眼的底生生物（マクロベントス）および非肉眼的底生生物（ミクロベントス）の定量採取と定性採取を実施する．

(1) マクロベントス

河川においては0.5m以上の深度のある場合には，湖沼・ダム貯水池・感潮域における採取方法に準じて行うが，それ以外の場合は，次の方法に従う．水深0.3～0.5m程度の底質が石礫の場所を選定し，25×25cmのコドラートを水底に沈めて，その面積内の底生生物を採取する．肉眼的底生生物を採取するにはコドラート内の石礫をサーバーネット中に静かに移しその表面の肉眼的生物をピンセットを用いて採取する．なお，石礫を取り上げるときにはく離流下するものについては，サーバーネットを下流に置き収集する．

なお，底生動物は種により多種多様な場所で生息しており，定量調査では採取しにくいものもあることか

ら，0.5 mm 目程度手網（ハンドネット），スコップなどを用いて底が石，砂，泥の場所，落葉のたまっている場所，水生植物の群落内など種々の場所で，定性採取も併せて実施する．

(2) ミクロベントスおよび付着生物

　非肉眼的底生生物（ミクロベントス）用試料は肉眼的底生生物（マクロベントス）を採取したと同地点において水中の4～5個の石礫を取り，表面に5×5 cm の軟質方形枠を当て区割を記した後，その枠外の付着物を予めブラシを用いてはく離除去し，次いで対象とした一定面積の付着物のすべてを，しんちゅう製，あるいはナイロン製ブラシではく離させ試料とする．なお，環境要因はできるだけ同様な点を選び，流速が40 cm/s 程度の瀬が望ましい．また石礫は流れの方向と平行に近いものを選ぶ．

3. 水質判定を行う場合の採取方法

肉眼的底生生物による水質判定を行う場合（Beck-Tsuda 法）には試料の採取は次の事項に留意して行う．Beck-Tsuda 法には α 法と β 法の2法があり試料の採取方法に差異があるので留意する必要がある．

(1) α 法

① 川の瀬の石礫底でサンプルを取る．
② 石礫の大きさはすいか大ないしみかん大程度の石の多い所，そして流速は100～150 cm/s 程度の所を選ぶ．
③ 水深はひざの程度までの所を選ぶ．
④ 採取面積は一定にする．50×50 cm の金属性コドラートを水底に置き，その範囲内の肉眼的動物を全部採取する．

(2) β 法

① 瀬がある場合には瀬の石礫底で採集するのが望ましいが，あえて瀬に限定しない．
② 川のある地点に生息するすべての種類をほとんど網羅するような採取方法を用いる．
③ さで網にサランの網を取り付けたものを作り1人が採取しようとする地点の下流でこれを受ける．
④ 他の数人でその上流側でレーキその他で石礫をひっかき，ころがして石礫についた虫をはがして流下させる．
⑤ サラン網に入ったものをすべて採取する．同一地点付近の砂底，泥底，淵，岸などで採取する．4～5人の人数で約30分程度の採取をすればよい．

4. 湖沼，ダム貯水池，感潮域における調査法

(1) マクロベントス

　一般にエクマンバージ採泥器を使用して採取する．エクマンバージ採泥器には各種の寸法のものがあるが主として採取面積15×15 cm のものを使用する．なお，底質が砂質の場合には採泥面積がはっきりしているほかのもの，例えば，ピーターセン式採泥器，スミスマッキンタイヤー式採泥器などを使用する．

　これらの採泥器によって採取した底泥は，水上に引き上げた後0.8～1.0 mm 目の篩に入れ，表面（1～5 mm）の一定面積（5～10 cm² 程度）を数個所採取して静かに水洗いし，篩上に残ったすべての生物，あるいは残渣などを一緒にマクロベントス用試料とする．なお，採取は1地点で2～3回同様な操作を行うことが望ましい．

　感潮域においては干潮時（大潮時が望ましい）に採取を行う．

(2) ミクロベントスおよび付着生物

　非肉眼的底生生物（ミクロベントス）は，エクマンバージ式採泥器にて各調査地点ごとに採泥した最表層泥を5 cm×5 cm 内に数回薄く採取して試料とする．なお，コアサンプラを使用してもよい．

　また，付着生物は，杭，石礫，木片，水草等に付着したものを採取し，必要に応じて人工付着板を設置しその付着板上の付着生物を採取する．

　水草の表面に付着する生物には，非常にはがれやすいものと比較的強固に付着するものとがある．前者は

水草を水中で動かしただけで容易にはく離四散する．そのような場合には，厚手のビニール袋の底の一端に小穴を開け，水草群落に静かにかぶせた後，ゴムバンドで小穴を閉じ，しかる後袋の口を閉めて水草を刈り取る．したがって，袋の中へは水草と付着生物が水とともに入ることになる．これをそのまま別のビニール袋の中へ入れ持ち帰る．

杭，木片，石礫，付着板上の付着生物については非肉眼的底生生物の採取方法に準じ，それらの付着体上の付着物を一定面積ブラシなどでこすり取るなどして定量採取する．

感潮域においては干潮時（大潮時が望ましい）に非肉眼的底生生物（ミクロベントス）の定量採取および定性採取を実施すると同時に塩分濃度の平面的・垂直的変化による実態を把握するための付着生物群についての定量・定性採取を実施する．

5. 汽水域における調査方法

比重の高い塩水は「塩水くさび」となって底層を上流に向かって侵入する．このため，河口からの距離・流速・干満，また季節や時刻によって塩分濃度が異なる．したがって，出現する生物群集は塩分濃度の変化を標徴し，特有な環境における総合的な結果を示しているといえる．

感潮域においては，河口近くになると潮の干満によって水位が変動し，満潮時には水中に没していた地点も干潮時には空中に現れる．そして，干潮時に水中にある地点は干潮時には塩分濃度は低く満潮時には高くなる．この塩分濃度の差は河口から上流へさかのぼるに従って小さくなる．

このようなことからこの水域については底生生物，付着生物に主眼を置いて調査し，プランクトンは時間的指標，濃度指標の1つと考えてもよい．

調査を計画する場合，その目的によって次の2つの調査法が考えられる．

(1) 表面水の塩分濃度の違いによる付着生物群集の相違を調べる．

図18-3において地点A～Dにブイを浮べ，ブイ直下に人工付着板を懸架させ，あるいはポールを立て，それらに付着する生物を採取して調べる．また，調査地点底質中の底生生物について調べる．

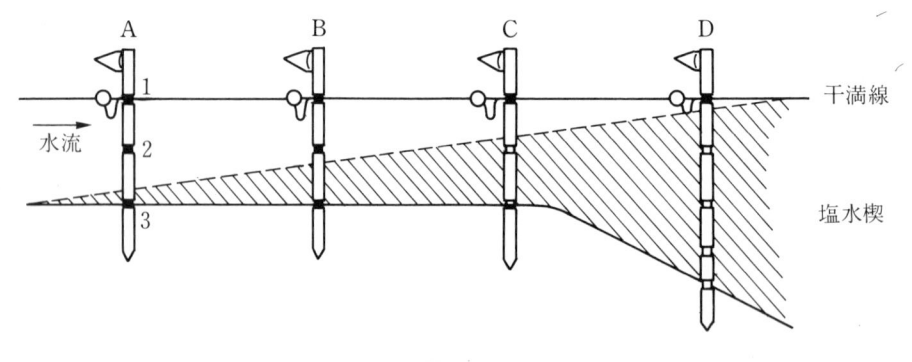

図18-3

(2) 塩分濃度の垂直的方向における違いによる生物群集の相違を調べる．

図18-3のごとく，各地点に立てたポール（竹竿，その他）に水面（干潮線）から水底へ一定間隔ごとに順次マークを付けておき，各地点ごとにそれぞれの深さの付着生物を採取してもよい．

いずれも2カ月間は放置する必要がある．

ブイやポールを予め設置することができない場合で，特に河口の近くを川岸から調べる際には，干潮時を見計らって調査しなくてはならない（満潮時には生物が付着している物体が水中深くに没して採集しにくい．この場合舟を使用してブイや竹竿を探し，上記の方法に準じた調査を行うこともできる）．

6. 試料の保存

採取した試料は可能な限り生鮮な状態において属種の同定あるいは計測を行うことが望ましい．夏期の高温下においては採取後数時間で，また，夏期以外でも容易に腐敗するものがあるので，一般の調査においては，試料

第2節　生物調査

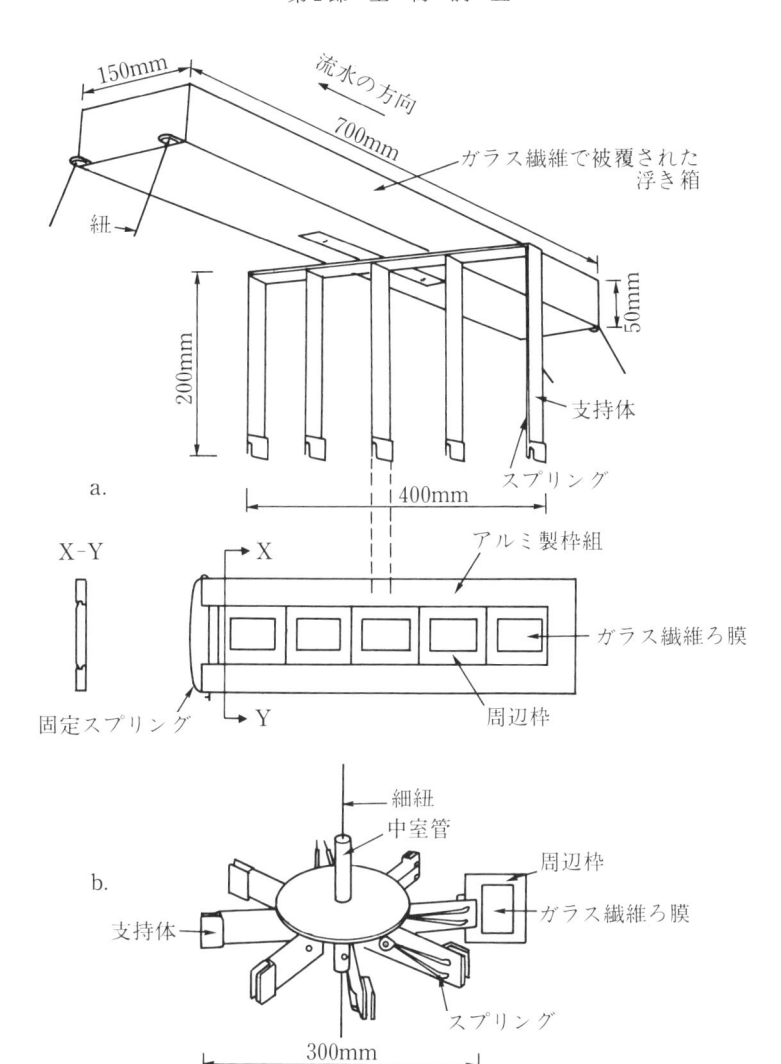

懸垂型モニタリング装置　a：河川用　b：湖沼用
P. Heinonen & S. Herve（1984）

図 18-4　人工付着板の一例

採取後直ちに水生昆虫は75％エタノールを用いて固定保存処置を行わなければならない．なお，一部の底生生物は固定保存処置を行うと同定困難となるものがあるので，採取試料の一部を分別し低温保存して持ち帰るとよい．
(1) 肉眼的底生生物（マクロベントス）
　　採取した試料については一般に 5～10％ホルマリンを用いて固定し保存する．
　　なお，小型甲殻類などは，ホルマリンに長時間入れておくと体が硬化しすぎるので，できるだけ早くソーティングを行い，75％エタノールに移すことが望ましい．
　　また，標本として長期保存する際には 75％エタノールを満たした小型のサンプル管に入れておく．
(2) 非肉眼的底生生物（ミクロベントス），付着生物
　　ホルマリンによって固定する場合には，その添加量は試料が約5％の濃度になるようにする（市販のホルマリンは約 35％のホルムアルデヒド溶液である）．なお，重炭酸ソーダの濃溶液で中和し中性のものを使用するとよい（この場合下部に白色沈殿したものは使用しない）．アルコールは植物性検体の色素を抽出して無色にしてしまうのと，スチロール容器に害を与え破損することがあるので避けたほうがよい．

2.3.6 室内分析

> 採取した試料のうち肉眼的底生生物（マクロベントス）については、ソーティングでおおざっぱな分類分けを行った後、同定・計数（定量）を行うものとする。また、非肉眼的底生生物（ミクロベントス）については、試料を調整した後、顕微鏡を用いて同定・計数（定量）を行うものとする。また、調査地点・調査期日、試料採取調査者別に標本を作成するものとする。

解　説

1. 試料の調整
(1) ソーティング

　現場で250mlのポリ瓶等にいれて固定したサンプルには砂礫やゴミなどが混じっており、ソーティングを行い底生動物のみの試料とする必要がある。

　まず、ポリビンからサンプルを茶こしなどに少量ずつ分けて、ホルマリンや泥を洗い流してからバットに入れる。ついで、大きなゴミや礫は生物が付着していないことを確認してから除き、バットの中をよく見て底生動物をピンセットで直接選別してシャーレに移す。砂礫や植物片で巣を作るものやゴミや貝殻の破片などの塊の中にいる底生生物があるので注意して選別する。粒径の大きな砂や砂利のある場合には、砂利とともに水を入れ、勢いよくかきまわすことにより、生物を浮遊させて、それをネットでこす浮遊選別を行う。注意してソーティングを行ったサンプルにも必ず拾い残しがあるので、いったんソーティングの済んだゴミなどは大型のバットなどにいれておき、最後にもう一度生物を探した後、捨てるようにする。

(2) 非肉眼的底生生物については、顕微鏡を用いて種の同定・計数（定量）が行える程度に稀釈して試料とする。

2. 種の同定・計数（定量）
(1) 肉眼的底生生物

　40倍程度の倍率で検鏡しながら目、科、属、種などに分ける。なお、検鏡には実体顕微鏡を用いるとよい。

　節足動物（主として水生昆虫類）、軟体動物（貝類等）等の下等後生動物についての同定にあたっては、最新の分類学知見に基づき、できるだけ種あるいは属のレベルまで同定するようにする。種名まで明らかにできない場合は、例えばOrthocladius sp.（エリユスリカ属）、属名も不明の場合はOrthocladiinaegen. sp.（エリユスリカ亜科）等とする。また、できるだけspp.という表記は避け、sp. A sp. Bのように記号を付けて種同定不可能な種がどのくらい存在するかわかるように区別する。ただし、このような整理記号をつける場合、既に文献等に記載されている記号は避ける。同定が容易でないグループについては、標本を持参のうえ、専門家に同定を依頼するなどして、同定の精度を高める。

　また計数（定量）する場合には、単位面積あたりの個体数として算出する。頭部の欠いたもののみを計数する。寸断されたイトミミズ類は全部集めその総数を2で割った数とすればよい。また、生物体質量を求める場合にはろ紙上に水生昆虫を乗せ、別のろ紙を上からかぶせて軽く押し、できるだけ水を吸い取る。殻、巣を持つものについては殻や巣を取り去るのが原則である。次いで湿潤質量（Wet weight：mg単位）をそれぞれの種類別に秤量する。80℃ぐらいで乾燥した後に秤量すれば乾燥質量（Dry weight）として示される（必要に応じて行う）。

$$個体数（N/m^2）=\frac{(a_1+a_2+\cdots\cdots+a_n)}{n}\times 4 \tag{18-5}$$

　　　$a_1, a_2, \cdots\cdots, a_n$：各回の50×50cmコドラートの個体数
　　　　　n：回数

(2) 非肉眼的底生生物（ミクロベントス）、付着生物

第2節 生物調査

持ち帰った試料をよく混合した後，全容量を測定し，その後一定量を取って検鏡する．生物が多い場合には全容量を測定した後，その一部をさらに希釈し，その一定量を検鏡する．各種の同定にあたっては動・植物プランクトン調査に準じて行う．各属種の個体数・細胞数の計数（定量）は動・植物プランクトン調査に準じて行う．単位面積あたりの値として表すこともある．また目的によっては全試料の乾燥質量（Dry weight）を別に測定し，単位乾燥質量あたりの値として表すこともある．

2.3.7 整理・とりまとめ

> 調査結果をその目的のために解析しえるよう整理するものとする．その内容は群集構成・現存量・優占種等を主とするものとする．

解　説

1. 現地調査概要

現地調査地点の概要（地点・河口からの距離，標高，地点の特徴）と調査実施日および水深，採集面積，採集方法，調査担当者，参考とした文献，助言・指導をうけた学識経験者等を整理する．

2. 現地調査位置

現地調査地点の水系全体における位置関係が把握できるように，目印となる主要な堰，橋梁等を記入した流域概要図に各調査地点の位置を整理する．

3. 群集構成

各試料中に出現した生物を分類群ごとに属種を列記する．またこの場合には定性方法で得られた結果を用いる．なお，生物名は学名を用いてできるだけ種名まで記載することが望ましい．

4. 現存量

各試料中に出現した生物の属種について単位面積または単位容量あたりの個体数あるいは細胞数，湿潤質量などを整理する．

5. 優占種

群集構成状態と定量結果を総括し，最も現存量（一般には個体数または細胞数）の大きい属種を優占種とする．また現存量が同一またはほぼ同じ場合には優占種が複数となることもありうる．

6. 特定種等

採取した底生生物のうち，特定種等と認定された属種を整理する．ここで，特定種等とは次に示すものである．

- 国・都道府県・市町村指定の天然記念物
- 「絶滅のおそれのある野生動植物の種の保存に関する法律」の国内希少野生動植物種の指定種
- 環境庁編（1976）「緑の国勢調査報告書」における「すぐれた自然の調査」対象種
- 環境庁編（1980）「日本の重要な昆虫類」における指標昆虫および特定昆虫
- 環境庁編（1991）「日本の絶滅のおそれのある野生生物－レッドデータブック」掲載種

その他，地方において特筆すべき文献掲載種

7. 底生生物と水域との係わりについての考察

調査全体を通じて得られた成果をもとに，以下の内容について整理・考察を行う．

(1) 現地調査により確認された底生生物と現地調査地点の環境を適宜分類・グルーピングを行うなどして，両者の係わりを整理する．

(2) 水質判定・富栄養化度・底質状況等の判定

肉眼的底生生物と非肉眼的底生生物とでは水質の影響の受け方に差異がある．汚水生物体系を適用することによって，水域の水質階級を判定することが可能であり，また富栄養化階級指標生物を用いることによって水域の富栄養レベルを判定することができる．

なお，底質中の底生生物の調査結果を用いることよって底質材質，底質の好気嫌気状態をも判定することができる．

また河川の縦断方向の群集構成状態の変化を解析することによって，汚濁流入地点の決定，あるいは河川浄化状況の変化なども判定することができる

(3) 水環境の保全・創造のための参考事項

底生生物の群集構成の多様性あるいは現存量等の情報から水環境の保全・創造のために実施されたさまざまな施策の親水性度あるいは環境質の評価，あるいは監視などの指標としても用いることもできる．

2.4 魚類調査

2.4.1 調査概要

> 魚類調査では，調査対象水域あるいは区域の魚類の種の分布・現存量等を調査するものとする．

解　説

河川を含めさまざまの水域においてその水環境を構成する条件が変わるとその水域の生態系そのものの構造が変化する．魚類の場合は単一条件の変化に制限されず総合的な条件の総和としてそこに生息すると考えるべきである．

魚類は水圏生態系において最上位の階層をしめ，魚類が生息することはその水域が正常な生態系を維持しているという1つの指標になりうる．そのようなことから対象水域内での種の分布，各種の現存量，産卵場，遡上状況等を把握することが重要となる．

2.4.2 調査構成

> 調査は，調査計画を立案し実施するものとし，その内容は事前調査・現地調査を主としそれらの結果について分析・整理・とりまとめをもって構成するものとする．

解　説

本調査の手順は，下図に示すとおりである．

```
┌─────────────────────────┐
│ 事前調査（文献調査・聞き取り調査） │
│  ・魚類の生息状況把握              │
│  ・漁業実態等の把握                │
│  ・調査水域周辺状況の把握          │
└─────────────┬───────────┘
              │
┌─────────────▼───────────┐
│ 現地調査計画の策定                 │
│  ・現地調査                        │
│  ・調査地点の設定                  │
│  ・調査時期の設定                  │
│  ・調査方法の選定                  │
│  ・採捕のための措置                │
└─────────────┬───────────┘
              │
┌─────────────▼───────────┐
│ 現地調査                           │
│  ・捕獲による調査                  │
│  ・同定（魚類の判定）              │
│  ・計測（全長・体長・体高・質量）  │
│  ・写真撮影                        │
│  ・潜水観察・びくのぞき            │
└─────────────┬───────────┘
              ▼
```

```
┌─────────────────────────────────┐
│ 室内分析                         │
│  ・同定（分類上特に留意すべき種等） │
│  ・標本の作製および保存           │
└─────────────────────────────────┘
                 ↓
┌─────────────────────────────────┐
│ 調査成果のとりまとめ               │
│  ・事前調査結果のとりまとめ        │
│  ・現地調査結果のとりまとめ        │
│  ・考察                          │
└─────────────────────────────────┘
```

2.4.3 事前調査

事前調査においては，次の調査を行うものとする．
1. 文献調査
2. 聞き取り調査

解　説

　現地調査を行う前に，文献調査および聞き取り調査により，調査対象水域の魚類相，回遊魚の遡上，降下時期，魚類の繁殖状況，禁漁水域（区間）・時期，特定種と指定されている種の分布状況，産卵地点，放流地点，漁獲状況，過去の魚類浮上死事例等について把握しておく．

2.4.4 現地調査計画

調査にあたっては，現地調査計画を作成するものとする．

解　説

1. 事前調査結果に基づいて調査対象水域の現地踏査を行った後，十分な成果が得られるように調査地点・調査時期・調査方法の選定を行い，現地調査計画を策定する．
2. 調査地点の設定にあたっては，瀬・淵をはじめとする地形的条件，流速と水深の分布，水質・底質・河岸の勾配や植生状況，護岸，根固めなど魚類の生息場所や移動の条件を考慮することが必要である．
3. 調査時期は，事前調査に基づき，当該水域に生息する魚類の生活史（産卵期・稚魚期・成長・分散期，回遊，越冬等）を考慮して，適切な時期を逸することのないようにする．また，魚類の活動様式（夜行性等）によっては，調査時刻にも注意する必要がある．
4. 調査時期，捕獲方法等によっては捕獲許可等が必要な場合があるため，事前に漁業協同組合・都道府県に確認しておき，特別採捕の許可を得るなど必要な措置を講ずる．

2.4.5 現地調査

現地調査は，現地調査計画に従って行うものとするが，河川環境の特性および調査目的に配慮して適確に実態を把握できるように調査方法を選定して実施するものとする．

解　説

1. 調査方法の概要

　河川および河川の感潮域・貯水池・自然湖沼等その水域の形状水理状態などによって調査方法が異なるので，調査対象水域の特性（河川形態・流量・河床材料・流速・水深等）に配慮して適確に実態を把握しうる水域区間別調査法を事前に確認し，捕獲，試料の固定・保存を行わなければならない．また調査目的によっては特殊調査を実施することも必要である．

2. 捕獲方法

　調査対象水域と目的によって捕獲方法を組み合わせて使用する．捕獲方法としては：刺網・投網・タモ網・定

置網・曳網・玉網・はえなわ・どう・セルビンなどがある．
 (1) 刺網

　　水深が大きく広大な水域では，魚類の行動に合わせた個所に網を張る静止型の刺網が有効である．刺網は対象とする魚類に応じて，目合や水深，時間等を考慮することにより，遊泳魚を始め，夜行性の魚類，底生魚など，幅広い魚種に対応することができる．

　　刺網には浮刺網と底刺網があり，浮刺網は遊泳魚を，底刺網は底生魚を対象として用いる．また，超音波式魚群探知機による探索の結果や水温鉛直分布の調査結果等を考慮して，適宜中間層にも刺網を設置するようにする．なお，底刺網は，湖底が平坦になっている地点で用いる．

　　刺網は，捕獲する魚類の大きさを考慮し，目合の異なる2種類（15mmと50mm程度を標準とする）を用いる．なお，二枚網あるいは三枚網は魚類の捕獲に有効であるため，状況に応じて使用する．使用した漁具の規格と使用状況等を記録する．

 (2) 投網

　　投網は水深の浅い個所や瀬にいる魚類の捕獲に有効である．

　　投網は，12mmおよび18mm程度の2種類の目合の投網を用いるものとし，捕獲する魚種の大きさ，水深等を考慮して目合の異なった投網の使用を適宜追加使用する．この場合，大型魚のみの捕獲を狙って，目合の大きな投網しか使用しなかったということのないようにする．

　　打ち網は，湖岸・川岸や水のなかを歩きながら綱を打つ「徒打ち」を基本とする．

　　特定の魚種のみが多く捕れたからといって，打ち網数を減らさないように注意する．使用した漁具の規格と使用状況等を記録する．

 (3) タモ網

　　タモ網は，ヤツメウナギ科，コイ科，ドジョウ科，ハゼ科等の河岸植物帯，沈水植物帯，河床の石の下，砂，泥に潜っている比較的小さな魚類の捕獲に有効で，魚類相の把握に不可欠である．

　　タモ網は先端が直線状のものを用い，河床および河岸に対して垂直に固定して足で追い込むようにするとよい．

　　タモ網による調査は，魚類調査に熟練した者が原則として2人で30分以上（1人の場合は1時間以上）行う．タモ網は努力量に比例した成果が得られるので，十分に行うこと．使用した漁具の規格と使用状況等を記録する．

 (4) その他の捕獲方法

　　その他の捕獲方法として以下のような方法がある．これら以外の方法についても，水域の特性に応じて使用してよい．刺網・投網・タモ網以外の捕獲方法を実施した場合には，使用した漁具の規格と使用状況等を記録する．

　① 定置網

　　定置網は，稚魚から成魚に至る魚類全般の捕獲に適している．夜行性の魚類の捕獲も可能である．

　② 曳網

　　曳網は，水深0.3～1.0m程度の比較的水深の小さい所で効率的である．

　③ 玉網

　　玉網は，ヨシノボリ類等の小型底生魚類の捕獲に適している．直径5～10cm程度のエビ取り用の玉網に柄を取り付けたものを用いて，上方から魚に網をかぶせるようにして捕獲する．

　④ はえなわ，どう

　　はえなわ，どうは，ウナギ，ナマズ等の夜行性の肉食魚の捕獲に適している．通常は日没後に仕掛け，明け方に回収する．

　⑤ セルビン

セルビンでは，流れの緩やかな所にいる小型の魚を捕獲する．餌としてサナギ粉等をいれて30分程度水中に沈め，中に入った魚を回収する．河川で用いる場合は，入り口が下流側を向くようにして川底に固定させる．

3. 計　　測

捕獲した魚について「全長・体長・体高・総質量」を計測する．「全長・体長・体高」等についてはmm単位で行う．捕獲した魚種ごとに総質量を計測し，あわせて個体数を記録する．現地で計測が行えない場合にはクーラーボックスで保冷したり，ホルマリン固定したものについて行ってもよい．

4. 写真撮影

捕獲した魚については魚種ごとの写真をカラーフィルムを用いて撮影する．

5. 試料固定・保存

捕獲した魚類は現地で同定することが望ましいが，不可能の場合には10％ホルマリンで固定する．ホルマリン固定では脱色し同定が困難になる恐れのあるものは冷凍による保存を行う．

保存する場合には魚体を入れた状態でホルマリン原液が10分の1になるようにホルマリンを入れる．

6. 特殊調査法

捕獲方法以外の調査法を特殊調査法とする．この調査法には潜水観察，びくのぞき，魚探による方法などがあるが，これらの調査は経験を要するので，専門家あるいは経験者によってのみ実施する．

7. 現存量調査

現存量調査については，別途調査法を参考に行うものとする．

なお，簡易的には単位努力量（同一漁具を用いて同じ回数だけ採集した結果）あたりの個体数あるいは重量として用いられることも多い．

8. 食性調査

魚類の食性調査はその水域における「食物連鎖」を明らかにし，またその水域の魚類生産状況を把握するために，また水域の生態系を知る手がかりとなる．

調査は採取された魚の消化管内容物によって行うが，これは消化や腐敗が進むと判定が困難になるので，採集した魚は直ちに固定する必要がある．固定用のホルマリン液が薄いと，死ぬまでに内容物の一部を吐き出すことがあるので，原液（約35％）を15〜20％入れたものを用いて固定する．調査は次のように行う．

体調と体重を測定してから腹を切り開いて消化管を取り出す．消化管の後半では消化が進んでいて内容物の判定が難しい．胃と腸が分化しているものでは胃のみ，分化していないものでは食道後端から第1屈曲部まで切り取る．

ついで，消化管を切開し水を入れたシャーレに内容物を洗い出す．この内容物を肉眼，実体顕微鏡，顕微鏡，などを用いてその種類組成を判定する．定量的に把握する必要があれば固体数，重量，容積等を測定することになる．詳細な食性調査は必要に応じ専門家に依頼して適切な方法により行う．

2.4.6 室内分析

現地調査で採捕した試料（生鮮・固定）については，種の同定・計測（全長・体長・体高・質量）個体数・写真撮影等を実施して整理・とりまとめの資料とするものとする．

解　説

1. 種の同定

種の同定は中坊徹次編（1993）「日本産魚類検索全種の同定」（東海大学出版会）を基本として，専門図書・文献を用いて行うが，種の特徴を十分検討したうえで行わなければならない．困難な場合には標本生体時写真・計測結果等を専門家に送付して依頼することが必要である．

第18章 河川環境調査

2.4.7 整理・とりまとめ

対象水域・区間の魚類出現種・分布・魚類形状等の実態を把握しえるよう各種の図表類を作成するものとする．

解　説

1. 現地調査概要

現地調査地点の概要（地点名・河口からの距離，標高，地点河川特性等）と調査実施日および水深・捕獲方

表18-1　水域の性質と生息する魚類の例

津田編（1962）水生昆虫学，北隆館

	水域の性質					生息する魚類	移動魚
	夏期水温(℃)	透明度	深さ	流速	底質		
アマゴ域	冷たい 10〜20	透明	浅くて所々に深みがある	速い	岩石礫	アマゴ，カワムツ アブラハヤ，ウグイ ヨシノボリ，アカザ カジカ，シマドジョウ	ウナギ／アユ
オイカワ域	やや冷たい 18〜25	概して透明	深みの所が増えるが，まだ浅い所が多い	「速い」ないし「中庸」	石礫	スナヤツメ，ヨシノボリ アマゴ，アカザ カマツカ アブラハヤ カワムツ オイカワ ウグイ ムギツク シマドジョウ スジシマドジョウ カジカ	
コイ域	中 23〜30	種々濁る	やや深くなる 所々に浅い所がある	「中庸」ないし「緩慢」	礫，砂	スナヤツメ，ムギツク， ナマズ，ウグイ ギギ，オイカワ アカザ，フナ，コイ イチモンジタナゴ，ボウズハゼ アブラボテ，ドジョウ ヤリタナゴ，シマドジョウ ニゴイ，スジシマドジョウ ズナガニゴイ，カマキリ ホンモロコ，ドンコ タモロコ，ヨシノボリ モツゴ，ウチゴリ カマツカ，チチブ	
汽水域	暖かい 25〜30	濁る 塩分を含む	深い	緩慢 潮汐の影響がある	軟底 砂 粘土 泥	コイ域にいるものはたいていいる（ただし，カマキリ，ウキゴリは除く）．そのほかにアベハゼ，マハゼがいる．	

第2節　生物調査

法・調査担当者，参考とした文献，助言・指導を受けた学識経験者等を整理する．

2．現地調査位置

現地調査地点の水系全体における位置関係が把握できるように，目印となる主要な堰，橋梁等を記入した流域概要図に各調査地点の位置を整理する．

3．全長・体長・体高・質量測定結果

捕獲した魚類について，全体長・体長・体高・質量等を明確に表現しえるように整理する．

4．経年出現状況一覧

各調査時に捕獲した魚類の属種を調査時別に経時的に整理する．

5．水域・区間別出現状況一覧

捕獲した魚類の属種を各水域・区間別にその出現状況を整理する．

6．特定種等

捕獲した魚類のうち「特定種等」と認定された属種を整理する．

ここで特定種等とは次に示す種をさすものとする．

・国・都道府県・市町村指定の天然記念物
・「絶滅のおそれのある野生動植物の種の保存に関する法律」の国内希少野生動植物種の指定種
・環境庁編（1976）「緑の国勢調査報告書」における「すぐれた自然の調査」対象種
・環境庁編（1982）「日本の重要な淡水魚類」対象種
・環境庁編（1991）「日本の絶滅のおそれのある野生生物－レッドデータブック」掲載種
・その他，地方において特筆すべき文献掲載種

7．魚類と水域との係わりについての考察

調査全体を通じて得られた成果をもとに，以下の内容について整理・考察を行う．

(1) 現地調査により確認された魚類と現地調査地点の環境を適宜分類・グルーピングを行うなどして，両者の係わりを整理する．
(2) 水域と魚類の生息との関係を，適当な水域ごとに区分して考察する．
(3) 環境保全・創出との関係

　　魚類は水圏生態系において最上位の階層をしめ，魚類が生息することはその水域が正常な生態系を維持している1つの指標でもありうる．したがって，魚類が消失しないように非生物要素の保全には十分留意しなければならない．また魚類が生息する環境を創出することは単に水質改善や河川形状・水理状況の改善のみで達成しえない．また総合的非生物環境要素が変化すればそこに生息する魚類相も変化することを考慮して環境創出の具体的計画について検討する必要がある．

2.5　陸上昆虫類調査

2.5.1　調査概要

　陸上昆虫類調査の対象は，陸上に生息する昆虫類とするものとする．
　調査対象範囲は，調査対象水域周辺の陸域とするものとする．

解　説

本調査における対象生物は昆虫類とする．なお，他の生物群（クモ類など）を対象とする場合には別途調査法を参考に行うものとする．

調査対象区域は河川・ダム貯水池の陸域であり，それらの区域における生息状態を知ることにより，河川環境の管理と保全のための基礎資料を得ることができる．

2.5.2 調査構成

> 調査は，調査計画を立案し実施するものとし，その内容は，事前調査，現地調査を主とし，それらの結果についての分析・整理・とりまとめをもって構成するものとする．

解　説

本調査の手順は次図に示すとおりである．

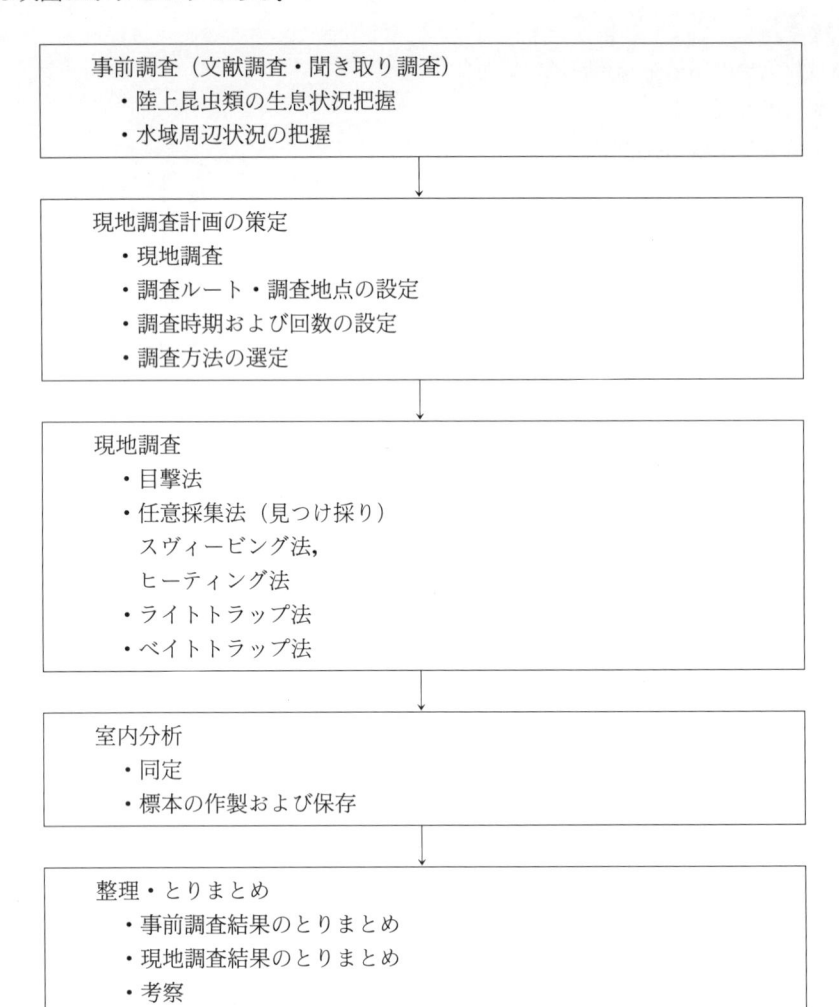

```
┌─────────────────────────────┐
│ 事前調査（文献調査・聞き取り調査）      │
│  ・陸上昆虫類の生息状況把握          │
│  ・水域周辺状況の把握              │
└─────────────────────────────┘
              ↓
┌─────────────────────────────┐
│ 現地調査計画の策定                │
│  ・現地調査                    │
│  ・調査ルート・調査地点の設定        │
│  ・調査時期および回数の設定         │
│  ・調査方法の選定                │
└─────────────────────────────┘
              ↓
┌─────────────────────────────┐
│ 現地調査                      │
│  ・目撃法                     │
│  ・任意採集法（見つけ採り）         │
│    スヴィービング法，             │
│    ビーティング法                │
│  ・ライトトラップ法               │
│  ・ベイトトラップ法               │
└─────────────────────────────┘
              ↓
┌─────────────────────────────┐
│ 室内分析                      │
│  ・同定                       │
│  ・標本の作製および保存            │
└─────────────────────────────┘
              ↓
┌─────────────────────────────┐
│ 整理・とりまとめ                 │
│  ・事前調査結果のとりまとめ         │
│  ・現地調査結果のとりまとめ         │
│  ・考察                       │
└─────────────────────────────┘
```

2.5.3 事前調査

> 事前調査においては，次の調査を行うものとする．
> 1. 文献調査
> 2. 聞き取り調査

解　説

現地調査を行う前に，文献・聞き取り調査により，調査対象域における昆虫相，各種の成虫の出現時期や分布状況，特定種の生息の有無等について把握しておく．

2.5.4 現地調査計画

> 調査にあたっては，現地調査計画を作成するものとする．

第2節　生物調査

解　説
1. 文献・聞き取り調査の成果を踏まえ，調査対象範囲の現地踏査を行ったあと，十分な成果が得られるように，現地踏査ルート，調査地点，調査時期，調査方法の選定等を行い，現地調査計画を策定する．
2. 現地調査地点の設定にあたっては，文献・聞き取り調査により得られた情報等を十分に検討し，調査対象水域における陸上昆虫相が把握できるような代表的な現地調査地点を設定する．
3. 陸上昆虫類の調査には成虫が羽化している時期が調査に適している．原則として，春・夏・秋の3回*以上行うが，全種類の成虫が一時期に出現するわけでなく，同じ種類でも地方によって羽化の時期が異なっているので，調査時期は調査対象水域ごとに決める必要がある．なお，陸上昆虫類は種類数が多く，出現期間の短い種類も多いことから，調査回数を多くしても確認種類数が頭打ちにならないと考えられる．このため，最低3回としたが，事情が許すならば頻繁に調査を行うことが望ましい．

2.5.5　現地調査

現地調査は現地調査計画に従って行うものとするが，河川環境の特性および，調査目的に配慮して適確に実態を把握できるように調査方法を選定して実施するものとする．

解　説

1. 調査方法の概要

現地調査は，任意採集法を基本とし，この方法だけでは採集できない種については，スイープネット法，ビーティング法，ライトトラップ法・ベイトトラップ法による採集を行う．ただし，採集できなかった場合でも，トンボ類・チョウ類・コオロギ類・セミ類などで，目撃あるいは鳴き声によって種の識別ができた場合には参考として記録しておく．

2. 任意採集法

代表的な任意採集法としては見つけとりがある．また，採集できなかったが目撃等により識別した種も参考として記録する．

(1) 見つけとり

見つけとりは，踏査中に見つけた昆虫類を捕虫ネットや手で採集するものである．さまざまな環境で，さまざまな種類を対象に用いることができる．

トンボ類・大型のチョウ類・バッタ類など飛ぶ力が強い昆虫は追跡あるいは待ち伏せによって採集し，イトトンボ類は水際の草地をかき分けて採集する．樹液，朽ち木，動物の死骸や糞などには，昆虫が集まっているので，このような場所でも採集を行う．

(2) 目撃

トンボ類・チョウ類・ハチ類・セミ類・バッタ類・コオロギ類等の大型で目立つ昆虫や鳴き声を出す昆虫は，採集することができなくても，目撃あるいは鳴き声によって種の識別ができる場合がある．

特に，捕虫ネットの届かない高いところを飛んでいるチョウ類や高い木の幹にとまっているセミ類は，双眼鏡等を用いて確認するとよい．

なお，目撃により確認した種については，参考として記録する．

3. スウィーピング法

おもに樹林地，低木林，草原で用いられる方法で，次のように行う．

捕虫ネットを水平に振り，草や木の枝をなぎ払うようにしてすくいとり，網の中身を点検する．採集した昆虫類のうち羽の柔らかいものは三角紙に包み，大型のものは毒ビン等で殺虫し，小型のものは吸虫管で吸い取って殺虫管などに移し，植物の葉や茎などのゴミを捨てる．あるいは網の中身をエーテルまたはクロロフォルムを染み込ませた綿を入れたビニール袋に移して密閉する．

その後捕獲内容に応じて網を振る場所を変えるなどして，スウィーピングを行う．

第18章　河川環境調査

4. ビーティング法

木の枝，草などを叩き棒で叩いて，下に落ちた昆虫をネットで受け取って採集する方法である．木の枝，草などについている昆虫を時間をかけて探さなくても白いネットの上に落ちた昆虫を効率よく採集することができる．ネットの中に落ちた昆虫を拾い，殺虫管などに入れる．なるべく対象とする樹種を変え，同様な作業を繰り返す．

5. トラップ法

(1) ライトトラップ法（灯火採集法）

夜間に燈火に集まる昆虫類の習性を利用して採集する方法で，カーテン法とボックス法がある．どちらの方法を用いるかは現地の状況等を考慮し，学識経験者の助言を参考として決定する．

実施にあたっては満月の夜，風の強い日は避けるようにし，また，できるだけ付近に照明がない場所で調査するのが望ましい．

ライトトラップ法では広範囲の昆虫類を集めることが可能であるが，調査区域内の昆虫類相を的確に把握できるよう光源の強さ，設置する向き等に配慮する．

① カーテン法

1m×2m あるいは1.5m×1.5m 程度の白色のスクリーン（カーテン）を見通しのよい場所に張り，その前に昼光色蛍光灯と紫外線灯（ブラックライト）等を吊るして付ける．日没後から3時間程度，スクリーンをめがけて集まる昆虫を，吸虫管，殺虫缶，補虫ネットを用いて採集する．

② ボックス法

昼光色蛍光灯と紫外線灯等の下に，大型ロート部および昆虫収納用ボックス部からなる補虫器を設置する．光源をめがけて集まる昆虫が大型ロートに落ち，補虫器に収納される．ボックスの中には殺虫剤を脱脂綿か布に染み込ませたものを入れる．

夕方に設置し，翌朝回収する．

(2) ベイトトラップ法

ベイトトラップ法にもさまざまな方法があるが，ここでは，ピットフォールトラップに餌を入れておき，地上を歩き回る昆虫類を採集するピットフォールトラップ法（以下，単にベイトトラップ法）をさすものとする．すなわち，地面と同じレベルに口がくるように，ピッケルなどを用いて，紙コップ・缶・ビンなどを埋め，中に餌を入れておく．餌としては，従来より腐肉系（魚肉，牛肉）と発酵飲料系（ビール，焼酎あるいはこれらと黒砂糖や乳酸飲料との組合わせなど）があり，近年はエチレングリコール（容器の1/3），氷酢酸を用いている地方もある．ピットフォールトラップは，各地点でなるべく多様な環境を選んで仕掛け，1～2昼夜おいて，中に捕らえられた昆虫を採集する．

6. 現存量調査

現存量調査は，別途調査法を参考に行うものとする．

2.5.6　室内分析

採集した陸上昆虫類は室内に持ち帰り同定を行うものとする．

また，当該水域およびその周辺で採集した陸上昆虫類は，必要に応じて標本を作製し，保存しておくものとする．

なお，同定にあたっては学識経験者の助言を得るようにするものとする．

解　説

1. 標本の作製

当該河川の記録として初めて採集されたもの，重要なものなどについては確実に標本を作る．特に，同定上問題があると思われるものについては確実に標本にする．

標本の作製は原則として分類群ごとに以下のようにする．
(1) 液浸標本
カゲロウ目，カワゲラ目，トビケラ目，アミメカゲロウ目など
(2) 乾燥標本
トンボ目，コンチュウ目，チョウ目，カメムシ目など

2．同　　定

採集した陸上昆虫類は，室内に持ち帰り，実体顕微鏡等を用いて，同定を行う．

同定にあたっては，最新の分類学的知見に基づき，できるだけ種まで同定し，標準和名および学名で記録する．

同定にあたっては，原則として成虫および亜成虫を対象にするが，種名の判明した幼虫は加える．

同定の容易でないものについては，専門家に同定を依頼する．

3．標本の保存

作製した標本については，種名，採集地点，採集年月日，採集者名等を記入したラベルを付して保存することが望ましい．

2.5.7　整理・とりまとめ

> 対象水域・周辺区間の陸上昆虫類出現種・現存量・優占種・分布状況等の実態を把握しうるように整理とりまとめを行うものとする．

解　説

1．現地調査概要

任意採集法の調査実施年月日，天候，気温，総踏査距離，調査延べ人数，ライトトラップ法，ベイトトラップ法の現地調査地点の概要（調査地点の区分，標高，調査地点の特徴），調査実施年月日，捕獲方法，調査担当者，同定に用いた文献等を整理する．

2．現地調査位置

踏査ルートおよび調査地点（ライトトラップ法，ベイトトラップ法）の水系全体における位置関係が把握できるように，目印となる主要な堰，橋梁等を記入した流域概要図に調査地点の位置を整理する．

3．現地調査結果

採集確認された昆虫類を分類体系順にリストアップして，調査回別，調査法別に整理する．

4．経年出現状況

現地調査による陸上昆虫類の出現状況について，事前調査結果とともに整理する．

5．特定種等

現地調査における陸上昆虫類について，事前調査結果とともに整理する．ここで，特定種とは次の資料で示される種をさすものとする．

・国・都道府県・市町村指定の天然記念物
・「絶滅のおそれのある野生動植物の種の保存に関する法律」の国内希少野生動植物種の指定種
・環境庁編(1976)「緑の国勢調査－自然環境保全基礎調査報告書」における「すぐれた自然の調査」対象種
・環境庁編(1980)「日本の重要な昆虫類」における指標昆虫および特定昆虫
・環境庁編(1991)「日本の絶滅のおそれのある野生生物―レッドデータブック」掲載種
・その他，地方において特筆すべき文献掲載種

6．現地調査出現種リスト

現地調査における陸上昆虫類について分類体系順に整理し，学名を併記して，出現種リストを作成する．

7．生物と対象域との係わりについての考察

調査全体を通じて得られた成果について学識経験者の助言を仰ぎ，以下の内容について，整理・考察を行う．
(1) 現地調査により確認された陸上昆虫類と現地調査地点の環境を適宜分類，グルーピングを行うなどして，両者の係わりを整理する．
(2) 対象域およびダムその周辺と陸上昆虫類の生息との関係を考察する．
(3) 対象域とその周辺の環境保全・創造のための参考事項．

2.6 両生類・爬虫類・哺乳類調査

2.6.1 調査概要

> 両生類・爬虫類・哺乳類調査では，水域およびその周辺を生活の場とする両生類・爬虫類・哺乳類を対象とするものとする．
> 調査対象範囲は，調査対象水域およびその周辺とするものとする．

解　説

本調査において対象とする生物は，両生類・爬虫類・哺乳類であり，調査対象区域における生息状況を知ることにより保全のあり方の基礎資料を得ることができる．

2.6.2 調査構成

> 本調査は水域およびその周辺における両生類・爬虫類・哺乳類の生息状況の把握を行うものであり，以下のフローに従って調査し，分析・整理・とりまとめを行うものとする．

解　説

本調査の手順は下図に示すとおりである．

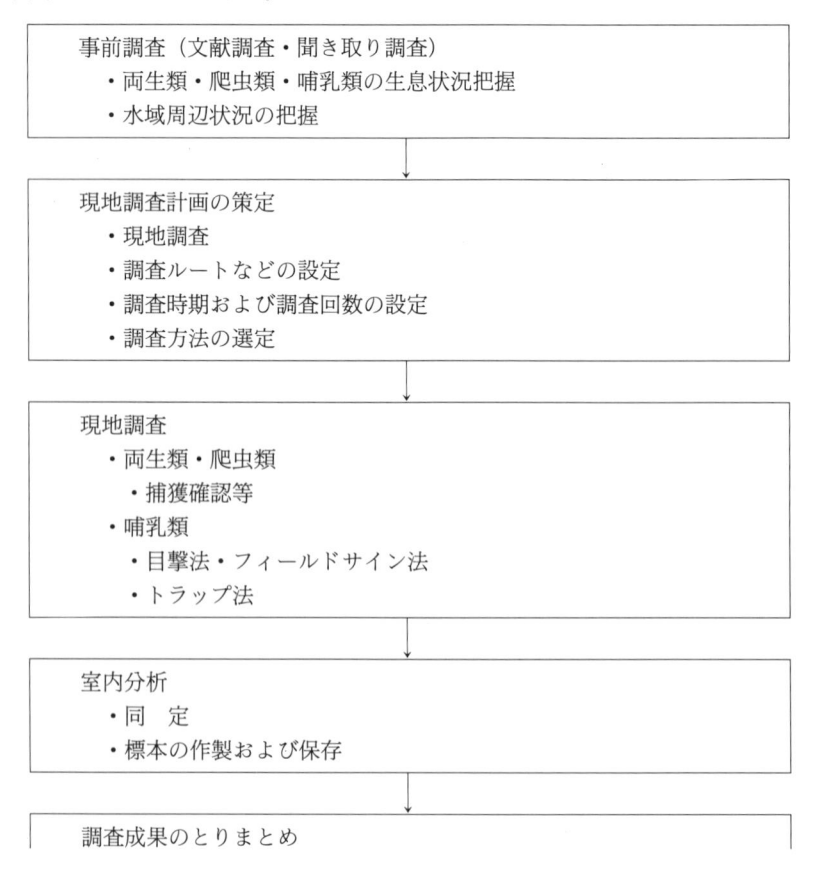

```
┌─────────────────────────────────┐
│ 事前調査（文献調査・聞き取り調査）      │
│  ・両生類・爬虫類・哺乳類の生息状況把握 │
│  ・水域周辺状況の把握                │
└─────────────────────────────────┘
              ↓
┌─────────────────────────────────┐
│ 現地調査計画の策定                  │
│  ・現地調査                        │
│  ・調査ルートなどの設定             │
│  ・調査時期および調査回数の設定      │
│  ・調査方法の選定                   │
└─────────────────────────────────┘
              ↓
┌─────────────────────────────────┐
│ 現地調査                           │
│  ・両生類・爬虫類                   │
│    ・捕獲確認等                    │
│  ・哺乳類                          │
│    ・目撃法・フィールドサイン法      │
│    ・トラップ法                    │
└─────────────────────────────────┘
              ↓
┌─────────────────────────────────┐
│ 室内分析                           │
│  ・同　定                          │
│  ・標本の作製および保存             │
└─────────────────────────────────┘
              ↓
┌─────────────────────────────────┐
│ 調査成果のとりまとめ                │
└─────────────────────────────────┘
```

- 事前調査結果のとりまとめ
- 現地調査結果のとりまとめ
- 考察

2.6.3 事前調査

事前調査においては，次の調査を行うものとする．
1. 文献調査
2. 聞き取り調査

解　説

現地調査を行う前に，文献，聞き取り調査により調査水域およびその周辺における両生類・爬虫類・哺乳類の生息状況，特定種の生息の有無，水域およびその周辺などについて把握しておく．

2.6.4 現地調査計画

調査にあたっては，現地調査計画を作成するものとする．

解　説

1. 文献・聞き取りの調査の成果を踏まえ，調査対象域の現地踏査を行った後，調査時期，調査方法の選定を行い，現地調査計画を策定する．
2. 現地調査地点の設定にあたっては，調査の継続性，文献・聞き取り調査によって得られた情報，既存の調査事例，調査対象域区間内における高水敷の規模，地形（水たまり，細流の分布等），植生，周辺土地利用状況等を考慮し，対象域内の両生類・爬虫類・哺乳類相を把握するのに十分効果が上がるように設定する．
3. 各調査の調査時期は学識経験者の助言や過去の調査結果を参考にし，それぞれの調査対象動物の生息の確認に適した時期とする．

   両生類と爬虫類は，冬眠時期を除く春から秋にかけて3回程度が目安となる．哺乳類は，目撃法，フィールドサイン法は四季それぞれに1回行うことを目安とし，トラップ法は春から秋に2回を目安とする．

2.6.5 現地調査

現地調査は現地調査計画に従って行うものとするが，河川環境の特性および調査目的に配慮して，適確に実態を把握できるように調査方法を選定して実施するものとする．

解　説

1. 調査方法の概要

現地調査は，両生類・爬虫類については，原則として捕獲確認により行い目撃法等を併用する．哺乳類については，目撃法・フィールドサイン法・トラップ法により行う．

捕獲した両生類・爬虫類のうち，特定種等に該当するものは写真撮影後逃がすものとする．

また，事前調査の結果，トラップ法で捕獲される可能性のある哺乳類で特定種等に該当するものが生息しているという情報が得られている場合には，ライブトラップを用いるものとする．特定種等に該当するものが捕獲された場合には，写真撮影・各種計測の後逃がすものとする．

2. 両生類

両生類の調査は捕獲確認等により行う．捕獲した両生類のうち，特定種等に該当するものは写真撮影の後逃がすものとする．以下に調査の留意点等について記述する．

なお，種の同定ができない両生類の卵塊・幼生・幼体は，飼育すれば同定が可能となる場合がある．

(1) カエル類

カエル類は春先から初夏にかけて繁殖する．繁殖期には水たまりに集まってくるので種の確認がしやすい．種により繁殖期は限られているが，卵塊や幼生によっても種の同定が可能である．梅雨時や冬眠に入る前の秋季も確認に適する．特に，雨天時の夜間にはカエル類の活動が活発となるので，夜間調査も実施する調査対象範囲内の水たまり，細流，水際，草むら，樹林地内の落ち葉の積もった場所などの生息が予想される個所を踏査し，卵塊，幼生，幼体，成体および死体を確認する．種の同定は原則として捕獲して行うが，捕獲できなかった場合は目視確認として記録する．また，カエル類は鳴き声によっても種の同定が可能なので，鳴き声を聞いた場合には，種類とおおよその位置および個体数を記録する．

雨天時の夜間などでは，ライトを持って歩きながら，網で捕獲するか目視確認する．鳴いているカエル類を見つけたら，ライトでいきなり照らさず，近くを照らしてから光の中心をゆっくりずらしていくようにすると驚きにくい．また，夜間，道路上に現れるカエル類を確認するとよい．

(2) 小型のサンショウウオ類

小型のサンショウウオ類は一般に早春から春にかけて繁殖する．繁殖期には水辺に集まってくるので，確認がしやすい．種によって繁殖期は限られているが，卵塊，卵嚢，幼生，幼体によっても種の確認が可能である（不明の場合は飼育して成体にしてみる）．

サンショウウオの幼生は岸寄りの礫の下にいることが多いので，そのようなところを重点的に探す．また，水たまりに幼生がいる種もあるので，そのようなところも探す．沢が流入しているようなところでは礫の隙間に成体や幼体がいることがあるので，礫をひっくり返して確認する．

成体は湿った林床にいることもあるので，林床の落ち葉等をかき分けて探す．

(3) オオサンショウウオ

オオサンショウウオの繁殖期は夏であるため，夏の夜間に生息が予想される谷に入って目視確認を行う．オオサンショウウオは国指定の天然記念物であるので，捕獲するためには文化庁の許可が必要であり，目撃しても捕獲することはできない．おおよその大きさと行動などを記録するにとどめる．

(4) イモリ類

イモリ類は流れの穏やかなところや水たまりを重点に探す．

3．爬虫類

爬虫類の調査は，捕獲確認等により行う．捕獲した爬虫類のうち特定種等に該当するものは写真撮影後逃がすものとする．以下に調査の留意点等について記述する．

(1) ヘビ・トカゲ類

ヘビ・トカゲ類は変温動物であるので，春・秋は暖かいところ，夏は涼しいところを探すようにする．また，早春のまだ草本類の繁茂していないうちや，前日に雨が降って天候が回復した日の午前中などには，日光浴をして体温を上昇させていることが多く調査に適している．通常でも，昼間は草むらの中の人の通り道となっているようなところで日光浴をしていることが多いので，そのようなところを重点的に探す．また，ガレ場の石の下や廃棄されたトタン板の下などに潜んでいることがあるので，このような場所では石やトタン板をひっくり返すなどして探す．

ヘビ類には夜行性の種もあるので夜間調査も実施するとともに，道路上の轢死体に注意する等の配慮をする．夜間調査を行う際には昼間に十分な下見を行い，草むらや灌木などの植生が発達している場所や水辺，ヘビのおもな餌となるカエルのたくさんいるところを鳴き声で確認しておき，そのようなところを重点的に探す．また，夜間，道路上に現れるヘビ類を確認するとよい．

種の同定は原則として捕獲して行うが，捕獲できなかった場合は目視確認として記録する．また，脱皮殻が見つかれば種類を判定できる場合がある．

なお，マムシやヤマカガシ，ハブ類，ガラスヒバァ等には毒があるので，調査にあたっては長靴，だぶだ

第2節 生物調査

ぶのズボンをはき，軍手を準備するなど，安全に十分留意し，目視による確認ができれば捕獲しなくてもよい．

(2) ヤモリ類

ヤモリ類は湿った場所の構造物の隙間などにいる．また，春から秋にかけては，夜間に橋などの照明があるところに集まる虫などを捕食するため橋脚等にへばりついていることがあるので見つけやすい．

(3) カメ類

カメ類は変温動物であるので，春・秋は暖かいところ，夏は涼しいところを探すようにする．また，前日に雨が降って天候が回復した日の午前中などには，岩や倒木の上で日光浴していることが多く調査に適している．

カメ類については，水が干上がることが少なく，隠れ家となる岩や水際の湿生草地があり，産卵場となる適度な堅さの土手があるようなところを重点的に探す．

カメ類は一般に春から夏にかけて繁殖し，このような時期には，陸上で見かけられることがある．また，水際などで足跡を確認することもできる．

種の確認は，捕獲あるいは双眼鏡等を用いて目視確認により行う．カメ類は嗅覚が鋭く，魚肉等の餌をいれたカゴ網を仕掛けておくとよく捕獲できる．

カゴ網は掛かったカメが呼吸できるように半ば浮かせて，1晩程度仕掛ける．なお，捕獲にあたって許可が必要な場合は事前に捕獲のための措置を講じる．

4. 哺乳類

哺乳類の調査は，目撃法・フィールドサイン法・トラップ法により行う．

事前調査の結果，トラップ法で捕獲される可能性のある哺乳類で特定種等に該当するものが生息しているという情報が得られている場合には，ライブトラップを用いるものとする．特定種等に該当するものが捕獲された場合には，写真撮影，各種計測の後逃がすものとする．

以下に調査の留意点等について記述する．

(1) 目撃法

水際，草むら，樹林地等の哺乳類の出没が予想される個所を静かに歩行し，姿を目撃する．姿を見かけたら直ちに静止して警戒されないようにし，双眼鏡などを用いて種類を識別し，目撃した場所の状況と併せて記録する．橋梁にはコウモリ類が生息していることがあり，その場合は夕方飛び出すのが目撃できる．コウモリ類が出現した場合，種まで確認できなくともコウモリ類として記録しておく．また，まとまった樹林地等が分布する場合は樹上性の哺乳類の生息にも注意して調査する．なお，出水時には堤防上に逃避していることが多いので姿を目撃しやすい．夜間，ナイトスコープによって確認するのも一法である．また，死体を発見した場合は，腐敗圧壊などで状態が悪いものでも同定の可能なことが多いので，現場で種同定できなかった死体は，ホルマリン液浸などにして持ち帰る．

(2) フィールドサイン法

フィールドサインは，草本類が繁茂する前の春季や，枯れた後の秋季，また，雪の積もる地域では積雪時に確認しやすい．

水際（砂地，泥地，湿地等），小径，土壌の柔らかい個所，草むら，樹林地等の生息・出没の予想される個所を踏査し，足跡，糞，食痕，巣，爪痕，抜け毛，掘り返し（モグラトンネル，モグラ塚等）を観察する．

コンクリートや石などの上にある糞は，長期間残るので見つかる機会が多い．また，水辺の細かい砂や泥が堆積している場所に残る足跡は識別しやすい．利用頻度が高いと判断される「けもの道」に砂をまいて，足跡が付きやすくするのも一法である．

フィールドサインを見つけたら写真の撮影を行い，必要に応じてサイズを測定する．巣穴についても穴の

大きさを必要に応じて測定しておく．
　糞，抜け毛などはできるだけ採集し，標本にする．
(3) トラップ法
　トラップ法は目撃，フィールドサインによる確認が困難な食虫類（モグラ，ヒミズ等），ネズミ類等を対象として実施する．
　トラップには対象とする動物により，いろいろなタイプのものがある．
　トラップは1晩以上仕掛けて，毎朝回収する．
5．現存量調査
現存量調査は，別途調査法を参考に行うものとする．

2.6.6 室内分析

> 現地調査で写真撮影，採捕した試料については，種の同定，写真撮影等を実施して整理・とりまとめの資料とするものとする．

解　説
種の同定は，その種の特徴を十分検討したうえで行わなければいけない．困難な場合には標本，写真を専門家に依頼することが必要である．

2.6.7 整理・とりまとめ

> 対象水域・区間の両生類・爬虫類・哺乳類の実態を把握しうるように整理とりまとめを行うものとする．

解　説
1．現地調査概要
　目撃法・フィールドサイン法調査の概要（調査実施年月日，天候，気温，調査対象生物，延べ人数），哺乳類トラップ法の調査地点の概要（調査地点の区分，標高，調査地点の特徴），調査実施年月日，捕獲方法（トラップの種類，数，餌）と調査担当者，同定に用いた文献等を整理する．
2．現地調査位置
　踏査ルートおよび哺乳類捕獲調査地点の水系全体における位置関係が把握できるように，目印となる主要な堰，橋梁等を記入した流域概要図に調査地点の位置を整理する．
3．現地調査結果
　現地調査により生息が確認された両生類・爬虫類・哺乳類を調査回別に整理する．
4．経年出現状況
　現地調査による両生類・爬虫類・哺乳類の出現状況について，事前調査結果とともに整理する．
5．特定種等
　現地調査における両生類・爬虫類・哺乳類の特定種等について，事前調査結果とともに整理する．
　ここで，特定種等とは次の資料で示される種をさすものとする．
・国・都道府県・市町村指定の天然記念物
・「絶滅のおそれのある野生動植物の種の保存に関する法律」の国内希少野生動植物種の指定種
・環境庁編(1976)「緑の国勢調査－自然環境保全基礎調査報告書」における「すぐれた自然の調査」対象種
・環境庁編(1982)「日本の重要な両生類・は虫類」掲載種
・環境庁編(1991)「日本の絶滅のおそれのある野生生物－レッドデータブック」掲載種
・その他，地方において特筆すべき文献掲載種
6．現地調査出現種リスト

現地調査における両生類・爬虫類・哺乳類について，分類体系順に整理し，出現種リストを作成する．

7. 生物と対象域との係わりについての考察

調査全体を通じて得られた結果について学識経験者の助言を仰ぎ，以下の内容について，整理・考察を行う．

(1) 現地調査により確認された両生類・爬虫類・哺乳類と現地調査地点の環境を適宜分類，グルーピングを行うなどして，両者の係わりを整理する．
(2) 対象域と両生類・爬虫類・哺乳類の生息との関係を，適当な区域ごとに区分して考察する．
(3) 対象域とその周辺の環境保全・創造のための参考事項

2.7 鳥類調査

2.7.1 調査概要

> 鳥類調査では，水域およびその周辺を生活の場とするすべての鳥類（家禽種，帰化種を含む）を対象とするものとする．
> 調査対象範囲は，調査対象水域およびその周辺とするものとする．

解　説

水域周辺にはそのさまざまな環境に，そこを生活（採餌および営巣）の場とする鳥類が生息する．したがって，必要に応じ対象地域に生息する鳥類の実態（種類数および分布）を知るための調査を行う．

河川，湖沼およびそれに接続する部分には，極めて多種多様の生物が生息している．そして，それらは密接な関連を持ち生態系をなしている．

2.7.2 調査構成

> 調査は調査フローに従って実施するものとし，その内容は事前調査・現地調査を主とし，それらの結果についての分析・整理・とりまとめをもって構成するものとする．

解　説

本調査の手順は，下図に示すとおりである．

```
┌─────────────────────────┐
│ 事前調査（文献調査・聞き取り調査） │
│  ・鳥類の生息状況把握        │
│  ・保護等の状況の把握        │
│  ・水域周辺状況の把握        │
└─────────────────────────┘
            ↓
┌─────────────────────────┐
│ 現地調査計画の策定           │
│  ・現地調査               │
│  ・調査地点の設定           │
│  ・調査時期および調査回数の設定 │
│  ・調査方法の選定           │
└─────────────────────────┘
            ↓
┌─────────────────────────┐
│ 現地調査                  │
│  ・ラインセンサス法         │
│  ・定位記録法              │
│  ・地区センサス法           │
│  ・夜間の確認              │
│  ・船上からの確認           │
└─────────────────────────┘
```

第18章　河川環境調査

```
┌─────────────────────┐
│ ・移動中の確認        │
└──────────┬──────────┘
           ↓
┌─────────────────────┐
│ 調査成果のとりまとめ   │
│ ・事前調査結果のとりまとめ │
│ ・現地調査結果のとりまとめ │
│ ・考察               │
└─────────────────────┘
```

2.7.3　事前調査

> 事前調査においては，次の調査を行うものとする．
> ・文献調査
> ・聞き取り調査

解　説

現地調査を行う前に，文献調査および聞き取り調査により，水域およびその周辺の鳥類相，渡りおよび繁殖等の時期，特定種等の生息の有無，集団分布地の位置および状況，狩猟と鳥獣保護区等，水域およびその周辺の状況などについて把握しておく．

2.7.4　現地調査計画

> 調査にあたっては，現地調査計画を作成するものとする．

解　説

1. 文献・聞き取り調査の成果を踏まえ，調査対象範囲の現地踏査を行った後，十分な成果が得られるように，調査地点，調査時期，調査方法の選定を行い，現地調査計画を策定する．
2. 現地調査にあたっては，調査の継続性，文献・聞き取り調査によって得られた情報を十分に検討し，水域の特性に応じ鳥類相の把握に適した調査対象範囲および調査地点（定線・定点・区画）を設定する．
　　調査地点の設定に先立ち，予め調査対象範囲の地形，植生，土地利用の状況，河川形態等を，1:2500平面図，1:25000〜50000地形図や航空写真等により把握し，調査対象範囲の環境を把握しておく．
3. 現地調査は，春夏秋冬の年5日程度実施することが望ましい．原則的には，春の渡りの時期，繁殖期（前期），（後期），秋の渡りの時期，越冬期の調査を実施する．

また，調査時期の設定にあたっては次の点についても考慮する．
・鳥類の活動があまり見られなくなる7月〜8月中旬は調査を行わない．
・春と秋の渡りの時期に，シギ類，チドリ類の鳥類が多く見られる地区では，頻繁に種類が変化するため，調査期間を長く設定するのが望ましい．
・冬季に大量の積雪のある地域や結氷する地域では，積雪時期・結氷時期を避けるようにする．

2.7.5　現地調査

> 現地調査は現地調査計画に従って行うものとするが，河川環境の特性および調査目的に配慮して的確に実態を把握できるように調査方法を選定して実施するものとする．

解　説

1. 調査方法の概要

現地調査は，ラインセンサス法・定点記録法・地区センサス法等の手法を河川の環境状況による調査の目的に応じて適宜選定して用いるものとする．

各鳥類は確認した環境ごとに記録し，併せて繁殖行動や巣立ちびな，巣などの発見に努め，また，集団営巣

地，大規模なねぐら，越冬地，中継地についても把握を行う．

なお，鳥類は，繁殖，越冬，中継等，それぞれの季節によって生息する種類および個体数が著しく異なるので調査時期に留意する必要がある．

2．ラインセンサス法

ラインセンサス法は，調査定線上を歩いて調査し，その線から一定の幅内に出現する鳥類の種類と個体数，繁殖行動等を記録する方法である．

調査定線は目的に応じて設定するものとする．一般的には1～数km程度とし，調査対象範囲内に1～数ライン設定し，各種の地形・植生等を含み，調査対象範囲の鳥類相が的確に把握できるよう，配慮する．

設定した線上を1.5～2.5km程度の速さで歩き，目撃した鳥あるいは鳴き声により識別した鳥の種類，出現環境，個体数，繁殖行動等を環境別に記録する．この時観察区域として予め調査定線からの距離を定めておき，その幅内に出現した鳥類を記録する．観察幅は，林内では片側25m，計50m幅が標準であるが，湖岸等見通しのよい個所の場合には適宜広げることができる．また，観察区域外においても，記録すべき種が確認できた場合には記録する．

3．定点記録法

定位記録法は，屋根上，急斜面，湖岸等で見通しのよい場所に調査定点を設定して，出現する鳥類の種類と個体数，繁殖行動等を記録する方法である．

観察する範囲は，種の確認ができる範囲とし，その範囲内に出現した鳥類の種類，出現環境，個体数，繁殖行動等を記録する．

調査時間は30分～1時間程度を目安とする．

なお，ワシタカ類については，気温が上がり上昇気流の発生する日中に観察されることが多いため，定位記録法は日中にも実施する．

4．地区センサス法

地区センサス法は，調査対象範囲内に環境の一様なヨシ原や草原がある場合に，必要に応じて実施する．

地区センサスは，ヨシ原や草原など環境が一様な場所に調査区画を設定し，その区画内に出現した鳥類の位置，種類と個体数，繁殖行動等を記録する方法である．

ヨシ原や草原などに一定面積の区画を設定し，その区画の中を方眼に再分割して，そのます目の周囲を巡るか，中に踏み込むか，地形によってどちらかの方法で順次調査していく．中に踏み込む方法は鳥類の繁殖の妨げとなることがあるため，繁殖期は避けるようにする．

再分割したます目ごとに種類と個体数，繁殖行動等を記録する．

5．夜間の確認種の記録

フクロウ類などの夜行性の鳥類については，昼間の調査では確認できない場合が多いため，夜間に水域の周辺を車などで移動して，鳴き声を確認するなどして記録する．

6．船上からの確認種の記録

地形的に陸上からは見えない水面がかなりある場合には，船で水域の湖面上をめぐり，入り江等で休息・採餌している水鳥類の確認を行い，種類と個体数，繁殖行動，出現した環境等を記録する．

7．現存量調査

現存量調査は，別途調査法を参考に行うものとする．

2.7.6 整理・とりまとめ

> 対象水域区間の鳥類出現種，分布，集団分布地，特定種確認状況等の実態を把握しうるように整理とりまとめを行うものとする．

第18章 河川環境調査

解　説
1. 現地調査概要

現地調査地点の概要（地点名，河口からの距離，標高，地点の特徴）と調査実施日および観察面積，調査担当者，参考とした文献，助言・指導をうけた学識経験者等を整理する．

2. 現地調査位置

現地調査地点の水系全体における位置関係が把握できるように，目印となる主要な堰，橋梁等を記入した流域概要図に各調査地点の位置を整理する．

3. 現地調査結果

現地調査により生息が確認された鳥類を調査回別に整理する．

4. 季節別現地調査結果集計

調査結果を季節別に合計する．また，各季節別に出現した種類を整理する．

5. 特 定 種 等

事前調査および現地調査で確認された鳥類の特定種等について，確認時の状況等を整理する．

ここで特定種等とは次に示すものとする．

- 国・都道府県・市町村指定の天然記念物
- 「絶滅のおそれのある野生動植物の種の保存に関する法律」の国内希少動植物種指定種
- 環境庁編（1976）「緑の国勢調査 — 自然環境保全調査報告書」における「すぐれた自然の調査対象」
- 環境庁編（1983）「第2回緑の国勢調査—第2回自然環境保全基礎調査報告書」の「稀少種」
- 環境庁編（1991）「日本の絶滅のおそれのある野生動物—レッドデータブック」掲載種
- その他，地方において特筆すべき文献掲載種

6. 集団分布地一覧

現地調査で確認された集団分布地の位置，分布状況等を一覧表および1/2500平面図等に整理する．

7. 現地調査地点環境一覧表

各調査地点の環境特性を整理する．

8. 鳥類の生息と河川環境との係わりについての考察

調査全体を通じて得られた成果をもとに，以下の内容を整理，考察することが望ましい．

(1) 現地調査により確認された種と現地調査地点の環境を，適宜分類，グルーピングするなどし，両者の係わりを整理する．
(2) 調査対象域全体について，環境と鳥類の生息との関係を，適当な区間ごとに区分して考察する．
(3) ねぐら等集団分布地について地域レベルでの位置づけを考察する．
(4) 対象域およびその周辺の環境管理・環境保全・創造のための参考事項．

2.8　ハビタット調査

2.8.1　ハビタット調査の目的

> ハビマットとは生物の生息空間を意味する．ハビタット調査では，対象とする生物のハビタットを調査しその分布と特徴を把握することを目的とするものとする．

解　説

ハビタットとは，「生物が実際に生息する空間，我々が実際に生物を探しに出かける空間，そこに行けばその生物を見ることができる空間等」を意味し，瀬や淵等形態的にある程度同一性のあるまとまった場所，空間がハビタットの単位となる．例えば，中流域における早瀬は，食物生産力が高く採餌場として適当な空間でありア

第2節 生物調査

ユ，ウグイをはじめさまざまな遊泳性の高い魚類が生息する．河岸植物帯はタモロコ，コイ，フナ等の重要な産卵場であり，遊泳魚が小さい魚類や稚魚の休息場，上位の捕食者からの避難場となる．陸域に目を移すと，高水敷上の高木はサギやカワウの営巣場となり，河道内に形成される裸地はコチドリやコアジサシの営巣場となる．このような生物はその生活史の各段階で，採餌，休息，産卵，営巣，避難等を行う際に前述した特定のハビタットを利用することが多い．したがって，河道内やその周辺におけるハビタットの分布や特徴を把握すれば，当該河川に生息する生物種の予想，さらには自然環境の保全といった観点から優先的に保全すべき場所等の設定が容易となり，河川環境管理を行ううえで有用な情報を提供する．

ハビタット調査は必要に応じ以下の項目について具体的検討を行い調査を進めていく．

1. 対象生物種の選定
2. 調査対象区域の設定
3. 調査時期および頻度の設定
4. 調査方法の設定
5. とりまとめ

また，ハビタットの種類や分布を考える際には，河川を水域，遷移域，陸域に分けると考えやすい．水域〜遷移域にかけては魚類をはじめとした水生生物のハビタット，遷移域〜陸域域にかけては鳥類や陸生生物のハビタットが中心となる．このようなハビタットの分類方法は1とおりではなく，対象とする生物種により異なったり，分類がより詳しくなることもある．**表18-2**は代表的なハビタットの分類を示す．実際には，これらの分類を参

表18-2 ハビタットの分類

Thomas A. Wesche	オハイオ州EPA	土木研究所
Food Producing Area （食物生産の場） riffle が最も重要	riffle（早瀬） 　流速が大きく，水深が小さい流れの流域である．水面は明らかに波立っている． run（平瀬） 　水深が大きく，早瀬の下流に位置する．河床は平坦なことが多く，水面が波立つことはほとんどない． pool（淵） 　流速は小さく，水深は大きい．水面勾配はほとんどない． glide（トロ） 　淵や早瀬が認められない改修した直線区間で最もよく見られる流れである．水面勾配は小さい．	水域 　流れ 　　早瀬 　　平瀬 　　淵 　　淀み 　　ワンド 　河床 　　沈み石 　　浮き石 　　沈水植物 　　砂泥
Spawning-Egg, Incubation Area （産卵，ふ化の場としての場） 　流速　0.15〜0.9 m/s 　水深　〜0.15 m 河床材料の粒径　0.6〜7.36 cm		
cover（カバー） overhang cover （オーバーハング型カバー） 　オーバーハングした河岸 　河岸林 submerged cover （水没型カバー） 　沈水食帯 　空隙のある河床材料	Instream cover 　オーバーハング型河岸 　オーバーハングした河岸植物帯 　淀み 　抽水植物帯，沈水植物帯 　流木の堆積 　根茎群 　大きい淵（水深70 cm以上） 　大きい石	遷移域 　河岸 　　河岸植物 　　河岸林 　　侵食河岸，堆積河岸 　崖地 陸域 　草本地（低丈） 　樹林地（高木，低木） 　裸地（湿性，砂，砂礫）

考にしながら，種々の文献を調べ，ハビタットの分類を行っていくとよい．

ハビタットの特徴として以下の項目が考えられる．

1. 利用生物種

河川およびその周辺のハビタットをどのような生物種が利用しているかといった性質で，1つのハビタットを多数の生物種が利用していることが多い．また，各生物種がいつごろ当該ハビタットを利用しているかを知っていると，河川環境調査や工事時期等を検討する際の参考となる．

2. ハビタットの構成要素

水域を例にとると水質や水量，上下流間の連続性等も水生生物の生息に係わっておりハビタットはさまざまな要素により構成されている．ハビタットの保全といった場合にはこれらすべての要素が検討の対象となるが，河川事業等においては空間の形状や素材が操作対象となることが多く，結果としてハビタットの保全は空間の保全と等しくなる場合が多い．

3. ハビタットの消長

通常，ハビタットは長い期間で見ると消長を繰り返すことが多い．消長の期間を越えて人為的な保存を行うことは多大な労力を必要とするため，当該ハビタットがどのような要因により生じたのか，そして，土砂の堆積や出水時の外力等によりどの程度の期間で消長を繰り返すかを事前に検討しておくとよい．

4. ハビタットの復元性

復元性とは，当該ハビタットが消失した場合，その再生にどの程度の歳月，もしくは人工的な労力がかかるかといった特性である．したがって，復元性が高いハビタット，例えば，河岸植物帯や淀み等は消失しても人為的あるいは自然の営為により復元が可能であるが，復元性の乏しいハビタット，例えば，崖地や樹林地等は再生が難しいか再生に時間がかかる．改修等を行う際には，ハビタットの復元性について検討し，復元可能なものは復元を，復元不可能なものは上手く保全を図っていくことが重要である．

2.8.2 ハビタットの表現方法

> ハビタットは，その形態的な特徴を記述することにより表現するものとする．

解　説

ハビタットの多くは流速，水深など簡単な物理量で表現することができない．このためハビタットはその形態的な特徴を記述し表現するものとする．一般に，測定された物理量はハビタットをさらに限定する場合に用いられる．「水深2m以上の淵」，「樹高8mの高木」などはその例であり，重要性，希少性の高いハビタット等を限定するのに使われることが多い．

2.8.3 ハビタット調査の対象生物種

> ハビタット調査の対象生物種は基本的に上位捕食者とするものとする．当該河川において保全の対象となる特定の生物がいる場合にはこの限りではない．

解　説

調査対象となる生物は基本的に魚類，鳥類などの上位捕食者とする．これは，これら生物のハビタットが空間的にまとまった大きさを有するだけでなく，形態的な特徴が明確に把握できるため調査が比較的容易に行えること，また，この結果として広範囲にわたるハビタットの分布を把握できることがその大きな理由である．

なお，当該河川において危急種や希少種など特定の生物の保全を行う場合には，別途これらの生物に対するハビタット調査を行い特定生物の保全に資する．

2.8.4 ハビタット調査の対象区域

> ハビタット調査は河川の陸域，遷移域，水域について行うことを基本とするが，河川周辺の緑地等

とのネットワークが重要となる場合には周辺地域も調査区域とするものとする．

解　説

　ハビタット調査は平常時に行う．調査は高水敷や砂州等の陸域，平常時に水位変動の範囲内となる遷移域，そして，渇水時などを除き水が常時存在する水域について行う．陸域～遷移域にかけてはもっぱら鳥類を対象としたもの，遷移域～水域にかけては魚類を対象とするものである．

　河川と周辺の緑地，例えば山林や水田等とのネットワークが形成されている場合等にはそれらを含んだ区域で調査を行うことが望ましい．ただし，調査区域が広範囲になる場合には河川とのネットワークが重要となる生物種に限定して周辺地域の調査を行う場合がある．

2.8.5　ハビタット調査の時期

　ハビタット調査を行う時期は調査の容易さや対象生物種や利用状況等を総合的に勘案し決定するものとする．

解　説

　ハビタット調査は1年を通して行いハビタットの形態や利用生物種の時期的な変化を把握することが望ましい．しかし，四季を通して調査を行うことは多大な労力を必要とする場合には，調査対象生物種と調査時期を限定して調査を行う．

　調査時期は，調査が容易でハビタットが明確に把握できるかといった調査に関する観点と対象生物種が当該ハビタットを利用している時期かといった生物の利用といった2つの観点を総合的に勘案し決定する．

　なお，調査対象区域において初めてハビタット調査を行う場合には年間を通したハビタット調査を行い，ハビタットの形態や利用生物種の時期的な変化の概略把握することが望ましい．

2.8.6　ハビタット調査の頻度の目安

　ハビタット調査は5年に一度程度行うことを基本とするものとする．自然的もしくは人為的インパクトによりハビタットが大きく変化したと予想される場合，もしくは今後変化すると予想される場合には必要に応じ調査を行うものとする．

解　説

　ハビタットは植物の成長や植物群落の遷移，自然や人為によるインパクトにより変化する．植物の成長や植物群落の遷移に伴うハビタットの変化は数年～数10年といった時間が必要となる．一方，洪水や渇水といった自然的インパクト，河川改修等の人為的インパクトに伴うハビタットの変化は相対的に短い時間に生じる．

　このような背景を踏まえ，ハビタット調査は5年に1度程度行い緩やかなハビタットの変化を把握する．また，洪水や河川工事等によりハビタットが変化したと予想される場合，もしくは今後変化すると予想される場合には必要に応じ随時調査を行うことが望ましい．

2.8.7　ハビタット調査の手法

　ハビタット調査は現地踏査，空中写真の判読，現存植生図の利用など種々の手法を組み合わせて行い，調査の効率化を図るものとする．

解　説

　河川の規模が大きくなるほどハビタットの広範な分布を把握することが難しくなる．特に，河道内に草本や木本類が繁茂する場合には見通しも悪く，現地踏査だけの情報だけからハビタットの分布を明らかにすることは多大な労力を必要とする．したがって，当該区間の空中写真や現存植生図が存在する場合には，このような面的情報を活用し調査の効率化を図ることが望まれる．

現地踏査では，対象とする生物の専門家と同行し，ハビタット調査を行うことが望ましい．特に，回遊魚や渡り鳥のように生活史の各段階でハビタットが異なる等を対象とする場合には，ハビタット調査が難しくなるため専門家を同行することが必要となる．

空中写真の利用は，撮影した時間や季節により異なるが，陸域における植生の繁茂状況や水域における瀬や淵の状況をおおまかにとらえることに適している．また，空中写真を立体視することにより，植生の高低を把握することができるため，低木か高木かといった違いについてもある程度推測することができる．作業は，テクスチャーや色がほぼ同一と思われる領域に分割し，この結果と現地踏査との結果を見比べることにより，領域別のハビタットの種類を明かにしていくものとする．なお，現存植生図がある場合には，群落・群集単位で整理してある領域をハビタットという観点（裸地，高丈，低木等）から分類し直し，ハビタットの分布を明らかにすることも可能である．

第3節　景観調査

3.1　景観調査

> 景観調査は，河川およびその周辺の景観の現況を把握するために行うものとする．

解　説

河川の姿は，洪水や地形形成，生物的な営みなどの自然の営為と，利水や治水，歴史・文化等の人々の営為によって形づくられている．したがって，川は1つ1つ個性がある．そのため調査対象区域の景観を十分理解し，これに基づいた河川景観整備がそれぞれの河川にある．

河川およびその周辺の景観の現況を把握するための調査には，その川の全体的な景観の特徴および縦断的に変化する景観の把握を目的とする概略調査，その河川の景観を特徴づけている景観対象，視点，空間構成等の把握を目的とする要素調査がある．さらに詳細な要素調査として，素材調査，色彩調査がある．なお，調査領域については，調査目的に応じて定めるものとする．

景観把握の方法としては，現地踏査および文献調査がある．現地踏査は景観をよく見て観察し，把握したことを写真および記述により記録・保存する．さらに，沿川の住民に対してヒアリングを行い，現地調査では得ることができない情報（他の季節の風景，例えば花が咲く頃，紅葉の頃等）を得る．文献調査は，歴史的な背景等を把握しいまは失われてしまった河川と地域との係わり等を浮かび上がらせ，現況からでは得られない計画・設計に向けての方向性を得るものとして重要である．

3.2　概略調査

> 概略調査では，対象河川およびその周辺地域の全川にわたる景観調査を行い，全体的な景観の特徴，および縦断的な景観の変化の把握を目的とするものとする．
> その結果は河川の景観整備の基本的な方針の決定，ゾーニング等に反映させるものとする．

解　説

河道特性の変化，周辺の街並みの変化等により，河川景観は縦断的に変化する．概略調査では全体的な風景の特徴および縦断的に変化する風景の特徴等を把握する．

全川にわたる現地調査を効率的なものとするために，予め文献・資料等を参考に，現地調査の際の主要な調査地点を検討しておくことが望ましい．

参考となる文献・資料としては以下のものがある．
1. 管内図
2. 地形図
3. 空中写真
4. 河川縦横断図
5. 観光パンフレット
6. 親水活動実態調査結果
7. 地方史（誌）

また，事前検討において検討すべき事項は以下のとおりである．
1. 河川の状況
    ① 縦断勾配の変化地点→河道特性の変化地点
    ② 湾曲部
    ③ 支川などの分・合流
    ④ 洲の発生状況
    ⑤ 主要河川の構造物（堰，床固め，水制，水門等）の位置
    ⑥ 橋梁の位置
    ⑦ 高水敷の整備状況
2. 堤内地の状況
    ① 河川沿いの土地利用
    ② 河川沿いの公共施設（役所，文化センター，学校，神社，公園等）
    ③ 河川沿いから見ることができると思われる山並み，丘陵等）
    ④ 河川を見渡すことができると思われる高台等の眺望点の選別
3. アクセス状況
    ① 河川沿い道路の通行可能性
    ② 高水敷および水辺へのアクセスの可能性
    ③ 橋梁などの河川横断路の位置

3.3 拠点調査

> 拠点調査は，その河川の景観を特徴づけている景観対象，視点場，空間構成等を抽出し把握することを目的とするものとする．
> その結果は，具体的な整備方針に反映させるものとする．

解　説

河川景観は河川（河道，州・河床材料等の河道内微地形，水面，堤防・護岸・水門等の河川構造物，河道植生等），沿川の道路や建築物，遠景に見える山並み・森林・構造物などさまざまな要素から構成される．拠点調査は多種多様な河川景観の構成要素を把握し，風景を特徴づける景観対象，視点場，空間構成等，また保全・整備すべきを景観要素等を抽出するものである．

1. 視　点
［視点となる場所］
    ① 眺望点
    ② 堤防
    ③ 橋梁

④ 人が多く集まるところ
⑤ 良好景観地点
　　合流分流点周辺
　　堰，落差工周辺
　　山付き部周辺
　　瀬・淵などの河川地形に関する地名地点
　　水面の表情が楽しめる水際
　　歴史的構造物周辺
⑥ 野外レクリエーション施設
　　公園施設
　　堤防上のサイクリングコースや遊歩道
⑦ 水面利用があるところ
　　観光船
　　水上バス

［視点としての評価の観点］
① 視認性：対象がどのようにみえるか等
② 利用性：その視点にどのようなひとがどのくらいあつまるか等．

2. 対　　象
景観を構成している要素
① 自然物（山，丘陵，樹木等）
② 人工物（河川構造物，ビル等）

3. 空 間 構 成
① 開かれた空間
② 囲まれた空間
③ 一方が開かれた空間等

3.4 写 真 撮 影

> 写真は，視野または視角を一致させることを基本に撮影を行うものとする．
> 撮影個所は人の視点を念頭において設定し，太陽光の向きを考慮し逆光にならないように撮影時間を設定するものとする．

解　説

河川景観の現況を把握するためには，現地調査の際に十分な観察を行うことが重要であるが，その記録・保存のために写真撮影を行うものとする．

視野とは人が見る範囲のことで通常左右各々60°，上下各々70°，80°といわれている．視角とは対象物を網膜で結ぶ角度（大きさ）である．したがって，景観を記録する際には視野または視角を一致させることが基本となる．

写真撮影の詳細は次のとおりである．

1. 使用レンズ

35mm，135mmレンズ（35mmレンズは視野に対応し，135mmレンズはサービス版の場合，現場と同じ大きさに写る．）．

2. 撮 影 方 法

第3節 景観調査

調査地点（視点場）別に次を基準とし，基本的に35 mmレンズで撮影する．

堤防・河岸上　　：パノラマ
高水敷・河原上　：上流，下流，対岸
橋梁上　　　　　：上流，下流
眺望点　　　　　：主要な主対象の方向（パノラマ）

ここでは35 mmレンズおよび135 mmレンズを用い，それをサービス版サイズに焼き付けた写真をデータとして用いることとした．その写真撮影の方法の意味を視覚特性と関連づけて簡単に述べる．

一般に人が一点を注視している空間の範囲を視野とよぶ．そのとき両目で同時にみている範囲は左右約60°，上下約50°である．見かけの大きさは視角で表すことができる（図18-5）．

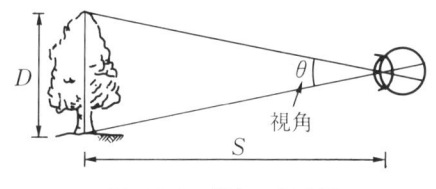

図 18-5　視角の概念図

風景の中での納まり具合いや調和，統一感等は視野にしめる景観の大きさや配置により決まり，細部の見え方は視角で決まる．

図に35 mmレンズで撮影時のフィルムに感光部は縦約24 mmの長方形の範囲であり，そこに焦点距離（これが35 mmレンズの35 mmに対応している）で焦点を結んだ（一般的には種々のレンズを組み合わせてつくられているので仮想的な距離でる）光が入射されてくる．したがって，焦点距離をL(mm)とすると，フィルムに感光される範囲は

　水平方向の角度
　垂直方向の角度

となる（図18-6）．

この関係は表18-3のようになる．

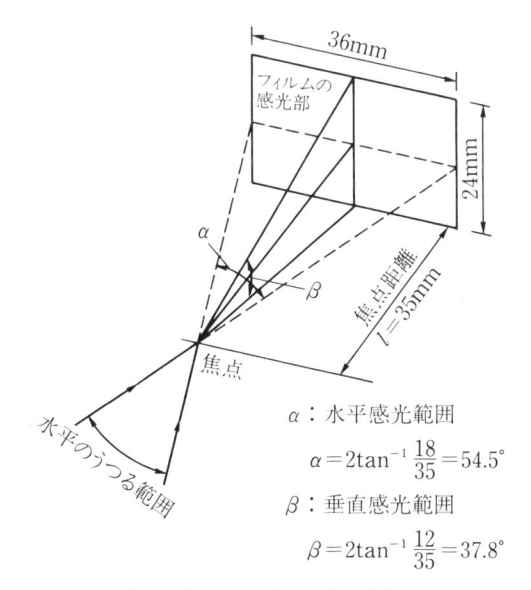

α：水平感光範囲
$$\alpha = 2\tan^{-1}\frac{18}{35} = 54.5°$$
β：垂直感光範囲
$$\beta = 2\tan^{-1}\frac{12}{35} = 37.8°$$

図 18-6　カメラでの撮影範囲

表 18-3 焦点距離ごとの α, β

レンズ	28	35	50	80	105	135	150
α	65.5°	54.4°	40.0°	25.4°	19.5°	15.2°	13.7°
β	46.4°	37.8°	27.0°	17.1°	12.7°	10.2°	9.2°

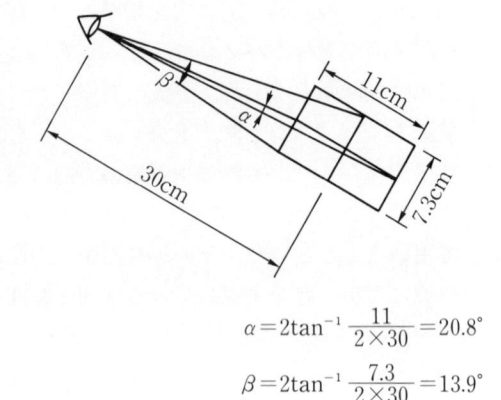

$$\alpha = 2\tan^{-1}\frac{11}{2\times 30} = 20.8°$$

$$\beta = 2\tan^{-1}\frac{7.3}{2\times 30} = 13.9°$$

図 18-7 サービス版と視角

この表の中で水平方向の視野 60° に近いのは 28 mm レンズまたは 35 mm レンズである．

次に視角を写真と実際とを一致させることを考える．図 18-7 に目から 30 cm 離した間のサービス版の水平視角と垂直視角を示した．この視角が表に示した写真の角度と一致した時に実際の風景の見える大きさと写真での見え方が理論上一致する．

したがって，理論的には 105 mm レンズを用いれば見える大きさは同じになる．しかしレンズの普及度を考え，標準望遠レンズである 135 mm が代用できる．135 mm レンズを用いた場合には目を約 40 cm 写真から離せば，理論上同じ大きさに見える．

なお，サービス版に焼いた場合，135 mm レンズで撮ったものは 1 cm あたりが視角 1.4° にあたり，35 mm レンズでは約 4.8° にあたる．

3.5 素材・デザインの調査

> 素材・デザイン調査は，河川景観設計における素材選定やデザイン意匠等のための基礎資料とすることを目的とするものとする．
>
> ここで素材とは，護岸等構造物の表面材の材料のことを，デザインとは水門，橋梁等の構造物の形態，意匠に係わるものであり，対象地域周辺における以下の項目等について調査を行うものとする．
> 1. 良好な河川構造物（護岸・橋梁・水門）等の材料・デザイン
> 2. 歴史的な河川構造物（護岸・橋梁・水門等）および河川沿いの歴史的構造物等の材料・デザイン
> 3. 対象地域付近で産出される石材の種類
> 4. 対象地域の地場産業製品・地場工芸品

解　説

素材・デザイン調査は，地域景観との調和，地域らしさ，個性を生かした景観整備を行うために行う．対象河川の既存の土木構造物および，流域の構造物の素材やデザイン，その地域で多用されているまたはその地場産の石材や産業製品・工芸品の素材・デザインを把握する．

地域景観との調和を図る場合，既に用いられている素材やデザインを把握し，これらを踏まえ，素材，デザインを決定することは有効な一手法であるといえる．また，地域らしさ，個性を演出するため，対象河川周辺で産出する石材を用いたり，地場産業製品・地場工芸品を用いることは 1 つの有効手段といえる．これらの素材・デザインは，直接構造物の材料やデザインに結びつかなくとも，そのデザインやモチーフを設計に取り入れること

が考えられる．

3.6 色彩調査

> 色彩の測定は，視観測色方法，機器を用いた測色方法のいずれかを用いるものとする．

解　説

　河川構造物等の色彩や素材を選定する際，その構造物がおかれている風景の色彩を把握しておく必要がある．色彩調査は河川景観を構成している要素の色彩を測定し，河川景観を構成する色彩の把握を行うものである．

　色彩の測定方法には，測色したい対象物を色見本とてらしあわせて観測者の目で直接比較して色彩を決定する視観測色方法と色彩計などの機器を用いて測色する方法の2つがある．厳密に測定するには機器を用いた手法が優れているが，簡易な視観測色法もよく行われている．

　色彩の表示方法として一般的に用いられているのは，JIS Z 8721の三属性による色の表示である．これはマンセル表色系が基本となっている．色相はR（赤），Y（黄），B（青），G（緑），P（紫）といった色合いをさし，5つの色相はさらに10分割されている．明度は明るさを表し，理想的に完全な黒が明度0，理想的に完全な白が10である．彩度は鮮やかさを示し，色みが強くなるに従って彩度は上昇する．

3.7 景観予測

> 河川構造物完成後の姿を予測するために景観予測を行うものとする．
> 景観予測には種々の方法があり，景観対象物の特性に応じ，適切な方法を選定するものとする．

解　説

　河川に構造物等を構築するにあたっては，予めその構造物が，完成後どのような姿で人々の目に映るかを事前に把握することが重要である．

　基本的な景観予測・評価の手順を以下に示す．

1. 景観予測の視点の検討

　河川景観の予測にあたって，どの場所から河川構造物等を眺めるかが重要な課題であり，その構造物の姿を端的に示す視点を選択する．さらに，その視点は人々が多く集まり，地域の個性が捉えられる地点が望ましい．

2. 完成予想図の作成

　河川空間に構築する構造物等の計画を基に，完成予想図を作成する．予測手法には，その出来具合にそれぞれ精度の差があり，予測図として要求される目的に応じて適合した精度の手法を選択することが重要となる．

3. 景観の評価

　予測図作成の段階までは，河川管理者が主体となり評価を行ってきたと考えられ，学識経験者や広く一般の住民をも含めた意見を聞く段階として評価を位置づける．

　この評価により，最適な設計・施工法を選択し，計画へのフィードバックを行い，良好な景観を形成する．

　一方，景観の予測手法には以下に示した手法がある．

1. スケッチ

　設計対象または景観情報を人間の視覚能力により図として表現したもので，スケッチやイメージマップとよばれるものである．設計の構想や景観情報を簡易に視覚化することを目的とし，設計対象のラフスケッチや完成予想図として利用される．

　誰でも手軽に処理できるという長所はあるが，人間の表現能力により結果に差があることや，現実性に乏しいことが短所としてあげられる．

2. パース，透視図

中心投影変換を用いて，構造物や地形の透視形態を二次元平面上に線画として表現するものである．

構造物の三次元的な姿を美観，快適度，機能性などのうえから検討することを目的とし，地形透視図，構造透視図，連続透視図，立体透視図などとして作られる．

実体が知覚的に判断され，直感的に感じることができ，視点の移動にあわせた作図が容易といった長所がある．一方，細部の表現，陰影の処理が複雑であったり，修正情報の設計へのフィールドバック，自然条件，色彩表現が困難といった問題点がある．また，河川空間のイメージを表現しようとの思いから，空中の架空の視点からみた鳥かん図的なパースがえがかれることが多いが，実際に人が眺める視点にたってパースを描き，人の目にどのように見えるかという検討を行うことが重要である．

3．フォトモンタージュ

現地の写真の上に施工構造物の透視図を重ね，施工後の景観をモンタージュを刷る方法である．

構造物の施工後の景観の具現と影響の事前評価に頻繁に用いられる．施工後の状態が事前にリアルに表現され，直感的な判断ができる．設置構造物の変更，比較が容易であり，写真を用いているため周辺の風景の情報の精度が大きいことが長所としてあげられる．一方，写真工程等の特殊技術の介在が必要である．

4．カラーシミュレーション

写真内に写し込まれた要素（構造物など）の色彩，材質をカラーシミュレータにより変換を行う．施工構造物の色彩，材質の検討や自然との調和に関する色彩検討に用いられる．自由に任意の色彩，材質変更が行われ，施工後の状態が最もリアルに具現される．ただし，特殊機械と特殊技術が必要であり，写真工程による色あせや重ね合わせによる位置ずれ等の精度維持が必要である．

5．模　　型

構造物，地形などを各種模型材料により，三次元模型として表現するもので，構造模型，地形模型，景観模型として作られる．

立体的な把握と検討が可能であり，直観的・視覚的判断が可能である．ただし，細部の表現が困難である．

6．ビデオ

背景となる景観および予測対象となる構造物・地形変更等をカメラに入力するものである．ビデオと写真，模型，コンピュータ・グラフィックス等との合成となる．

視点の変化などによる景観の連続的変化を含めて把握できるが，ビデオモニターの再現性が写真と比較してやや劣り，また，高度の技術を必要とする．

7．コンピュータ・グラフィックス

電算機を用いて，数値地形モデル，植生情報により，構造物および周辺地形・植生を描く．出力として，プロッター，モニター，フィルムへの焼付けがある．

視点の数が多い場合や，計画施設の代替案が多い場合に有効であり，戦略的な予測から，フォトモンタージュの予測まで可能である．また，予測の精度に応じた処理を選択できる．一方，データの作成に手間がかかったり，精度，操作面の向上が望まれ，新たなシステムが開発されつつある．

3.8　景観評価手法

> 景観評価手法には以下のものがあり，当該対象物の重要度，社会状況に応じ適当な手法を選択するものとする．
> 1．学識者等で構成される委員会による手法
> 2．複数の人間による統計的手法（計量心理学評価測定方法）
> 3．経験則等による手法
> 4．その他

解　説

　公共構造物である土木構造物は公共性が強い構造物であるため，大多数の人々に好まれるといった客観的な評価が得られなければならない．

　評価手法には上記に示した方法のほか，個人の主観や直観による評価手法がある．この手法は非常に有効な情報となる場合もあるが，客観性に欠ける点が欠点である．客観性を持たせるためには，1.学識者等で構成される委員会による手法，2.複数の人間の主観的な評価を統計的に処理し，平均的評価を得る計量心理学的手法により評価を得る手法がある．3.は古典的景観論や評価の定まった景観などから法則を導きだす手法などがあるである．

　計量心理学評価手法とは以下のものがある．

- 評定尺度を使って被験者に評価される方法（評価法：質問法，面接法）
- 評定尺度を使わず，言葉や図等で表現または認知させる方法（イメージ・マップ調査法等）
- 医学的あるいは生理的反応や行動を観察する方法（観察法，アイマークレコーダを用いた視線・注視点調査等）

3.9　調査結果のまとめ方

> 　河川景観の特徴等を人に伝達し，整備計画に反映するために，的確に調査結果をとりまとめなければならない．
>
> 　調査で得られた記述，写真，地図等については，調査の目的に応じてわかりやすくまとめなければならない．

　調査結果は，以下を用い調査目的に応じてまとめるものとする．

1. 写真撮影

写真は現場を再現するものである．撮影方法については4.を参照するものとする．また，連続写真としてつなげる等の工夫をし，一目して状況がわかるようにする．なお，アルバムに写真のみをとじるよりも，同じ紙面に景観の記述が入るように整理することが望ましい．

2. 景観の記述

写真撮影とともに観察したことを記述する．

- 全体的な景観の印象，雰囲気等を記述する．
- 河川景（水面景，水際景，高水敷景），周辺景（遠景，中景，近景），空間構成，特に目につくところ等の景観特徴を記述する．

3. 地図，平面図等

河川の縦断的な把握および周辺との関係性を把握する．

第4節　親水利用調査

4.1　親水利用調査の目的

> 　親水利用調査は現在および過去における親水利用の実態を把握することを目的とするものとする．

解　説

　人は河川を中心とした水辺と古来より深く交わってきた．親水利用の実態把握とは過去から現在における人と水辺との係わりを把握することであり，ここで得られる知見は当該河川の親水空間としてのポテンシャル評価を

第18章 河川環境調査

表18-4 生業活動としての川との係わり方

	河川との係わり方	利用方法	現状
農業	高水敷や堤防などの土地利用	●農耕地(田，畑，果樹園，桑畑など) ●放牧地	河川管理の強化，産業機構の変化により次第に衰退
	河川による洗浄	●野菜の洗浄 ●農機具の洗浄	次第に衰退
漁業	魚の捕獲の場	●魚，かに，えびなどの捕獲	観光化，レジャー化の傾向
	魚の養育の場	●魚の養殖	〃
林業	流す	●筏流し	観光化
	貯める	●貯木場	
工業	水利用	●各種工業	
	洗浄	●染色(友禅流し) ●紙すき	衰退
	生産地として	●砂利採取 ●石の採取	河床高維持のため次第に制限
鉱業	生産地として	●砂金・砂鉄の採取	衰退
運輸業	停泊地として	●河口港 ●河岸 ●空港	河岸は舟運の衰退に伴って減少したが，河口港は依然として存続
	交通路として	●舟運 ●渡し船	一時衰退したが，荒川などで見直しの気運もある 観光化 生活の足としては衰退傾向
観光業	景勝地として	●峡谷 ●水郷 ●歴史的町なみ(倉敷・佐原)	歴史的町なみと結びついた河川の整備は増加傾向(栃木市，佐原市)
	温泉地として	●川温泉	各地
	生活活動からの転化	●川洗濯	奥津温泉で見られる
	漁業からの転化	●釣り場 ●観光やな ●う飼	増加の傾向
	林業からの転化	●筏流し	新宮川
	運輸業からの転化	●屋形船 ●遊覧船 ●渡し	増加の傾向

第4節　親水利用調査

行う際の1つの視点となる．実態の把握は以下の項目に関し必要に応じて行われる．
1. 利用の種類
2. 利用場所
3. 利用時期および時間帯
4. 利用者数およびその属性
5. 利用に際して用いられる施設

親水利用を人の積極的な水辺への係わり方（活動）という観点から7つに分類した例を以下に示す．

1. 信仰活動

河川は古来より，浄めるもの，流れいくもの，永遠のものとして人々に認識されてきた．これらの感覚は，自然物崇拝に見られる原始的な宗教や，仏教の無常感と結びついて河川を信仰の対象や場所として見てきた．特に，我が国は弥生時代以降稲作を中心として発展してきたため，水の確保に対する関心は高く，雨ごいや用水にまつわる信仰も各地で見られる．このような川に関係のある信仰に伴う活動を信仰活動と定義する．

河川または水に関係のある信仰は，概ね仏教系と神道系の2系列に分けることができる．神道系では水神信仰が最も一般的である．目的別に利水の神，治水の神，水難防止の神，舟運の神の4つに分類できる．一方，仏教系としては，天王信仰，弁天信仰等があり，特に天王進行形の京都八坂神社（祇園祭り），愛知県津島神社（天王祭り）が著名である．

2. 生業活動

川のいろいろな機能と結びついて，川と係わりのある生業（生活の糧とする職業）が営まれている．**表18-4**は生業活動としての川との係わり方を示す．川と係わりのある生業も，日本の産業構造の変遷に伴いその中心は変化した．近世までは，農業とともに漁業を中心とした第1次産業と舟運が盛んであったが，明治以降の工業の進歩に伴い第2次産業，そして，近年は，観光等の第3次産業に比重が移っている．観光やなや遊覧船等過去に生業として成立していたものが観光化している場合が多い．

3. 生活活動

人々は，日常生活を営むうえで河川と係わる．ここでは，個人や家族などのレベルで日常生活の中で川と係わる活動を生活活動と定義する．

表18-5は生活活動における川の利用法とその変遷を示す．近年，水道の普及により生活レベルで川と接する機会は都市域においてはほとんど皆無となっており，後に述べるように川との接点はレクリエーション的な利用が中心となってきている．

表18-5　日常生活としての川との係わりの変遷

川の利用法	生活活動	変遷の要因	現在の状況
水　源	水　汲　み	水道の普及	ほとんど見られない．
	農業用水	組織化・大規模化	個人の手から次第に離れる．
洗　う	野菜・洗濯など	水道の普及	都市部ではほとんど見られない→観光化したものもある．
流　す	流　雪　溝	—	重　要
守　る	水　防　活　動	組　織　化	組織化され水防訓練を行っているが都市部では次第に衰退の傾向にある．
食料生産の場	魚採り・藻	生　業　化	商業化またはレジャー化へ

4. 社会活動

社会の利益になる生業活動以外の活動を社会活動と定義する．用水の確保や洪水の防御といった公共性が高いもの，そして，川の清掃など住民が自発的に係わる活動も社会活動の1つである．

5. 創作活動

川を題材にしたり，川を場に用いて創作活動が行われる．川を対象とする場合には，川の持つ「浄める」機能や川の「流れる」機能，あるいは常に水があることと結びついて，清らかな存在や流れゆく存在（無常感の対象），悠久の存在として取り扱われている．また，川の隔てる機能と結びついて，心理的または社会的な境界として取り扱われる場合も多い．創作活動は，万葉集の昔から現代に至るまで綿々と続いており，川を題材にした文学作品，絵画など枚挙に暇がない．

6. 教育活動

古来より人は川とともに暮し，影響を与えたり，受けたりしてきた．洪水や水資源，そして，過去の為政者たちの川に対する考え方は，その地域の風土を学上で格好の教材となる．また，河川における豊かな河川環境が見直されてきたこともあり，河川に生息する生物や生態系の仕組みを教材とした環境教育が全国各地で行われてきている．

7. レクリエーション活動

河川には水域，遷移域，陸域といった横断的な空間の変化，そして，上流，中流，下流といった縦断的な変化が重なり，極めて，多様性に富んだ空間が形成されている．このような変化する空間の特性に応じて，散歩，スポーツ，釣りなど多様なレクリエーション活動が行われている．

4.2 親水利用調査の方法

> 親水利用調査は現地調査，ヒアリングおよび文献調査により行うものとする．

解　説

親水利用は早朝から夕刻，季節等により利用の種類，場所等が異なる．また，祭りやイベント等期間がかなり限定された利用もあるため，時間変化も含めた親水利用の実態を把握することは難しい．このような観点から，親水利用調査を行う場合には，ヒアリングや文献調査により概括的な把握を行い，調査区域で展開される親水利用の種類や利用者層等の季節変化を記入した親水利用カレンダー等を作成することが必要となる．現地におけるより詳しい調査を行う場合には，以上の結果を元にその位置づけを明確にして行う．

なお，過去に行われていた親水利用の実態把握は周辺住民や故老へのヒアリング，市町村史や治水史等の関連文献を調査することにより行う．

参考文献

1. 各生物群・種同定・参考図書・文献リスト

　現在我が国において「種」の同定に用いられている図書類（比較一般的に使用されているもの）

　(1) 植物

牧野（1961）　新日本植物図鑑　北隆館

北村四郎・村田　源（1957・1961・1964・1971・1979）原色日本植物図鑑
木本編［Ⅰ］［Ⅱ］　草本編［Ⅰ］［Ⅱ］［Ⅲ］　保育社

長田武正（1976）　原色日本帰化植物図鑑　保育社

　(2) 動・植物プランクトン

川村多実二（上野益三編）(1973)　日本淡水生物学　北隆館

日本水道協会（1985）　上水試験法

鈴木実訳（1991）　淡水指標生物図鑑　北隆館

小島・小林（1976・1977）素顔の水処理微生物　総集版Ⅰ・Ⅱ　月刊「水」発行所

廣瀬弘幸・山岸高旺（1977）　日本淡水藻図鑑　内田老鶴圃

山岸高旺・秋山優編（1984～1993）　淡水藻類写真集1～11巻　内田老鶴圃

日本水産資源保護協会（1987）　赤潮生物研究指針　秀和

福代康夫他編（1990）　日本の赤潮生物－写真と解説－　内田老鶴圃

第4節　親水利用調査

川北四郎（1993）　水道藻類分類解説　日本水道協会
G.M.Prescott (1951) Algae of the Water Great Lake Area. Cranbrock Institute of science.
P.Patrick,C.W.Rheimer (1966・1975) The Diatom of the United States Part 1. Vol.1,2 The Academy of Natural Science of Philadelphia.
P.Bourrelly (1981～1990) Los Algues D'esu Douce. Tome Ⅰ～Ⅲ Societe Nouvelle des Editions Boubee.
K.Krammer, H.Lange-Bertalota (1986, 1988, 1991) Sussursserflora von Mdteleuropa Band 2/1～2/4. Gustv. Fischer. Verlag. stuttgart.
猪木正三監修（1981）　原生動物図鑑　講談社
水野寿彦訳著（1982）　中国/日本　淡水産枝角類総説　たゝら書房
水野寿彦訳著（1982）　中国/日本　淡水産橈脚類総説　たゝら書房
　水野寿彦・高橋永治編（1991）　日本動物プランクトン検索図説　東海大学出版会
　(3)　底生動物
　①　水生昆虫類
川合禎次編（1985）　日本産水生昆虫検索図説　東海大学出版会
滋賀県小中学校教育研究会理科部会編（1991）　「滋賀の水生昆虫」　新学社
谷田一三編（1989）　日本の水生昆虫　東海大学出版会
琵琶湖研究所編（1992）　びわ湖の底生動物Ⅱ
R.W.Meritt, K.W.Cummins編(1978)：An Introduction to the Afuatic lnsects of North America, kerdall/Hunt Publishing Co.
Agriculture Canada : A manual of Nearatic Dipteral.
Torgny Wiederhalm (1983) Chiromonidae of the Holaretic region keys and diagnas part.1 Larvae.
北川礼澄（1986）　ユスリカ　山海堂
　②　その他の生物群
上野益三編（1973）　日本淡水生物等　北隆館
岡田　内田　内田（1965）　新日本動物図鑑　北隆館
琵琶湖研究所編（1993）　びわ湖の底生動物　Ⅲ
吉良哲朗（1959）　原色日本貝類図鑑　保育社
波部忠重（1961）　続原色日本貝類図鑑　保育社
波部忠重・奥谷喬司（1990）　生物図鑑・貝　Ⅰ．Ⅱ．　学習研究社
琵琶湖研究所編（1991）　びわ湖の底生動物　Ⅰ
三宅貞祥（1982・1983）　原色日本大型甲殻類図鑑　Ⅰ．Ⅱ．　保育社
武田正倫（1982）　原色甲殻類検索図鑑　北隆館
上田常一（1970）　日本淡水エビ類の研究　園田書店
R.D.Brinkhunst, B.G.M. Jamicson (1971) Aquatic Oligochaeta of the World Oliver Boyd.
　(4)　魚　類
中村守純（1963）：原色淡水魚類検索図鑑　北隆館
宮地・川那部・水野（1976）：原色日本淡水魚類図鑑　保育社
益田一他（1988）：日本産魚類大図鑑　東海大学出版会
川那部・水野（1989）：日本の淡水魚　山と渓谷社
中坊徹次編（1993）：日本産魚類検索全種の同定　東海大学出版会
　(5)　陸上昆虫類
日本甲虫学会編（1979）　原色日本昆虫図鑑（上）　甲虫編　保育社
伊藤修四郎・奥谷禎一・日浦　勇（1980）　原色日本昆虫図鑑（下）　保育社
江崎悌三　他（1979）　原色日本蛾類図鑑（上）・（下）　保育社
川副昭人・若林守男（1980）　原色日本蝶類図鑑　保育社
八木沼健夫（1986）　原色日本クモ類図鑑　保育社
岡田・内田（1965）　新日本動物図鑑　北隆館

(6) 両生類・爬虫類

千石正一（1982）　　原色両生・爬虫類　家の光協会
前田・松井（1990）　　日本カエル図鑑　文一総合出版
市川　衛（1951）　　蛙学　裳華房
中村健児・上野俊一（1978）　　原色日本両生爬虫類図鑑　保育社
松井孝爾（1985）　　自然観察シリーズ　日本の両生類・爬虫類　小学館
岡田・内田（1965）　　新日本動物図鑑　北隆館

(7) 哺乳類

岡田・内田（1965）　　新日本動物図鑑　北隆館
今泉吉典（1981）　　原色日本哺乳類図鑑　保育社

(8) 鳥類

高野伸二（1982）　　フィールドガイド　日本の野鳥　（財）日本野鳥の会
高野伸二編（1985）　　山渓カラー名鑑　日本の野鳥　山と渓谷社
中村登流（1986）　　検索入門 野鳥の図鑑①〜④　保育社
小林桂助（1980）　　原色日本鳥類図鑑　保育社
岡田・内田（1965）　　新日本動物図鑑　北隆館

なお，専門分野の研究者は以上の如き図鑑類よりも各生物群の基礎的文献に基づいて種の同定を行っている．

2. 生物調査法関係リスト

より詳細な調査を行うにあたって参考とする関係図書文献を以下にあげる．

(1) 植物

生態学実習書（1967）　　生態学実習懇談会：株式会社　朝倉書店
生態学研究法講座 8　陸上植物群落の生産量測定法（1976）　　木村　允：共立出版株式会社
湖沼環境調査指針（1982）　　（株）日本水質汚濁研究協会：公害対策技術同友会
土木技術者の陸水環境調査法（1983）　　中島重旗：森北出版株式会社
自然観察ハンドブック（1984）　　財団法人　日本自然保護協会編：（株）思索社
水辺の環境調査（1994）　　財団法人ダム水源地環境整備センター編：技報堂出版株式会社
平成 9 年度版　河川水辺の国勢調査マニュアル河川版（生物調査編）　建設省河川局河川環境課監修：財団法人リバーフロント整備センター
平成 6 年度版　河川水辺の国勢調査マニュアル（案）　ダム湖版（生物調査編）建設省河川局開発課監修：財団法人　ダム水源地環境整備センター

(2) 動植物プランクトン

陸水生物生産研究法（1969）　　陸水生物生産測定方法論研究会編：株式会社講談社
生態学研究法講座 5　動物プランクトン生態研究法（1976）　　大森　信：共立出版株式会社
湖沼環境調査指針（1982）　　（株）日本水質汚濁研究協会：公害対策技術同友会
土木技術者の陸水環境調査法（1983）　　中島重旗：森北出版株式会社
湖沼調査法（1987）　　半田暢彦・金成成一・井内美郎・沖野外輝夫：株式会社　古今書院
水辺の環境調査（1994）　　財団法人ダム水源地環境整備センター編：技報堂出版株式会社
平成 6 年度版　河川水辺の国勢調査マニュアル（案）　ダム湖版（生物調査編）　建設省河川局開発課監修：財団法人ダム水源地環境整備センター

(3) 底生動物

自然科学への招待 1　干潟の生物観察ハンドブック・干潟の生態学入門（1974）
生物による水質調査法（1974）　　津田松苗・森下郁子：株式会社　山海堂
湖沼環境調査指針（1982）　　（株）日本水質汚濁研究協会：公害対策技術同友会
土木技術者の陸水環境調査法（1983）　　中島重旗：森北出版株式会社
自然観察ハンドブック（1984）　　財団法人　日本自然保護協会編：（株）思索社
湖沼調査法（1987）　　半田暢彦・金成成一・井内美郎・沖野外輝夫：株式会社　古今書院
河川の生態学　補訂版（1993）　　水野信彦・御勢久右衛門：築地書館株式会社

第4節 親水利用調査

水辺の環境調査（1994）　財団法人ダム水源地環境整備センター編：技報堂出版株式会社
平成9年度版　河川水辺の国勢調査マニュアル河川版（生物調査編）　建設省河川局河川環境課監修：財団法人リバーフロント整備センター
平成6年度版　河川水辺の国勢調査マニュアル（案）　ダム湖版（生物調査編）　建設省河川局開発課監修：財団法人ダム水源地環境整備センター

　（4）　魚類

土木技術者の陸水環境調査法（1983）　中島重旗：森北出版株式会社
自然観察ハンドブック（1984）　財団法人　日本自然保護協会編：（株）思索社
湖沼調査法（1987）　半田暢彦・金成成一・井内美郎・沖野外輝夫：株式会社　古今書院
河川の生態学　補訂版（1993）　水野信彦・御勢久右衛門：築地書館株式会社
水辺の環境調査（1994）　財団法人ダム水源地環境整備センター編：技報堂出版株式会社
平成9年度版　河川水辺の国勢調査マニュアル河川版（生物調査編）　建設省河川局河川環境課監修：財団法人リバーフロント整備センター
平成6年度版　河川水辺の国勢調査マニュアル（案）　ダム湖版（生物調査編）　建設省河川局開発課監修：財団法人ダム水源地環境整備センター

　（5）　陸上昆虫類

昆虫採集学（1991）　馬場金太郎・平嶋義宏編：財団法人　九州大学出版会
自然観察ハンドブック（1984）　財団法人　日本自然保護協会編：（株）思索社
水辺の環境調査（1994）　財団法人ダム水源地環境整備センター編：技報堂出版株式会社
平成9年度版　河川水辺の国勢調査マニュアル河川版（生物調査編）　建設省河川局河川環境課監修：財団法人リバーフロント整備センター
平成6年度版　河川水辺の国勢調査マニュアル（案）　ダム湖版（生物調査編）　建設省河川局開発課監修：財団法人ダム水源地環境整備センター

　（6）　両生類・爬虫類・哺乳類

自然観察ハンドブック（1984）　財団法人　日本自然保護協会編：（株）思索社
アニマル・ウォッチング（1985）　安間繁樹：株式会社　晶文社
水辺の環境調査（1994）　財団法人ダム水源地環境整備センター編：技報堂出版株式会社
平成9年度版　河川水辺の国勢調査マニュアル河川版（生物調査編）　建設省河川局河川環境課監修：財団法人リバーフロント整備センター
平成6年度版　河川水辺の国勢調査マニュアル（案）　ダム湖版（生物調査編）　建設省河川局開発課監修：財団法人ダム水源地環境整備センター

　（7）　鳥類

野鳥調査マニュアル－定量調査の考え方と進め方（1990）　岡本久人・市田則孝：東洋館出版社
水辺の環境調査（1994）　財団法人ダム水源地環境整備センター編：技報堂出版株式会社
平成9年度版　河川水辺の国勢調査マニュアル河川版（生物調査編）　建設省河川局河川環境課監修：財団法人リバーフロント整備センター
平成6年度版　河川水辺の国勢調査マニュアル（案）　ダム湖版（生物調査編）　建設省河川局開発課監修：財団法人ダム水源地環境整備センター

第 19 章
河道特性調査

第19章 河道特性調査

第1節 総　　　　説

1.1 総　　　　説

> 本章は，河道計画や，環境管理計画の策定にあたって，対象河川の種々の河道特性を把握し，それを反映させるための調査および資料の整理法の標準的な手法を定めるものである．

解　説

河道計画，環境管理計画の策定にあたっては，対象河川の特徴，特性を把握することが大切である．河道特性調査は次のような事項を明確化するものであり，河道特性の把握のための各調査を有機的に結びつけ，河川を上流から下流まで一貫してとらえた，河道情報の整理と分析を行うものとする．

なお，河道特性調査の内容，収集すべき資料の種類および記述形式等は，できる限り共通のものとする．

1. 洪水時の水理量
洪水時の流速，掃流力
2. 河道の平均的なスケール
河道の川幅，水深，勾配
3. 小規模河床波の形態と流れの抵抗
流量変化と小規模河床波の対応
4. 土砂の運動形態とその量
各粒径階ごとの輸送形式とその河道形成に及ぼす役割
5. 氾濫原（高水敷）の特性
高水敷堆積物の質，洪水時における高水敷の侵食あるいは土砂の堆積，植生
6. 河道平面形状
蛇行形態，砂州と平面形状との関係，河岸侵食位置と侵食速度，島の発生状況
7. 河道の横断形
洗掘深，洪水による横断形変化
8. 位況・水面変化特性
流況と位況の関係，左右岸水位差
9. 河道の縦断形変動形態
変動速度，アーマリング形態
10. そ　の　他
人的作用および洪水による河道特性の変化形態

以降，上述の河川の種々の姿を総称して「河道特性」とよび，個々の特性項目を河道特性の構成要素とみなす．上述したような河川の種々の特性は，個々ばらばらに存在しているものではなく，相互に密接に関連し合っており，河道という1つのシステムをつくっている．このため平均年最大流量時の低水路の種々の水理量を河道

第19章 河道特性調査

特性と名づけ，この河道特性量を河道縦断方向に図示し，これと対象河川の種々の河道特性をセグメントごとに整理分析する．

1.2 河道特性調査項目

> 河道特性調査項目は，河道特性の各種構成要素を含み，河川の全体像を表現するものとする．

解　説

河道特性調査は**表 19-1** に示す項目を含むことが望ましいが，基本的には河道特性調査を利用する目的に応じて調査項目を選定するものとする．

なお，現沖積河川は，河床掘削や上流ダム群の築造等によって河道特性がここ 30 年ぐらいで大きく変化している場合があるので，河道特性の空間変化（縦断方向の変化）の分析のみならず，時間変化の分析を必要とする．例えば，河床高の変化，河床材料の変化，表層材料のアーマ化度の変化，川幅の変化，砂州パターンの変化等を調べ，その原因について分析し，各種河道特性の変化の相互連関性について把握するものとする．

表 19-1　個別河川の河道特性調査の項目

```
○○川の河道特性
 1. 河川および流域の概要              4. 高水敷の特性
    ① 河川の概況                        ① 高水敷の平面形
    ② 流域の地形，地質                  ② 高水敷の土質構造
    ③ 流域の地形発達史                  ③ 河岸近くの表層堆積物と河岸物質
    ④ ○○川の河道変遷史                ④ 高水敷の微地形と堆積物
    ⑤ 流域の土地利用の変遷              ⑤ 高水敷の植性
    ⑥ 河川の利用状況                    ⑥ 計画高水時高水敷の水理量
 2. 水文資料                         5. 河道の平面形
    ① 降雨特性                          ① 低水路の平面形状と砂州およびみお筋
    ② 洪水特性                          ② 河岸浸食位置および侵食形態
    ③ 流出特性                          ③ 洪水時の流況と平面形
    ④ 流量と水位                     6. 各セグメントの流砂形態と河床変動形態
 3. 洪水時の営力と河道                  ① 各セグメントの流砂形態
    ① 河床材料                          ② 縦断形変動形態
    ② 低水路幅，高水敷幅                ③ 土砂収支
    ③ 河床勾配と河床高                  ④ 河床変化の方向
    ④ 洪水時の河道特性量             7. その他
    ⑤ 河道特性量からみた河道の           水質と水性動植物に関する記述等その他必要な事項
       セグメント区分
```

第 2 節　河道特性調査の手法

> 種々の河道特性調査項目は，河床勾配が同一で，似たような特徴を持つ区間ごとに河道を区分し，その各区分（セグメントとよぶ）ごとに把握，分析を行うものとする．

解　説

沖積河川の縦断形は，多くの場合，**図 19-1** に示すような同一勾配を持つ区間がいくつか集まってできている．

第 2 節　河道特性調査の手法

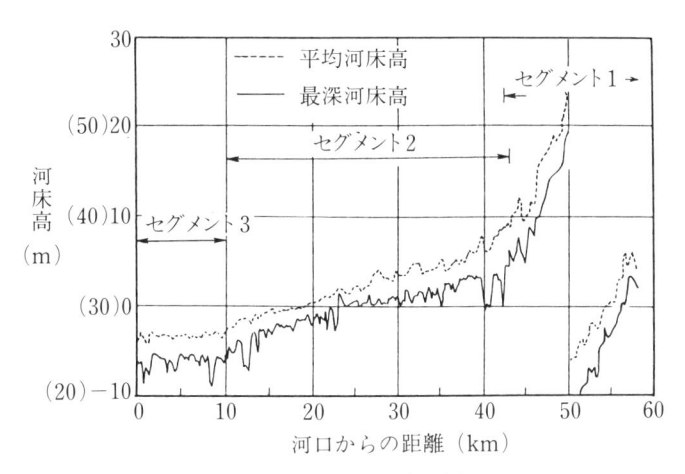

図 19-1　沖積河川縦断形

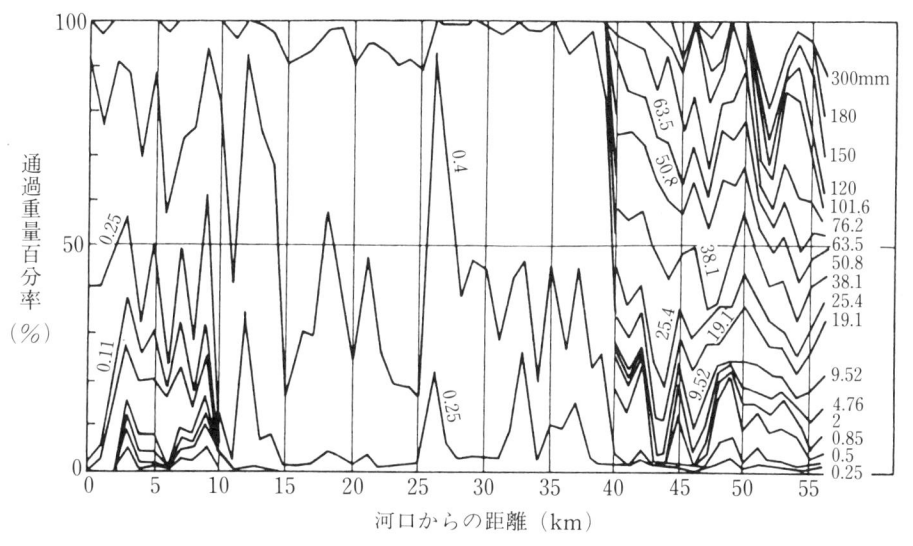

図 19-2　河床材料粒度分布変化図

同一勾配を持つそれぞれの河道区間は，図 19-2 の河床材料粒度分布変化図（縦軸にある粒度以下のものが河床材料中に占める割合（％）を，横軸に河口からの距離を取り，図中に示す数字（mm）の粒径以下のものが河床材料中に縦断方向にどのように変わるか示したもの）に示すように，ほぼ同じ大きさの河床材料を持っており，さらに，洪水時に河床に働く掃流力や低水路幅・深さも概略同じような値を持っている．

このように河床勾配が同一で，似たような特徴を持つ区間ごとに河道を区分することを"セグメント区分"といい，区分された各区間を"セグメント"とよぶ．1.1 で述べた種々の河道特性を把握・分析する単位空間をセグメントごとに取ることを"セグメント単位の見方"という．

本調査では，基本的にセグメント単位の見方で河道を把握，分析，記述していくものとする．

[参考 19.1]　**セグメント区分の方法と命名法**

河川におけるセグメントの数は，河川によって，また，河川をセグメント区分する目的（河道特性の違いを細かく見れば見るほどセグメントの数は多くなる）によって異なるが，図 19-1 に示したように比較的単純な河川の場合（山間部から堆積空間に出て，そのまま海に入ってしまう河川で，大きな支川が入り込まない河川）には，山間部を出てからは通常次の 3 つのセグメントを持っている．

扇状地を持つ河川の場合は，扇状地を流下する河道区間に当たるセグメント 1，その下流で粗砂あるいは中砂

を河床材料に持つ自然堤防帯あるいはデルタに相当するセグメント2-2，その下流で細砂あるいはシルトを持つセグメント3である．図19-1および図19-2で示した事例では，42 km より上流の勾配が急で河床材料の平均粒径が，6 cm程度のセグメント1，10～42 km区間の勾配1/3 400で粗砂を河床材料に持つセグメント2-2，0～10 km区間の勾配が非常に暖かく細砂を河床材料に持つセグメント3からなることがわかる．

扇状地を持たない河川では，山間部からでた河川は，直接自然堤防帯に入るが，河床材料が砂利であるセグメント2-1，その下流で粗砂・中砂を河床材料に持つセグメント2-2，その下流で細粒を河床材料に持つセグメント3を持つ．なお，扇状地を持たない河川の中には，粒径が1 cm以下の中礫を河床材料の主モードに持つ短いセグメントを持つ場合がある．これはセグメント2-2の中に含まれるものとする．

なお，すべての河川が3つのセグメントを持っているわけではなく，セグメント1で終わる，セグメント2-1で終わる河川もあることに留意する必要がある．

表19-2には各セグメントと地形区分との関係，また各セグメントと河床材料，河岸物質，勾配，蛇行速度，河岸侵食程度，水路の深さとの概略の関係を示す．

セグメント1，2-1，2-2，3およびこれに加えて沖積地より上流の山間部あるいは狭窄部をセグメントMとし，これらを地形特性と対応した大セグメントとよぶ．

実際の河川は扇状地河川において，セグメント1を2つあるいは3つの小セグメントに分けることがある．この場合は，これらを上流からセグメント1-①，セグメント1-②と順番に番号を付けて区分するものとする．

表19-2 各セグメントとその特徴

	セグメントM	セグメント1	セグメント2		セグメント3
			2-1	2-2	
地 形 区 分	← 山 間 地 →	← 扇 状 地 → ← 谷 底 平 野 → ←自然堤防帯→ ← デ ル タ →			
河床材料の代表粒径 d_R	多種多様	2 cm 以 上	3 cm～1 cm	1 cm～0.3 mm	0.3 mm 以 下
河岸構成物質	河床河岸に岩が出ていることが多い．	表層に砂，シルトが乗ることがあるが薄く，河床材料と同一物質が占める．	下層は河床材料と同一，細砂，シルト，粘土の混合物．		シルト・粘土
勾配の目安	多 種 多 様	1/60～1/400	1/400～1/5 000		1/5 000～水平
蛇 行 程 度	多 種 多 様	曲がりが少ない	蛇行が激しいが，河幅水深比が大きい所では8字蛇行または島の発生．		蛇行が大きいものもあるが小さいものもある．
河岸侵食程度	非常に激しい	非常に激しい	中，河床材料が大きいほうが水路はよく動く．		弱，ほとんど水路の位置は動かない．
低水路の平均深さ	多 種 多 様	0.5～3 m	2～8 m		3～8 m

[参考19.2] 代表粒径の分析

河床材料データを用いた分析では，河道の動きやすさを示す代表粒径を用いるものとする．

河床材料の粒度分布は，一般的に対数正規分布に近いと推定されているが，実際には，特性の異なる3つ以上の粒径集団（Population）を持つ．図 19-3 のように，河床材料の主モードである集団をA集団，それより細かいものをB集団，A集団より粒径の大きいものをC集団とよぶ．

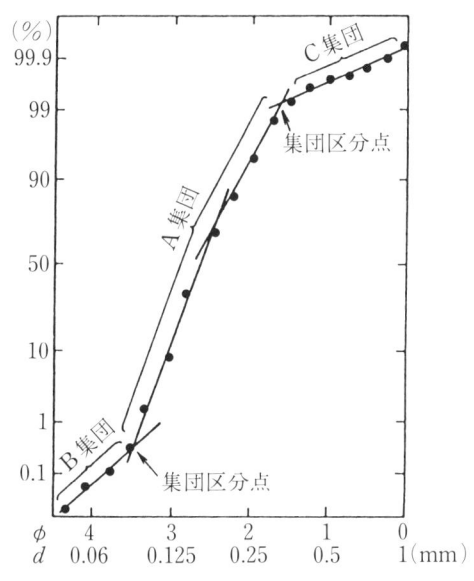

図 19-3 河床材料の粒度分布（砂の場合）

河床材料の粒度分布は，A，B，C，の各集団の粒度分布を対数正規分布とみなし，各集団ごとの粒度分布の合成されたものと解釈されることが多い．確かに砂を河床材料とする場合には，各粒径集団ごとに粒度分布を対数正規分布と仮定し，その混合物として河床材料の粒度分布を解釈したり，あるいは，その粒度分布形成要因を解釈することは，経験的に妥当性を持っている．しかし，砂利を河川材料の主モードとする場合には砂利成分をA集団とすると，A集団が大きくなりすぎる．この場合は，A集団をさらに2つ，あるいは3つに細分化し，それぞれを大きいほうからA'，A''，A''' 集団とよぶものとする．

対数正規分布を持つ粒径集団を合成したものとして河床材料の分布形を解釈する場合は，図 19-4 に示すように集団区分粒径(diameter of population break)を決め，この区分粒径によって集団ごとの存在範囲を定め，各粒径集団の存在範囲を定めることとする．

粒径集団区分粒径は，図 19-4 に示すように粒径加積曲線上での勾配の急変化点をとらえるものとする．

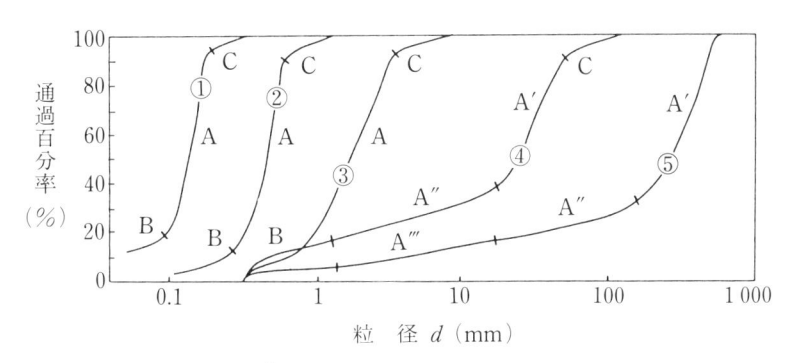

図 19-4 種々の粒度分布形におけるポピュレーションブレーク

第19章 河道特性調査

なお，扇状地河川の場合は，粒径の存在範囲が広く，集団区分粒径の決定が困難な場合は，次のように区分粒径を定めるものとする．

1. 各セグメントごとに測定された河床材料の粒度分布曲線を描く．
2. 大粒径集団でチャンネル・ラグ・デポジット(channel lag deposit)であるC集団(その移動速度が主構成材料より非常に遅く，取り残されるような材料)と河床材料の主構成材料であるA'集団は，通常，粒径加積曲線上で勾配の急変点が現れるので，そこの材料をC集団とA'集団の区分粒径とする．
3. 砂成分をB集団とする．この場合，粒径加積曲線上で勾配の急変点が生じていれば，それを区分粒径とする．通常1.0～2.0mm程度になることが多い．勾配の急変点が明確でない場合は，2.0mmを区分粒径とする．
4. A'集団とA"集団の区分粒径は，粒径加積曲線上で，勾配の急変点として評価し得ることが多いが，細粒分の多い河床材料分布の場合，勾配急変点が明確でないことがある．この場合は，線格子法(調査編)による河床表層材料の粒度分布(みお部の表層材料は，ほぼC集団とA'集団からなる)から判断するか，粒径が粗砂以上であれば，同一粒径集団として，同じような土砂の移動形態を持つものは，最大と最小の粒径の比で7～8程度であるので，C集団とA'集団の区分粒径の8分の1程度の粒径をA'集団とA"集団の区分粒径とする．
5. A'集団とA"集団の区分粒径とB集団の最大粒径の比γが8～10程度であれば，A'集団とA"集団の区分粒径とB集団の最大粒径の間の材料をA"集団とする．γが15を越える場合は，下流のセグメントの粒度分布形を参考にしながら，A'集団とA"集団の区分粒径とB集団の最大粒径の間の粒径成分を最大と最小の粒径比で8程度となるように区分し，大きな集団からA"，A"集団とする．
6. 最後に対象河川の各セグメントの区分粒径が，上下流で一致するように区分粒径を微調整する．これは河川の土砂収支の検討，河床変動計算等において，粒径集団ごとにその移動量の収支を把握するのが，工学的に有益であり実用的であることによるものである．

河床材料の特性を表すものとしては，河床の動きやすさを示す指標を取ることとする．ところで，河床材料，特に60%通過粒径d_{60}が1cm以上のものは，大粒径から小粒径のものを含んだ均一度の悪い粒度構成となっているが，このうち小粒径のものは大粒径の間に存在するマトリックス集団であり，河床変化にはあまり関係しない．河床変動に関係するのはおもにC集団，A'集団であり，また河床材料の動きやすさを規定するのもこの集団である．

A"集団以下の材料が20%以下であるような場合は，平均粒径d_mあるいは60%通過粒径d_{60}が，C集団，A'集団のみからなる材料の平均粒径とあまり変わらないが，河床材料中にA"集団以下の材料が40%程度占めるような場合には，河床材料の平均粒径d_mあるいは60%通過粒径d_{60}とC集団とA"集団のみからなる材料の平均粒径との差異が大きくなり，河床の動きやすさを示す指標として適切でなくなる．そこで，河床の動きやすさ，河床変動に影響を与える指標として，C集団とA'集団のみからなる河床材料の粒度分布より，その平均粒度あるいはその60%通過粒径を求め，これを代表粒径d_Rとよぶこととする．

第 20 章

河川経済調査

第20章 河川経済調査

第1節 総　　　　説

> 本章は，河川経済調査に関する標準的手法を定めるものである．

解　説
1. 河川経済調査は，河川等に関する諸施策に係わる諸効果のうち，経済的評価の範ちゅうに属する効果を把握することを目的とする調査である．

    一般に，行政施策に係わる諸計画の検討は，その施策の効果をなんらかの形で把握し，評価することによって行われるが，各種の効果のうち，経済的評価のできる効果を把握し，較量することは，有力な検討方法である．

    河川等に関する施策のうち，施策の諸効果の中で経済的評価の範ちゅうに属するものが占める比重が高い分野の施策については，河川経済調査を実施することが望まれる．すなわち，河川改修事業，ダム建設事業に係わる治水経済調査，砂防事業に係わる治水経済調査，水資源開発事業に係わる水利経済調査および，水質保全事業に係わる水質保全経済調査等を実施することが望ましいが，このうち，治水経済調査以外は，調査の手法が確立されていないこと等の理想のために，一般的なものとなっていない．このため，本章に示す基準は，治水経済調査の実施方法の基準にとどめるが，その手法は各種の河川経済調査について基本となるものである．

2. 治水経済調査は，治水事業の諸効果のうち，経済的評価のできるものを把握して，それを治水事業の便益（benefit）とし，一方，治水事業を実施するために要する費用および施設の維持，管理に要する費用等を治水事業の費用（cost）と考え，両者の比較を全国全河川を対象として，または，個別の河川を対象として実施し，治水事業全体に係わる投資規模の検討，個別河川に係わる投資規模の検討または，個別河川間の投資配分の検討等を資することを目的とする．

3. 治水事業の諸効果のうち，経済的評価のできる効果は，保全便益と高度化便益とに大別される．

    保全便益は，治水事業の効果の及ぶ地域（受益地）において営まれている社会経済活動が水害を受けることによって被る被害が治水事業が実施されることによって減少する利益であり，高度化便益は，治水事業が実施されたことに起因して受益地において社会経済活動が増大する利益である．

    しかし，高度化便益については調査の手法が確立されていないため，本章の内容は保全便益を把握する調査（以下「治水経済調査」は，この調査を意味するものとして用いる）の実施の基準にとどめる．

第2節　治水経済調査

2.1　治水経済調査の手順

> 治水経済調査は，次の順序で行うものとする．
> 1. 調査対象流量規模の設定

> 2. 地盤高調査
> 3. 氾濫水理調査
> 4. 氾濫区域資産調査
> 5. 想定被害額の算定
> 6. 想定年平均被害軽減期待額の算定
> 7. 流量規模別想定治水事業費の算定
> 8. 経済効果の把握

解　説

治水経済調査の方法は，事項以下に定めるが，その概要は，次のとおりである．

ある治水施設についてある整備水準のもとで，ある流量によってどの程度の区域がどの程度の時間，どの程度の水深で氾濫するかを推定して，この氾濫によりどの程度の被害が発生するかを算定し，これに，この流量規模の年平均生起確立を乗じて，この流量規模の洪水による年平均被害額を計算する．この作業を調査の対象とする最小の流量規模の洪水から最大の流量規模の洪水まで行って累計すれば，ある治水設備水準を前提としたその氾濫区域の年平均被害額が算定できる．

このようにして，現況の治水施設整備水準に対する年平均想定額と計画目標とする治水施設整備水準に対するそれとを算定し，その差を求めればそれが治水事業の被害軽減効果である．

治水経済調査は，治水事業の費用と，この被害軽減効果（便益）とを比較することによって，治水事業の保全便益に係わる経済効果の度合いを計測しようとするものである．

なお，被害額想定に必要な各種資産単価等は，本基準からは省略した．

2.2　調査対象流量規模の設定

> 調査対象流量規模は，無害流量を最小，年費用・年便益比率が1と予想される場合の流量を最大とし，この両者ならびに現在の改修計画の対象流量および，長期計画の対象流量を含む原則として5～6個程度の流量規模を設定するものとする．

解　説

計画高水流量の査定については，計画編第2章洪水防御計画の基本を参照のこと．

2.3　地　盤　高　調　査

> 地盤高調査は，調査対象区域を原則として標高差1m間隔に区分することにより行うものとする．

解　説

調査は，要求される精度に応じ大縮尺の地図の等高線を補間することにより，または現地で縦横断測量を実施することにより行う．

2.4　氾濫水理調査

> 氾濫水理調査では，本章2.2により選定した各調査対象流量規模に対応する氾濫区域（想定氾濫区域）を推定し，さらに，本章2.3に定める地盤高調査の結果に基づいて，想定氾濫区域について等地盤高の地区別に浸水深，浸水日数を推定するものとする．

第2節　治水経済調査

解　　説

　地形の状態から洪水の氾濫形態を拡散型，貯留型に分類して水理計算を行い，氾濫実績等も考慮して総合的な判断を行って氾濫区域を推定する．

　浸水深，浸水日数の推定は，氾濫による資産種類別被害率の適用に際して用いるものである．

　水理計算の方法については調査編第5章流出計算，および調査編第6章粗度係数および水位計算を参照のこと．

2.5　氾濫区域資産調査

> 　氾濫区域資産調査は，想定氾濫区域内の主要な資産を調査するものである．
> 　調査対象資産は，一般資産（家屋，家庭用品，事業所，農漁家の償却資産，在庫資産），農作物，公共土木施設等（河川，道路橋梁，農業用施設，鉄道，電信電話，電力の各施設）とする．
> 　この調査は，原則として等地盤高地区別に行うこと．

解　　説

　この調査は，資産種類別にその数量を調査し，これに単価を乗じて資産種類別資産額を求めるものである．

　資産種類別の調査方法としては，次のような方法がある．

1．家　　屋

　市町村の備える「家屋に関する概要調書」，「家屋課税台帳」その他の税務関係資料および図面などを活用して，等地盤高地区別家屋棟数を推定し，これに家屋1棟平均床面積を乗ずることにより等地盤高地区別家屋床面積を推定する．

　家屋資産額は，上記家屋床面積に単価を乗ずることにより算出するが，単価については，「建築動態統計」その他の資料から，都道府県別家屋1m²あたり評価額を求めこれを使用する．

2．家 庭 用 品

　市町村別世帯数を「住民基本台帳」等より調査する．等地盤高地区別世帯数は，市町村全家屋棟数に対する等地盤高地区別家屋棟数の比率により推定する（このことは，事業所数，農・漁家数についても同様である）．

　家庭用品資産額は，上記の世帯数に1世帯あたり家庭用品所有額を乗じて求める．

3．事業所の償却資産・在庫資産

　事業所統計調査・市町村集計カードより産業大（中）分類別に事業所数と従業員数を調査する．事業所統計調査対象外の純粋な行政事業・司法事務等の官公署については，別途その事業所数と職員数を調査する．

　資産額は，工業統計，法人企業統計，商業統計等の資料から推定した産業大（中）分類別従業員1人あたり償却資産額・在庫資産額を従業者数に乗じて求める．

4．農・漁家の償却資産・在庫資産

　農家数は，農業委員会の保存する農家台帳等により，農家数は市町村または，漁業協同組合の資料等により調査する．

　資産額は，上記の農・漁家数に農家経済調査等より推定した農・漁家1戸あたり償却資産額，在庫資産額を乗じて求める．

5．農　作　物

　田畑別耕地面積は，図上から計測し，農林省統計等により補正して求める．次に，田畑別年平均収量（田の場合は水稲の収量，畑の場合は主要な夏作の収量）を農林省統計等より調査し，両者を乗じて田畑別（畑の場合は作物別）生産量を推定する．

　農作物生産額は，上記の生産量に農村物価調査等から推定した農作物単価を乗じて求める．

6. 公共土木施設等

施設の管理者別に調査する．

2.6 想定被害額の算定

> 流量規模別想定被害額は，本章2.5に定める氾濫区域資産調査の結果に基づく種類別資産額に，本章2.4で求めた流量規模に対応した推定浸水深等に応ずる被害率を乗じて算出したものの合計額として算定するものとする．
>
> この算定結果から，流量と想定被害額との相関式を作成し，図示する．

解　説

資産種類別の想定被害額の算定方法としては，次のような方法がある．

1. 一般資産（家屋，家庭用品，事業所の償却資産・在庫資産，農・漁家の償却資産・在庫資産）の想定被害額

等地盤高地区別，資産種類別資産額に，推定浸水等に応ずる次の被害率を乗じて算出する．

表 20-1

資産種類等	浸水深等	床下浸水	床上浸水					土砂堆積（床上）	
			50 cm 未満	50～99 cm	100～199 cm	200～299 cm	300 以上	50 cm 未満	50 cm 以上
家屋	Aグループ	0.03	0.053	0.072	0.109	0.152	0.220	0.43	0.57
	Bグループ		0.083	0.126	0.177	0.266	0.344		
	Cグループ		0.124	0.210	0.308	0.439	0.572		
家庭用品			0.086	0.191	0.331	0.499	0.690	0.59	0.69
事業所	償却資産		0.180	0.314	0.419	0.539	0.632	0.54	0.63
	在庫資産		0.127	0.276	0.379	0.479	0.562	0.48	0.56
農漁家	償却資産		0.156	0.237	0.297	0.366	0.450	0.37	0.45
	在庫資産		0.199	0.370	0.491	0.576	0.692	0.58	0.69

注）1. 床上浸水 200 cm 以上棟数の 45 %，土砂堆積 50 cm 以上棟数の 50 % は，全壊として被害率 1 とし，別計算して加える．
　　2. 家屋の A, B, C のグループ区分は，地盤勾配による区分で，A は 1/1 000 以下，B は 1/500～1/100，C は 1/500 以上である．
　　3. 表 20-1 は，水害統計調査結果（36～42 年）によって作成したものである．

2. 農作物の想定被害額

等地盤高別，田畑別（畑の場合は作物別）農作物生産額に推定冠浸水深，推定浸水日数に応ずる次の被害率を乗じて算出する．

3. 営業静止の想定被害額

事業所の営業停止の想定被害額は，一般資産の想定被害額に 0.06 を乗じて算出する．なお，営業停止損失率（0.06）は昭和 36～42 年の水害統計調査で得られた営業損失額の一般資産被害額に対する割合の平均値である．

4. 公共土木施設等の想定被害額

次のいずれかの方法により算出する．

(1) 過去の被害実績を基礎として算出する．なお，この際，物価の上昇および，被害時点から調査時点までの

第2節 治水経済調査

表20-2 (%)

事項		冠 浸 水											土 砂 埋 没		
冠浸水深		0.5m未満				0.5〜0.99m				1.0m以上				地表からの土砂堆積深	
浸水日数 作物種類		1〜2	3〜4	5〜6	7以上	1〜2	3〜4	5〜6	7以上	1〜2	3〜4	5〜6	7以上	0.5m未満	0.5〜0.99m	1.0m以上
田	水 稲	21	30	36	50	24	44	50	71	37	54	64	74	68	81	100
畑	陸 稲	20	34	47	60	31	40	50	60	44	60	72	81			
	甘しょ	11	30	50	50	27	40	75	88	38	63	95	100			
	白 菜	42	50	70	83	58	70	83	97	47	75	100	100			
	蔬 菜	19	33	46	59	20	44	48	95	44	58	71	84			
	根 類	32	46	59	62	43	57	100	100	73	87	100	100			
	瓜 類	22	30	42	56	31	38	51	100	40	50	63	100			
	豆 類	23	41	54	67	30	44	60	73	40	50	68	81			
	畑平均	27	42	54	67	35	48	67	74	51	67	81	91	68	81	100

注) 1. 「蔬菜」は，ねぎ，ほうれん草，その他，「根菜」は，大根，里芋，ごぼう，人参，「瓜類」はきゅうり，瓜，西瓜，「豆類」は小豆，大豆，落花生，たまねぎ等である．
2. 土砂埋没の被害率は，河川の氾濫土砂によるものであるので，「土石流」の場合は実情に応じて修正すること．

　施設の実質増を考慮する．
(2) 類似の他の河川についての流量・公共土木施設等被害額曲線を参考にして算出する．
(3) 水害統計の結果より算出される全国の一般資産被害額に対する公共土木施設等被害額の比率を参考として算出する．
(4) 公共土木施設等資産額に，当該河川の一般資産想定被害額と一般資産額との比率を乗じたものを参考として算出する．

　以上の1.2.3.4.において対象とする被害額以外の被害として，人命損傷，政府・地方公共団体等で実施する応急対策費用，融資に対する支払利子および，運輸・通信・電力・水道・ガス等の公共的サービスの供給機能の停止による被害などが考えられるが，これらについても算定するよう努めることが望ましい．
　なお，これらの被害額を含めた場合の経済効果を算出しておくものとする．

2.7　想定年平均被害軽減期待額（benefit）の算定

　ある計画規模の治水事業を実施する場合の想定年平均被害軽減期待額（便益）は，次のように算出するものとする．
　すなわち，いくつかの流量規模を想定し，ある流量規模と次の流量規模との間の流量の年平均生起確率を，本章2.6で求める当該流量に応ずる想定被害額に乗じて当該流量規模の洪水発生による年平均想定被害額とし，これを流量規模の最小段階から最大の流量規模の段階まで順次累計することにより算出する．
　なお，流量と想定年平均被害軽減期待額との相関式を図示すること．

解　　説

ある流量規模と次の流量規模との間の流量の洪水の年平均生起確率は，調査対象河川の流量・超過確率曲線を作成し，これから調査対象流量規模別超過確率を求め，さらに各超過確率間の差を求めることにより算出する．年平均被害軽減期待額の算出の方法を，表にして示せば次のとおりである．

表20-3 年平均被害軽減期待額の算出方法

洪水流量規模	年平均超過確率	$Q_{n+1} \sim Q_n$ の年平均生起確率	流量規模に応ずる想定被害額	$Q_{n+1} \sim Q_n$ 区間の平均想定被害額	生起確率×区間平均想定被害額（＝年平均被害額）	年平均被害額の累計（当該流量規模までの年平均被害軽減額）
Q_0	N_0	—	$L_0(=0)$	—	—	—
Q_1	N_1	$N_0 - N_1$	L_1	$\dfrac{L_0 + L_1}{2}$	$(N_0 - N_1) \times \dfrac{L_0 + L_1}{2}$	$(N_0 - N_1) \times \dfrac{L_0 + L_1}{2}$
Q_2	N_2	$N_1 - N_2$	L_2	$\dfrac{L_1 + L_2}{2}$	$(N_1 - N_2) \times \dfrac{L_1 + L_2}{2}$	$(N_0 - N_1) \times \dfrac{L_0 + L_1}{2}$ $+ (N_1 - N_2) \times \dfrac{L_1 + L_1}{2}$
Q_m	N_m	$N_{m-1} - N_m$	L_m	$\dfrac{L_{m-1} + L_m}{2}$	$(N_{m-1} - N_m) \times \dfrac{L_{m-1} + L_m}{2}$	$(N_0 - N_1) \times \dfrac{L_0 + L_1}{2}$ $+ \cdots\cdots + (N_{m-1} - N_m) \times \dfrac{L_{m-1} + L_m}{2}$

なお，堤防方式による治水事業の経済効果を算定する場合においては，河川施設の想定被害額は公共土木施設等想定被害軽減期待額には算入しないものとする．

2.8 流量規模別想定治水事業費（cost）の算定

> 流量規模別の想定事業費の算定は，ある流量規模に対応できるようにするために必要な治水事業費（用地費を含む）を算出するものである．
> なお，流量と治水事業費との相関式を作成し図示すること．

2.9 治水事業の経済効果の把握

治水事業の経済効果は，次のようにして求めるものとする．
なお，この場合，物価の上昇，氾濫区域内資産の増加に伴う被害軽減額の増大などに配慮する必要がある．

1. 本章2.7により想定年平均被害軽減期待額 B を，また本章2.8により流量規模別想定治水事業費 I を算出する．
2. 流量規模別の年費用・年便益比率（b/c）を算定し，図示する．
    年費用＝c，年便益本＝b の計算方法は，次のとおりである．
    $$c = 年利子 + 年償却費 = I \times \left(i + \dfrac{i}{(1+i)^n - 1} \right)$$
    $$b = B - M$$
    　　I：流量規模別事業費

第2節　治水経済調査

　　　　　　　i：利子率
　　　　　　　n：施設の耐用年数（堤防方式 50 年，ダム方式 80 年とする）
　　　　　　　M：施設の年維持管理費（I の 0.5 ％とする）
　　　　　　　B：想定年平均被害軽減期待額
　　なお，上記算式による算定結果は，次のとおりである．
　　　　堤防方式の場合　　　　$c = I \times 0.0506$
　　　　ダム方式の場合　　　　$c = I \times 0.0464$
3. 上記算式の b/c の比が $1(b/c=1)$ までの治水投資が経済的に妥当なものと推定されるので，$b/c=1$ の場合の事業費を把握するとともに，当該事業費に相当する計画の規模，計画高水流量，施設計画等を把握する．

解　説

　本文に示すところにより，調査時点以降の治水投資による流量規模別の経済効果を把握するほか，調査時点以降において現実の水害が発生した場合に，既に作成されている流量・想定被害額曲線等を利用して，水害被害額を迅速に把握することを役立たせるとともに，調査時点以降において重要構造物が完成した等の場合においては，治水事業の進展に応じた流量・想定被害曲線を新たに想定することにより，現実に発生した水害に対し，治水事業が果たした被害軽減の効果を把握しておくよう努める必要がある．

第 21 章
測　　　　　量

第21章 測　　　　量

第1節　総　　　説

1.1　総　　説

> 本章は，河川等に関する測量の一般的手法を定めるものであって，河川等に関する事業に用いる場合の基準とするものである．

解　説

一般に測量作業の大部分は測量会社等に発注されているので，実務的には技術そのものよりも基本計画と検収方法が問題になる．

本章では，これらの点に重点を置いて基準化を行った．

測量作業の細かい技術的な基準等については，建設省公共測量作業規定によること．

1.2　測　量　計　画

1.2.1　測量計画

> 測量を実施するにあたっては，原則として実地踏査を行い，測量目的に応じた測量の範囲，方法，精度および許容誤差を定めるものとする．
>
> なお，公共測量および，基本測量の成果の活用を図ること．

解　説

特に工事のための測量というのは通常単一なものではなく，基準点測量，距離標設置測量，水準測量，深浅測量，縦横断量，横断測量等の測量技術を組み合わせた総合的な測量システムからなり，そのシステムは工事の社会的環境や土地条件によって規制され，最適なものはそれぞれ条件に応じて異なるので，測量を実施するにあたっては，実施踏査を行うなどして，測量目的に応じた測量の範囲，方法，精度を定める必要がある．

各測量方法によって得られる成果の精度には限界があるので，測量の目的に対応する許容誤差を設定して測量方法を選定する．

なお，測量の実施にあたっては，公共測量および，基本測量の成果を積極的に活用することとするが，その成果については，公共測量の実施計画書の提出されたものについては，国土地理院から刊行されている「公共測量の記録」に収録されている．また，基本測量の成果については，国土地理院または国土地理院地方測量部に照会すればよい．

1.2.2 河川に関する測量計画

河川に関する測量では，それぞれの目的に応じ，次の測量を行うものとする．

測量作業名	測量の種類	目的
計画用基本図作成	空中写真測量 （1/2 500 地形図）	計画策定
距離標設置測量	基準点測量	距離標設備
水準基標測量	水準測量	水準基標設置
定期縦断測量	縦断測量	河道計画，河川改修計画策定
定期横断測量	横断測量 深浅測量	同上
工事用測量	基準点測量 法線測量 平板測量 （1/500～1/1 000 地形図） 縦断測量，横断測量	実施設計書作成 法線等の決定 土工積算
用地測量	境界測量 面積計算	用地幅杭の決定 用地買収

1.2.3 ダムに関する測量計画

ダムに関する測量では，それぞれの目的に応じ，次の測量を行うものとする．

測量作業名	測量の種類	目的
計画用基本図作成	空中写真測量 （1/2 500～1/5 000 地形図）	貯水池容量算定，河流処理計画 道路計画（付替，工事用） 補償物件概略調査 貯水池周辺地質調査
ダムサイト地形図作成	空中写真測量，平板測量 （1/500～1/1 000 地形図）	ダム本体概略設計 仮設備概略計画
基準点測量および水準測量	基準点測量，水準測量	ダム測量基準点設置 既設構造物との関連把握
貯水池地形図作成	空中写真測量 （1/1 000～1/2 500 地形図）	貯水池容量算定 道路路線選定
ダムサイト地形図および断面図作成	平板測量，地上写真測量 （1/500 地形図） 縦断測量，横断測量	本体設計

原石山地形図統計断面作成	空中写真測量，平板測量 （1/500〜1/1 000 地形図） 縦断測量，横断測量	原石採取計画
湛 水 面 測 量	水 準 測 量	湛水標示板設置
路 線 測 量	中 心 線 測 量 縦 断 測 量 横 断 測 量 平板測量(1/500)	道路工事（付替，工事用）
用 地 測 量	境 界 測 量 面 積 計 算	用 地 買 収
工事実施のための測量	縦断測量，横断測量 地 上 写 真 測 量	工 事 費 積 算 出 来 高 管 理
定 期 横 断 測 量	横断測量(深浅測量)	堆 砂 量 計 算 貯 水 池 管 理

1.2.4 砂防に関する測量計画

> 砂防工事に関する測量は，本章1.2.2河川に関する測量計画に準じて行うものとする．

解　説

　測量の範囲，方法および精度はダム工，流路工，山腹工等の砂防工事の工法と渓流の規模に応じ，適切な成果が得られるように決める．

　砂防工事のための測量は原則的には一般河川の測量と同じだが，対象が山間部のため谷が深いこと，工事が局部的であること等の理由で異なる点がある．

1.2.5 空中写真測量の計画

> 空中写真測量により地形図を作成するには，その使用目的，土地の状況等を考慮して地図の縮尺を定め，要求される精度，表現内容等に応じた作業方式，航空カメラ，撮影縮尺，基準点の数と配置，図化機の種類，現地作業の期間，時期等を決定するものとする．

解　説

空中写真測量が地上測量と異なっている点を列挙すれば，次のとおりである．
空中写真測量を行う場合には，これらの特徴に応じた配慮が必要である．
1. 各点の精度が一様である．
2. 測量時点の同時性が高い．
3. 現地に入らないで測量ができる．
4. 小地域の測量には経費が割高となる．
5. 撮影可能日が限定されるので，作業日程が変動しやすい．
6. 縮尺 1/100〜1/400 ぐらいの大縮尺には不適当である．

第2節 基準点測量

〔参考 21.1〕 基準点測量

> 基準点測量は，既知点に基づき，測量の基準とするために設置する標識の位置を定める測量である．

1. 新点間の標準距離等

基準点測量は，新点間の標準距離，観測精度等により1〜4級基準点測量に区分される．新点間の標準距離等は，表21-1のとおりである．

表 21-1

区　分	既知点の種類	既知点間の標準距離（m）	新点間の標準距離（m）
1級基準点測量	1〜3等三角点	4 000	1 000
2級基準点測量	1〜4等三角点 1級基準点	2 000	500
3級基準点測量	1〜4等三角点 1〜2級基準点	1 500	200
4級基準点測量	1〜4等三角点 1〜3級基準点	500	50

2. 測量の方式

基準点測量は，次の方式により行うものとし，1級および2級基準点測量は，原則として，結合多角方式で，3級および4級基準点測量は，原則として，結合多角方式または単路線方式により実施する．

(1) 結合多角方式………既知点を結合する多角網を形成して行う多角測量方式，一般には，3点以上の既知点を用いた任意の図形の測量方式．

(2) 閉合多角方式………3点以上の既知点を含み，既知点および，新点を結合する多角路線が閉じた多角形を作り，かつ，各多角形が1個以上の多角形に多角路線を競争して接する多角網を形成して行う多角測量方式，この方式は，計画機関が特に高精度を確保する必要があると認めた場合に行う．

(3) 単路線方式…………2点の既知点を単一の多角路線で結合する多角測量方式．

(4) 三角方式……………3点以上の既知点を含む三角網を形成して行う三角測量方式，この方式は，現在用いられることは少ない．

3. 作業順序

基準点測量の工程別作業区分および順序は次のとおりであるが，作業能率が向上し，精度を保持し得ると認められる場合には，一部を省略または変更することができる．

(1) 作業計画
(2) 選点
(3) 測量標の設置
(4) 観測
(5) 計算

第2節 基準点測量

(6) 成果等の整理

〔参考 21.2〕作業内容

> 基準点測量とは，既知点に基づきトランシット，光波測距儀等を用いて測角および，測距を行って新点の水平位置および，標高を定める作業をいい，既知点の種類，既知点間の標準距離，新点間の標準距離，観測の精度等に応じて，1～4級基準点測量に区分する．

1. 空中写真等を用いて作業の実施方法，使用機器，作業人員，日程等を考慮し，適切な作業計画を立案する．また，地形図上で新点の概略位置および，測量方式を決定して，平均計画図を作成する．
2. 現地において，既知点の現況を調査し，視通，標石の保全，後続作業における利用等を考慮して最も適切な位置に新点を設置する 1～2級基準点には原則として永久標識（作業規程参照）を埋設する．
3. 観測はトランシット，光波測距儀等を用いて関係点間の水平角，鉛直角，距離を測定する作業であり，使用する機器には，所定の方法により点検および検定したものを用いる．観測対回数等は，建設省公共測量作業規程のとおりとする．
4. 点検計算は，観測終了時に観測値の良否を点検するため，方向角の閉合差，水平位置の閉合差，標高の閉合差および高低差の正反較差計算し，それぞれの数値が許容範囲内にあるかを点検する．許容範囲を超えた場合は，必要な再測を行うか，または計画機関の指示により適切な措置を講ずる．
5. 平均計算は以下による．1級および2級基準点測量では，水平位置は厳密水平網平均計算を，標高は厳密高低網平均計算を行って求める．また，3級および4級基準点測量では，水平位置は厳密水平網平均計算または簡易水平網平均計算を，標高は厳密高低網平均計算または簡易高低網平均計算を行って求める．

   なお，平均計算による誤差が許容範囲を超えたものについては，観測値および計算過程を検討し，計画機関へ報告し，指示を受ける．

2.1 精度

1. 観測における許容範囲は表21-2のとおりとする．

表21-2

項目			1級基準点測量	2級基準点測量		3級基準点測量	4級基準点測量
水平角観測	方向観測法	倍角差	15″	[1級トランシット] 20″	[2級トランシット] 30″	30″	60″
		観測差	8″	10″	20″	20″	40″
	倍角法観測	δ	—	—		24″	30″
鉛直測観	高度定数の較差		10″	15″	30″	30″	60″

距離測定	直接方式	1セット内の測定値の較差	3 cm	2 cm
		各セットの平均値の較差	3 cm	2 cm
	計算方式	位相1,4の和と位相2,3の和の較差	30/1 000	20/1 000
		各変調周波数による距離の較差	5 cm	3 cm
	鋼巻尺	2読定の較差	—	5 mm
		往復測定の較差	—	$D/5\,000$(D:測定距離)

2. 結合多角方式,閉合多角方式,単路線方式における点検計算の許容範囲は,表21-3のとおりとする.

表 21-3

区分 点検項目		1級基準点測量	2級基準点測量	3級基準点測量	4級基準点測量
単位多角形	方向角の閉合差	$8''\sqrt{n}$	$10''\sqrt{n}$	$20''\sqrt{n}$	$50''\sqrt{n}$
	水平位置の閉合差	$1\,\text{cm}\sqrt{N\Sigma S}$	$1.5\,\text{cm}\sqrt{N\Sigma S}$	$2.5\,\text{cm}\sqrt{N\Sigma S}$	$5\,\text{cm}\sqrt{N\Sigma S}$
	標高の閉合差	$5\,\text{cm}\Sigma S/\sqrt{N}$	$10\,\text{cm}\Sigma S/\sqrt{N}$	$15\,\text{cm}\sqrt{N}$	$30\,\text{cm}\Sigma S/\sqrt{N}$
結合多角路線	方向角の閉合差	$5''+8''\sqrt{n}$	$7''+10''\sqrt{n}$	$10''+20''\sqrt{n}$	$20''+50''\sqrt{n}$
	水平位置の閉合差	$10\,\text{cm}+2\,\text{cm}\sqrt{N\Sigma S}$	$10\,\text{cm}+3\,\text{cm}\sqrt{N\Sigma S}$	$15\,\text{cm}+5\,\text{cm}\sqrt{n\Sigma S}$	$15\,\text{cm}+10\,\text{cm}\sqrt{N\Sigma S}$
	標高の閉合差	$20\,\text{cm}+2\,\text{cm}\Sigma S/\sqrt{N}$	$20\,\text{cm}+10\,\text{cm}\Sigma S/\sqrt{N}$	$20\,\text{cm}+15\,\text{cm}\Sigma S/\sqrt{N}$	$20\,\text{cm}+30\,\text{cm}\Sigma S/\sqrt{N}$
比高の正反較差		30 cm	20 cm	15 cm	10 cm

n:測角数 N:辺数 ΣS:路線長(km)

3. 平均計算による誤差の許容範囲は次のとおりとする.
 1) 厳密水平網平均計算による誤差の許容範囲は,表21-4のとおりとする.

第2節　基準点測量

表 21-4

区分 項目	1級基準点測量	2級基準点測量	3級基準点測量	4級基準点測量
1方向の偏差	12″	15″	—	—
距離の偏差	8 cm	10 cm	—	—
単位重量の標準偏差	10″	12″	15″	20″
新点位置の標準偏差	10 cm	10 cm	10 cm	10 cm

2) 厳密高低網平均計算による誤差の許容範囲は，表21-5のとおりとする．

表 21-5

区分 項目	1級基準点測量	2級基準点測量	3級基準点測量	4級基準点測量
高度角の偏差	15″	20″	—	—
高度角の標準偏差	12″	15″	20″	30″
新点標高の標準偏差	20 cm	20 cm	20 cm	20 cm

3) 簡易水平網平均計算による誤差の許容範囲は表21-6のとおりとする．

表 21-6

区分 項目	3級基準点測量	4級基準点測量
路線方向角の偏差	50″	120″
路線座標差の偏差	30 cm	30 cm

4) 簡易高低網平均計算による誤差の許容範囲は表21-7のとおりとする．

表 21-7

区分 項目	3級基準点測量	4級基準点測量
路線方向角の偏差	30 cm	30 cm

2.2 成　果　等

基準点測量の成果等は，原則として次のとおりとする．
(1) 成果表
(2) 基準点網図
(3) 観測手簿
(4) 観測記簿
(5) 計算簿
(6) 点の記
(7) 建標承諾書
(8) 精度管理表
(9) 点検測量簿
(10) 平均図

(11) 測量標の地上写真
(12) 測量標設置位置通知書
(13) 基準点異状報告書
(14) その他の資料

2.3 検　　　査

基準点では，原則として次のとおり点検を行う．
(1) 平均図において，配点密度，後続作業に支障がないかを点検する．
(2) 観測手簿に作為がないかを全数観察する．
(3) 点検計算簿において，点検計算が所定の方法で行われているかを点検し，点検計算値が所定の許容範囲内にあるかを検査する．
(4) 平均計算簿において，既知点成果表および偏心計算簿との照合検査を全数観察し，新点位置の標準偏差，単位重量の標準偏差等の観察を全数行う．
(5) 精度管理表等により，精度および品質等を調査し，技術管理が確実に行われているかを検査する．

第3節　水　準　測　量

〔参考　21.3〕水準測量

水準測量は，既知点に基づき高低差を測定し，測量の基準とするために設置する標識の標高を定める測量である．

1. 既知点の種類等

水準調査は，1～4級水準測量，簡易水準測量に区分され，既知点の種類等は，**表21-8**のとおりである．

表 21-8

区　　分	既知点の種類	既知点間の路線長
1級水準測量	1等水準点	150 km 以下
2級水準測量	1等水準点 1級水準点	150 km 以下
3級水準測量	1～2等水準点 1～2級水準点	50 km 以下
4級水準測量	1～3等水準点 1～3級水準点	50 km 以下
簡易水準測量	1～3等水準点 1～4級水準点	50 km 以下

2. 作業順序

水準測量の工程別作業区分および順序は，次のとおりであるが，作業能率が向上し，精度を保持し得ると認められる場合には，一部を省略することができる．
(1) 作業計画

(2) 選点
(3) 永久標識の埋設
(4) 観測
(5) 平均計算
(6) 成果等の整理

〔参考 21.4〕作業内容

> 水準測量とは，既知点である水準点に基づき，レベル，標尺等を用いて高低差を測定し新点である水準点の標高を定める作業をいい，既知点の種類，既知点間の路線長，観測の精度等に応じて，1級〜4級水準測量および，簡易水準測量を区分する．

1. 作業の実施方法，使用機器，作業人員，日程等を考慮して，適切な作業計画を立案する．
2. 現地において，既知点の現況を調査し，地盤の安定，後続作業における利用，標石保全等を考慮して，最も適切な位置に新点を設置する．
3. 観測は，レベル，標尺等を用いて，関係点間の高低差を測定する作業であり，使用するレベルには，所定の方法により点検および検定したものを用いる．視準距離および標尺目盛の読定単位は，表 21-9 のとおりとする．

表 21-9

区　　　分	1級水準測量	2級水準測量	3級水準測量	4級水準測量	簡易水準測量
視 準 距 離	最大 50 cm	最大 60 cm	最大 70 m	最大 70 m	最大 80 m
読 定 単 位	0.1 mm	1 mm	1 mm	1 mm	1 mm

4. 点検計算は，観測終了時に観測値の良否を点検するため，環閉合差，既知点から既知点までの閉合差を計算し，それぞれの数値が許容範囲内にあるかを点検する．許容範囲を超えた場合は，必要な再測を行うか，または計画機関の指示により適切な措置を講ずる．
5. 平均計算は，距離の逆数を重量として行い，その誤差が許容範囲を越えたものについては，観測値および計算過程を検討し，計画機関へ報告してその指示を受ける．

3.1 精　　　度

1. 観測精度は，表 21-10 のとおりとする．

表 21-10

区　　　分	1級水準測量	2級水準測量	3級水準測量	4級水準測量
往復観測値の較差	$2.5\,\text{mm}\sqrt{S}$	$5\,\text{mm}\sqrt{S}$	$10\,\text{mm}\sqrt{S}$	$20\,\text{mm}\sqrt{S}$

注) S は観測距離（片道，km 単位）

2. 点検計算の許容範囲は，表 21-11 のとおりとする．

表 21-11

区　　分	1級水準測量	2級水準測量	3級水準測量	4級水準測量	簡易水準測量
環閉合差	$2\,\mathrm{mm}\sqrt{S}$	$5\,\mathrm{mm}\sqrt{S}$	$10\,\mathrm{mm}\sqrt{S}$	$20\,\mathrm{mm}\sqrt{S}$	$40\,\mathrm{mm}\sqrt{S}$
既知点から既知点までの閉合差	$15\,\mathrm{mm}\sqrt{S}$	$15\,\mathrm{mm}\sqrt{S}$	$15\,\mathrm{mm}\sqrt{S}$	$25\,\mathrm{mm}\sqrt{S}$	$50\,\mathrm{mm}\sqrt{S}$

注）S は観測距離（片道，km 単位）とする．

3．平均計算による誤差の許容範囲は，表 21-12 のとおりとする．

表 21-12

区　　分	1級水準測量	2級水準測量	3級水準測量	4級水準測量	簡易水準測量
単位重量あたりの観測の標準偏差	2 mm	5 mm	10 mm	20 mm	40 mm

3.2　成　果　等

水準測量の成果等は，原則として次のとおりとする．
- (1)　観測成果表および平均成果表
- (2)　観測手簿
- (3)　計算簿
- (4)　点の記
- (5)　水準路線図
- (6)　建標承諾書
- (7)　精度管理表
- (8)　点検測量簿
- (9)　平均図（選定図添付）
- (10)　測量標識の地上写真
- (11)　測量標設置位置通知書
- (12)　基準点異状報告書
- (13)　その他の資料

3.3　検　　　査

水準測量では，原則として次のとおり点検を行う．
- (1)　観測手法に作為がないかを全数観察する．
- (2)　点検計算簿において，点検計算が所定の方法で行われているかを点検し，点検計算値が所定の範囲内にあるかを検査する．
- (3)　平均計算簿において，既知点成果表と照合検査を全数観察し，単位重量あたりの標準偏差の観察を全数行う．
- (4)　精度管理表等により，精度および品質等を調査し，技術管理が確実に行われているかを検査する．

第4節　空中写真測量

〔参考　21.5〕　空中写真測量

> 空中写真測量は，空中写真を用いて地形，地物等を測定，図示し，調査資料に基づき地形図等を作成する測量である．

1. 地図の精度

地図の精度（標準偏差）は，水平位置では図上±0.5〜0.7mm以内，標高点では等高線（主曲線）間隔の±1/4〜1/3以内，等高線では等高線（主曲線）間隔の1/2以内である．

2. 空中写真測量の特徴

空中写真測量を地上測量と比較してみると，その長所，短所は次のとおりである．測量計画にあたっては，これらの点を考慮に入れて目的に合った正しい測量計画を立てる必要がある．

(1) 長　所

(i) 地上計量においては，実際に決定されるのは特別な場合を除いて角度と距離の測定により求められる個々の点だけであって細部の地物，地形は，これらの点をつなぎ合わせて表現されるから誤差が累加して，各地点における精度にはむらがある．空中写真測量では，モデルごとに図化を行うから，いずれの点でも一様な精度の測量結果が得られる．

(ii) 空中写真は，全く忠実に撮影時の状態を再現するため災害調査，状況変化の調査等の保存記録として極めて有効であり，また地上測量では作業開始時と終了時との間にかなりの時差があるのに対して，空中写真測量では写真撮影時であるから同時性がある．

(iii) 空中三角測量により少数の地上基準点から見通しの制限なしに図化に必要な標定点が増設でき，撮影と一部の現地作業を除いた室内作業では，天候障害による作業遅延の危険が少ない．

(iv) 空中写真測量は，測量実施地域内に必ずしも立入らなくて測量が可能であるから，地形条件その他により，現地立入りができない場合の測量に有効である．

(2) 短　所

(i) 撮影費等の理由から小地域の測量には，単価が高くつく．

(ii) 樹林等で被われている地形，道路，各種の人工物および，写真縮尺上の制約で写真に写っていないものは精度が高くない．また空中写真から判読できないものは現地調査を必要とする．

(iii) 撮影可能日が特別な地域を除いては比較的に少ないため，空中写真がない場合は作業の日程が変動しやすい．

3. 空中写真測量の経費

空中写真測量の経費は，精度の高い上級の図化機を使用し，精度の許す限り高い高度から小さな縮尺で撮影し，撮影コース数，使用写真枚数（図化モデル数）を減少させ，かつ空中三角測量のための標定用基準点の数を減少させるほど低下するのが通常である．

4. 空中写真測量の順序

地図作成の工程別作業区分および順序は，次のとおりであるが，作業能率を向上し精度を保持しうると認められる場合には，一部を省略または変更することができる．

(1) 標定点の設置
(2) 対空標識の設置
(3) 撮影

第 21 章 測　　量

(4) 刺針
(5) 現地調査
(6) 空中三角測量
(7) 図化
(8) 地形補備測量
(9) 編集
(10) 現地補測
(11) 原図作成

〔参考　21.6〕　作　業　内　容

〔参考　21.6.1〕　標定点の設置

標定点の設置とは，既設点のほかに空中三角測量および，図化において空中写真の標定に必要な基準点および，水準点（以下「標定点」という）を設置する作業をいう．

1. 標定点の設置では，既設の既知点に基づいて基準点測量および，水準測量によりその位置および標高を決定する．
2. 作業は，対空標識設置作業前または対空標識設置作業時に行い，やむをえず空中写真撮影後に行う場合は，刺針作業と同時期に行うものとする．
3. 選点は，撮影計画，既設基準点の配置状況，作業方法等を考慮して，空中写真に確実に写り，しかも位置と高さが正確に測定でき，実体測定が容易である所を選定する．

〔参考　21.6.2〕　対空標識の設置

対空標識の設置とは，空中三角測量および，図化において基準点，水準点，標定点等（以下この節において「基準点等」という）の座標を測定するため，基準点等に標識を設置する作業をいう．

1. 対空標識は，空中写真上で明瞭に確認できなければ効力がないので，その大きさ，形状および，色等に注意して選定する必要がある．また対空標識は，天頂から概ね45度以上の上空視界が確保されていなければならない．

表 21-13

撮影縮尺	A，C 型	B，E 型	D　型	厚　さ
1/ 4 000	20 cm×10 cm	20 cm×20 cm	内側 30 cm・外側 70 cm	4 mm 〜 5 mm
1/ 6 000	30 cm×10 cm	30 cm×30 cm		
1/10 000	45 cm×15 cm	45 cm×45 cm	内側 50 cm・外側 100 cm	
1/20 000	90 cm×30 cm	90 cm×90 cm	内側 100 cm・外側 200 cm	

（注）型式は次の図のとおり．

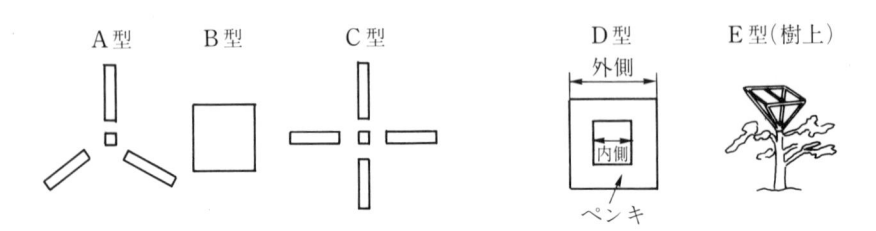

第4節　空中写真測量

2. 対空標識板（1枚）の大きさは，**表21-13**を標準とする．
3. 対空標識の中心が基準点等の中心に対して，地図の縮尺が1/1 000以上の場合は2cm以上，1/2 500以下では5cm以上それぞれ外れる場合は，偏心要素を測定しなければならない．

〔参考 21.6.3〕撮　　　影

> 撮影とは，測量用空中写真を撮影する作業をいい，後続作業に必要な写真処理工程も含むものとする．

1. 撮影縮尺と図化縮尺の比は，**表21-14**を標準とする．

表21-14

図化縮尺	撮影縮尺	図化倍率
1/ 500	1/ 3 000～1/ 4 000	1：6～1：8
1/ 1 000	1/ 6 000～1/ 8 000	1：6～1：8
1/ 2 500	1/10 000～1/12 500	1：4～1：5
1/ 5 000	1/20 000～1/25 000	1：4～1：5
1/10 000	1/30 000	1：3

次のいずれかの場合は，撮影縮尺を標準の80％を限度として小さくすることができる．
  (1) 対地速度による像のぶれ補正装置を装備した航空カメラを使用する場合
  (2) 図化作業に解析図化機を使用し，航空カメラ，フィルム等に起因する歪を計算で補正する場合
  (3) 平面図を作成する場合において，数値図化編集システムを用い，空中写真より直接地物を点測定する場合

2. 撮影作業の計画は，撮影区域ごとに次の各号に掲げる条件を立案する．
  (1) 区域内を完全に覆うようにするため，コースの初めと終わりの区域外に最低1モデル以上撮影し，図化機等で実体観測測定ができない部分が生じないようにする．
  (2) 撮影基準面は，特に指定した場合を除き，撮影区域内の平均標高面とする．
  (3) 単コース撮影の場合は，区域の中央にコースを通じ，撮影区域が撮影幅の70～80％の範囲に収まるようにする．
  (4) 同一コース内の隣接空中写真間の重複度は60％，コース間の重複度は30％を標準とする．
  (5) 広地域の撮影は，原則として東西方向の平行コースとし，路線撮影は，路線に沿って折線状に撮影する．
  (6) 同一コースの撮影は，直接かつ等高度とする．

3. 撮影は次に示すように気象状態が良好で，かつ撮影に適したときに実施することを原則とする．
  (1) 大気の状態が安定で煙霧，霞等の影響が比較的少ない時．
  (2) 雲および，雲の影が被写部分にほとんど入らない時．
  (3) 地表が積雪および，洪水時等の状態でない時．ただし，特別な目的により実施する場合はこの限りでない．
  (4) 影および，ハレーション等が比較的少ない時．

4. 撮影飛行は，次に示す制限および，条件を越えないように実施する．
  (1) 計画撮影コースからのずれは，計画撮影高度の15％以内とする．
  (2) 計画撮影高度に対する高低差は，計画撮影高度の5％以内とする．ただし，撮影縮尺1/4 000以上の場合は10％以内とすることができる．
  (3) 航空カメラの傾きは，ϕおよびωは3°以内，κは10°以内を標準とする．

(4) 空中写真の重複度は，標準を越えた場合でもコース内において最小が 53 % 以上とする．また主点基線長（写真を撮影した位置間の距離で，空中写真上では隣接する空中写真の中心点間の長さ）の重複度 68〜77 % のモデルが，コース写真枚数の 1/4 以内とする．

(5) コース間の最小重複度は 10 % 以上とする．

(6) 同コースを連続撮影することができず，やむをえず 2〜3 に分割する場合，分割部分の相互重複モデル数は 2 モデル以上とする．

(7) ロールフィルムの両端の少なくとも 1m の部分は，撮影に使用しない．ロールの途中におけるつなぎ合わせも原則として行わない．

5．再撮影は，原則として当該コースの全部について行うものとし，次の各号の一に該当し，かつ後続作業に支障のあると認めた場合に実施する．

(1) 撮影区域が写真画面で確実に実体視できるように覆われていない場合．

(2) 撮影高度，航空カメラの傾き，コース内およびコース間重複度が制限を越え，測量作業に不適である場合．

(3) 測量作業に支障があると認める程度に雲，雲の影，ハレーションおよび，撮影や写真技術的に十分に避けられる谷部の蔭などがある場合．

(4) 撮影時のフィルム圧定不良，現像処理の不良等に起因する写真画像のボケ，フィルムの不規則伸縮等がある場合．

(5) 前各号に掲げるもののほか，撮影計画と相違し，写真利用の目的に適合していない場合．

〔参考 21.6.4〕 刺　　針

> 刺針とは，空中三角測量および，図化において基準点等の座標測定するため，基準点等の位置を現地において空中写真上に表示する作業をいう．また刺針は設置した対空標識が空中写真上において明瞭に確認することができない場合または対空標識を設置しないで撮影した空中写真を用いて空中三角測量または図化を行う場合に行う．

1．刺針作業は，空中写真の撮影後なるべく現地の状況が変化しない時期に実施する．

2．刺針は，空中写真上の明瞭な地点に偏心を行って表示することを原則とする．ただし，偏心が困難な場合または基準点等の位置が空中写真上で明瞭な場合は，基準点等の位置を直接空中写真上に刺針することができる．

3．刺針は，引伸ばし空中写真を実体視して正確に実施する．

4．刺針は，できる限り小さくし，その誤差は 4 倍以上の引伸し空中写真上で 0.2 mm 以内とする．

〔参考 21.6.5〕 現 地 調 査

> 現地調査は，地形図等を作成するために必要な各種表現事項，名称等を図式を考慮して現地において調査確認し，その結果を空中写真および参考資料に記入して，図化および編集に必要な資料を作成する作業をいう．

1．現地調査の着手前に，空中写真，参考資料等を用い，調査事項，調査範囲，作業量等に関し，次の事項について予察を行う．

  1) 収集した資料の良否

  2) 空中写真の判読困難な事項および，その範囲

  3) 判読不能な部分

  4) 撮影後の変化が予想される部分

  5) 各資料間の矛盾

第4節 空中写真測量

2. 現地調査は，予察の結果に基づいて空中写真および各種資料を活用し，次に掲げるものについて実施する．
   (1) 予察作業結果の確認，写真の室内判読の補足および誤りを訂正する．
   (2) 行政区間，地名や河川等の名称，各種目標物の種類および，その他地図に表現する必要のあるもので，空中写真上で判読困難または不能な事項の調査あるいは補測をする．
   (3) 空中写真撮影後の変化状況の補測をする．
   (4) 各種資料における不明個所および，矛盾個所の調査をする．
   (5) 図式規程の適用上不要な事項の調査をする．
   (6) 前各号に掲げるものの調査基準は，図式規程等に定められている表現事項とする．
   (7) 空中写真に記入する調査事項は，隣接の調査事項記入写真の記入事項と矛盾のないように注意する．
   (8) 整理する写真は各コース1枚おきとする．

〔参考 21.6.6〕空中三角測量

> 空中三角測量とは，コンパレータ等によりパスポイント，タイポイントおよび，基準点等の座標を測定し，調整計算を行ったうえ，パスポイント，タイポイント等の水平位置および，標高を定める作業をいう．

1. 空中三角測量は，解析法によって行い，調整は，コース単位またはブロック単位に行うものとする．
2. コース単位の調整（以下「単コース調整」という）は，多項式により行い，ブロック単位の調整（以下「ブロック調整」という）は，多項式法，独立モデル法，またはバンドル法により行うものとする．
3. 空中三角測量に使用する主要な機器は，原則として，検定を受けたコンパレータ，解析図化機または1級図化機とする．

単コース調整
1. コース長は，原則として15モデル以内とする．
2. 基準点等は，各コースの両端のモデルに上下各1点を標準として，困難な場合は，隣接モデルの基準点の1点を使用することができる．各コースの両端のモデル以外は，コース内に精度を考慮して均等に配置する．

   水平位置および標高の基準点数の数は，次の式を標準とする．
   $$N_h = N_v = n/2 + 2$$
   ただし，N_h, N_v は，それぞれ水平位置および標高の基準点等の数，n は，モデル数とする．
3. 水平位置の調整計算式は，原則として，5モデル以内は1次，6モデル以上は2次の等角写像変換式とする．
4. 標高の調整計算式は，原則として，5モデル以内は1次，6モデル以上は2次の多項式とする．

ブロック調整
多項式法
1. 多項式法によるブロック調整におけるコース長は，単コース調整の場合に準ずる．
2. 多項式法によるブロック調整の場合は，水平位置の基準点等をブロックの4隅に必ず配置するとともに，両端のコースについては5モデルごとに1点，その他のコースについては両端のモデルに1点ずつ配置するほか，ブロック内に精度を考慮して2コースに1点の割合で均等に配置するのを標準とする．標高の基準点等は，各コースごとに両端のモデルに1点ずつ配置するほか，5モデルごとに1点ずつ配置することを標準とする．

   水平位置および標高の基準点等の数は，次式を標準とする．

$$N_h = 2c + 2[n/5 - 1] + [c/2]$$
$$N_v = [n/5 - 1]c + c$$

ただし，n は 1 コースあたりの平均モデル数，c はコース数，〔 〕の中の計算終了時の少数部は切り上げ，負になる場合は零とし，N_v が N_h より小さい場合は，N_h と同数とする．

3. 調整計算式は，単コース調整の場合に準ずる．

独立モデル法

1. 独立モデル法によるブロック調整の場合は，水平位置の基準点等をブロックの 4 個に必ず配置するとともに，両端のコースについては 6 モデルごとに 1 点，その他のコースについては 3 コースごとの両端のモデルに 1 点ずつ配慮するほか，ブロック内に精度を考慮して 30 モデルに 1 点の割合で均等に配置することを標準とする．標高の基準点等は 2 コースごとに両端のモデルに 1 点ずつ配置するほか，12 モデルに 1 点の割合で各コースに均等に配置することを標準とする．

水平位置および標高の基準点等の数は，次式を標準とする．

$$N_h = 4 + 2[(n/-6)/6] + 2[(c-3)/3] + [(n-6)(c-3)/30]$$
$$N_v = [n/12]c + [c/2]$$

ただし，n は 1 コースあたりの平均モデル数，c はコース数，〔 〕の中の計算終了時の少数部は切り上げ，負になる場合は零とし，N_v が N_h より小さい場合は，N_h と同数とする．

2. 調整計算式は，水平位置と標高を同時調整する場合は，縮尺を考慮した三次元直交座標変換式，独立に調整する場合は，水平位置についてはヘルマート変換式，標高については 1 次多項式によるのを標準とする．

バンドル法

1. 基準点等の配置および数は独立モデル法と同じ．
2. 調整計算式は，原則として，写真の傾きと投影中心の位置を未知数とした射影変換式とし，これに種々の系統的誤差に対応したセルフキャリブレーション項を付加することができる．

〔参考 21.6.7〕 図　　化

> 図化とは，空中三角測量および現在調査等の結果に基づき，各種表現事項を図化機により測定描画し，図化素図を作成する作業をいう．

1. 地図を描画するには，まず写真縮尺と図化縮尺および，地図の所要精度に応じて使用する図化機を定めたのち，図化区域の図面割を行い，図化用シート図郭線および方眼線を展開描画し，空中三角測量で求めたパスポイントおよび基準点等をすべて展開し，1 モデルずつ図化機にかけて標定し，必要な地物，地形等を描画し，機械図化を完了したら記号等を用いて後続作業に疑問を生じないように整理して図化素図を完成する．

2. 図化機は，その性能，精度によって 1 級から 3 級まで分類されるが，その中間程度のものもあり，あまり厳密なクラス分けではない．

   (1) 1 級図化機は，空中三角測量を行うことができる万能精密図化機で，精度も高く，通常撮影高度の 1/10 000 以上の測定精度があり，ステレオプラニグラフ C 8，オートグラフ A 7 などがある．

   (2) 2 級図化機は，空中写真の傾きが比較的少ない場合に用いられる．撮影ネガフィルムと等大の原板を使用して精密図化を行うもので，その精度についても種類によって差があるため，さらに A，B クラスに区分されている．

   2 級図化機 A は，測定精度が 1 級図化機にほとんど近く，撮影高度の 1/5 000 以上の測定精度があり，ステレオプロッタ A 8，ステレオメトログラフ，プラニマートなどがある．

   2 級図化機 B は，撮影高度の 1/2 500 程度の測定精度を持つもので，ケルシュプロッタ，ニストリー，フォトカルトグラフなどがある．

第4節　空中写真測量

(3) 3級図化機は，縮小原板を使用するか，空中写真を使って図化する比較的簡単な図化機で，通常撮影高度の1/1000程度の測定精度を持ち，マルチプレックス，ステレオトップなどがある．

3．図化縮尺に応ずる撮影縮尺，使用図化機および精度の関係は，**表21-15** のとおりである．

表 21-15

地図の縮尺	使用図化機	撮 影 縮 尺	測定精度	等高線間隔
1/ 500	2級A	1/ 3 000～1/ 4 000	7～15 cm	1 m
1/ 1 000		1/ 6 000～1/ 8 000	20～30 cm	1 m
1/ 2 500		1/10 000～1/12 500	40 cm	2 m
1/ 5 000		1/20 000～1/ 2 500	A 70 cm	5 m
1/10 000		1/30 000	A 120 cm	10 m

〔参考　21.6.8〕　地形補備測量

> 地形補備測量とは，縮尺 1/1 000 以上の大縮尺図等を作成する場合において，特に必要と認めて指定する区域を対象として，現地で等高線および，標高点を補備する作業をいう．

1．地形補備測量は，原則として，次のいずれかの場合に行う．
　1）　標高点および，等高線の精度と高木の密生地についても確実に維持する必要がある場合
　2）　主曲線の間隔を 0.5 m とする場合
2．地形補備測量は，原則として，編集の前に行うものとする．
3．地形補備測量は，基準点等または対空標識を設置して空中三角測量により座標を求めた点（捨対標点）に基づいて，4級基準点測量，簡易水準測量または平板測量により行うものとする．

〔参考　21.6.9〕　編　　　集

> 編集は，図化素図および現地調査結果に基づき，図式に従って編集した素図（以下「編集素図」という）および，原図作成に必要な資料を作成する作業をいう．

1．編集素図を作成するには，まず編集素図用シート〔厚さ 0.10 mm（400番）のポリエステルフィルム〕を図化素図上に重ね，地図に表現する基準点，地物，地形および，各種記号等を図化規程に従って描画する．この場合，図化素図の画線に対して，描画誤差を生じないように各種表現事項をトレースして描画する．
　図郭内の描画が完了すれば，図郭外に表示する図名，番号，縮尺，その他指定された整飾事項も描示して編集素図を完成する．
2．後続作業に必要な資料には，注記資料図があり，その他必要に応じて基準点資料図や現地補測作業に必要な資料等を作成する．
　(1)　注記資料図は，現在調査作業の成果に基づいて，地図に表現する注記の位置，字の大きさ，字の間隔および，書体を厚さ 0.075 mm（300番）のポリエステルフィルム等に表示したものである．
　(2)　基準点資料図は，基準点，標高点等についてその点の該当位置に名称，番号，標高値を表示したものである．

〔参考　21.6.10〕　現 地 補 測

> 現地補測とは，編集素図に表現されている重要な事項の確認および，必要部分の補備を現地において行う作業をいう．

第 21 章 測　　　　量

1. 現地補測は，原則として，編集作業終了後に行うものとする．
2. 現地補測において確認および，補備すべき事項は，次のとおりとする．
   (1) 編集作業において生じた疑問事項および，重要な表現事項
   (2) 編集困難な事項
   (3) 経年変化部に関する事項
   (4) 境界および注記
   (5) 各種表現対象の表現の誤りおよび脱落
2. 現地補測は，基準点等または編集素図上で確実かつ明瞭な点に基づいて，平板測量等により行うものとする．

〔参考　21.6.11〕原図作成

> 原図作成とは，編集素図を用いて地形図原図（平面図原図を含む．以下同じ）および，複製用ポジ原図（第2原図）を作成する作業をいう．

1. 製図は，編集素図上に製図用シートを重ね固定して，製図用器具を用い図式に従って編集素図の図形の画線に対して描画誤差を生じないように各種表現事項をトレース製図し，注記は注記資料図をもとにして写真植字によって行い，清絵原図を作成する．
2. 複製用ポジ原図は，第2原図であり，製図の場合は清絵原図からポジで焼付けて複製する．

4.1　精　　　　度

4.1.1　測定点の設置

> 測定点の水平位置および，標高の精度は標準偏差で表 21-16 の範囲内とする．
>
> 表 21-16
>
> | 縮　　尺 | 水 平 位 置 | 標　　　　高 |
> |---|---|---|
> | 1/　　500 | ±10 cm | ±10 cm |
> | 1/　1 000 | ±10 cm | ±10 cm |
> | 1/　2 500 | ±20 cm | ±20 cm |
> | 1/　5 000 | ±20 cm | ±20 cm |
> | 1/10 000 | ±50 cm | ±30 cm |

4.1.2　空中三角測量

> 空中三角測量の基準点残差，パスポイント残差およびタイポイント較差は，水平位置および標高とも原則として対地高度に対し表 21-17 の範囲内とする．

第4節 空中写真測量

表21-17

	単コース調整		ブロック調整					
			多項式法		独立モデル法		バンドル法	
	標準偏差	最大値	標準偏差	最大値	標準偏差	最大値	標準偏差	最大値
基準点等残差	0.04%	0.08%	0.04%	0.08%	0.02%	0.04%	0.02%	0.04%
パスポイント残差					0.02%	0.04%		
タイポイント残差	0.04%	0.08%	0.04%	0.08%	0.02%	0.04%		
パスポイントおよびタイポイント交会残差							0.15mm	0.03mm

4.1.3 図 化

図化の対地評定における水平位置および，標高の誤差は表21-18の範囲内とする．

表21-18

縮 尺	水平位置	標 高	備 考
1/ 500	15 cm	20 cm	水平位置の誤差は，各縮尺とも図上0.3mm以内である．
1/ 1 000	30 cm	30 cm	
1/ 2 500	75 cm	50 cm	
1/ 5 000	150 cm	100 cm	
1/10 000	300 cm	150 cm	

4.1.4 完成地図の精度

完成地図においては，地物の水平位置および，標高の精度は，標準偏差で原則として表21-19の範囲内とする．

表21-19

縮 尺	水平位置	標 高		等高線間隔
		標 高 点	等 高 線	
1/ 500	± 25 cm	± 25 cm	±0.5 cm	1 m
1/ 1 000	± 70 cm	± 33 cm	±0.5 cm	1 m
1/ 2 500	±175 cm	± 67 cm	±1 cm	2 m
1/ 5 000	±350 cm	±167 cm	±2.5 cm	5 m
1/10 000	±700 cm	±333 cm	±5 cm	10 m

4.2 成 果 等

4.2.1 標定点の設置の成果等

標定点の設置の成果等は，原則として次のとおりとする．
1. 標定点成果表
2. 標定点配置図および水準路線図

第21章 測　　　量

3. 標定点測量簿および同明細簿
4. 標定点表示空中写真
5. 精度管理表
6. その他の資料

解　説

1. 標定点測量簿は次の各号に示す観測簿，計算簿および，成果表等を1冊にまとめたものである．
   (1) 成果表（標定点も含む）
   (2) 水平角観測手簿
   (3) 鉛直角観測手簿
   (4) 水平角観測記簿
   (5) 偏心補正計算簿
   (6) 三角形計算簿
   (7) 座標計算簿
   (8) 高低計算簿
   (9) 距離測定簿
   (10) 多角測量観測手簿
   (11) 多角測量座標計算簿
   (12) 多角測量高低計算簿
   (13) 水準測量観測手簿

2. 標定点明細簿は，空中三角測量および，図化作業の標定に使用するもので，標定点の座標および，標定点付近の見取図を描示し，標定点の位置を表示した引伸空中写真と対空標識点を移した地上写真を貼付したものである．

3. 標定点配置図は，1/25 000地形図等に水準測量路線，観測方向線，点の番号および，名称等を表示したものである．

4. 標定点表示密着空中写真は，標定点の位置を所定の記号で表示した空中写真である．

4.2.2　対空標識の設置および刺針の成果等

対空標識の設置と刺針の成果等は，原則として次のとおりとする．
1. 対空標識点（刺針点）明細簿および，偏心要素測定簿
2. 偏心計算簿
3. 対空標識点（刺針点）表示密着空中写真
4. 対空標識点（刺針点）一覧図
5. 精度管理表
6. その他の資料

解　説

1. 対空標識点（刺針点）明細簿は，空中三角測量および，図化作業の標定に使用するもので，対空標識点（刺針点）の座標および，対空標識点（刺針点）付近の見取図を描示し，対空標識点（刺針点）の位置を表示した引伸空中写真と対空標識点（刺針点）を写した地上写真を貼付したものである．

2. 対空標識点（刺針点）表示密着空中写真は，対空標識点（刺針点）の位置を所定の記号で表示した空中写真である．

3. 方空標識点（刺針点）一覧図は，1/25 000地形図等に対空標識点（刺針点）の位置や記号で名称を付けて表示したものである．

4.2.3　撮影の成果等

撮影の成果等は原則として次のとおりとする．
1. ネガフィルム
2. 密着印画
3. 標定図
4. 縮小標定図ポジフィルム

第4節 空中写真測量

> 5. 標定図マイクロネガフィルム　　7. 精度管理表
> 6. 撮影記録　　　　　　　　　　　8. その他の資料

解　説

1. 標定図は，1/25 000 地形図等に撮影区域を描示し，空中写真の主点位置，撮影コース，コース番号，写真番号，1枚の写真の撮影範囲の枠線および，対空標識点（刺針点）の位置等を表示したものである．
2. 撮影記録は撮影時の気象状態，撮影飛行状況，その他の撮影諸元を記録したものである．

4.2.4 現地調査の成果等

> 現地調査の成果等は原則として次のとおりとする．
> 1. 現地調査整理空中写真（オーバーレイとも）
> 2. 精度管理表
> 3. その他の資料

解　説

現地調査整理空中写真は，調査結果をもれなく記入したものである．

4.2.5 空中三角測量の成果等

> 空中三角測量の成果等は，原則として次のとおりとする．
> 1. 空中三角測量成果表
> 2. 空中三角測量実施一覧図
> 3. パスポイント・タイポイントの表示密着ポジフィルム
> 4. パスポイント・タイポイントの表示密着空中写真
> 5. 基準点残差表およびタイポイント較差表
> 6. 座標測定等
> 7. 計算簿
> 8. 精度管理表
> 9. その他の資料

解　説

1. 空中三角測量実施一覧図は，標定に使用した基準点，タイポイントおよび空中写真主点の位置，番号または名称等を表示したものである．
2. 基準点残差表は，標定に使用した基準点の座標，残差（座標値と空中三角測量値との差），残差の最大値および標準偏差を記録した精度表である．

4.2.6 図化の成果等

> 図化の成果等は原則として次のとおりとする．
> 1. 図化素図　　　3. 図化標定記録簿　　5. その他の資料（図化素図の藍焼図，接合写図
> 2. 基準点資料図　　4. 精度管理表　　　　　等）

解　説

図化標定記録簿は標定要素，標定誤差等の標定結果を記録した標定の精度表である．

4.2.7 地形増備測量の成果等

> 地形補備測量の成果等は原則として次のとおりとする．

1. 地形補備測量図
2. 精度管理表
3. その他の資料

解　説

地形補備測量図とは厚さ0.075mm（300番）ポリエステルフィルムまたはこれと同等以上のものに地形補備測量の結果を整理したものである．

4.2.8　編集の成果等

編集の成果等は原則として次のとおりとする．
1. 編集素図
2. 注記資料図
3. 精度管理表
4. その他

4.2.9　現地補測の成果等

現地補測の成果等は原則として次のとおりとする．
1. 現地補測の結果を整理した編集素図および藍焼図
2. 精度管理表
3. その他の資料

4.2.10　原図作成の結果等

原図作成の成果等は原則として次のとおりとする．
1. 地形図原図
2. 清絵原図
3. 複製用ポジ原図
4. 藍焼図
5. 精度管理表

4.3　検　　　査

4.3.1　標定点の設置

標定点の設置では次の事項を確認するものとする．
1. 標定点の位置が，空中三角測量および図化作業に適合する位置であるかどうか．
2. 観測手簿および測定簿に誤りがないか，また測定値が制限内であるか．
3. 計算に誤りがないか．
4. 成果表，標定点明細簿等，資料相互間の誤りまたは矛盾がないか．

4.3.2　対空標識の設置および刺針

対空標識の設置および刺針では次の事項を確認するものとする．
1. 対空標識点の配置が適切であるか．
2. 偏心要素測定方法および対空標識明細簿の整理状況は適切であるか．

3. 計算に誤りがないか．
4. 対空標識点がスポット写真（対空標識点明細簿に貼付した部分引伸空中写真）上で明確であるか．
5. 点付近見取図とスポット写真との関係に矛盾がないか．

4.3.3 撮　　　影

撮影では次の事項を確認するものとする．
1. 撮影区域内に実体白部がないかどうか．
2. 撮影コースのずれは，制限内であるか．
3. 撮影高度，航空カメラの傾斜，コース内およびコース間の重複度が制限内であるか．
4. ネガフィルムにキズおよび雲等による障害がないか．
5. 写真処理は適切に行われているか．
6. 指標および計器が明瞭であるか．
7. ネガフィルムの余白は規定どおりか，またネガフィルムの継目による支障はないか．
8. 測定図の記入事項に誤りはないか，写真主点の表示位置は正確であるか．
9. 撮影区域外写真は規定どおり撮影されているか．
10. 画像の調子が適切か．

4.3.4 現 地 調 査

現地調査では次の事項を確認するものとする．
1. 各種表現事項の誤りまたは脱落のないように調査されているか．
2. 各種名称は適切に調査されているか．
3. 各種資料相互間に矛盾がないか．
4. 境界の表示は正確に表示されているか．
5. 調査写真に記入した事項が，隣接調査写真の記入事項と矛盾していないか，また接合はついているか．
6. 空中写真撮影後の変化に対する補測は適切か．

4.3.5 空中三角測量

空中三角測量では次の事項を確認するものとする．
1. パスポイントおよびタイポイントの位置は適切であるか．
2. 基準点等の数および位置が適切か．
3. 基準点等残差，パスポイント残差，交会残差およびタイポイント較差が制限内であるか．

4.3.6 図　　　化

図化では次の事項を確認するものとする．
1. 図郭，方眼，基準点およびパスポイントの展開は正しいか，また展開もれはないか．
2. 標定誤差は制限内であるか．
3. 基準点および標高点と等高線との関係に不合理はないか．
4. 標高点の位置および密度は適切か．

5. 細部について図化もれはないか．
6. 隣接図との接合は適切であるか．
7. 使用材料は，所定のものを使用しているか．

4.3.7 地形補備測量

地形補備測量では次の事項を確認するものとする．
1. 補備測量した結果の編集素図への転写もれはないか．
2. 補備測量図の整理は適切であるか．
3. 使用材料は所定のものを使用しているか．

4.3.8 編　　集

編集では次の事項を確認するものとする．
1. 編集素図の図郭寸法は制限内であるか．
2. 各種資料および現地調査整理空中写真と照合し，表現が適切に行われているか．
3. 基準点，標高点および等高線との関係に不合理はないか．
4. 各種記号は正しく表示されているか．
5. 判読困難および図化不能区域の処理は適切であるか．
6. 整飾事項の表示は適切であるか．
7. 図式および同規程の適用に誤りはないか．
8. 注記の位置は適切であるか，名称に誤りはないか．
9. 図化素図と編集素図を重ねて，画線のずれが制限内か，また描画もれがないかを点検する．
10. 隣接図間の画線の不合はないか．
11. 使用材料は所定のものを使用しているか．

4.3.9 現 地 補 測

現地補測では次の事項を確認するものとする．
1. 判読困難な区域，図化不能区域および現地調査作業後の変化部分に対する補備測量は適切に行われているか．
2. 補測した結果の編集素図上への表示の脱落はないか．また正しく描画されているか．
3. 境界および地名等の確認は適切に行われているか．

4.3.10 原 図 作 成

原図作成では次の事項を確認するものとする．
1. 図郭線および対角線の寸法の誤差は制限内であるか．
2. 画線，記号等の寸法は適正であるか．
3. 墨の濃度は適当であるか（製図の場合のみ）．
4. 透写のずれ，誤描，脱落はないか．
5. 図式および同規程の適用は正しいか．
6. 隣接原図間の画線の不合はないか．

7. 使用材料は所定のものを使用しているか．

第5節 空中横断測量

〔参考 21.7〕 空中横断測量

空中横断測量では，空中写真を用いて図化機等から必要な地点の地盤高を測定して，各種の基礎資料を収集するための横断測量を行う．また地形情報を得るための作業も行う．

1. 河川の空中横断測量は，地上測量の場合と同じに横断杭を結んだ線上の傾斜変換点の距離と高さを空中写真から読定して横断図を作成するものである．また，空中横断測量の実施にあたっては，横断線上に水際杭を設置し，その水際杭を境にして，陸部と水部に分け，水部については，深浅測量を行うものとする．
2. 空中横断測量に使用する機械は，精密図化機（2級A）またはそれと同等以上のものを用い，必要に応じて，座標記録装置，電子計算機および自動製図機等を併用する．
3. 空中横断測量の工程別作業区分および順序は次のとおりである．
   (1) 標定点の設置　　(5) 空中三角測量
   (2) 対空標識の設置　(6) 横断図化
   (3) 撮影　　　　　　(7) 地形補備測量
   (4) 現地調査　　　　(8) 整理

〔参考 21.8〕 作 業 内 容

〔参考 21.8.1〕 標定点の設置，対空標識の設置，撮影，現地調査，空中三角測量

空中横断測量を行うための標定点の設置，対空標識の設置，撮影，現地調査および空中三角測量の方法は，一般の地図作成の場合の原則と変わりはない．空中横断測量計画に基づいてこれらの一連の測量を行い，計画線を定め，この線に沿って横断測量を行う．

1. 標定点の設置

水準測量による点のあるなしは，高さの精度に直接影響を与えるので，要求する精度にみあった水準測量を行う．横断面ごとにその断面上で，堤防の高さの標定が正確にできる平坦な条件のよいところに最低2点以上を設け，水準測量により標高を求め，標定点とすることも1つの方法である．

2. 対空標識の設置

対空標識の設置は，空中三角測量および図化に必要な基準点のほか，距離標，横断杭，水際杭等に設置するが，高さの要求精度が高いので，大縮尺の空中写真を使用することになり，対空標識の大きさは小さくてもよいわけであるが，高さの標定に十分使用できるよう標識板を大きめにする，あるいは偏心する等の工夫が必要である．また，一般に測量対象地域が砂礫等でハレーションの影響が強いので，標識の高さ，色（黒または黄色等）および，形状を工夫する必要がある．

3. 撮　　影

空中写真は条件の許す限り大縮尺にすべきであるが，撮影縮尺および，撮影コースは次の条件を考慮して計画する必要がある．
(1) 標定用基準点の配置状況

(2) 地形的条件と飛行高度の限界
(3) 撮影幅の条件（できるだけ測量対象区域が1コースにはいることが望ましい）．

4. 現地調査

空中横断測量のために必要な現地調査は省略してはならない．対空標識の確認および刺針，図化機で標定困難な水路や河川の水深の測定，その他空中横断測量に必要な資料調査を行う．

5. 空中三角測量

空中三角測量では，基準点ばかりでなく水準点の成果も調整計算に使用すると高さの調整精度もかなり向上する．空中三角測量の成果（距離標等）を将来も利用する場合には，次回の撮影コースのずれを見込んで，どこに写真主点がきても最低4点が確保できるように計画してパスポイントを増設しておくとよい．

このように空中三角測量の成果を後で利用する場合には，最初に行う空中三角測量の調整は，かなり標定点を多くして位置的にも厳密に行っておくことが必要である．

〔参考 21.8.2〕 横断図化，地形補備測量，整理

> 横断図化は地図作成の場合の図化作業の方法と同じやり方で空中写真を標定し，横断面における必要な各点の距離と高さを測定し，必要があると認めた場合は地形補備測量を行い，測定および地形補備測量の結果を横断図にまとめて整理する．

1. 横断図化作業

横断図化作業では1モデルずつ標定し，高さについては近くにある水準点によって十分点検して，左右両岸にある番号杭において正確に標定しなければならない．測定位置は，地上測量の場合と同じに距離標，横断杭および，水際杭を結んだ線上の河床変化点をさがし，その高さをcm単位で2回測定し，その較差が図化縮尺1/500の場合で10cm以上，1/1000の場合で20cm以上ある場合はさらに1回測定量の平均を採用する．この場合，横断距離は座標記録装置により空中写真の座標で読み取る場合と展開図上に測定地点を刺針して，その図上距離を用いる場合とがある．ただし，樹木等で覆れている部分では，この限りではなく，地形補備測量作業を実施することとなる．

こうして求められた横断変化点の距離と高さの成果と，地上測量で求めた流水部の深浅測量の結果と合わせ，一連の横断面図に仕上げる．

2. 地形補備測量

横断測線が樹木等に覆れて，必要な精度を確保できない場合には，現地において地形補備測量を実施し，高さを測定するものとする．

3. 整理

測定および補備測量の結果は，横断図にまとめて整理し，その他提出する成果および資料についても限りのないように整理する．

5.1 精度

> 空中横断図の精度は，原則として表21-20の範囲内とする．

表21-20

図化縮尺	水平位置	標高	対応写真縮尺
1/ 500	±25 cm	±25 cm	1/4 000 以上
1/1 000	±70 cm	±33 cm	1/8 000 以上

解　説

　精度をあげる方法としては撮影縮尺を大きくする．標定用基準点を多くするというような方法があるが，撮影条件等により撮影縮尺を大きくできない場合で要求する精度の高い場合は，水準測量をできるだけ行い，高さの標定点に使用することによって精度をあげることができる．

5.2　成　果　等

空中横断測量の成果等は原則として次のとおりとする．
1．測定記録　　　4．空中横断図標定記録簿
2．横断図　　　　5．その他の資料
3．精度管理表

5.3　検　　　査

空中横断測量では次の事項を点検するものとする．
1．光波測距儀等を用いて任意に選んだ点検点間の距離を測定し，空中三角測量の結果を良否を点検する．
2．大縮尺の平面図がある場合は，左右両岸の基準杭間で点検する．
3．定期横断測量の場合は，前回測定された横断図を各断面ごとに重ねて点検するほか横断数の5％程度を抽出して検測する．
4．水系に固有の高さの基準で作図する場合，高さの換算がなされているかどうか点検する．
　なお，上の各号の点検結果が制限を越え，所要精度を保持できないと認めた時は，再測量を実施させること．

第6節　平　板　測　量

〔参考 21.9〕 平板測量

　平板測量とは，平板を用いて地上の地形，地物等を基準点に基づいて測定，図示し，これに地名および地物名等を調査，図示して地形図等を作成する測量である．

　地形図は各種調査，計画，工事，その他の目的に広く利用されるものである．また，地形図は，全体計画を立案するのになくてはならない図面であるとともに，流域面積，氾濫地域，内水地域，計画技規模，計画区域等を調査し，工事計画，構造物の位置，補償計画，規模等を決定するに役立つ重要なものである．

〔参考 21.10〕 作業内容

　平板測量は，基準点の位置と細部測量に分けられる．基準点の設置は，細部測量において必要な基準点を4級基準点測量により設置する作業をいい，細部測量は，基準点または平板点に基づいて放射法，支距法等により，地形，地物等を所定の図式に従って測定図示するものである．

　平板測量による地形図等の縮尺は，原則として，1/1 000以上として，1/250，1/500または1/1 000を標準と

第21章 測　　　量

する．また，工程別作業区分および順序は，次のとおりとする．
(1) 作業計画
(2) 基準点の設置
(3) 基準点等の展開
(4) 細部測量
(5) 編　集
(6) 製　図
(7) 成果等の整理

縮尺と等高線間隔は**表 21-21** を標準とする．

表 21-21 細部測量の縮尺と等高線間隔

縮尺＼曲線種別	主曲線	計曲線	補助曲線	特殊補助曲線
1/1 000	1 m	5 m	0.5 m	0.25 m
1/500	1 m	5 m	0.5 m	0.25 m
1/250	1 m	5 m	0.5 m	0.25 m

6.1　精　　　度

> 平板測量における基準点の展開および，細部測量における精度は次のとおりとする．
> 1. 基準点の展開誤差は，図上 0.2 mm 以内とする．
> 2. 地物等の測定誤差は，原則として図上 0.3 mm 以内とする．

6.2　成　果　等

> 平板測量の成果等は原則として次のとおりとする．
> 1. 清絵原図
> 2. 平板原図
> 3. 精度管理表
> 4. その他の資料

解　　説

清絵原図は大縮尺地形図図式に準ずるほか，清絵原図には，図名，縮尺，計画機関名，作業機関名，測量年月および説明事項等を注記しておく．また，清絵原図は，原則として図面上が北（N）になるように配置するものとする．

6.3　検　　　査

> 平板測量では原則として次の事項を確認するものとする．
> 1. 清絵原図の誤記，脱落，図式の誤りの有無，画線の着墨の良否について行う．

解　　説

なお，必要に応じ，測量作業検査技術基準（案）を参照のこと．

第7節　距離標設置測量

〔参考　21.11〕距離標

> 距離標は左右両岸に設け，河心に直角方向の堤防のり肩に設置されるもので，その位置は，幹川にあっては河口からの，支川にあっては幹川との合流点からの縦断距離で表す．

　距離標は，河口または幹川への合流点を起点として，縦断的位置を表すもので，河道計画，水理計算に必要な縦断距離，横断位置に重要な関連をもつものである．

　距離標の位置は，未改修河川の場合と既改修河川の場合とにより，また計画の作成の前後によって状況が異なり，計画後あるいは改修後には計画あるいは改修河道に応じて修正するのが普通である．

〔参考　21.12〕作業内容

> 距離標設置作業は，河川の河口または幹川への合流点に起点を設け，河心に沿って200mごとに順次設置するものを標準とするが，河川の規模等によって500mごとに設置する場合もある．
> 　設置個所は原則として堤防表のり肩に設置する．

　距離標の起点は幹川では河口に，支川では幹川への合流点に設け，鋼巻尺等により河心距離で200mごとに上流に向けて順次設けることを標準とするが，河川の規模等により500mごとに設ける場合もある．また，設置された距離標の位置は，3級基準点測量により決定する．設置個所は原則として有堤部は表のり肩，無堤部は河岸の適当な位置を選び設置する．ただし，天端に設置すると，損傷される場合も予想されるので，川表側に設置している例も多い．標柱は，鉄筋コンクリート杭で，計画機関名，距離番号を刻み，頂部に鉄鋲を埋め込むものとする．杭の規格は縦12cm，横12cm，長さ120cmを標準とするが，既設杭の規格等を考慮して決定するものとする．

　埋設は，基礎および長面はコンクリートでかため，埋込み長は計画機関名および，距離番号が判読できる長さ（約30cm）を残し固定するものとする．

　距離標を移設した場合等は，必ずそれらの関連を明確にしておくことが必要である．

7.1　精度

> 設置された距離標の水平位置の測定精度は，原則として，本章2.1　3級基準点測量によるものとする．

7.2　成果等

> 距離標設置測量の成果等は原則として次のとおりとする．
> 1.　観測手簿
> 2.　計算簿
> 3.　点の記
> 4.　測量精度管理表

5. その他の資料

7.3 検　査

距離標設置測量では原則として次の事項を点検するものとする．
1. 距離標の形状寸法は規格にあてはまるか．
2. 距離標の埋設位置，名称の表示面，埋込長はよいか．
3. 埋設は鉛直か．
4. 制度は制限内に入っているか．

解　説

なお，その他必要に応じ測量作業検査技術（案）により点検を行うこと．

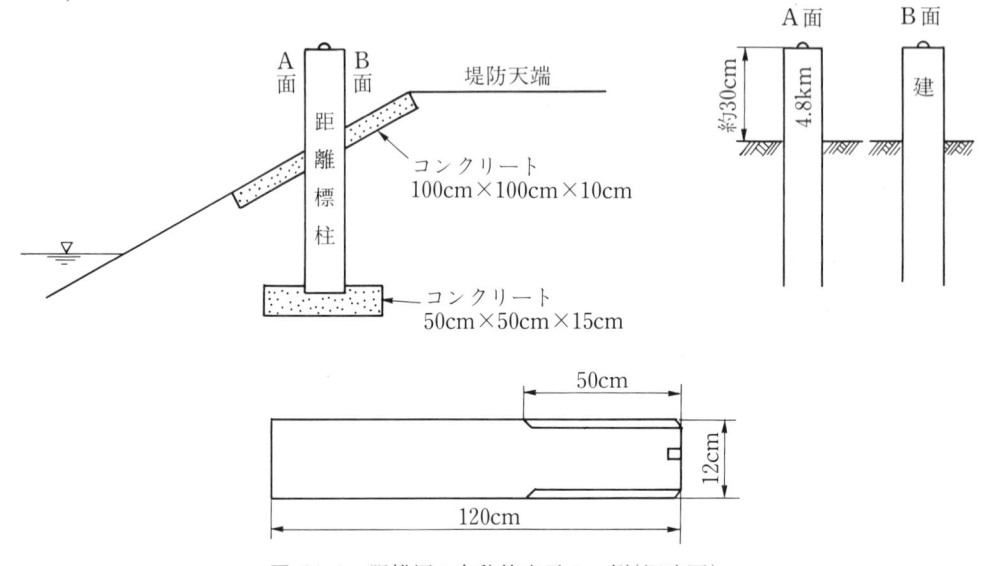

図 21-1　距離標の名称等表示の一例（概略図）

第8節　水準基標測量

〔参考　21.13〕　水準基標測量

水準基標測量は，河川の高さの基準となる水準基標を設置して，その標高を定める測量である．

水基標は，原則として5km〜20kmごとに，両岸に設置するものとし，設置位置は，地盤堅固な場所や橋台等を選定するものとするが，距離標を併用することもできる．また，水位標の付近には，努めて水準基標を設け，水位標の沈下等を確認する必要がある．

水準基標の標高は，最寄りの1等水準点または1級水準点を既知点として，2級水準測量で測定するものとする．

なお，水準基標の高さの測定は，地盤沈下等を考慮し，定期的に行うことが必要である．

第8節　水準基標測量

〔参考 21.14〕 作 業 内 容

作業は，左右両岸を一環として閉合させ，その路線長は50km程度を標準とする．

路線長は，50kmを標準とするが，中間に橋がある場合は，できるだけ両岸と結合させるものとする．

8.1 精　　　　度

水準基標測量の精度は原則として本章3.1　2級水準測量によるものとする．

8.2 成　果　等

水準基標測量の成果等は，原則として次のとおりとする．
1. 観測手薄
2. 計算簿
3. 点の記
4. 精度管理表
5. その他の資料

8.3 検　　　　査

水準基標測量では，原則として次の事項を点検するものとする．
1. 路線の選定は，左右両岸を含めて約50kmで閉合しているか．
2. 観測手薄に作為がないか，また観測の精粗について10％程度抽出検算を行う．
3. 計算簿は閉合差を10％程度抽出検算を行う．
4. 成果表の既知成果を全数照合検査を行う．
5. 水準点は一等水準点または一級水準点を使用しているか．
   検測は路線間を均等に5％（往復）または10％（片道）程度実施する．
6. 基準面は東京湾中等潮位（T.P）を標準とするが，水系に固有の基準面がある場合には，その基準面で計算されているか．

解　説

必要に応じ測量作業検査基準（案）を参照のこと．

表21-22　河川の基準面

河　川　名	基　準　面	東京湾中等潮位との関係	摘　　要
北　上　川	K．P	－0.8745	
鳴　瀬　川	S．P	－0.0873	
利　根　川	Y．P	－0.8402	
荒川，中川，多摩川	A．P	－1.1344	
淀　　　　川	O．P	－1.3000	
吉　野　川	A．P	－0.8333	
渡　　　　川	T．P．W	＋0.1130	

なお，水系に固有の基準面は**表 21-22** のとおりである．

第9節　定期縦断測量

〔参考　21.15〕　定期縦断測量

> 定期縦断測量は河川の縦断形を求めるために，左右両岸の距離標高および，地盤高等を測定する測量である．

　定期縦断測量は，水準基標の標高に基づいて，距離標の高さを測定し，あわせて堤防高，地盤高，水位標零点高，水門，樋管，用水路，排水路の敷高および橋の桁下高，その他必要な工作物の高さと位置等を測定するものである．また，定期縦断測量によって得られた距離標，水位標零点高等の標高は，河川の計画，工事等の基準となるものであるため，地盤沈下等を考慮して，定期的に実施する必要がある．

　砂防の場合は，堆砂縦断形を求める測量であり，既設ダム水通天端標高を基準として左右岸の杭標高を測定する．

〔参考　21.16〕　作業内容

> 作業は，平地においては3級，山地においては4級水準測量により，水準基標を出発して他の水準基標に結合する方法で行うものとする．
> 　なお，定期縦断測量と水準基標測量を同時に行う場合は2級水準測量により実施するものとする．
> 　ただし，距離標およびターニングポイント（T.P）の中間にある点の観測は中間視によるものとする．

　定期縦断測量は，最寄りの水準基標から出発して他の水準基標に結合する方法で行うものであるが，定期縦断測量を水準基標測量とあわせて実施する場合の測量方法は，水準基標測量によるものとする．

　堤防上の変化点，構造物および水位標の位置は，河心に沿った縦断距離で表わすものとする．一般には，距離標と距離標を結ぶ線上で繊維製巻尺等を用いて，下流側距離標からの距離を測定して定めるが，距離標と距離標を結ぶ線が，河心方向と著しく異なる場合は，なるべく河心に沿った距離に修正することが望ましい．なお，これらの距離測定は定期縦断測量のつど実施する必要はなく，最初の縦断測量および，位置の変化があった場合のみ測定すればよい．

　図面の縮尺は縦 1/100〜1/200，横 1/1 000〜1/100 000 程度とし，河川の延長，勾配等を考慮して決定する．

9.1　精　　　度

> 定期縦断測量の精度は，河川の場合には，平地においては本章3.1　3級水準測量，山地においては同4級水準測量，砂防の場合には，同簡易水準測量を適用することを原則とする．

9.2　成　果　等

> 定期縦断測量の成果等は原則として次のとおりとする．
> 　1．観測手薄
> 　2．計算簿

3. 縦断面図原図
4. 精度管理表
5. その他の資料

解　説

縦断図は下流側が左側となるように作図する．

9.3 検　　　査

定期縦断測量では，原則として，次の事項を点検するものとする．
1. 観測手簿に作為がないか，また観測の精粗について10％程度抽出検算を行う．
2. 計算簿は閉合差を10％程度抽出検算を行う．
3. 成果表の既知成果を全数照合検査を行う．
4. すべての距離標高を測定しているか．標高のチェックとして前回の測定値がある場合は照合する．

解　説

必要に応じ測量作業検査基準（案）を参照のこと．

第10節　定期横断測量

〔参考21.17〕　定期横断測量

定期横断測量では距離標を基準にして，その見通し線上の高低を測定する．

　河川の定期横断測量は距離標を基準とし，その線上の高低を実測するものである．定期横断測量は河川，貯水池，堆砂形状の横断的変化を測定する．河川改修，貯水池管理，砂防計画等の立案に重要な役目を持つ測量であるとともに，出水前後の河床変動の調査に重要なものである．

〔参考21.18〕　作業内容

　定期横断測量は，光波測距儀，繊維製巻尺，レベル，トランシット，箱尺等を使用し，距離と高低を測定するものである．距離は左岸の距離標を基準とし，高低差の測定は距離標の標高に基づいて変化点はもとより地面が水平の場合でも10m以内の間隔で測定する．
　また，必ず左右岸の距離標は連結させる．

1. 河川の場合は距離標ごとに横断測量を実施して，河川改修計画立案および，河床変動調査におもに用いられているが，距離標の不明等により横断線が固定されない場合がありうるので，この場合距離標の線上に左右岸とも水際杭の埋設を実施してあれば，この線上で実施するとよい．なお河床変動をみる場合には，左右岸の水際杭間の測量を実施する場合もありうる．左右両岸の距離測定は，光波測距儀を用いているが，河幅がせまい場合は綱巻尺を用いる場合もある．誤差は距離に比例して配分するものとする．
2. ダムの場合の横断測量は，河心に直角方向に実施し，横断杭を貯水満水面に埋設するものとする．
　　横断測量の間隔はダム軸を0点とし，河心で200mを標準とするが，屈曲部，支川，沢等は現地に応じて

横断測量を増加する．貯水池終端近くでは横断測量間隔を小さくして，堆砂量が的確に把握できるよう配置する．横断杭は鉄筋コンクリート杭（12cm×12cm×90cm）とし，計画機関名，距離番号を標示し頂部には鉄鋲を埋め込む．また，横断杭は基準点測量を実施して相互に関係位置を明らかにするとともに横断杭間の距離をチェックする．

3. 砂防の場合の横断杭は，既設堰堤を基準として，河心に50mごとに両岸計画貯砂線以上の流失の恐れのない位置に設置するものとする．

   横断杭は鉄筋コンクリート杭（9cm×9cm×75cm）以上の杭を用い，側面に計画機関名，距離番号を標示し，頂部に鉄鋲を埋め込むものとする．また，杭はコンクリートで根固めをする．

4. 定期横断測量は1～2年に1回実施するのを標準とするが，出水状況（河床変動状況）等を考慮して決定するものとし，場合によっては深浅測量のみ実施することもある．

5. 横断図の縮尺は縦1/100～1/200，横1/100～1/1000程度とし，川幅等を考慮して決定する．

〔参考 21.19〕 深 浅 測 量

> 深浅測量は横断測量の側線上で左右岸の水際に杭を打ち，水深は5m間隔に測定するものとする．なお，河床に変化があると思われる場合は，その個所ごとに水深を測定すること．また，水位の変動が著しい場合は補正を行うものとする．

解　説

深浅測量を行う場合は，測量時における横断測量上の水位を測定するものとするが，その方法には，水位標等により測定する方法と，水際杭から直接水準測量により測定する方法とがある．なお，深浅測量は2日にわたって一断面を測定してはならない．測深の方法には，ロッドまたはレッドによる方法と音響測深機による方法とがある．測深位置の決定はワイヤロープ等を張る直接測定を原則とするが，電磁波測距儀を用いることもできる．

〔参考 21.20〕 洪水痕跡調査

> 洪水痕跡測量は洪水減水後の測量であり，できるだけ早い機会に左右両岸とも測量するものとする．

解　説

洪水痕跡調査測量は，距離標高が測量されている場合は距離標位置ごとに距離標高より測量することを原則とする．洪水痕跡調査測量は，洪水減水後早急に実施するものとするが，測量が遅れることが予想される場合は痕跡がわかるように標示し，後日測量ができるようにしておかなければならない．痕跡調査測量は距離標ごとに左右両岸とも測量を行い，洪水の縦断痕跡図も作図し，あわせて発生年月日等を記録として残すものとする．

また，既往の高水位を知るために，人家，工作物等によってその位置と水位の痕跡測量を行う場合もある．

この場合正確を期するため，できるだけ調査個所を密にすることが必要である．あわせて発生年月日，最高水位時，破堤，越水等の状況も調査するものとする．なお，調査編第6章を参照のこと．

10.1 精　　　度

> 横断測量の精度は次表のとおりとする．

第10節 定期横断測量

表21-23 陸部の横断測量

平　　　地		山　　　地		摘　　要
距　離	標　　高	距　離	標　　高	
1/500	$2\,\mathrm{cm}+5\,\mathrm{cm}\sqrt{\dfrac{S}{100}}$	1/300	$5\,\mathrm{cm}+15\,\mathrm{cm}\sqrt{\dfrac{S}{100}}$	(S=m)

種　　　　別		精　度	摘　　要
定 期 横 断（低水流量観測用）		±15 cm	距離精度 1/300
その他横断	急　　流	±30 cm	
	暖　　流	±20 cm	
湖，　　ダ　　ム		$\pm\left(10+\dfrac{h}{100}\right)$ cm	h：深さ(cm)

10.2　成　果　等

定期横断測量の成果等は原則として次のとおりとする．
1．観測手簿
2．計算簿
3．横断面図原図
4．精度管理表
5．その他の資料

解　説

河川の横断図は上流側より下流側をみて，左岸堤，右岸堤と表すものである．

10.3　検　　　査

定期横断測量では，原則として次のとおり点検を行うものとする．
1．観測手簿に作為がないか，全数観察する．
2．検測は横断数を5％程度を実施する．
3．前回の定期横断がある場合は，各断面ごとに重ね合せ距離標間距離等を全数観察する．
4．基準高は東京湾中等潮位（T.P）を標準とするが，水系に固有の基準面がある場合は，その基準面で測量計算されているかどうか．

解　説

必要に応じ測量作業検査基準（案）を参照のこと．

第11節　工事用測量

〔参考　21.21〕　工事用測量

> 工事用測量とは，工事実施個所の細部測量であり，工事の目的に応じた測量を実施するものである．

工事用測量とは，全体計画が樹立された後の工事実施個所の細部測量であり，大縮尺での測量が必要となり，工事目的に応じた基準点測量，平板測量，法線測量，縦横断測量を実施するものである．

〔参考　21.22〕　作業内容

〔参考21.22.1〕　基準点測量

> 基準点測量は，工事用測量の骨組測量として実施するもので，測量方法は4級基準点測量によるものとする．
>
> 多角網は可能な限り簡単な形状とし，距離標等の既知点を出発して他の距離標等の既知点に結合することを原則とし，測点間隔は50mを標準とする．

平板測量を実施する前には，必ず基準点測量を行い，それを基準にして平板測量を実施する．距離測定作業は光波測距儀（直読敷2セット）またはスチールテープ（往復測定）を用いて測定し，角測定は水平角20秒読トランシットを使用し，2対回測定とする．

〔参考21.22.2〕　平板測量

> 平板測量は工事実施個所の地形および地物を測図するものである．

1. 河川工事

河川工事を実施する区間は一般に小区域であり，実際工事を実施するにあたっては詳細な地形図を必要とする．地形および地物の位置についてはもちろん正確さを必要とするとともに，地形図上に官民境界杭の位置も明確に表示する．縮尺は構造物等（水門，機場，樋管，樋門等）については，1/300または1/500程度，築堤，護岸，水路等については1/500または1/1000程度の平面図とする．等高線は主曲線1m，計曲線5mを図示することを標準とするが，必要により補助曲線0.5m，特殊補助曲線0.25mを図示するものとする．高さの基準は，原則として，東京湾中等潮位によるが河川による基準面高を用いる場合が多い．

2. ダム工事

貯水池付近地形測量

実施計画調査に入ってから実施する測量で，貯水容量の算定，付替道路，工事用道路の路線選定，補償計画，施工計画立案のため作成する．地形図縮尺は1/1000～1/2000とし，通常空中写真測量により実施する．空中写真の縮尺は地形図縮尺の1/4～1/6とし，図化原図に対し簡易水準測量，現地補測を十分行い，精度の向上に努めるとともに貯水池容量曲線再検討のための500mに1本程度の横断測量の実測を行いチェックする．空中写真撮影範囲，撮影縮尺，図化範囲は，原石採取地，骨材運搬道路等周辺の諸計画等も考慮して決めること．立入調査ができない地点での撮影図化，既に撮影されている空中写真利用にあたっては，特に配慮を行わなければならない．等高線間隔は地形によって定める．

ダムサイト付近地形測量

第11節 工事用測量

縮尺1/500で，ダム本体，導流壁，副ダム，仮設備設計および，精密地質図作成の目的とし作成するものであり，実測により作成することを原則とする．

地形図作成時，立木伐採可能な地点等では，大縮尺空中写真測量，地上写真測量等により実施することもある．測量範囲は仮設備計画等も考慮して十分余裕をもって行う．

その他付替県道，工事用道路等，路線測量の一部として，平板測量が実施される．縮尺は1/500が多い．

3. 砂 防 工 事

堰堤工，流路工，山腹工等に必要な図面であり，工事用道路，機会設備，堆砂区域が入る範囲とする．図面縮尺は1/500〜1/1 000を標準とする．

河川の上流川が図面の右側となるように図示する．等高線間隔は主曲線1m，または2mを標準とし，計曲線は5本ごとに1本とし，補助曲線，特殊補助曲線は必要により測定する．

〔参考21.22.3〕 法 線 測 量

> 法線測量は，河川または海岸における築造物の計画法線に基づき，その法線上に杭を設置する測量である．

法線測量は，河川，海岸の築造物に法線の位置を決定するため，その位置を現地に測設するものであるが，法線は堤防等河川，海岸の築造物の基本となるものであるため，この法線測量は重要な測量である．

法線を現地に測設する方法には，基準点を基に，線形計算から求められた位置を距離と方向角により測設する方法と地形図，横断図を基に横断杭より図上距離をスケールで読み取り，この距離により測設する方法がある．

法線杭設置後，各杭の位置にポールを立てて目視により，法線形を確認し，スムーズさに欠ける個所は現地で修正するものとする．

法線杭間隔は**表21-24**を標準とする．

表21-24

種　　　別	間　　　隔	摘　　　要
河川実施設計	20 m〜50 m	築堤掘削法線
河川実施設計	20 mまたは50 m	護岸法線
海岸実施設計	20 mまたは50 m	堤防護岸法線

〔参考21.22.4〕 縦 断 測 量

> 縦断測量は中心線（法線）上に設置された測点および，変化点（補助杭，プラス杭）の杭高および，地盤高を測定し，中心線に沿って鉛直な面の縦断面図を作成するものである．基準高は水準基標または距離標を使用することを原則とする．

1. 河 川 工 事

河川工事の縦断測量は，工事実施のための現地の中心線（法線）上に設置された杭高および，地盤高の測量である．基準高は水準基標または距離標を使用することを原則とする．縦断面図の距離を表す横の縮尺は，平面図の縮尺と同一とし，高さを表す縦の縮尺は，平面図の縮尺の5〜10倍を標準とする．

2. 砂 防 工 事

砂防工事の場合，局部的であるので，既設砂防工作物があればその高さを計画上の基準とする．

〔参考21.22.5〕 横 断 測 量

> 横断測量は中心線（法線）上に設置された杭の位置で，中心線の接線に対して直角方向の変化点の

位置と高さを測定して横断面図を作成するものである．

1. 河川工事

横断測量の範囲は，地形測量区域内とし，変化点の位置と高さを測定するが，地面が水平の場合でも横断方向に 5〜10 m 間隔に測定するものとする．

横断面図の規格は，横断面図の縦の縮尺と同一のものを標準とする．

2. 砂防工事

横断測量は渓流の規模および工事により 20〜100 m の測線間隔で，下流から上流を見た形で実施する．

11.1 精度

工事実施のための測量の精度は原則として次のとおりとする．

表 21-25 工事実施のための測量の精度

測量の種類	精度
基 準 点 測 量	方法 2.1 の 4 級基準点測量による
平 板 測 量	本章 6.1 による
法 線 測 量	表 21-27 による
縦 断 測 量	本章 9.1 による
縦 断 測 量	本章 10.1 による

表 21-26 法線測量の精度

点検項目	精度	摘要
距 離 測 定	往復差 平地：1/2 000 山地：1/1 000	
角 測 定	2 対回の観測差 平地：2″ 山地：3″	

11.2 成果等

工事用測量の成果等は原則として表 21-27 のとおりとする．

第12節 用 地 測 量

表21-27 工事用測量の成果等

測量の種類	成　果　等
基準点測量	1. 観測手簿 2. 計算簿 3. 基準点網図 4. 成果表 5. 精度管理表 6. その他の資料
平板測量	本章6.2による
法線測量	1. 観測手簿 2. 計算簿 3. 線形図 4. 精度管理表 5. その他の資料
縦断測量	本章9.2による
横断測量	本章10.2による

11.3 検　　査

工事用測量では原則として次のとおり点検を行うものとする．
1. 基準点測量
   (1) 基準点網図で配点，平均方向の適否について点検
   (2) 観測手簿に作為がないかを全数観察し，また観測の精粗について10％程度抽出検査する．
   (3) 平均検査簿においては，既知成果表および偏心計算簿との照合検査を全数観察し，経緯距計算簿で出合差，閉合差の観察を全数行う．高低計算簿では10～20％の抽出検査を行う．
   (4) 成果表と計算簿で全数観察を行う．
2. 平板測量は本章6.3による．
3. 法線測量
   (1) 観測手簿に作為がないかを全数観察し，また観測の精粗について10％程度抽出検査する．
   (2) 平均検査簿においては，既知成果表および偏心計算簿との照合検査を全数観察し，経緯距計算簿で出合差，閉合差の観察を全数行う．高低計算簿では10～20％の抽出検査を行う．
   (3) 成果表と計算簿で全数観察を行う．
4. 縦断測量は，本章9.3による．
5. 横断測量は，本章10.3による．

第12節 用 地 測 量

〔参考21.23〕 用 地 測 量

用地測量とは，土地の境界等について調査し，用地取得等に必要な資料および，図面を作成する測

量である．

1. 用地測量は，4級基準点測量または，4級水準測量以上の精度で設置された基準点から筆界点および，用地取得に伴う用地境界点等を測定し，取得用地ならびに残地について，その面積を算出するものである．
2. 用地測量の工程別作業区分および順序は次のとおりである．
   1) 資料調査， 2) 境界確認， 3) 境界測量， 4) 面積計算

〔参考 21.24〕 作業内容

〔参考 21.24.1〕 資料測量，境界確認

> 資料調査および境界確認は次のとおり行う．
> 　資料調査は，計画平面図に基づき法務局等において，土地登記簿，地図（公図）等を閲覧透写して行う．
> 　境界確認は，これらの資料に基づき現地において関係権利者立会のうえ，一筆ごとに土地の境界表示して確認する．

1. 資料調査は，法務局等に備える地図（公図）および土地登記簿等を転写し，これらに基づいて転写図および土地調査表を作成する．
2. 境界確認は，これらに基づき関係権利者の所在を調査し，境界立会日を決定して通知する．
   　境界の確認にあたっては，一筆ごとに土地の境界を確認するが，一筆の土地の一部に異なる地目等があるときは，その地目等の土地ごとに確認する．
   　また，筆，境界等には，現地にその標識がない場合は必ず木杭等を打設する．境界等の確認が終了した関係権利者の土地境界立会確認書を受理する．

〔参考 21.24.2〕 境界測量，面積確認

> 境界測量は，一筆地の境界杭等を測定し，その成果等に基づき，現地に用地境界仮杭を設置し，取得用地実測図を作成する．
> 　面積計算は，一筆または異なる地目ごとに取得用地および残地の面積を算出する．

境界測量には，4級以上の基準点から，トランシットを用いて行う数値法と平板を用いて行う図上法とがある．

用地境界仮杭設置は，上記の成果に基づいて各筆界と取得用地境界線との交点に設けるもので，その設置方法には現地の筆界線または取得用地境界線上で距離測定により求める方法と数値計算を用いて放射法とによる方法がある．

面積計算は，原則として座標法または数値三斜法によるが，平板測量を用いた場合は，図上三斜法によることとする．

12.1 精度

> 境界測量の精度は，表21-28のとおりとする．

第12節　用　地　測　量

表 21-28　精　度

方　　法	区　分	精　　度	摘　　要
トランシット(数値法)	平　地	1/2 000	点間距離 20 m 以内は10 mm 以内
	山　地	1/1 000	〃　　　　　　　20 mm 以内
平　　板(図上法)	平　地	図上 0.3 mm	縮尺 1/250
	山　地	〃　0.5 mm	〃

12.2　成　果　等

成果等は，次のとおりとする．
1. 地図（公図）の転写図
2. 地図（公図）の転写連続図
3. 土地調査表
4. 測量計算簿等
5. 用地実測図原図
6. 用地実測図写図
7. 用地平面図
8. 土地，境界立会確認書等
9. 精度管理表
10. その他の資料

12.3　検　　査

用地測量では，次のとおり検査を行うものとする．
1. 資料調査は，転写図と土地調査簿との照合をする．
2. 境界調査は，関係権利者の確認承諾書の点検
3. 境界調査は，境界測量の観測手簿および計算簿について，作為がないかどうか全数観察する．
4. 面積計算は，用地実測図について，10％以上プロット点検および面積計算について点検する．

改訂新版
建設省河川砂防技術基準（案）同解説・調査編

昭和 51 年 6 月 10 日	第 1 刷　発行
昭和 52 年 8 月 10 日	改訂第 1 刷　発行
昭和 61 年 8 月 1 日	二訂第 1 刷　発行
平成 9 年 10 月 16 日	改訂新版第 1 刷　発行
令和 2 年 8 月 1 日	改訂新版第 15 刷　発行

定価はカバーに表示してあります．

ISBN978-4-7655-1735-5 C3051

監　修　建　設　省　河　川　局
編　集　社団法人日本河川協会
発行者　長　　滋　　彦
発行所　技報堂出版株式会社

〒101-0051
東京都千代田区神田神保町 1-2-5
電　話　　営業　(03)(5217)0885
　　　　　編集　(03)(5217)0881
F A X　　　　(03)(5217)0886
振 替 口 座　　00140-4-10
http://www.gihodobooks.jp/

日本書籍出版協会会員
自然科学書協会会員
土木・建築書協会会員

Printed in Japan

© 1997

印刷・製本／新日本印刷

落丁・乱丁はお取替えいたします．
本書の無断複写は，著作権法上での例外を除き，禁じられています．